環境史事典

トピックス
2007
-
2018

日外アソシエーツ

A Cyclopedic Chronological Table of Environmental Affairs 2007-2018

Compiled by

Nichigai Associates, Inc.

©2019 by Nichigai Associates, Inc.

Printed in Japan

本書はディジタルデータでご利用いただくことができます。詳細はお問い合わせください。

●編集担当● 青木 竜馬

刊行にあたって

　便利、快適を追い求め、化石燃料に限らず資源を消費し、生産の過程で出た二酸化炭素やゴミを大気に、海洋に、大地に廃棄してきた。工業的に先を歩いてきた人々は、これから発展しようとしている人達に「我々と同じような暮らしを望んではいけない」という。このようなことは地域間だけではなく、年代間にも見られる。ここにどれだけの説得力があるだろうか。しかしだからといって今までと同じように大量生産、大量消費を続けられるのか。地球規模で対応することが求められている。

　本書は2007年に刊行した「環境史事典トピックス1927-2006」を継ぐもので、平成19年（2007年）から平成30年（2018年）までの12年間にわたる環境問題に関するトピックス2,294件を年月日順に掲載した記録事典である。80年間を収録対象にした前版にくらべ、収録期間は短い。しかし短い期間ではあるが、国際協調の中で世界各国が温室効果ガス削減等に取り組もうとした時期、福島第一原発事故によってエネルギー政策が大きく変動した時期、そして米国のパリ協定離脱宣言に象徴される、国際協調や地球環境よりも自国を優先させる政策の台頭という時期のコントラストは鮮明である。また大きな特徴として世界的に気候変動、異常気象に関するトピックスが増大している。そして本書では福島第一原発事故に関して、除染・汚染水対策、農業・水産業への影響、避難区域の変遷などについて事故後からの推移を拾うよう努めた。

　編集にあたっては誤りや遺漏のないよう努めたが、不十分な点もあるかと思われる。お気付きの点はご教示いただければ幸いである。

　本書が日本と世界の環境史についての便利なデータブックとして多くの方々に活用されることを期待したい。

2019年4月

日外アソシエーツ

目　次

凡　例 ……………………………………………………… (6)

環境史事典―トピックス 2007-2018
本　文…………………………………………………………　1
キーワード索引……………………………………………… 303
地域別索引…………………………………………………… 337

凡　　例

1．本書の内容
　本書は、環境問題に関わる出来事を年月日順に掲載した記録事典である。

2．収録対象
　(1) 気候変動・生態系など地球自然環境の問題、公害・薬害・化学物質など人為的な問題、環境問題に関わる条約・議定書・法令、結果として環境破壊に結びついた事故・災害、核実験や原発・代替エネルギーなど政治・経済と関わる問題など、騒音・悪臭といった身近なテーマからオゾン層破壊・地球温暖化といった全地球的なテーマまで、環境問題に関する重要なトピックとなる出来事を幅広く収録した。
　(2) 収録期間は2007年（平成19年）から2018年（平成30年）までの12年間、収録項目は2,294件である。

3．排　列
　(1) 各項目を年月日順に排列した。
　(2) 発生日が不明な場合は各月の末尾に、月日とも不明な場合は「この年」として各年の末尾に置いた。

4．記載事項
　(1) 各項目は、日付、内容を簡潔に表示した見出し、該当地域、本文記事で構成した。
　(2) 該当地域のうち、日本全体に関わるものは「日本」、特定の国に関わらないものは「世界」と記した。

5．キーワード索引
　(1) 最近の環境問題を知る上で重要な120のキーワードを見出しとし、関連する主な本文記事が引けるようにした。
　(2) 120のキーワードは、中扉の後に「キーワード一覧」として掲げた。
　(3) 各キーワード見出しの下は年月日順に排列し、年月日と本文記事の冒頭部を示した。

6. 地域別索引
　(1) 特定地域に関わる本文記事を、都道府県名や国・地域名から引けるようにした索引である。
　(2) ただし、法令の公布など日本全体に関わるもの、国際会議など世界全体に関わるものは割愛した。
　(3) 地域名は、中扉の後に「地域名一覧」として掲げた。
　(4) 各事項の中は年月日順に排列し、年月日と本文記事の見出し部を示した。

7. 参考文献
　本書の編集に際し、主に以下の資料を参考にした。
　『環境総合年表―日本と世界』環境総合年表編集委員会編　すいれん舎　2010.11
　『環境自治体白書 2017-2018 年版』中口毅博編著　生活社　2018.3
　『地球白書 2008-09 〜 2013-14』ワールドウォッチジャパン　2008.12 〜 2016.12
　『地球環境辞典 第3版第4刷』丹下博文編　中央経済社　2016.2
　『環境経営事典―用語解説・法律・データ集 2010，2011』　日経ＢＰ社　2010.5, 2011.5
　『環境事典』日本科学者会議編　旬報社　2008.11
　『地球環境キーワード事典 5訂』地球環境研究会〔編〕　中央法規出版　2008.3
　『森林環境 2008 〜 2019』森林環境研究会編　森林文化協会　2008.2 〜 2019.3
　「環境白書・循環型社会白書・生物多様性白書」環境省
　「読売年鑑」読売新聞社
　「CD 毎日新聞」毎日新聞社
　「朝日新聞縮刷版」朝日新聞社

2007年
(平成19年)

1.8 **風車倒壊事故**（青森県） 青森県東通村の風力発電施設「岩屋ウインドファーム」で風車の倒壊事故が発生した。3月16日、事業者のユーラスエナジーホールディングスは事故の原因は羽根の過回転だったと発表、原子力安全・保安院に最終報告した。

1.11 **松本市が「カーフリーデー」へ参加**（長野県） 長野県松本市が、都市中心部で自動車ではなく徒歩や自転車などで移動しようという活動「カーフリーデー」への参加を表明していることが判明。自動車乗り入れ規制などの条例を整備しての正式参加は日本初。

1.16 **高江ヘリパッド阻止決議**（沖縄県） 自然環境を守るため沖縄県高江地区へのアメリカ軍ヘリパッド移設工事に反対する阻止行動が住民決議された。22日、住民代表などが、沖縄県知事に対し防衛施設局の法に基づかない環境評価に対して意見を提出する前に現地を視察し住民と話し合うように要請した。

1.22 **米大手企業と環境団体、温室効果ガス削減対策を要請**（アメリカ） アメリカの大手企業と環境団体で構成する「米国気候行動パートナーシップ」(USCAP) が、温室効果ガス排出量取引制度導入のため、法律の制定を政府に要請。

1.24 **「ダボス会議」で地球温暖化問題が議題に**（世界） 世界経済フォーラムの年次総会（ダボス会議）がスイスのダボスで開催された。中東状勢などのほか、地球温暖化問題が中心議題となる。

1.25 **放射性廃棄物処分場立地調査に応募**（高知県） 高知県東洋町（田嶋裕起町長）が高レベル放射性廃棄物の処分場立地調査に応募。同調査に応募した自治体は全国で初めて。

1.27 **みなまた曼荼羅話会開催**（熊本県） 熊本県の水俣市文化会館で、水俣病公式確認50年事業の一環として、みなまた曼荼羅話会が開催された。1956年の水俣病公式確認から50年となり、2006年からさまざまな集会などが催された。

1.29 **南極地域観測50周年式典開催**（南極） 文部科学省南極地域観測統合推進本部が国立極地研究所の「オープン・フォーラム南極」と連携して、南極地域観測50周年式典を開催。25年史以降に実施してきた計画ごとにデータ等を取りまとめた『南極地域観測50年史』を発行。

1.31 **大矢知産廃問題合意**（三重県） 三重県四日市市大矢知町及び平津町地内

の産業廃棄物最終処分場で許可面積・容量を大幅に超える不法投棄が行われていた問題で、住民との合意により三重県は投棄をしていた川越建材興業などの業者に覆土・排水路整備の措置を講じるように命令した。

2.1 IPCC第1作業部会、第4次評価報告書公表（世界）「気候変動に関する政府間パネル（IPCC）」は第、1作業部会がフランスのパリで第4次評価報告書「自然科学的根拠」を公表して、地球が温暖化している証拠を発表。1906年から2005年までの世界の平均気温の上昇は0.74度で、1750年以来の大気中の温室効果ガスの上昇には人間の諸活動が背景にあるとした。21世紀末には20世紀末と比較して平均気温が1.1〜6.4度上昇する可能性を予測。

2.1 世界で記録的暖冬（世界）　気象庁は、世界の1月の月平均気温が統計を開始した1891年以降で最も高い値となったと発表。2006年12月に引き続いて第1位の記録を更新。地球温暖化にエルニーニョ現象や10年から数10年規模の自然変動が重なったことが要因としている。

2.8 「新潟水俣病問題に係る懇談会」設置（新潟県）　新潟県は新潟水俣病の問題を検証し救済策を検討するため有識者懇談会を設置した。2008年3月21日に開催された第8回の懇談会で最終提言書をまとめた。

2.8 富山市と青森市にコンパクトシティ政策（富山県，青森県）　富山市と青森市の中心市街地活性化基本計画が認定された。生活に必要な諸機能が近接した効率的で持続可能な都市をめざす「コンパクトシティ政策」が本格的に始動した。

2.15 逗子池子の森に米軍住宅追加建設計画（神奈川県）　神奈川県逗子市「池子の森」にアメリカ軍住宅の追加建設をする計画に対し、逗子市は1994年の「三者合意」に違反するとして2004年9月17日に国を訴える裁判を起こしたが、東京高等裁判所は2006年の横浜地方裁判所と同様、行政訴訟に馴染まないとして棄却。28日、逗子市議会が最高裁判所裁判予算を議長裁決により否決。市長は上告を断念した。

2.15 脱温暖化2050プロジェクトの中間報告（日本）　国立環境研究所が実施している「脱温暖化2050プロジェクト」は、2050年までに主要な温室効果ガスであるCO_2を70%削減し、豊かで質の高い低炭素社会を構築することは可能だとする、中間報告を公表した。

2.16 「気候変動に関する世界市長・首長協議会」開催（京都府）「気候変動に関する世界市長・首長協議会（WMCCC）」が京都市で開催された。117の都市と団体が参加し、国境を超えた世界の地域で地球温暖化を防止する取り組みを推進しようと「京都気候変動防止宣言」を発表した。2050年までに1990年の80%の温室効果ガス削減を目標とする。

2.20 EU、温室効果ガス20%削減目標（ヨーロッパ）　欧州連合（EU）はベル

ギーのブリュッセルで環境相理事会を開催し、温室効果ガス排出量を2020年までに1990年に比べて20%減にする目標の導入で合意。先進国では2050年には60〜80%減とすることを提唱。

2.20 **オーストラリア、白熱電球の段階的廃止を発表**（オーストラリア）オーストラリアのマルコム・ターンブル環境大臣は、2012年までに温室効果ガスの排出量を400万トン削減するため、2010年までに白熱電球を段階的に廃止することを義務づけると発表した。

2.28 **厚労省、インフルエンザ感染後の異常行動説明の通知**（日本）厚生労働省は、特に小児・未成年者について、インフルエンザと診断された後、自宅において療養を行う場合、タミフル処方の有無を問わず異常行動の発現のおそれについて説明し、保護者等は少なくとも2日間、小児・未成年者が一人にならないよう配慮するよう説明することを医療関係者に求める通知を出した。

3.9 **EU、再生可能エネルギー利用拡大合意**（ヨーロッパ）欧州連合（EU）は首脳会談で、地球温暖化対策として、太陽光などの再生可能エネルギーの利用を2020年までに20%引き上げることで合意した。

3.9 **エネルギー基本計画第1次改定**（日本）政府は「安定供給の確保」「環境への適合」「市場原理の活用」というエネルギー政策の基本方針に則り、エネルギー政策の基本的な方向性を定める「エネルギー基本計画」を、エネルギーを取り巻く環境変化を踏まえて改定した。自立した環境適合的なエネルギー需給構造を実現するため、原子力発電の積極的推進および新エネルギーの着実な導入を拡大するなどが盛り込まれた。

3.13 **京都市、新景観条例**（京都府）京都市議会は、古都の景観を保全するためとして、建物の高さ制限、屋上看板や電飾広告の禁止など厳しい規制を含んだ景観政策を盛り込んだ関係条例を全会一致で可決・成立した。新条例は9月1日に施行。

3.15 **「公害防止に関する環境管理の在り方」公表**（日本）経済産業省と環境省が「公害防止に関する環境管理の在り方（事業者向けガイドライン）」に関する報告書を公表。事業者による全社的な公害防止に関する環境管理の取組を促すため、実効性のある取組を実践する際に参考となる行動指針を示した。

3.15 **G8環境相会合開催**（世界）主要8カ国環境大臣会合がドイツのポツダムで開催された。中国・インド・ブラジルなど新興5カ国も参加。温暖化対策への協力で合意したが、ヨーロッパ諸国が温室効果ガスの大幅削減のため新たな枠組みづくりへ意欲を示したのに対し、中国などは開発の権利を主張し、具体策では対立も見られた。

3.20 **厚労省、10代へのタミフル投与中止指示**（日本）厚生労働省、インフル

エンザ治療薬タミフルについて、製造元の中外製薬に10代への投与を中止する緊急安全性情報を出すように指示した。タミフル服用後に異常行動を起こす事故が相次いだため。

3.21 **ゴア元米副大統領、地球温暖化について議会で証言**（アメリカ）　アル・ゴア元アメリカ副大統領は地球温暖化について上下両院の公聴会で証言し、議会に温暖化対策の実施を要求した。CO_2排出量は即時現状凍結、2050年までに90％の削減が必要などと指摘した。

3.23 **薬害C型肝炎東京訴訟判決**（日本）　血液製剤フィブリノゲンの投与でC型肝炎に感染したとして患者が損害賠償を求めた薬害C型肝炎訴訟の東京訴訟で、東京地方裁判所は国と製薬会社3社の責任を認め、計2億5960万円を支払うよう命じた。集団訴訟の他の2件で認められなかったクリスマシン製剤についても賠償責任を認めた。

3.27 **戦略的環境アセスメントについて報告**（日本）　環境省が設置した戦略的環境アセスメント総合研究会が、持続可能な社会の構築を目指す「第3次環境基本計画」の示す今後の環境政策の展開における基本的な方向性を記した報告書を作成。

3.29 **ノンフロン系断熱材の技術開発**（日本）　CO_2排出量削減のために求められている新たな断熱材の開発を目指す、新エネルギー・産業技術総合開発機構（NEDO）のプロジェクト「革新的ノンフロン系断熱材技術開発」（2011年度まで。東日本大震災による被害のため、一部事業者は2012年5月まで）の第1回事後評価分科会が行われた。

3月 **EU、エコ・イノベーションに関する報告書発表**（ヨーロッパ）　欧州連合（EU）欧州委員会がエコ・イノベーション（環境重視の技術革新）に関する報告書を発表。

3月 **アスベスト含有建材等の安全な回収・処理の技術開発**（日本）　アスベスト健康被害のリスクを低減するため、新エネルギー・産業技術総合開発機構（NEDO）プロジェクトで「アスベスト含有建材等安全回収・処理等技術開発」が行われた。

3月 **イギリス、気候変動法案を作成**（イギリス）　イギリスが気候変動防止のための特別法案をまとめた。2050年におけるCO_2排出量を1990年比で60％削減、政府に助言を与える気候変動委員会を設置、政府に排出量取引制度を導入するための権限を与える、など。

4.1 **金沢市「公共交通利用促進条例」施行**（石川県）　石川県金沢市で「公共交通利用促進条例」が施行された。公共交通の利用の促進は、公共交通が環境への負荷の少ない交通手段であることを認識し、環境への負荷の少ない社会への実現に資するものとして行われなければならないとした。

4.1 **買い物袋持参・レジ袋有料化**（日本）　「容器包装に係る分別収集及び再商

品化の促進等に関する法律（容器包装リサイクル法）」の改正・施行に基づき、容器包装廃棄物の排出抑制の促進として、買い物袋持参・レジ袋有料化などの取り組みが開始される。16日、イオンは環境省と容器包装廃棄物の3R推進に向けた協定を締結。

4.2 **米連邦最高裁、CO_2規制強化命令**（アメリカ）　アメリカの連邦最高裁判所は環境保護局（EPA）にはCO_2などの温室効果ガスの規制をする義務があるとして、排出規制を強化するように命じた。

4.4 **厚労省、タミフル副作用について報告**（日本）　厚生労働省薬事・食品衛生審議会安全対策調査会が開催され、中外製薬から2001年2月の発売から2007年3月20日までに1079人・1465件のタミフル副作用があったと報告があり、128人が異常行動を起こし8人が死亡したと発表した。

4.5 **戦略的環境アセスメント導入ガイドライン策定**（日本）　環境省が、第三次環境基本計画に基づき、戦略的環境アセスメント（SEA）の導入ガイドラインを策定。関係省庁にはこのガイドラインを踏まえた実施事例を積み重ね、実効性等の検証を行うことを求めている。規模が大きく、環境への影響が大きい事業に関しては検討段階も対象として含まれているとしている。

4.6 **IPCC第2作業部会、第4次評価報告書公表**（世界）　「気候変動に関する政府間パネル（IPCC）」第2作業部会が、第4次評価報告書「影響・適応・脆弱性」を公表。平均気温が2～3度上昇すれば数10億人が水不足に直面し、全生物種の20～30%が死滅するなど世界各地に大きな損失が出ると予測。

4.12 **タミフル副作用死亡数に異論**（日本）　『薬のチェックは命のチェック』誌は、4日の厚生労働省の報告でタミフル副作用死亡例は55人、うち異常行動後の事故死が8人・突然死が9人とされているのは間違いで、死亡は78人、うち突然死・心肺停止は48人であると発表した。

4.15 **「森永ヒ素ミルク事件」公式論文発表**（日本）　『日本公衆衛生雑誌』に、「森永ヒ素ミルク事件」疫学調査結果に関する公式論文「森永ひ素ミルク中毒被害者の青年・中年期（27歳～49歳）における死亡解析」が、事件後初めて発表された。

4.16 **国連森林フォーラムが開催**（世界）　「国際連合森林フォーラム（UNFF）」第7回会合が、日本を含む国連加盟国100カ国以上が参加してニューヨークの国連本部で開催された。2015年までの4つの世界的目標の達成及び持続可能な森林経営の推進のための方策等を盛り込んだ「全てのタイプの森林に関する法的拘束力を有さない文書」及び具体的作業内容等を示した「多年度作業計画」を採択した。

4.17 **国連安保理、気候変動の影響について初の討論**（世界）　国際連合安全保

障理事会で、安全保障への気候変動の影響について初めての公開討論が行われ、水やエネルギーなどの資源、安全保障と気候変動との関係について話し合われたが、この問題について話し合う場として安全保障理事会が適切な場なのかとの疑問も出された。

4.20　海洋基本法、成立（日本）　海洋に関する施策を総合的かつ計画的に推進することを目的とする海洋法基本法が成立。海洋の開発及び利用と海洋環境の保全との調和など6項目が基本理念として掲げられている。

4.22　放射性廃棄物処分場反対派が当選（高知県）　統一地方選挙で、高レベル放射性廃棄物の最終処分場問題を争点とした高知県東洋町の町長選は、反対派の沢山保太郎が推進派の現職田嶋裕起を退けて当選。処分場応募の撤回を表明。

4.24　福山市鞆港の保存派埋立て差止め提訴（広島県）　広島県福山市の鞆港の保存派住民163人が、広島県を相手に埋立て事業免許の差止めを広島地方裁判所に提訴。7月26日原告団が仮の差止めを求めるが、2008年2月29日に却下される。鞆の浦は2001年に10月11日に世界文化遺産財団により「危機に瀕した遺産100」に選定されていた。

4.27　バイオガソリン、首都圏で試験販売（関東地方）　サトウキビやトウモロコシなどの植物由来のバイオエタノールを原料とするバイオガソリンの販売が、首都圏50カ所で試験的に始められる。大手石油メーカーなどが加盟する石油連盟が取り組み、2010年度から全国販売をめざす。

4.27　新潟水俣病第3次訴訟提訴（新潟県）　新潟水俣病の患者ら12人が国と新潟県、原因企業の昭和電工に損害賠償を求める第3次訴訟が提訴された。2015年3月23日、新潟地方裁判所は7人を水俣病と判断、昭電に対し1人当たり330万〜440万円の賠償を命じたが、国と新潟県の責任は認めなかった。

4月　カナダなど排出量取引制度導入（カナダ，オーストラリア，ニュージーランド）　カナダ、オーストラリア、ニュージーランドが、4月から9月にかけて、温室効果ガス排出量取引制度の導入を相次いで発表。

5.4　IPCC第3作業部会、第4次評価報告書公表（世界）　「気候変動に関する政府間パネル（IPCC）」第3作業部会が、タイのバンコクで第4次評価報告書「気候変動の緩和策」を公表。気温上昇を2度以内にするには温室効果ガスの排出量を2020年までに減少に転じさせ、2050年には半減させる必要があると指摘。

5.8　日本、温室効果ガス2050年までに半減提案方針（日本）　日本政府は、世界のCO_2などの温室効果ガス排出量を2050年までに半減するように提案する方針を固めた。安倍晋三首相が6月の主要国首脳会議（G8）で提案する。日本政府が長期的な目標を提示するのは初めて。

5.17 森永ヒ素ミルク事件被害者、高い死亡率（日本）　森永ヒ素ミルク事件で当時乳児だった被害者が、36歳になるころまで一般の人より2倍高い死亡率が続いていたことが、ひかり協会委託の疫学調査で明らかになった。

5.18 「自動車NOx・PM法」改正（日本）　「自動車から排出される窒素酸化物及び粒子状物質の特定地域における総量の削減等に関する特別措置法（自動車NOx・PM法）」改正。大気の汚染が特に著しい地区においてさらに対策の強化を図るため、重点対策地区の新設などが行われる。2008年1月1日施行。

5.20 放射性廃棄物処分場拒否条例（高知県）　高レベル放射性廃棄物の最終処分場候補地となっている高知県東洋町で、沢山保太郎町長が高レベル放射性廃棄物の持ち込みを拒否する条例案を町議会に提出、全会一致で可決した。

5.23 「環境配慮契約法」公布（日本）　「国及び独立行政法人等における温室効果ガス等の排出の削減に配慮した契約の推進に関する法律（環境配慮契約法）」公布。国や地方公共団体等の公共機関が契約を結ぶ際に、最善の環境性能を有する製品・サービスを供給する者を契約相手とする仕組みを制度的に構築し実践するもの。11月22日施行。

5.23 第15回環境自治体会議開催（愛媛県）　第15回環境自治体会議が愛媛県内子町で開催された。全体会の討論テーマは「歴史的環境がはたしたもの」、パネルディスカッションのテーマは「エコロジーのまちづくり　四国からの発信！」。

5.24 「クールアース50」発表（日本）　安倍晋三首相が国際交流会議「アジアの未来」晩餐会で行った演説の中で、地球温暖化防止のため、世界全体の温室効果ガス排出量を現状に比して2050年までに半減するという長期目標「美しい星50（クールアース50）」を提案した。ポスト京都議定書となる2013年以降、アメリカ・中国・インドなどの主要排出国をすべて参加させる枠組み構築を提唱。

5.24 「もんじゅ」ナトリウム注入（福井県）　高速増殖炉「もんじゅ」、1995年12月8日のナトリウム漏れ事故以来11年半ぶりに2次冷却系へナトリウムを注入。運転再開を目指す。

5.30 改正「海洋汚染防止法」公布（日本）　「海洋汚染及び海上災害の防止に関する法律」が改正、公布された。地球温暖化対策として、廃棄物の海洋処分の規制を強化し、二酸化炭素海底下地層貯留を国の許可制とするもの。

5.31 アメリカ、温室効果ガス削減目標提案（アメリカ）　アメリカのジョージ・W.ブッシュ大統領は、地球温暖化対策として、2008年末までにCO_2などの温室効果ガスの排出削減目標を定めるため、2007年秋に主要8カ国

	に中国・インドなどを加えた計15カ国が参加して協議することを提案。アメリカが長期削減目標の設定を容認する方針を示した。
5月	**フィリピン土地銀行、日本の銀行らとCDMに関する覚書に調印**（フィリピン） フィリピンの国営土地銀行は、日本の国際協力銀行・日本カーボンファイナンス社と、京都議定書に基づくクリーン開発メカニズム（CDM）に関する協力覚書に調印。再生可能エネルギーや。
5月	**国連、温室効果ガス排出量登録システム稼働**（世界） 国際連合地球温暖化防止条約事務局が、京都議定書に加盟する約170の国と地域の温室効果ガス排出量を登録するシステムを稼働。
6.1	**「21世紀環境立国戦略」閣議決定**（日本） 安倍晋三首相が施政方針演説で「国内外挙げて取り組むべき環境政策の方向を明示し、今後の世界の枠組み作りへ我が国として貢献する上での指針」と述べた「21世紀環境立国戦略」がとりまとめられ、閣議決定された。低炭素社会、循環型社会、自然共生社会づくりの取組を統合的に進めていくことにより地球環境の危機を克服する持続可能な社会を目指すというもの。
6.1	**EU、REACH規制発効**（ヨーロッパ） 欧州連合（EU）は、人の健康や環境の保護のため化学物質を管理する「化学物質の登録、評価、認可、及び、制限（REACH）」規制を発効。
6.1	**東京都、CO_2削減義務化へ**（東京都） 東京都が気候変動対策方針を発表。地球温暖化対策として大規模業者を対象にCO_2排出削減の数値目標を定め、達成の義務化をめざす方針を固めた。
6.5	**『環境・循環型社会白書』公表**（日本） 『環境・循環型社会白書 平成19年版』が閣議決定され、国会に提出された。地球温暖化問題の現状と対策技術を特集。この版から環境問題や循環型社会形成の取り組みの全体像を一体的に理解できるように『環境白書』と『循環型社会白書』の2冊が1冊にまとめられた。
6.6	**G8サミット、温室効果ガス排出削減合意**（世界） 第33回主要国首脳会議（G8サミット）がドイツのハイリゲンダムで開催された。地球温暖化対策が最重要テーマとなり、日本の安倍晋三首相が温暖化対策戦略として、2050年までに温室効果ガスの排出量を半減させる「美しい星50（クールアース50）」を提案し、7日「真剣に検討する」ことで合意した。
6.13	**改正「食品リサイクル法」公布**（日本） 「食品循環資源の再生利用等の促進に関する法律（食品リサイクル法）」が改正・公布された。食品リサイクルを一層促進するため、食品関連事業者、特に食品小売業及び外食産業の事業者への指導監督強化、リサイクル率目標引き上げなどが盛り込まれた。12月1日施行。
6.14	**EU、温室効果ガス排出量減少**（ヨーロッパ） 欧州連合（EU）は、EU加

盟国の主要15カ国の温室効果ガス排出量が1990年に比べて2%減少したと発表した。EUは京都議定書では2012年までに8%削減義務があるが、ドイツが18.7%減、イギリスが15.7%減なのに対し、スペインは52.3%増、ポルトガルが40.4%となている。

6.14 **OPRC-HNS議定書発効**（世界） 2000年に採択された「2000年の危険物質及び有害物質による汚染事件に係る準備、対応及び協力に関する議定書（OPRC-HNS議定書）」が発効。危険物質および有害物質の対象範囲を油以外の物質に拡大したもの。

6.15 **長野県阿智村処分場計画の中止方針を転換**（長野県） 長野県は、阿智村の産業廃棄物処分場の計画用地について、県の第2期廃棄物処理計画の策定を受けて、県が取得して管理する方針を発表した。長野県は2005年9月15日に処分場計画を中止することを表明していた。

6.18 **トンネルじん肺訴訟、和解**（日本） 国が発注したトンネル工事で塵肺になったとして、患者969人が国に損害賠償を求めた「全国トンネルじん肺訴訟」で、原告側は国と新たな塵肺防止対策を明記した合意書を取り交わし、東京地方裁判所で和解が成立した。

6.18 **吉野川可動堰問題で報告**（徳島県） 環境問題や公共投資の面で問題となっている吉野川の可動堰について、土木学会の吉野川第十堰技術評価特別委員会は、安全性について抜本的対策を立てる必要があるとしながらも、構造上特徴などを高く評価する報告書をまとめた。

6.25 **フェロシルト不法投棄事件判決**（三重県） 石原産業が土壌埋め戻し材フェロシルトを不法に投棄した事件で、津地方裁判所は不法投棄が「廃棄物処理法」違反であるとし、元副工場長・元環境保安部長に懲役2年の実刑判決。フェロシルトは三重県のほか、愛知県・岐阜県・京都府に計72万トンが埋設されていた。

6.27 **「エコツーリズム推進法」公布**（日本） 環境の保全性と持続可能性を考慮する旅行を進めるための枠組みを定めた「エコツーリズム推進法」が公布された。2008年4月1日より施行。

6.27 **「自然を尊重する精神」「環境の保全に寄与する態度」が目標に**（日本） 改正「学校教育法」が公布され、義務教育の目標に「学校内外における自然体験活動を促進し、生命及び自然を尊重する精神並びに環境の保全に寄与する態度を養うこと」が盛り込まれる。

6.28 **ヤンバルクイナ人工繁殖に乗り出す**（沖縄県） 環境省は沖縄本島北部にのみ生息する鳥のヤンバルクイナについて、1000羽以下に減っていると見られる現状から絶滅の恐れが高いとして、一部を捕獲し人工飼育で数を増やすことを決定。

6.30 **『「水俣」の言説と表象』刊行**（熊本県） 地元では報道されていた「水俣

	病」が当時全国報道で扱われなかったメディアの問題性を問う、小林直毅編『「水俣」の言説と表象』(藤原書店)が刊行された。
6月	牛乳パックリサイクル出前授業開始(日本) 全国牛乳容器環境協議会(容環協)の協力で環境教育支援として「牛乳パックリサイクル出前授業」が静岡県の小学校で行われる。以後全国で実施。
6月	南アジア一帯、モンスーンにより甚大な被害(南アジア) モンスーンによる影響で近年最悪の洪水が発生。インド北部で6～8月に合わせて1千人以上、インド南部では6～7月に100人以上、バングラデシュやネパールでは7月下旬にそれぞれ1000人以上の死者が出た模様。
7.2	国立環境研究所、地球温暖化を予測(日本) 国立環境研究所は地球温暖化の影響で夏の最低気温が27度を超える「暑い夜」が2011年～2030年は現在の約3倍の頻度になるだろうとの予測結果を発表した。同様に最高気温35度以上の「暑い昼」の頻度も1.5倍になるという。
7.2	東京大気汚染訴訟、和解(東京都) 東京都のぜんそく患者らが、自動車の排気ガスで健康被害を受けたとして、国、東京都、首都高速道路会社、自動車メーカーなどに損害賠償を求めた「東京大気汚染訴訟」の控訴審で、メーカー7社(トヨタ自動車、日産自動車、三菱自動車工業、日野自動車、いすゞ自動車、日産ディーゼル工業、マツダ)が12億円の解決金を支払うなどとした和解案を東京高等裁判所に提出。同日原告団が受け入れを表明、1996年から11年に及んだ訴訟が決着。8月8日に被告側の財源負担で医療費助成制度を創設することを含む全面和解が成立した。
7.3	高江ヘリパッド移設工事、着工(沖縄県) 沖縄県高江地区のアメリカ軍ヘリパッド移設のための建設工事、6基のうち3基が着工。多様な生物種の生育地、生息地となっている「やんばるの森」を守ろうという反対住民の座り込みなどが続いている。
7.3	冬柴国交相、初代海洋相に就任(日本) 20日に施行される「海洋法」を受けて、安倍晋三首相は自民党と連立を組む公明党の冬柴鐵三国土交通大臣を初代の海洋大臣に任命した。
7.9	レソトに30年ぶりの大干ばつ(レソト) 気候変動の影響で、高温と降雨量の減少が重なり、周囲を南アフリカに囲まれているレソトで、この30年間で最も厳しいレベルの干ばつが起きた。レソト政府は、7月10日に食糧危機を宣言し、国際支援を求めた。
7.9	屋上・壁面の緑化進む(日本) 国土交通省によるとヒートアイランド現象の緩和に向け、2006年に緑化された全国の屋上、壁面は29.1haにのぼった。2000年に比べ屋上は約2倍、壁面は15倍に増えているとのことである。
7.9	光合成能力を強化した遺伝子組み換え植物でCO_2削減(日本) 日本大学

生物資源科学部の奥忠武教授らの研究チームは、陸上植物が水中植物からの進化の過程で消失した遺伝子に着目し、タンパク質の遺伝子組み換えを用いて光合成を増強し、植物の成分と生長を向上させる方法の開発に世界で初めて成功したことを発表した。バイオエタノールの増産やCO_2の削減などへの応用が期待されている。

7.10 **北陸電力、木質バイオマス混焼発電でCO_2年1万トン削減を目指す**（福井県）北陸電力は敦賀火力発電所2号機で、木くずなどを石炭に混ぜて燃料として使用する「木質バイオマス混焼発電」操業を開始した。同社によるとこれによってCO_2排出が年間1.1万トン削減できるという。

7.11 **「木材に関する技術開発目標」策定**（日本）林野庁は、「木材産業の体制整備及び国産材の利用拡大に向けた基本方針」（2007年2月7日通知）を踏まえ、国産材の特性を活かした技術開発の推進方向、具体的な開発項目及び推進体制について、今後5年間の取組事項を策定した。「再生可能な、生物由来の有機性資源（化石燃料は除く）」である木質バイオマスの利用拡大も含まれている。

7.12 **EU廃棄物越境運搬規則**（ヨーロッパ）ヨーロッパで廃棄物の運搬から処分及びその利用に至るまで、廃棄物が適切に取扱われることを保証する廃棄物の越境運搬に関する新規則が施行された。

7.12 **北海道洞爺湖町、温室効果ガス6%削減を宣言**（北海道）1年後に迫った洞爺湖サミットに向け、主要テーマである地球温暖化など環境問題への取り組み意欲を開催地として示すため、北海道洞爺湖町が温室効果ガス排出量6%削減を実現する「チーム・マイナス6%」への参加を宣言。

7.16 **新潟県中越沖地震で柏崎刈羽原発被災**（新潟県）マグニチュード6.8の新潟県中越沖地震が発生し、最大震度6強を観測。新潟県柏崎市の柏崎刈羽原子力発電所では稼働中の発電機がすべて自動停止。3号機変圧器付近で火災が発生したほか、使用済み燃料プールの少量の汚染水が外部に漏えいした。18日、柏崎市の会田洋市長は柏崎刈羽原発に無期限の緊急使用停止を命令。

7.18 **エコバッグ人気**（世界）アニヤ・ハインドマーチのエコバッグが日本で限定販売。レジ袋の消費抑制を目的として発売されている。イギリス・アメリカ・香港・台湾などでも人気。

7.19 **徳島県上勝町に古布リメイク店開店**（徳島県）徳島県上勝町に「くるくる工房」が開店。地域の高齢者が古布などを利用したリメイク品を製作・販売する。上勝町は2020年までにゴミをゼロにするという宣言を出しており、2006年3月には日比ヶ谷ゴミステーション内にリユースの拠点となる役割を担う不用品交換場所「くるくるショップ」が設置されている。

7.21 **四日市公害判決35周年**（三重県）三重県四日市市で四日市公害判決35周

年を記念して「四日市環境再生まちづくり提言の集い」が開催された。日本環境会議などが「環境再生まちづくりプラン」を発表。2008年4月、四日市公害研究の集大成『環境再生のまちづくり―四日市から考える政策提言』が刊行された。

7.22　**中国で豪雨による大規模な洪水発生**（中国）　中国各地で豪雨による被害が広がっている。中国では今年に入り700人以上が洪水や地すべり、雷などで死亡しているという。また中国気象局によると同国北部から北東部にかけて、過去20年間で最悪の干ばつに見舞われたという。

7.24　**「1人1日1kgCO_2削減」運動**（日本）　政府が進める地球温暖化対策「1人1日1kgのCO_2削減」に23社の企業が協賛。環境意識高揚の効果を期待する一方で、どれだけ実際のCO_2排出削減につながるのか疑問の声も。

7.24　**英国、過去60年最大規模の大洪水**（イギリス）　6月24日と25日の雨の影響により英国北部と中部の広範囲で洪水が発生、4人が死亡。7月20日に降った雨の影響で、英国南部では洪水の被害が拡大した。2度目の豪雨による洪水は過去60年間で最大規模となり、水道や電気などのライフラインが寸断された。この大洪水で35万世帯が浸水。被害額は約5000億円以上に達した。

7.24　**中・東欧で観測史上最高の記録的な猛暑**（ヨーロッパ）　欧州が異常気象に襲われルーマニアでは熱波で12人が死亡し、ハンガリーでは猛暑による死者が推定500人に達した。

7.26　**国連、地球温暖化理解のためのサイト開設**（世界）　国際連合広報局が地球温暖化を解説し気候変動に関する国連の取り組みを紹介するウェブサイト「ゲートウェー」を開設。

7.28　**釧路湿原縮小**（北海道）　日本最大の湿原として知られる釧路湿原が、国立公園外部の農地開発等により土砂が流入し過去60年で3割減少していることがわかった。

7.31　**薬害C型肝炎名古屋訴訟判決**（愛知県）　血液製剤フィブリノゲンの投与でC型肝炎に感染したとして患者が損害賠償を求めた薬害C型肝炎訴訟で、名古屋地方裁判所は国と製薬会社3社の責任を認めた。

7月　**EU新規加盟国、EUのCO_2排出枠に反発**（ヨーロッパ）　チェコ・スロバキアなど欧州連合（EU）に新規加入した5カ国が、EUが設定している加盟国別のCO_2排出枠に反発し欧州委員会を提訴。

7月　**アメリカ各地で異常気象。中西部では過去100年で最多の雨量を記録**（アメリカ）　アメリカ中西部は過去100年で最多の降雨量を記録。この豪雨による影響で洪水が発生し数千名が避難した。東部では、熱波による干ばつが発生した。全米各地を襲った異常気象により約50人が死亡している。

7月	光化学スモッグ注意報発令が過去最多。越境汚染が拡大（日本）　この夏、光化学スモッグ注意報が発令された都道府県数が過去最多になった。光化学スモッグ注意報は1970年代に多発していたが、1980年代以降は排ガス規制などにより減少していた。しかしながら2000年に入ると増え始め、この夏は28都府県で発令された。原因は経済発展をとげている中国からの「越境汚染」とみられている。
8.1	西表石垣国立公園に改称（沖縄県）　亜熱帯地域の代表的な森林、カンムリワシ等の希少な野生生物、沿岸に発達したサンゴ礁など、亜熱帯地域の優れた自然環境を有する沖縄県石垣島白保海域等が編入され、「西表石垣国立公園」と改称された。
8.2	化学物質の管理のための解析手法の開発（日本）　新エネルギー・産業技術総合開発機構（NEDO）のプロジェクト「化学物質の最適管理をめざすリスクトレードオフ解析手法の開発」が行われる。2012年3月20日まで。
8.7	朝鮮半島中部、集中豪雨に見舞われる（韓国，北朝鮮）　中国南東部に相次いで台風が接近、上陸した影響で、朝鮮半島中部で過去最大規模の水害が発生。朝鮮半島中部で600人以上、華北や華南で合わせて100人以上の死者がでた模様。
8.8	日本の温室効果ガス排出量、削減目標に達せず（日本）　日本政府は、2010年度のCO_2などの温室効果ガス排出量が1990年度比で0.9〜2.1％増となるという推計結果を中間報告にまとめた。森林による吸収分と排出量購入を考慮しても3.3〜4.5％減で、京都議定書での目標6％減には届かないこととなった。
8.9	玩具から鉛—中国政府該当メーカーの輸出を停止（中国）　米玩具大手マテルが2007年5月から8月にかけて販売した中国製玩具96万7000個について塗料に鉛が含まれているため回収した事態を受け、中国政府は玩具を製造した漢勝木業製品工場と利達玩具有限公司について国外輸出を停止する処分をくだした。
8.10	洪水、熱波、大雪などの異常気象は、頻度が増しているだけと報告（世界）　世界気象機関（WMO）は、今年に入り世界各地で発生している洪水、熱波、大雪などの異常気象は気候変動によるものではなく、単に頻度が増しているだけだとする報告書を発表した。一方、気候変動に関する政府間パネル（IPCC）は「地球で温暖化が進行しているのは明らかだ」と発表している。
8.15	やんばる第2次訴訟提訴（沖縄県）　やんばるに開設予定の林道建設への公金支出差し止めを求め住民達が沖縄県を提訴。2015年3月18日、那覇地方裁判所は住民側の訴えを退けたものの、中断されている工事を環境保全策などの検討がなされていない現状のままで事業再開は認められないとする判決を出した。

8.16 最高気温記録更新（岐阜県，埼玉県）午後2時20分に岐阜県多治見市で，午後2時42分に埼玉県熊谷市で気温40.9度を記録。これはそれまで日本の観測史上最高気温だった，1933（昭和8）年7月に山形市で記録された40.8度を74年ぶりに更新するものであった。

8.16 北極の氷，史上最小に（北極）海洋研究開発機構（JAMSTEC）と宇宙航空研究機構（JAXA）は，15日現在の北極海の海氷面積は530.7万km^{2}で，1978年の観測開始以来，史上最小になったと発表。2004年比で日本列島の4倍弱の海氷が消えたことになる。

8.20 三菱商事，バイオペレットの製造・販売へ参入（大分県）三菱商事は，国内有数の林業集積地である大分県日田市に，年産25,000トンのペレット製造装置を導入し，主に石炭ボイラー混焼用のバイオペレットを製造・販売すると発表。CO_2排出量の削減と新たなバイオエネルギー産業の創出を目指すとしている。

8.21 県知事認可の産廃場認可取り消し―千葉県（千葉県）千葉地裁が住民からの産廃場建設認可取り消しの訴えを認め，千葉県に「業者に管理能力がないのに認可したのは違法」と認可の取り消しを命じた。知事が認可した産廃場建設が取り消しを命じられたのは初めてのケース。

8.22 中国政府「2007年の汚染物質削減目標を達成できていない」（中国）中国では2大汚染指標（二酸化硫黄，化学的酸素要求量）を2006年から2010年までの5年間でいずれも10％削減するという目標を設定しているが，汚染発生源の工場からの排出が防げていないので2007年の目標を達成できていない，というコメントを発表した。

8.22 年賀はがきの寄付金で温室効果ガス排出権取得（日本）日本郵政グループは2008年から「カーボンオフセット年賀」を販売すると発表した。これは1枚あたり5円の寄付に日本郵政が同額を加えて，国連が承認したクリーン開発メカニズム事業に寄付し，そこで得た温室効果ガス排出権を日本の削減実績に加えるもの。年賀はがき約40億円の内，1億円を販売の予定。

8.23 伝染病が過去にない速度で拡大。地球規模での対策が必要（世界）23日に発表した2007年度の『世界保健報告』の中で世界保健機関（WHO）は，伝染病が過去にない早い速度で拡大しつつあり，地球規模の緊密な協力が必要だと訴えた。同報告書は「飛行機により人の移動などが容易となり，健康に対する脅威も1つの国の中で収まるものではなく，早い速度で世界中に拡大する恐れが高まった」と指摘している。

8.24 『地球システムの崩壊』刊行（世界）地球温暖化や人口爆発などの問題がもたらされている現在，人類が生き延びるために何をすべきかと問う，松井孝典著『地球システムの崩壊』（新潮社）が刊行された。

8.26	養鶏業者の倒産が急増―バイオエタノール需要増で飼料代高騰（日本）　東京商工リサーチによると養鶏業者の2007年1月～7月の倒産件数は13件で、2000年以降で最多となった。地球温暖化対策として注目を浴びるバイオエタノール燃料の需要増で主原料のトウモロコシが高騰、その影響で家畜飼料が値上がりし収益圧迫を受けているのが原因とみられる。	
8.29	環境省、オゾンホール縮小の兆しがあるとは言えない（世界）　環境省は、オゾン層破壊物質などの大気中濃度、太陽紫外線の状況をまとめた報告書を発表した。オゾンホールの面積は2,490万km^2（南極大陸の約1.8倍）で、最近10年間では3番目に小さい規模だったが、現時点でオゾンホールに縮小する兆しがあるとは判断できず、南極域のオゾン層は依然として深刻な状況にあるとしている。	
8.29	林野庁と環境省がコピー用紙で古紙論争（日本）　政府関連機関で使用されるコピー用紙の規格を巡って林野庁と環境省の意見が分かれている。政府が使えるのは純粋な古紙再生紙のみだが、間伐材の利用を推進したい林野庁がその用途拡大を求めているのに対し、環境省はリサイクルの後退につながると反対している。	
8.30	温室効果ガス国際排出権取引認定（スイス，オーストリア）　国連気候変動枠組み条約事務局が京都議定書規定の温室効果ガス国際排出権取引を行える有資格国第1号として、日本、オーストリア、スイスの3か国を認定した。	
8.30	花粉症対策でスギ林5割減目標（日本）　首都圏などへのスギ花粉飛散に影響が大きいと推定されるスギ林について、「花粉症対策スギ」への転換を図り10年間で概ね5割減少させると、林野庁「花粉発生源対策プロジェクトチーム」が対策などをまとめた。	
8.30	尾瀬国立公園誕生（日本）　福島・群馬・栃木・新潟の4県にまたがる尾瀬地域が、会津駒ヶ岳や田代山周辺などを加えて尾瀬国立公園として日光国立公園から独立、29番目の国立公園となった。新しい国立公園の指定は20年ぶり。自然保護重視の新しい国立公園のモデルをめざす。	
8.30	木質バイオマス混焼発電本格稼働―中国電力で初（山口県）　中国電力は同社として初めてとなる木質バイオマス混焼発電を新小野田発電所（出力50万kW2基）で本格稼働させた。	
8.31	温室効果ガス削減、どの程度削減可能か協議（世界）　国連気候変動枠組み条約の作業部会は、地球規模の二酸化炭素など温室効果ガス排出量を21世紀半ばに2000年の半分以下にし、先進国は2020年までに90年比で25～40％削減する必要があるとの文書を採択した。	
8月	欧州南部を熱波が襲う（ヨーロッパ）　欧州南部ではスペイン、ポルトガルから南仏、バルカン諸国、ハンガリーに及ぶ広い地域にわたって記録	

的暑さに見舞われた。各地で40度超えの日が続き、干ばつも深刻化している。7月に山火事により60人が犠牲となったポルトガルでは今も影響が続いている。

9.3　砂漠化対処条約第8回締約国会議開催（世界）「砂漠化対処条約（UNCCD）」第8回締約国会議がスペインの首都マドリードで開催された。第7回会議決定に基づいて作成された「条約実施の再活性化のための十年戦略計画（2008-2018）」の採択、条約実施の枠組みの改組が行われた。

9.3　猛暑日日数、平年を上回る（日本）　気象庁は2007年の6～8月は全国153ヶ所の気象台と測候所の半数以上にあたる85ヶ所で「猛暑日」（35度以上）の日数が平年を上回ったと発表した。

9.7　薬害C型肝炎仙台訴訟判決（宮城県）　血液製剤フィブリノゲンの投与でC型肝炎に感染したとして患者が損害賠償を求めた薬害C型肝炎訴訟の仙台訴訟で、仙台地方裁判所は製薬会社2社の責任だけを限定的に認めた。集団訴訟で国の責任を認めなかったのは初。

9.8　2020年までに地域の森林面積増を目標に盛り込む―APEC首脳行動方針（アジア）　オーストラリアで開かれていたアジア太平洋経済協力会議（APEC）は、持続可能な森林経営及び土地利用は炭素循環に重要な役割を果たすとし、地域の森林面積を2020年までに少なくとも2000万ha増加させる方針を定めた。実現すれば14億トンの炭素が蓄積され、これは世界の年間排出量（2004年実績換算）の約11％に相当するという。

9.11　ホッキョクグマ、絶滅の危機（北極）　アメリカ地質調査所（USGS）は、地球温暖化による北極海の氷の減少でホッキョクグマの生息数が2050年には現在の3分の1に減少するという予測を発表した。アメリカ内務省は、ホッキョクグマをアメリカの「絶滅危惧種法」の保護対象とすることを提案。

9.12　IUCN、レッドリスト公表（世界）　国際自然保護連合（IUCN）は絶滅の恐れがある動植物種のレッドリスト2007年版を公表した。新たに188種を追加して1万6,306種となった。地球温暖化やエルニーニョ現象などが生物種減少の原因と考えられている。今回初めてサンゴが対象となった。

9.14　スギ花粉抑制のため広葉樹を植林（宮城県）　仙台森林管理署は仙台市周辺の国有林にあるスギ林約790haでスギを3本に1本の割合で間伐、代わりに広葉樹や低花粉スギを植樹する取り組みを始めた。

9.15　屋久島の森林再生の歴史を研究（鹿児島県）　九州大学や地元市民団体が世界遺産・屋久島の江戸時代の伐採の実態やその後の森の再生を調査する研究を始めた。今後の森の持続に役立てたいとしている。

9.16　チャベス大統領「ガス革命」宣言（ベネズエラ）　ベネズエラのチャベス

大統領は180億ドルの投資で、ガス生産倍増、天然ガスによる火力発電を推進すると宣言した。火力発電燃料の中で天然ガスは燃焼時のCO_2排出量が最も少ない。

9.17　モントリオール議定書改正（世界）「オゾン層を破壊する物質に関するモントリオール議定書第19回締約国会合」開催。ハイドロクロロフルオロカーボン（HCFC）の規制を強化する「モントリオール調整」が決定された。

9.19　EC、本マグロ漁の年内禁止を決定（ヨーロッパ）　乱獲により減少している本マグロについて、欧州委員会（EC）は大西洋東部および地中海での本マグロ漁の年内禁止を決めた。EU全体の2007年の本マグロ割当漁獲量1万6779.5トン分を捕獲しきったことが判明したことを受けた措置。

9.20　温室効果ガス2050年半減協議（アメリカ）　米政府のコノートン環境評議会会長はインタビューの中で、2050年に（温室効果ガスの）排出を半減する長期目標を念頭に世界で協議を進める方針であることを明かした。一方で中期的には各国が国内目標を立て削減を図るべきで、義務的な目標設定には否定的な見解を示した。

9.20　世界の穀物在庫、過去最悪（世界）　世界的な消費の拡大、異常気象、バイオマス燃料の需要増加で世界の穀物在庫は過去最悪の状態が続いている、との報道があった。石油の代わりに植物油を使うバイオマス燃料は、CO_2排出のカウント外という例外措置で需要が増大しており、穀物から原料である菜種やトウモロコシなどへの転作が続いている。

9.23　北極の氷、史上最小を更新（北極）　海洋研究開発機構（JAMSTEC）の解析で、北極海の海氷面積が今季最小となったことが判明。史上最小になった8月からの1ヵ月でさらに日本列島の3倍の海氷が消え、16日現在で面積は410.4万km^2となった。

9.24　地球温暖化に関するハイレベル会合開催（世界）　ニューヨークの国連本部で地球温暖化に関するハイレベル会合が開催され、潘基文国連事務総長は各国首脳らに温室効果ガス排出量削減に向けて早期に取り組むよう訴えた。

9.26　ナラ枯れ拡大、里山放置が原因（日本）　里山放置が要因で、ナラやシイなどの広葉樹が大量に枯れる「ナラ枯れ」が、秋田、愛知両県で初めて見つかるなど拡大している。

9.28　「環の縁結びフォーラム」開催（日本）　全国牛乳パックの再利用を考える連絡会が2006年までの全国大会に代わり、新しく「環の縁結びフォーラム」を開催した。全国牛乳容器環境協議会（容環協）協賛。

9.30　新『環境教育指導資料』発行（日本）「学校教育法」「教育基本法」が改正されたことを受けて、国立教育政策研究所教育課程研究センターが新し

い『環境教育指導資料(小学校編)』を東洋館出版社から発行。

9月　世界銀行「フィリピン環境モニター2006」発表(フィリピン)　世界銀行はフィリピンに於いて大気・水質汚染による健康被害の多発などを指摘する「フィリピン環境モニター2006」を発表した。

10.1　改正「フロン回収・破壊法」施行(日本)　「特定製品に係るフロン類の回収及び破壊の実施の確保等に関する法律(フロン回収・破壊法)」が改正・施行された。建築物等の解体時における確認義務、都道府県知事の指導権限等の強化などが盛り込まれた。

10.2　ロンドン条約議定書加入(世界)　「1972年の廃棄物その他の物の投棄による海洋汚染の防止に関する条約の1996年の議定書(ロンドン条約議定書)」に加入することを閣議決定。11月1日から発効、同日から改正「海洋汚染防止法」も施行。

10.3　コンビニ各社、期限切れ食品を飼料に(日本)　コンビニで毎日15キロ廃棄されている食品ゴミを、豚や鶏用の飼料として再利用する取り組みが広がっている。

10.3　杜の都・仙台ケヤキ危機(宮城県)　地下鉄建設に伴って伐採される市内中心部の街路樹を東北大新キャンパスに移植しようという動きが広まっている。地元商店街と東北大で実行委員会が立ち上げられた。

10.4　皇居はクールアイランド(東京都)　環境省が「皇居内の8月の気温は周辺市街地より平均で1.8度低く、また周辺市街地に向かって、昼間は風による冷気の移流、夜間は冷気のにじみ出しがそれぞれ観測された」と発表。同省は「皇居はヒートアイランド現象の顕著な都市の中心部にあって、明瞭なクールアイランドとなっている」としている。

10.9　バイオガソリン、大阪府で試験販売開始(大阪府)　建築廃木材を原料とするバイオエタノール3%混合ガソリン(E3)の試験販売が、大阪府の堺市と大東市で開始された。9日現在、自治体を含む24事業者101台が登録されている。廃木材を原料とするバイオエタノール製造は全国初。

10.10　高知県議会、CO_2プラスマイナスゼロ宣言を決議(高知県)　高知県議会は、県内のCO_2排出量を森林吸収量の範囲内に抑えることを目標にした「高知からCO_2+-0(プラスマイナスゼロ)宣言」を決議した。

10.10　地球温暖化の影響？　北の海でフグ豊漁(日本)　暖かい海を好み、主に西日本で獲得されるフグの水揚げ量が北海道、東北で増加している。地球温暖化に伴う海水温度の上昇を指摘する専門家もいる。

10.12　ゴア元米副大統領とIPCC、ノーベル平和賞(世界)　ノルウェーのノーベル賞委員会は、アル・ゴア元アメリカ副大統領と「気候変動に関する政府間パネル(IPCC)」が、人為的に起こされた地球温暖化の認知を高め、気候変動に対する国際的な行動を喚起したとして、ノーベル平和賞

を受賞することを発表した。ゴア元副大統領は2006年に製作された映画『不都合な真実』に主演し地球温暖化問題を指摘した。

- 10.12 環境保全と自然資源の持続的利用—ボリビア先住民族大会で宣言（ボリビア）国連が採択した「先住民族の権利に関する国連宣言」を受けて開催された、ボリビア先住民族大会で環境保全と自然資源の持続的利用が宣言文に盛り込まれた。
- 10.15 天然林保護に向け木材をDNAで識別（日本）CO_2を吸収・固定する森林機能の重要性が高まっている中、天然林でなく、持続的な資源である人工林を木材として使用するための技術として住友林業がDNA個体識別技術を確立。
- 10.20 カリフォルニア州南部で大規模な山火事—原因は自然要因と都市化か（アメリカ）カリフォルニア州南部各地で山火事が同時発生し、消防隊員数千人が動員され、住民数十万人に避難命令が出された。専門家はカリフォルニアの山火事について、高温乾燥で雨量が少なく高気圧な気候、広範な地域に広がる山脈、そして絶え間ない都市化が重なり定期的に発火するような条件が作られていると指摘している。
- 10.21 森林炭素パートナーシップ基金への拠出を表明—日本政府（世界）世界銀行の森林炭素パートナーシップ基金に日本は最大1,000万ドルの拠出の用意があると世界銀行・IMF合同開発委員会にて遠藤財務副大臣が表明した。
- 10.22 酷暑をやわらげるグリーンカーテン（神奈川県）神奈川県環境科学センターが、つる性の植物で壁面を覆うクリーンカーテンには、室内の体感温度で最大3.7度、壁面温度で最大6.8度低下させる効果があると発表。
- 10.22 薬害C型肝炎「418人リスト」放置発覚（日本）血液製剤フィブリノゲンの投与でC型肝炎に感染した問題で、2002年8月に厚生労働省が調査報告書を作成した際に、製薬会社から提出を受けた文書の中に418人分の個人情報が記載されたリストがあり、事実関係を告知することなく放置されていたことが判明。11月30日、厚労省は最終報告書をまとめ職員を厳重注意処分とした。
- 10.25 温暖化・人口増は人類の危機（世界）国際連合環境計画（UNEP）が世界の環境に関する報告書（「地球環境概況」）を発表。地球温暖化や種の絶滅、人口増に伴う食糧供給の課題など多くの問題が未解決のままで、人類は危険にさらされていると警鐘を鳴らしている。
- 10.26 ツキノワグマのためのドングリの森づくり（長野県）長野県小谷村大立地区で奥山にドングリの森を作り人里へのツクノワグマの出現を防ごうという試みが行われた。ツキノワグマの大量出没が各地で問題となっているが、原因は生息環境の悪化と餌不足と言われている。

10.27	愛媛県松山市で森林シンポジウム（愛媛県）　森林や林業への理解を深めてもらうためのシンポジウム（国民参加の森林づくり）が愛媛県松山市で開催された。学識者や地元の林業家らによる討論会などが行われた。
10.29	ICAPが成立（世界）　EU、ニュージーランド、ノルウェー、アメリカのカリフォルニア州・ニュージャージー州・ニューヨーク州など9州、カナダのブリティッシュコロンビア州など2州がポルトガルの首都リスボンで温室効果ガス排出権取引制度について協議し、「国際炭素取引協定（ICAP）」が成立した。
10.29	イタイイタイ病審査請求却下（富山県）　イタイイタイ病認定を却下された患者・遺族が公害健康被害補償不服審査会に審査請求している審理で、1人の請求が却下される。
10.29	化学物質の有害性評価手法の開発（日本）　新エネルギー・産業技術総合開発機構、経済産業省（NEDO/METI）のプロジェクト「構造活性相関手法による有害性評価手法の開発」（2011年度まで）の中間評価報告書が発表された。第23回研究評価委員会で確定されたもの。
10.29	先天性欠損症乳児が急増―中国政府が発表（中国）　環境汚染などが原因とみられる先天性欠損症の乳児が2001年以降40％近く急増していると中国政府が発表した。
10.31	土壌汚染増加（日本）　環境省は2005年度の有害物質（六価クロムや鉛など）を扱う施設跡地の土壌汚染調査結果を発表した。有害物質が基準値を越えた事例は667件で4年連続の増加となった。
10月	紙パック回収率上昇（日本）　全国牛乳容器環境協議会（容環協）の調査によると、2006年度の紙パック回収率は37.4％、使用済み紙パック回収率は26.4％となり、着実な上昇が続いている。
10月	水俣病救済最終案（熊本県）　与党水俣病問題に関するプロジェクトチームが、四肢末梢優位の感覚障害を有する者に一時金15万円給付するなどとした「新たな水俣病被害者の救済策についての基本的考え方」を取りまとめた。
10月	米で深刻な干ばつ（アメリカ）　少雨の影響で東部は深刻な干ばつを、西部では史上最大規模の山火事の発生などが記録された。
11.5	日本の温室効果ガス排出量1.3％減（日本）　2006年度の日本の温室効果ガス排出量は前年度比1.3％減の二酸化炭素換算で13億4,100万トンだったと環境省が発表した。しかし京都議定書の基準年（主に90年度）の数値を6.4％上回っており、目標達成は難しい状況にある。
11.7	薬害C型肝炎訴訟、和解勧告（大阪府，福岡県）　血液製剤フィブリノゲンの投与でC型肝炎に感染したとして患者が損害賠償を求めた薬害C型肝炎訴訟の大阪訴訟で、大阪高等裁判所は和解を勧告。12日、九州訴訟で

も福岡高等裁判所が和解を勧告。12月13日、大阪高裁は救済範囲が限定されている和解骨子案を示すが、原告側は拒否。

11.9 **原子力発電所の解体が予算不足で中断**（イギリス）　イギリスでは22基の原子力発電所が老朽化のために閉鎖されているが、その解体の費用が当初予算を上回る85億ポンド（約2兆円）に達する見込みとなり中断されていることがわかった。

11.9 **政府公用車にもバイオガソリン**（関東地方）　環境省は、廃木材を原料とするバイオエタノール3％混合ガソリン（E3）の政府公用車向け供給を開始した。E3の首都圏での実用化は初。今後、燃料電池車以外の公用車をすべてE3使用に切り替える。

11.11 **ロシア船籍のタンカーから重油漏れ**（ロシア）　ロシアとウクライナを隔てるケルチ海峡を航行中のロシア船籍のタンカーが暴風雨の中2つに折れ、約2000トンの重油が海に流出した。地元漁業への影響は大きくおびただしい数の鳥が死亡した。

11.15 **マレーグマ絶滅の危機**（アジア）　世界最小のクマと呼ばれるマレーグマが、絶滅の危機にあると国際自然保護連合（IUCN）が発表した。原因は森林破壊や密猟と考えられている。また世界のクマ8種のうち、ツキノワグマなど6種に絶滅の恐れがあると警告を行った。

11.16 **IPCC、第4次統合評価報告書公表**（世界）　「気候変動に関する政府間パネル（IPCC）」はスペインのバレンシアで第4次統合評価報告書を公表。気候変動はあらゆる場所において発展に対する深刻な脅威であり、地球温暖化はもはや疑う余地はなく、次世代の問題ではなく我々の世代の現実の問題であるとして、国際社会に早期の対策を促した。

11.19 **EANET第9回政府間会合開催**（アジア）　「東アジア酸性雨モニタリングネットワーク（EANET）」第9回政府間会合が、ラオスの首都ビエンチャンで開催された。

11.21 **東アジアサミット「シンガポール宣言」採択**（東アジア）　日本、中国、ASEANなど16ヶ国首脳が参加した東アジアサミットに於いて、域内の森林面積を2020年までに1,500万ha以上増やすなど地球温暖化に関する目標を掲げた「シンガポール宣言」を採択。しかしながらインドの反対でエネルギー効率の数値目標は見送られた。

11.22 **パソコン検索でCO_2削減**（日本）　NECとNECビッグローブはネット検索100万回につき1本のユーカリを豪州に植樹する取り組みを始めた。検索100万回に排出されるCO_2をユーカリ1本は20年間で吸収するという。

11.23 **宮崎県門川町に木質ペレット製造会社を誘致**（宮崎県）　化石燃料に比べCO_2排出削減が期待される木質ペレット（バイオマス燃料）の製造工場が宮崎県門川町に誘致されることが決まった。小型ボイラーの燃料とし

て販売を予定している。

- 11.23 **世界気象機関（WMO）、大気中のCO_2が最高値と発表**（世界） 世界気象機関（WMO）が2006年のCO_2平均濃度は観測史上最高値となる381.2ppmに達したと発表した。CO_2濃度は産業革命以前の水準に比べると36％増にもなっているという。

- 11.26 **日本政府、ハンガリーから温室効果ガスの排出枠購入を決定**（日本） 京都議定書の目標達成のため外国からの排出枠購入を検討してきた日本政府は、手始めにハンガリーから購入することを決定。

- 11.27 **「第3次生物多様性国家戦略」閣議決定**（日本） 日本政府は中央環境審議会の答申を受け、生物多様性の保全と持続可能な利用に関わる目標を定めた「第3次生物多様性国家戦略」を閣議決定した。

- 11.27 **EU、温室効果ガス排出量見通し発表**（ヨーロッパ） 欧州連合（EU）欧州委員会は2010年の温室効果ガス排出量の見通しを1990年に比べて7.4％減になるとの見通しを発表した。自動車の排気ガス規制を強化すれば11.4％減も可能とした。

- 11.27 **知床岬のエゾシカを駆除**（北海道） 自然環境保護のために環境省は知床岬のエゾシカを駆除すると発表した。世界自然遺産で野生動物を駆除するのは初めて。知床半島では1万頭を超すエゾシカが生息していると推定され、食害によって在来種が被害を受けている。

- 11.29 **沖縄北部国有林について検討する会合が開催**（沖縄県） 沖縄北部国有林の取扱いに関する九州森林管理局の検討委員会（第6回会合）が開催された。木材資源の供給に使う資源利用林は作らないことなどで合意し、返還対象の国有林すべてを基本的に保護・保全する方針が決定された。

- 11.30 **クールビズなどによるCO_2削減量見込みを発表**（日本） 環境省はクールビズやエコドライブ、マイバッグ持参などによって2010年度にはCO_2の排出量は678～1,050万トンの減少が見込めると発表した。

- 12.3 **オーストラリアのラッド首相、京都議定書を批准**（オーストラリア） 第13回国連気候変動枠組み条約（UNFCCC）締約国会議（COP13）が3日バリ島で開幕。オーストラリアのラッド新首相は、選挙での公約通り京都議定書を批准した。これで京都議定書を批准していない先進国は米国のみとなった。

- 12.3 **気候変動枠組み条約締約国会議開催**（日本）「第13回国連気候変動枠組み条約締約国会議（COP13）」・「京都議定書第3回締約国会議（MOP3）」がインドネシアのバリで開催された。最終日の15日にポスト京都議定書となる、2013年以降の温室効果ガス削減についての国際交渉の道筋をまとめた「バリ行動計画（ロードマップ）」を採択。2009年までに次期目標・枠組みについての議論を終結させることで合意。

12.3 第1回アジア・太平洋水サミットが大分で開催される（大分県） 世界初の水に関する首脳級会合である「第1回アジア・太平洋水サミット」が大分県別府市で開催された。

12.5 米上院、アメリカ気候安全保障法を可決（アメリカ） 米上院環境公共事業委員会は連邦レベルでの温室効果ガス排出削減義務化を目的とする「アメリカ気候安全保障法」を可決した。2050年に排出量を2005年レベルから63％減らすのが目標。

12.7 ヘーベイ・スピリット号原油流出事故（韓国） 韓国の大山港沖に停泊していた香港船籍の原油タンカー「ヘーベイ・スピリット号」に、荒波の影響で漂流してきたクレーン船が衝突、1万800トンの重油が流出した。韓国で最悪の重油流出事故で、事故後の裁判の判決も問題になった。

12.11 八郎湖、湖沼水質保全特別措置法に基づく指定湖沼の指定（秋田県） 八郎湖を全国で11番目となる「湖沼水質保全特別措置法」に基づく指定湖沼に指定。八郎湖は八郎潟干拓後、2007年夏には3年連続でアオコが大発生するなど富栄養化が進行し、水質が全国湖沼ワースト3となっていた。2008年3月には秋田県が「八郎湖に係わる湖沼水質保全計画（第1期）」を策定。

12.13 国内排出量取引制度、環境税導入先送り（日本） 環境省と経済産業省の合同審議会がまとめた「京都議定書が定めた温室効果ガス削減目標達成のための政府計画」から、国内排出量取引制度、環境税導入が先送りされることが明らかになった。

12.13 地球温暖化により自然災害が増加（世界） 国際赤十字社・赤新月社連盟は、2007年版「世界災害報告」の中で、地球温暖化の影響で自然災害の発生件数が前年比約20％増加し過去最高となったと発表した。

12.13 八ッ場ダムの工期延長（群馬県） 国土交通省が環境問題も取り沙汰されている八ッ場ダムの事業工期を2015年度末に変更する必要があると発表。事業費についてはコスト縮減を図り増額はしない見込み。

12.23 薬害C型肝炎救済、議員立法で（日本） 福田康夫首相は薬害C型肝炎訴訟で原告の求める全員一律救済のために議員立法を行うと表明。血液製剤投与時期を問わず保証金を支払うというもの。

12.25 脚光を浴びる企業の「森づくり」（日本） 荒れ果てた里山再生に企業参加の「森づくり」が脚光を浴びている。社会貢献姿勢をアピールしたい様々な企業が参加している。

12.28 温室効果ガス削減数値目標表明へ（日本） これまで中長期的な温室効果ガス削減目標設定に消極的な姿勢を見せてきた日本政府が、方針を展開し2008年1月のダボス会議で削減目標設定を表明する事が明らかになった。

12月 新潟水俣病認定申請者続出（新潟県） 2004年10月15日に国・熊本県の責

任を認めた熊本の水俣病関西訴訟の最高裁判決が出たことを受け、新潟水俣病の認定申請者が続出。3月に兄弟2人が認定されたのを含め、12月現在で申請は36件となった。新潟県と新潟市の認定審査会は、全国では初めて申請者の主治医から意見聴取を行った。

12月　森の再生めざし、健康診断でカルテ作り（滋賀県）　滋賀地方自治研究センターのメンバーが中心となり、荒廃の進む森のカルテを市民が作成するプロジェクト「森の健康診断・KIKIDAS（キキダス）」が、東近江市で始まった。木材を建築材や間伐材として活用することによって森の再生を図る視点から、木の高さなどをチェックしてカルテを作る。

2008年
（平成20年）

1.1　京都議定書の第1約束期間開始（世界）　京都議定書の第1約束期間が始まった（〜2012年12月31日）。日本は4月1日から開始。

1.4　乳牛放牧で森林再生実験（京都府）　環境事業会社のアミタ（東京）が京丹後市弥栄町船木の森林に「森林ノ牧場」を開き、乳牛を放牧して荒れた森林を再生させる実験を開始。「山地酪農」を森林保全に応用する試みで、牛に下草刈りをさせ、乳製品を販売する。

1.7　衆議院に薬害肝炎被害者救済特別措置法案提出（日本）　与党が「特定フィブリノゲン製剤及び特定血液凝固第IX因子製剤によるC型肝炎感染被害者を救済するための給付金の支給に関する特別措置法（薬害肝炎被害者救済特別措置法）」案を、衆議院に提出した。

1.8　今世紀末の国内平均気温、最大4.7度上昇の試算（日本）　環境省が、21世紀末の国内平均気温は20世紀末よりも1.3〜4.7度上昇するとの試算結果をまとめた。降水量については、2.4％減から16.4％増の範囲での変化が予測されている。

1.9　年賀はがきの古紙配合率、偽装発覚（日本）　日本郵政グループの古紙40％の年賀はがき（再生紙はがき）で、古紙配合率が1〜5％のものがあったことが判明。納入元の日本製紙が、無断で配合率を下げていたことを認めた。

1.10　インドで国民車「タタ」発表（インド）　インドのタタ自動車が、2500ドルという低価格で国民車「タタ」を発表。交通渋滞や排ガスによる大気汚染の深刻化への懸念が高まっている。

1.10　環境にやさしい企業増加（日本）　環境省が平成18年度の「環境にやさし

い企業行動調査」の結果を発表。調査対象とした6565社中、2774社から回答があり、平成13年度には50.0%だったグリーン購入に取組んでいる企業などの割合は、60.8%に増加した。

1.11 薬害肝炎被害者救済特別措置法成立（日本）　参議院で「特定フィブリノゲン製剤及び特定血液凝固第IX因子製剤によるC型肝炎感染被害者を救済するための給付金の支給に関する特別措置法（薬害肝炎被害者救済特別措置法）」が、全会一致で成立。血液製剤によりC型肝炎に感染した被害者全員の一律救済を目指す。議員立法による特別措置法の制定で、2002年から全国5ヶ所で提訴された薬害肝炎集団訴訟は解決に向かうことになった。だが、国内で350万人を上回るとされるウイルス性肝炎の感染者の多くは、医療行為を原因とする「医原病」とされ、本法で救済されるのはほんの一部にすぎない。

1.15 グリーンランド氷床、急激に融解（デンマーク）　近年の夏の暖かさで、グリーンランドの氷床が過去50年で最も急激に融解したことを科学者が指摘した。

1.15 岐阜県とトヨタ紡績、森林づくり協定を締結（岐阜県）　岐阜県とトヨタ紡績（愛知県刈谷市）および中津川市が、「企業との協働による森林づくり」協定を締結。岐阜県は2006年度に策定した県森林づくり基本計画で、企業との協働による森林づくりの推進を掲げており、本協定がその第1号となった。中津川市加子母舞台峠の約7ヘクタールの市有林で森林づくりを進める。

1.15 捕鯨調査船、反捕鯨活動家2人を拘束（南極）　南極海を航行中の調査捕鯨船が、米国の反捕鯨団体「シー・シェパード」の活動家の男性2人を拘束したと水産庁が発表。薬品入りの瓶を投げる等の妨害行為に及んだのち、捕鯨船内に乗り込んできたため、不法侵入の疑いで拘束したという。17日、2人は仲介に入ったオーストラリア政府の監視船に移された。

1.16 アマゾンの森林破壊、増加の見通し（ブラジル）　ブラジルの科学者が、2008年のアマゾンの森林破壊が4年ぶりに増加するという見通しを発表。同国政府による森林保護政策への懸念が高まっている。

1.17 ノルウェー、2030年までに温室効果ガス排出ゼロを目指す（ノルウェー）　ノルウェー与野党が、地球温暖化の原因となる二酸化炭素等の温室効果ガスの排出削減目標について、2030年までにゼロを目指すことで合意。前年に掲げた「50年までに排出ゼロ」とする目標から、大幅に前倒しさせた。同国の2006年の温室効果ガス排出量は約5400万トン。

1.18 シベリアの永久凍土、急速に融解進行（ロシア）　海洋研究開発機構が、シベリアの永久凍土の融解が数年前から急速に進行していると発表。同機構は現地の研究機関と共同で、シベリア東部のヤクーツクに観測センターを設置。1998〜2004年の平均では零下2.4度だった同地の年平均地

温（深さ1.2メートル地点）は、2005年は零下1.4度、2006年には零下0.4度と急激に上昇。2000年前後は約1メートルだった夏季に解ける永久凍土の深さは、2006年～2007年には2メートルを超えた。また、2007年に凍土が解けた場所にできる湖沼の面積は、2000年の約3.5倍に拡大している。

1.18 **世界のカーボン・クレジット取引、80%増**（世界）　2006年に330億ドルだった世界のカーボン・クレジット取引が、2007年には600億ドルとなり、約80%増加したことが明らかになった。

1.21 **平均気温1度上昇で死者2万人増の試算**（世界）　米スタンフォード大学の研究で、地球温暖化が進行すると有害なオゾンや浮遊粒子等が増え、呼吸器系疾患による死者が増加することがわかった。同大学の試算によれば、地球の平均気温が1度上昇すると、世界で年間2万人の死者が増加するという。

1.23 **南極の氷解速度加速**（南極）　米航空宇宙局ジェット推進研究所（NASA/JPL）が、地球温暖化に伴い、南極の氷床が解ける速度が加速していると発表。南極近海の海水温上昇が原因とみられ、2006年には1996年の1.75倍の速度で氷解していた。

1.24 **沖縄ジュゴン「自然の権利」訴訟、NHPA違反の判決**（沖縄県，アメリカ）　沖縄ジュゴン「自然の権利」訴訟で、米サンフランシスコ連邦地方裁判所が、辺野古沖への基地建設は米文化財保護法（NHPA）違反であると認定。被告の米国防総省に対し、基地建設によるジュゴンへの影響を回避するよう考慮し、判決後90日以内に環境影響評価文書を提出するよう命じた。

1.25 **17社で再生紙偽装確認**（日本）　再生紙の偽装問題を巡り、業界団体の日本製紙連合会が、コピー用紙や印刷用紙などの「洋紙」を生産している会員企業24社のうち、王子製紙や日本製紙など大手5社を含む17社で再生紙に含まれる古紙配合率を偽装していたことが確認されたという調査結果を発表した。

1.26 **福田首相、温室効果ガス削減の国別総量目標策定を表明**（日本）　ダボス（スイス）で開催された世界経済フォーラム年次総会（ダボス会議）で、福田康夫首相が7月に行われる北海道洞爺湖サミットの議長として特別講演。京都議定書の第一約束期間が終了する13年以降の温室効果ガス削減の国際的枠組み（ポスト京都議定書）づくりにおいて、新たに「国別総量目標」を掲げ、策定を主導する決意を表明した。

1.27 **九州・山口で放置竹林急増**（九州地方，山口県）　全国の竹林面積の半分以上を占める九州および山口の農山村部で、放置された竹林の面積が急速に拡大。モウソウチクなどの竹は繁殖力が強く、伐採をしないとすぐに密生して勢力を拡大し、農地に侵食したり、森の樹木を枯らしたりし

てしまう。20年足らずの間に竹林が倍増した自治体もあり、荒れた竹林の対策が急がれる。

1.28 **福田首相「温室効果ガス2050年に半減」の目標を明らかに**（日本）　衆院予算委員会で、福田康夫首相が日本の温室効果ガス削減の長期目標について、2050年に排出量を半減させる方針を明らかにした。

1.29 **「農林漁家民宿おかあさん100選」第1弾発表**（日本）　農林水産省・国土交通省が、「農林漁家民宿おかあさん100選」の第1弾となる20人を発表。農林漁業に従事しながら民宿を経営し、地域活性化に貢献している女性を100人ほど選定する事業で、今後2年間実施される。都市住民を農山漁村に引き寄せる誘い水として、農林漁家民宿の普及・定着を目標としている。

1.29 **林業経営体、半数以上が主伐実施の意向なし**（日本）　農林水産省が、2007年11月に実施した今後の森林施業に関する林業経営体の意識・意向調査の結果を発表。今後5年間の主伐実施についての意向調査では、伐期にあたる保有山林82.3％のうち、半数以上となる44.1％が「主伐を実施する考えはない」と回答した。主な理由として、実施しても採算が合わないことがあげられる。

1.31 **フィリピンへの製材輸出が急増**（フィリピン）　農林水産省が2007年の農林水産物等輸出実績（速報値）を発表。総額は前年比16％増の4338億円で、林産物では製材が前年比39.6％の伸びを見せた。なかでも、前年は1000万円未満だったフィリピンへの輸出額が急増し、6億円を超えた。

1月 **イタリア、SEA指令国内導入**（イタリア）　イタリアが政令により、SEA指令を国内導入した。

1月 **気候・エネルギー政策パッケージ公表**（ヨーロッパ）　欧州連合（EU）が「気候・エネルギー政策パッケージ」を公表した。

2.2 **再生紙偽装問題で、東京ドーム485個分の森林が犠牲に**（日本）　1月に発覚した一連の再生紙偽装問題で、国際環境NGO「FoE（地球の友）ジャパン」は、製紙会社が本来の古紙配合率を守っていれば、伐採せずに済んだ森林の推計面積を発表。古紙率の偽装がなければ、1年間で約2268ヘクタール（東京ドーム485個分）の森林が救えたという。

2.4 **薬害C型肝炎訴訟、大阪・福岡地裁で和解成立**（大阪府，福岡県）　血液製剤による感染の責任を問う薬害C型肝炎訴訟で、国と原告側28人の和解が大阪、福岡両地裁で初めて成立した。

2.6 **京都議定書目標達成計画関係予算案が決定**（日本）　環境省が、2008年度の京都議定書目標達成計画関係予算案を発表。京都議定書6％削減約束に直接効果があるものが5194億円で、うち36％を占める森林吸収源対策に1853億円。温室効果ガス削減に中長期的効果があるものが3095億円、

その他結果として温室効果ガス削減に資するものが3430億円、基盤的施策などが447億円。

2.6 木材乾燥の新技法でCO_2削減効果（岐阜県）　中津川市の加子母林材振興会が、木材を立ち木のまま乾燥させ、含水率が低下した後に伐採する新たな技法「新月三ッ緒伐り」に取り組んでいる。石油等を使用する人工乾燥が減り、CO_2排出量削減の効果も期待できるという。

2.7 高江ヘリパッド基地建設反対の署名提出（沖縄県）　沖縄県東村高江地区の米軍ヘリパッド基地について、「ヘリパッドいらない住民の会」は2万2千人分の建設反対署名を県選出3人を含む野党国会議員に提出した。

2.7 第1回エコ事業所優秀賞表彰式（愛知県）　名古屋市では、環境に配慮した取組を自主的かつ積極的に実施している事業所を「エコ事業所」として認定している。この日、特に優秀で他の模範となる取組を実施している事業所を表彰する第1回エコ事業所優秀賞表彰式が開催された。

2.7 野生生物取引問題で南アジア8ヵ国が協力（南アジア）　南アジア8ヵ国が、域内での犯罪組織ネットワークによる野生生物取引問題への取り組みで、さらに協力することに合意した。

2.8 アマゾンの森林伐採が加速（ブラジル）　ブラジル環境省が、アマゾンの森林伐採が加速度的に進んでいることを明らかにした。2007年8月から12月の5ヶ月間に、東京都の面積のおよそ3倍にあたる約7000km^{2}の森林が消失したという。穀物価格が国際的に上昇し、農園主・牧場主などが同地域での事業を拡大したことが原因とみられる。

2.8 京都議定書の目標達成計画最終報告（日本）　環境省と経済産業省の合同審議会が、京都議定書の目標達成計画について最終報告を発表。計画の見直しで、日本に義務づけられた温室効果ガスの排出量6％削減は可能とした。従来の計画に加え、追加対策の効果を試算した結果、2010年度の排出量は1990年度を0.8～1.8％下回り、森林による吸収分や海外からの排出枠購入分と合わせて6.2～7.2％の削減が見込まれるという。

2.10 新宿区と伊那市、森林保全でCO_2相殺（東京都，長野県）　新宿区内で発生する二酸化炭素を、長野県伊那市の森林保全に貢献することで相殺する協定が締結された。伊那市の市有林を年30～50ヘクタール整備することで、年2千～3千トンの二酸化炭素が相殺できる見込み。

2.11 産学官連携で新集成材の強度試験開始（広島県）　広島県三次市十日町の県立総合技術研究所林業技術センターで、国産スギと輸入材のベイマツを貼り合わせた集成材の曲げの強度などを調べる実験が、産学官連携で開始された。製材後の切れ端や、小径木材、間伐材など、従来はあまり使用されていなかった国産材を強度の強い輸入材と一体化し、新たな集成材として活用する試みで、国産木材の利用拡大と付加価値の向上を目

指している。

2.12 「ラムサール条約」にサロマ湖・瓢湖の登録方針表明（北海道，新潟県） 環境省が北海道のサロマ湖と新潟県の瓢湖について、「ラムサール条約」に新規登録する方針を発表。サロマ湖は漁業資源に恵まれた国内最大の汽水湖であること、瓢湖はハクチョウの重要な飛来地となっていることが評価された。10月に韓国で開催される締約国会議での登録を目指している。

2.13 豪・ラッド首相、先住民族に謝罪（オーストラリア） オーストラリア連邦議会でケビン・ラッド首相（労働党）が、公式に先住民族のアボリジニに対する謝罪演説を行った。見直しを前提としながらも、前政権による介入政策は部分的に継承する。

2.14 キングペンギン、温暖化で絶滅の恐れ（南極） フランスなどの研究チームが、地球温暖化がこのまま進行した場合、水温の上昇で餌の魚などが減り、南極周辺でキングペンギンが絶滅する恐れがあるという研究結果を発表した。キングペンギン（オウサマペンギン）は、コウテイペンギンに次いで2番目に大きいペンギン。

2.19 アホウドリのヒナ10羽が引っ越し（東京都） 伊豆諸島・鳥島で、絶滅の恐れがある国の特別天然記念物・アホウドリの引っ越しが始まり、10羽のヒナが小笠原諸島の聟島にヘリコプターで運ばれた。鳥島は火山噴火の恐れがあるため、新たな営巣地をつくることが目的だ。

2.19 野洲市バイオマスタウン構想策定（滋賀県） 滋賀県野洲市が、家庭ゴミや間伐材をエネルギーとして活用するバイオマスタウン構想を策定。刈り込まれた街路樹の枝や間伐材などを加工し、市総合体育館の温水プールの燃料として活用することを考えている。バイオマス構想の策定は、県内では米原市に次いで2番目。

2.20 シカによる林業被害急増（山梨県） 山梨県でニホンジカによる食害が急速に拡大。1990年度には30万円程度だった林業被害額が、2005年度には1億円を超過。県は狩猟期間延長などの対策を取っているが、捕獲が追いつかないという。

2.21 メイカウアヤン川の浄化計画策定発表（フィリピン） フィリピン政府がルソン島ブラカン州のメイカウアヤン川の浄化計画の策定を発表。メイカウアヤン川を「地球上で最も汚染された場所の1つ」とし、浄化に向けた行動計画を立てる。

2.23 B型肝炎訴訟、国を集団提訴へ（日本） B型肝炎訴訟の各地の弁護団が、28日の札幌を皮切りに、東京、静岡など全国11地方裁判所で国家賠償を求める集団訴訟を起こすことを決めた。各地の第1陣訴訟に約500人、最終的には1000人以上の患者が原告団に加わる見込みだ。

2.25	サントリー、環境緑化事業参入を発表（日本）　サントリーが、3月から環境緑化事業に参入すると発表。土よりも軽く、水分や酸素を効率よく供給する新素材「パフカル」を用いた屋上・壁面緑化システムで、ヒートアイランド現象の緩和を図る。
2.25	日光杉並木、強風で20本以上倒木（栃木県）　24日に栃木県内で吹いた強風の影響で、国の特別天然記念物「日光杉並木」のスギが20本以上なぎ倒されたことが明らかになった。並木のスギは老齢化が進んでおり、県が2000～2001年度に実施した調査で健康状態が良かったのは全体の2％のみだった。専門家は、今後も強風による倒木は避けられないと指摘している。
2.26	スヴァールバル世界種子貯蔵庫がオープン（ノルウェー）　ノルウェーのスヴァールバル諸島に、世界種子貯蔵庫がオープン。100ヵ国以上から集められた、包括的で多様な1億粒の食用作物種子を冷凍保存する種子銀行だ。
2.26	民間初の森林再生基金設立（宮城県）　森林伐採後の植林補助を目的に、宮城県内の合板・木材生産企業、県森林組合連合会、県森林整備事業協同組合が、植林基金「みやぎ森林（もり）づくり支援センター」を設立。森林再生を支援する全国初の民間組織で、丸太の流通量に応じて負担金を出し合い、森林の個人所有者に植林費用を補助する。
2.27	JCO臨界事故住民健康被害訴訟、原告の訴え棄却（茨城県）　茨城県東海村のJCO臨界事故で被曝した住民が、PTSD（心的外傷後ストレス障害）などの健康被害を受けたとして、同社などに損害賠償を求めた訴訟で、水戸地裁が原告側の訴えを棄却する1審判決を下した。
2.27	温室効果ガス排出量取引に向けた第1回日露政府間協議（ロシア）　日本がロシアから温室効果ガス排出量を獲得するための第1回両国政府間協議が、東京で行われた。排出量取引の実現に向け、ロシア側は国内法など必要な体制を整備する考えだ。日本側は2007年末にハンガリー政府と合意した交渉の経緯等を説明した。
2.27	再生可能エネルギーへの投資、初の1000億ドル越え（日本）　2007年に再生可能エネルギーへの投資が、初めて1000億ドルを上回ったとする報告書が発表された。風力発電が牽引し、支援政策も後押しとなった。
2.29	バイオ燃料用作物のための開墾、温室効果ガス削減に逆効果（世界）　現行バイオ燃料用の作物栽培のために土地を開墾すると、化石燃料をバイオ燃料に代替した場合の削減量を上回る量の温室効果ガスが放出される、という研究結果が発表された。
2月	フィリピンで国家エネルギー会議（フィリピン）　石油価格の高騰を受け、フィリピンのグロリア・アロヨ大統領が国家エネルギー会議を招集。行

政、経済界、市民の代表ら2500人が参加した。

3.3 **原油価格、最高値を更新**（世界） 原油価格が1980年4月に記録したインフレ調整後の103.76ドル/バレルの最高値を更新。2008年3月時点の価格は、4年前の3倍となった。

3.3 **反捕鯨団体、捕鯨調査船を妨害**（南極） 南極海を航行していた調査捕鯨船の母船「日清丸」が、米国の反捕鯨団体「シー・シェパード（SS）」の船から薬品入りの瓶や白い粉の入った袋などを投げつけられ、甲板の乗組員1人と海上保安官2人が負傷。3人は目の痛みを訴えているという。7日、SSの船が再び「日清丸」に接近し、瓶や袋を投げ込んできた。無線で警告したが効果がなかったため、日新丸に乗船していた海上保安官が警告弾を7発投げた。

3.3 **薬害エイズ事件、元厚生省課長の有罪確定**（日本） 薬害エイズ事件で業務上過失致死罪に問われた元厚生省生物製剤課長に対し、薬事行政上必要かつ十分な対応を図るべき義務があったとして、最高裁は上告を棄却。禁固1年、執行猶予2年とした1、2審判決が確定した。

3.4 **里山NPO、小型ペレット製造機を共同開発**（三重県） 三重県名張市で里山保全活動をするNPO法人「赤目の里山を育てる会」とメーカーが、間伐材や雑木林の小枝を暖房用のペレットに加工する安価で小型な機械を共同開発。大きさは高さ約1.5メートル、幅・奥行き各約0.8メートルで、金額は前処理用の機械を含めて約300万円。

3.9 **対馬・千俵蒔山で野焼き復活**（長崎県） 長崎県対馬市上県町の千俵蒔山で、「千俵蒔山草原再生プロジェクト」の一環として、40年ぶりに野焼きが行われた。千俵蒔山の草原は1947年には約105.9ヘクタールあったが、現在ではその93％が失われている。2007年3月、地方自治会が中心となって立ち上げた同プロジェクトは、草原再生に向けて様々な取り組みを進めている。

3.10 **欧州委、気候変動への危機管理増強を提言**（ヨーロッパ） 欧州連合（EU）の執行機関・欧州委員会は、地球温暖化に伴う安全保障上の脅威に対処するため、軍事力を含めた危機管理能力を増強する必要があるという報告書を加盟各国に提示。温暖化の進展に伴う自然災害の増加や食糧難、貧困拡大など、世界各地で紛争の増加につながる恐れがあると予測し、気候変動を「深刻な安全保障上の脅威」と位置付けた。

3.10 **神栖市の有機ヒ素水汚染、処理作業完了**（茨城県） 茨城県神栖市の有機ヒ素水汚染で、2006年から行っていた掘削確認作業で除去した汚染土壌やコンクリ塊の焼却作業が完了したと、環境省が発表した。

3.11 **青森県議会、最終処分地拒否条例案を否決**（青森県） 県民クラブ・社民党・民主党の野党3会派から提出されていた、青森県を原発の高レベル

放射性廃棄物の最終処分地にしないことを宣言する内容の条例案が、青森県議会で否決された。

3.14 **2007年の日本の木材輸入額発表**（日本）　林野庁が2007年の日本の木材輸入額を発表。総額は前年比1％増の約1兆3944億円で、輸入先1位の中国が1838億円。オーストラリア・チリからの輸入が急増し、前年比20％以上の伸びを見せた。一方、マレーシア・カナダ・インドネシアは10％以上減少した。

3.14 **千葉で「G20対話」開幕**（千葉県）　7月の北海道洞爺湖サミットに向けた閣僚級会合の第1弾として、「G20対話」（気候変動、クリーンエネルギー及び持続可能な開発に関する閣僚級対話）が千葉市で開幕（〜16日）。京都議定書後となる2013年以降の次期枠組みで、日本が提案した「セクター別アプローチ」について今後も議論を継続していくことで一致し、閉幕した。セクター別アプローチは、国の枠を越えて、産業ごとに温室効果ガスの削減に取り組む手法。

3.16 **世界の氷河、融解進む**（世界）　2004〜05年から2005〜06年にかけて、世界の氷河が記録的に融解。速度は平均的だが、厚さは2倍以上だったと国連が発表した。

3.16 **全国の自治体で温室効果ガス排出削減計画**（日本）　京都議定書の約束期間が始まる4月を目前に控え、朝日新聞社が行った調査で、全国の主要自治体の60％以上が、地域で目標を定めた温室効果ガス排出削減計画を策定していることがわかった。うち、目標達成が可能であると回答した自治体は約10％で、対策効果があまり上がっていない現状も明らかになった。

3.18 **洞爺湖サミット参加国発表**（北海道）　7月の北海道洞爺湖サミットで、気候変動とアフリカ開発をテーマにした「拡大対話」に招待する国が正式に発表された。G8と招待国を合わせて23ヵ国が参加する、過去最大規模のサミットとなる。

3.19 **新幹線の工事認可、もんじゅ再開ちらつく**（福井県）　北陸新幹線の工事認可について、福井県敦賀市の河瀬一治市長が「もんじゅ再開の判断材料の一つと認識している」と発言した。

3.19 **無花粉スギ増殖への取り組み続く**（茨城県）　茨城県日立市の森林総合研究所林木育種センターで、花粉症対策で開発された無花粉スギ「爽春」を増殖する取り組みが続けられている。同センターでは、2005年から本格的に育成を開始。無花粉スギは種で増やせないため、接ぎ木・挿し木のほか、短期間で増殖可能な組織培養にも取り組んでいる。

3.22 **動物検知通報システムの導入方針決定**（日本）　総務省が、野生動物による被害を軽減するため、動物の行動を追跡・検知する無線システムに電波を割り当てる方針を決定。電波を出す送信機を動物に付け、受信機の1

キロ以内に近づくと通報するといったシステムを想定しており、田畑に近づく動物を察知し、生態を調査して農業被害を防ぐために活用する。

3.24 タカネルリクワガタ、緊急指定種に（日本） 環境省が、「タカネルリクワガタ」を種の保存法に基づく緊急指定種に指定すると発表。2007年11月に新種として記載されたクワガタムシ科の昆虫で、落葉広葉樹林に生息する。体長は約1センチで、美しい色彩が特徴。緊急指定種に指定されたことにより、個体の捕獲・殺傷・譲渡などが規制される。

3.25 第2次循環型社会形成推進基本計画、閣議決定（日本） 見直しが進められていた第2次循環型社会形成推進基本計画が閣議決定。持続可能な社会の実現に向けた循環型社会形成の推進、地域循環圏の構築、3Rの推進などが盛り込まれた。

3.26 バイオ燃料、低価格化を目指す（日本） 経済産業省・農林水産省が、自動車用の国産バイオ燃料の低価格化を目指す技術革新計画を発表。2015年までに1リットル40円（税抜き）とすることが目標で、イネ科のエリアンサスなど専用のバイオマス原料を大規模栽培し、製造工程を効率化して低価格化を図る。

3.26 岐阜県御嵩町の産廃処分場、建設中止に合意（岐阜県） 岐阜県御嵩町の産業廃棄物処分場建設問題で、岐阜県、御嵩町、寿和工業の3者が建設中止に合意した。

3.27 アメリカ西部5州で急速に温暖化進行（アメリカ） アリゾナ、ユタ、ワイオミング、サウスダコタ、ニューメキシコのアメリカ西部5州で、世界の2倍近くの速度で温暖化が進行しているという調査結果が報告された。同州内で急成長する都市の多くが、更なる干ばつに直面する可能性があるという。

3.27 小笠原諸島の森林生態系保護地域保全管理計画策定（東京都） 林野庁が、小笠原諸島の国有林を森林生態系保護地域として保全・管理していく計画を策定。世界遺産推薦も視野に、在来種を保存するための外来種対策の実施や、無秩序な立ち入りによる植生衰退を防ぐための新たなルールが盛り込まれた。

3.28 B型肝炎集団訴訟、札幌地裁に提訴（北海道） 予防接種によりB型肝炎に感染したとして、北海道内の5人が総額1億9250万円の国家賠償を求め、札幌地方裁判所に提訴した。

3.28 改定「京都議定書目標達成計画」、閣議決定（日本） 京都議定書で約束した温室効果ガス排出6％削減に向け、改定目標達成計画が閣議決定した。産業部門を中心とする追加対策により、約束期間の中間年にあたる2010年度の排出量は6.2〜7.2％減となり、目標達成は可能としている。

3.28 石綿被害、労災認定2167事業所を公表（日本） 厚生労働省が、アスベス

ト（石綿）による健康被害が認められ、2005〜06年度に労災認定を受けた従業員が勤務していた2167事業所を公表。04年度までの合計は383事業所で、2年間で約6倍の事業所で認定患者が出た。

3.29 アース・アワーに5000万人参加（世界）　世界中で同日・同時刻に消灯することで、地球温暖化防止と環境保全の意志を示すアース・アワーに5000万人が参加。35ヵ国以上の約370都市で照明を消した。

3.29 浜田市「漁民の森」で苗木200本植樹（島根県）　島根県浜田市長見町の「漁民の森」で、漁業関係者や海洋少年団の子どもたち計約80人がトチノキ等の苗木200本を植樹した。同市では、豊かな森と海を育てようと7年前から漁業関係者による植樹活動が行われており、これまでに広葉樹など約6千本が植えられている。

3.30 森林環境教育に「遊々の森」の利用増加（日本）　林野庁の「遊々の森」事業を利用し、国有林で森林環境教育を行う学校が増加している。同事業は02年より開始された制度で、林野町が学校や自治体と協定を結び、国有林を提供する。植樹等も可能で、比較的自由に活用できるという。初年度末の協定締結数は19ヶ所988ヘクタールだったが、2007年末には135ヶ所5633ヘクタールに増加した。

3.31 緑資源機構解散（日本）　農林水産省所管の緑資源機構が解散。水源林造成事業や緑資源幹線林道事業等の一部は、森林総合研究所（森林農地整備センター）に承継。海外農業開発事業は国際農林水産業研究センターに承継された。

3月 千葉県SEA要綱制定（千葉県）　「千葉県計画段階環境影響評価実施要綱」が制定された。

4.1 アジア太平洋資料センター分割再編（世界）　アジア太平洋資料センター（PARC）が分割再編された。民間協力活動やフェアトレード部門を分割し、パルシック（PARCIC）が発足。調査研究と政策提言を中心とする部門は旧名称を引き継いだ。

4.2 獣害対策装置「シシバイバイ」開発（日本）　イノシシ等による食害が深刻化していることを受け、電子部品メーカーのアサマ技研（福島市飯坂町）が獣害対策装置「シシバイバイ」を開発。直径・高さ各10センチのガラス製装置の中にLEDが6つ入っており、夜行性動物が苦手とする青色の光を発する。

4.5 高島森林体験学校が開校（滋賀県）　滋賀県高島市が、森林公園「くつきの森」を拠点に一帯のブナ原生林や池、川などで学ぶ「高島森林体験学校」を開校。地元の漁師や木地師、林業、自然観察の専門家等を講師に招き、森林活用のための技術や、山村文化を次世代に継承していくためのプログラムを提供する。

4.7 ケニア、廃棄物に起因する環境問題対策に官民連携を提唱（ケニア）　ナイロビから発生する廃棄物に起因する環境問題対策のため、ケニア国家環境管理局が官民連携の必要性を提唱。ナイロビ近郊のダンドラには1日約2万4千トンのごみが投棄され、廃棄物埋立地から発生する高濃度のメタンガスで火災が頻発。ナイロビ川が有害物質で汚染されている。

4.7 少花粉ヒノキ開発（九州地方）　森林総合研究所の林木育種センター九州育種場（熊本県合志市）と九州7県が連携し、花粉の少ないヒノキ17品種を開発。ヒノキはスギと並ぶ花粉症の原因で、森林・林業面からの対策として開発された。今後数年かけて苗木を増やし、各県に配布する。

4.8 津市美杉町の山林、「森林セラピー基地」認定（三重県）　三重県津市美杉町の山林など360ヘクタールが、医学的に癒し効果があるとして、県内初の「森林セラピー基地」に認定された。森林セラピーに適した遊歩道が複数あり、健康増進やリラックスを目的としたプログラムを提供していることが認定条件で、同市はコースガイドやツアーの作成を進め、今後も基地機能の充実を図る。

4.10 生物多様性基本法案提出（日本）　民主党が「生物多様性基本法」案を衆院に提出。生物多様性保護の計画策定を都道府県にも義務づけ、生態系に影響を及ぼす恐れがある事業者には、計画段階で環境影響評価を求めること等が盛り込まれた。9日に自民党の環境部会がとりまとめた同様の要綱案と一本化し、今国会での成立を目指す。

4.11 フィブリン糊の使用施設公表（日本）　厚生労働省は、旧ミドリ十字の血液製剤「フィブリノゲン」による薬害C型肝炎問題で、縫合用接着剤として加工した「フィブリン糊」を使用した可能性がある556施設を公表した。その後、追加公表があり、6月3日現在で598施設。フィブリン糊はフィブリノゲンを他の薬品と混ぜて糊状に加工したもので、心臓手術、骨折、やけどの治療などに幅広く使用された。フィブリノゲンの静脈注射よりも感染率は低いが、1000人に15人程度の確率でC型肝炎に感染し、約7万9000人に使用されたと推計される。

4.13 「アドバシ」で間伐材の利用促進（奈良県）　奈良県川上村の環境教育施設「森と水の源流館」が、間伐材の利用促進広告を印刷した箸袋に同村の製箸所で作った割りばしを入れた「アドバシ」の配布を始めた。単価6円で1万2千膳を作成し、費用総額は7万2千円。

4.16 米・ブッシュ大統領、温暖化対策を発表（アメリカ）　アメリカのジョージ・W・ブッシュ大統領が、地球温暖化対策について演説。「2025年までに温室効果ガス排出量の増加を食い止める」という新たな中間目標を正式発表した。実現のための方策として、次世代の原子力発電開発などの技術革新に取り組む方針だ。

4.17 国内初の本格的バイオ燃料工場が稼働（大分県）　大分県日田市で、三菱

商事が70％出資する「フォレストエナジー日田」のバイオペレット工場が稼働。バイオ燃料の本格的な工場としては国内初で、従来の国内生産1万8千トンを上回る年間最大2万5千トンの生産が可能。ペレットの原料には、製材の際にはぎ取られ、不要となった樹皮を利用する。

4.20　駆除した鹿でジビエ料理（山梨県）　山梨県富士河口湖町の本栖湖畔にあるレストラン7軒が、害獣として駆除された鹿を材料にしたジビエ料理「鹿カレー」の提供を開始した。カレーには40グラム程度の肉が入っており、値段は800円前後。牛肉よりも低カロリーで、さっぱりしているという。

4.21　炭素排出量の上限設定、家計に大きな影響なし（アメリカ）　炭素排出量に上限を設定した場合、アメリカ一般家計の負担は20年間1ドルにつき1セント未満だとする報告書が発表された。拘束力のある規制は、経済に打撃を与えるという主張を覆す内容だ。

4.21　朝霧高原のススキ原野で野焼き復活（静岡県）　静岡県富士宮市の朝霧高原のススキ原野で、富士宮市と住民らが13年ぶりとなる野焼きを行った。対象は延焼防火帯を設置した約20ヘクタール。2010年春には、約51ヘクタール全域で野焼きを実施する予定だという。

4.23　サンフランシスコ市、米最高のリサイクル率達成（アメリカ）　アメリカのサンフランシスコ市が、リサイクル、コンポスト、リユースなどの対策を通して、同国最高となるリサイクル率70％を達成したと発表。

4.23　花粉症対策で、スギ林の削減に着手（神奈川県）　神奈川県が、今年度から間伐などによるスギ林の削減計画に着手。丹沢地区を中心とする約2400ヘクタールが対象で、県内のスギ林約1万9千ヘクタールの約13％にあたる。花粉症対策の一環として、同県を含む首都圏8都市圏で同様の取り組みを進めるという。

4.23　南極のCO_2濃度、上昇傾向続く（南極）　第48次南極観測隊が、昭和基地で観測している温室効果ガスの一種、二酸化炭素の濃度が2007年に380ppmを初めて超えたと報告。年平均濃度は約2ppmずつ上昇する傾向が続いている。2007年2月からの1年間の平均気温は零下9.6度で、歴代4位の暖かさだった。

4.25　第9回「明日への環境賞」（日本）　朝日新聞社が主催し、優れた環境保全活動を顕彰する第9回「明日への環境賞」の贈呈式が行われた。矢作川森の健康診断実行委員会（愛知県）、緑と水の連絡会議（島根県）、宮崎野生動物研究会（宮崎県）の3団体が受賞。

4.27　スウェーデンで世界最長寿の針葉樹発見（スウェーデン）　スウェーデン中部のダーラナ地方の山岳地帯で、樹齢9550年の木が見つかった。トウヒの仲間の針葉樹で、発見したのは同国ウメオ大学の研究者。これまでアメリカの樹齢4千～5千年のマツの木の仲間が最長寿と考えられていた

が、その記録を大きく更新した。

4.30　**第3次生物多様性国家戦略の冊子作製**（日本）　環境省が、2007年11月に閣議決定した第3次生物多様性国家戦略をわかりやすく解説した小冊子『いのちは支えあう』を作成。希望者に送料のみで配布している。

4月　**サンタルシア川流域汚染源/水質管理プロジェクト開始**（ウルグアイ）　ウルグアイの環境管理機関（DINAMA）の要請を受け、国際協力機構（JICA）が協力する「サンタルシア川流域汚染源/水質管理プロジェクト」が開始された。DINAMAの管理・処理能力向上を目的としている。

4月　**レジ袋無料配布取り止め**（富山県）　富山県内の主要スーパーなどで、レジ袋の無料配布を取り止めた。

4月　**国交省、公共事業のSEAガイドライン策定**（日本）　国土交通省が「公共事業の構想段階における計画策定プロセスガイドライン」を策定。

4〜8月　**世界的に原油価格高騰**（世界）　4月から8月にかけて原油価格が世界的に高騰。経済と環境に影響を与える一方、カナダのオイルサンドなど、新しい資源の開発が進められている。

5.2　**マングローブ林の破壊がサイクロンの被害拡大**（ミャンマー）　サイクロン「ナルギリス」によって、ミャンマーで約7万8000人が死亡した。批評家たちは、多数の死者が出た原因はマングローブ林の破壊と政府の対応の遅さにあると避難した。

5.2　**宇都宮市内でツキノワグマ捕獲**（栃木県）　栃木県宇都宮市内で、ツキノワグマが捕獲された。近年、県内で有害鳥獣として捕獲される動物に変化が現れており、ハクビシンやイノシシの捕獲も急増。里山の人口減少や温暖化の影響で、動物の生息地域が人間の生活圏に近づいたためと考えられる。

5.13　**「道路特定財源等に関する基本方針」閣議決定**（日本）　「道路特定財源等に関する基本方針」が閣議決定した。

5.13　**2007年度『森林・林業白書』閣議決定**（日本）　農林水産省（林野庁）がまとめた2007年度の『森林・林業白書』が閣議決定。京都議定書で約束した温室効果ガスの削減目標を達成するためには、現状年35万ヘクタールほどの間伐を、2007年度から6年間は55万ヘクタールにする必要があるとしている。

5.13　**ブラジルのシルバ環境相が辞任**（ブラジル）　ブラジルのアマゾンの森林政策をめぐるルラ政権との長期的不一致により、森林保護活動家でもあるマリナ・シルバ環境相が辞任した。

5.13　**比良里山クラブ、赤シソ栽培の事業化へ**（滋賀県）　滋賀県大津市比良地区の主婦らによる「比良里山クラブ」が、赤シソを栽培するコミュニ

ティービジネスの立ち上げに向けて動き始めた。イノシシやサルの獣害から農作物を守る電気柵が田園風景を殺風景なものにしていることに心を痛め、柵に頼らない農業を思案した結果、動物が嫌がる作物を栽培することになったという。

5.14 **富士鋼業、国内最大級の木質粉砕機開発**（静岡県） 静岡県藤枝市の富士鋼業が、国内最大級の生産能力を持つ木質粉砕機を開発。毎時3～4トンの木質バイオマス燃料の生産が可能で、1台の粉砕機が生産する燃料チップを使用することにより、年間数万トンの二酸化炭素が削減できるという。

5.15 **米の石油王、風力発電所設立へ**（アメリカ） 米テキサス州の石油王ブーン・ピケンズが世界最大の風力発電所の設立に向け、20億ドルを投じて667基の風力タービンを発注した。

5.16 **2006年度の温室効果ガス排出量、京都基準を6.2％超過**（日本） 環境省が、2006年度の温室効果ガス排出量を発表。二酸化炭素換算で前年度比1.3％減の13億4千万トンだったが、京都議定書の規定による基準年（二酸化炭素は1990年）の12億6100万トンを6.2％上回る結果となった。

5.19 **違法伐採による環境影響調査報告書がまとまる**（世界） 環境省は、地球・人間環境フォーラムに調査を委託していた、世界の違法伐採が森林減少に与える影響や、森林の減少が環境に与える影響に関する調査報告書がまとまったと発表した。報告書では、中国・ロシア・熱帯諸国の木材生産の20～90％は違法伐採によるものと推定され、流通・輸出に至る様々な局面で違法行為が行われていることが明らかにされた。違法伐採は農地転換などの土地転換、森林火災、商業伐採など、他の要因と複合的に関係して、森林の劣化や減少をもたらしているという。また、森林の減少により生物多様性が失われ、気候変動にも甚大な影響を与えていることが指摘されている。

5.23 **CO_2濃度、観測史上最高に**（日本） 気象庁が、07年の大気中の二酸化炭素濃度の平均値が観測史上最高になったと発表。同庁は岩手県大船渡市、東京都・南鳥島、沖縄県・与那国島の3地点で定点観測を続けており、2009年の平均値はそれぞれ386.6ppm、384.6ppm、386.3ppmで、いずれも観測開始以来、最高濃度だった。化石燃料の使用増加や、森林の減少が原因とみられ、二酸化炭素濃度はこの10年間、年2.0ppmの割合で増加し続けている。

5.23 **カネミ油症の新認定患者26人、新たに提訴**（福岡県） 国内最大の食品公害・カネミ油症の一連の訴訟終結後に認定された新認定患者26人が、原因となった食用油を製造したカネミ倉庫に1人当たり1100万円、総額2億8600万円の損害賠償を求め、福岡地裁小倉支部に提訴した。

5.24 **G8環境相会合、生物多様性の保全策を協議**（兵庫県） 神戸市で主要国

(G8)環境相会合開催。初日となる24日には生物多様性の保全策が協議され、森林保全強化の重要性を強調する意見が相次いだ。農地の拡大によって急速に生物種が絶滅していく一方で、森林面積の減少も急激に進行しており、これらが生物多様性の損失と地球温暖化の加速につながっているとみられている。

5.25 「新・ゴミゼロ国際化行動計画」策定（日本）「3Rを通じた循環型社会の構築を国際的に推進するための日本の行動計画（新・ゴミゼロ国際化行動計画）」が策定された。

5.26 アホウドリのヒナ、すべて飛び立つ（東京都）2月19日に伊豆諸島の鳥島から小笠原諸島の聟島に移されたアホウドリのヒナ10羽がすべて飛び立ったと、環境省が発表した。5月19～25日にかけて順次巣立った。

5.27 環境にやさしい木材乾燥の新手法開発（日本）津江杉の総合林業会社トライ・ウッド（大分県日田市）が、自然の力だけで木材を乾燥させる新手法「輪掛乾燥」を開発。伐採した樹皮つきの丸太を台の上に井げたに組み、日光や風などでゆっくり乾燥させる。出荷までに1年数か月を要するが、重油を燃やして高熱で乾燥させる際の二酸化炭素の排出が避けられ、木材そのものの持つ色や香り、強さなどの特質も残せる。

5.27 炭素排出削減で途上国にカーボン・クレジット（世界）森林破壊による炭素排出を削減するための経済的インセンティブは、年間最大130億ドルのカーボン・クレジットを途上国にもたらすという調査結果が発表された。

5.28 第16回環境自治体会議（山形県，日本）山形県遊佐町で第16回環境自治体会議が開催された（～30日）。

5.29 COP9で『生物多様性版スターン報告』発表（世界）ボン（ドイツ）で開催された「生物多様性条約」第9回締約国会議（COP9）の閣僚級会合で、報告書『生態系と生物多様性の経済学』が発表された。森林の多様性が失われた場合、2050年には世界で最大500兆円の損失もあり得るという。温暖化による経済損失を検証した2006年の『スターン報告』に因んで、『生物多様性版スターン報告』と呼ばれる。

5.29 温暖化でブナ林消滅の予測（日本）国立環境研究所など14機関による「温暖化環境総合予測プロジェクトチーム」が報告書を公表。地球温暖化が日本の森林に及ぼす影響については、2081年から2100年の間にブナ林の分布適域は現在比31～7％に減少し、西日本や本州太平洋側ではほぼ消滅すると予測。白神山地の77％を占めるブナ林は、2081年から2100年には3.4～0.0％に減少する見込みだ。

5.30 2007年度全国水生生物調査結果公表、「きれいな水」58％（日本）環境省が、河川の水生生物の生息状況から水質を判定する「全国水生生物調

査」の2007年度の調査結果を公表。全国3586地点のうち58％が「きれいな水」と判定された。水質の階級は4段階あり、カワゲラやサワガニなどの9種が「きれいな水」の指標生物に指定されている。

5.30 **B型肝炎集団訴訟、4地裁に提訴**（日本） 予防接種によりB型肝炎に感染したとして、広島（3人）、札幌（9人）、鳥取（1人）、福岡（20人）の各地方裁判所に、計33人が国家賠償を求めて提訴した。

5.30 **COP9閉幕、次回開催地が名古屋に決定**（世界） ボン（ドイツ）で開催された「生物多様性条約」第9回締約国会議（COP9）の最終日となるこの日、名古屋市が2010年に行われるCOP10の開催地に正式決定。COP9では生物資源の活用、バイオ燃料と農業の関係などが主要なテーマとなった。各国は生物多様性の損失速度を10年までに減少させる「2010年目標」を掲げているが、COP10では2011年から2020年までの具体的な目標を決めることになっている。

5.30 **省エネ法改正（第4次）**（日本）「エネルギーの使用の合理化等に関する法律（省エネ法）」が改正された。

6.1 **第20回「森は海の恋人」植樹祭**（岩手県，宮城県） 矢越山（岩手県一関市）の「ひこばえの森」で、第20回「森は海の恋人」植樹祭開催。宮城県気仙沼市の漁民と岩手県一関市の農民らが協力した植林運動で、この年は全国から約1200人の市民が参加。ミズナラやカツラなどの苗木1500本を植えた。

6.1 **中国のスーパー等で、ビニール袋使用禁止**（中国） 中国で捨てられたレジ袋が散乱する「白色汚染」に対するキャンペーンの一環として、スーパーや小売店でのビニール袋の使用が禁止された。

6.3 **2008年度『環境・循環型社会白書』閣議決定**（日本） 政府が2008年度の『環境・循環型社会白書』を閣議決定。循環型社会構築のヒントを江戸時代の知恵に学ぶ趣向で、特に「肥だめ」の効用について詳細に解説されている。

6.3 **島根県が放牧牛で竹やぶを減らす実験**（島根県） 里山や農地の回復を狙い、放牧牛にタケノコを食べさせて竹やぶを減らす実験に島根県が取り組んでいる。8年前に同県大田市久利町の小山地区の農家が始めた試みで、侵食した竹やぶを伐採した後に生えるタケノコを牛に食べさせたところ、これまでに竹やぶが1ヘクタール以上減ったという。

6.4 **「平成の水百選」発表**（日本） 環境省が「平成の水百選」の選定結果を発表。埼玉県熊谷市の元荒川生息地や、富山県高岡市の弓の清水などが選ばれた。北海道洞爺湖サミット開催を機に、水環境の大切さを再認識してもらおうと、1985年に選定した「名水百選」に加えて新たに選定した。

6.6 **「生物多様性基本法」公布、施行**（日本）「生物多様性基本法」が公布、

	施行された。生物多様性保護の計画策定を都道府県にも義務づけ、生態系に影響を及ぼす恐れがある事業者には、計画段階で環境影響評価を求めることを規定。
6.8	レギュラー・ガソリンの平均価格、4ドル突破（アメリカ）　アメリカのレギュラー・ガソリン1ガロンの平均価格が、4ドルを初めて突破した。
6.9	「福田ビジョン」発表（日本）　福田康夫首相が、政府の温暖化対策に関する指針「福田ビジョン」を発表。2050年までに温室効果ガス排出量を現状より60～80％削減する方針を明らかにした。
6.13	2007年のCO_2排出量、中国が米を上回る（中国、アメリカ）　2007年の世界全体のCO_2排出量の2/3を中国が占め、アメリカを14％上回ったという調査結果が報告された。
6.13	皇居外苑のクールアイランド効果確認（東京都）　環境省が、皇居外苑のクールアイランド効果を確認したと発表。2007年夏に行った観測で、風が穏やかな晴れた日の夜間に皇居外苑の冷気が周辺市街地へ滲み出し、約300メートル離れた東京駅まで到達していることがわかった。皇居と皇居外苑一帯がクールアイランドを形成し、周辺市街地の気温低下に貢献しているという。
6.13	地球温暖化対策推進法改正（第4次）（日本）　「地球温暖化対策の推進に関する法律（地球温暖化対策推進法）」が改正された。
6.18	環境省、地球温暖化適応計画の策定を提言（日本）　環境省が、地球温暖化の日本への影響とその適応策をまとめた報告書を公表。既に国内各地で影響が現れているが、2020～30年ごろには最大約2度の上昇が見込まれ、生態系の変化や健康被害など、幅広い分野に多大な影響が出ると予測。国として適応計画を策定することを提言している。
6.20	魚津の中山間地にカウベルト設置（富山県）　富山県魚津市稗畠の中山間地に、電気柵で囲んだ約1ヘクタールの「カウベルト」が設置され、牛2頭が放牧された。「カウベルト」はクマやサルなどが人里に接近するのを防ぎ、野生動物と人のすみ分けを図るための牛の放牧帯で、昨年同じ場所に設置し、効果があったため今年も実施された。放牧は11月中旬ごろまで行われる予定。
6.25	温暖化が米の安保に影響（アメリカ）　2030年までに地球温暖化が世界とアメリカに及ぼす影響について、中央情報局（CIA）など16情報機関が分析した報告書が、下院エネルギー・地球温暖化特別委員会に提出された。報告書では、アフリカや中東、中央アジアで頻発する干ばつや洪水が人口移動や飢饉、水を巡る争いなどを誘発し、世界各国で情勢不安が引き起こされ、米国の安全保障に深刻な影響を与える可能性があると予測している。

6.25 森林のCO_2吸収・排出量と気温に密接な関係(東アジア) 国立環境研究所等が東アジアの森林と大気中の二酸化炭素(CO_2)の吸収・排出量を解析した結果、年平均気温と密接な関係があることがわかった。同研究所等は、日本・ロシア・中国・マレーシアなど13地点の森林について、最長5年にわたってCO_2の変化を調査。平均気温の上昇と比例して吸収・排出量ともに増加しており、25度以上の地域では、0度以下の地域の7倍近くになるという。

6.25 竹を飼料に有効活用(島根県) 島根県江津市の桜江町商工会が、山林を侵食する竹を家畜飼料などに有効活用しようと、竹粉の商品化に取り組む地元業者と自治会長らを集めて説明会を開催。同町の播磨屋林業では、2007年2月に竹の繊維を砕いて粉末化する機械を導入。粉末を発酵させて、家畜用飼料の添加剤や土壌改良剤として試験販売を行っている。

6.25 東京都の環境確保条例成立(東京都) 東京都内の大規模事業所にCO_2排出削減の義務を課す「都民の健康と安全を確保する環境に関する条例(環境確保条例)」の改正案が、都議会本会議で全会一致により可決・成立した。排出削減の義務化は全国初。

6.26 普天間爆音訴訟、国に賠償命令(沖縄県) 普天間爆音訴訟で、那覇地裁沖縄支部は騒音の違法性を認定し、国に対して原告全員に慰謝料など約1億4670万円を支払うよう命じた。米軍普天間飛行場(沖縄県宜野湾市)の周辺住民392人が米軍機の騒音で被害を受けたとして、国に4億5540万円の損害賠償と夜間・早朝の飛行差し止めなどを求めていたが、飛行差し止めと将来分の被害請求などについては、これまでの基地騒音訴訟と同様に棄却した。

6.27 「経済財政改革の基本方針2008」閣議決定(日本) 「経済財政改革の基本方針2008」が閣議決定した。

6.27 官公庁のコピー用紙「100%古紙」を維持(日本) 製紙会社による再生紙偽装問題で、環境省は「グリーン購入法」で官公庁に購入を義務づけられたコピー用紙の古紙配合率について、現行基準の100%を維持する方針を有識者検討会に報告し、了承された。当初は基準を緩和する予定だったが、製紙会社の再参入などで調達の見通しが立った。

6.27 諫早湾干拓事業訴訟、5年開門の判決(九州地方) 国営諫早湾干拓事業による潮受け堤防の閉め切りで有明海の環境が悪化し、漁業被害が発生したとして、佐賀、福岡、熊本、長崎の沿岸4県の漁業者ら約2500人が国を相手取り、堤防の撤去や排水門の常時開門を求めた訴訟の判決が言い渡された。佐賀地裁は諫早湾とその周辺の環境悪化や漁業被害と閉め切りの因果関係を認め、国に対し少なくとも5年間排水門を開門するよう命じた。

6.30 2007年の木材(用材)自給率、3年連続で2割超(日本) 林野庁が2007年

の用材部門の木材需給表をとりまとめた。用材の総需要量は前年比5.1%減の8237万m^3、国内生産量は前年比5.8%増の1863万5000m^{3}で、輸入量は前年比7.9%減の6373万5000m^3。木材（用材）自給率は22.6%で、3年連続で2割を超えた。

6月	「環境影響評価制度総合研究会」発足（日本）　環境省総合環境政策局長の依頼を受け、「環境影響評価制度総合研究会」が発足した。
6月	害獣の鹿肉をブランド食材に（滋賀県）　滋賀県高島市の朽木地区で、農作物を食害する鹿の肉をジビエ料理に活用し、ブランド食材として売り出す取り組みが進められている。6月、同地区に県猟友会朽木支部が運営する鹿肉の加工処理施設がオープン。7月には、県や同市職員で構成する高島獣害対策地域上議会にジビエ料理専門部会が発足した。鹿肉は「朽木ゴールドもみじ」のブランド名で販売されている。
6月	石綿被害、工場周辺住民の健康調査（日本）　アスベストを扱う工場の周辺住民のうち、明確な曝露歴のない約800人について、環境庁が2007年度の健康調査結果を分析。約18%にあたる145人に、アスベストを吸引した人に特有の「胸膜プラーク」が確認された。
7.1	2007年度「田んぼの生きもの調査」結果発表（日本）　農林水産省と環境省が2007年度に実施した「田んぼの生きもの調査」の結果がまとまった。全国で小学校など524団体が参加し、魚は約1500地点、カエルは約350地点で調査を実施。88種の魚と14種のカエルが確認された。希少種ではハリヨやメダカなどの魚25種、ナゴヤダルマガエルとトウキョウダルマガエルのカエル2種が確認されている。
7.1	原油価格、史上最高値に（世界）　インフレ調整後の原油価格が、史上最高値となる147.27ドル/バレルを記録した。
7.1	全国調査「いきものみっけ」開始（日本）　環境省生物多様性センターが、身近な生き物の観察を通して地球温暖化の影響を調べる市民参加の全国調査「いきものみっけ—100万人の温暖化しらべ」を開始。四季ごとにテーマを決め、全国の一般参加者から集めた生きものの確認情報から分布図などを作成。過去のデータと比較して、温暖化による影響を捉えようという試みだ。生物多様性への関心や理解を深めるきっかけとなり、その結果CO$_2$排出削減や生物多様性保全に向けた実際の行動に移してもらうことを目標としている。
7.2	土地の劣化進行で、15億人に食料危機（世界）　国連食糧農業機関（FAO）が、土地の劣化が進行すると穀物の収穫量が減り、世界人口の約1/4にあたる15億人のフード・セキュリティが脅かされる可能性があると発表した。
7.3	「低炭素社会」認知度3割（日本）　内閣府が「低炭素社会に関する特別世

論調査」の結果を発表。福田康夫首相が地球温暖化対策として提唱する「低炭素社会」という言葉の認知度は3割強だった。また、9割が低炭素社会の実現に賛同したものの、そのために月千円以上の家計負担を容認する人は3割以下で、「負担したくない」と回答した人は17%だった。

7.3 　環境省、温暖化の解説パンフ作成（日本）　環境省が、地球温暖化に関する最新の研究や観測成果をわかりやすく解説したパンフレット『STOP THE 温暖化 2008』を作成した。

7.4 　国土形成計画（全国計画）閣議決定（日本）　全国総合開発計画に代わる新たな国土計画制度として、「国土形成計画」（全国計画）と「国土利用計画」（全国計画）を閣議決定した。

7.5 　尾瀬でシカの食害深刻化、調査捕獲へ（関東地方，東北地方）　尾瀬でニホンジカによる食害が深刻化し、福島県は初めて国立公園内での調査捕獲に乗り出した。被害は尾瀬沼や尾瀬ヶ原全域に及び、ミズバショウなどが食害にあっているほか、シカの泥浴びで泥炭層が掘り返される被害も出ている。最近では、ニッコウキスゲの名所・大江湿原の食害が目立つという。1998年に90頭だった尾瀬地区のシカの生息数は、2006年には255頭に増えたと推定されている。

7.7 　洞爺湖サミット開幕（北海道）　北海道洞爺湖町で第34回主要国首脳会議（洞爺湖サミット）が、主要8ヵ国（G8）とアフリカ諸国首脳らによる「拡大対話」の昼食会を開き、開幕（～9日）。日本でのサミットは5回目で、過去最大となる22ヵ国の首相が参加した。8日、G8首脳が環境・気候変動、世界経済問題などについて協議。焦点となった地球温暖化対策では、2050年までに温室効果ガスの排出量を半減する長期目標を「気候変動枠組み条約」の全締約国と共有し、採択を求めることを明記した首脳宣言を発表した。

7.9 　デンソー、藻から「バイオ軽油」量産計画（愛知県）　愛知県刈谷市の部品メーカー・デンソーが、光合成を通じて軽油を生成する藻を大量に培養し、2013年までに「バイオ軽油」の量産化に乗り出す。藻を原料とする軽油の量産はこれが初となり、年に軽油などを計80トン生産する計画だ。培養するのは温泉などに生息する微細な緑藻「シュードコリシスチス」で、水と二酸化炭素を吸収し、バイオディーゼル燃料の元となる中性脂肪や軽油を細胞に蓄積する性質を持つ。

7.9 　洞爺湖サミット閉幕、温室効果ガス「50年半減」国連交渉へ（北海道）　北海道洞爺湖サミットが3日間の日程を終え、2050年までに温室効果ガスを半減させるという長期目標を「気候変動枠組み条約」の全締約国と共有し、国連交渉での採択を求めることを明記した議長総括を発表して閉幕。主要排出国会議首脳会合では、中国などの新興国が、中長期的に温室効果ガス排出量の抑制に取り組む方針を明記した宣言を発表した。

7.11 釧路市動物園、クマタカの人工孵化に成功（北海道）　北海道の釧路市動物園が、絶滅危惧種のクマタカの人工孵化に国内で初めて成功。8月4日、ヒナの給餌の写真等を公開した。同動物園は、国内固有種のため、人工孵化は世界でも初ではないかと話している。国内のクマタカの生息数は1800羽程度と推測され、動物園には17羽いる。

7.13 日吉町森林組合、間伐代行の新手法（京都府）　人工林の荒廃対策として、京都府南丹市の日吉町森林組合が新たな間伐の仕組みを作った。組合が間伐の遅れている地域を選び、山主に計画を提案して作業を代行する。効率化のため、複数の山主の所有林を10〜20ヘクタール単位にまとめ、高性能な伐採・搬出機械を導入。通常は廃棄される間伐材を売却し、山主の負担はほとんどないという。

7.14 森林に持続不可能な需要（世界）　人口の増加に比例して食料、燃料、木材の需要が急増し、現存する森林は未だかつてない持続不可能な需要に直面する、という報告書が発表された。

7.16 三窪高原、シカ食害でツツジ枯死（山梨県）　ツツジの名所として知られる山梨県甲州市の三窪高原で、深刻化するシカによる食害の実態調査が行われた。調査した場所では、大半のツツジが食害に遭っていた。県内では、シカによる林業被害額が10年前の3倍近くに増えている。ことに、これまでシカが生息していなかった高原のような標高の高い場所での被害が目立つという。

7.16 青木ヶ原樹海、地面固まり虫棲めず（山梨県）　富士山の青木ヶ原樹海で、エコツアーの入山者が地面を踏み固めたことにより、森の環境に重要な小さな生物が棲みづらくなっていることがわかった。2005〜07年に昭和大富士吉田教育部と山梨県環境科学研究所などが行った調査によると、歩行跡にコケや草が生えている場所や、人の入っていない場所にはダニやトビムシ、ハエなどの動物群が15〜16グループいたが、歩行で土がむき出しになっている場所では7グループだった。

7.16 中国、象牙の1回限りの取引権を取得（中国，アフリカ）　中国がアフリカ4ヵ国から、在庫として所有されている登録された象牙について、1回限りの取引権を取得した。

7.17 アンデスの氷河、消失進む（ペルー）　ペルーの国立天然資源研究所の調査で、アンデス山脈の氷河の消失が進み、70年代と比較して約26％面積が減っていることがわかった。現在の氷河の面積は535km^{2}で、1975年に比べ188km^{2}減った。また、氷河の縁の後退速度は1948〜77年には年平均8〜9メートルだったが、それ以降は年平均20メートルになっているという。

7.17 ガンビア川の生物種・生息地評価のワークショップ開催（ガンビア）　ギニア共和国とセネガル共和国から生物多様性の専門家を招き、ガンビア

川の生物種とその生息地に関するデータを分析・評価するワークショップが開催された。

7.22 世界銀行の内部監査結果公表（世界） 世界銀行の内部監査結果が公表された。投資については、長期的な持続可能性に十分な注意を払えていない。環境保護がもたらす経済的恩恵の位置づけも、十分に高くはないとしている。

7.23 B型肝炎集団訴訟、静岡地裁に提訴（静岡県） 予防接種によりB型肝炎に感染したとして、静岡県内の7人が国家賠償を求めて静岡地方裁判所に提訴した。

7.25 2008年のトキの繁殖結果発表（日本） 環境省が2008年のトキの繁殖結果を発表。3月から6月の繁殖期に20組のペアで繁殖に取り組んだ結果、計121個の卵が産まれ、うち29羽が順調に生育しているという。これにより、日本のトキの総個体数は123羽となった。

7.29 「低炭素社会づくり行動計画」閣議決定（日本） 政府が「低炭素社会づくり行動計画」を閣議決定。2050年までに温室効果ガス排出量半減という長期目標を国際的に共有することを提案している日本としては、現状から60〜80％の削減を掲げ、低炭素社会の実現を目指す必要があるとした。

7.29 小海町「ふるさとの森」事業、元本割れ（長野県） 1978年に長野県小海町と同町の北牧財産区が全国に出資を呼びかけ、山林のオーナーを募った「ふるさとの森」事業が、契約満了となる来年5月を前に、大幅に元本割れしていることが判明。当時、1口60万円の出資で157万円になると宣伝されたが、実際の配当は約18万3千円と3分の1弱になる見込みだ。

7.30 B型肝炎集団訴訟、6地裁に提訴（日本） 予防接種によりB型肝炎に感染したとして、患者や遺族ら67人が東京、大阪、広島など計6地裁に国家賠償を求めて提訴。3月以降の原告数は計113人となった。

7.30 熱帯雨林、急速に消失（世界） 火災や伐採によって、2000〜05年の間に世界の熱帯雨林の2.4％にあたる2720万ヘクタールが消失するなどの危機に直面していることが判明。米サウスダコタ州立大などの研究チームが、米科学アカデミー紀要（電子版）で発表した。南米・アジア・アフリカでの減少が顕著で、ブラジルでは年間260万ヘクタール、インドネシアでは年間70万ヘクタールの森林が消失していた。

7月 山形、事業系ごみ減量指針策定（山形県） 山形県が、事業系ごみ減量指針を策定。減量化計画作成を要請する。

7月 山梨県が北岳のシカ食害実態調査（山梨県） ニホンジカによる高山植物の食害が問題化している南アルプス・北岳周辺で、山梨県が7月から本格的な実態調査を開始。過去と比較した経年変化を把握するとともに、GPSを使ってシカの行動域を調査し、捕獲対策につなげたいという。ま

た、高山植物約50ヶ所、樹木約20ヶ所の調査地点を設け、食害調査を実施する。

7月　**東京都、排出量取引制度を導入**（東京都）　2008年7月に東京都が「環境確保条例」を改正し、「温室効果ガス排出総量削減義務と排出量取引制度」を導入。削減義務は、2010年4月から開始される。

7〜9月　**2008年夏、各地でゲリラ豪雨**（日本）　2008年の夏、各地で短時間に局地的な雨が降る「ゲリラ豪雨」が相次いだ。例年とは異なる太平洋高気圧の位置取りと、偏西風の蛇行の影響で、積乱雲が発達したことが原因だ。1時間に100mm以上の集中豪雨は1980年頃には年に1〜2回しか起きなかったが、今世紀以降は年3〜5回に増加した。地球温暖化が一因とみられ、気温の上昇に伴って大気中に含まれる水蒸気量が増加し、積乱雲が発達しやすくなって、強い雨の回数も多くなると考えられる。

8.4　**門川町にバイオ燃料工場完成**（宮崎県）　宮崎県門川町で、バイオペレット製造工場「フォレストエナジー門川」の完成式典が行われた。ペレットの原料には間伐材やスギ・ヒノキの樹皮を使用し、国内最大規模の年間2万5千トンの生産が可能。県北を中心に約4万トンの原料を確保し、年間生産量2万トンが当面の目標だ。

8.5　**ナイジェリアの森林、2020年までに消滅の恐れ**（ナイジェリア）　ナイジェリア森林保全協会が、森林再生の取り組みがなければ、2020年までに同国の森林は全て消滅すると警告した。

8.5　**霊長類の半分が絶滅の危機**（世界）　世界の霊長類634種のうち半数近い303種が絶滅の危機にあることがわかった。国際自然保護連合（IUCN）や環境保護団体「コンサベーション・インターナショナル」などが、英国エディンバラで開かれた国際霊長類学会で報告。生息地の熱帯雨林の破壊や食料としての狩猟（ブッシュミート）が主な原因とみられる。

8.6　**2007年特用林産物生産動向**（日本）　林野庁が2007年の特用林産物の生産動向をまとめた。総生産額は前年比2%減の2899億円。きのこ類の生産量は、生しいたけ、えのきだけ、ぶなしめじ、エリンギが前年比増。天候不順などにより、乾しいたけは前年比2%減。まつたけも不作で、前年比21.1%減の51トンだった。たけのこは前年より減少。

8.7　**イリオモテヤマネコ、推定100個体生息**（沖縄県）　環境省が、2007年度までの3ヵ年に実施した第4次イリオモテヤマネコ生息状況等総合調査結果を発表。今回の調査で推測される生息個体数は約100個体。92〜93年度に実施した第3次調査時から減少傾向にあると推定され、交通事故や好適な生息環境の減少が原因とみられる。

8.8　**北京オリンピック開幕**（中国）　中国で北京オリンピックが開幕。北京の公共交通機関と新たな再生可能エネルギーシステムに約200億ドルを投

資し、初のグリーン五輪となった。

8.12 **2007年度松くい虫被害状況**（日本）　林野庁が、2007年度の松くい虫被害状況を発表した。被害発生地域は前年同様、北海道と青森県を除く45都道府県。全国の被害量は前年比約2万m^3減の約62万m^3。全体としては5年連続で減少しているが、夏期の高温少雨による被害増加や、標高の高い地域で新たな被害が発生するなど、一部地域では被害量が増加している。

8.12 **ザトウクジラ、絶滅の危惧を脱する**（世界）　絶滅の危機を脱したとして、ザトウクジラを「絶滅危惧種（2類）」から外す方針を国際自然保護連合（IUCN）が発表。一時は千頭近くまで減っていたが、商業捕鯨の禁止により広い海域で増加し、6万頭まで回復しているという。

8.12 **南アルプス南部のニホンジカ食害の実態が明らかに**（長野県）　林野庁中部森林管理局の調査で、南アルプス南部のニホンジカによる食害の実態が明らかになった。茶臼岳や光岳、烏帽子岳から小河内岳の東斜面などの被害が顕著で、ハクサンフウロなどの高山植物が姿を消すといった植生変化が起きている。このまま食害が続けば植生の回復が困難になり、消滅の恐れもあるという。

8.14 **PG & E、80万キロワットの太陽電池購入に合意**（アメリカ）　アメリカの電力大手・パシフィック・ガス・アンド・エレクトリック（PG & E）が、2つの太陽光発電施設に導入するため、過去最大となる80万キロワットの太陽電池の購入に合意した。2施設で23万9千世帯に電力供給できるという。

8.14 **尾瀬の特別保護地区内でシカ捕獲へ**（関東地方，東北地方）　環境省は、ニホンジカによる被害が深刻化している尾瀬国立公園の特別保護地区内で、来年度からシカの捕獲を開始する。捕獲は特別保護地区の外側に限る方針であったが、湿原の荒廃ぶりに、方針の転換に踏み切った。

8.15 **右京区で伝統行事を支える森づくり**（京都府）　京都モデルフォレスト協会が、右京区の民有林を借りて、大文字五山送り火や鞍馬の火祭に使用する木材の育成に乗り出す。害虫の発生や環境の変化で、送り火の薪に使用するアカマツなどの確保が難しくなっており、森づくりで伝統行事を支える考えだ。三井物産が同区梅ケ畑に持つ山林19ヘクタールを無償で貸し出し、会員企業の社員や市民団体のメンバーらが下草刈りなどを行って森の保全にあたる。

8.15 **世界の貧酸素海域、400ヶ所に**（世界）　世界の海洋と沿岸海域で、主に化学肥料の流出で生じる貧酸素海域（デッドゾーン）が、約400ヶ所になったことが明らかになった。1960年代から10年ごとに倍増していたという。

8.20 環境にやさしい竹の仮設住宅試作（東京都）　首都大学東京の青木茂教授が竹を使用した仮設住宅を考案し、学生らとともに学内で試作品を製作した。山中から切り出したモウソウチク約120本を使用し、費用は5万円。上からビニールシートをかけ、柱の間に断熱効果のある新聞紙や空のペットボトルなどを詰めれば、雨風をしのいで冬場でも長期間使えるという。

8.26 化石燃料の補助金廃止で、温室効果ガス6％削減（日本）　化石燃料関連の世界の補助金約3千億ドルを廃止すれば、温室効果ガス排出量を最大6％削減し、経済成長の促進も可能だと国連が発表した。

8.27 バイオ燃料の材料としてススキに注目集まる（日本）　日本の草原を代表する多年草・ススキとその仲間の草本が、新たなバイオマスとして注目されている。ススキとオギの交雑種ジャイアント・ミスカンサスに着目した米イリノイ大は、10年ほど前から栽培を開始し、バイオ燃料の原料利用の研究に着手。北海道大、宮崎大の協力を得て、エタノール原料としての利用について、今年から日本で共同研究を開始した。また、九州・阿蘇では、ガス化発電プラントの実験が進んでいる。

8.29 関西電力、木質ペレット発電本格稼働（京都府）　関西電力が、京都府舞鶴市の舞鶴発電所で、燃料として木クズを固めた木質ペレットを本格的に使い始めたと発表。石炭と混ぜて使用し、年約9.2万トンのCO_2削減を見込んでいる。

8.29 秋田県北でバイオエタノール製造事業始動（秋田県）　秋田県北で、木材からバイオエタノールを製造する事業が動き出した。29日、森林総合研究所は、北秋田市に本年度、秋田杉の間伐材などを原料にバイオエタノールを製造するプラントを建設し、実証事業と研究を開始すると発表。県立大、東大、早大も参加する。小坂町でも8月下旬から、あきた企業活性化センターや京大、日清製粉などが取り組むプラントで、秋田杉やニセアカシアを材料に、バイオエタノールの製造過程でリグニンという成分を取り除く段階までの実験が本格的に開始された。

8.31 間伐材を原料にした紙開発（愛媛県）　四国中央市の製紙原料卸会社・モーリと同市の宇摩森林組合が、間伐材を原料にした紙を共同開発した。伐採されたまま林の中に捨てられている間伐材を有効活用することが狙いで、現在、同組合管内で伐採された間伐材のうち、合板や発電材料などに利用されるのは3割程度だ。紙は樹皮の茶色い繊維が混じった和紙のような風合いが特徴で、主に名刺やはがき用として、A4判10枚900円で販売している。

8月 バイオ燃料「E3」、一般車両に販売開始（大阪府，兵庫県）　大阪市、堺市など大阪府内5ヶ所と兵庫県尼崎市の計6ヶ所のガソリンスタンドで、8月から一般車両にもバイオエタノール3％混合ガソリン「E3」の販売が開

始された。現在はレギュラーガソリンと同じ程度の価格だが、年明けには法改正で1リットルあたり1.6円分の免税措置が実施される見込みだ。

8月 太陽エネルギー利用拡大作戦開始（東京都）東京都が太陽エネルギー利用拡大作戦を開始した。

9.1 宇陀市、職員に有害鳥獣駆除手当を支給（奈良県）奈良県宇陀市が特殊勤務手当に関する条例の一部を改正し、有害鳥獣駆除に従事した職員に1回あたり2千円を支給する方針を発表。イノシシやシカ、サルなどによる同市の昨年度の農作物被害額は約7700万円で、林業を含めると1億円以上にのぼる。市では県猟友会支部に鳥獣駆除を依頼しているが、メンバーの高齢化が進んでおり、大半は別の仕事と兼務している。

9.1 中国、輸出製品の占めるCO_2排出量増加（中国）中国の製造メーカーが高まる世界の需要に応えるため、いまや同国のCO_2排出量の1/3を輸出製品が占めるという研究結果が報告された。

9.3 クマゼミの生息域が北上（関東地方，北陸地方）気象情報会社ウェザーニューズが、8月に実施した「全国一斉クマゼミ調査」の結果を発表。全国から集まった1793件の情報を分析した結果、従来は関東南部が北限とされていたクマゼミの生息域が、関東北部から北陸地方まで北上していることが明らかになった。関東圏の気温上昇が生息域拡大の一因とみられる。

9.3 米国の風力発電容量、世界最大に（アメリカ）アメリカに設置されている風力発電容量が530万世帯に電力供給可能な2千万キロワットを越え、同国が風力発電容量で世界最大になったことが明らかになった。

9.11 みなかみ町、環境力宣言を発表（群馬県）群馬県みなかみ町が「みなかみ・水、環境力宣言」を発表。「水と森林をまもる、いかす、ひろめる力を育む」ことを趣旨とし、森林・山岳地帯の生態系や利根川の水源を守る活動にこれまで以上に力を注ぐ考えだ。宣言に先立って8月に発足した利根川源流森林整備隊は、間伐や下刈りなどの作業に従事する隊員を10月から募集する。

9.11 熊本県知事、川辺川ダム建設に反対表明（熊本県）蒲島郁夫・熊本県知事が熊本県議会本会議で、国土交通省が熊本県相良村で計画する川辺川ダム建設に反対する考えを表明した。

9.14 札幌市のカラマツ林が変色（北海道）札幌市周辺の藻岩山や手稲山、真駒内の丘陵地帯のカラマツ林が茶褐色に変色。大発生したカラマツハラアカハバチの幼虫に葉を食い荒らされたとみられるが、木そのものに影響はないという。

9.16 「エネルギー永続地帯」2007年度試算結果公表（日本）千葉大学公共研究センターと環境エネルギー政策研究所が、「エネルギー永続地帯」の

2007年度試算結果を公表。国内における自治体ごとの自然エネルギー供給の実態が、初めて明らかになった。

9.16 アホウドリの引っ越し、2009年は15羽に（東京都）　環境省の野生生物保護対策検討会が開かれ、絶滅の恐れがある国の特別天然記念物・アホウドリの保護について検討。09年2月に、火山噴火の恐れがある鳥島から、350キロ離れた小笠原諸島の聟島にヒナ15羽を引っ越しさせることが決定した。新たな営巣地をつくる5ヵ年計画で、初年の2008年2月には10羽のヒナが聟島に移住した。

9.16 金沢市で里山・里海SGA会議開催（日本）　金沢市高岡町の市文化ホールで、国連大学高等研究所が主催する「日本における里山・里海のサブ・グローバル評価（里山・里海SGA）第1回クラスター間会議」が開かれ、研究者など約60人が参加。会議ではアフメド・ジョグラフ国連生物多様性条約事務局長が講演し、2010年に名古屋で開かれるCOP10で里山の精神を世界に発信してほしいと期待を込めた。

9.18 放置竹林を資源に活用（京都府）　山城地域の放置竹林を資源として活用することを目的に、京都府商工会連合会が「放置竹林利用・活用に関する研究会」を立ち上げ、木津川市内で第1回研究会が行われた。先端技術を用いた竹の高度利用や、地元企業と連携した新商品の開発などで、今後3年かけて放置竹林を減らすことが目標だ。現在、山城地域には約1500ヘクタールの竹林があり、うち約千ヘクタールが放置竹林となっている。

9.25 トキ10羽放鳥、27年ぶりの野生復帰（新潟県）　新潟県佐渡島で、国の特別天然記念物・トキの試験放鳥が行われた。佐渡トキ保護センター近くの式典会場から、中国産のつがいを使って人工繁殖したオス・メス5羽ずつの計10羽が放たれ、乱獲と開発で絶滅したトキが27年ぶりに野生に戻った。

9.25 米北東部10州、CO_2排出枠のC＆T方式でのオークション実施（アメリカ）　アメリカ北東部10州が、同国初となるCO_2排出枠のキャップ・アンド・トレード（C＆T）方式でのオークションを実施。再生可能エネルギー技術とエネルギー効率プログラムに充てる約4千万ドル近くを確保した。

9.28 青森県内で松くい虫「感染」被害（青森県）　青森県農林水産部が、県内初の松くい虫による被害を確認したと発表。松くい虫が自然に北上したのではなく、塩害工事の施工業者が松くい虫に「感染」した松を関東地方から持ち込んだ特殊事例とみられる。目視調査の結果、現場周辺に松枯れ被害は出ていないという。

9.30 米、沖合の油田掘削を解禁（アメリカ）　アメリカ政府が、長期にわたり沖合の油田掘削を禁じてきた大統領令を解除。ほとんどの海岸線で、石油・ガスの採掘権の探査やリースが可能となる。

9月	佐世保でイノシシ対策講座開講（長崎県）　イノシシによる農作物被害対策のため、長崎県が9月から「イノシシ大学」と題する講座を佐世保市で開講。昨年度、県内でのイノシシの捕獲数は1万8794頭で、10年前と比べて30倍以上に増加しており、農作物被害額は約2億1千万円にのぼる。講座では特に被害の多い県北地域の在住・在勤者を対象に、生態や捕獲後の解体・食肉加工法などを教え、イノシシ対策指導員として育成する。
10.1	香川県でCO_2吸収量認証制度開始（香川県）　香川県が「森林の整備等によるCO_2吸収量認証制度」を設け、運用を開始した。県内の企業が自主的に森林の整備をした場合に、その効果をCO_2吸収量として数値化する。地球温暖化対策や森の植栽・間伐に取り組む企業を応援することが目的で、ヒノキ1ヘクタールの植栽でCO_2吸収量6千キログラム、竹林伐採1ヘクタールで5千キログラムになるという。
10.2	北極海の氷、観測史上2番目の小ささに（北極）　米国立雪氷データセンターは、北極海を覆う氷が2008年に観測史上2番目に小さい面積まで減少したと発表。薄い氷が多く、体積では最小になると推測される。海水面は氷よりも日光を吸収しやすいため、水温の上昇により氷の減少は今後ますます加速すると懸念されている。
10.3	アカウミガメの上陸、例年の3倍に（宮崎県，鹿児島県）　アカウミガメ（絶滅危惧2類）の全国有数の産卵地・宮崎県内の海岸で、今年の上陸回数が例年の約3倍となる3千回にのぼることがわかった。鹿児島県でも過去最多を記録しており、保護活動の成果や黒潮の変化など、専門家の間で様々な憶測を呼んでいる。
10.6	IUCN、哺乳類の「絶滅の危機」を警告（世界）　国際自然保護連合（IUCN）は、哺乳類の4種に1種は絶滅の恐れがあり、「絶滅の危機」が進行中であると警告。生育場所の喪失や狩猟、気候変動が原因だ。
10.7	「日本で最も美しい村」に7町村加盟（日本）　NPO法人「日本で最も美しい村」連合に、北海道鶴居村や高知県馬路村など7町村が新たに加盟。同連合は農山村の景観や文化を守ることを目的に、2005年に7つの町村で発足。共同でカレンダーを製作したり、地元産品に統一ロゴマークを使用したりしている。徳島県上勝町で開かれた第4回定期総会で、今回の7町村の加盟が承認された。
10.7	『緑の聖書』出版（アメリカ）　アメリカの出版社が『緑の聖書』を出版。キリスト教精神に基づく地球環境保護のメッセージを、信者・非信者を問わず広く伝える。
10.7	FAO、バイオ燃料拡大策の見直しを要求（世界）　国連食糧農業機関（FAO）が、2008年の『世界食料農業白書』を発表。バイオ燃料は食糧価格高騰の一因とされ、その温室効果ガス排出抑制効果は期待されたほど大きくないと指摘。生産促進を図る一部先進国に、拡大政策の見直し

を求めた。

10.8 スマトラの森林保護に州知事が合意（インドネシア）　消滅の危機が懸念されるインドネシア・スマトラ島の森林保護について、州知事が合意。これにより、山林火災や焼き払いによるCO_2排出の削減が可能となった。

10.8 海洋の酸性度、急速に上昇（世界）　CO_2の増加に伴い、従来の予測よりも少なくとも10倍の速度で海洋の酸性度が上昇。貝や甲殻類に悪影響を与えているという研究が発表された。

10.9 杉の間伐材で地盤沈下防止実験（福井県）　福井県で杉の間伐材を使って地盤沈下を防止する実験が始まり、9日に軟弱な地盤に長さ約3メートルの丸太を等間隔で打ち込む作業が完了。実験は福井県や福井高専、飛鳥建設など6者の産学官共同で行われ、地盤沈下の度合いや土の状態を観察する。同様の地盤改良工事に松材を使用することはあるが、腐りやすいとされる杉を用いるのは国内でも珍しいという。

10.9 豊田市で森の間伐共同化（愛知県）　愛知県豊田市で、荒れた人工林の間伐を地権者が共同で行う「森づくり団地」事業が始動した。地権者の協議の場として「地域森づくり会議」を設け、面的につながりのある山林で、同時に間伐を行うことに同意した区域を「団地」として一気に伐採する。地権者が個々で行うよりも有利な補助制度があり、作業道などの整備費の97％が公費で賄われるという。豊田市は2005年の市町村合併で、面積の7割が森林となっている。

10.14 IUCN、辺野古沖のジュゴン保護を勧告（沖縄県）　国際自然保護連合（IUCN）はスペインのバルセロナで開催された総会で、沖縄の米軍普天間飛行場の移転予定地である辺野古沖（沖縄県名護市）に生息するジュゴンの保護に関する勧告案を採択。勧告案では、ジュゴンが生息する全ての国に「移動性野生動物の保全に関する条約（ボン条約）」のジュゴン保護に関する覚書への参加を促す。日米両国に対しては、環境影響評価を共同実施し、ジュゴンへの悪影響を最小限にとどめる行動計画案を作成するよう求めている。

10.15 里山・里海の全国調査プロジェクト始動（日本）　国連大学高等研究所などが企画した、「日本における里山・里海のサブ・グローバル評価（里山里海SGA）」プロジェクトが本格始動。里山・里海の現状と歴史的変化を調査する全国規模のプロジェクトで、日本全国のほか、5つの地域別報告書を作成する。生物多様性を育む生態系を保護するための基礎資料を作成し、人と自然が共生する「SATOYAMA」モデルを世界に発信していくことが狙いだ。

10.16 「いきものみっけ」夏の実施結果発表（日本）　環境省生物多様性センターが7月から開始した「いきものみっけ—100万人の温暖化しらべ」で、夏の調査対象としたセミ3種の調査結果（速報）が発表された。対象

となったミンミンゼミ、ツクツクボウシ、クマゼミのうち、クマゼミは羽化直前の平均気温との関係が強いと言われており、報告数の多かった3県でいずれも初鳴き日が早くなる傾向がみられた。

10.18 **環境省、生物多様性の情報提供ホームページを開設**（日本）　2010年10月に名古屋市で開催される「生物多様性条約」第10回締約国会議（COP10）を2年後に控え、環境省が生物多様性に関する情報提供ホームページを開設。生物多様性をわかりやすく解説し、生物多様性条約に関する資料等を掲載する。

10.21 **「排出量取引の国内統合市場の試行的実施」開始**（日本）　「低炭素社会づくり行動計画」に基づいて、「排出量取引の国内統合市場の試行的実施」が開始された。

10.21 **全国森林計画が閣議決定**（日本）　政府が2009年4月から2024年3月末までの全国森林計画を閣議決定。全国森林計画は15年を1期として5年ごとにたてる計画で、今期は育成複層林の面積を現況の95万5000ヘクタール（07年3月末）から63万8000ヘクタール増加させ、159万3000ヘクタールとすることが目標だ。

10.21 **本州でアオウミガメの産卵初確認**（愛知県）　愛知県豊橋市が、同市の表浜海岸でアオウミガメ（絶滅危惧2類）の産卵が確認されたことを明らかにした。表浜海岸はアカウミガメの産卵地として知られるが、熱帯〜亜熱帯にかけて分布するアオウミガメの産卵は鹿児島県の屋久島や東京都の小笠原諸島が北限とされ、本州での確認はこれが初めて。原因として、地球温暖化に伴う海水温の上昇を指摘する専門家の意見もある。

10.27 **国連、越境地下水条約案をまとめる**（世界）　国連が「越境地下水条約」案をまとめ、帯水層を共有する国々が協力して水を守り、汚染を防止・規制することを求めた。

10.28 **新潟北部でトキ目撃**（新潟県）　環境省が、新潟県北部の胎内市で、特別天然記念物のトキの目撃情報があったことを明らかにした。9月25日に約80キロ離れた佐渡島で放鳥された10羽のうちの1羽とみられる。佐渡海峡と本土は最短約40キロで、トキは最短距離を渡ってから本土を北上した可能性もあるという。

10.28 **川辺川ダム建設、国交相と熊本県知事が会談**（熊本県）　国土交通省が熊本県相良村で計画する川辺川ダム建設について、2008年9月11日に反対を表明した蒲島郁夫・同県知事と金子一義・国交相が、国交省内で初会談。河川管理を担う国と県などで、ダムに代わる治水対策協議の場を設けることで合意した。

10.30 **温室効果ガスの蓄積で、北極と南極の氷消失**（北極，南極）　北極と南極の氷の消失は、自然の変化というよりも、人類の諸活動に起因する温室

効果ガスの蓄積によると見るべきだという研究結果が発表された。

10.30 **化女沼など4湿地、ラムサール条約に新規登録**（日本）水鳥の生息地など国際的に重要な湿地を保全する「ラムサール条約」湿地として、宮城県の化女沼、山形県の大山上池・下池、新潟県の瓢湖、沖縄県久米島の渓流・湿地の4湿地が新規に登録され、国内の登録地は37ヶ所となった。あわせて、琵琶湖の登録面積も拡大された。

10月 **伊達市で木質ペレットプラント稼働**（北海道）環境省の補助を受け、北海道伊達市が約3億4千万円をかけて同市大滝区に建設した「木質ペレットプラント」が稼働を開始した。木質ペレットは市内のカラマツの間伐材を原料に使用した固形燃料で、ストーブやボイラーで使える。プラントの年間生産能力は2千トンで、今年度の生産目標は1千トン。

10月 **私立三重中で、理科特別授業「森の健康診断」**（三重県）三重県松坂市の私立三重中学校で、今年度より2年生理科の特別授業として「森の健康診断」を取り入れることとなり、10月下旬から松阪市森林公園で野外実習を開始した。身近な人工林の樹木・草木の種類や土壌の状態などを科学的に調べ、「健康な森」と放置された「不健康な森」の状況を把握する。同中学では、2006年夏から希望者が参加し、愛知県瀬戸市の演習林で「森の健康診断」の体験学習を実施。生徒全員に体験させるため、各クラスの理科4コマ分の授業を「森の健康診断」にあてることとした。

11.3 **佐世保で「森と海のつながりを考える」シンポジウム**（長崎県）長崎県佐世保市三浦町で「森と海のつながりを考える」シンポジウムが開催された。奉仕団体や漁協などから約600人が参加し、豊かな森づくりに携わる人や研究者5人が海と森のつながりや、地域が森を育てる様子を語った。

11.4 **ラムサール条約第10回締約国会議閉幕**（世界，韓国）韓国で開催されたラムサール条約第10回締約国会議が閉幕。最終日の4日には、水田保全を呼びかける初の決議を採択。日韓両政府が共同提案したもので、洪水防止や地域の生態系保全など水田の持つ多様な機能を調べ、これを高める農法を普及させることなどを各国に求めた。

11.6 **モントリオール・プロセス第19回総会開催**（世界，ロシア）「モントリオール・プロセス」の第19回総会がロシアで開催された（～10日）。「モントリオール・プロセス」は持続可能な森林経営の基準・指標の作成と活用を推進する取り組みで、日本や米国、カナダ、ロシアなど12ヵ国が参加。このほど3年間に及ぶ指標改定作業が完了し、概要は2009年10月の世界林業会議で公表される。改定作業を通じて、基準は生物多様性の保全など7基準、指標は生態系タイプごとの森林面積など54指標となった。

11.10 **中型・小型魚種の漁業、海洋生態系などに影響**（日本）養殖魚や家畜・家禽の飼料となる中型および小型の魚種を対象とした漁業は、海洋生態系と人類のフード・セキュリティに影響するという研究が発表された。

11.12 2007年度の温室効果ガス排出量、京都基準を8.7％超過（速報値）（日本）　環境省が、2007年度の温室効果ガス排出量の速報値を発表。総排出量は京都議定書の規定による基準年（二酸化炭素は1990年）を8.7％上回る13億7100万トン。原子力発電所の利用率低下と渇水による水力発電電力量の減少で火力発電電力量が大幅に増加したため、前年度比で2.3％増加した。

11.13 「茶色の雲」で温暖化進む（日本）　すす、スモッグ、有機化学物質の「茶色の雲」が太陽光を吸収することによって大気が温まり、気候変動の影響をより一層悪化させると、国連環境計画（UNEP）が報告した。

11.14 CO_2削減量認証の新制度開始（日本）　環境省が、企業活動などで出た二酸化炭素（CO_2）排出量を、別の削減・吸収事業で相殺するカーボンオフセットに使うクレジット（削減・吸収量）を認証する新制度J-VERを開始。有識者による運営委員会が削減・吸収量が正確に算定されているかどうかを検証し、クレジットを発行する。

11.18 滋賀県で木材搬出システムの研修会開催（滋賀県）　滋賀県木之本町金居原の山林で、戦後に植栽され、伐採の時期を迎える人工林から低コストで木材を搬出するシステムを学ぶ研修会が開かれた。

11.19 環境省、CO_2排出量に応じた燃料課税を提案（日本）　環境省が自民党環境部会で、ガソリン税などの化石燃料にかかる既存の税を、燃やした際に出る二酸化炭素（CO_2）排出量に応じたものに改める新提案を示した。将来的に実質的な炭素税を実現する狙いだが、2009年度の税制改正要望に盛り込むことは見送られた。

11.19 生物多様性保全に取り組む企業増加（日本）　環境問題への対応として、温室効果ガスの排出削減だけでは不十分だとする考えが広がり、生物多様性の保全に取り組む企業が増加。社会貢献活動にとどまらず、本業での取り組みが問われ始めている。

11.21 生物多様性のコミュニティワード決定（愛知県）　環境省が、生物多様性をわかりやすく表現したコミュニティワードを「地球のいのち、つないでいこう」とすることに決定。2010年の国際生物多様性年や、同年10月に名古屋で開催される生物多様性条約第10回締約国会議（COP10）を前に、生物多様性への理解・認識を高めることが狙いだ。

11.21 東レ、砂漠緑地化技術の実証実験成功（日本）　中国などで進む砂漠化を食い止めるため、東レが開発した緑地化技術の実証実験に成功。トウモロコシなどを原料とする「ポリ乳酸」を素材としたチューブ状の樹脂で地面を押えて草木のタネを根付かせる技術で、樹脂はいずれ水や二酸化炭素に分解される。植林よりも安価かつ短い作業時間で、砂漠の緑地化が可能だという。

11.25 山形でナラ枯れの被害拡大（山形県）　山形県が、2008年に県内で6万6千

本を超えるナラ枯れの被害があったことを明らかにした。虫が媒介する菌で広葉樹が枯れる伝染病で、被害が確認された市町村は、07年の17から27に拡大。梅雨時に降雨量が少なく、水分不足で弱体化した木に虫が入り込んだことが原因とみられる。

11.26 **バチカン、太陽光発電建設を表明**（バチカン）バチカンが主要建造物に電力を供給する太陽光発電所の建設を表明。2020年までに使用電力の20％を再生可能エネルギーで賄う計画だ。

11.27 **アマゾンの違法木材取引、取り締まり開始**（ブラジル）ブラジル政府関連機関が伐採者に荒らされ、輸出入が禁止されている木材が盗まれた。これを受けて、政府はアマゾンでの違法な木材取引の取り締まりを開始した。

11.28 **東京都と東芝、森林保全協定を締結**（東京都）東京都と東芝グループが、多摩地域の森林を保全するための協定を締結。協定期間は10年間で、都道府県と民間企業が個別の山ではなく、広範囲の協定を結ぶのは全国で初めて。

11月 **オバマ大統領、グリーン・ニューディール政策を打ち出す**（アメリカ）バラク・オバマ米大統領が、当選直後に「グリーン・ニューディール政策」を打ち出した。環境分野への集中・大型投資で新たな雇用や経済成長を生み出し、経済危機の打開を目指す。

11月 **香川県、放牧牛レンタル事業を開始**（香川県）農地再生を目的とした香川県の「放牧牛レンタル事業」第1弾が、高松市香川町川内原の山林で始まった。放牧地は電子柵に囲まれた51アールで、荒廃した田畑や山林に放牧した牛が雑草を食べることで農地を復元し、イノシシなどを遠ざける効果がある。

11月 **松山市、グリーン電力証書の発行事業者登録**（愛媛県）愛媛県松山市が、自治体初の電力証書の発行事業者登録。

12.1 **COP14およびCOP/MOP4開幕**（ポーランド）ポーランドのポズナニで、国連気候変動枠組条約第14回締約国会議（COP14）及び京都議定書第4回締約国会合（COP/MOP4）が開幕（〜12日）。京都議定書の約束期間終了後の2013年以降の次期枠組み（ポスト京都議定書）交渉の具体的な叩き台について話し合った。

12.2 **安芸川上流の山林で、漁師が間伐**（高知県）高知県安芸市の安芸川上流域の山林で、安芸漁協に所属する漁師が間伐作業を行った。安芸川の河口域はチリメンジャコの好漁場で、森林環境が川を経て海にも多大な影響を与えていることから、同漁協では昨年からボランティアで間伐作業をしている。

12.2 **緑のオーナー、国を提訴へ**（日本）国有林の育成とともに財産形成がで

きると謳い、林野庁が出資を募った「緑のオーナー制度」を巡り、「契約時の国のリスク説明が不十分だった」として、契約者の一部が国を相手に損害賠償を求め、来春にも大阪地裁に提訴する方針を固めた。同制度は契約者の9割以上が元本割れし、問題化している。

12.4 **だんじりを担う町衆、アカマツなどを植樹**（大阪府）　大阪府岸和田市の「岸和田だんじり祭り」を担う町衆たちが、将来のだんじりの材料となるアカマツやケヤキの植樹を開始。だんじり本体と前梃子はケヤキ、四つの車輪（コマ）にはアカマツが使われる。マツクイムシの被害などで、生育に100年かかるといわれるアカマツの生産量が激減しているため、町衆自ら材料の供給に乗り出した。

12.8 **官公庁のコピー用紙、古紙配合率基準を7割緩和**（日本）　環境省が、「グリーン購入法」で官公庁に購入を義務づけられたコピー用紙の古紙配合率について、現行基準の100％から最低70％に緩和する方針を公表。間伐材などを利用することが条件で、来年2月にも閣議決定し、来年度から適用する。当初は今年度から配合率を緩和する方針だったが、1月に製紙会社による再生紙偽装問題が発覚したため、100％古紙の基準を維持していた。

12.10 **COP14でドイツ、ポーランドに「今日の化石賞」特別賞**（ポーランド, ドイツ）　ポーランドのポズナニで開催中の国連気候変動枠組み条約第14回締約国会議（COP14）で、ドイツとポーランドに「今日の化石賞」特別賞が贈られることが発表された。同賞は世界の環境NGOネットワーク・CAN（気候行動ネットワーク）が、地球温暖化防止交渉の進展を妨げている国に贈る不名誉な賞。

12.10 **サンゴ礁、約1/5が死滅**（世界）　海水温の上昇や海洋酸性化によってサンゴ礁の約1/5が死滅し、残りも20～40年以内に死滅する可能性があることが明らかになった。

12.11 **カリフォルニア、温室効果ガス削減の包括計画を発表**（アメリカ）　米・カリフォルニア州が、同州初となる温室効果ガス削減の包括的な計画を発表。2020年までに排出量を1990年レベルに削減することを約束した。

12.16 **JAL、バイオ燃料による飛行試験実施へ**（アメリカ）　日本航空（JAL）が、バイオ燃料を使用したジェット機の試験飛行を2009年1月30日に実施すると発表。燃料の主原料はカメリナというアブラナ科の非食用植物で、試験は米国のボーイング社、エンジンメーカーのプラット・アンド・ホイットニー社と合同で行う。アジアでのバイオ燃料による航空機の飛行は、これが始めて。

12.16 **国有林野の管理経営に関する基本計画改定**（日本）　林野庁が、国有林野の管理経営に関する基本計画の改定を発表。農水省が5年ごとに定める10年間の計画で、森林整備・保全と木材利用を一体的に推進した地球温暖

化防止対策の促進や、生物多様性保全への取り組みなどが盛り込まれた。

12.16 森林保全でアサヒビールと近畿中国森林管理局が連携（広島県） 広島県庄原市にあるアサヒビール（本社・東京）の社有林と隣接する国有林計877ヘクタールについて、同社と近畿中国森林管理局（大阪市）が連携して森林づくりに取り組む覚書を交わした。2009年度から、双方の山林を横断する作業道の整備等を開始する。

12.17 EU、温暖化対策の包括案に合意（ヨーロッパ） 欧州連合（EU）が温暖化対策の包括案に合意。2020年までに温室効果ガス排出量を20％削減し、エネルギー効率を20％向上。再生可能エネルギー利用率の20％達成が盛り込まれた。

12.18 鳥獣技術士「イノシッ士」1期目誕生（鳥取県） 鳥取県が5月に開講した有害鳥獣対策指導者養成講座「鳥獣・里山塾」の最終回となるこの日、受講生約40人が鳥取市鹿野町のイノシシ食肉解体処理施設などを見学。駆除したイノシシを食材として生かす方法を学んだ。今後、受講生は鳥獣技術士「イノシッ士」として県に3年間登録され、鳥獣被害に悩む農家などを指導する。

12.19 トキの分散飼育実施地決定（新潟県，石川県，島根県） 環境省が、石川県、島根県出雲市、新潟県長岡市の3ヶ所をトキの分散飼育実施地に決定した。鳥インフルエンザ等の感染症による絶滅の危機を回避することが目的で、佐渡トキ保護センターの飼育・繁殖機能を補完する。トキの引き渡しは、各自治体の準備状況に応じて約1年から3年後となる見込みだ。

12.21 智頭町で森の幼稚園の開園準備（鳥取県） 園舎を設けず、森の中で子どもが遊んで学ぶ「森の幼稚園」を開園させるべく、鳥取県智頭町の若い父母たちが準備を進めている。「森の幼稚園」はデンマーク発祥で、自然体験を基本に乳幼児の保育・教育をする活動の総称。国内で100以上の団体が運営し、11月には「森のようちえん全国ネットワーク」が結成された。

12.24 JICAとエジプト・アラブ共和国、円借款貸付契約調印（エジプト） 国際協力機構（JICA）とエジプト・アラブ共和国政府が、「コライマット太陽熱・ガス統合発電事業（II）」と「上エジプト給電システム改善事業」に関する円借款貸付契約に調印。電力供給の増大および効率化や安定性の向上を通じて、気候変動対策もふまえた持続的な成長のための基盤整備を支援する。

12.24 グリーンランド氷床の消失面積、3倍に（デンマーク） 2008年夏期におけるグリーンランドの氷床消失面積が、2007年の3倍近くになったと研究者が発表した。

12.25 新潟中部でトキ確認（新潟県） 新潟県中部の見附市内で、特別天然記念

物・トキが沼地の餌を探したり、飛んだりする姿が確認された。9月に佐渡島で放鳥された10羽のうちの1羽の雌で、10月上旬に新潟市内で本州に初上陸したのを目撃された後、県北部の関川町へ移動。再び新潟市内に戻り、24日に見附市へ移動したとみられ、200数10キロの一人旅をしたようだ。トキが海を越えることは予想外で、専門家もえさの多い湿地を見分けていることに驚いている。

12.26 2007年度「環境にやさしい企業行動調査」結果発表（日本） 環境省が、2007年度の「環境にやさしい企業行動調査」の結果をとりまとめた。グリーン購入や環境に関する経営方針を制定している企業が70％以上で、自主的・積極的な環境への取り組みが定着してきている。一方、「生物多様性の保全」を企業活動と大いに関連があり、最重要視しているとした企業等の割合は13％だった。

12.28 環境にやさしい「間伐材割りばし」に注目集まる（日本） 国内の森を伐採した端材を原料にした「間伐材割りばし」が注目されている。日本で使われる割りばしの98％が中国などからの輸入品で、国内材を使った「間伐材割りばし」は、海外の森を守ることにつながる。また、間伐で木の生育が促進し、より多くの二酸化炭素（CO_2）を吸収することで、地球温暖化防止への貢献も期待できる。

12月 キノコ培地を使ったバイオマス熱利用プラント完成（日本） 新エネルギー・産業技術総合開発機構（NEDO）の補助を受け、東京ガスが建設していた日本初のキノコ培地を使ったバイオマス熱利用プラントが12月に完成。乾燥させた培地を固めたペレットを不完全燃焼させて熱分解ガスを回収し、貫流ボイラーの燃料として利用。発生した蒸気を培地の殺菌や乾燥に使用する。

12月 木曽川下流の住民、源流の環境保護（長野県，愛知県，岐阜県） 長野県を水源とする木曽川の下流にあたる愛知県や岐阜県の住民が、12月に源流の環境保護活動を支援する仕組みを構築。長野県木曽地方の特産品を販売し、収益金の一部を森林育成などにあてる。

この年 2008年、台風上陸ゼロの異常気象（日本） 2008年は8年ぶりに日本列島に台風が上陸しなかった。これは、豪雨多発の原因にもなった太平洋高気圧の異常な位置取りと深く関係している。台風は通常フィリピン東沖の上昇気流によって生まれるが、この年は上昇気流が弱く、台風が発生しにくい状況が続いた。発生した台風が北上しても、台湾東沖に位置する太平洋高気圧に阻まれ、多くの台風が偏西風に乗って中国大陸方面に抜けていった。

この年 REACH規制の実運用開始（ヨーロッパ） 欧州委員会（EC）が、「化学品の登録、評価、認可及び制限に関する規則（REACH規制）」の実運用を開始した。

この年 ナイジェリア・シェル社、燃焼停止期限に間に合わず（ナイジェリア）　ナイジェリアでは、ガスフレアリングの停止期限を2008年12月31日としていたが、同国で最も大規模に随伴ガスを燃やしているシェル社が、期限には間に合わないと発表。他の企業も同様に燃焼停止は期待薄だ。

この年 バイオ燃料、2008年度より税制優遇（日本）　植物から作るバイオ燃料について、政府が2008年度より税制優遇措置を導入。バイオ燃料を混ぜた「混合ガソリン」の普及を目指し、(1) 混合ガソリンのうち、バイオエタノール分のガソリン税 (2) ETBE輸入時の関税が免除されることになった。

この年 ボスニア、第2次廃棄物処理プロジェクト開始（ボスニア）　ボスニアで第2次廃棄物処理プロジェクトが開始された。2002年に始まった第1次プロジェクトの終了を受け、第2次では廃棄物処理体制の管理、財政等のソフト面の改善を図る。同プロジェクトに対し、世界銀行とEU、日本が800万ドルを支援。

この年 ヨルダンで自動車排ガスの取締まり開始（ヨルダン）　ヨルダンの環境省と環境警察が自動車排出ガスの路上検査・車検体制を拡充し、全国的な取締まりを開始した。

2009年
（平成21年）

1.6　「にほんの里100選」決定（日本）　『朝日新聞』創刊130周年と森林文化協会創立30周年の記念事業として、人々の暮らしに育まれた美しい里を選ぶ「にほんの里100選」が決定。応募数4474件、2千以上の候補地の中から「景観」「生物多様性」「人の営み」を基準に現地調査を行い、選定委員会の論議を経て100ヶ所が選ばれた。

1.7　「光害」が生態系を攪乱（日本）　超高層ビルや自動車などの反射光からの「光害」が、野生動物の行動や生態系を攪乱しているという報告書が発表された。

1.7　藻を使ったバイオ燃料による試験飛行成功（アメリカ）　米コンチネンタル航空が、バイオ燃料を使用した旅客機の試験飛行に成功。燃料の原料は藻や落葉低木の抽出成分で、食糧価格の高騰や環境破壊を招く心配がない。世界初の藻を原料にした燃料による試験飛行で、5年以内の実用化を目指している。試験には、通常のジェット燃料に新開発のバイオ燃料を半分混ぜた混合燃料が使われた。

1.8 1万5000種の薬草、絶滅の危機（世界）　生育場所の喪失や過剰採取、汚染などによって、5万種の薬草のうち1万5千種が絶滅の危機に直面しているという報告書が発表された。

1.9 『農林水産省環境報告書2008』がまとまる（日本）　農林水産省が、生物多様性保全を重視した環境保全型農業などの施策や、地球温暖化対策としての森林吸収源対策など、同省の2007年度における環境配慮への取り組み状況を『農林水産省環境報告書2008』にとりまとめた。

1.13 ポーランド、原発建設を発表（ポーランド）　ロシアへのエネルギー依存からの脱却を目指し、ポーランド政府が2020年までに原子力発電所を建設することを発表した。

1.14 延岡にコウノトリ飛来（宮崎県）　宮崎県延岡市北川町の川坂湿原付近の田んぼに、国の天然記念物のコウノトリが1羽飛来した。県内では、2000年12月に宮崎市佐土原町の河口で確認されて以来となる。人工繁殖した国内の鳥ではなく、中国から飛来したとみられる。

1.16 魚が海の酸性化防止に貢献（世界）　海水の酸性化を緩和する炭酸カルシウムの少なくとも3〜15％は魚がつくっているという試算を、英米などの研究チームが16日付の米科学誌『サイエンス』（電子版）に発表。大気中の二酸化炭素の増加で海水の酸性化が懸念されるなか、魚がその防止に大きく貢献していることがわかった。

1.17 五島の国有林の間伐材、島外に初出荷（長崎県，佐賀県）　九州森林管理局長崎森林管理署が、長崎県五島市岐宿町の国有林約13ヘクタールの間伐材を島外に初出荷。約300m^{3}分のスギとヒノキが、貨物船で佐賀県伊万里市の木材市場に運搬された。

1.17 滋賀、生態系保全の長期構想をまとめる（滋賀県）　滋賀県が、2050年度までの生態系保全活動の指針となる「ビオトープネットワーク長期構想」をまとめた。各地で孤立してきた動植物がより広い範囲で生きられるよう、県内に点在する生息・生育空間（ビオトープ）を川や河畔林などの回廊（コリドー）で結び、ネットワークを構築する考えだ。

1.20 『肉用牛放牧の手引き』発刊（近畿地方）　農林水産省近畿農政局（京都市）が、牛の放牧方法や先進地の事例などを紹介する『肉用牛放牧の手引き』を発刊（無料）。放牧により飼料代が節約できるうえ、耕作放棄地の土地回復や、イノシシやサルなどの害獣が近寄りにくくなる効果も報告されている。

1.22 南極全域が温暖化（南極）　米ワシントン大や米国立大気研究センターなどのチームが、南極大陸がこの50年間温暖化し続けているという解析結果を、22日付の英科学誌『ネイチャー』に発表。温暖化が顕著なのは南極半島だけで、分厚い氷床に覆われた東南極は地球全体の温暖化とは逆

に寒冷化しているとみられていた従来説を覆し、南極全域が温暖化していることが明らかになった。

1.22 富士山周辺にシカ急増（静岡県，山梨県）　静岡県森林・林業研究センターの調査で、富士山周辺で野生のシカが急増し、1万頭が生息しているとみられることがわかった。生息密度は1km²あたり18.4頭。草地が多く、ハンターが減少したことから生息数が急増したとみられ、シカの食害による今後の森林被害拡大が懸念されている。富士山周辺でシカの生息状況を本格的に調査したのは、これが初めて。

1.23 ペレットストーブ人気に火が付く（日本）　従来廃棄されていた木くずやおがくずなどを原料にした「木質ペレット」を燃料とするペレットストーブの人気に火が付き始めた。岩手県では、2002年に民間と共同で「いわて型」の家庭用ストーブを開発。2004年からペレットストーブの購入者に補助金を支給し、2007年度末までに約1120台分の利用実績をあげた。大阪府高槻市では2003年度から設置を始め、現在では4ヶ所に。また、山口県下関市では、住宅団地の冷暖房や給湯を全てペレットの熱エネルギーでまかなう実験が進められている。

1.23 温室効果ガス観測技術衛星「いぶき」打ち上げ成功（日本）　三菱重工業が、温室効果ガスの排出量を専門に監視する世界初の衛星「いぶき」など、計8衛星を積載したH2Aロケット15号機を鹿児島県の種子島宇宙センターから打ち上げ、成功した。

1.23 南極観測隊員に石綿被害（南極）　1968年の南極観測隊に参加し、昭和基地の発電施設建設でアスベスト（石綿）の吹き付け作業にあたった70代男性から、アスベストを吸引した人に特有の「胸郭プラーク」が見つかったと文部科学省が発表した。

1.25 札幌市、太陽光発電・間伐材燃料の積極導入へ（北海道）　北海道札幌市は今後、太陽光発電や森林間伐材を利用したバイオエネルギーを公共の建物に積極的に導入し、普及を後押しする。学校校舎改築などにあわせて、木質バイオエネルギーに適応したボイラーや、間伐材から作ったチップやペレットを燃焼させるボイラーの設置を進めるという。

1.26 IRENA設立会合（世界）　国際再生可能エネルギー機関（IRENA）の設立会合が開かれた。

1.30 グリーンワーカー養成研修に希望者殺到（長野県）　長野県などが2月中旬から開く「グリーンワーカー養成研修」に、受講希望者が殺到。1月中旬に定員40人程度で募集を開始したところ、締め切りの30日までに3倍強の143人から申し込みがあった。林業への就業を促すための21日間の研修で、チェーンソーの使い方など、林業の基本的な技術や知識を集中的に学ぶ。

1.31 間伐材れんがで小屋造り体験（佐賀県）　佐賀県佐賀市内で、間伐材を加工した木のれんが「ウッディブリック」を使った小屋造り体験会が開かれた。「ウッディブリック」は厚さ2センチの杉材を5枚重ねて幅12センチに切断したもので、容易に持ち運べるうえ、細く短い幹も無駄なく活用できる。

2.5 アホウドリのヒナ15羽が引っ越し（東京都）　伊豆諸島・鳥島で、絶滅の恐れがある国の特別天然記念物・アホウドリの引っ越しが始まり、15羽のヒナが350キロ離れた小笠原諸島の聟島にヘリコプターで運ばれた。絶滅したと考えられていたアホウドリは約2200羽まで回復したが、鳥島は火山噴火の恐れがあるため、昨年から新たな営巣地をつくる5ヵ年計画が開始された。

2.5 海中公園の指定区域拡大へ（日本）　環境省が「海中公園」の指定区域を、動植物の重要な生息地である岩礁や干潟に拡大する方針を決定。「自然公園法」では、国立・国定公園内でサンゴ礁が豊富な地域などを「海中公園」に指定することで開発や動植物の捕獲を規制できるが、現状の規制は海の中に限られ、海鳥が休む海上の岩礁や、干潟時に現れる陸地は対象外となっている。

2.5 反捕鯨団体の抗議船、調査捕鯨船に衝突（南極）　反捕鯨団体「シー・シェパード」の抗議船が、南極海で作業中の調査捕鯨船に後方から衝突し、体当たりで妨害活動を行った。9日、水産庁は抗議船の船籍国オランダと、事実上の母港を提供しているオーストラリアの駐日公使を同庁に呼び、抗議した。

2.6 カリフォルニア州、排ガス独自規制へ（アメリカ）　カリフォルニア州の自動車排ガスに関する独自規制の許可に向け、米環境保護局（EPA）が手続きを開始。排ガスに含まれる二酸化炭素（CO_2）などの温室効果ガスを、大気汚染物質とみなして規制するもので、同様の規制は他の13州にもある。

2.7 中国、過去半世紀で最悪の干ばつ（中国）　中国北部で発生した過去半世紀で最悪の干ばつにより、400万人以上の人々と200万頭以上のウシが飲料水不足に直面していると当局者が発表した。

2.9 トキの次回放鳥方針決定（新潟県）　新潟市内で環境省の「トキ野生復帰専門家会合」が開かれ、次回の放鳥の時期を「今秋」とし、10羽以上を放す方針が決定。また、群れの形成につながるソフトリリース方式に放鳥方法を変更することになった。

2.10 地球温暖化、排出を止めても千年は元に戻らず（世界）　大気中のCO_2増加による地球温暖化は、排出を止めた後も千年間は元に戻らないという研究結果が発表された。

2.11 NPO、霧多布湿原138ヘクタール購入へ（北海道）　釧路支庁浜中町の霧多布湿原の保全活動に従事するNPO法人「霧多布湿原トラスト」が、同湿原と周辺民有地の計138ヘクタールの購入を決定。これほど大規模な土地の取得は、全国でも珍しいという。

2.13 新潟水俣病未認定患者に独自支援（新潟県）　新潟県と新潟市が、新潟水俣病の未認定患者に1人あたり月額7000円の手当を支給する独自支援策を発表。

2.16 モンゴルでヤギ倍増、砂漠化の心配も（モンゴル）　総合地球環境学研究所（京都市）の山村則夫教授らの調査で、この10年にモンゴルでヤギの飼育数が倍増し、砂漠化の心配があることがわかった。低価格のカシミヤブームが原因とみられる。草原植物は草丈4センチ以下になると砂漠化の心配が高まるが、ヤギは草を根本近くまで食べ、草丈3センチほどしか残さないという。

2.17 木質パウダーでエネルギー地産地消（和歌山県）　09年度、和歌山県は同県日高川町などをモデル地域に指定し、「エネルギーの地産地消」システムを整備する。地元で余った不要な木材などを「木質パウダー」に加工し、温泉施設でボイラーの燃料として使用する。全国初の木質パウダーによるエネルギー地産地消への取り組みだ。

2.19 環境省、出前教材「エコ学習トランク」を貸し出し（日本）　環境省が、環境教育の出前教材「エコ学習トランク」を地方公共団体などに貸し出すことを発表。体験型教材器具やイラストを活用して、誰もが簡単に教え、理解できるよう配慮されている。

2.19 竹をバイオ燃料に（静岡県）　竹から効率よくバイオエタノールをつくる技術を、静岡大工学部の研究チームが開発。放置竹林対策としても期待できる。竹の硬さが難題だったが、浜松市の刃物工場が開発した100分の1ミリ単位の粉末にできる円盤ノコギリが突破口となった。

2.20 水銀に関する国際条約策定に合意（世界）　第25回UNEP管理理事会で、水銀の排出と放出に関する新たな国際条約の策定に140ヵ国以上の環境大臣が合意した。

2.24 NASAの炭素観測衛星、打ち上げ失敗（アメリカ）　CO_2の排出量と吸収量の追跡を目的とした米航空宇宙局（NASA）の炭素観測衛星「OCO」が、軌道への投入に失敗。南極付近に落下した。

2.24 温室効果ガス削減の中期目標検討委員会開催（日本）　20年までの温室効果ガス削減目標を話し合う政府の「中期目標検討委員会」が開かれ、このままでは、20年には森が吸収する二酸化炭素（CO_2）の量が2割以上減るという見通しが示された。京都議定書に基づく12年までの削減では、約6割を森林吸収分で賄うことにしているが、2013年以降はその割合を

減らす必要がある。

2.25 改正揮発油等品質確保法が施行(第3次改正)(日本) 08年5月30日に公布された改正「揮発油等の品質の確保等に関する法律(揮発油等品質確保法)」が施行された。

2.25 君津市、大型わな設置へ(千葉県) 千葉県君津市が、イノシシやシカをまとめて捕獲する大型の囲い罠を山間部に設置することになった。捕獲後の食肉化も考えているという。

3.9 御在所岳のニホンカモシカ、山のふもとへ(三重県、滋賀県) 国の特別天然記念物・ニホンカモシカが、鈴鹿山地の御在所岳の山頂から姿を消し、ふもとの湯の山温泉街付近に出没している。増え続けるシカに追いやられて山を下りているとみられ、鈴鹿山地での絶滅を危惧する声もある。

3.11 環境省、尾瀬のシカ撲滅の方針を明確化(関東地方、東北地方、北陸地方) さいたま市で開かれた関係自治体などの協議会で、環境省が新年度から尾瀬に入るシカを撲滅する姿勢を明確にした。尾瀬国立公園の湿原ではニホンジカによる被害が深刻化しており、特別保護地区での捕獲に乗り出すことが既に決まっている。協議会では同地区の管理方針が初めて改定され、シカを排除する方針が明確に示された。

3.15 「関東ツーリズム大学」就労研修開始(山梨県) 山梨県北杜市白州町を中心に活動するNPO「えがおつなげて」が主催し、農村と都市市民の橋渡しをする「関東ツーリズム大学」の就労研修がスタートした。北杜市や南アルプスなどでの8コースに535人が応募し、90人が参加。倍率5.9倍の人気だ。

3.15 北極海の氷、2100年までに消失か(北極) 米カリフォルニア大の研究チームが、温暖化の影響で夏の北極の海氷は2100年までに消えるという解析結果を、3月15日付の英科学誌『ネイチャー・ジオサイエンス』電子版に発表した。9月の北極の海氷の広がりは、1979年から2006年にかけて約25％減少したという。

3.17 経団連、生物多様性宣言を採択(日本) 日本経団連が、理事会で生物多様性宣言と行動指針を採択。2010年に名古屋市で開催される生物多様性条約第10回締約国会議(COP10)に向け、企業が自発的に「一層固い決意で」生物多様性保全に取り組むことを促した。

3.17 地元産カラマツを使った新校舎完成(長野県) 長野県川上村立川上中学校の新しい木造校舎が完成。木材の80％に地元産のカラマツを使用した「地産地消」建築だ。事業費は20億6千万円だが、国の補助金・交付金、有利な起債を活用し、村の実質負担は6億円に抑えられた。

3.17 薬害C型肝炎訴訟、フィブリン糊併用患者5人と和解(日本) 東京地裁で薬害C型肝炎訴訟の和解協議が行われ、輸血と縫合用接着剤「フィブリ

ン糊」を併用した患者5人と国の和解が成立。給付金が支給されることになる。同様の原告とも、順次和解が進められるとみられる。

3.18 **森林管理プロジェクト、J-VER制度の対象に**（日本）　林野庁と環境省が、森林経営プロジェクトと植林プロジェクトをオフセット・クレジット（J-VER）制度の対象とすることを決定。間伐や植林の実施による森林の二酸化炭素（CO_2）吸収量を認証・クレジット化し、カーボンオフセットに使用することができるようになった。

3.18 **日本政府、ウクライナから温室効果ガス排出枠購入**（ウクライナ）　日本政府が、ウクライナ政府から温室効果ガスの排出枠3千万トンを購入する契約を締結したと発表。外国からの排出枠購入はこれが初めてとなる。京都議定書で定められた削減目標達成のため、政府は2012年度までに約1億トンの排出枠を購入する計画で、今回でその3割を確保した。

3.20 **マキノスキー場、旧ゲレンデに植樹**（滋賀県）　マキノスキー場（滋賀県高島市マキノ町）の運営会社マキノ高原観光会社が、「20年後に森を作ろうプロジェクト」を立ち上げ、2003年に営業をやめた約7万m^2の第2ゲレンデの植樹を始めた。クヌギやコナラ、エノキを植えて自然な山に戻す計画だ。ゲレンデを三分割し、今月中に約2万1500m^2に約500本を植える。

3.21 **各地で「田んぼの学校」が盛んに**（日本）　生物多様性が失われつつある中、子どもたちの生き物へのまなざしを取り戻そうと、各地で「田んぼの学校」への取り組みが盛んになっている。農水省などの研究会が、水田を活用した環境教育として1998年度に提唱したのが始まりという。「田んぼの学校」を提唱する農村環境整備センターには、現在119の開校団体と142人の指導者が登録されている。

3.22 **黒色炭素、北極の気温上昇原因に**（世界）　アメリカ航空宇宙局（NASA）が、1890年から2007年にかけて北極の気温が上昇した原因の半分は黒色炭素にあると発表した。

3.23 **道南杉の「地材地消」活発化**（北海道）　北海道の道南地方にある北限の杉「道南杉」は製材の8割が道外に出荷されており、道内ではあまり使用されていなかったが、最近、地元の木材を地元で使う「地材地消」の動きが活発化。道内で建材として使ったり、木材加工業者がパネル材を開発したりと、地元の杉のよさが見直されている。

3.24 **「海洋エネルギー・鉱物資源開発計画」決定**（日本）　総合海洋政策本部会合で「海洋エネルギー・鉱物資源開発計画」が決定。海底資源の分布調査や技術開発を2018年度までに終了し、本格採取に着手する方針が盛り込まれた。

3.25 **掛川の桜木上垂木鳥獣保護区、指定解除へ**（静岡県）　イノシシ被害に耐えかねた地元住民の要望で、桜木上垂木鳥獣保護区（静岡県掛川市）の

指定が解除される見込みとなった。イノシシが保護区に逃げ込むのを無視できないという。同保護区では絶滅の恐れがある猛禽類・クマタカの生息が確認されており、指定解除は県内初となる。

3.26　神奈川県、「森林再生パートナー制度」第1号締結（神奈川県）　神奈川県が創設した「森林再生パートナー制度」の第1号として、県と東芝（東京都港区）、伊勢原市および伊勢原市森林組合が協定を締結。企業のCSR（企業の社会的責任）活動を推進し、協働で森林の再生に取り組む制度で、企業が森林整備に資金援助をすることでネーミングライツが与えられる。

3.27　アフリカ南部、1965年以来最悪の洪水（アフリカ）　1965年以来最悪の洪水にみまわれたアフリカ南部で、100人以上が死亡。数千人が立ち退きを余儀なくされた。

3.27　各地で無花粉スギの研究進む（日本）　1992年に富山市内で発見された無花粉スギをもとに、全国で花粉を減らす研究が進められている。スギは気候条件によって適する種類が異なるため、地域にあった品種を作ろうと各地で試行錯誤が続く。東京都では、花粉の量が通常のスギに比べて1%以下の「少花粉スギ」を植える方法を採用している。

3.27　酸性雨長期モニタリング結果報告（日本）　環境省が、2003〜07年度の酸性雨長期モニタリング結果や、越境大気汚染状況をまとめた。5年間の降水phの地点別平均値は4.51〜4.95の範囲で、依然として酸性雨が観測された。日本海側や西日本では、晩秋から春季にかけて大陸由来の大気汚染物質の流入があり、全国的には春季に黄砂飛来やオゾンの越境汚染の影響がみられるという。

3.27　所得税法等の一部を改正する法律制定（日本）　税制のグリーン化を初めて明記した「所得税法等の一部を改正する法律」が制定された（3月31日公布,4月1日施行）。

3.28　新潟市内でメスのトキ確認（新潟県）　9月に佐渡島で放鳥されたトキ10羽のうち、1羽の雌が新潟市内で確認された。海を越えて本州に渡ったトキはこれが4羽目で、すべて雌だった。島内には雄4羽のみが残り、今春の野生下での繁殖は困難となった。

3.30　米・オバマ大統領、原生地域を保護する法案に署名（アメリカ）　9つの州の約8km^{2}の原生地域で資源採取と開発のための立ち入りを禁止する法案に、米国のバラク・オバマ大統領が署名した。

3.31　チェコの温室効果ガス排出枠を政府が購入（チェコ）　政府が、京都議定書で定められた温室効果ガス削減目標を達成するため、チェコ政府と排出枠4000万トンの購入契約を締結したと発表。

3月　温室効果ガスの算定・報告・公表制度に基づく排出量データ初公開（日

本）特定排出者に報告等を義務付けた「温室効果ガス排出量算定・報告・公表制度」に基づくデータが初めて公表された。

4.1 家電リサイクルの対象品目に液晶テレビなど追加（日本）家電リサイクルの対象品目にテレビ（液晶・プラズマ式）および衣類乾燥機が追加された。

4.1 改正温対法一部施行（日本）「地球温暖化対策の推進に関する法律（温対法）」の一部を改正する法律の一部が施行された。

4.1 改正省エネ法一部施行（日本）2008年5月に改正された「エネルギーの使用の合理化等に関する法律（省エネ法）」の一部が施行された。

4.3 砂浜侵食海岸の堤防・護岸調査結果発表（日本）農林水産省が2008年度に実施した、砂浜の侵食で倒壊などのおそれがある海岸堤防や護岸についての全国調査結果を発表。全国の海岸保全区域1万4千キロのうち、25海岸約8キロが堤防の倒壊などのおそれが高いとみられている。

4.4 メスのトキ、宮城県に移動（福島県，宮城県）9月に佐渡島で放鳥されたトキ10羽のうち、1羽の雌が福島県を経由して宮城県角田市内に移動したことがGPSデータで確認された。これまで別の雌が長野県に飛来したことがあるが、福島・宮城両県で確認されたのはこれが初めて。

4.7 耕作放棄地の現地調査結果発表（日本）農林水産省が、2008年度に実施した耕作放棄地に関する現地調査の結果を発表。森林化や原野化して復元不能となった耕作地は全国で10.5万ヘクタール、基盤整備して農業利用すべき土地は5.7万ヘクタールだった。

4.10 2008年度「田んぼの生きもの調査」結果発表（日本）環境省が2008年度に実施した「田んぼの生きもの調査」の結果がまとまった。611団体が参加し、魚は約1300地点、カエルは約300地点で調査を実施。新たに対象とした水生昆虫は約1500地点、前年度に引き続き、外来種について250地点で調査した結果、94種の魚、13種のカエル、27種の水生昆虫、11種の外来種が確認された。希少種ではハリヨやメダカなどの魚29種、ナゴヤダルマガエルとトウキョウダルマガエルのカエル2種の計31種が確認されている。

4.14 民間主導の自然再生協議会発足へ（岩手県）岩手県一関市萩荘区の住民らが、「にほんの里100選」にも選ばれた同地区の自然を守ろうと、自然再生協議会を発足させることになった。協議会は全国20ヶ所で設立されているが、民間主導は珍しいという。

4.15 九電と三菱商事、CO_2排出量削減事業に参加（福岡県）九州電力と三菱商事は、福岡県内の温泉の二酸化炭素（CO_2）排出量削減事業に参加すると発表した。削減分を買い取り、自社の排出量削減などにあてる。那賀川町の「清滝」と八女市の「べんがら村」の両温泉が、今春から4年

間木質バイオだきボイラーを導入し、CO_2排出量を年間1560トン削減する計画だ。

4.18 「にほんの里フェスタ」開催（日本）　愛知県長久手町の愛知県立大学で、朝日新聞社と森林文化協会の「にほんの里100選」選定を記念し、「にほんの里フェスターー生物多様性の恵みを知る」が開催された。会場には約2千人が訪れ、選定委員長の山田洋次監督が「寅さんの似合う里」と題した講演を行った。

4.20 「日本版グリーン・ニューディール構想」発表（日本）　環境対策を実行しながら経済を強化する「日本版グリーン・ニューディール構想」が発表された。

4.20 台湾油症受害者支持協会の設立許可（台湾）　台湾油症の被害者を支援する「台湾油症受害者支持協会」の設立が許可された。同日、被害を報道するドキュメンタリー「油症―毒と共に暮らす」が上映された。台湾油症は1978〜79年にかけて発生し、PCBが混入した食用油を摂取した2千人以上が健康被害を受けた。

4.21 坂本龍一の森林保護団体、道内4町との協定に調印（北海道）　音楽家の坂本龍一が代表を務める森林保護団体「モア・トゥリーズ」と、上川支庁下川町など道内4町でつくる協議会が、「森林づくりパートナーズ基本協定」に調印。今後、下川町で森林バイオマスを活かしたカーボン・オフセットに取り組む。

4.22 G8環境相会合開催（イタリア）　イタリアのシラクサで「G8環境相会合」が開催された（〜24日）。G8各国を含む21の国と地域、国際機関、NGOなどが参加し、「低炭素技術」「気候変動」「生物多様性」「子どもの健康と環境」をテーマに議論が行われた。

4.22 第10回「明日への環境賞」（日本）　朝日新聞社が主催し、優れた環境保全活動を顕彰する第10回「明日への環境賞」の贈呈式が行われた。大地を守る会（東京都）、地球環境と大気汚染を考える全国市民会議（CASA／大阪府）、ツシマヤマネコを守る会（長崎県）の3団体が受賞。同賞は10年目の節目を迎え、今回を以って休止することとなった。

4.23 「里山」「里海」の暮らし調査チーム編成へ（石川県）　石川県は今年度、県内の「里山」「里海」に暮らす人々を調査するチームを立ち上げる。国連の研究機関等と連携し、約1年かけて地域を過疎化による荒廃から守る営みを調査。2010年秋に名古屋市で開催される生物多様性条約第10回締約国会議（COP10）で世界に発信する考えだ。

4.23 2009年度の国有林野事業まとまる（日本）　林野庁が、2009年度の国有林野事業の主要な取り組みをまとめた。地球温暖化対策として、約13万ヘクタールの間伐を目標とする森林整備を実施。生物多様性保全に向けて

	は、奥地国有林における鳥獣の生息環境整備や個体数管理などを全国8ヵ所で始める。
4.24	**森林整備保全事業計画、閣議決定**（日本）　政府は、2009年度から5年間を計画期間とする森林整備保全事業計画を閣議決定。京都議定書の第1約束期間の森林吸収目標・1300万炭素トンを達成するためには、毎年20万ヘクタールの追加的な間伐を実施し、水土保全機能が良好な森林の割合を71%から79%に増やす必要があることが盛り込まれた。
4.24	**中部森林管理局、2009年度事業概要発表**（中部地方）　中部森林管理局（長野市）が、2009年度の事業概要を発表。管内4県（長野・富山・岐阜・愛知）の国有林で、8009ヘクタールを間伐することが盛り込まれた。
4.27	**スペインで世界最大のタワー式太陽熱発電所が稼働**（スペイン）　スペインのセビリア近郊で、2万キロワットの発電容量を備える世界最大のタワー式太陽熱発電所が稼働を開始した。
4.27	**米環境保護局、「温暖化は脅威」とする報告書を発表**（アメリカ）　米環境保護局（EPA）が、CO_2などの温室効果ガスが促進する地球温暖化は近い将来、環境や公衆衛生上に対する深刻な脅威となる、という報告書を発表。世界で干ばつや洪水が増え、水資源や農業、野生動物に影響が出ると予測した。
4.29	**米国人の半数以上が大気汚染地域で生活**（アメリカ）　アメリカの人口の6/10にあたる約1億8千600万人が、大気汚染で生命が脅かされる地域で生活しているという報告書が公表された。
4.30	**2007年度の温室効果ガス排出量、過去最悪を更新**（日本）　環境省が、2007年度の温室効果ガス排出量の確定値を発表。総排出量は、CO_2換算で京都議定書の規定による基準年（主に90年度）を9%上回る13億7400万トン。代替フロンの排出量を低く見積もっていたことが発覚し、集計方法を改善したため、2008年11月発表の速報値を0.3ポイント上回り、過去最悪を更新した。
4月	**「エコロジータウンうちこ」の説明開始**（愛媛県）　愛媛県内子市が、転入者に住民窓口で「エコロジータウンうちこ」の説明を開始した。
4月	**「しが炭素基金」設立**（滋賀県）　滋賀県が低炭素社会の実現を目指して、県内の経済団体等と「しが炭素基金」を設立した。
4月	**エネルギー消費量一元化システム導入**（神奈川県）　横浜市が施設のエネルギー消費量一元化システムを導入した。
4月	**宮崎県、管理費県負担で森の「命名権」売却**（宮崎県）　宮崎県が4月から県有林の「命名権」を企業に売却し、その収入で森林を維持・管理する事業を開始した。2006年度から命名権の売却自体は進めているが、管理費を企業負担としていたため、契約実績は1件程度だった。管理費を県

の負担とすることで、契約増を狙っている。

4月　**宮崎県、間伐材の漁礁を共同開発**（宮崎県）　宮崎県が都城市のコンクリート会社など3社と共同で、県産杉の間伐材を利用した人工漁礁を開発。4月上旬に、第1号の3基が南郷町の沖合10キロの海中に沈められた。フナクイムシなど魚の好物が集まりやすい木材を使用することで、寄ってくる魚を増やすことが狙いだ。

4月　**受粉用のミツバチが不足**（日本）　外来種であるセイヨウミツバチの輸入が停止され、21都県で果樹等の受粉用のミツバチが不足している。

4月　**地方税制等研究会、炭素税案を答申**（神奈川県）　神奈川県の地方税制等研究会が、炭素税案を答申した。

4月　**武雄市、いのしし課新設**（佐賀県）　佐賀県武雄市がいのしし課を新設した。

5.1　**新潟県の放棄耕作地、8割が再生困難**（新潟県）　昨年度、政府による初の耕作放棄地に関する現地調査が行われ、新潟県内の耕作放棄地の約8割は再生が困難な農地であることが分かった。中山間部に農地が多いことが原因とみられ、再生困難な放棄地の占める比率は全国で最も高い。

5.4　**米・有機製品の売上高、前年比増**（アメリカ）　アメリカの有機製品の売上高が、2008年度に246億ドルに到達。世界金融危機にも関わらず、前年比で17%増加したという報告書が発表された。

5.5　**屋久島で、し尿処理が問題化**（鹿児島県）　入山者が年間10万人を超える世界自然遺産・屋久島（鹿児島県屋久島町）で、山中でのし尿処理が問題化。環境省などがし尿の持ち帰りを呼びかけ、縄文杉に向かう登山口で携帯トイレの販売が開始された。自然保護のため、入山者数を規制する動きも出ている。

5.11　**4月の新車販売、ハイブリッド車が初の首位**（日本）　日本自動車販売協会連合会が発表した4月の車名別新車販売台数で、ホンダ「インサイト」がハイブリッド車として初の首位を占めた。

5.11　**NPO「森は海の恋人」設立**（宮城県）　宮城県気仙沼市でカキ養殖業を営む畠山重篤が、NPO法人「森は海の恋人」を設立。これまでは任意団体「牡蠣の森を慕う会」の代表として、大川源流の室根山での植林や、カキ養殖場での自然体験学習など「森は海の恋人」運動を進めてきたが、次世代での再出発と新たな展開を企図し、このほどNPO法人を設立する運びとなった。

5.12　**2008年度『森林・林業白書』閣議決定**（日本）　08年度の『森林・林業白書』が閣議決定。低炭素社会の実現に向け、オフセット・クレジット（J-VER）制度などの新たな取り組みが始まったとした上で、世界的な景気減速を受けて木材需要量の減少が見込まれる一方、雇用情勢の悪化

に伴って林業への求職者が増加していると指摘した。

5.12 **2008年度ガンカモ類の生息調査結果発表（暫定値）**（日本）　環境省が、2008年度ガンカモ類の生息調査結果（暫定値）を発表。約9000の全国調査地点のうち、ハクチョウ類は約610地点、ガン類は約100地点、カモ類は約5800地点で観測された。観測数はハクチョウ類約7万4000羽（前年比約7％減）、ガン類約14万2000羽（同4％減）、カモ類約173万9000羽（同9％減）。

5.15 **「エコポイント」制度開始**（日本）　政府の追加景気対策の一つとして、省エネルギー性能の高い家電製品の購入者に対して価格の一定割合を還元する「エコポイント」制度が開始された。対象商品は、「統一省エネラベル」で原則四つ星以上のエアコン、冷蔵庫、地上デジタル対応テレビで、購入期限は2010年3月末まで。

5.15 **コーラル・トライアングルの保護開始**（アジア）　アジア太平洋地域の6ヵ国がコーラル・トライアングルを保護する取り組みを開始。生物多様性が非常に豊かな海域で、既知のサンゴ種の76％が生息する。

5.15 **シエラレオネとリベリア、平和公園設立を発表**（シエラレオネ，リベリア）　シエラレオネとリベリアが、西アフリカ最大級の原生熱帯林・ゴラ森林を保護するため、国境を越えた新たな平和公園を設立すると発表した。

5.15 **広島市の平均気温、100年で2度上昇**（広島県）　広島県環境政策課のまとめで、県内の2006年の平均気温が100年前と比較して広島市で2度、呉市で1.8度上昇していることがわかった。また、県内の潮位も上昇しているという。

5.15 **世界の主要河川で流量減少傾向**（世界）　世界の主要河川の約1/3において、流量が減少した河川の数が、増加した河川の2.5倍になることが明らかになった。

5.16 **水田魚道で生態系の分断防止**（愛知県）　魚が水田と用排水路などの高低差を越えて自由に往来できる「水田魚道」を、愛知県農業総合研究所が開発。かつて用水路と排水路は同じで、魚が行き来できたが、用排水の分離などで水田の生態系が分断されるようになったという。

5.18 **間伐材をナノカーボンに再利用**（大分県）　東芝が林業の盛んな大分県日立市に建設した、間伐材や樹皮、端材からナノカーボンをつくる実証プラントが試運転を開始。ナノカーボンは直径がナノメートル単位の炭素粒子でできた物質で、樹脂や金属に添加してパソコンや半導体の部品、容器に利用することを目指している。

5.21 **2008年特用林産物生産量（速報）**（日本）　林野庁が2008年の特用林産物生産量の速報をまとめた。きのこ類では、乾しいたけが3869トン（前年比9％増）、生しいたけ7万217トン（同5％増）。なめこ、えのきだけ、ぶな

しめじ、まいたけ、エリンギが前年並み。気象条件に恵まれ、まつたけは前年比37%増の70トン。たけのこは前年比33%の大幅増、竹酢液はやや増加した。

5.22　「山村再生支援センター」運営開始（日本）　山村と企業等との協働による山村の新たな活用を支援する「山村再生支援センター」が運営を開始。低炭素社会の実現と山村の再生を図ることを目的に、林野庁が今年度創設した「社会的協働による山村再生対策構築事業」の事業実施主体として選定された東京農業大学、日本森林技術協会、森のエネルギー研究所、博報堂が共同で運営にあたり、森林バイオマス等の山村資源を活用した排出量取引やカーボン・オフセットなどに取組む。

5.22　国際生物多様性の日に植樹で「緑の波」（日本）　国連が定めた「国際生物多様性の日」となるこの日、世界各地の青少年の手で、現地時間の午前10時に学校や公園などに植樹する「緑の波（グリーンウェイブ）」が行われた。国内でも、9都道府県で約50の学校が参加した。植える木の種類や場所を考える過程で、生物多様性やその保全の必要性を学ぶ狙いがあり、国連生物多様性条約事務局の呼びかけに応じて実施された。

5.22　北海道で第5回「太平洋・島サミット」開幕（世界）　北海道占冠村トマムで第5回「日本・太平洋諸島フォーラム（PIF）首脳会議（太平洋・島サミット）」が開幕（〜23日）。日本を含む太平洋の17の国・地域の首脳が参加し、地球温暖化問題や人間の安全保障の視点を踏まえた脆弱性の克服などについて話し合った。環境・気候変動問題に協力して取り組む「太平洋環境共同体」の設置や、日本が今後3年間に3500人規模の人材育成を支援すること等を盛り込んだ「北海道アイランダーズ宣言」を採択し、23日に閉幕。

5.23　アルゼンチンアリの分布拡大（日本）　環境省の特定外来生物に指定されている南米原産のアルゼンチンアリが、国内で広がりを見せている。1993年ごろに広島県廿日市市で発見されて以来、現在7府県で確認されているが、侵入経路は未特定。在来種のアリを激減させるなど世界各地で問題となり、国際自然保護連合が「世界の侵略的外来種ワースト100」に挙げている。

5.25　和歌山県「企業のふるさと」事業、第1号調印（和歌山県）　企業が農村地域で農業や景観保全活動に参加する「企業のふるさと」事業を和歌山県が始め、参加企業第1号となる伊藤忠商事が協働交流活動について調印。かつらぎ町の天野地区で、米作りやホタルを守る活動などを通して交流を進める。

5.26　クールビズでCO_2削減（日本）　環境省が2008年度のクールビズ実施結果を発表。冷房の温度を高く設定している企業は61.8%で、この割合をもとに推計した二酸化炭素（CO_2）の削減量は、約385万世帯の1ヶ月分の

排出量に相当する約172万トンだった。

5.27　第17回環境自治体会議(岐阜県，日本)　岐阜県多治見市で第17回環境自治体会議が開催された(～29日)。

5.29　「森林保全分野のパートナーシップ構築のあり方」調査報告公表(日本)　環境省の委託を受けた地球・人間環境フォーラムが、森林保全分野での企業とNGO・NPOの連携を調査し、パートナーシップ構築のありかたをまとめた報告書を公表した。報告書では、両者間で「森林保全」の認識に相違があることを指摘。企業は「植林」をイメージし、樹木の本数などの容易に数値化できる指標を重視する傾向がある。一方、NGO・NPOは森林減少の根本要因への対応や、地域社会の生活向上・安定を重視することが多いという。

5.29　2008年度全国水生生物調査結果公表、「きれいな水」は前年同様58%(日本)　環境省が、河川の水生生物の生息状況から水質を判定する「全国水生生物調査」の2008年度の調査結果を公表。全国3302地点のうち、58%が「きれいな水」と判定され、比率は前年と同様だった。水質の階級は4段階あり、カワゲラやサワガニなどの9種が「きれいな水」の指標生物に指定されている。

5.29　群馬県、オオタカに配慮した森林づくりへ(群馬県)　群馬森林管理署が10年度から「オオタカモデル森林」づくりを開始し、オオタカの生息環境に配慮した木材生産を目指すことになった。対象地域は安中市松井田町の細野森林事務所管内の1760ヘクタール。75%がスギやヒノキなどの人工林で、オオタカのつがいの生息が確認されている。今後、伐採期をこれまでの樹齢45年程度から80年以上に延ばし、伐採面は年間12ヘクタール以下、1ヶ所の伐採面積も5ヘクタール以下に抑える計画だ。

5.29　今世紀末の温暖化被害額予測公表(世界)　地球温暖化が進んだ時の日本の被害額予測が公表された。環境省チームの推計によれば、2050年に世界の温室効果ガスが半減されたとしても、洪水や高潮、熱中症による死者の増加などによって、今世紀末には温暖化による被害額が年間11兆円以上増えるという。削減努力をしなかった場合には、年間17兆円の増加が見込まれている。

5月　カーボンフットプリント表示のヤマイモの販売開始(島根県)　島根県飯南町が、カーボンフットプリント表示のヤマイモの販売を開始した。

6.1　「いきものみっけ」2巡目開始(日本)　市民参加の生きもの調査「いきものみっけ」の2巡目がスタート。2008年から環境省生物多様性センターが実施している全国調査で、生物多様性への関心や理解を深めるきっかけとなり、その結果CO_2排出削減や生物多様性保全に向けた実際の行動に移してもらうことを目標としている。今回は対象種を30種に増やし、北海道や沖縄の人にも積極的に参加してもらうため、地域限定種として

デイゴの花、エゾシロチョウなども対象としている。

6.2 **2009年版『環境・循環型社会・生物多様性白書』閣議決定**（日本）政府が2009年版『環境・循環型社会・生物多様性白書』を閣議決定。世界同時不況下にあっても環境対策を着実に進め、経済成長に結びつける「グリーン・ニューディール」政策への転換を訴えた。

6.2 **シリアの干ばつ、将来の気候変動深刻**（シリア）2007～08年の干ばつで、シリア北部の約160村が廃村になったという調査結果が発表された。気候変動が中東の将来に及ぼす影響の深刻さがうかがえる。

6.3 **多摩農林、放置林再生の100年計画**（東京都）東京都青梅市の山林育成管理会社「多摩農林」が、放置されたスギやヒノキの人工林を再生するための100年にわたる取り組みを始めている。約370ヘクタールの山林を薪炭林、針葉樹林、「巨樹の森」などに区分けして整備し、経済的価値を生み出す森林に変える計画だ。

6.3 **地産地消の印鑑が人気に**（島根県）松江市矢田の永江印祥堂が、島根県産業技術センターの開発した圧密加工技術を導入して、地元産の木材を加工した「地産地消」の印鑑を製造。05年に鳥取県産の智頭スギを使った「智頭杉」、2007年に島根県産ヒノキを使った「神楽ひのき」などのブランド印鑑を発売し、人気となっている。

6.3 **日用品に放射性金属含有**（世界）世界中で使われている数千もの日用品や素材に、有害な放射性金属が含まれていることがわかった。

6.4 **「生物多様性日本アワード」創設へ**（日本）イオン環境財団が、環境省と共催で「生物多様性日本アワード」創設し、10月9日に名古屋で第1回授賞式を開催すると発表。生物多様性の保全と持続可能な利用に顕著な貢献をした個人や団体を表彰し、特に優れた取り組みを「グランプリ（仮称）」として環境大臣が顕彰する。来年10月に開催される生物多様性条約第10回締約国会議（COP10）を支援する狙いだ。

6.4 **黄砂の実態調査結果発表**（日本）環境省が黄砂の実態調査結果を発表。調査では黄砂の飛来が予測される日に合わせ、2002～07年度まで国内9地点で浮遊粉じんの分析を行った。同一調査日の浮遊粉じん濃度を比較すると、東日本より西日本、太平洋側より日本海側が2～3割程度高くなる傾向がみられたという。

6.5 **ライチョウ、白山で70年ぶりに確認**（石川県，岐阜県）環境省中部地方環境事務所が、石川・岐阜県境の白山国立公園で、国の天然記念物のライチョウが70年ぶりに発見されたと発表。登山者からの情報を受けた石川県白山自然保護センターの職員が、6月2日に雌の成鳥1羽を確認した。環境省の絶滅危惧種に指定され、生育数は3000羽と推定されるが、白山では絶滅したと考えられていた。

6.5	緑のオーナー、国を提訴（日本）　国有林の育成とともに財産形成ができると謳い、林野庁が出資を募った「緑のオーナー制度」を巡り、元本割れのリスクを説明せずに契約させ、多額の損失が出たとして、出資者ら75人が国に計3億8800万円の国家賠償を求める集団訴訟を大阪地裁に起こした。同制度で出資者が提訴するのはこれが初めて。
6.6	アマゾンの開発に反対する先住民、警官と衝突（ペルー）　ペルーのアマゾンで、石油とガスの探査に反対する先住民が警察と衝突。警官9人と先住民25人が死亡した。
6.6	第5回矢作川森の健康診断（愛知県）　第5回「矢作川森の健康診断」が行われた。市民ボランティアら約270人が参加し、豊田市内の人工林約3万ヘクタールを調査した結果、全体の7割程度に手入れが行き届かずにやせ細り、間伐が必要な状態だった。健康診断は矢作川流域の人工林の荒廃を市民に知ってもらおうと、2005年から行っている。
6.10	温室効果ガス削減の中期目標、2005年比15％減（日本）　麻生太郎首相が記者会見で、20年までの温室効果ガス削減の中期目標を「2005年比で15％減」（従来基準の90年比では8％減）とすると発表。外国からの排出枠購入などは含めず、国内対策だけで達成を目指す。
6.12	森のメタボ化で、川に窒素流入（日本）　群馬高専や大阪工業大などの調査で、大都市域の渓流に高濃度の窒素が流入していることが判明。森林が窒素飽和状態となり、吸収しきれない窒素が川に流出したとみられる。この「森のメタボ化」による窒素流出は、森林の衰退や湖などの水質悪化につながるおそれがあるという。
6.15	高知市、バイオマスタウン構想発表（高知県）　高知県高知市が、放置された竹林を活用して循環型社会の実現を目指す「バイオマスタウン構想」を発表。竹を使った家具などを商品化し、産業創出にもつなげる考えだ。竹を中心に据えた構想は、全国でも珍しいという。
6.16	森の発電所、債務超過で公的支援（岐阜県）　岐阜県白河町の「森の発電所」が昨年度末に債務超過に陥り、町などに1億円以上の公的支援を求めることになった。廃材や木くずなどを燃やす木質バイオマス発電を行っていたが、運営は赤字続きだった。
6.17	アサヒビール、水源林保全へ寄付（神奈川県）　アサヒビール横浜統括支社長が県庁を訪問し、丹沢などの水源林保全のために約515万円を寄付した。同社では今春、ビール1缶につき1円を積み立て、全国の環境保全事業に寄付するキャンペーンを展開。積み立てた約2億2千万のうち計1241万円を、神奈川県の森林保全のために、県のほか、水源林を擁する自治体などに寄付するという。
6.17	アスベスト、大気を通じて拡散（日本）　2006年の「石綿による健康被害

		の救済に関する法律（石綿健康被害救済法）」施行後、2007年度までの2年間で救済対象となった被害者の4割弱が、アスベスト（石綿）を吸引した経緯を不明とする調査結果を環境省が発表した。アスベストを扱う工場周辺で吸ったことによる被害も多いとみられ、一般大気を通じて市民に被害拡大した可能性が窺える。
6.19	飢餓人口、史上最多に（世界）	国連食糧農業機関（FAO）が、2009年には飢餓人口が史上最多になると発表。全人口の約1/7にあたる10億2千万人が飢えに苦しむことになるという。
6.19	三井物産、ヒノキで排出権ビジネス（日本）	三井物産が社有林のヒノキを使った排出権ビジネスに乗り出し、国内クレジット制度に申請。ヒノキの皮や木くずを燃料とするボイラーを取引先工場に設置してCO_2排出量を削減し、削減で得た排出枠を小分けにして販売する計画だ。
6.22	HFCで大気温が大幅に上昇（世界）	ハイドロフルオロカーボン類（HFC）に、大気温を大幅に上昇させる力があることがわかった。HFCはオゾン層を破壊するフロンの代替として長らく使用されてきたが、反対に温室効果の脅威を高めているという。
6.22	マングース、本土で確認（鹿児島県）	国内では沖縄本島と奄美大島だけに生息する特定外来生物・ジャワマングースが、鹿児島市で確認されたことが明らかになった。本土では初の生息確認で、船便に紛れて侵入したとみられる。鹿児島県は生態系被害を危惧し、環境省と対策を協議する予定だ。
6.30	福井県、山と人里の緩衝帯設置（福井県）	福井県はシカやサルなどによる獣害対策として、山と人里の間の山ぎわの木を伐採して「緩衝帯」を設ける試みを始める。見通しをよくして野生動物が農地に近づくのを防ぎ、間伐材を積み上げた堤でやんわりと境界線をもうける。
6.30	福島県、建設業者の林業参入を図る（福島県）	福島県が建設業者を人手不足の林業に参入させようと動き出した。厳しい経営環境に置かれた建設業者に仕事を提供する一方、放置された森林も整備できるという一石二鳥の効果を狙っている。
6月	初の『生物多様性白書』発行（日本）	10月に名古屋市で開催される生物多様性条約第10回締約国会議（COP10）に向け、政府が初の『生物多様性白書』をまとめた。地球温暖化や熱帯雨林の伐採などの影響で生物多様性の喪失が急速に進行している「大量絶滅時代」と位置づけ、地球規模で生物種保護に取り組むことを訴えた。
6～8月	2009年の夏、30年に1回の異常気象（日本）	2009年の夏は全国的に天候不順が続き、気象庁は「30年に1回の異常気象」と分析している。特に北日本の太平洋側で雨が多く、7月の降水量は平年の209％。6～8月の日

照時間は、日本海側で平年の73%にとどまった。いずれも統計を開始した1946年以降の新記録。8月に入っても日本海側で雨や曇りの日が多く、東北・北陸・中国地方で、梅雨明けが特定できなかった。また、エルニーニョ現象が原因で、西日本を中心に豪雨が多発。偏西風の蛇行も異常気象の一因となった。

7.1　カエルの国際取引で病気蔓延（世界）　ペットおよび食用としてのカエルの国際取引が、両生類の絶滅につながる2つの病気を蔓延させているという研究が発表された。

7.2　「学校の木造設計等を考える研究会」初会合（日本）　学校施設の整備で木材利用を推進することは、豊かな教育環境づくりに大きな効果が期待できるとして、林野庁と文部科学省が設立した「学校の木造設計等を考える研究会」の第1回会合が開かれ、木材利用の意義と効果について意見が交わされた。

7.2　ガラパゴス諸島で、固有種の植林拡大（中南米）　世界自然遺産の南米ガラパゴス諸島で、開発で姿を消した固有植物「スカレシア」の森を復活させ、失われた原風景を取り戻すための植林活動が広がっている。

7.3　タブノキ由来の抗炎症剤に特許（三重県）　三重県鈴鹿市の造園・緑化会社「近藤緑化」が、タブノキの枝から抽出した有効成分を含む抗炎症剤の特許を取得。岐阜大学の光永徹教授と共同開発し、特許申請していた。

7.6　米軍基地勤務中のアスベスト被害、国に賠償命令（神奈川県）　神奈川県の米海軍横須賀基地で勤務中にアスベスト（石綿）の粉じんを吸引し、悪性胸膜中皮腫で死亡した男性の遺族が、法的な雇用者である国に対して約9400万円の賠償を求めた訴訟の判決が言い渡された。横浜地裁横須賀支部は、「十分な安全対策が取られていなかった」として、国に7684万円の賠償を命じた。21日、国は控訴を断念し、判決が確定。被害男性は2007年5月に提訴したが、10日後に死亡し、遺族が訴訟を引き継いでいた。

7.7　藻からのバイオ軽油の研究進む（愛知県）　光合成でCO_2を取り込み、軽油を生成する藻を大量に培養してバイオ軽油を生み出す研究が進められている。2008年7月にプロジェクトを開始した愛知県刈谷市の部品メーカー・デンソーでは、微細な緑藻「シュードコリシスチス」が生成した軽油を50%混合した燃料を使って、エンジン付き模型飛行機を飛ばす実験に成功している。

7.7　北極海の氷が薄くなる（北極）　米航空宇宙局（NASA）ジェット推進研究所が、北極海の海氷が面積の縮小のみにとどまらず、厚さも薄くなっていることを明らかにした。人工衛星による観測の結果、全体の厚さを平均すると、2004～08年の4年間に68センチ薄くなったという。地球温暖化や、氷の循環パターンに異常が生じたことが原因とみられる。

7.8	水俣病被害者救済法成立（熊本県）	「水俣病被害者の救済及び水俣病問題の解決に関する特別措置法（水俣病被害者救済法）」案が、参院本会議で可決・成立。7月15日に公布・施行された。国の基準に満たない水俣病未認定患者に一時金などを支給する内容で、救済対象者は3万人に達する可能性もあるという。
7.8	代エネ法一部改正（日本）	「石油代替エネルギーの開発及び導入の促進に関する法律（代エネ法）」が一部改正された。
7.9	サンフランスコ市、食料政策を採択（アメリカ）	米・サンフランシスコ市は、農業を支援して輸送時の温室効果ガス排出量を減らし、安全な食料供給を強化するための食料政策を採択した。
7.9	野生絶滅種コシガヤホシクサの発芽成功（茨城県）	環境省は、1994年に野生下で絶滅したコシガヤホシクサが、最後の自生地だった茨城県下妻市砂沼で発芽に成功したと発表した。
7.10	2008年の木材（用材）自給率、4年連続で2割超（日本）	林野庁が2008年の用材部門の木材需給表をとりまとめた。用材の総需要量は前年比5.3％減の7797万m^3、国内生産量は前年比0.6％増の1873m^3と前年並み。輸入量は前年比7.1％減の5923万4000m^3。木材（用材）自給率は前年を1.4ポイント上回る24.0％で、4年連続で2割を超えた。
7.12	北海道の国有林に大規模ブナ林（北海道）	後志支庁寿都町の国有林に、大規模なブナ林が手つかずのまま広がっていることがわかった。約130ヘクタールのうち30～70％がブナ林と推定され、樹齢150年を超える木もあったという。
7.16	小浜市に鳥獣害対策室設置（福井県）	鹿やイノシシによる農業被害が深刻化している福井県小浜市が、県内市町で初の鳥獣害対策室を設置した。同市は県内でも特に被害が集中しており、2008年度の被害面積は58ヘクタール、被害額は約1400万円にのぼる。
7.23	森林の生物多様性保全や持続可能な利用への方策がまとまる（日本）	林野庁が設置した検討委員会が、報告書『森林における生物多様性の保全及び持続可能な利用の推進方策』をまとめた。報告書では、規制的な措置とともに、森林生態系の生産力の範囲内で持続的な林業活動を促す奨励的な措置を講じ、様々な林齢で構成される多様な森林生態系を保全することが、生物多様性の確保につながるとしている。
7.25	SATOYAMAイニシアティブ構想に関する有識者会合開催（日本）	東京・青山の国連大学本部で、「SATOYAMAイニシアティブ構想に関する有識者会合―生物多様性と持続可能性」が開催された。出席者による講演を踏まえて議論を行い、里山ランドスケープの可能性や課題、イニシアティブを進めるための重要な視点などに関する認識を共有し、議長

総括としてとりまとめた。

7.27　EU、アザラシ製品の市場取引禁止へ（ヨーロッパ）　欧州連合（EU）の閣僚が、EU域内でのアザラシ製品の市場取引を禁じる規制を承認。アザラシ猟に対する動物保護の関心の高まりに応えた。

7.30　2009年のトキの繁殖結果発表（日本）　環境省が2009年のトキの繁殖結果を発表。3月から6月の繁殖期に18組のペアで繁殖に取り組んだ結果、計113個の卵が産まれ、うち43羽が順調に生育しているという。これにより、日本の飼育下におけるトキの総個体数は153羽となった。

7.30　魚種資源、回復へ（世界）　集中的な管理のもと、10の大規模海洋生態系のうち5つで魚種資源が回復し始めていることがわかった。乱獲に歯止めをかける取り組みが奏功したとみられる。

7.31　環境問題に関する世論調査の結果発表（日本）　内閣府が今年度に実施した「環境問題に関する世論調査」の結果が公表された。循環型社会、自然共生社会に関する意識を主要テーマとして3000人を対象に調査し、回収率は64％。「生物多様性」の認知度については、「言葉の意味を知っている」が12.8％、「意味は知らないが、言葉は聞いたことがある」が23.6％、「聞いたこともない」が61.5％だった。

7.31　尾瀬のシカ捕獲、9頭にとどまる（関東地方，東北地方，北陸地方）　ニホンジカによる食害対策として、5月末から尾瀬国立公園の特別保護区内で始まったわな猟の捕獲数は、7月末までで計9頭だった。年間100頭の目標達成の見通しは厳しそうだ。

7月　『環境影響評価制度総合研究会報告書』がまとまる（日本）　2008年6月の設置以来、10回にわたって開催してきた環境影響評価制度総合研究会が、報告書を取りまとめた。

7月　ごみの分別に「小型家電」追加（福岡県）　福岡県の筑後市と大木町が、ごみの分別品目に「小型家電」を追加した。

7月　荒れた山林で「森林酪農」（栃木県）　栃木県那須町の荒廃した山林で、リサイクル事業を手掛けるアミタが、7月から林業と酪農の両立を目指して「森林酪農」に取り組んでいる。電気柵で囲んだ約8メートルの森に乳牛を放牧し、搾乳した牛乳を東京の百貨店などで販売。牛が下草を食べたことで地元の森林組合が間伐に入れるようになり、間伐材はチップ材やシイタケのほだ木などに利用している。

7月　小笠原諸島、世界自然遺産に推薦へ（東京都）　環境省は、小笠原諸島を世界自然遺産の登録候補として、2010年1月にユネスコの世界遺産委員会に推薦する方針を決めた。小笠原諸島は「東洋のガラパゴス」とも称され、独自に進化した動植物が多数生息している。登録されれば、国内4番目となる。

8.3 1人当たりの炭素排出量、豪が世界最大に（オーストラリア） 1人当たりの炭素排出量について、オーストラリアがアメリカを上回り、世界最大となったという研究が発表された。

8.4 サンゴ分布に異変（日本） 千葉県館山市沖、長崎県の五島列島など、国内の海でサンゴの分布が北上する異変が起きている。海水温の上昇により、本来死滅する種類のサンゴが生き残りやすくなっているとみられる。漁業や海の生態系に悪影響を与える恐れがあり、国立環境研究所が少なくとも10年かけて大規模な定点監視調査に乗り出す。

8.12 海の外来種対策に遅れ（日本） 岩崎敬二・奈良大教授らの調査で、日本に侵入した外国原産の海の生物は少なくとも76種、うち37種は完全に定着していることがわかった。「世界の侵略的外来種ワースト100」に指定されているムラサキイガイも含まれるが、カニの一部を除き、法規制の対象となる特定外来生物に入っていないため、対策が遅れている。

8.13 2項目の生物多様性対策に課題（日本） 07年11月に閣議決定した第3次生物多様性国家戦略の実施状況について、関係省庁連絡会議が自己点検した。その結果、数値目標がある34項目の対策のうち、31項目は順調で、うち4項目は既に目標を達成。間伐推進などによるバイオマス利用率と、生物多様性に関する情報源をネット上で公開する制度の2項目は伸び悩み、課題があった。

8.13 やんばるの森で伐採続く（沖縄県） 沖縄県北東部のやんばるの森には、ヤンバルクイナなど多くの天然記念物や固有種が生息し、豊かな生物多様性を育んでいる。環境省が世界自然遺産への登録を目指す中、やんばる地域では林道建設や大規模な伐採が続いている。県内の林道の大半がこの地域に集中し、1ヘクタールあたりの林道密度は全国平均の2倍。国頭村内の林道は33路線だが、2年前にはさらに23路線を建設する北部地域森林計画も発表された。

8.14 温室効果ガス、2050年までに80％削減可能（日本） 省エネ技術の開発・普及を早急に進めることで、2050年までに日本の温室効果ガス排出量を2005年比で80％削減できるという分析結果を環境省が公表。国内エネルギー消費を4割削減し、エネルギー供給に伴うCO_2排出量を7割削減することで、達成が可能だという。

8.16 日本原産の虫、米国の森を枯らす（アメリカ） 米テネシー・ノースカロライナ両州にまたがるグレートスモーキーマウンテン国立公園で、ツガの一種・ヘムロックツリーを日本原産のツガカサアブラムシが枯らす被害が深刻化し、日本から天敵のツガヒメテントウを新たに持ち込んで駆除する生物防除の対策が始まった。ツガカサアブラムシは半世紀前に園芸家が持ち込んだ日本の植物とともに、米国に侵入したとみられている。

8.20 「生物多様性民間参画ガイドライン」公表（日本） 環境省が「生物多様性

民間参画ガイドライン」を公表。事業者が生物多様性の保全と持続可能な利用のための活動を自主的に行う際の指針で、基本原作として(1)生物多様性に及ぼす影響の回避・最小化、(2)予防的な取り組みと順応的な取り組み、(3)長期的観点をあげている。

8.20 **洪水に強いイネの遺伝子特定**(日本) 日本の研究者が、茎を長く伸長させて洪水時にも生き延びるイネの2つの遺伝子を特定。高収量品種を洪水の多い地域で栽培できる可能性が高まった。

8.20 **太陽電池の国内販売、四半期では過去最高に**(日本) 09年4月〜6月期の太陽電池の出荷統計によると、国内24社の国内販売量は前年比82.5%増の8万3260キロワットで、四半期としては過去最高を記録した。

8.21 **「生物多様性日本基金(仮称)」設置へ**(日本) 環境省が、途上国の生態系保全活動を支援するための「生物多様性日本基金(仮称)」を設置する方針を固め、来年度予算の概算要求に10億円を盛り込む。基金はカナダにある生物多様性条約の事務局に置く計画で、来年10月に名古屋市で開かれる「生物多様性条約」第10回締約国会議(COP10)を控え、議長国としての積極的な姿勢を示す狙いだ。

8.22 **「世界ジオパーク」に国内3ヵ所認定**(北海道、新潟県、長崎県) 洞爺湖・有珠山(北海道)、糸魚川(新潟県)、島原半島(長崎県)の3地域が、「世界ジオパーク(世界地質公園)」に選ばれた。「地質分野の世界遺産」とも位置付けられ、地球の成り立ちを知る上で価値の高い火山や地層、地形などが認定される「世界ジオパーク」に、国内の地域が認定されるのはこれが初めて。

8.24 **アグロフォレストリー、世界に普及**(世界) 世界の農地の約半分に少なくとも1割、合計で1千万km^{2}以上の立木面積があることがわかった。樹木を植栽し、その間の土地で農作物を栽培するアグロフォレストリーの普及が示唆される。

8.24 **十勝・釧路地域でヒグマの目撃急増**(北海道) 昨年から、十勝・釧路・根室支庁を管轄する道警釧路方面本部で、ヒグマの目撃件数が急増。原因は不明だが、家畜飼料の味を覚えた、急増するエゾシカを追ってきた等が推測され、ヒグマの行動範囲と人間の生活圏が近づいてきていることを指摘する専門家の声もある。

8.24 **乳牛のクマ被害相次ぐ**(北海道) 上川支庁の牧場でヒグマによる乳牛被害が相次ぎ、5月から8月24日までに14頭が襲われた。2年前に乳牛1頭が被害にあっているが、これほど多く襲われたことはないという。キタキツネやエゾシカによる農作物被害も後を絶たず、町や農家では電気牧柵を設置するなどの対策に追われている。

8.25 **間伐材運搬に「四万十式」モデル事業始まる**(奈良県) 急斜面の山林が

多く、伐採した木材を運び出せないという悩みを抱える奈良県十津川村で、村有林に作業道を張り巡らせて間伐材を運搬する「四万十式」のモデル事業が始まった。ヘリコプターやケーブルを利用すると経費がかかりすぎて採算が合わないため、作業道を整備して搬出費用を削減する狙いだ。

8.26 **第3次生物多様性国家戦略改定案**（日本） 環境省が、2007年に閣議決定した第3次生物多様性国家戦略に、経済的な視点を導入する改定案を示した。生物多様性の価値を金銭などの指標で評価する経済手法を研究し、企業の自然保護への取り組みを促す政策づくりに生かす考えだ。

8.28 **2008年度松くい虫被害状況**（日本） 林野庁が、2008年度の松くい虫被害状況を発表した。被害発生地域は前年同様、北海道と青森県を除く45都道府県。全国の被害量は前年比約1万m^3増の約63万m^3。これまで5年連続で減少していたが、微増に転じた。

8.31 **間伐材による燃料製造、経産省のモデル事業に**（和歌山県） 間伐材などの未利用バイオマス資源を活用し、低コストで燃料を製造する和歌山県の研究が、経済産業省の「低炭素社会に向けた技術発掘・社会システム実証モデル事業」に採択された。今回の研究では、山林に機械を運び込んで間伐材をチップに加工する手法と、容積の小さい豆炭状燃料の製造技術を開発。搬出・輸送コストを削減することで、ビジネス化が可能かどうか実証実験を行う。

8月 **風車の低周波音測定調査開始**（愛媛県, 愛知県） 温暖化問題を追い風に各地で風力発電所用の風車の建設が進められているが、風車近くの住民が低周波音による頭痛やめまい、不眠などの体調不良を訴えるケースが増えている。これを受けて、環境省は8月から愛媛県と愛知県の3ヵ所で、風車の低周波音測定調査を開始した。

9.1 **FAO加盟国、違法漁業防止寄港国措置協定に合意**（世界） 国際食糧農業機関（FAO）加盟国が、違法操業の漁船に対して漁港を閉鎖する初の国際条約「違法漁業防止寄港国措置協定」に合意した。

9.3 **ノリ網を獣害防止網に再利用**（兵庫県, 京都府） 淡路島周辺の海で使用されたノリ網を再生した獣害防止網が、京都府福知山市の田畑をシカなどによる食害から守るために活躍している。福知山市の第三セクター「やくの農業振興団」が取り扱っており、2008年から兵庫県淡路市の「のり網エコネット」が洗浄した後の網を買って補修し、1枚600円で販売している。

9.6 **都市の森林、生態系調査へ**（日本） 環境省は来年度から、東京都内の明治神宮や新宿御苑、全国の地方都市の社寺林など、都市にある人工林の生態系調査を開始する。調査結果をもとに、都市部に新たな森林を造営する際の計画・整備方法などの指針を作成するという。

9.7 朝日地球環境フォーラム2009開催（日本）　都内で朝日新聞社主催の「朝日地球環境フォーラム2009」（～8日）が開かれ、国内外の識者らが低炭素社会実現に向けた課題を探った。民主党の鳩山由紀夫代表は、スピーチで気候変動対策に取り組む決意を表明。2020年までの温室効果ガス排出削減の中期目標について、「1990年比25％削減」を目指すことを明言した。

9.7 東京湾水質一斉調査結果（速報）発表（関東地方）　環境省が東京湾水質一斉調査結果（速報）を公表。昨年度から、夏季に国・自治体・研究機関などが共同して、一斉に東京湾および流域各地で水質調査等を実施している。今回の8月の調査では、昨年とほぼ同様に夏季の内湾での一般的な傾向である水温、塩分の成層が発達しており、湾央部から湾奥部に広がりをもった底層の貧酸素水塊が分布していることがわかった。

9.8 温暖化による農業生産への影響調査結果発表（日本）　農林水産省が、地球温暖化に伴う農業生産への影響に関する実態調査の結果を公表（対象期間：2008年2月～11月）。主な作物への影響として、水稲の白未熟粒発生、リンゴやカンキツの着色不良や遅延などがあげられた。また、高温耐性品種の開発など、温暖化の影響を回避・軽減するための各県の取り組みが報告された。

9.8 飯能市エコツーリズム構想、認定第1号に（埼玉県）　環境を保全しつつ、自然・文化・歴史を楽しむ観光を推進する「飯能市エコツーリズム推進全体構想」が、環境省が主導する「エコツーリズム推進法」に基づく全国第1号の認定を受けた。

9.9 「微小粒子状物質に係る環境基準について」告示（日本）　環境省が「微小粒子状物質（PM2.5）に係る環境基準について」を告示した。

9.9 クロマグロ、絶滅危惧種への提案（世界）　欧州連合（EU）の欧州委員会が、太平洋産のクロマグロ（本マグロ）を「ワシントン条約」の規制対象とし、絶滅危惧種として扱うことを加盟国に提案。今後の進展によっては、世界一のマグロ消費国である日本に大きな影響を及ぼす可能性がある。

9.9 環境危機時計が11分戻る（世界）　有識者へのアンケートをもとに、地球環境悪化による人類存続の危機の程度を時刻で示す、今年の「環境危機時計」を旭硝子財団が発表。針は9時22分を指し、過去最悪だった昨年より11分戻った。米オバマ新政権の温暖化対策による影響が指摘されている。

9.10 EU欧州委員会、途上国の温暖化対策支援基金を提案（世界）　欧州連合（EU）の欧州委員会が、途上国の温室効果ガス削減を支援するため、年間最高500億ユーロ（約6兆7千億円）規模の基金を設けることを提案。2020年までEU自身は年間最高150億ユーロを拠出し、他の先進国にも貢

- 9.12 **オガサワラシジミ、人工繁殖失敗**（東京都） 小笠原諸島の母島にしか生息していない国の天然記念物「オガサワラシジミ」の人工繁殖が失敗していたことがわかった。外来種のトカゲによる捕食で推定数百匹まで減少しており、絶滅を防ぐために環境省が5年間にわたって繁殖に取り組んでいた。

- 9.15 **温室効果ガス削減、最大7千億ドル必要**（世界） 世界銀行が2010年版『世界開発報告』を発表した。今年のテーマは「開発と気候変動」で、地球温暖化の被害が深刻化しやすい途上国に対し、先進国からの資金・技術援助が重要であると強調。温室効果ガス排出量の多い化石燃料から自然エネルギー等に転換するためには、先進国から技術開発に年間1千億〜7千億ドル（約9兆〜63兆円）の投資が必要だとしている。

- 9.16 **6〜8月の海面温度、過去最高に**（世界） アメリカ当局は、6〜8月の期間の世界の海面温度が1880年以来最高を記録したと発表した。

- 9.17 **鳩山首相、八ッ場・川辺川ダムの建設中止を表明**（群馬県、熊本県） 鳩山由紀夫首相が、群馬県の八ッ場ダムと熊本県の川辺川ダムの建設中止を表明した。前原誠司国土交通省相は、23日に八ッ場ダム、26日に川辺川ダムを視察。両ダムの住民に対する補償とその財源を盛り込んだ法案を、2010年の通常国会に提出する意向を示した。

- 9.18 **クヌギの酵母で地ビール**（三重県） 三重県伊勢市で地ビールの製造販売を手掛ける二軒茶屋餅角屋本店が、地元の森のクヌギから発見した自然酵母を使った限定醸造ビールを発売。今回は約700リットルを製造したが、好評であれば追加醸造も検討するという。

- 9.18 **宮城県内でナラ枯れ確認**（宮城県） 宮城県が、県内の民有林で「ナラ枯れ」が初めて確認されたと発表。8月に大崎市の鳴子温泉地区でミズナラの被害木が見つかったのを皮切りに、9月15日時点で仙台市、加美町など2市3町で計159本が被害にあった。「ナラ枯れ」は、カシノナガキクイムシが媒介する「ナラ菌」により、ナラ類やシイ・カシ類が枯損する伝染病。

- 9.22 **大メコン圏で発見された新種、多くが絶滅危機**（東南アジア） 2008年に大メコン圏で163種の生物が新たに発見されたが、多くは気候変動の影響で絶滅の危機にあると、世界自然保護基金（WWF）が発表した。

- 9.22 **鳩山首相、日本の中期目標を表明**（世界） 米・ニューヨークの国連本部で開かれた国連気候変動首脳級会合の開会式で、鳩山由紀夫首相が演説。2020年までに温室効果ガスを1990年比で25％削減するという日本の新たな中期目標を表明し、目標達成のため、CO_2排出量に応じて課税する地球温暖化対策税の創設を検討する考えを示した。

9.25　金融サミットで、化石燃料の補助金の段階的廃止に合意（世界）　米・ピッツバーグで行われた金融サミットで、G20首脳は最貧家庭向けの支援を行う一方、化石燃料に対する約3千億ドルの補助金を段階的に廃止することで合意した。

9.25　弥山山地周辺集落にシカの防護柵設置へ（島根県）　島根半島西部の弥山山地に生息するニホンジカの農林業被害対策として、出雲市が総延長27キロの防護柵を設置する。旧平田市など7集落を囲むように張り巡らせる計画で、市は事業費1億円を盛り込んだ2009年度一般会計補正予算案を、開会中の市議会に提案した。

9.29　トキ2次放鳥（新潟県）　新潟県佐渡島で、国の特別天然物トキ20羽（雄8羽、雌12羽）が放鳥された。昨年9月の10羽に続く2度目の放鳥。トキが群れをつくり、佐渡島に定着・繁殖することが期待されているが、前回は雌4羽が本州に渡り繁殖に失敗。放鳥時のストレスが原因との指摘を受け、前回の箱に入れて放す「ハードリリース」から、ケージから自然に飛び立つのを待つ「ソフトリリース」に放鳥方法を変更した。

9.29　秋田県でナラ枯れ被害急増（秋田県）　今年に入ってから秋田県内でナラの木が枯れる被害が急増しており、県は虫が媒介する伝染病「ナラ枯れ」とみられる木が計471本にのぼることを、県議会農林商工委員会に報告。森林機能の低下が危惧され、県が駆除に取り組む。

9月　日本初のプルサーマル導入（佐賀県）　佐賀県玄海町の九州電力玄海原発3号機で、日本初のプルサーマルが導入された。

10.1　シックハウスの健康被害に賠償命令（神奈川県）　購入した新築マンションの部屋でシックハウス症候群になった女性（神奈川県平塚市）が、健康被害を受けたとして、販売者の「ダイア建設」（東京都・民事再生中）を相手に約8790万円の損害賠償を求めた訴訟の判決が言い渡された。東京地裁は、完成後に化学物質の濃度測定を実施しなかった過失があるとして、同社に約3660万円の賠償責任があると認定した。シックハウスによる健康被害を初めて認めた判決。

10.1　化管法MSDS制度開始（日本）　「特定化学物質の環境への排出量の把握等及び管理の改善の促進に関する法律（化管法）」の新規指定化学物質に基づくMSDS制度が開始された。

10.1　国内の自然エネルギー供給状況試算（日本）　千葉大学と環境エネルギー総合研究所が試算した結果、昨年の国内の自然エネルギー供給は、前年よりも2.6％増加していることがわかった。一番増えたのはバイオマス発電で、23.9％増。太陽光発電、風力発電は10％以上増加したが、伸び率は前年よりも大幅に低下。全体の8割を占める小水力、地熱、太陽熱には、増加傾向はみられなかった。

10.1 鞆港埋め立て・架橋問題で、差し止め判決（広島県） 瀬戸内海国立公園の景勝地・鞆の浦（広島県福山市）で、広島県と国が進める埋め立て・架橋計画に反対する住民らが「歴史・文化的景観が失われる」として、広島県を相手に、埋め立て免許の差し止めを求めた訴訟の判決が言い渡された。広島地裁は「鞆の浦の景観は国民の財産で、景観利益に重大な損害が生じるおそれがある」として、景観利益に基づく原告の訴えを認め、県に免許の差し止めを命じた。景観保全を理由に、着工前の工事に差し止めを命じた初の画期的判決。

10.2 トキ営巣木のナラ枯れ被害深刻化（新潟県） 佐渡島でナラ枯れの被害が深刻化している。トキの営巣木でもあり、県は放鳥ケージ付近で防除作業を行ったばかりだが、被害木は4万7千本に上り、この3年間で5倍に拡大。トキの生息環境への影響も危惧されている。

10.6 CO_2排出量、中国が世界一に（中国，アメリカ） 国際エネルギー機関（IEA）が、2007年の世界のCO_2排出量統計を発表。米国を抜き、中国が世界一になった。経済成長に伴って、今後も排出が増える見通しだ。全体の排出量は290億トン（前年比3%増）。1位は中国の60億トン（同8%増）、2位は米国の58億トン（同1%増）。日本は12億トン（同2%増）で、ロシア、インドに次ぐ5位。

10.6 ウガンダで京都議定書の削減目標に向けた初の再植林（ウガンダ） ウガンダのナイル川流域再植林プロジェクトが、京都議定書に基づく温室効果ガス排出削減に向けたアフリカ初の再植林事業となる。

10.6 米・オバマ大統領、ノーベル平和賞受賞（アメリカ） 米バラク・オバマ大統領が、ノーベル平和賞を受賞。国際外交の強化と気候変動問題への取り組みが高く評価された。

10.9 第1回生物多様性日本アワード（日本） 第1回生物多様性日本アワードの授賞式が開催され、利用フィールド部門優秀賞の「地域企業と協働による谷津田の保全」（実施主体：アサザ基金、白菊酒造、田中酒造店）が第1回グランプリを受賞。耕作放棄された谷津田を使って生産した酒米で日本酒を醸造するという独創的な手法で、谷津田の「持続可能な利用」を実現した点が評価された。

10.13 COP10の目標日本素案「50年までに損失阻止」（世界）「生物多様性条約」第10回締約国会議（COP10）で議長国の日本が提案し、合意を目指す新たな国際目標として、「2050年までに生物多様性の損失を止め、現状以上に豊かにする」という政府素案がまとまった。目標達成のための具体的な対策を盛り込むとともに、各国に数値目標の設定を呼びかける。また、中長期目標の前段階として、2020年までの短期目標を示した。

10.13 中国で鉛汚染（中国） 中国最大の鉛精錬工場地帯で、約千人の子どもたちに基準値を超える血中鉛濃度反応があった。原因は工場からの汚染。

10.15　「神戸生物多様性国際対話」開催（兵庫県）　兵庫県神戸市で、環境省主催の「神戸生物多様性国際対話」が開催され、民間企業やNGO、研究者、政府、国際機関など、関係者約300人が参加（～16日）。生物多様性条約事務局のアメフッド・ジョグラフ事務局長が「生物多様性条約COP10に向けたロードマップ」と題した基調講演を行い、会議では生物多様性の保全と持続可能な利用に係る民間参画の推進や、「ポスト2010年目標」などについて議論した。

10.15　IEA共同声明、低炭素実現に技術開発（世界）　国際エネルギー機関（IEA）閣僚理事会が、地球温暖化の原因となる二酸化炭素（CO_2）排出削減のための技術開発や投資の促進を訴える共同声明をとりまとめ、閉幕。低炭素経済実現のためには、CO_2など温室効果ガスの60％以上を占めるエネルギー部門での対策実施が必須であると確認した。

10.15　沖縄・泡瀬干潟埋め立て訴訟、2審も差し止め（沖縄県）　沖縄市沖で国・県・市が進める泡瀬干潟埋め立て事業は、希少生物の生息する自然を破壊するとして、沖縄県民516人が県と市を相手に、公金支出の差し止めを求めた訴訟の控訴審判決が言い渡された。福岡高裁那覇支部は、「新しい土地利用計画の全容が不明で、経済的合理性が認められない」として、将来の支出を差し止めた那覇地裁の1審判決を支持し、県と市の控訴を棄却した。

10.16　COP10世界共通目標の日本原案発表（世界）　来年10月に名古屋市で開催される国連「生物多様性条約」第10回締約国会議（COP10）に向け、政府が世界共通目標の日本原案を発表。人間活動による生物多様性の損失を「2050年までに止める」と明記し、達成手段として外来種の水際対策の徹底や、地球温暖化で生息地が孤立した生物を助ける「回廊式」保護区の設定などが盛り込まれた。

10.18　「開発における森林」をテーマに、第13回世界林業会議（アルゼンチン）　アルゼンチンで第13回世界林業会議が開催された（～23日）。各国政府、国際機関、大学・研究機関、産業界・企業、NGO関係者など、160ヵ国以上から約7200名が参加。全体テーマに「開発における森林―大切なバランス」を据え、「森林と生物多様性」「開発のための生産」など7つのテーマで討議が行われた。

10.18　国民参加の森林づくりシンポジウム開催（群馬県，日本）　群馬県前橋市で「国民参加の森林づくりシンポジウム」が開催され、林業関係者ら約200人が出席。森林の現状や未来について、NPO団体代表や大学教授らが講演や、「グリーンジョブと地域の森―緑の産業の育て方・生かし方」と題する討論会が行われた。

10.20　海面上昇、今世紀末には1990年比2メートル（世界）　国連環境計画が09年版『気候変動科学大要』を発表。今世紀末には海面が1990年比で2メー

トル上昇すると分析した。ほか、CO_2排出量の増加、氷河の消失速度、北極海の氷の消失時期などの変動が、2007年に「気候変動に関する政府間パネル」がまとめた評価報告書の予測よりも加速しているという。

10.20 **日本海周辺の海洋汚染調査結果発表**(日本) 環境省が「日本周辺海域における海洋汚染の現状―海洋環境モニタリング調査結果(1998〜2007年)」を発表。1998年から毎年実施している海洋環境モニタリング調査の結果を中心に、日本周辺海域における主に有害化学物質による汚染の現状を整理し、学識経験者による評価を踏まえてとりまとめたもの。沿岸域の堆積物から重金属類、PCB、ダイオキシンが検出され、沖合域の堆積物からも低レベルのPCB、ダイオキシンが検出されるなど、人為的な影響が沿岸域から沖合域まで及んでいるが、人体への影響はないと判断している。

10.20 **放鳥地付近でトキの群れ確認**(新潟県) 9月29日に2次放鳥を行ったトキが、佐渡島南東部の放鳥地付近でまとまって生息し、これまでに最大9羽の群れが確認された。昨年は広く分散していたが、ケージから自然に飛び立つのを待つ「ソフトリリース」に放鳥方法を変更したことが功を奏したとみられる。10月3日までに雄8羽、雌12羽の全20羽が飛び立ち、うち藪で身動きのとれなくなった1羽は捕獲された。

10.22 **米、地球温暖化に懐疑的な人が増加**(アメリカ) アメリカで2009年に実施された世論調査で、「地球温暖化に確たる証拠がある」と考える人の割合が、2008年度の71%から47%に急減したことがわかった。

10.24 **置賜・最上地域で「ナラ枯れ」急増**(山形県) 山形県内でミズナラやコナラが枯れる「ナラ枯れ」が急増し、三川町を除く34市町村に被害が拡大。特に置賜・最上地域で急増しており、民有林の被害は昨年の約4倍にあたる約11万2千本にのぼる。県は未発生地域への被害拡大を防ぐ「水際作戦」から、民家付近や景勝地などの森林を優先する「地域限定作戦」に方針を転換し、駆除を進めている。

10.25 **「鳩山イニシアチブ」第1号にインドネシア**(インドネシア) 鳩山由紀夫首相が、タイでインドネシアのスシロ・バンバン・ユドヨノ大統領と会談。温室効果ガス削減に向けた途上国の取り組みを支援する「鳩山イニシアチブ」の第1号として、インドネシアに4億ドルの円借款を行うことで合意した。

10.26 **サンフランスコ沖でアホウドリ確認**(アメリカ) 環境省が、米国カリフォルニア州サンフランシスコの南西約80キロ沖で、2月に鳥島から聟島に移送し、その後巣立ったアホウドリ15羽のうちの1羽が確認されたと発表。11日(日本時間12日)に現地の海鳥観察グループが写真撮影した。人工給餌して巣立ったアホウドリが遠隔地で観察されたのは、これが初めて。

10.30	**2008年度のCO_2排出量、基準年比7.4％増**（日本） 経済産業省が、2008年度のエネルギー需給実績の速報値を発表。景気悪化の影響で、温室効果ガス排出の約9割を占めるエネルギー起源の二酸化炭素（CO_2）排出量は前年比6.7％減の11億3800万トンに急減し、過去最高の減少幅となった。だが、京都議定書の基準年の1990年度と比べると7.4％増加しており、政府の掲げる目標達成計画を初年度から大幅に上回る結果となった。
10.30	**絶滅危惧種を含む伐採計画に中止申し入れ**（日本） 今年度の林野庁の伐採計画に、国際自然保護連合（IUCN）が絶滅の恐れがあるとして『レッドリスト』に記載しているコウヤマキなど樹木11種、計2万m³以上が含まれることが判明。調査を行った日本の天然林を救う全国連絡会議が、政府に伐採中止を申し入れた。
10.31	**長野県内の「にほんの里」4地区が交流会**（長野県） 長野県内から「にほんの里100選」に選定された、遠山郷・上村下栗（飯田市）、根羽村、栄村、小川村の住民が、「信州から選ばれた"にほんの里"4地区交流のつどい」を飯田市上村で開催。来年以降も順番で開く計画だ。
10月	**沿岸生態系、CO_2の重要吸収源と判明**（世界） マングローブ林や藻場、塩性湿地などの沿岸生態系が、地球のCO_2吸収源として重要な役割を果たしているという報告を、10月に国際機関が相次いで発表。国連環境計画（UNEP）や世界食糧農業機関（FAO）のまとめた報告書によれば、沿岸生態系の面積は海全体の0.5％以下にすぎないが、CO_2吸収量は年8.7億～16.5億トンで、日本の年間排出量（約13億トン）に匹敵するという。現在、沿岸生態系は埋め立てなどにより、年2～7％の割合で失われている。
11.1	**気候変動、深海動物に影響**（世界） 気候変動が水深2千メートル以上の海洋生態系を変化させていることが判明。深海動物の食物連鎖に影響が及んでいるとみられる。
11.1	**太陽光発電の余剰電力買取制度開始**（日本） 家庭などの太陽光発電の余剰電力を、電力会社が従来の約2倍の1キロワット時当たり48円で買い取る制度が開始された。新制度では余剰電力の買い取りを電力会社に義務付け、買い取る分はすべての家庭の電力料金に転嫁される。設備負担を軽減し、太陽光発電の急速な普及を図る狙いだ。
11.1	**北陸3県でイノシシ被害拡大続く**（北陸地方） 北陸3県で、イノシシによる農業被害が拡大する一方だ。福井県の被害は2003年度に1億円を越え、2006年度に5100万円に減ったが、2008年度に7900万円に再び増加。石川県では約10年前に福井県境でイノシシ被害が確認されてから年々北上を続け、2008年には七尾市にまで拡大。富山県でも毎年3倍のペースで増加している。
11.3	**2009年版『レッドリスト』公表**（世界） 国際自然保護連合（IUCN）が2009年版『レッドリスト』を公表。評価した4万7677種の動植物のうち、

36%にあたる1万7291種に絶滅の恐れがあった。絶滅危惧種は昨年版より363種増加し、絶滅種（野生絶滅を含む）は評価対象の2%にあたる875種で、深刻な絶滅の危機が続いている。

11.5 **温室ガス削減、森林吸収は最大2.9%**（日本） 20年までの温室効果ガス削減目標「1990年比25%」を掲げる日本政府は、25%のうち二酸化炭素（CO_2）の森林吸収分で減らせるのは最大で2.9%にとどまるとする試算をまとめ、国連気候変動枠組み条約の作業部会に示した。

11.6 **「森林再生基金」創設に合意**（大分県） 大分県の木材業界関係者らのつくる「再造林支援システム研究会」が、伐採後に植林されない「再造林放棄地」を解消するため、新たに「森林再生基金」を設置することに合意。原木出荷業者、市場、購入業者から協力金を徴収し、再造林支援にあてる。協力金の徴収は2010年度から開始するという。

11.10 **2009年の温室効果ガス排出量、当初予想3%減の見通し**（世界） 国際エネルギー機関（IEA）が「世界エネルギー見通し」を発表。2009年の温室効果ガスの排出量が、当初の予想よりも約3%減少するという調査結果が明らかになった。金融危機による景気後退の影響で、過去40年間で最大の減少幅となる。

11.10 **米47州の魚類が有害化学物質に汚染**（アメリカ） アメリカ47州の湖沼や貯水池で採取した魚類の組織内に、水銀やPCBなどの有害化学物質が存在することが明らかになった。

11.11 **2008年度の温室効果ガス排出量（速報値）、基準年を1.9%上回る**（日本） 環境省が2008年度の温室効果ガス排出量（速報値）を発表。総排出量は12億8600万トンで、京都議定書の基準年を1.9%上回る結果となった。07年度比ではエネルギー起源CO_2の減少などにより、総排出量としては6.2%減少した。海外の排出枠購入分などを削減量として繰り入れると90年比8.5%減となり、京都議定書の約束期間の初年度にあたる2008年分については、目標の「90年比6%減」を達成した計算になる。

11.13 **温室効果ガス削減、ブラジルが途上国初の数値目標発表**（ブラジル） ブラジル政府が2020年までに温室効果ガスの排出量を、対策を取らない場合と比べて36.1〜38.9%削減するという目標を発表。主要途上国で初めて、中期目標の具体的数値を示した。アマゾンの森林伐採面積を80%減らし、CO_2の森林吸収を増やして達成を目指す。

11.15 **大西洋クロマグロの漁獲枠、38%削減**（世界） ブラジルで開かれていた「大西洋マグロ類保存国際委員会」の年次会合は、乱獲によって減少が懸念される「大西洋クロマグロ」の2010年の漁獲枠を1万3500トンとすることで合意し、閉幕した。削減率は1990年比38%減で、過去最大。

11.16 **象牙の違法取引に犯罪組織関与増加**（世界） 2009年に象牙の違法取引が

急増。押収した象牙や資料から、犯罪組織の関与が増えていることが明らかになった。

11.16 **世界食料安全保障サミット、農業の重要な役割を再確認**（イタリア） イタリアのローマで開催された世界食料安全保障サミットで、10億人を越える飢餓や栄養不足で苦しむ人々に食料を供給する農業の重要な役割を強調するコミットメントを再確認した。

11.17 **化石燃料分のCO_2排出量、過去最多**（日本） 08年の世界の化石燃料燃焼による二酸化炭素（CO_2）排出量は、前年比2.0％増の87億トン、1人当たりの排出量は1.3トンとなり、過去最多であることが国立環境研究所などの国際研究チームの研究で明らかになった（数値はいずれも炭素換算）。17日付の英科学誌『ネイチャー・ジオサイエンス』（電子版）に発表。

11.23 **主要温室効果ガス、観測史上最高**（世界） 世界気象機関（WMO）は、主要な温室効果ガスである二酸化炭素、メタン、一酸化二窒素の大気中の2008年の平均濃度が、いずれも観測史上最高値を更新したと発表。二酸化炭素は前年比0.52％増の385.2ppmに達し、主な原因は化石燃料の使用と森林破壊としている。メタンは前年比0.39％増の1797ppb、一酸化二窒素も同0.28％増の321.8ppb。

11.25 **滋賀銀、取引先企業の生物多様性保全を格付け**（滋賀県） 滋賀銀行（本店・大津市）が、取引先企業の「生物多様性の保全」に向けた評価を独自に評価・格付けし、上位の企業には融資金利を優遇する制度を導入。同銀行では、2005年から琵琶湖をはじめとする地球環境保全を目的に「しがぎん琵琶湖原則」を導入し、最上位の評価企業には融資金利を0.5％優遇してきた。今回の格付けでも、基準を満たせば0.1％を優遇する方針だ。

11.25 **米、温室効果ガス削減目標公表**（アメリカ） 米ホワイトハウスが、米国が20年までに温室効果ガス排出量を2005年比で17％削減するという目標を発表。2025年までに2005年比30％、2030年までに同42％、2050年までに同83％のペースで、段階的に削減する。

11.26 **中国初のCO_2削減数値目標公表**（中国） 中国政府が、2020年までに国内総生産（GDP）当たりの二酸化炭素（CO_2）排出量を、2005年比で40～45％削減するという目標を公表。CO_2排出量世界一の中国が排出量削減の数値目標を打ち出すのはこれが初めてだが、排出総量ではなくGDP比のため、経済の高成長が続けば排出量も増加する可能性が高い。

11月 **クライメートゲート事件**（イギリス） 09年11月、気候変動に関する政府間パネル（IPCC）の報告書作成にも関与した、英国イーストアングリア大学の気候研究ユニットから電子メールが流出。温暖化を誇張したデータ捏造ともみられる研究者間のやり取りや、IPCC評価報告書の結論への不信感などが報じられる騒ぎになった。

11月	ゼロ・ウェイストのまちづくり宣言（熊本県）　熊本県水俣市が「ゼロ・ウェイストのまちづくり宣言」を発表。
11月	岩手でシカによる農業被害急増（岩手県）　シカの急増による農業被害が各地で深刻化している岩手県が、今年度から捕獲枠を拡大する。11月の猟期期から狩猟頭数を最大1人1日5頭に増やし、年間1350頭を捕獲する計画だ。
11月	京都三山で松枯れ対策（京都府）　ここ数年、京都三山（東山・西山・北山）で松枯れ被害が目立ち、山が茶色く染まっている。観光都市の景観を守ろうと、京都市は11月中旬から松枯れ虫の駆除や伐採事業に取り組む。
12.3	インドがCO_2削減目標発表（インド）　インド政府が、2020年までに一定の国内総生産（GDP）を生み出すのに必要な二酸化炭素（CO_2）排出量を、2005年比で20〜25％削減すると発表。中国と同様に、経済成長に伴う排出を妨げない目標を掲げた。
12.4	港区、二酸化炭素固定認証制度の創立を目指す（東京都）　東京都港区が、国産材の活用を促す「二酸化炭素固定認証制度」の創立を目指す委員会を設置。制度の基本は、木材製品は燃えたり腐ったりしない限り、CO_2を固定するという考え方。区内で建てられる建築物等に国産材の利用を促すことで、CO_2固定量の増加と国内の森林整備の促進によるCO_2吸収量の増加を図る。
12.7	間伐材を使った印刷用紙で里山保全（日本）　中越パルプ工業（本社・東京）が、富山・福井・長野各県の間伐材を活用した、里山再生活動のための寄付金付き印刷用紙「里山物語」を発売。価格に一定額を乗せた寄付金は、NPO里山保全再生ネットワーク（神奈川県）を通じて、各地の里山保全団体の支援に使用される。市民団体と連携して、地球温暖化対策と生物多様性保全に貢献するシステムだ。
12.8	特定外来生物にシママングース追加（日本）　「特定外来生物による生態系等に係る被害の防止に関する法律（外来生物法）」施行令の一部を改正する政令が閣議決定し、特定外来生物にシママングースが追加された（2010年2月1日施行）。
12.10	「テッラ・マードレ・デー」開催（世界）　イタリアで発足したスローフード協会の20周年を記念し、持続可能な食糧生産を推進する「テッラ・マードレ・デー」と称する1000のイベントが、世界150カ国で開催された。
12.11	太平洋クロマグロ、初の国際的保護措置（世界）　タヒチで開かれていたマグロの資源管理を行う「中西部太平洋まぐろ類委員会」の年次会合は、2010年の中西部太平洋海域のクロマグロの捕獲努力量について、2002〜04年の水準より増やさないことで一致し、閉幕。太平洋のクロマグロに初めて国際的な保護措置が講じられた。

12.14 **2009年の世界と日本の年平均気温（速報）発表**（日本）　気象庁が2009年の世界と日本の年平均気温（速報）を発表。世界は平年値より0.31度高く、統計開始の1891年以降では1998年、2005年に次ぐ3番目の高さ。日本は平年値より0.58度高く、統計開始の1898年以降では7番目の高さになると見込まれる。原因の一つに、夏季のエルニーニョ現象発生が挙げられる。

12.14 **温暖化で海の酸性度上昇**（世界）　生物多様性条約事務局が、海洋の酸性化が海の生物多様性に与える影響について研究した報告書を公表。人間活動に伴って排出される二酸化炭素の約4分の1が海洋で吸収され、海の酸性度は既に30％増えている。地球温暖化がこのまま進めば、2050年までに150％増え、産業革命前の2.5倍になると試算。サンゴや貝、甲殻類の骨格となる炭酸カルシウムの形成が阻害され、海の食物連鎖に支障をきたす恐れがあるという。

12.14 **温暖化の影響、コアラにも**（世界）　国際自然保護連合（IUCN）が、地球温暖化の影響を受けやすい生物をまとめた報告書『生物種と気候変動—シロクマだけでなく』を公表。シロイルカ、カクレクマノミ、サケ、コアラなど10の生物種を取り上げている。

12.16 **気候変動関連災害で、2000万人が居住地から移動**（世界）　2009年に自然災害で居住地からの移動を余儀なくされた3600万人のうち、2000万人強は気候変動関連の災害によるものだと国連難民高等弁務官事務所（UNHCR）が発表した。

12.19 **COP15「コペンハーゲン合意」承認**（デンマーク）　デンマークのコペンハーゲンで12月7日から開かれていた「国連気候変動枠組み条約」締約国会議（COP15）は、2013年以降の地球温暖化対策の国際枠組みの骨格を示した政治合意文書「コペンハーゲン合意」を「留意」すると決定して承認し、閉幕した。先進国と途上国の対立は最後まで解けず、全会一致を原則とする採択は見送られ、温室効果ガス排出削減も義務付けられなかった。「コペンハーゲン合意」に賛同する国は、2010年1月末までに温室効果ガスの削減目標を同合意の別表に書き込むことになる。

12.22 **「知床世界自然遺産地域管理計画」決定**（北海道）　環境省、林野庁、文化庁、北海道が「知床世界自然遺産地域管理計画」を発表。世界遺産登録の際、同地域は「生態系」と「生物多様性」を高く評価された。管理計画では遺産地域の概要のほか、地域との連携・協働等の管理に必要な視点を盛り込み、陸上生態系や海域の保全等の10項目について管理方策を定めた。

12.22 **COP10で提案する「ポスト2010年目標」決定**（日本）　政府は来年10月に名古屋市で開催される国連「生物多様性条約」第10回締約国会議（COP10）で、2010年以降の新たな国際目標（ポスト2010年目標）として、「2050年までに生物多様性を現状以上に豊かにする」と提案するこ

とを決めた。政府案は目標達成のための34の手法と19の数値指標を提示し、保存する森林の面積なども盛り込まれた。

12.23 **富山市、路面電車復活**（富山県）「脱自動車」を目指し、富山市が中心市街地の路面電車を36年ぶりに復活させ、環状化した。愛称は「セントラム」。

12.24 **間伐材で作った漁礁設置**（静岡県） 静岡県松崎町が間伐材で漁礁を作り、岩地・雲見の両漁港沖に設置。森林整備と海洋資源回復の一挙両得を目指す初めての試みだ。間伐材で作った漁礁にはゴカイなどの生物が育ち、魚の餌場となる。枝や葉は魚を呼び寄せる効果が期待でき、イカやエビの産卵場所になるという。

12.25 **32ダム、新基準に基づき事業再検証**（日本） 国土交通省は、国と水資源機構が建設を進める予定のダム事業56のうち32施設について、有識者会議が2010年夏頃に中間とりまとめとして示す治水対策の新基準に沿って再検証することを発表した。

12.25 **木材自給率50％を目標に「森林・林業再生プラン」発表**（日本） 10月に決定した政府の緊急雇用対策を受け、農林水産省が「森林・林業再生プラン」を発表。2020年までに木材生産を1800万m^3から4000万～5000万m^3に増やし、木材自給率を50％にすることを目標とする。林業・林産業の再生を成長戦略の一つに位置付け、木材の安定供給力の強化を軸に、雇用も含めた地域再生を図る。

12.26 **間伐材のガードレール登場**（静岡県） 静岡市葵区の有東木地区に、静岡県産スギの間伐材で作ったガードレールが登場。静岡県産木材の利用促進を図るとともに、山間の景観に調和させることが狙いだ。木製ガードレールの強度は従来型と同じだが、3倍の費用がかかるため、県内でも総延長500メートル程度しか設置されていない。コストダウンが今後の普及に向けた課題だ。

12.26 **民間の生物多様性保護活動を支援する新法案の提出決まる**（日本） 環境省は、生物多様性の保護活動に取り組む企業や市民団体を支援するための新法案を、来年の通常国会に提出することを決めた。来年10月に名古屋市で開催される国連生物多様性条約第10回締約国会議（COP10）に向け、民間の活動を活性化させるねらいだ。

12.29 **釜石で来年度から「緑のシステム創造事業」**（岩手県） 来年度から岩手県釜石市で、同市と新日鉄釜石製鉄所、釜石地方森林組合が構築する「緑のシステム創造事業」が始まる。間伐材などの「林地残材」を木質バイオマス資源として、製鉄所内の火力発電所で石炭と混ぜて燃やし、温室効果ガスの削減を図るシステムだ。森林組合は伐採や搬送などに用いる高性能林業機械を導入し、作業道も整備する。

この年　アボリジニ地区のRDA適用停止解除（オーストラリア）　オーストラリア北部準州のアボリジニ地区に対する人種差別禁止法（RDA）の適用停止が解除された。

この年　クンガラ・ウラン鉱床の開発交渉凍結（オーストラリア）　オーストラリアの「北部準州アボリジニ土地権利法」に則り、先住民族がカカドゥ国立公園の一角に位置するクンガラ・ウラン鉱床の開発を拒否。交渉を5年間凍結した。

この年　ハッサン、ゴールドマン環境賞受賞（バングラデシュ）　バングラデシュ環境弁護士協会（BELA）のリザワナ・ハッサンが、ゴールドマン環境賞（アジア地域）を受賞。先進国からバングラデシュへの有害船舶の輸出を止めるための活動が評価された。

この年　豪連邦政府、放射性廃棄物管理法の見直し検討（オーストラリア）　オーストラリア連邦政府が、「放射性廃棄物管理法（CRWMA）」の見直しを検討。北部準州内陸部の放射性廃棄物処分場建設を強行しない考えを示した。処分場の建設には、先住民族のアボリジニや環境団体が強く反対している。

この年　野生動物対策、大学が人材育成強化（日本）　野生動物による農業被害対策の即戦力となる人材の育成に力を入れる大学が増えている。2009年2月、信州大が農学部に野生動物対策センターを設置。4月、岐阜大学が応用生物科学部の付属野生動物救護センターを野生動物管理学研究センターに改称し、プランナー育成策などを検討。7月には宇都宮大が野生動物対策を課題とする農学部付属里山科学センターを立ち上げた。

2010年
（平成22年）

1.1　ワシントンD.C.で「レジ袋税」導入（アメリカ）　米・ワシントンD.C.で「レジ袋税」導入。食料や酒類の販売業者に、使い捨ての紙およびビニール製のレジ袋1枚につき、5セントの課税を義務付けた。

1.4　米州初の海洋資源保護の包括的計画策定（アメリカ）　マサチューセッツ州が、アメリカの州で初となる海洋資源保護のための包括的計画を策定した。

1.6　生物多様性条約「ポスト2010年目標」の日本提案提出（日本）　「生物多様性条約」の「ポスト2010年目標」に関する日本提案を政府が決定し、生物多様性条約事務局に提出。日本提案では、2050年の中長期目標を「生

物多様性の状態を現状以上に豊かなものとする」とし、2020年の短期目標には「人間活動の生物多様性への悪影響を減少させる手法を構築する」ことを掲げ、10月に名古屋で開催される生物多様性条約第10回締約国会議（COP10）で合意を目指す。

1.14　「チェンジ25キャンペーン」開始（日本）　地球温暖化を防止するための国民運動「チェンジ25キャンペーン」が開始された。

1.14　環境税・排出量取引制度、賛成派企業増加（日本）　環境省の調査で、地球温暖化対策として環境税と国内排出量取引制度を導入することに賛成派の企業が、反対派を上回ることがわかった。調査は昨年7～8月に6830社を対象に実施し、3028社が回答。環境税は賛成派が計39.3％、反対派が計36.6％。国内排出量取引制度は賛成派37.5％、反対派が23.8％だった。

1.15　知床岬のシカ駆除、ヘリ導入へ（北海道）　環境省が、今年度の知床岬エゾシカ密度操作実験の概要を発表。時期は1～5月で、うち流氷で船を出すのが困難な厳冬期には、ヘリコプターを使ってハンターを投入する。急増したエゾシカによる生態系への影響を軽減するため、2007年度から毎年冬に船でハンターを投入し、実験的な個体数調整を続けてきたが、ヘリの導入は今回が初めて。2007年度は132頭、2008年度は122頭が駆除されている。

1.15　年輪の炭素で原産地特定（日本）　森林総合研究所が、木材に含まれる炭素の違いで原産地を特定する技術を開発。樹木が吸収した二酸化炭素中の炭素を利用する手法で、100キロ程度の範囲内で伐採地域が把握できるという。

1.16　EUの温室効果ガス削減中期目標決定（ヨーロッパ）　スペインで欧州連合（EU）の環境省会議が開かれ、2020年までのEUの温室効果ガス削減の中期目標を「1990年比で20％削減」とすることが決定。1月末に国連気候変動枠組み条約事務局に提出する。

1.16　国際生物多様性年オープニング記念行事開催（愛知県）　2010年が国連の定める「国際生物多様性年」であることを記念するとともに、10月に名古屋市で開催される生物多様性条約第10回締約国会議（COP10）に向けた機運を高めるため、同市の名鉄ホールでオープニング記念行事が開催された。

1.18　「生物多様性オフセット」に関する国際シンポジウム開催（東京都）　東京都内で「生態適応シンポジウム2010」が開催され、「生物多様性オフセットと生態適応」をテーマに討議が行われた。「生物多様性オフセット」は、開発で消失した生息地を他の場所で復元して相殺する仕組みで、生物多様性の喪失を防ぐための新たな経済的手法として注目されている。

1.20　IPCC、報告書の誤り認める（世界）　1月17日、気候変動に関する政府間

パネル（IPCC）の第4次報告書の信憑性を疑う記事が英『サンデー・タイムズ誌』に掲載された。これを受けてIPCCは、同報告書の「ヒマラヤの氷河は2035年までに解けてなくなる可能性が非常に高い」という記述は、科学的根拠のない誤りだったとして謝罪した。また、「オランダの国土の55％が海面より低い」という記述についても、「国土の55％が浸水するおそれがある」と記述すべきだったと認めた。

1.21　**青森県、46番目の松くい虫被害県に**（青森県）青森県蓬田村の防風林で、松くい虫の被害を受けたクロマツ1本が確認されたことが明らかになった。1月8日に樹木医が発見し、森林総合研究所で調査した結果、松くい虫による被害と判明。このほど県が発表した。林野庁は、同県が全国で46番目の松くい虫の被害県となったと認識している。

1.24　**乙訓地域の間伐竹を肥料に活用**（京都府）京都府の南西部に位置する乙訓地域の長岡京市、向日市、大山崎町が、間伐竹をチップ化して肥料に活用する循環型農業の普及事業に乗り出した。同地域は京タケノコ（乙訓タケノコ）の産地として知られるが、近年放置竹林が増加し、問題化している。

1.26　**日本政府、「コペンハーゲン合意」に賛同**（日本）政府は、昨年12月のCOP15で承認された「コペンハーゲン合意」に賛同する意思を表明し、2020年の温室効果ガス排出削減目標を気候変動枠組み条約事務局に提出した。全ての主要国による公平で実効性のある国際枠組みの構築と意欲的な目標の合意を前提に、「1990年比25％減」を掲げた内容だ。

1.29　**「今後の効果的な公害防止の取組促進方策の在り方について」答申**（日本）中央環境審議会が「今後の効果的な公害防止の取組促進方策の在り方について」を答申した。

1.29　**宮島のサル、愛知へ移送**（広島県，愛知県）広島県廿日市市の宮島でニホンザル約160頭を捕獲し、愛知県犬山市の日本モンキーセンター・世界サル類動物園に移送する作業が始まった。1962年に観光資源および学術研究用として小豆島から移送されてきた47頭が増え、農業被害が出ているための措置で、5年かけて全頭を移送する。

2.1　**化女沼、東アジア・豪州地域渡り性水鳥重要生育地ネットに参加**（宮崎県）「東アジア・オーストラリア地域渡り性水鳥重要生育地ネットワーク」の参加湿地として、宮崎県大崎市の化女沼が承認された。2010年1月現在の参加湿地は10ヵ国80ヵ所で、うち日本は釧路湿原など28ヵ所。

2.1　国連気候変動枠組み条約事務局は、2020年に向けた温室効果ガス排出削減目標について、日本や欧米諸国のほか、中国、インドなど主要新興国を含む55ヵ国から提出があったと発表。合計排出量は世界全体の**78％に相当するという。**（世界）ポスト京都議定書。

2.1 村山市の施設にバイオマス発電（山形県）　山形県村山市が、間伐材などを燃やして発電する市内の木質バイオマス発電所「やまがたグリーンパワー」と、グリーン電力需給契約を締結。市庁舎や小中学校などの市施設で使用する電気の大半を、同発電所からの送電で賄う。

2.2 第3回「農林漁家民宿おかあさん100選」（日本）　農林水産省と観光庁が、第3回「農林漁家民宿おかあさん100選」で52人を選定。農林漁業に従事しながら民宿を経営し、地域活性化に貢献している女性を選定する事業で、2007年度は20人、2008年度は28人を選び、今回で100選が揃った。情報交換会などを通じて、民宿の普及・定着を図る。

2.3 温暖化対策、米でCCS促進（アメリカ）　米バラク・オバマ大統領が、大統領覚書「CO_2回収・貯留に関する包括的な連邦戦略」を発表。地球温暖化対策として、発電所や工場などから出る二酸化炭素（CO_2）を大気中に放出せず、地中に埋める「CCS」技術の促進を図る。

2.3 県営荒瀬ダム撤去へ（熊本県）　熊本県の蒲島郁夫知事は、設置から50年以上経過した水力発電専用の県営荒瀬ダムを撤去すると正式に表明。球磨川の水を使用する現行の水利権が3月末に失効するが、再取得は困難と判断した。代替ダムを造らずに既存のダムを撤去するのは全国初。

2.3 獣害対策に「公務員ハンター」増加を目指す（日本）　イノシシなどによる農作物被害が問題化している自治体で、駆除を担ってきた地元のハンターが高齢化などにより減少しているため、職員に狩猟免許を取得させる動きが出ている。「公務員ハンター」の増加を図り、環境省は来年度から全国で自治体職員向けの研修会を開く予定だ。

2.6 生物多様性国家戦略に、新たな絶滅危惧種防止の短期目標導入へ（日本）　10月に名古屋市で開催される生物多様性条約第10回締約国会議（COP10）に向けた生物多様性国家戦略の改定にあたり、環境省は「2020年までに国内で新たな絶滅危惧種が生まれないようにする」という短期目標を盛り込む方針を固めた。期限を設定した国内目標を掲げたのは今回が初めてで、生態系保全への取り組みを強化するねらいだ。

2.11 三重ブランドのエコ商品化を目指し、予算計上（三重県）　三重県産のスギやヒノキの端材を使用した環境に優しい食品トレーなどの大量生産を図り、三重県が2010年度一般会計当初予算案に1350万円を計上する。産官学連携で2年間かけて生産技術を開発し、「三重ブランド」をエコ商品化する試みだ。

2.12 国連のサメ類を保護する協定に100ヵ国以上が調印（世界）　回遊性のサメ7種を密漁や海洋汚染、気候変動から保護する国連の新たな協定に、100ヵ国以上が調印した。

2.12 反捕鯨団体の妨害で、調査船の3人負傷（南極）　水産庁は、南極海で作業

中の調査捕鯨団が、反捕鯨団体「シー・シェパード(SS)」から酪酸入りの瓶を撃ち込まれるなどの妨害を受け、監視船の乗組員3人が顔に軽傷を負ったと発表。15日には、SSの活動家が調査船に侵入し、取り押さえられたことを明らかにした。

2.17 **国連事務総長、小規模農家と地域生産者の連携を要請**（世界）　国連事務総長が、世界的な食料生産における小規模農家と地域生産者の重要性を強調。貧困と飢餓を克服するため、両者の新しい多様な連携を求めた。

2.18 **最も絶滅の恐れが高い霊長類25種発表**（世界）　世界で最も絶滅の恐れが高い霊長類25種が発表された。ベトナムのゴールデン・ヘデッド・ラングールが最も危機の度合いが高いという。生息地の破壊や食料としての狩猟（ブッシュミート）、違法取引などが原因で、世界の霊長類634種のうち半数近い種が世界自然保護連合（IUCN）レッドリストの絶滅危惧種に挙げられている。

2.21 **シンポジウム「シカが森を壊す、山を崩す？」開催**（奈良県、日本）　奈良市の奈良教育大学で、森林再生支援センターが主催するシンポジウム「シカが森を壊す、山を崩す？」が開催され、約150人が参加。全国で拡大する森林の荒廃とシカの食害との関係を調査する研究者らが、被害の実態を報告した。

2.23 **COP10、2020年までの目標原案発表**（世界）「生物多様性条約」事務局が作成した2020年までの新たな世界目標の原案が明らかになった。「生物への脅威を減らし、種の絶滅を防ぎ、生態系の復元を目指す」とし、「陸域や海域の少なくとも15％以上を保護区にする」等、20項目を具体策として掲げている。10月に名古屋市で開催される「生物多様性条約」第10回締約国会議（COP10）での採択を目指す。

2.23 **九十九里のクロマツ林再生に向け植樹式**（千葉県）　千葉銀行創立70周年記念事業の一環として、九十九里海岸のクロマツ林を再生する試みが始まった。県の「法人の森制度」を利用し、山武市蓮沼の県有保安林を「ちばぎんの森（第4）」として整備する活動で、この日行われた植樹式ではクロマツなど5000本が植えられた。同海岸のクロマツバヤシは「日本の白砂青松百選」にも選定され、美しい松林として知られていたが、マツクイムシや加湿化の影響で荒廃が進んでいる。

2.25 **日本学術会議、生物多様性保全に提言**（日本）　10月に名古屋市で開催される生物多様性条約第10回締約国会議（COP10）に向け、日本学術会議統合生物学委員会が「生物多様性の保全と持続可能な利用―学術分野からの提言」をまとめ、公表した。水田・ため池・河川域を含む汽水・淡水生態系と干潟、河口などの沿岸域で特に生物多様性の喪失が進行しているとし、「生物多様性と生態系サービスを評価軸とした流域および国土の総合的な管理」の大切さを指摘している。

2.26　メコン川の流量、最小に（東南アジア）　東南アジアのメコン川の流量が最小を記録。タイ、ラオス、中国などへの水供給や灌漑などが脅かされた。

3.6　新宿区と群馬県沼田市、地球環境保全協定を締結（東京都，群馬県）　排出したCO_2を植林や森林保護によって相殺する「カーボンオフセット」への取り組みの一環として、新宿区と群馬県沼田市が地球環境保全協定を締結した。沼田市内のゴルフ場跡地に「新宿の森・沼田」を設けて3年計画で植林し、費用は新宿区が負担する。区はこの森を10年間借用し、約700トンのCO_2削減を見込んでいる。

3.10　訓練中のトキ、テンに襲われ9羽が死ぬ（新潟県）　10年秋の放鳥に備え、新潟県佐渡市の佐渡トキ保護センター野生復帰ステーションで訓練中だった国の天然記念物・トキ11羽のうち9羽が死に、1羽が負傷したことが明らかになった。トキは順化ケージの隙間から侵入したイタチ科のテンに襲われていた。検証の結果、ケージに外敵が侵入する可能性のある隙間が265ヵ所も発見され、大規模な改修が実施された。

3.11　「ため池百選」選定（日本）　農林水産省が一般からの投票を参考に、選定委員会を経て「ため池百選」を選定。勇振川温水ため池（北海道）、北大東村農業用ため池（沖縄県）などが選ばれた。全国に約21万あるため池の役割と保全の必要性について国民に理解・協力を求め、地域活性化の核として活用してもらう契機として企画された。

3.11　「主要な森林流域に関する国際会合」開催（フランス）　フランス政府主催の「主要な森林流域に関する国際会合」がパリで開催され、約60ヵ国と国際機関が参加。11月に開催される国連気候変動枠組み条約第16回締約国会議（COP16）に向け、途上国における森林保全と温暖化対策を同時に進める「REDD+」について、主要な資金提供国と途上国が意見交換を行った。

3.11　新潟県とNPB、「プロ野球の森」協定を締結（新潟県，北海道）　新潟県が日本野球機構（NPB）と「プロ野球の森」協定を締結し、東京都内で調印式が行われた。新潟市西区の海岸沿い約4km^{2}に、クロマツなど2500本を植える計画だ。同時に、NPBは北海道下川町・足寄町・滝上町・美幌町で構成する森林バイオマス吸収量活用推進協議会とも協定を締結。「プロ野球の森」はNPBのスポーツと森づくりを通じた自然保護活動の一環で、昨年はじめて宮崎県につくられた。

3.12　滋賀県、温室効果ガス半減へ向け工程表（滋賀県）　滋賀県が、温室効果ガスの排出量を2030年までに1990年比で50％削減するという目標達成に向けた工程表（ロードマップ）の素案を県議会に提示。琵琶湖船運の促進、市街地への自動車乗り入れ規制など、190項目の施策と実施時期を盛り込んだ。県は2008年3月に「低炭素社会の実現」と「琵琶湖環境の再生」を目指す「持続可能な滋賀社会ビジョン」を策定し、1990年比

50％削減の目標を掲げて施策を進めてきた。

3.12 **地球温暖化対策基本法案、閣議決定**（世界） 地球温暖化対策に対する国の基本原則を定めた「地球温暖化対策基本法」案が閣議決定された。温室効果ガス削減については、2020年までに1990年比25％減、2050年までに80％減とする目標を明記。再生可能エネルギーについては、2020年までに一次エネルギー供給量の10％を目指す。実現の手段として、国内排出量取引制度の創設、地球温暖化対策税の検討、再生可能エネルギーの全量固定価格買い取り制の導入を挙げた。

3.14 **中東と北アフリカ、再生可能エネルギーで需要の3倍以上発電できる可能性**（中東, アフリカ） 中東および北アフリカが再生可能エネルギー分野を開発すれば、世界の電力需要の3倍以上を発電できる可能性があるという調査結果が発表された。

3.16 **「生物多様性国家戦略2010」閣議決定**（日本） 生物多様性保全と持続可能な利用に関する国の基本計画「生物多様性国家戦略2010」が閣議決定。2010年以降の目標として、中期目標に「2050年までに生物多様性の状態を現状より豊かなものにする」、短期目標に「2020年までに生物多様性の損失をとめる」を掲げた。

3.17 **高緯度北極地域のレミングなどが減少**（北極） 平均気温上昇の影響もあり、レミングやカリブーなど北極高緯度地域の脊椎動物が、1970年から2004年にかけて26％減少したことが明らかになった。

3.18 **CO_2から藻類生産**（カナダ） カナダの企業がセメント工場から排出されるCO_2を利用して、養分の多い藻類の生産に成功。次世代バイオ燃料として期待されている。

3.19 **アセス法改正案、閣議決定**（日本） 「環境影響評価法（アセス法）」の一部を改正する法律案が閣議決定した。事業の位置・規模等の検討段階における戦略的環境アセスメントや、方法書段階における説明会の義務化などが盛り込まれた。

3.21 **COP10プレ・コンファレンス開催**（愛知県） 生物多様性条約第10回締約国会議（COP10）に向け、21日〜22日の2日間にわたって名古屋市で科学者によるプレ・コンファレンスが開催され、国内外の科学者や国際機関など約300名が参加。ポスト2010年目標の策定に対する科学的な側面からの提言について、討議が行われた。提言は「名古屋リポート」として、5月にケニアで開催される準備会合SBSTTAに提案する予定で、農林業の形態の変化によって、耕作地や森林が荒廃していることを共通課題として世界的に認識すべきだとしている。

3.22 **中国南部、過去数十年間で最悪の干ばつ**（中国） 過去数十年間で最悪の干ばつにみまわれた中国南部では、水不足と作物被害で約5100万人が影

	響を受けた。
3.24	スウェーデンの専門家、「平針の里山」視察（愛知県）　スウェーデンの環境教育の専門家5人が、愛知県名古屋市天白区の「平針の里山」を視察し、生物多様性が保たれ、農業の文化・歴史も残っていることを評価。生物多様性条約第10回締約国会議（COP10）に向け、「SATOYAMAイニシアチブ」を理解してもらおうと、名古屋工業大の研究室が招待した。
3.28	「名古屋議定書」の原案採択（コロンビア）　南米コロンビアのカリで開催された「生物多様性条約」の「遺伝資源のアクセスと利益配分（ABS）」に関する作業部会が閉幕。植物や微生物などの「遺伝資源」で得られた医薬品などの利益を、資源提供国にも公平に配分するための議定書の原案を採択し、今後も交渉を続けることを確認した。10月に名古屋市で開催される生物多様性条約第10回締約国会議（COP10）で、法的拘束力のある「名古屋議定書」として採択を目指す。
3.29	水俣病不知火患者会、和解に合意（熊本県）　水俣病未認定患者団体「水俣病不知火患者会」が、国と熊本県、原因企業チッソに損害賠償を求めた訴訟の第5回和解協議が熊本地裁で開かれ、同地裁が前回協議で示した和解案「1人あたり210万円の一時金支給」を原告、被告双方が受け入れ、和解に合意した。
3.31	「生きものマークガイドブック」公表（日本）　農林水産省が、「生きものマーク」（生物多様性に配慮した農林水産業の実施と産物等を活用したコミュニケーション）の日本各地の取り組み事例を紹介する「生きものマークガイドブック」を公表。兵庫県のコウノトリと共生した米作りなどを取り上げている。
3.31	「地球温暖化対策に係る中長期ロードマップ（試案）」発表（日本）　小沢鋭仁環境相が、温室効果ガス排出量25%削減の目標達成に向けた「地球温暖化対策に係る中長期ロードマップ（試案）」を発表。海外からの排出枠購入ではなく、国内対策のみでの達成を想定し、環境税や国内排出量取引制度の導入などで、45兆円の新市場と125万人の雇用を創出するとしている。
3月	「生物多様性ながれやま戦略」策定（千葉県）　千葉県流山市が「生物多様性ながれやま戦略」を策定した。
3月	住宅エコポイント発行開始（日本）　省エネ型住宅の新築やリフォームを行った場合に、商品やサービスと交換できるポイントを付与する「住宅エコポイント」の発行が開始された。
3月	川口市、レジ袋削減条例制定（埼玉県）　埼玉県川口市が「レジ袋の大幅な削減に向けた取組の推進に関する条例（レジ袋削減条例）」を制定。
4.1	化管法PRTR制度開始（日本）　「特定化学物質の環境への排出量の把握等

及び管理の改善の促進に関する法律（化管法）」の新規指定化学物質に基づくPRTR制度が開始された。

4.1 **改正化審法施行**（日本）　2009年に改正された「化学物質の審査及び製造等の規制に関する法律（化審法）」が施行された。

4.1 **改正土対法施行**（日本）　2009年に改正された「土壌汚染対策法（土対法）」が施行された。

4.1 **新「JICA環境社会配慮ガイドライン」制定**（日本）　2008年10月1日の国際協力銀行（JBIC）との統合に伴い、国際協力機構（JICA）が両者のガイドラインを統合した新たな「JICA環境社会配慮ガイドライン」を制定（7月1日施行）。

4.2 **「ナラ枯れ」防止に線虫有効**（日本）　岐阜県森林研究所が、「ナラ枯れ」の原因となる昆虫の駆除に線虫（スタイナーネマ）が有効であることを発見。芝や果樹用の生物農薬として使われる線虫で、化学農薬よりも環境に与える悪影響が少なく、全国で拡大する被害を防止する方法として期待できるという。大橋章博主任研究員が実験で効果を確認し、4月2日～5日に茨城県つくば市で開催された第121回日本森林学会大会で報告した。

4.4 **北半球の永久凍土層融解で、熱帯雨林伐採と同程度のN_2O放出**（世界）　温暖化の影響で北半球の永久凍土層が融解すると、熱帯雨林伐採と同程度の一酸化二窒素（N_2O）が放出される可能性があることが明らかになった。N_2OはCO_2の298倍の温暖化係数を持つ強力な温室効果ガス。

4.5 **高山市、「生物多様性ひだたかやま戦略」を発表**（岐阜県）　岐阜県高山市が、100年計画で希少種の保護や里山保全などを掲げる独自の基本構想「生物多様性ひだたかやま戦略」の策定を発表。今年度中に具体的な行動計画を策定し、10年ごとに見直すという。

4.6 **2009年度新車販売、プリウスが首位**（日本）　日本自動車販売協会連合会が発表した2009年度の車名別新車販売台数で、トヨタ自動車のハイブリッド車（HV）「プリウス」が前年度の約4倍の27万7485台を売り上げ、HVとして初めて年度ベースで首位となった。

4.8 **世界の森林消失面積が大幅減**（世界）　国連食糧農業機関（FAO）が2010年版「世界森林資源評価」をまとめ、2000年代に世界で消失した森林の面積は520万ヘクタールで、1990年代の年間830万ヘクタールと比較して大幅に減少していることが明らかになった。中国やインドで大規模な植林が行われるなど環境意識の変化がみられ、この10年で減少した森林は年間1300万ヘクタールにとどまり、植林で年間700万ヘクタール以上の新しい森林ができた。一方、南米やアフリカではこの10年間で最大の消失を記録したという。

4.11 **高尾の森づくりの会、第10回植樹祭**（東京都）　ボランティア団体「高尾

の森づくりの会」の第10回植樹祭が行われ、過去最多の611人が参加。高尾山に連なる景信山の中腹に、落葉広葉樹29種1608本を植えた。2001年に誕生した同会は東京神奈川森林管理署と協定を結び、高尾小下沢国有林の管理を任されており、50年かけて7万5千本の広葉樹を植える計画を進めている。

4.15 温室効果ガス削減、**2008年度分の目標達成**（日本） 環境省が2008年度の日本の温室効果ガス排出量（確定値）が、京都議定書の基準年の1990年度を1.6％上回る12億8200万トンだったと発表。海外の排出枠購入分などを削減として繰り入れると、京都議定書の約束期間の初年度にあたる2008年分については、目標の「1990年比6％減」を達成できた計算になる。

4.15 竹からエタノール抽出、実証実験開始（熊本県） 今年度から、熊本県水俣市や市内企業が出資する第3セクター「みなまた環境テクノセンター」で、市内の山間部で伐採した竹からエタノールを抽出する実証実験が始まる。地球温暖化対策のための環境省委託事業で、伐採した竹をチップ状にして市内のプラント製造会社に搬入し、熊本大が開発した独自の方法でエタノールを抽出する。3年かけて効果的な運搬・抽出方法を研究する計画だ。

4.16 水俣病救済、閣議決定（熊本県） 水俣病の未認定患者を救済するため、政府は新たな「救済措置の方針」を閣議決定した。救済策は2009年7月に成立した「水俣病被害者救済法」に基づいて定められ、訴訟外で救済を求めていた被害者を対象に、一定基準を満たせば、1人あたり210万円の一時金などを支給する内容だ。

4.19 「資源エネルギー政策の見直しの基本方針（案）」公表（日本） 経済産業省が、2030年までのエネルギー政策の指針を示す「資源エネルギー政策の見直しの基本方針（案）」を公表した。

4.19 竹の樹脂で給食用食器（福岡県，大阪府） 福岡県八女市と大阪市の町工場が、成長が早く、無尽蔵の原料ともいえる竹の樹脂を使用した給食用の食器を共同開発。既に各地の学校や海外のおもちゃメーカーなどから問い合わせが来ており、福岡市は産業の柱にしたいと期待している。

4.20 メキシコ湾原油流出事故（メキシコ） 米南部ルイジアナ州沖約80キロのメキシコ湾で、英石油大手・BP社の運営する海底油田の掘削施設が爆発し、11人が死亡。3ヵ月間にわたって原油約500万バレルが流出する史上最悪の石油流出事故となった。現場海域はカキやエビ、クロマグロの漁場で、ウミガメやマッコウクジラなどの生態系も深刻な打撃を受けた。同湾の水産資源や自然環境への影響は、数十年にわたって残るという見方もある。

4.26 「環境経済成長ビジョン」公表（日本） 環境省が地球温暖化対策と経済

成長の両立を目指した具体策をまとめ、「環境経済成長ビジョン」として公表した。

4.26 庄原市で「森のペレット工場」落成式（広島県） 広島県庄原市是松町の工業団地に同市が建設していた「森のペレット工場」の落成式が行われた。木くずを固めた木質燃料のペレットを製造する工場で、市の面積の84％を占める森林を有効活用する「森のバイオマス産業団地構想」の一環として、本格始動した。今年度500トン、5年後に1千トンの生産を目指している。

4.27 2009年度『森林・林業白書』閣議決定（日本） 林野庁がまとめた2009年度の『森林・林業白書』が閣議決定。冒頭のトピックスでは、昨年12月に発表した「森林・林業再生プラン」の概要を紹介。ほか、林業の現状として、スギ・ヒノキなどの人工林は50年以上の高齢級が増加しているが、採算が合わないため伐採が控えられていることにも言及している。

4.28 「ケープウィンド計画」承認（アメリカ） アメリカ政府が、国内初の洋上風力発電所をマサチューセッツ州沖に建設する「ケープウィンド計画」を承認。予算規模は10億ドル。

4月 「あおもり型県産材エコポイント」制度開始（青森県） 青森県産材の地産地消を促進するため、県が「あおもり型県産材エコポイント」制度を開始した。

4月 「サンゴ礁生態系保全行動計画」策定（日本） 環境省が「サンゴ礁生態系保全行動計画」を策定。サンゴ礁生態系の保全と持続可能な利用を通して、地域社会の持続的な発展を目指す。

4月 間伐促進へ「かながわ森の町内会」事業開始（神奈川県） 神奈川県企業庁とNPO「オフィス町内会」が、森林の健全な育成のために間伐を促進する「かながわ森の町内会」事業をスタート。サポーター企業が10％の「間伐支援費」を加算した「間伐に寄与する紙」を購入・使用し、間伐費用の不足分を補完する仕組みだ。

4月 東京都、排出量取引制度を開始（東京都） 東京都が2008年7月に導入した「温室効果ガス排出総量削減義務と排出量取引制度」の運用を開始。大規模オフィスや工場など、約1300事業所を対象とする全国初のキャップ・アンド・トレード方式の排出量取引制度が始まった。

4月 富山市J-VER販売へ（富山県） 富山市が森林組合と共同で市内森林の間伐等を行い、それによって増加したCO_2吸収量を、環境省のオフセット・クレジット（J-VER）制度による認証を受け、クレジット（排出枠）としてCO_2削減に取り組む企業向けに販売する事業に乗り出す。4月中に森林組合と「富山市カーボン・オフセット運営協議会」を立ち上げ、初年度は1千万円程度の売り上げを目指す。

5.1	インド、白熱電球から電球型蛍光ランプへ（インド）　4億個の白熱電球を電球型蛍光ランプに置き換えるという公約を、インド政府が発表。このカーボン・クレジット・プロジェクトで、4千万トンのCO_2排出が回避される見込みだ。
5.1	水俣病、鳩山首相が公式謝罪（熊本県）　水俣病の公式確認日にちなみ、毎年5月1日に熊本県水俣市で開催される「水俣病犠牲者慰霊式」に、鳩山由紀夫首相が歴代首相で初めて出席。公式確認から54年を経て、被害拡大を防止できなかった責任を認め、公式に謝罪した。
5.6	もんじゅ運転再開（福井県）　日本原子力研究開発機構は、停止中だった福井県敦賀市の高速増殖原型炉「もんじゅ」の運転を再開。1995年12月のナトリウム漏れ事故で停止して以来、14年5ヵ月ぶりの再開となった。
5.10	「大気汚染防止法」、「水質汚濁防止法」一部改正（日本）　「大気汚染防止法及び水質汚濁防止法の一部を改正する法律」が公布され、罰則が強化された（8月10日一部施行,2011年4月1日全面施行）。
5.10	国内の生物多様性、初の総合評価（日本）　環境省の生物多様性総合評価検討委員会が、過去50年の日本の生物多様性の損失の大きさと現在の傾向を初めてまとめた。損失は全生態系に及び、特に陸水生態系、沿岸・海洋生態系、島嶼生態系の損失が顕著で、現在も続く傾向にあるという。
5.10	生態系保護の2010年目標は失敗（世界）　生物多様性条約事務局が、世界の生態系の損失度合いを評価した報告書を公表。「生物多様性条約」締結国が掲げた2010年までの世界目標の21項目すべてが未達成で、失敗だと結論づけた。これを踏まえ、10月に名古屋市で開催される生物多様性条約第10回締約国会議（COP10）で新たな目標を決定する。
5.12	2009年のCO_2濃度、観測史上最高に（日本）　気象庁が、2009年の大気中の二酸化炭素濃度が国内観測史上最高を記録したと発表。同庁は岩手県大船渡市、東京都・南鳥島、沖縄県・与那国島の3地点で定点観測を続けており、2009年の平均値は大船渡市389.7ppm、南鳥島388.0ppm、与那国島389.4ppmで、いずれも観測開始以来、最高濃度を記録した。化石燃料の使用増加や、森林の減少が原因とみられる。
5.13	米、石油精製所等からの温室効果ガス排出規制（アメリカ）　アメリカ政府が、国内排出量の70％を占める石油精製所などの大規模固定発生源からの温室効果ガス排出を規制した。
5.17	宮崎県内で絶滅植物が増加（宮崎県）　宮崎県内で、絶滅もしくは野生下で絶滅したとされる植物が10年前と比べで20種増え、絶滅の危機に瀕している植物も125種増えたことが判明。県版レッドリストに加えられる予定。原因は野生のシカによる食害と考えられ、県内の推定生息数は5年間で1.6倍に増加している。

5.18	第1回「地球温暖化対策に関する国民対話」開催（日本）　第1回「地球温暖化対策に係る国民対話―チャレンジ25日本縦断キャラバン」が、東京都内のホテルで開催された。
5.19	生物多様性保全に水田活用の方針固まる（世界）　ナイロビで開催された「生物多様性条約」第10回締約国会議（COP10）に向けた実務者会合で、生態系に配慮した農業に関する決議案に、日本政府が提案した水田の活用を盛り込む方針が固まった。
5.19	大阪・泉南アスベスト訴訟、国の責任認める（大阪府）　大阪府泉南地域のアスベスト（石綿）紡織工場の元従業員や近隣住民ら29人が、「石綿で健康被害を受けたのは、国が危険性を知りながら規制を怠ったためだ」として、国に総額9億4600万円の損害賠償を求めた泉南石綿訴訟で、判決が言い渡された。大阪地裁は国の不作為責任を初めて認め、元従業員ら遺族計26人に約4億3500万円の賠償を命じた。
5.19	廃棄処理法一部改正（日本）　「廃棄物の処理及び清掃に関する法律（廃棄処理法）」の一部を改正する法律が公布された。
5.21	COP10、植物保全の新戦略を公表（世界）　「生物多様性条約」第10回締約国会議（COP10）で採択する植物保全のための新戦略の概要が明らかになった。2020年までに確認されている約30万種の植物をまとめた「世界植物誌」をインターネット上に掲載し、これを元に未知の植物の研究を進め、推定40万種以上とされる全植物を網羅した完全版を目指すなど、16の目標が盛り込まれている。
5.21	漁業規制で収入増加（日本）　禁漁区の設定や漁具の規制が、漁業者の収入が増加する高収益の漁獲につながるという研究が発表された。
5.22	「グリーンウェイブ2010」の植樹イベント開催（東京都）　「国際生物多様性の日」にあたるこの日、東京都江東区の「海の森」で「グリーンウェイブ2010―親子で学ぼう生物多様性」の植樹イベントが行われ、親子300人がクロマツなど19種の苗木計1千本を植えた。生物多様性条約事務局は、世界各国の子どもたちに現地時間の22日午前10時に一斉に植樹することを呼び掛けており、地球上の東から西へ樹木が広がっていく様子から「グリーンウェイブ（緑の波）」と名付けた。
5.24	旧日本軍遺棄毒ガス訴訟、原告の請求棄却（中国）　03年8月に中国黒竜江省チチハル市で、旧日本軍が遺棄した毒ガス兵器で住民が死亡した事故を巡り、被害を受けた中国人とその遺族計48人が「被害を防ぐ義務を怠った」として、日本政府に慰謝料など計14億3440万円の賠償を求めた訴訟の判決が言い渡された。東京地裁は「原告の被害は甚大だが、日本政府に事故を未然に防ぐ義務はなかった」として、原告側の請求を棄却した。

5.26	**公共建築物木材利用促進法公布**（日本）　国が率先して公共建築物に木材を利用し、民間や地方公共団体での利用を促進する「公共建築物木材利用促進法」が公布された（10月1日施行）。一般建築物への波及効果を含め、木材全体の需要拡大を狙っている。
5.26	**第18回環境自治体会議**（福岡県）　福岡県筑後市・大川市・大木町の共同開催で、第18回環境自治体会議「ちっご会議」が開催された（〜28日）。
5.26	**野ヤギ狩猟特区設置へ**（日本）　野生化したヤギが希少植物を荒らす被害が深刻化している。これを受けて、環境省は個別の事前手続きなしに野ヤギの狩猟が可能な構造改革特別区域（特区）を設置するため、この夏にも省令を改正することを決定。鹿児島県奄美市が特区を申請する方針だ。
5.27	**REDD+パートナーシップ立ち上げ**（世界）　開発途上国における森林減少に由来する温室効果ガスの排出を削減するための取組み（REDD）に、森林保全を加えた「RADD+」の取組を強化すべく、「REDD+パートナーシップ」が立ち上がった。約60ヵ国が参加し、今後3年間で40億ドル以上を拠出することを表明。
5.28	**祇園祭のチマキザサ、里親制度でシカ被害対策**（京都府）　数十年〜100年に一度の開花期を終えたチマキザサが、3年ほど前から一斉に枯れ始めた。本来であれば落ちた種子から新芽がでるはずだが、野生のシカによる食害で絶滅状態になっている。祇園祭に不可欠なチマキザサを守るため、京都市は市民が育てたササの苗を山に戻す里親制度を始める。
5.28	**大阪駅のビル屋上に「天上の農園」開設へ**（大阪府）　JR西日本が、大阪駅に2011年春開業予定の「ノースゲートビルディング」中層棟14階の屋上に、「天上の農園」をつくると発表。地上76メートル、広さ250m^{2}の農園で栽培された米・野菜・果物などをビル内のレストランに提供するほか、一部を市民に有料で貸し出すという。ほか、10階のテラスには1km^{2}の庭園を設け、ヒートアイランド現象の緩和を狙う。同社は新しい大阪駅全体を「エコステーション」と位置づけており、緑化のほか太陽光パネルの設置、トイレでの雨水活用などの計画がある。
5.28	**低炭素投資促進法公布**（日本）「エネルギー環境適合製品の開発及び製造を行う事業の促進に関する法律（低炭素投資促進法）」が公布された。
5.30	**森林合法性連合設立**（世界）　世界資源研究所（WRI）、環境調査機関（EIA）、アメリカ国際開発庁（USAID）らが、違法伐採された木材の取引削減に取り組む「森林合法性連合」を設立。
5月	**北海道でエゾシカ包囲網会議立ち上げ**（北海道）　北海道でエゾシカによる被害が深刻化。道内に推定52万頭いるとされ、2008年度の農業被害額は約40億4500万円にのぼった。最近では、知床半島で高山植物が食べられる被害も顕著になっている。道は4月に大学やNPO等と連携してエ

5月	ゾシカネットワークを設立。5月には全道的な対策として、エゾシカ包囲網会議を立ち上げた。捕獲の専門家による計画的駆除を実施し、狩猟者の人材育成も行う予定だ。
5月	**毛無山の森林セラピーが人気に**（岡山県）　毛無山（岡山県新庄村）の麓で実施している森林セラピーが人気を集め、2009年5月の開始から1年間で約1500人が訪れた。新庄村森林セラピー協議会は、ガイド増員のための研修会を計画するなど、受け入れ態勢の整備を強化している。
6.1	**2010年版『環境・循環型社会・生物多様性白書』閣議決定**（日本）　政府が2010年版『環境・循環型社会・生物多様性白書』を閣議決定。2025年には世界で100兆円規模に達すると言われる「水ビジネス」の章を初めて設け、日本企業の積極的な参入を訴えた。
6.2	**EU加盟国、5年連続で温室効果ガス排出削減**（ヨーロッパ）　2008年に欧州連合（EU）加盟の27ヵ国が、5年連続で温室効果ガス排出量を削減。対1990年比で11%減少したと、ヨーロッパ当局が発表した。
6.8	**経産省、2030年にCO_2排出量30%削減の試算**（日本）　経済産業省が、2030年の二酸化炭素（CO_2）排出量を1990年比で30%削減するという試算をまとめた。政府は月内にもこの削減水準を盛り込んだ2030年までのエネルギー基本計画を閣議決定する予定だ。政府は2020年までに25%、2050年までに80%削減の目標を掲げているが、今般、同省で初めて2030年時点の削減水準を正式に試算した。
6.9	**省庁版事業仕分けで山岳トイレ補助廃止**（日本）　国立・国定公園内の山小屋経営者などがトイレを設置する際の環境省の補助制度が、省庁版の事業仕分け「行政事業レビュー」で、「受益者負担にすべきだ」として廃止された。これに対し、山岳関係者から「国民の共有財産である山の環境を守るために、国の補助は必要」と事業継続を求める声が上がった。これを受けて検討会が開かれ、期間や対象を限定して継続することが望ましいと結論づけられ、2011年度については事業継続のための予算が認められた。
6.14	**「湧水保全・復活ガイドライン」公表**（日本）　環境省が「湧水保全・復活ガイドライン」を公表。自治体やNPO等による取り組みを促進させることが狙いだ。
6.15	**北海道、エゾシカ捕獲に自衛隊の協力要請**（北海道）　エゾシカ捕獲のため、北海道が自衛隊に協力を要請したことが道議会で明らかになった。道内のエゾシカは約52万頭と推定され、被害額は約40億円に達している。この10年間の捕獲数は年6万〜8万頭で、目標の13万頭の半分程度。道は2009年から陸上自衛隊北部方面総監と協議を開始し、捕獲したシカの輸送など8項目の協力を要請。6項目について防衛省から前向きな回答を得たが、隊員をハンターとして派遣することは「自衛隊法」上できな

	いとして断られた。
6.16	地球温暖化対策基本法案、廃案（日本）　第174回通常国会に内閣が提出した「地球温暖化対策基本法」案が、会期終了とともに審議未了のため廃案となった。
6.17	2009年の木材需給表（用材部門）発表（日本）　林野庁が2009年の用材部門の木材需給表をとりまとめた。用材の総需要量は前年比18.9％減の6321万m³、国内生産量は前年比6.1％減の1758万7000m³で、7年ぶりに減少。景気低迷で木造住宅の新設や紙の生産量が減ったことが原因とみられる。輸入量は前年比23.0％減の4562万2000m³と大幅に減少。木材（用材）自給率は前年を3.8ポイント上回る27.8％となった。
6.18	「エネルギー基本計画」第2回改訂が閣議決定（日本）　エネルギーを巡る情勢の変化や施策の進捗等を踏まえ、「エネルギー基本計画」の第2次改訂が閣議決定された。
6.18	2008年度の温室効果ガス排出量、前年度比6.2％減（日本）　経済産業省と環境省が、2008年度に企業が出した温室効果ガスの排出量を発表。「地球温暖化対策推進法」に基づいて9221社が報告し、全体で前年度比6.2％減の6億1039万トン（二酸化炭素換算）と、景気後退が大きく影響する結果となった。
6.18	ブラジルでマラリア患者48％増加（ブラジル）　ブラジルのアマゾンの森林破壊によって、蚊の繁殖適地が拡大。調査対象とした州の1つの行政区で、マラリア患者が48％増加していたと研究者が発表した。
6.19	噴火から10年、三宅島の緑が回復（東京都）　2000年6月の三宅島（東京都三宅村）の噴火で6割が消失したとされる島の緑が、10年を経た現在、半分以上の地域で回復傾向にあることが明らかになった。宇都宮大の高橋俊守准教授らによる衛星写真を使った追跡調査で判明した。照葉樹林などは今も減少が続いているが、森林だったところがガスに強いススキやシダなどの草地に置き換わる形で回復が進んでいるという。
6.24	世界10ヵ国で清浄な淡水が不足（世界）　165ヵ国の「水安全保障指数」によれば、10ヵ国で清浄な淡水が不足し、「極めて危険な状態」にある。10ヵ国中、5ヵ国はアフリカ。
6.25	青森県、稲わら有効利用促進・焼却防止条例制定（青森県）　青森県が「青森県稲わらの有効利用の促進及び焼却防止に関する条例（稲わら有効利用促進・焼却防止条例）」を制定した。
6.26	鳥取砂丘で緊急除草（鳥取県）　鳥取砂丘で外来植物が急増しており、県砂丘事務所が約70人のボランティアを募って緊急除草を行った。毎年7～9月にボランティアによる除草作業を実施しているが、夏前に種子を飛ばす植物も多いため職員だけでは手に負えず、本格的な除草シーズン

前にボランティアを集めて実施することになった。今年はマンテマ、コバンソウなど、これまで見られなかった外来植物がみつかり、既に今月中に2回ボランティアを集めて除草をしている。本来の景観を保つため、鳥取砂丘では1994年から除草を開始し、ボランティアは2004年から参加している。

6.28 **イタリア、世界2位の太陽光発電市場に**（イタリア） 2009年にイタリアの太陽光発電容量がアメリカを上回り、ドイツに次ぐ2番目に大きい太陽光発電市場になったという報告書が発表された。

6月 **アジア低炭素化センター開設**（福岡県） 福岡県北九州市が「アジア低炭素化センター」を開設した。アジア地域の低炭素化を通じて、地域経済の活性化を図る中核施設。

6月 **新潟県、年間3万トンCO_2削減**（新潟県） 新潟県が、2009年度に年間3万トンのCO_2排出量を削減したと発表した。

6月 **西粟倉村「共有の森ファンド」出資追加募集**（岡山県） 6月末から岡山県西粟倉村の「共有の森ファンド」が出資の追加募集を開始。同村の95％が森林で、大半を樹齢50年近いスギやヒノキの人工林が占めている。2009年4月、個人投資家から一口5万円の出資を募り、大型機械を使った間伐で森林の再生を目指すとしてファンドを創設。今年3月に締め切った第1回の募集には、504口、2520万円の出資があった。追加募集の目標は10月までに1千万円。

6月 **知床で「シマフクロウの森を育てよう！プロジェクト」開始**（北海道） 6月、日本野鳥の会が世界自然遺産・知床地域で、シマフクロウが自然の大木に巣をかけられる森を作る「シマフクロウの森を育てよう！プロジェクト」を開始。斜里町でミズナラなど4種を植樹した。シマフクロウが巣をかけるためには、樹齢300年の大木が必要と言われている。絶滅危惧種シマフクロウの保護、生物多様性の回復、二酸化炭素吸収を同時に実現する同プロジェクトは、2009年に根室市で開始され、今回が2地区目。協賛者から資金提供を受け、植樹後5年間の管理経費にあてる。

7.6 **ロシア、国による保護面積拡大計画を公表**（ロシア） ロシアが2020年までに9つの自然保護区と13の国立公園を新たに設置し、国による保護面積を国土の3％に拡大する計画を発表した。

7.6 **宮城県内でナラ枯れ防止の水際作戦**（宮城県） 09年8月に大崎市の鳴子温泉地区でミズナラの被害木が見つかったのを皮切りに、宮城県内でナラ枯れの被害が拡大している。県が同年9～11月に県内全域で緊急調査を実施した結果、6市町村で計283本の被害が確認された。「ナラ枯れ」は、カシノナガキクイムシが媒介する伝染病だが、放置山林の増加が一因という見方もあり、県は拡大を阻止しようと水際作戦を展開している。

7.7	「クライメートゲート事件」最終報告（イギリス）　09年11月、英国イーストアングリア大学の気候研究ユニットから流出した電子メールを端緒にした「クライメートゲート事件」について、同大の独立調査委員会が最終報告を発表。「科学者としての厳格さ、誠実さは疑いの余地がなく、IPCC評価報告書の結論を揺るがすような行為はなかった」と結論づけた。
7.9	環境省、温室効果ガス削減目標の内訳検討へ（日本）　環境省が、温室効果ガスの排出量を2020年までに1990年比25％に削減する政府目標の内訳について、「国内削減分15％、海外からの排出枠購入分10％」とすることの検討を始めることが明らかになった。まずは国内削減分の割合を決め、温暖化対策の制度設計を前進させるねらいだ。
7.13	「グリーンウェイブ2010」国内で25万本植樹（日本）　環境省が「グリーンウェイブ2010」の実施結果を発表。環境省、農林水産省、国土交通省の呼びかけに43都道府県の1588団体が呼応し、「国際生物多様性の日」（5月22日）を中心とした3月1日～5月31日の期間に、約11万1000人の青少年らが参加。約25万4000本の苗木を植樹した。世界各国に「グリーンウェイブ」への参加を呼びかけている生物多様性条約事務局によれば、ウェブサイトに64ヵ国約1100団体（日本は83団体）の登録があったという。
7.15	『世界自然エネルギー白書2010』発表（世界）　再生可能エネルギー政策ネットワーク21が『世界自然エネルギー白書2010』を発表。世界的に風力発電を中心に大きく伸びたが、日本では新政策による太陽光発電が上向きで、風力発電は伸び悩んでいる。世界の累積設備量は風力が太陽光の7倍だが、日本では太陽光の方が多い。欧州連合（EU）では電力の4.2％を風力で賄っているが、日本は0.4％にすぎなかった。
7.15	中国のクリーン・エネルギー開発、世界最大に（中国）　国連環境計画（UNEP）が、2009年に中国のクリーン・エネルギーの開発および投資がアメリカを上回り、世界最大となったと発表した。
7.15	米国、2010年は最も暖かい6月に（アメリカ）　アメリカ当局は、2010年6月に304ヵ月連続で過去の平均気温を上回り、統計を開始した1880年以降で最も暖かい6月だったと発表した。
7.16	ロシア、猛暑により17地域で非常事態宣言（ロシア）　ロシアで記録的な猛暑が続き、130年間の観測史上最も暑い年になった。作物の壊滅的な被害面積は約1千万ヘクタールに拡大し、17地域で非常事態宣言が出された。
7.16	水俣病、大阪地裁「国の基準」否定（大阪府）　水俣病関西訴訟の最高裁判決で水俣病と認められながら、行政に認定されなかった大阪府豊中市の女性が、国や熊本県に認定を求めた訴訟で、判決が言い渡された。大阪地裁は「感覚障害と他症状の組み合わせが必要」とする現行基準について「医学的正当性を裏付ける的確な証拠がない」として、国の基準を否

定。女性を水俣病と認めたうえで、認定申請を退けた処分を取り消して女性を患者認定するよう命じた。

7.21 **水車発電で獣害防止の電気柵**（群馬県） 群馬県嬬恋村今井地区で、獣害対策用電気柵の電源として設けた水車発電が通電を開始。小川の水を桶に誘導して落差1メートルの滝を作り、その下の農業用水路に設けた水車を回して約80ワットを発電し、1万ボルトの電流に変換して電気柵に流す仕組みだ。電気柵で囲んだ農地は、40戸の農家がトウモロコシなどを栽培する約11ヘクタール。

7.24 **「林業女子会＠京都」発足**（京都府） 京都の女子大生を中心に職業やサークル活動で林業に携わる女性30人が、林業の魅力を女性に伝えようと任意団体「林業女子会＠京都」を結成。森林再生やナラ枯れ被害防止などに関心を持つ女性向けにフリーペーパーの発行や体験会の開催に乗り出し、女性の林業進出を目指している。

7.25 **猛暑による熱中症で、死者相次ぐ**（日本） 全国的な猛暑が続き、岐阜県多治見市で最高気温38.1度を記録したのをはじめ、全国921の観測地点のうち、96地点で35度以上の猛暑日となった。埼玉、千葉、兵庫、奈良各県では、熱中症とみられる症状で夕方までに計6人が死亡した。

7.27 **牛の放牧で耕作放棄地再生、山梨県がモデル事業開始**（山梨県） 山梨県が甲府市右左口町の耕作放棄地に県立八ヶ岳牧場の牛2頭を放牧し、雑草を食べさせるモデル事業を開始。今年度から2年間実施し、成功した場合には、2013年度から一般畜産農家の牛を耕作放棄地の解消を希望する土地に貸し出す「レンタル牛バンク」を開始する計画だ。

7.29 **ガラパゴス諸島、危機遺産リストから外れる**（エクアドル） ユネスコが、ガラパゴス諸島を「危機にさらされている世界遺産（危機遺産）」リストから外すと発表。同諸島は観光客や住民の増加、侵略性外来種の流入で独自の生態系喪失の危機に直面し、2007年に危機遺産リストに登録された。その後、エクアドル政府は島への移住制限や環境保護策を進め、ユネスコは「危機は脱した」と判断した。

7.29 **普天間爆音訴訟、高裁支部判決で低周波音被害を認定**（沖縄県） 米軍普天間飛行場（沖縄県宜野湾市）の周辺住民396人が、米軍機の騒音で被害を受けたとして、早朝・夜間の飛行差し止めと、過去と将来に対する損害賠償を国に求めた「普天間爆音訴訟」の控訴審判決が言い渡された。福岡高裁那覇支部は騒音の違法性を認め、過去の被害への損害賠償を命じた1審判決の慰謝料算定基準を2倍に変更し、総額で2.5倍の約3億6900万円を支払うよう国に命じた。また、ヘリコプターなどの低周波音による被害を初めて認定。飛行差し止めと将来に対する損害賠償については、1審同様に棄却した。

8.2 **日本近海、世界一の生物種の宝庫**（日本） 国内約50人の研究者による調

査で、世界の海に生息する生物約23万種のうち、14.6%にあたる3万3629種が日本近海に分布していることが判明。2日付けの米科学誌『プロスワン』電子版で発表された。比較した25海域では種数が最も多く、最多はイカや貝などの軟体動物が8658種、次いでエビやカニなどの節足動物が6393種だった。

8.3 **フーカウントラ保護区の拡大発表**（ミャンマー） ミャンマー政府が、フーカウントラ保護区を3倍に拡大すると発表。フーカウン谷全体を保護区に指定し、世界最大のトラ保護区が誕生する。

8.4 **「84プロジェクト」第2回会議開催**（高知県） 高知市五台山の竹林寺で、森林などの天然資源を活用した地域活性化を目指す「84プロジェクト」の第2回会議が開かれ、約150人が参加。高知龍馬空港付近に「やさいカフェ」を設ける計画等を話し合った。同プロジェクトは2009年8月4日に発足。県内の森林率が84%であることに着目し、新たなグリーン産業の発信を目指している。

8.5 **グリーンランドから巨大氷塊分離**（デンマーク） グリーンランドから、マンハッタンの4倍にあたる大きさの氷塊が分離したことを科学者が発表。1962年以降で、北極地域最大の氷の消失になるとみられる。

8.6 **パキスタン洪水**（パキスタン） モンスーンによる洪水がパキスタンを襲った。国土の5分の1が浸水し、約1600人が死亡。専門家は気候変動に起因する史上最悪の自然災害とした。

8.13 **2009年の世界のCO_2排出量、1.3%減少**（日本） 2009年の世界のCO_2排出量が1.3%減少したとドイツの研究者が報告。不況と再生可能エネルギーへの投資のため、過去10年で初めて減少に転じた。

8.18 **「国際SATOYAMAパートナーシップ」設立へ**（世界） 政府は、世界各地の里山をつなぐ国際ネットワーク「国際SATOYAMAパートナーシップ」を立ち上げ、10月に名古屋市で開催される生物多様性条約第10回締約国会議（COP10）の期間中に設立総会を開くことを決めた。インドネシアの「プカランガン」、フランスの「テロワール」など、日本の里山のように生態系が回復できる範囲で自然を活用する事例を集めてデータベース化し、各国の情報交換や資金協力に役立てる計画だ。

8.19 **新品種トウモロコシで、アフリカ農家の収量増の可能性**（アフリカ） 干ばつに強い新品種のトウモロコシの種をアフリカの農家に普及できれば、2016年までに収量を4分の1増加させ、支出を15億ドル以上削減できる可能性があることが明らかになった。

8.26 **JR高崎駅屋上に「グリーン・ガーデン」オープン**（群馬県） 群馬県高崎市のJR高崎駅ビル屋上に、「グリーン・ガーデン」がオープン。約300m^2の屋上に芝生を敷き詰め、周囲には約100種の樹木が植えられて

いる。JR東日本の屋上緑化事業の一環で、駅ビルの屋上に庭園を設置するのは東京の恵比寿駅に次いで2番目。庭園の隣には賃貸の屋上菜園もあり、9月半ばから利用が開始される。

8.26 **生態系破壊の損失、年間420兆円以上の試算**（世界）　国連環境計画（UNEP）でグリーン・エコノミー・イニシアティブの責任者を務めるパヴァン・スクデフは、生態系の破壊による世界の経済的損失が年間5兆ドル（約420兆円）以上にのぼるという試算を明らかにした。10月に名古屋市で開催される生物多様性条約第10回締約国会議（COP10）で最終報告書を発表する予定だ。

8.31 **全国のナラ枯れ被害、23府県に拡大**（日本）　林野庁が2009年度の森林病虫害被害量実績を発表。全国のナラ枯れの被害量は23万m^3で、前年度と比べて9万7000立法メートル増えた。本州の日本海側を中心に被害が発生していたが、新たに宮城県、大阪府、岡山県でも確認され、発生地域は23府県に拡大した。一方、松くい虫の被害は59万m^3で、前年度より約3万m^3減少。28年ぶりに新たな地域（青森県）での発生が確認され、発生地域は北海道を除く46都府県となった。

8月 **黄砂でぜんそくのリスク3倍に**（中国，日本）　京都大学の研究チームが、中国大陸から黄砂が飛来した日は、小学生がぜんそくの発作で入院するリスクが3倍以上に高まることを突き止め、米国胸部疾患学会誌に発表。黄砂が大気汚染物質や微生物を運ぶことは旧知の事実だが、子供の健康への影響がわかったのは初めて。

8月 **国内排出量取引制度の試案提出**（日本）　8月、環境省が中央環境審議会の小委員会に、国内排出量取引制度の試案を提出。電力会社を含む全企業に排出上限を設定する「基本型」、排出上限を設けず、エネルギー効率改善を義務付ける「成長重視型」、原則として排出制限を設け、電力会社には例外的にエネルギー効率改善を義務付ける「折衷型」の3通りが示された。

8月 **鹿児島県でナラ枯れ拡大**（鹿児島県）　鹿児島県内の山林で「ナラ枯れ」の被害が拡大。県が緊急調査を実施した結果、8月末で県内135ヵ所、計124ヘクタールに変色被害が出ていることが判明。南薩や大隅、鹿児島地域の被害が顕著で、ここ数年被害のなかった世界自然遺産の屋久島でも被害が再発している。

9.3 **2010年の猛暑「30年に一度の異常気象」**（日本）　気象庁の異常気象分析検討会が、2010年の記録的な猛暑は「30年に一度の異常気象」とする見解を発表。偏西風が日本付近で例年より北側に蛇行して流れたため、太平洋高気圧が例年より強く日本列島に張り出した。さらに、その上空の対流圏上層をチベット高気圧が覆い、2つの高気圧が同時に日本列島を包み込んだため、気温の下がらない状態が続いた。また、2009年夏から

2010年春までペルー沖の太平洋のエルニーニョ現象が続き、夏からラニーニャ現象が発生した影響もある。エルニーニョ現象の終息後は数ヵ月ほど地球全体の気温が上昇する。また、ラニーニャ現象が夏に発生した場合、日本などの猛暑をもたらす傾向がある。

9.6 **異常な降雨、アフリカとアジアに脅威**（アフリカ，アジア） 気候変動に関連した異常な降雨傾向が、特にアフリカとアジアにおけるフード・セキュリティと経済成長に対し、一層大きな脅威になると水の専門家が明らかにした。

9.7 **海外資本、北海道の私有林406ヘクタール購入**（北海道） 道内の私有林7ヵ所計406ヘクタールが、2009年に海外資本によって購入されていたことが明らかになった。海外資本による取得が4件353ヘクタール、外国人が3件53ヘクタール。倶知安町とニセコ町が各2件、砂川町、蘭越町、日高町が各1件。資本元は中国3件、英国1件だった。

9.7 **生物多様性交流フェア、208団体展示予定**（世界） 名古屋市で10月に開催される生物多様性条約第10回締約国会議（COP10/国連地球生きもの会議）の期間中に、市民が参加できるイベントの詳細が発表された。難解なテーマの理解を助けるため、会議の会場となる名古屋国際会議場付近の白鳥公園や熱田神宮公園などで開催される「生物多様性フェア」（10月11日〜29日）には、208団体のブース展示などが予定されている。愛知県長久手町の万博記念公園では、9日から「地球いきものEXPO」が開かれる。

9.9 **森林ボランティア、74％が資金確保に苦労**（日本） 林野庁が、全国の森林ボランティア団体を対象に2009年2〜3月に実施した「森林づくり活動アンケート」の集計結果を発表。全2677団体のうち「里山林等身近な森林の整備・保全」を主要目的・内容とする団体が73％と最も多く、活動で特に苦労している点として、74％の団体が「資金確保」を挙げた。調査は1997年度から3年ごとに実施しており、今回で5回目。団体数は1997年度の277団体から回を重ねるごとに増加し続けている。

9.10 **淡水種のカメ、4割以上が絶滅の危機**（世界） 世界の淡水種のカメの4割以上が生息地の減少や捕獲、ペット用取引のため、絶滅の危機にさらされているという科学者の報告があった。

9.12 **京都市内でナラ枯れ被害拡大**（京都府） ここ数年、京都市内でナラ類が集団枯死する「ナラ枯れ」の被害が拡大している。「ナラ菌」を媒介するカシノナガキクイムシが増殖し、今年の被害は昨年の3倍に達した。京都御苑では2009年に初めて44本に穴が確認され、今年は3倍以上と推定されている。下鴨神社では約80本に穴が確認され、今年初めて3本が枯死。平安神宮では今年初めて数本に穴を確認。上賀茂神社では、約2年前に穴のあいた木が確認され、今年初めて2〜3本が枯死。約100本に

穴が確認された。

9.14 **漁業乱獲で食品業界に損失**（世界） 漁業乱獲による過去半世紀間の食品業界の損失は数十億ドルにのぼり、約2千万人の貧困層の十分な栄養摂取を阻害していると研究者が発表した。

9.14 **世界の飢餓人口、減少するも容認できぬ値**（世界） 世界の飢餓人口は2009年の10億2000万人から9億2500万人に減少したが、絶対数として容認できない値だと国連が発表した。

9.15 **庄内地方でブナの葉枯れ**（山形県） ウエツキブナハムシがブナの葉を食べて枯らす食害「ブナの葉枯れ」で、鳥海山の中腹のブナ林が赤く変色している。2007年ごろから山形県の庄内地方で拡大し、内陸に及んだ。今年は特に被害が激しいが、木が枯れることはないという。ムシが増えると天敵の菌も増え、自然と収束する。

9.16 **国内で生物多様性オフセット研究会立ち上げ**（日本）「生物多様性オフセット」の国内への導入の可能性を探る研究会が立ち上がった。開発による自然の損失を別の場所の自然保護で相殺するという考え方で、企業の生態系保全活動を促進する仕組みとして注目されており、名古屋市で10月に開催される生物多様性条約第10回締約国会議（COP10/国連地球生きもの会議）でも議題にのぼる。一方、新たな規制を警戒する日本経団連は、導入に否定的な立場をとっている。

9.17 **ツマグロヒョウモンの分布北上**（関東地方，中部地方） 環境省生物多様性センターが2008年に開始した「いきものみっけ」調査で、かつて東海地方から南西諸島を生息域としていた「ツマグロヒョウモン」の分布が北上し、関東地方に入り込んで定着していることが判明。温暖化による気温上昇が一因とみられる。

9.17 **兵庫県でツキノワグマ出没の注意喚起**（兵庫県） 兵庫県内で今秋のドングリが凶作であるため、兵庫県森林動物研究センターが改めてツキノワグマ出没の注意喚起を出した。今年度の目撃・痕跡情報は8月末で378件となり、過去10年で最多だった2004年度の180件の倍以上。捕獲頭数も16頭と、同時期としては過去最多を記録している。

9.18 **「名古屋議定書」の交渉難航**（カナダ） 遺伝資源の利用と利益配分について、法的拘束力のある国際ルールを定めた「名古屋議定書」を議論する国連の「生物多様性条約」特別作業部会が、カナダのモントリオールで始まった（～21日）。名古屋市で10月に開催される生物多様性条約第10回締約国会議（COP10/国連地球生きもの会議）での採択を目指し、主張の対立する先進国と途上国が着地点を探るが、交渉は難航。生きもの会議に向けた最後の事前交渉となる予定だった7月の会合が不調に終わり、今回の会合が特別に設定された。

9.18		北海道のヒグマ捕獲数、過去20年で最多（北海道）　北海道における今年のヒグマ捕獲数が既に300頭を超え、過去20年間で最多となっている。市街地や集落周辺での出没も目立ち、道は注意を呼び掛けている。
9.20		間伐材の薪の普及に「薪祭り」（高知県）　高知県内で間伐などの森づくりに取り組むボランティア団体「土佐の森・救援隊」が、佐川町で間伐材を活用した薪を安く売る「薪祭り」を開催。薪の普及活動の一環で、利用価値のない間伐材を暖房などの燃料として活用し、その利益を山に還元するのがねらいだ。
9.22		前原外相、「国連生物多様性の10年」を提案（愛知県）　国連本部で生物多様性の保全を主題とした初の国連首脳級会合が開かれ、前原誠司外相が10月に名古屋で開催される生物多様性条約第10回締約国会議（COP10／国連地球生きもの会議）の議長国として、冒頭で演説。今後10年を「国連生物多様性の10年」と定め、生物多様性の政策を提言する国際機関の設置を求めた。
9.23		世界最大の洋上風力発電所始動（イギリス）　イギリスの南東沖で、世界最大の洋上風力発電所が始動。100基の発電機が設置され、同国の標準的な世帯20万以上に電力供給が可能な30万キロワットの発電容量を備える。
9.23		福島第1原発3号機、プルサーマル発電開始（福島県）　東京電力が福島第1原発3号機で、使用済み核燃料を再利用するプルサーマル発電を開始。国内のプルサーマル発電は、九州電力の玄海原発、四国電力の伊方原発に次いで3例目となる。
9.27		「日本で最も美しい村」連合、設立5周年記念総会（日本）　農山村の景観・文化の保全に取り組んでいるNPO「日本で最も美しい村」連合が、岐阜県白川村で設立5周年の記念総会を開催。国際組織「世界で最も美しい村」連合会への加盟を報告した。
9月		神奈川県「森林再生パートナー制度」が好評（神奈川県）　2009年3月に始まった神奈川県の「森林再生パートナー制度」が好調で、11の企業・団体がパートナーに名乗りをあげている（2010年9月現在）。県内の森林整備のための寄付金として1企業・団体あたり5年間で300万円以上の寄付を募り、代わりに森の命名権や間伐などの森林活動を行う森を提供する仕組みだ。
10.1		京都府と近隣6府県、ナラ枯れ広域対策へ（近畿地方）　「ナラ枯れ」の被害拡大を受け、京都府が近隣6府県（滋賀・大阪・兵庫・奈良・和歌山・三重）に、広域対策会議の開催を呼び掛けたことが、府議会で明らかになった。今月中旬にも初会合を開き、各地の被害対策状況や効果についての情報共有を図る。京都府では近隣府県よりも比較的早い1993年に被害が確認されており、府の経験を他府県に伝えたい考えだ。

10.4 経団連、温暖化対策法案に懸念（日本）　菅内閣第1次改造内閣の発足後初となる環境省と日本経団連の懇談会が開かれ、松本龍環境相は「地球温暖化対策基本法」案などへの理解を求めた。一方、規制強化による経済への悪影響を懸念する経団連側は、温室効果ガス25％削減の政府目標の再検討を要求。今後も意見交換を続ける。

10.4 国立・国定公園の候補地に18地域選定（日本）　環境省は、今後10年間で新規指定や区域拡大を目指す国立・国定公園の候補地として18地域を選び、公表した。新規指定の候補地は、道東湿地群（北海道）、日高山脈・夕張山脈（同）、奄美群島（鹿児島県）、やんばる（沖縄県）、慶良間諸島沿岸海域（同）の5地域。区域拡張の候補地は、知床半島（北海道）など14地域。エコツーリズムなどの流行で貴重な自然の利用が急増しているため、今後10年で指定・拡張を図る方針だ。

10.7 2008年のCO_2排出量、中国がまた1位（中国，アメリカ）　7日までに国際エネルギー機関（IEA）が公表した統計で、2008年の中国の二酸化炭素（CO_2）排出量が世界最大の65億トン（前年比8％増）に達し、2位の米国の56億トン（同3％減）との差が広がったことが判明。インドの排出量も増加しており、新興国への温暖化対策の要求が高まりそうだ。世界全体の排出量は294億トン（同1％増）。

10.8 地球温暖化対策基本法案、閣議決定（日本）　第176回臨時国会に提出するため、内閣が第174回通常国会で審議未了により廃案となった「地球温暖化対策基本法案」を、再度閣議決定した。

10.9 ナラ枯れの害虫防除に人工フェロモン（日本）　森林総合研究所の委託で、島根県の県中山間地域研究センターほか山形、岐阜など本州6件の研究機関が、ナラ枯れの原因となる害虫の防除に人工フェロモンを利用する手法の共同研究に取り組んでいる。前もって殺菌剤を注入した囮の木に、人工フェロモンで害虫のメスをおびき寄せ、持ち込まれたナラ菌を殺すと同時に幼虫を退治する手法で、広範囲に効果が及ぶことが期待できる。

10.11 COP10の関連会合開幕（愛知県）　名古屋市の名古屋国際会議場で、生物多様性条約第10回締約国会議（COP10/国連地球生きもの会議）の関連会合が開幕。15日まで、遺伝子組み換え作物による生態系被害対策を議論し、合意を目指す。本会合は18日に開幕。

10.12 「2011国際森林年」の日本語ロゴ発表（日本）　国連森林フォーラムから「2011国際森林年」の日本語ロゴマークが発表された。「人々のための森林」をテーマにしたデザインで、人類の生存に森林の持つ機能が不可欠であることを訴える。2011年は国連の定める「国際森林年」で、現在・未来の世代のため、持続可能な森林経営、保全、持続可能な開発を強化することについて、あらゆるレベルでの認識を高めるよう努力すべきであると、国連総会で決議されている。

10.13 **地球の環境容量50％不足**（世界）　世界自然保護基金（WWF）の報告書によれば、現在、人類は地球を1.5個分使用しており、今の消費傾向を持続可能なものと見做すと、環境容量が50％不足しているという。

10.15 **ヤクシカWG第1回会合**（鹿児島県）　屋久島世界遺産地域科学委員会ヤクシカ・ワーキンググループ（WG）が鹿児島市で第1回会合を開き、林野庁、環境省、県や屋久島町などが参加してシカによる食害対策を検討。島内には1万2000～1万6000頭のヤクシカが生息しており、個体調整が必要だとして、来年2月にはシカの適正数を示す方針だ。1960年代には2000～3000頭だったシカが近年急増し、島西部では食害により希少植物が殆ど残っていないという。

10.16 **群馬県内初のナラ枯れ、谷川岳周辺で確認**（群馬県）　利根沼田森林管理署が、群馬県みなかみ町の谷川岳周辺で、県内初の「ナラ枯れ」の症状が確認されたことを明らかにした。8月上旬にナラが赤く変色していたため、「ナラ枯れ」と認識したという。JR上越線土合駅付近でも同様の症状がみられ、被害状況を確認している。

10.18 **COP10本会合開幕**（愛知県）　名古屋市の名古屋国際会議場で、生物多様性条約第10回締約国会議（COP10/国連地球生きもの会議）の本会合が開幕。同条約に加盟する193ヵ国・地域が参加し、2020年に向けた生態系保全のための新たな国際目標「愛知ターゲット」と、「遺伝資源」をもとに開発された医薬品や食品などの利益配分の国際ルールを定める「名古屋議定書」の採択を目指す。

10.19 **COP10で、里山をつなぐ国際ネットワーク発足**（愛知県）　名古屋市で開催中の生物多様性条約第10回締約国会議（COP10/国連地球生きもの会議）で、世界の里山をつなぐ国際ネットワーク「SATOYAMAイチシアチブ国際パートナーシップ」（IPSI）が発足。日本政府が提案し、各国政府や地方自治体、NGO、国際機関、企業、大学など51団体が参加を表明した。日本の里山のように人と自然が共生する知恵を共有し、世界に発信していく考えだ。事務局は横浜市の国連大学高等研究所に設置する予定だ。

10.20 **COP10関連イベント「里山知事サミット」開催**（世界）　名古屋市で開催中の生物多様性条約第10回締約国会議（COP10/国連地球生きもの会議）の公式関連イベントとして、国連大学などの主催で「里山知事サミット」が開催された。里山の保全に力を入れている自治体が集い、愛知県、石川県、兵庫県の知事らが、里山の魅力やその利用・保全と地域活性化への取り組みを国内外に広く発信した。

10.21 **COP10、「世界植物保全戦略」改定方針固まる**（愛知県）　名古屋市で開催中の生物多様性条約第10回締約国会議（COP10/国連地球生きもの会議）は、「世界植物保全戦略」を「2020年までに各国の絶滅危惧植物の少

なくとも75%を生息地の内外で保存する」と改定する方針を固め、現行よりも厳しい目標値を掲げた。現行目標では2010年までに生息地とそれ以外でそれぞれ60%を保全するとし、生息地外では達成したが、生息地内は未達成だった。

10.21 **GM、工場などの処理費用に7億7300万ドルの信託**（アメリカ）米・GM（ゼネラルモーターズ）は、経営破綻後に残った工場や施設の処理費用に、7億7300万ドルの信託を設定することに合意。工場や施設の3分の2は有害物質で汚染されている。

10.22 **インド、ゾウを「国の動物遺産」に**（インド）ゾウは「国の動物遺産」と宣言し、インドが2万9000頭のゾウの保護強化を図る。

10.22 **第1回全国源流サミット開催**（山梨県）山梨県道志村で第1回「全国源流サミット」が開催された（～24日）。全国源流の郷協議会が毎年1回行ってきた「全国源流シンポジウム」を改称したもので、全国の河川源流域にある自治体関係者やNPOら550人が参加し、水源林の活性化を討議。23日、上流下流が一体となって森林再生に取り組むなど、今後の目標となる5項目の「源流宣言」を採択し、全国12町村の首長が署名。24日には、道志村エクスカーションが行われた。

10.22 **里山の回復力低下、COP10で報告**（愛知県）国連大学高等研究所が日本各地の里山・里海を評価した研究で、日本の里山が過去50年で大きく傷み、生態系の回復力が低下していることが明らかになった。名古屋市で開催中の生物多様性条約第10回締約国会議（COP10/国連地球生きもの会議）で発表した。

10.23 **草原再生フォーラム開催**（群馬県）群馬県みなかみ町で森林塾青水主催の「草原再生フォーラム」が開催され、約80人が参加（～24日）。「上ノ原は人と生き物入会地―暮らしの現場から生物多様性の保存を考える」をテーマに、講演や保全活動の報告が行われた。24日には茅刈の講習会や検定会が開かれた。

10.26 **JAXA、世界最高精度の森林分布図を公表**（愛知県）宇宙航空研究開発機構（JAXA）が地球観測衛星「だいち」を使い、分解能10メートルという世界最高精度の森林分布地図を作製。名古屋市で開催中の生物多様性条約第10回締約国会議（COP10/国連地球生きもの会議）のサイドイベント「生物多様性調査と気候変動モニタリングに対する衛星の貢献」（10月26日,28日開催）で紹介した。森林の減少と劣化は温暖化や生物多様性の保全に多大な影響を及ぼすため、現状を正確に把握する必要がある。広範囲にわたって定期的に観測できる人工衛星の活躍が期待されている。

10.26 **REDD+閣僚級会合開幕**（愛知県）名古屋市で開催中の生物多様性条約第10回締約国会議（COP10/国連地球生きもの会議）の会場で、森林保全と気候変動に関する閣僚級会合（REDD+閣僚級会合）が開幕。

「REDD+」は開発途上国における森林減少に由来する温室効果ガスの排出を削減するための取組み(REDD)に、森林保全を加えた活動で、今回の会合はCOP10の開催に合わせ、「REDD+パートナーシップ」の下で開催。60ヵ国以上の担当閣僚が参加し、これまでの活動成果の報告や、今後の効果的実施に向けた提言などを議論した。

10.26 木の樹勢回復に「根健」発売(日本) 関西電力と「松本微生物研究所」(長野県松本市)が協力して、衰えた木の樹勢を回復する菌根菌「根健」を発売。地中で根と共生して樹木に養分を与える菌で、化学肥料よりも効果が高いという。

10.27 2010年版『レッドリスト』公表(世界) 名古屋市で開催中の生物多様性条約第10回締約国会議(COP10/国連地球生きもの会議)の会場で、国際自然保護連合(IUCN)が2010年版『レッドリスト』を公表。評価した5万5926種の動植物のうち、約3分の1にあたる1万8351種が絶滅危惧種で、昨年版より1060種増加。最も絶滅の恐れが高い絶滅危惧IA類は3565種だった。

10.29 2009年度のナラ枯れ被害、過去最悪に(日本) 「ナラ枯れ」の2009年度の被害地域・面積が過去最悪の23府県、2511ヘクタールに達したことが林野庁の調査で判明。宮城、大阪、岡山の3府県で初確認されるなど被害地域が拡大し、被害面積も前年度の約1.7倍にのぼった。今年度は静岡県などでも新たに発生が確認され、被害拡大を確実視する見方もある。

10.30 COP10閉幕(愛知県) 名古屋市で開催された生物多様性条約第10回締約国会議(COP10/国連地球生きもの会議)が、生態系保全のための新たな国際目標「愛知ターゲット」と、「遺伝資源」の利用と利益配分を定めた国際ルール「名古屋議定書」を採択して閉幕。採択は30日未明まで難航を極めた。日本政府は議定書の批准に向け、国会の承認を求める方針だ。「名古屋議定書」は、外国の動植物や微生物に含まれる遺伝資源を利用する場合、(1)利用国は提供国に事前に同意を得ること(2)遺伝資源を利用して医薬品や化粧品、食品を開発した場合、その利益は両者が合意した条件で公正に配分することを定めた。「愛知ターゲット」では、2020年までの短期目標として、「生物多様性の損失を止めるための効果的な緊急行動を起こす」ことを掲げ、陸域の17%、海域の10%を保護地域にするなど、20の個別目標を定めている。

10月 シカ捕獲専任班、但馬地方3市で活動開始(兵庫県) シカによる農林業被害対策として、狩猟期間(11月15日～来年3月15日)以外の平日にも出勤できるシカ捕獲専任班を兵庫県が作った。但馬地方では豊岡、養父、朝来の3市に設け、10月から活動を開始。専任班の活動は地元猟友会に委託し、計160人が交代でシカの捕獲にあたる。3市の専任班だけで、来年3月末までに1600頭の捕獲を目指しており、11月末までに316頭を捕獲し

たという。同地方のシカによる被害金額は昨年度1億8623万円で、全県の3～4割を占める。

10月　**智頭町で間伐材除去実験**（鳥取県）　10月中旬から11月中旬にかけて、鳥取県智頭町で山に放置された間伐材の搬出を促進する実験「木の宿場プロジェクト」が実施された。搬出した木を町内限定で使える「杉小判」と交換する仕組みで、期間中に196トンが搬出され、目標を上回る86万4千円分の杉小判が発行された。2011年4月以降は通年で実施し、森林再生につなげる考えだ。

11.1　**トキ3次放鳥**（新潟県）　新潟県佐渡市のトキ保護センターで、トキの3次放鳥が行われた。順化ケージの扉を開けてトキが自然に飛び立つのを待つ方式で、夕方には扉を閉める。この日、午前中に3羽が飛び立った。うち1羽は、今年3月のテンの襲撃で、ただ1羽無傷で生き残った雌だという。6日までに13羽が飛び立った。

11.2　**住民投票で温室効果ガス排出基準の維持決定**（アメリカ）　潤沢な資金に支えられたキャンペーンに打ち勝ち、カリフォルニア州がアメリカで最も厳しい温室効果ガス排出基準の維持を住民投票で決定。

11.3　**2010国民参加の森林づくりシンポジウム開催**（奈良県）　奈良市の奈良文化財研究所平城宮跡資料館講堂で、「平城遷都1300年に考える—古代の森 未来の森」をテーマに「2010国民参加の森林づくりシンポジウム」が開催され、約250人が参加。多川俊映・興福寺貫主による基調講演では、周辺の豊かな森林が奈良の寺院の木造建築を支えてきたことや、古来、寺の再建に木材が転用されてきたことなどを報告。人間は自然への畏怖を忘れてはならないと強調し、「木の文化」の継承を訴えた。

11.5　**海底地殻で炭素を固定する微生物発見**（世界）　海底地殻の生物活性を調査した研究で、炭化水素と天然ガスを食べて炭素を固定する能力を持つ微生物が発見された。この発見により、地下深部に二酸化炭素を永久隔離するという考えの信憑性が高まる可能性も示された。

11.5　**外来ミドリガメ、西日本を席巻**（近畿地方，九州地方）　西日本に生息する淡水ガメの42％を北米原産のミシシッピアカミミガメ（通称：ミドリガメ）が占め、日本固有種のイシガメは平均25％であることが判明。神戸市立須磨海浜水族園が5～9月に西日本の河川16ヵ所などで調査を実施し、このほど報告をまとめた。福岡県の筑後川河口では93％をアカミミガメが占め、神戸市の池など3ヵ所にはイシガメが全くいなかった。

11.9　**国内20の開発計画に中止要望**（日本）　10月に名古屋市で開催された生物多様性条約第10回締約国会議（COP10/国連地球生きもの会議）に集まった国内外の76団体が、辺野古など日本国内で進む20の開発計画の中止を求める要望を連名で環境省に提出。要望したのは日本自然保護協会や日本野鳥の会、NGO「JUCON」などで、開発により希少な動植物の

生息地が失われ、生物多様性が失われる危険性を指摘した。

11.9 知床のナショナルトラスト運動、目標達成（北海道） 北海道斜里町のナショナルトラスト「しれとこ100m^{2}運動」で、同町が最後まで残った民有地11.92ヘクタールの売買契約を地権者と結んだ。同運動は北海道・知床の土地を買い上げて乱開発から守ろうと1977年に始まり、33年かけて目標としていた土地471.18ヘクタールを取得した。100m^{2}の土地購入費として1口8千円の寄付を募り、10月末までに6万3514件、総額7億6825万6千円が集まった。運動は森林再生事業に引き継がれたという。

11.15 屋久島の倒れた「翁杉」、放置して観察へ（鹿児島県） 林野庁屋久島森林管理署は、屋久島で9月に折れて倒れた推定樹齢2千年の「翁杉」を自然のまま放置し、自然環境教育の場にすると発表した。「翁杉」が登山者の安全を見守るという山岳信仰の観点から腐朽した幹を現地に残し、倒木後の森の再生を数十年かけて観察するという。「翁杉」は幹内部の9割が腐食しており、自重に耐えられずに倒れたと推測されている。

11.16 全道エゾシカ対策協議会開催（北海道） 北海道庁で「全道エゾシカ対策協議会」が開かれ、深刻化するエゾシカ被害を減らすための対策が討議された。道内に生息するエゾシカは推定64万頭で、昨年度の農林業被額は50億8200万円と過去最高を記録。道は今年度から3年間を緊急対策期間とし、捕獲を強化する方針を示した。また、今年度の捕獲目標を2万頭上積みし、11万5千頭とした。

11.18 環境税、来年度導入の方針固まる（日本） 政府・民主党が、2011年度から地球温暖化対策税（環境税）を導入する方針を固めた。化石燃料にかかる石油石炭税を増税して環境税とし、地球温暖化対策のための税収を確保する。増税は最終的に2500億円規模を想定しているが、経済・産業界の反発は根強く、初年度は数百億円規模となる見通し。この日、民主党税制改正プロジェクトチームが、素案となる基本方針をまとめた。民主党は月内に政府税制調査会に提言する方針だ。

11.23 リマ宣言で、先住民が採鉱禁止を要求（中南米） リマ宣言において、南米の先住民が居住地域での大規模な採鉱の禁止を要求した。

11.27 大西洋クロマグロ漁獲枠4％削減（世界） 大西洋・地中海のクロマグロなどの資源管理機関「大西洋まぐろ類保存国際委員会」は、パリで開かれていた年次会合で、11～13年の漁獲枠を2010年比4％減の年1万2900トンとすることで合意。日本の漁獲枠は1097トンになるが、小規模削減にとどまったため、価格高騰などの事態は回避される見通しだ。

11.29 COP16開幕（メキシコ） 2013年以降の地球温暖化対策（ポスト京都議定書）を議論する国連気候変動枠組み条約第16回締約国会議（COP16）が、メキシコのカンクンで開幕。先進国だけに削減を義務付けた京都議定書の期限切れが2012年に迫るなか、先進国にさらなる削減求める途上国

と、途上国も責任を果たすよう主張する先進国との対立が先鋭化。一方、欧州連合（EU）は現状の枠組みの延長を検討し始め、途上国もそれを支持。会期中にどこまで歩み寄れるかが焦点となっている。

11.30　COP16、議定書延長に反対する日本に「化石賞」（世界）　国連気候変動枠組み条約第16回締約国会議（COP16）のNGO会場で、「今日の化石賞」の1位に日本が選ばれた。前日に経済産業省の有馬純大臣官房審議官が「日本は京都議定書の延長をいかなる場合でも認めない」と発言したことが理由だ。同賞は環境団体のネットワーク組織・CAN（気候行動ネットワーク）が、地球温暖化防止交渉の進展を妨げる最も後ろ向きな発言をした国に授与する不名誉な賞。

11月　「気候変動適応の方向性」公表（日本）　環境省が「気候変動適応の方向性」を公表した。

11月　ISO26000発行（世界）　ISO（国際標準化機構）が、企業や組織の社会的責任（SR）に関する国際規格「ISO26000」を発行。組織で自主的に活用されるよう作られた手引きで、従来のISO規定にある要求事項はなく、認証規定ではない。

11月　奈良県庁の食堂で吉野産ヒノキ割り箸（奈良県）　11月から奈良県庁の食堂で、従来のプラスチック製に代わって吉野産のヒノキの割り箸が使われている。県内の林業支援や、地球温暖化防止のための「木づかい」になるとして、県が吉野製箸工業協同組合に発注。使用後は王子製紙でコピー用紙などに加工されるという。同組合の箸は京大など4つの大学食堂でも使用されている。

11月　和歌山県、シカの捕獲頭数制限を撤廃（和歌山県）　シカによる農業被害の拡大を受け、和歌山県が今年度11月の狩猟期からシカの捕獲頭数制限を撤廃。現在、県内には推計約3万1千頭のシカが生息しており、15年前の約8700頭まで減らす考えだ。全国では既に兵庫、高知、熊本、大分の各県で捕獲制限が撤廃されている。

12.1　UNEP、電球交換が最も簡単な温暖化対策と指摘（世界）　国連気候変動枠組み条約第16回締約国会議（COP16）で、「省エネ電球が世界中に普及すれば、CO_2排出量を少なくとも1％削減できる」という調査結果を国連環境計画（UNEP）が報告。電球交換が最も簡単な温暖化対策であると指摘した。世界100ヵ国の照明器具を調査した結果、エネルギー効率の悪い白熱灯が売り上げの半分を占めていた。これを蛍光灯やLEDに置き換えることで、電力消費の2％以上が削減でき、470億ドル（約4兆円）の燃料代が節約できるという。

12.1　高齢者に薪の無料宅配実験（高知県）　高知県いの町のNPO「土佐の森・救援隊」が、同町と隣接する仁淀川町、本山町の高齢者に薪を無料で宅配する社会実験を開始。県と四国労働金庫の助成を受け、2011年2月末ま

での3ヶ月間実施する。同地域には薪で風呂を沸かす家庭が点在するが、住民の高齢化で薪の確保が困難になってきている。間伐材を活用した森林保全と高齢者福祉を両立し、将来的にビジネス化することが狙いだ。

12.3　「里地里山法」成立（日本）　衆院本会議で「地域における多様な主体の連携による生物の多様性の保全のための活動の促進等に関する法律（里地里山法）」案が可決・成立。地域の生態系保全に取り組む市民団体を国や自治体が後押しすることを定め、自治体と市民団体が協力して行動計画を作成すること等が盛り込まれた。同法の制定は、生物多様性条約第10回締約国会議（COP10／国連地球生きもの会議）の名古屋市開催を機に議論が始まり、この日全会一致で可決・成立した。

12.6　ペルーの先住民、有害廃水を放出した企業を提訴（ペルー）　ペルーの先住民アチュアルが、30年間にわたって熱帯雨林地に有害廃水を放出したとして、アメリカでオクシデンタル・ペトロリウム社を提訴した。

12.6　諫早湾干拓事業訴訟、2審も開門命令（九州地方）　国営諫早湾干拓事業で有明海の環境が悪化し、漁業被害が発生したとして、佐賀、福岡、熊本、長崎の沿岸4県の漁業者ら約100人が国を相手取り、潮受け堤防排水門の常時開門などを求めた訴訟の控訴審判決が言い渡された。福岡高裁は干拓事業と漁業被害の因果関係を認め、「漁業者の権利を侵害する堤防の閉め切りは違法。排水門を開けても干拓地農業等への被害は限定的」と指摘し、国の控訴を棄却。1審判決と同様、国に対して3年間の猶予後、5年間排水門を開放するよう命じた。

12.9　外資による森林買収の全国調査結果発表（北海道，兵庫県）　林野庁が外国資本による森林買収の全国調査結果を発表。すでに表面化している北海道以外に、米国の法人が神戸市で2ヘクタールを取得していた。北海道の外資による森林取得は33件、計820ヘクタールに上った。

12.10　生物多様性地域連携促進法制定（日本）　「地域における多様な主体の連携による生物の多様性の保全のための活動の促進等に関する法律（生物多様性地域連携促進法）」が制定された（2011年10月1日施行）。

12.10　太平洋クロマグロの漁獲規制、幼魚限定で初合意（世界）　日本近海を含む西太平洋のマグロなどの資源管理を行う「中西部太平洋まぐろ類委員会」は、米ホノルルで開かれた年次会合で、2011～12年の太平洋クロマグロの幼魚（3歳以下）について、漁獲量を2002～04年の水準に抑えることで合意。幼魚限定の規制だが、太平洋クロマグロの漁獲量制限に合意するのはこれが初めて。

12.11　COP16閉幕（メキシコ）　メキシコのカンクンで開催された国連気候変動枠組み条約第16回締約国会議（COP16）が、2013年以降の温暖化対策（ポスト京都議定書）について、今後の交渉の基礎となる新たな骨格「カンクン合意」を採択し、11日未明に閉幕した。先進国は温室効果ガスの削

減目標を掲げ、京都議定書を離脱した米国も目標を提示。中国やインドなど温室効果ガス削減の義務を負っていない新興国にも一定の削減を求め、京都議定書延長の議論は先送りとした。合意の法的拘束力の有無や、京都議定書後の新たな枠組みの成立期限については明示されなかった。

12.13　**ニューヨーク州、天然ガスの水圧破砕法を一時凍結**（アメリカ）　ニューヨーク州は、飲料水の供給にリスクをもたらす恐れがある天然ガスの水圧破砕法を、アメリカの州で初めて一時凍結した。

12.14　**アシェット婦人画報社、2つの森林認証を取得**（日本）　アシェット婦人画報社が、11月末に森林管理協議会（FSC）と森林認証プログラム（PEFC）の2つの認証を取得したことを公表。2011年から順次認証済みの用紙を「ELLE JAPON」「25ans」等の月刊誌をはじめ、定期刊行物全誌に導入する。2006年に講談社がFSCの森林認証を取得し、単行本に認証紙を使い始めているが、定期刊行物に認証紙を使用するのは国内の出版社ではこれが初めて。

12.15　**メキシコ湾原油流出事故、米がBPなど9社に賠償請求**（メキシコ）　米司法省は、メキシコ湾で4月に発生した原油流出事故をめぐり、英石油大手・BP社や三井物産系列の開発会社など9社に損害賠償を請求する訴訟を、米ルイジアナ州ニューオーリンズの連邦地方裁判所に提起したと発表した。

12.15　**諫早湾干拓事業訴訟、国が上告断念**（九州地方）　菅直人首相は、国営諫早湾干拓事業をめぐり、潮受け堤防排水門を5年間開門するよう命じた福岡高裁判決（6日）について、最高裁への上告を断念する方針を発表。20日、菅首相は長崎県の中村法道知事と会談。上告断念に理解を求めたが、再考を強く求める知事との議論は平行線をたどった。21日、上告期限を迎え、高裁判決が確定した。

12.16　**国際森林年に向け、第1回国内委員会開催**（日本）　2011年の国際森林年に向け、農林水産省で第1回国内委員会が開催された。国土緑化推進機構理事長の佐々木毅、音楽家で「モア・トゥリーズ」代表の坂本龍一ら国内委員に任命された17人の有識者が、国際森林年のテーマや森林への認識を高めるための取り組みなどについて討議した。

12.18　**国際生物多様性年「クロージング・イベント」開催**（石川県）　国連が定めた「国際生物多様性年」である2010年の1年間の活動を締めくくる国際的な「クロージング・イベント」が、石川県金沢市で開かれた。松本龍環境省は、期間中に名古屋市で開催された生物多様性条約第10回締約国会議（COP10/国連地球生きもの会議）について、歴史的成果を残したと強調。生物多様性条約事務局のアフメッド・ジョグラフ事務局長も、日本が議長国としてリーダーシップを発揮したと評価した。クロージング・イベントは同事務局からの要請により、COP10議長国である日本で

開催された。

- 12.19 **山形県、ニセアカシアを燃料に再利用**（山形県）　三川町の山形県庄内総合支庁などで、クロマツ林の生育を阻害するニセアカシアを伐採し、ペレットストーブの燃料に加工して再利用する実験が行われている。ニセアカシアは伐採しても根から芽が出て増殖するため、ペレットの需要が増えれば、森林保全と木質バイオマスエネルギー利用の促進を両立できるとして期待されている。ただし、現状では伐採・搬出に手間がかかり、コスト面で割高になるという課題がある。

- 12.20 **国連総会、IPBESの設立承認**（世界）　国連総会が、生物多様性の損失とその対策について、世界中の研究成果を基に科学的な見地から政策提言する国際機関「生物多様性及び生態系サービスに関する政府間科学-政策プラットフォーム（IPBES）」の設立を承認。あわせて、日本政府が9月に提案した、今後10年間を生物多様性保全のための集中的な行動期間とし、国際社会が協力して生態系保全に取り組む「国連生物多様性の10年」とすることが決議された。

- 12.20 **大分県初の官民「森林整備推進協定」締結**（大分県）　大分西部森林管理署、大分県と民間2社（中津市の久恒森林、日田市の田島山業）が、中津、宇佐、日田の3地域で「森林整備推進協定」を締結。国有林と民有林が連携・協力して作業路の整備や間伐などの森林整備を行い、地域からの木材の安定供給を図る。同協定の締結は県内初で、九州では熊本、長崎に次ぐ3番目。

- 12.21 **2010年の台風発生数、最少の14個**（日本）　気象庁は、10年の台風発生数は14個で、統計を開始した1951年以来、最少になると発表。主な台風発生域であるフィリピンの東海上に太平洋高気圧が張り出し、積乱雲の発生が抑えられたことが原因だ。台風の年間発生数は平均26.7個で、これまでは1998年の16個が最少だった。

- 12.21 **2010年の陸地の平均気温、過去最高に**（日本）　気象庁が2010年の世界と日本の天候を発表。世界の平均気温は平年より0.36度高く、統計開始以来2番目の高さ。陸地に限ると0.68度高く、過去最高だった2007年を上回り、歴代1位となった。日本の平均気温は平年より0.85度高く、2007年と並ぶ歴代4位。

- 12.22 **国際森林年の国内テーマ決定**（日本）　農林水産省が、2011年の国際森林年の国内テーマを「森を歩く」、サブテーマを「未来に向かって日本の森を活かそう」「森林・林業再生元年」に決めたことを明らかにした。16日に行われた第1回国際森林年国内委員会の議論を踏まえて決定した。

- 12.22 **米上院、「新戦略兵器削減条約」批准を承認**（アメリカ，ロシア）　アメリカ上院がロシアとの「新戦略兵器削減条約」の批准を承認。条約には、両国の核兵器の査察を再開する内容が盛り込まれている。

12.27 **2009年度の温室効果ガス排出量（速報値）、基準年を初めて下回る**（日本）　環境省が2009年度の温室効果ガス排出量（速報値）をまとめた。総排出量は12億900万トンで、京都議定書の基準年の1990年を4.1％下回った。景気の後退で製造業の生産量が減ったことなどが原因とみられ、1990年比でマイナスになったのは同年以降初めて。2008年度比では5.7％減少した。

12.28 **国内排出量取引制度、導入先送りが決定**（日本）　政府が地球温暖化問題に関する閣僚委員会を開き、国内排出量取引制度の2013年度導入を正式に断念する方針を固めた。同制度の内容を定める関連法案などの議論も当面、先送りとなった。

12月 **横浜LED電球メガワットキャンペーン開始**（神奈川県）　横浜市が、市内の家庭でのLED電球1万個買い替えを目指して、「横浜LED電球メガワットキャンペーン」を開始した。

12月 **河内長野市、間伐材無償提供の試み**（京都府）　京都府河内長野市が間伐材を無償提供し、家庭で薪ストーブの燃料として利用してもらうモニター制度を開始。市内に7316ヘクタールある森林の保全が目的で、市は府森林組合に間伐作業を委託。モニターに応募した30代から70代までの10人に薪を提供している。

この年 **高知・徳島教育委、合同でカモシカの生態調査**（高知県，徳島県）　ここ数年、四国山地では本来低地に生息するシカが高地で急増し、人里近くの低地でカモシカが目撃されている。餌を求めて高地に分布を広げたシカに追われる形で、カモシカが低地に分散していったことが一因とみられる。国の特別天然記念物・カモシカを保護し、その棲み処である森林を守るため、高知県と徳島県の教育委員会は5〜7年に一度合同で生態調査を行っている。平成22・23年度には、第4回四国山地カモシカ特別調査事業が実施された。

この年 **秋田県で「ナラ枯れ」被害拡大**（秋田県）　秋田県内で「ナラ枯れ」の被害が広がっており、2010年は前年の2.5倍以上にあたる1485本の被害が確認された。夏の猛暑に加え、山の木が使われなくなったことが影響しているという。

この年 **新エネルギー・産業技術総合開発機構（NEDO）のプロジェクト開始**（日本）　新エネルギー・産業技術総合開発機構（NEDO）のプロジェクト「土壌汚染対策のための技術開発」「有害化学物質代替等技術開発」「ゼロエミッション石炭火力技術開発プロジェクト」が開始された。

この年 **青森県、ペレットの活用始動**（青森県）　青森県内で、化石燃料の代替として木くずを固めたペレットを活用する動きが始まった。2010年度、県が道路の融雪にペレットボイラーを初めて導入。青森市でも、ペレットストーブを購入する家庭に助成金を出し始めた。

2011年
(平成23年)

1.1 「国連生物多様性の10年」開始(世界) 国連の定めた「国連生物多様性の10年」の最初の1年が始まった(2011年から2020年までの10年間)。2010年10月に名古屋で開催された生物多様性条約第10回締約国会議(COP10)で採択された「愛知ターゲット」の達成を目指して、国際社会が連携して生物多様性の問題に取り組むこととされている。

1.3 マルハナバチが減少(アメリカ、ヨーロッパ、アジア) アメリカで、貴重な授粉媒介動物・マルハナバチ4種の個体数が96%減少。ヨーロッパやアジアでも、減少地域が拡大している。

1.3 北部の海流の劇的変化発見(世界) 北半球で天候や気候に多大な影響を与える北部の海流の「劇的な変化」を科学者が発見した。

1.4 石川県、新年度に里山創成ファンド設置へ(石川県) 新潟県の谷本正憲知事が年頭会見で、県と地元金融機関の出資で、50億円規模の「里山創成ファンド」を新年度に設置することを明らかにした。ファンドの運用益を、里山の保全や活用の支援にあてる。あわせて、里山対策専門の部署として「里山創成室」(仮称)を県庁内に設けることも発表。全国の都道府県で初めて「里山」を冠した部署を創設する。

1.12 2010年の世界平均気温、過去最高の2005年と並ぶ(世界) 米海洋大気局(NOAA)と米航空宇宙局(NASA)が、2010年の世界の平均気温は20世紀の平均と比較して0.62度高く、観測記録の残る1880年以来、2005年と並ぶ最も暑い年だったと発表。カナダ北東部の12月の気温が10度以上高いなど、北半球の高温は北極海の氷の後退が影響しているという。

1.14 妊婦の体内に化学物質(世界) 水銀やPCBなど、複数の毒性の強い化学物質が、99〜100%の妊婦の体内に存在することが判明した。

1.18 豪、環境対策を縮小(オーストラリア) 大洪水の原因は気候変動だと環境専門家が主張しているにも関わらず、大洪水の復興経費捻出のためにオーストラリアが環境対策を縮小した。

1.20 造林公社の債務問題で、滋賀県知事会見(滋賀県) 滋賀県造林公社とびわ湖造林公社の巨額債務問題について、出資者の滋賀県、兵庫県など琵琶湖・淀川水系の下流8団体全てが造林公社側の示した債権圧縮案に合意し、債権額の8〜9割を放棄することで決着する見通しとなった。これを受けて、滋賀県の嘉田由紀子知事は記者会見を開き、下流団体に謝罪。森林整備公社による造林事業は国が推し進めたビジネス・モデルで

あるとして、破綻の責任は国にあると批判した。

1.24　**水銀条約政府間交渉委員会第2回会合開催**（世界）　国連環境計画（UNEP）の水銀条約政府間交渉委員会第2回会合（INC2）が、千葉市で開催された（～28日）。水銀による大気汚染防止などの新条約作りに向け、約130ヵ国の政府関係者が参加。大気への排出抑制や貿易規制などについて話し合い、採択・署名を行う2013年の外交会議を日本で開催することを決定。日本政府は、新条約を「水俣条約」と命名することを提案した。

1.26　**偏食のトキに脚気症状**（新潟県）　新潟県佐渡市の佐渡トキ保護センター野生復帰ステーションのトキ2羽に異常行動が見られ、専門家会合で対応が話し合われた。1月12日、放鳥に向けて訓練中の0歳の雄が、真上に飛び上がって落ちる行動を繰り返した。24日には、4歳の雄が池で溺れた。原因は好物のドジョウの偏食で、ビタミンB1不足で人の脚気に似た症状が出ていた。ドジョウにはビタミンB1を壊す酵素が含まれ、食べ過ぎると神経伝達に異常をきたすことがある。トキの症状はビタミン注射で回復したが、会合では「注射に頼らず、他の対策を考えるべきだ」という意見が出された。

1.28　**青梅のスギ・ヒノキ、花粉の少ない品種に植え替え**（東京都）　青梅市の柚木生産森林組合が、組合員の所有する約5ヘクタールの森林のスギやヒノキを都農林水産振興財団に売却する契約を締結。財団は2012年までに購入した木を伐採し、花粉の少ない品種を植栽する花粉対策事業を進める。植え替え後の森林の管理も、財団が今後20～30年行うという。

1.31　**「赤谷の森管理経営計画書」まとまる**（群馬県）　林野庁関東森林管理局が、群馬県みなかみ町の国有林「赤谷の森」の今後5ヵ年の管理計画をまとめた。地域住民や専門家と連携し、植林に頼らず自然の復元力に期待して天然林をつくる計画だ。住民参加による生物多様性保全・復元型の国有林の管理計画は全国で初めて。同地域では2004年から国有林管理のモデル事業として、同森林管理局、日本自然保護協会、地域住民が組織する赤谷プロジェクト地域協議会の協働で「赤谷プロジェクト」を進めており、その成果を元に今回の管理計画が立てられた。

1月　**環境省、エコチル調査開始**（日本）　化学物質が子どもの健康に与える影響を調査するため、環境省が国内10万組の子供と両親を対象に、13年にわたる疫学追跡調査「子どもの健康と環境に関する全国調査」を開始。通称の「エコチル調査」は、「エコロジー」と「チルドレン」を組み合わせたもの。

1月　**足立区、自治体間カーボンオフセット活動開始**（東京都）　東京都足立区が、自治体間カーボンオフセット活動を開始した。

2.1　**ニホンウナギの産卵場所、初めて特定**（日本）　東京大学大気海洋研究所

と水産総合研究センターの研究チームが、マリアナ諸島・グアム島の西方海域で、ニホンウナギの卵の採取に初めて成功。長年の謎とされてきたニホンウナギの産卵場所を特定した。産卵環境の詳細がわかれば、完全養殖の実用化に役立つと期待されている。研究成果は2月1日付の科学誌『ネイチャー・コミュニケーションズ』電子版に発表。

2.1 京都、フリーペーパー『fg』創刊（京都府）　林業の魅力を伝えようと京都の女子大生を中心に結成された「林業女子会@京都」が、林業分野で活躍する女性を紹介するフリーペーパー『fg』を創刊。京都市内を中心にカフェや大学などに設置し、女性にも気軽に手にとってもらえる林業雑誌を目指す。タイトルは『Forestry Girls & Guys』の略で、男性にも見て欲しいという願いが込められている。

2.2 国際森林年開幕式典開催（アメリカ）　第9回国連森林フォーラム（UNFF9/1月24日～2月4日）の閣僚級会合の冒頭で、国際森林年の開幕式典が行われた。式典では国際森林映画祭の結果が発表され、NHKが国際共同制作に参加した「The Queen of Trees」が最優秀賞に選ばれた。ニューヨークの国連本部で開催されたUNFF9には、100ヵ国以上の国連加盟国、国際機関などから700人以上が参加。採択した閣僚宣言は2012年の国連持続可能な開発会議（リオ・プラス20）で報告される。

2.8 陸上自衛隊、エゾシカ駆除に出動（北海道）　陸上自衛隊が北海道でエゾシカの捕獲作戦に参加（～10日）。野生鳥獣の捕獲に自衛隊が出動する全国初の試みで、ヘリコプターも活用して陸空両面から協力する。

2.10 千葉大教授ら、「生物多様性オフセット法」案をまとめる（千葉県）　千葉大学の倉阪秀史教授が主宰する「法案作成講座」のメンバーが、「生物多様性オフセット法」案をまとめた。開発で失われた自然環境の代償として、開発業者に里山の保全を義務付ける「里山銀行」のアイディアを法案の形にしたもので、開発側と保全側を金銭の仲介で結びつける仕組みだ。

2.15 バイオマス事業、8割以上効果なし（日本）　総務省行政評価局は、再生可能なバイオマス（生物資源）の利活用に関する事業の8割以上で効果がみられないとして、農林水産省など6省に改善勧告を出した。2003～08年度に国が実施した214事業のうち、効果がみられたのは35事業（16％）のみだった。

2.15 槇尾川ダムの建設中止決定（大阪府）　大阪府が、本体工事を凍結中の槇尾川ダムの建設中止を決定。16日、橋下徹知事が正式表明した。国土交通省は、着工済みのダムの中止は前代未聞としている。

2.17 「グローバル200」、今世紀末までに深刻な打撃（世界）　世界自然保護基金（WWF）が優先的な保護が必要であると指定した生物多様性の重要地238地域（グローバル200）の多くが、気候変動のため今世紀末までに深

刻な打撃を受けることが明らかになった。豪州などの研究チームが、『米科学アカデミー紀要』に発表。2070年には陸上生態圏の最大86%、淡水生態圏の最大83%で、異常気象が常態化すると予測している。

2.17　「フードマイレージ」でCO_2排出量4万トン削減（日本）　国産食品を選ぶことで、輸送にかかるCO_2排出量の削減を目指す「フードマイレージ・プロジェクト」の運営主体である生協など4団体が、プロジェクトを開始した2009年9月から2010年10月までの14ヶ月間で、CO_2の排出を約4万トン削減したと公表。同プロジェクトでは、輸入品と国産品の輸送にかかるCO_2排出量を計算し、その差を独自単位に換算。宅配チラシの該当商品に数値を表示し、排出量の少ない商品を選んでもらう取り組みだ。

2.17　2010年度鳥獣被害対策優良活動表彰（日本）　鳥獣被害対策に取り組み、被害防止に貢献している個人や団体を表彰する「2010年度鳥獣被害対策優良活動表彰」の表彰式が東京農工大学で行われた。大学と連携したサルの被害対策など、地域が一体となった総合的な取り組みが評価され、下仁田町（群馬県）が農林水産大臣賞を受賞。生産局長賞には、集落を越えた電気柵の共同設置と牛の放牧によるイノシシ対策が成果を上げた「河和田東部美しい山里の会」（福井県鯖江市）ほか全3団体が選ばれた。表彰は被害防止技術の普及と効果的な被害防止活動を推進し、野生鳥獣による農林水産業被害を軽減することを目的に、農林水産省が毎年実施している。

2.17　大雨激化の原因は温暖化（世界）　CO_2などの温室効果ガスの影響で、20世紀後半に大雨が激化したとする研究を英エディンバラ大学などのチームがまとめ、2月17日付の英科学誌『ネイチャー』に発表。地球温暖化と大雨の関係を明確にした初めての研究成果だ。

2.18　反捕鯨団体の妨害で、調査捕鯨中止（日本）　南極海で調査捕鯨団が反捕鯨団体「シー・シェパード」の妨害を受けていることから、鹿野道彦農相は、3月中旬まで予定していた調査捕鯨を中止し、船団を帰国させると発表した。妨害行為が原因で捕鯨を中止するのはこれが初めて。

2.18　名古屋市、「緑地保全地域」指定へ（愛知県）　2011年度以降の条例化を目指し、名古屋市が全国の自治体初の「都市緑地法」に基づく「緑地保全地域」の指定に乗り出す。指定された民有地の開発を届け出制とすることで、ヒートアイランド現象の緩和と生態系保全を目指す。

2.21　持続可能な世界経済への移行、世界のGDPの2%（世界）　国連環境計画（UNEP）の試算で、持続可能な世界経済に移行するために必要な資金は、世界のGDPのわずか2%であることがわかった。

2.23　「産業革命前から2度以内」の達成は困難（世界）　「世界の平均気温上昇を産業革命前から2度以内に抑える」という目標は、地球温暖化による様々な被害を防ぐ目安とされ、国際交渉でも引き合いに出される。海洋

研究開発機構の研究チームは、2050年ごろに石油などによるCO_2排出をゼロにしなければ、目標達成は困難とする予測結果を発表した。

2.23 **今世紀末の台風の将来予測発表**（世界） 海洋研究開発機構などの研究で、温暖化の進む今世紀末頃には、台風が日本に接近する頻度は約2割減り、平均最大風速は平均で7%増えるという将来予測が明らかになった。気候変動に関する政府間パネル（IPCC）の第5次評価報告書への反映を目指し、同機構や東京大などが発表した。

2.24 **ボトリング工場に起因する環境被害でコカ・コーラ社に賠償請求**（インド） インドのボトリング工場の引き起こした環境被害に基づいて、個人がコカ・コーラ社に賠償請求することを同国の裁判所が認めた。

2.25 **スヴァールバル世界種子貯蔵庫3周年**（ノルウェー） 遺伝資源のバックアップとして、60万種以上の種子を冷凍保存するノルウェーのスヴァールバル世界種子貯蔵庫が3周年を迎えた。

2.25 **北山杉、大雪で被害深刻**（京都府） この冬の大雪で、主に京都市北部で生産される「北山杉」の被害が深刻化。これまでに年間生産額の4分の1にあたる約5千万円の被害が確認されており、府は再植林の補助などを検討している。

2月 **環境省、小型家電のリサイクル制度の検討開始**（日本） 家電リサイクル対象外の携帯電話や家庭用ゲーム機などの小型家電からレアメタルの回収を進めるため、環境省が小型家電を対象とする新たなリサイクル制度の検討を開始。環境大臣が「小型電気電子機器リサイクル制度及び使用済製品中の有用金属の再生利用の在り方について」を、中央環境審議会に諮問した。

3.1 **『広葉樹の種苗の移動に関する遺伝的ガイドライン』発行**（日本） 近年、各地で行われている広葉樹の植樹が、本来自生している植物の遺伝子を攪乱する恐れがあるとして、森林総合研究所が『広葉樹の種苗の移動に関する遺伝的ガイドライン』を発行。ガイドラインでは、遺伝子タイプの分布域をまたいだ苗の調達を禁止し、天然木との交雑による遺伝子の攪乱を防止するよう求めている。林野庁もガイドラインを施策に反映させることを検討する方針だ。

3.3 **COP17に向け、非公式会合**（世界） 年末の国連気候変動枠組み条約第17回締約国会議（COP17）に向け、主要26ヵ国の交渉官が東京都内で非公式会合を開催（〜4日）。会合では2013年以降の地球温暖化対策が話し合われ、COP16で採択した「カンクン合意」の成果を高く評価。先進国は途上国支援策などの具体化を急ぐとともに、合意を法的な枠組みとすることを検討すべきだと主張。一方、途上国・新興国は、先進国だけに削減義務を課す京都議定書の延長を求めるなど、両者の対立が続いている。

3.3 新潟水俣病訴訟、国と初の和解成立（新潟県）　新潟水俣病の未認定患者らが結成した「新潟水俣病阿賀野患者会」の会員173人が、国と原因企業の昭和電工に損害賠償を求めた第4次集団訴訟について、新潟地裁で和解が成立。水俣病の訴訟で国が患者側との和解に応じたのはこれが初めて。一時金210万円支給などの和解条項は、全国4地裁の集団訴訟ではぼ共通しており、「水俣病被害者救済特別措置法」に沿った形で救済が進められる。

3.4 化学物質の安全性評価基準値の引き上げ要求（アメリカ）　約4万人の科学者と臨床医が、アメリカの複数の連邦機関に対し、化学物質の安全性評価基準値の引き上げを要求した。

3.4 卒業記念にドングリから育てたウバメガシ植樹（徳島県）　自然公園財団鳴門支部の植生回復事業の一環として、徳島県鳴門市の桑島小学校を卒業する6年生56人が、鳴門公園の鳴門山にドングリから育てたウバメガシの苗木を植樹。1996年度に松枯れ被害対策として始めた植樹は今回で12回目。同小学校では3年生になると鳴門山でドングリを拾い、卒業記念に3年間かけて育てた苗木を山に植樹している。

3.5 豊田市で「木の駅プロジェクト」開始（愛知県）　愛知県豊田市旭地区で、「旧杉本保育園を活用する会」と「都市と農山村交流スローライフセンター」が主催する社会実験「木の駅プロジェクト」が開始された。山に廃棄された間伐材を1トンにつき6千円分の地域通貨「モリ券」で所有者から買い取り、山林整備を支援する試みだ。買い取った間伐材は、チップ工場を持つ「名古屋港木材倉庫」に3千円で販売。差額は寄付金で賄う。「モリ券」は登録した地元の商店で使用でき、山林の整備と地元商店街の活性化を図る。

3.7 信大農学部と根羽村が連携協定を締結（長野県）　信州大学農学部と長野県根羽村が、森林と里山の総合的な活用モデルを確立し、産業振興、人材育成、環境保全等の分野で連携・協力するための協定を締結。両者は「根羽スギ」の間伐方法を通じて以前から付き合いがある。今回は木材のほか農産物の加工などを通じて矢作川下流域の住民と信大生の交流を深め、新しい「山村ビジネス」の構築を目指す。農林業の振興などを目的に、同学部は南箕輪村とも協定を締結している。

3.10 トキ4次放鳥開始（新潟県）　国の特別天然記念物トキの野生復帰を目指す4次放鳥が、新潟県佐渡市の佐渡トキ保護センター野生復帰ステーションで始まった。今回は8羽（雄10、雌8）が対象。放鳥は4回目だが、春に実施したのは初めて。

3.11 福島第1原発事故で緊急事態宣言（福島県）　東日本大震災による地震と津波によって、福島第1原発内で事故が発生。政府は原子力災害対策特別措置法に基づき、原子力緊急事態を宣言。同原発の半径3キロ以内の周

辺住民を避難させるよう地元自治体に指示した。住民の避難範囲は12日に半径10キロ、その後20キロに拡大。15日、菅直人首相は半径20～30キロ圏内の住民に対し、屋内退避を要請。25日、枝野幸男官房長官は、屋内退避を指示した20～30キロ圏内に残っている住民について、自主的な避難を要請した。既に多くの住民が自主避難したため、物流が停滞して生活維持が困難となっており、放射線量の状況によっては、今後避難指示を出す可能性もあることからの判断だ。

3.12 **地産地消型の木造体育館が完成**（滋賀県） 滋賀県高島市の朽木中学校で、代々受け継がれてきた「学校林」と市有林のスギ材を使用した体育館が完成し、竣工式が行われた。体育館は市立朽木東小学校との共用施設で、住民と専門家が構想を練り、卒業生の大工らがアーチ形の大屋根を組み立てた。高島産木材を活用し、林業の活性化を図る「地産地消」型の取り組みだ。

3.12 **福島第1原発で水素爆発、付近から高濃度の放射性ヨウ素検出**（福島県） 東日本大震災で津波被害を受けた福島第1原発の1号機で、水素爆発が発生。4日には3号機でも水素爆発が起きた。15日には、4号機の原子炉建屋内にある使用済み核燃料プール付近で火災が発生し、毎時400ミリシーベルトの放射線量が観測された。22日、放水口付近の海水から安全基準の127倍にあたる放射性ヨウ素が検出され、23日には東京都の浄水場からも、乳児の飲用規制値の2倍以上の放射性ヨウ素を検出した。24日、原発3号機で作業員3人が被爆。28日には原発敷地内の土壌から、放射性物質のプルトニウムが検出された。31日、原発放水口付近で30日に採取した海水から、基準値の4385倍の放射性ヨウ素を検出。原発の地下水からは、国の安全基準の約1万倍の放射性ヨウ素が検出された。

3.12 **豊田市制60周年記念植林祭**（愛知県） 愛知県豊田市黒坂町の市有林で市制60周年記念植林祭が行われ、児童らがヒノキ3000本を植えた。木材価格の低迷による林業の衰退で、市内の人工林では伐採や植林が滞り、ヒノキやスギの若い木が育っていない。林業の再生を目指し、一般的に植樹祭で植えられる広葉樹ではなく、敢えて針葉樹のヒノキを植えたという。

3.21 **GSAにプロスポーツ・リーグ結集**（アメリカ） スポーツを通じて持続可能な社会の実現を目指すNPOグリーン・スポーツ・アライアンス（GSA）に、最高の興行収益を上げているアメリカの8つのプロスポーツ・リーグのチームが結集した。

3.21 **福島第1原発事故で出荷制限**（関東地方，東北地方） 福島第1原発の放射能漏れ事故を受け、政府は福島、茨城、栃木、群馬県の各知事に対し、各県で生産されたホウレンソウとカキナ、福島県産の原乳について、当分の間、出荷を控えるよう指示した。23日には、福島県の葉物野菜とブ

ロッコリーなどについて、出荷制限および摂取制限を指示。同県のカブ、茨城県の牛乳とパセリについては出荷制限を指示した。

3.23 **原発事故で、日本産の輸入停止**（日本）　福島第1原発の放射能漏れ事故の影響で、オーストラリア、香港、インドネシアが日本産食品などの輸入を停止。24日にロシア、シンガポール、中国が同様の措置を取り、25日には韓国、台湾も同様の発表をした。

3.24 **水俣病不知火患者会、和解に合意**（熊本県）　水俣病未認定患者団体「水俣病不知火患者会」関東支部の会員ら194人が、国と熊本県、原因企業チッソに損害賠償を求めた訴訟について、東京地裁で和解が成立した。「公害の原点」とされる熊本の水俣病を巡る一連の訴訟で、国との和解が成立したのはこれが初めて。25日に熊本地裁、28日には大阪地裁で和解が成立し、同患者会の原告2992人すべての訴訟が終結した。

3.26 **ドイツで反原発デモ**（ドイツ）　福島第1原発事故を受け、ドイツ国内の原発稼働停止を求める大規模デモが、ベルリン、ハンブルク、ミュンヘン、ケルンの4都市で一斉に行われ、計20万人以上が参加した。

3.27 **緑の党、独州議会選挙で大躍進**（ドイツ）　ドイツ南西部バーデン・ビュルテンベルク州で州議会選挙が行われ、福島第1原発事故の影響でドイツ国内の原発政策が最大の争点となる中、脱原発を掲げる環境政党「緑の党」が第2党に大躍進を遂げた。これにより、保守の牙城である同州に、初の環境政党出身の州首相が誕生する見通しとなった。

3.28 **EC、長期交通戦略可決**（ヨーロッパ）　欧州委員会（EC）で長期交通戦略が可決。2050年までに、都市におけるガソリン車を排除することなどが盛り込まれた。

3.29 **「海洋生物多様性保全戦略」策定**（日本）　海の生態系を守り、海の恵みを持続可能な形で利用することを目的に、基本となる考え方や視点、施策などをまとめた「海洋生物多様性保全戦略」を策定したと環境省が発表した。

3.29 **干ばつでアマゾンの森林、褐色に**（中南米）　記録的な干ばつにより、アマゾンの森林5260km^{2}以上が褐色になっていることが、米航空宇宙局（NASA）のマッピング・データに示された。

3.29 **森林資源の循環利用についての意識・意向調査結果発表**（日本）　林野庁が、2010年に実施した森林資源の循環利用についての意識・意向調査と、林業経営についての意向調査の結果を公表。消費者モニターが回答した「生活に取り入れたい木材製品」は、「家具」41％、「内装」35％、「おもちゃ・遊具」12％、「食器・台所用品」4％の順だった。一方、林業者・木材流通加工業者モニターが回答した「消費者の生活に取り入れやすい国産材製品」は80％近くが「内装」で、「家具」は7％だった。

3.30	**2010年の日本の木材輸入額発表**（日本） 林野庁が2010年の日本の木材輸入額を発表。総額は前年比13％増の9160億円で、2年連続で1兆円を下回った。前年に引き続き輸入先1位の中国は131億円。以下、マレーシア、カナダ、オーストラリア、インドネシアなどが続き、8位のフィリピンだけが3年連続で前年実績を上回った。
3.31	**家電エコポイント発行対象期間終了**（日本） 家電エコポイントの発行対象期間が終了。当初は2010年3月31日に終了する予定だったが、国内経済の停滞から、最終的に1年間延長された。
3.31	**宮川森林組合、地域性苗木で森づくり**（三重県） 三重県大台町の宮川森林組合が、地元に自生する広葉樹の種子から育てた「地域性苗木」を導入した森づくりに2006年度から取り組んでいる。2008年度からは、住民による町苗木生産協議会に苗木の生産を委託。2009年度以降は苗木の出荷も軌道に乗り、一般にも販売している。2010年度は3月末までに約3200本を出荷できる見込みだ。
3月	**常磐共同火力勿来発電所、木質バイオマス発電開始**（福島県） いわき市の常磐共同火力勿来発電所で、東北で初の本格導入となる木質バイオマス燃料を使用した発電を開始。通常の石炭燃料に木質ペレットを3％程度混ぜて発電する。年間約9万トンの木質ペレットを使用し、二酸化炭素（CO_2）排出量は年間約15万トン削減できると見込んでいる。1月から海外産の木材を原料とした木質ペレットを使用して試験運用しており、今後は国産の使用も検討するという。
3月	**水俣市、「日本の環境都市」の称号獲得**（熊本県） 第10回「日本の環境首都コンテスト」で、熊本県水俣市が全国発の「日本の環境都市」の称号を獲得した。
4.1	**改正廃棄物処理法施行**（日本） 「廃棄物の処理及び清掃に関する法律（廃棄物処理法）」の一部を改正する法律が施行された。今回の改正で、不法投棄の罰金が最高3億円に引き上げられた。
4.2	**福島第1原発事故、汚染水が直接海に流出**（福島県） 福島第1原発2号機取水口付近の亀裂から、汚染水が直接海に流出しているのが発見された。4日、東京電力は高濃度汚染水の貯蔵先を確保するため、低濃度の汚染水を海に放出する作業を開始。19日には、高濃度の放射性物質を含む汚染水を、敷地内の集中廃棄物処理施設に移送する作業を始めた。
4.3	**福島第1原発事故で「25％削減目標」に揺らぎ**（日本） 福島第1原発事故を受け、原発に依拠した温暖化対策の実施が困難となり、「2020年までに1990年比25％削減」という政府の温室効果ガス削減目標が揺らいでいる。国連気候変動枠組み条約の作業部会（〜8日）に出席するため、タイのバンコクを訪問中の南川秀樹環境事務次官は、記者団に対して「25％も見直し議論の対象となる」と述べた。また、作業部会では「地

震が温暖化対策に与える影響を見極めるのは時期尚早である」として、25％目標への言及を避けた。一方、松本龍環境相は1日の会見で「見直す必要はない」と述べるなど、民主党内では見直しに慎重な声もある。

4.4 **政府が出荷規制を見直し**（日本）　福島第1原発事故を受け、政府は県単位で行ってきた農産物の出荷制限などの見直しを決めた。今後は、制限・解除などの指示は市町村などの単位で行い、放射性物質が3週連続で「食品衛生法」の暫定基準値以下になれば、制限を解除する、などを原則とする。

4.5 **魚介類に暫定規制値設定**（日本）　政府は、これまで設定対象外としていた魚介類に含まれる放射性ヨウ素に関する暫定規制値を、野菜類と同じ1キロあたり2000ベクレルとすることを決定した。

4.7 **福島第1原発1号機、窒素ガス注入開始**（福島県）　東京電力は、福島第1原発の1号機の格納容器で水蒸気爆発が起きるのを防止するため、容器内への窒素ガスの注入作業を開始した。

4.7 **北極上空で、史上最大のオゾン層破壊が進行**（北極）　北極上空のオゾン層破壊が記録的レベルに達した。成層圏の異常低温と、大気圏に依然としてオゾン層破壊物質が残っていることが原因だ。

4.8 **COP17に向けた温暖化交渉進まず**（タイ）　タイ・バンコクで3日から開催された国連気候変動枠組み条約の作業部会が閉幕。年末に開催される同条約第17回締約国会議（COP17）に向けて議論の具体化を目指したが、大きな進展はなく、実質的な交渉開始には至らなかった。京都議定書の延長について、クリスティアナ・フィゲレス条約事務局長は「反対の国はない」との見方を示している。日本政府は延長を拒む考えはないとしながらも、「延長されても不参加」という立場を明確にした。

4.8 **コメの作付けに規制値設定**（日本）　農作物の放射能汚染問題で、水田の土壌から1キロあたり5000ベクレルを超える放射性セシウムが検出された場合、コメの作付けを制限すると政府が発表した。

4.8 **夏の電力需給対策の骨格案発表**（日本）　東日本大震災の影響で、東京・東北電力管内の電力供給力が大幅に減少している。節電などの取り組みで今のところ大規模停電は回避しているが、夏に向けて再び需給バランスが悪化しているため、電力需給緊急対策本部が夏の電力需給対策の骨格案を発表した。

4.12 **福島原発事故、最悪の「レベル7」**（福島県）　経済産業省原子力安全・保安院は、福島第1原発の事故評価について、「国際原子力事象評価尺度」の暫定評価を「レベル5」から最悪の「レベル7」に引き上げると発表。チェルノブイリ以来、最悪の原発事故となった。

4.13 **福島県産シイタケ出荷停止**（福島県）　食品衛生法の暫定基準を超える放

射性物質が検出されたとして、政府は福島県に対し、東部16市町村で採れた露地栽培の原木シイタケについて、出荷停止を指示した。18日に福島市産の露地栽培シイタケ、25日には本宮市産の露地栽培シイタケの出荷をそれぞれ制限した。

4.14 **林野庁、福島県産シイタケに関する情報を公表**（福島県）　林野庁が農林水産省HPの「東日本大震災に関する情報」の「よくある質問」に、シイタケに関する質問と回答を掲載。露地および施設栽培の原木シイタケ、菌床シイタケ、ナメコ等について検査した結果、露地栽培の原木シイタケから暫定規制値の500ベクレル/キログラムを超える放射性物質が検出されたことを明らかにした。13日に福島県の16市町村で、露地栽培の原木シイタケの出荷が制限されたことを受けての対応だ。

4.15 **吉野町の若手グループ、林業再生に向け原点回帰の樽作り**（奈良県）　不況に苦しむ奈良県吉野地方の林業・木材業の再生を目指し、吉野町の若手グループ「吉野ウッドプロダクト・木のある暮らしを物語る協議会」が、吉野杉を使った樽などの木製容器の開発を始めた。現在、吉野杉は主に建築材として用いられているが、かつては樽の材料として使われていた。同協議会は県外の業者に指導を受け、原点回帰を目指している。原木から樽の完成品まで、吉野で一貫生産することが目標だ。

4.18 **福島第1原発、核燃料融解**（福島県）　経済産業省原子力安全・保安院が、福島第1原発の1～3号機の核燃料が融解していることを明らかにした。同院は事故による燃料の損傷度合いを「燃料損傷」「燃料ペレットの溶融」「メルトダウン」の3段階に定義付けしており、「メルトダウン」には至っていないと判断した。

4.19 **EUなど、チェルノブイリに660億円拠出**（ウクライナ）　チェルノブイリ原発事故から25年を迎えるのを機に、ウクライナ・キエフで国際会議が開催された。放射性物質の拡散を防止するため、アメリカやロシア、欧州連合（EU）などが、同原発の処理に総額5億5000万ユーロ（約660億円）の拠出を表明した。

4.19 **NGO、原発に依拠せず「25％削減」可能と試算**（日本）　環境NGO「気候ネットワーク」が、原子力発電に依拠せずとも、温暖化対策の政府目標「2020年までに温室効果ガス排出量を1990年比25％削減」は達成可能とする試算を公表。再生可能エネルギーを増やし、火力発電の燃料をCO_2排出量の比較的少ない天然ガスに切り替えるという内容だ。目標値を「28％減」と設定して余裕をもたせ、2020年時点で稼働している原発を現在の54基から22基に減らし、交通量等は政府試算の前提にほぼ沿う形で試算している。

4.20 **福島県内で水揚げされたコウナゴに出荷制限**（福島県）　「食品衛生法」の暫定基準値を超える放射性物質が検出されたとして、政府は福島県内で

水揚げされたコウナゴの出荷制限と摂取制限を県に指示した。魚介類の制限はこれが初めて。

4.21 **自然エネルギーによる発電量の試算結果公表**（日本） 環境省が、国内で自然エネルギーを導入した場合に見込める発電量の試算結果を公表。普及の余地が最も大きいのは風力発電で、最大で原発40基分の発電量が見込めるという。震災復興にあたり、同省は風力発電を含めた自然エネルギーの導入を提案していく方針だ。

4.21 **森林の航空レーザー計測、検証進む**（東北地方） 東北森林管理局が、国有林の森林状況を調査するための航空レーザー計測技術の検証を進めている。プロペラ機からレーザーを照射し、樹木の本数や地形を解析する技術で、植林後数十年を経過し、切り時を迎えたスギの人工林を主なターゲットとしている。航空レーザー計測は地盤調査や防災目的では既に利用されており、森林の調査に活用できれば、従来の山を歩き回って計測する手法よりも労力やコストが軽減できると期待されている。

4.22 **「奇跡の一本松」クローン作戦開始**（岩手県） 7万本の松が津波に流された岩手県陸前高田市の名勝・高田松原で、唯一残った「奇跡の一本松」が枯死する可能性が出てきたため、枝からクローンを育てる作戦が始まった。森林総合研究所の林木育種センターが一本松の枝の穂を採取し、別の苗木100本に接ぎ木。一本松と同じ遺伝子を持つ松を増殖して、白砂青松の復活を目指している。

4.22 **「計画的避難区域」設定**（福島県） 政府は、福島県飯舘村など5市町村の福島第1原発から半径20キロ圏外の地域を、1ヶ月後までを目途に避難を求める「計画的避難区域」に設定。福島県知事と関係市町村長に、避難を進めるよう指示した。5市町村の半径20〜30キロ圏内の地域については「緊急時準備避難区域」に設定し、緊急時に屋内退避や圏外退避ができる準備を常に求めた。

4.22 **ボリビアのパチャママ法、アースデイの特別番組で紹介**（ボリビア） アースデイを記念したアメリカの特別番組で、全ての自然に対して人間と同様の権利を与えるボリビアの「パチャママ法（母なる地球の権利法）」が紹介された。

4.22 **液体水素燃料電池で使うプラチナの代替品発見**（アメリカ） 液体水素燃料電池で使用するプラチナの安価な代替品を、米・ロスアラモス国立研究所の科学者が発見。コスト削減が期待される。

4.22 **改正森林法公布**（日本） 15日に成立した「森林法」の一部を改正する法律（改正森林法）が公布された。「森林・林業再生プラン」を具体的に進めるための改正で、施行は2012年4月1日。東日本大震災を念頭に置き、以下2点については公布日の4月22日から施行される。(1) 森林所有者が不明でも、市町村長の判断で間伐などの作業を行える (2) 必要な場合に

は、都道府県および市町村の職員のほか、委託した人が他人の森林に立ち入って測量などの調査ができる。

4.23　**足尾で第16回春の植樹デー**（栃木県）　日光市足尾町の松木地区で、「足尾に緑を育てる会」が第16回春の植樹デーを開催。約400人が参加し、同地区の戸四郎沢にコナラやケヤキなど約2千本を植えた。同会は銅山の煙害等で枯れた足尾の山に100万本の木を植えることを目指しており、植樹後には活動に深く関わった作家・立松和平（2010年2月没）の顕彰碑の序幕式が行われた。

4.26　**2009年度の温室効果ガス排出量（確定値）、2年連続で減少**（日本）　環境省が2009年度の温室効果ガス排出量（確定値）を発表。総排出量は12億900万トンで、京都議定書の基準年の1990年を4.1％下回った。景気の後退で製造業の生産量が減ったことなどが原因とみられ、08年度比では5.6％減少。減少は2年連続で、排出量は1995年度以降で最も低かった。京都議定書で義務付けられた「約束期間（2008〜12年度）の平均排出量を90年比で6％削減」という目標を達成するため、森林吸収や海外からの排出枠購入を合わせた5・4％分を削減量に繰り入れる方針だ。

4.26　**2010年度『森林・林業白書』閣議決定**（日本）　林野庁がまとめた2010年度の『森林・林業白書』が閣議決定。冒頭のトピックスでは、2010年6月に国家戦略プロジェクトに位置付けられた「森林・林業再生プラン」実現への取り組みを紹介。ほか、2011年の国際森林年や東日本大震災などを取り上げている。

4.28　**海岸防災林の再生に関する検討会設置へ**（日本）　林野庁が「東日本大震災に係る海岸防災林の再生に関する検討会」を設置すると発表。津波で甚大な被害を受けた海岸防災林の被災状況を把握し、復旧方法などを検討する。委員は大学などの研究者7人で、5月21日に第1回検討会が開かれた。

4月　**「つながり・ぬくもりプロジェクト」開始**（東北地方）　環境エネルギー政策研究所が、自然エネルギーを利用した東日本大震災の被災地支援「つながり・ぬくもりプロジェクト」を開始。太陽光発電で明かりを灯し、バイオマスと太陽熱温水で暖かいお湯を提供する。

4月　**ニセコ町水道水源保護条例制定**（北海道）　北海道ニセコ町が「ニセコ町水道水源保護条例」を制定し、羊蹄山麓の開発行為について本格的な規制を開始した。5月1日一部施行、9月1日全面施行。

4月　**内子町、環境基本計画に沿った独自目標を設定**（愛媛県）　愛媛県内子町が、全部署で環境基本計画に沿った独自目標の設定を開始した。

4月　**木曽郡で森林セラピードック実施へ**（長野県）　木曽広域連合が、木曽郡内各町村で健康診断と森林浴を組み合わせた1泊2日の森林セラピードッ

クを4月から開始する。1日目に県立木曽病院で健康診断を受け、郡内の提携施設に宿泊。2日目に赤沢自然休養林を散策し、森林セラピーを実施。同病院と連携した森林セラピードックは、上松町などが先行実施している。

5.1 高田松原の松、薪に加工して販売（岩手県）　NPO「ふくい災害ボランティアネット」が、津波で流された陸前高田市の景勝地「高田松原」の松を回収して薪に加工し、全国で販売を開始。収益は同市に寄付される。

5.1 福島第1原発の冷却、「空冷式」へ（福島県）　東京電力は、福島第1原発1～4号機を安定的に冷却する手段として、本来の冷却システムである海水を使った熱交換器の復旧を事実上断念。補助的な位置づけだった空冷式の「外付け冷却」で、100度未満の安定した冷却状態（冷温停止）に持ち込むことを目指す。

5.3 沿岸部海底土壌に高濃度の放射性物質（福島県）　福島第1原発から15～20キロ離れた沿岸部海底の土壌から、高濃度の放射性セシウムとヨウ素が検出されたことが明らかになった。8日には、同原発敷地内3ヵ所の土壌と、福島第二原発の沖合4ヵ所の海水から、放射性物質のストロンチウム89および90が検出されたことが判明した。

5.9 日本政府、名古屋議定書に署名の方針固まる（日本）　2010年10月に名古屋市で開催された生物多様性条約第10回締約国会議（COP10/国連地球生きもの会議）で採択された「名古屋議定書」に署名する方針を政府が固めた。これまでに十数ヵ国の途上国が署名しており、先進国では日本が初めて。署名式はニューヨークの国連本部で11日に行われる。

5.9 福島県の地域野菜出荷制限（福島県）　福島県の地域野菜から暫定基準値を超える放射性物質が検出されたとして、政府は伊達市など6市町村のタケノコ、相馬市と桑折村のクサソテツの出荷制限を指示。13日にも同様に、南相馬市など6市町村のタケノコについて出荷制限を指示した。

5.10 菅首相、原発依存を見直し（日本）　菅直人首相は福島第1原発事故を受けた今後のエネルギー政策について、従来の計画を白紙撤回して議論するとし、原発依存を低減する方針を表明した。

5.10 知床五湖、「二つの歩き方」を導入（北海道）　世界自然遺産「知床」を代表する景勝地の知床五湖で、高架木道と地上遊歩道の「二つの歩き方」が導入された。自然環境を保全しつつ、観光客の安全を確保し、人と野生動物の共存を図る。高架木道はヒグマ遭遇防止の電気柵があり、シーズンを通して無料・安全に散策できる。地上遊歩道は時期によって散策条件が異なるが、ヒグマの活動期（5月10日～7月31日）については、五湖を周回する有料ガイドツアーに限定されている。

5.11 2010年の外資による森林買収、4道県で45ヘクタール（日本）　林野庁と

国土交通省が、2010年の外国資本による森林買収に関する調査結果を発表。北海道、山形、神奈川、長野の4道県で10件計45ヘクタールの森林が取得されていた。面積は前年の363ヘクタールから減ったが、件数は4件増加。最も多かった北海道では、7件計31ヘクタールが取得されていた。

5.11　中道リースと道内4町、森林づくり協定を締結（北海道）　北海道の総合リース会社・中道リースが、下川町・足寄町・滝上町・美幌町と「森林づくりパートナーズ基本協定」を締結。同社のカーボンオフセットへの取り組みで、営業車が1年間に排出するCO_2の25％分を、4町の町有林を間伐して森林整備を促進することで相殺。森林整備費の一部を同社が負担する。

5.12　北極海の石油をめぐる対立をウィキリークスが公表（北極）　米国の外交文書がウィキリークスによって公表され、石油やガスなど北極海の資源を巡る北極圏諸国間の資源争奪戦が、同地域での軍事的緊張を高めていることが明らかになった。

5.13　住宅エコポイント、5ヵ月短縮（日本）　国土交通省は「住宅版エコポイント」制度の工事対象期間を5ヵ月間短縮し、予定していた2011年末から7月末までとすると発表。省エネ対応型の住宅新築や改築を行った場合に、最大32万円分のポイントを付与する制度だが、想定を上回る申請によって予算上限に迫ったため、短縮された。

5.14　浜岡原発、全面運転停止（静岡県）　政府の要請を受け、中部電力浜岡原子力発電所（静岡県御前崎市）の運転が全面的に停止された。

5.15　尾瀬山の鼻ビジターセンター開所式（群馬県）　尾瀬国立公園の尾瀬ヶ原西端に位置する「尾瀬山の鼻ビジターセンター」（群馬県片品村）で開所式が行われ、登山者やボランティアガイド、山小屋の主人らが集合。震災による観光自粛ムードや、尾瀬の一部を保有する東京電力の経営が不透明な中、今シーズンの入山者の安全を願った。東電所有地の保護管理にかかる年間経費は約2億円にのぼるが、売却の話は出ていないという。

5.16　薬害エイズ訴訟が終結（日本）　非加熱血液製剤でエイズウイルス（HIV）に感染した血友病患者らが、国と製薬会社5社に損害賠償を求めた薬害エイズ訴訟で、最後の原告の1人と被告側との和解が東京地裁で成立。1989年の初提訴から22年を経て、全面的に終結した。

5.19　岩沼市、「千年希望の丘」構想を固める（宮城県）　東日本大震災による津波で沿岸部に壊滅的な被害を受けた宮城県岩沼市が、がれきを利用して津波の力を減衰する丘を造り、避難場所としても活用する「千年希望の丘」構想を固めた。国が整備する海岸堤防などと合わせて、津波被害の軽減を図る。

5.20　APEC貿易担当相会合閉幕（アメリカ）　米モンタナ州で19日から開かれ

ていたアジア太平洋経済協力会議（APEC）貿易担当相会合が、2日間の日程を終えて閉幕。福島第1原発事故に伴う風評被害による輸入規制の解消を訴える日本の主張を反映し、議長声明には東日本大震災など自然災害の被災国からの輸入品に対し、過度の規制を行わないことなどが盛り込まれた。

5.21　**第1回海岸防災林の再生に関する検討会**（日本）　第1回「東日本大震災に係る海岸防災林の再生に関する検討会」が開催され、海岸防災林の被害状況報告と再生の考え方について検討。「防災の観点から再生が必要である」「場所ごとに海岸防災林の姿を考える必要がある」等の意見が出た。

5.21　**敦賀原発2号機、再び放射性物質漏れ**（福井県）　日本原子力発電は、敦賀原発2号機で発生した放射性物質漏れの原因調査中に、再び微量の放射性物質が漏れたことを明らかにした。周辺環境への影響はないという。

5.22　**日光国立公園「那須平成の森」開園**（栃木県）　那須御用邸（栃木県那須町湯本）の敷地だった森を整備した日光国立公園「那須平成の森」が開園。約560ヘクタールの敷地内には約3500種の動植物が生息し、四季折々の自然が楽しめることから、新たな観光地として期待されている。

5.22　**緑の党、カナダ下院で初議席獲得**（カナダ）　ブリティッシュ・コロンビア州で緑の党のエリザベス・メイ党首が選出され、カナダ下院で同党が初の議席を獲得した。

5.23　**福島第1原発、短期間でメルトダウン**（福島県）　3月11日の東日本大震災発生後、半日から4日程度の短期間に福島第1原発の1～3号機のメルトダウン（炉心融解）が進み、原子炉圧力容器が損傷したとする解析結果を東京電力がまとめ、経済産業省原子力安全・保安院に報告した。

5.24　**イギリス皇太子、気候変動に警鐘**（イギリス）　イギリスのチャールズ皇太子が、気候変動の脅威を黙殺すると、近年の金融崩壊よりもはるかに厳しい衝撃になる恐れがあると警告した。

5.25　**スイス、脱原発へ**（スイス）　スイス政府は、2034年までに国内に5基ある原子力発電所の稼働を全面停止し、「脱原発」を図ると発表。福島第1原発事故の影響で、国内の反原発世論が高まったことを受けての決定だ。

5.25　**第19回環境自治体会議**（愛媛県）　「環境と産業の調和をめざして—こどもたちの未来のために」をテーマに、愛媛県新居浜市で第19回環境自治体会議が開催された（～27日）。

5.25　**福島県、野生鳥獣の放射線モニタリング調査へ**（福島県）　福島県鳥獣保護センターが、6月の開始を目指し、野生鳥獣の放射線モニタリング調査への準備を進めている。野生動物の被曝量から放射能汚染の実態や人体への影響を調査するプロジェクトで、10年程度の長期追跡を目指す計画だ。調査対象は有害駆除されたり、交通事故などで死んだ野生動物

で、年間数百匹程度を選び、セシウム137を中心に被曝量を調べる。

5.26 パナソニック、環境タウン構想を発表（神奈川県） パナソニックが、神奈川県藤沢市にCO_2排出量を7割削減した環境都市「Fujisawa サスティナブル・スマートタウン」をつくる構想を発表。約19万m^2の自社工場跡に、太陽電池や蓄電池を備えた千戸規模の住宅や施設を建設する。民間主導による環境への負荷が少ない街づくりの大規模な事業化は国内初。2012年度に着工、2013年度に分譲を開始する予定だ。

5.29 「グリーンウェイブ2011」開催（神奈川県） 横浜市青葉区のこどもの国で「グリーンウェイブ2011―みどりの力」が開催され、親子連れ約120人が参加。抽選で選ばれた子どもたちが記念植樹を行った。2011年は国連の定めた「国際森林年」であると同時に、「国連生物多様性の10年」の1年目にあたる。これを記念し、子供たちと森林の大切さを考えるために催された。

5.30 2010年のエネルギー関係のCO_2排出量、過去最大に（世界） 国際エネルギー機関（IEA）は、2010年のエネルギー関係のCO_2排出量が過去最大だったことを確認した。

5.30 ドイツ、脱原発で政権与党合意（ドイツ） ドイツ・メルケル政権与党のキリスト教民主同盟、キリスト教社会同盟、自由民主党の3党幹部が協議し、国内17基の全原発を遅くとも2022年末までに廃棄することで合意した。原則として21年までに稼働を停止するが、代替エネルギーへの転換が遅れて供給不足が生じる場合は、3基のみ2022年まで稼働を継続する。

5.30 山梨県、富士山のシカ食害対策に本腰（山梨県） 7月の富士山の山開きを控え、山梨県が周辺の清掃やシカの食害対策を始める。富士山では野生のシカによる食害が拡大しており、県は2011年度中に生息数を調査して保護管理計画を策定し、2012年度から本格的に駆除を行う方針だ。

5.31 「再生可能エネルギー導入ポテンシャルマップ」公開（日本） 環境省が、再生可能エネルギーの導入に向けた検討の参考資料として、「再生可能エネルギーに関するゾーニング基礎情報」および過年度調査において作成したマップデータを、「再生可能エネルギー導入ポテンシャルマップ」として公開。

5月 『京都市三山森林景観保全・再生ガイドライン』発行（京都府） 京都三山で「ナラ枯れ」の被害が拡大している問題で、京都市は市民やNPO等と共に森林景観を守り続けていくための指針となる『京都市三山森林景観保全・再生ガイドライン』を発行。適地適木の考え方を基本に、被害木の伐採後にどんな木を植えればよいかを示し、目指すべき植生や地形、地質に適した森林景観像を提示した。2011年秋ごろから植樹を開始し、病害に強い森林づくりを目指す。

6.1	**EU、ビスフェノールAを含む哺乳瓶の販売禁止**（ヨーロッパ）　欧州連合（EU）が、内分泌かく乱作用があると疑われるビスフェノールAを含有する哺乳瓶の販売を禁止する法律を施行。	
6.1	**環境省、スーパークールビズ開始**（東京都）　環境省が従来のクールビズよりも、一層の軽装化を認める「スーパークールビズ」を開始。福島第1原発事故で電力不足が予測され、同省はノーネクタイ・ノージャケットで勤務できる「クールビズ」の期間を、例年より1ヵ月前倒しにして5月に開始。終了も1ヵ月延長して10月末までとした。うち、6月から9月までを「スーパークールビズ」と位置づけ、省内で室温28度を徹底しつつ、快適な業務環境を維持するため、ポロシャツやアロハシャツの解禁に踏み切った。執務室内であれば、サンダルや無地のTシャツも許可される。	
6.1	**徳島県、林道整備・間伐のモデル事業を開始**（徳島県）　林道整備を実施する建設業者が、道路沿いの森林の間伐・搬出を同時に行うモデル事業を徳島県が開始。同時に実施することで工期を短縮し、担い手不足の林業に建設業者の参入を促すことが目的だ。国と県の補助金制度が別々であることが課題で、県は将来的に統一した新制度の創設を国に働き掛ける考えだが、国は現制度でも同時実施は可能としている。	
6.2	**2010年のCO_2濃度、観測史上最高を更新**（日本）　気象庁が、2010年の大気中の二酸化炭素平均濃度が国内観測史上最高を記録したと発表。同庁は岩手県大船渡市、東京都・南鳥島、沖縄県・与那国島の3地点で定点観測を続けており、いずれも観測開始から増加し続けている。2010年の平均値は大船渡市393.3ppm、南鳥島390.5ppm、与那国島392.7ppmで、いずれも最高濃度を更新。大船渡市（前年比3.6ppm増）、与那国島（同3.3ppm増）は過去最高の増加量だった。	
6.3	**いすゞのトラックから、国の基準3倍超NOx**（日本）　いすゞ自動車が2010年に発売したトラック「フォワード」について、東京都が独自に走行実験したところ、排ガスから国の基準の3倍を超える窒素酸化物（NOx）を検出したことが明らかになった。同社は、2010年6月以降に製造した計886台を無償で修理する改善対策を国土交通省に届け出た。	
6.4	**熊本市、フェアトレードシティ認定**（熊本県）　熊本県熊本市がアジア初、世界で1000番目のフェアトレードシティに認定された。	
6.5	**震災ストレスでアサリに異変**（福島県）　東邦大学の大越健嗣教授らが5月下旬に実施した調査で、福島県沿岸のアサリの模様に異変が起きていることが判明。9割の個体で、殻の途中にできた「障害輪」という溝を境に、帯状に色や模様が変わっていた。東日本大震災の津波の影響で、環境が急激に変化したことによるストレスが原因とみられる。	
6.5	**第23回「森は海の恋人」植樹祭**（岩手県）　岩手県一関市の矢越山で、第23回「森は海の恋人」植樹祭開催。活動拠点の気仙沼市が東日本大震災	

の津波で甚大な被害を受け、植樹の際に例年掲げていた大漁旗も流されてしまった。今年は開催が危ぶまれたが、「こんなときだからこそ、海と山を見つめ直そう」と、全国から過去最多の約1200人が参集し、ブナなど約1千本の若木を植えた。

6.6 ドイツ、「脱原発」を閣議決定（ドイツ）　ドイツ政府は、国内17基の原子力発電所を2022年までに全て停止する「脱原発」の関連法案を閣議決定した。福島第1原発事故で強まった反原発の世論を受け、エネルギー政策を転換した。

6.6 豊田市「木の駅プロジェクト」報告会開催（愛知県）　愛知県豊田市旭地区で3月に実施された、山林の整備と地元商店街の活性化を図る社会実験「木の駅プロジェクト」の報告会が開かれた。同プロジェクトは山に廃棄された間伐材を、1トンにつき6千円分の地域通貨「モリ券」で所有者から買い取り、チップ工場を持つ「名古屋港木材倉庫」に3千円で販売する試みだ。報告会では目標の50トンの2倍に迫る約90トンの間伐材が出荷されたことが発表され、出席した山主らから継続の要望が相次いだ。90トンのうち67トンが山主からの出荷で、23トンは森林ボランティアからの寄付材。買い取り額は27万円で、18万円の寄付金で経費を賄えた。また、地元商店では「モリ券」を使った40万円分の消費があった。

6.7 「エネルギー・環境会議」の開催決定（日本）　エネルギーシステムの歪みと脆弱性を是正し、革新的なエネルギー・環境戦略を政府一丸となって策定するため、新成長戦略実現会議が「エネルギー・環境会議」の開催を決定。

6.7 IAEAに福島第1原発事故の調査報告書を提出（日本）　政府は、東京電力福島第一原子力発電所事故に関する調査報告書を、国際原子力機構（IAEA）に提出。報告書では、今回の事故を教訓とした28項目の安全強化策を打ち出し、原発の設計・構造や行政組織のあり方など、原子力安全対策の根本的な見直しが不可避であると結論付けた。これを受けて、経済産業省原子力安全・保安院は、当面実施すべき緊急対策を各電力会社に指示した。

6.7 有害化学物質が自閉症の一因に（日本）　妊婦、胎児、子どもが多種多様な有害物質にさらされていることが、自閉症急増の一因だと専門家が警告した。

6.9 モザンビーク、自国領分のニアサ湖を保護区に（モザンビーク，マラウイ）　マラウイ、タンザニア、モザンビークの国境にあるニアサ湖（マラウイ湖）は、世界最大級で最も生物多様性に富む湖と言われ、マラウイ領内部分が1984年に世界自然遺産に登録されている。今般、モザンビーク政府も自国領内分を保護区に認定した。

6.11 佐渡と能登、先進国初の世界農業遺産に認定（新潟県，石川県）　環境保

全型農業のあり方が評価され、新潟県の佐渡地域と石川県の能登地域が、先進国および日本初の世界農業遺産に認定された。世界農業遺産は国際食糧農業機関（FAO）が2002年に開始した制度で、世界的に重要かつ伝統的な農林水産業を営みつつ、生態系や景観を守ってきた地域を認定する。

6.14　**グーグル社、ソーラー基金設立**（アメリカ）　グーグル社が家庭での太陽光発電の普及を目的としたソーラー基金を設立し、住宅用ソーラーパネルを設置する事業に2億8千万ドルを投資すると発表。

6.14　**屋久島の縄文杉、立ち入り制限の条例案提出**（鹿児島県）　鹿児島県屋久島町は、世界自然遺産・屋久島の自然や生態系を保護するため、縄文杉周辺など指定地域への観光客の立ち入りを制限する条例案を町議会に提出。3月～11月の期間は、縄文杉への登山客を1日420人に制限すること等を検討している。縄文杉には1日に1千人以上が集中することもあり、自然への影響が問題化していた。のち、21日に開かれた町議会特別委員会、23日の本会議ともに全会一致で否決された。

6.15　**「ISO50001」発行**（世界）　エネルギー・マネジメントシステムの要求事項を定めた国際規格「ISO50001」が発行された。エネルギーパフォーマンスを継続的に改善する仕組みを構築することを目的に、エネルギーコストの削減や温室効果ガスの排出量削減につながることを企図している。

6.16　**がれきで木質バイオマス発電へ**（東北地方）　農林水産省が、東日本大震災で発生したがれきを燃料として使う「木質バイオマス発電」の普及に乗り出す。被災地に発電所を5ヵ所ほど建設する計画で、膨大ながれきの処理とバイオマスエネルギー活用を狙う。

6.16　**政府、汚泥の取り扱い基準を通知**（日本）　福島第1原発事故の影響で、高濃度の放射性セシウムが東日本各地の浄水場などの汚泥から検出されている問題で、政府の原子力災害対策本部は、汚泥に関する当面の取り扱い基準を作成し、関係各省庁を通じて東日本の14都県に通知した。

6.16　**放鳥トキ、今季も繁殖に失敗**（新潟県）　新潟県佐渡市で営巣していた放鳥トキの最後のペアが営巣を放棄したことを受け、環境省は今季の繁殖期の終了を宣言した。今季は7組が産卵したが、ほとんどが無精卵だったとみられ、いずれも孵化に至らなかった。トキの野生復帰を目指した放鳥は2008年9月から4回実施しており、昨年春に初めて5組が産卵したが孵化には至らず、今季は1976年以来となる野生下でのヒナの誕生が期待されていた。

6.19　**2010年度のヤクシカ捕獲、例年の4倍以上**（鹿児島県）　2010年度のヤクシカ捕獲数が、前年度を大幅に上回る約1700頭だったことがわかった。鹿児島市で開かれた屋久島世界遺産地域科学委員会で、ヤクシカ・ワーキンググループが報告した。捕獲数のうち約1200頭は猟友会によるもの

で、例年の4倍。新たに国有林に仕掛けたくくり罠で約500頭が捕獲された。屋久島町では2009年度から捕獲1頭につき5千円の助成金を出しており、正確な報告が上がるようになったことが増加の一因とみられる。

6.19 第2回海岸防災林の再生に関する検討会（日本）　第2回「東日本大震災に係る海岸防災林の再生に関する検討会」が開催され、「海岸防災林の再生方針（中間報告）」の骨子案等が検討された。

6.21 荒川区、「街なか避暑地」事業を開始（東京都）　東京都荒川区が、33ヵ所の公共施設を「街なか避暑地」として開放。各家庭のエアコン等で使用する電力消費を抑制し、区全体で節電に取り組む事業を開始した（～9月30日）。

6.22 水質汚濁防止法一部改正の公布（日本）　「水質汚濁防止法」の一部を改正する法律が公布された。今回の改正は、有害物質による地下水の汚染を未然に防止することを目的としている。2012年6月1日施行。

6.23 「滋賀県森林CO_2吸収量認証制度」開始（滋賀県）　企業や団体などが整備した森林の二酸化炭素吸収量を数値化して認証する「滋賀県森林CO_2吸収量認証制度」が開始された。CO_2の吸収効果を「見える化」することで企業の社会貢献活動を促進し、低炭素社会の実現を目指す。2008年4月以降に整備された県内のスギ、ヒノキ、アカマツ、クロマツ、広葉樹の民有林が認証制度の対象となる。

6.24 ナラ枯れの害虫、フェロモンで一網打尽に（富山県）　富山県魚津市の山林で、「ナラ枯れ」の原因となる害虫・カシノナガキクイムシを撃退する県の実証実験が開始された。オスから抽出した合成フェロモンでメスを丸太に誘引し、丸太ごと粉砕して一網打尽を図る。2011年度に県内4ヵ所で実験し、効果が確認できれば防除事業として本格的に導入する方針だ。

6.24 もんじゅ、落下装置の回収完了（福井県）　日本原子力研究開発機構は、高速増殖炉「もんじゅ」で2010年8月に原子炉容器内に落下した核燃料交換用の炉内中継装置の回収作業を完了したと発表した。

6.24 小笠原諸島、世界自然遺産に決定（東京都）　パリのユネスコ本部で開催中の第35回世界遺産委員会は、日本政府が推薦していた小笠原諸島（東京都小笠原村）の世界自然遺産登録を決定した。「東洋のガラパゴス」とも称される豊かで独特な自然の価値が認められ、中でも固有種の割合が高く、進化の過程がわかる貴重な証拠が残されている点が高く評価された。国内の自然遺産は、白神山地（青森・秋田）、屋久島（鹿児島）、知床（北海道）に次ぐ4件目。

6.25 復興構想会議、「復興への提言」を答申（日本）　東日本大震災復興構想会議が、復興ビジョンをまとめた「復興への提言―悲惨のなかの希望」を菅直人首相に答申。今後の災害対策について、「完全に封じる」という

考えから被害を最小限に抑える「減災」に転換することが重要だと指摘。復興財源を確保するための増税や、規制緩和・税制優遇を認める「特区」の導入などが盛り込まれた。

6.27　**福島県全域で民有林の放射線量測定開始**（福島県）　福島県農林水産部が、福島第1原発から20キロ圏内を除く県内全域の民有林で、放射線量の測定を開始。調査は7月8日までに終える予定で、山間部でのレジャーや下草刈の作業が本格化する夏を前に、安全を確認する。国有林の放射線量測定については、林野庁が検討している。

6.27　**諫早湾干拓事業訴訟、長崎地裁が開門請求棄却**（長崎県, 佐賀県）　国営諫早湾干拓事業を巡り、潮受け堤防の閉め切りで深刻な漁業被害を受けたとして、長崎県諫早市と佐賀県太良町の漁業者41人が、国を相手取って堤防排水門の即時開門などを求めた訴訟で、判決が言い渡された。長崎地裁は、「漁業被害は一部認められるが、干拓事業には公共性がある」「開門しないことが、原告らに対する違法な侵害行為とは言えない」などとして、開門の請求を棄却。原告側は控訴する方針だ。有明海沿岸4県の漁民が開門を求めた別の訴訟では、福岡高裁が漁業被害と事業との因果関係を認め、2010年12月に5年間の常時開門を命じている。

6.28　**B型肝炎訴訟、和解調印**（日本）　乳幼児期の集団予防接種の注射器使い回しでウイルスに感染したとして、患者や遺族ら約730人が国を相手取って損害賠償を求めたB型肝炎訴訟で、国と原告団、弁護団が和解の基本合意書に調印。過去最大規模の医療訴訟は、集団提訴から約3年で全面解決への道が開けた。

6.28　**電力3社で「脱原発」の株主提案否決**（日本）　東京電力の定時株主総会が開かれ、原発からの撤退を求める株主提案は反対多数で否決された。中部電力、九州電力の株主総会でも、「脱原発」を求める株主提案はいずれも否決。

6.29　**2010年の木材需給表（用材部門）発表**（日本）　林野庁が2010年の用材部門の木材需給表をとりまとめた。用材の総需要量は前年比11.1％増の7025万3千m^3、国内生産量は前年比3.7％増の1823万6千m^3。輸入量は前年比14.0％増の5021万8千m^3。木造住宅の新設や紙の生産量の増加で国内生産量・輸入量ともに増えたが、輸入量の増加が大きく、木材（用材）自給率は前年を1.8ポイント下回る26.0％となった。

7.6　**第3回海岸防災林の再生に関する検討会**（日本）　第3回「東日本大震災に係る海岸防災林の再生に関する検討会」が開催され、「海岸防災林の再生方針（中間報告）」が検討された。

7.6　**福島第1原発、汚染水の増加食い止める**（福島県）　東京電力は、福島第1原発の1～4号機の原子炉建屋などに溜まっている高濃度汚染水が、1週間前と比較して1710トン減ったと発表。汚染水の増加が食い止められた。

7.11 原発安全性新基準に関する「政府統一見解」決定（日本）　全国の原子力発電所を対象にした安全性の新基準に関する「政府統一見解」が決定した。

7.12 CO_2排出量1トンで最大900ドルの環境被害（世界）　CO_2排出量1トンが最大で900ドルの環境被害の原因となることが、エコノミクス・フォー・エクイティ・アンド・エンバイロンメント・ネットワークの経済学者の研究でわかった。

7.13 菅首相「脱原発」を表明（日本）　菅直人首相が記者会見を開き、今後のエネルギー政策について、段階的に原子力発電に対する依存度を下げ、将来は原発がない社会を実現する「脱原発」の姿勢を示した。15日、この方針に関し、菅首相は政府見解ではなく個人的見解であると釈明した。

7.14 芝生への農薬散布禁止（カナダ）　カナダ・ニューファンドランド州が、人体と環境への影響が懸念されるとして、住宅の芝生への農薬散布を全面的に禁止した。ケベック州、オンタリオ州、ニュー・ブランズウィック州でも、同様に禁止している。

7.14 福島第1原発、3号機に窒素注入開始（福島県）　福島第1原発の3号機の原子炉格納容器で、水蒸気爆発を防止する窒素注入を開始。1〜3号機全ての窒素注入が実現した。

7.15 CO_2吸収に森林が大きな役割（世界）　世界の森林が1990年から2007年の間に吸収したCO_2の量が、同期間に排出された化石燃料由来のCO_2の約6分の1に上ることが判明。米農務省森林局のユド・パン博士らが、15日付の米科学誌『サイエンス』に発表した。CO_2吸収に森林が大きな役割を果たす一方、その他の植物の生態系の吸収量はほぼ認められなかった。

7.19 汚染牛の出荷制限（福島県、宮城県）　高濃度の放射性セシウムに汚染された稲わらが肉牛に与えられていた問題で、福島県産の牛の食肉処理場への出荷が制限された。26日、牛肉から国の暫定基準値を超える放射性セシウムが検出された問題で、農林水産省は市場に流通した汚染牛肉の緊急対応策を発表。汚染された牛肉は食肉団体が買い取り、東京電力に損害賠償請求することとした。28日、宮城県産の牛肉からも国の暫定基準値を超える放射性セシウムが検出され、同県産の牛の食肉処理場への出荷が制限された。

7.19 住田町、坂本龍一の森林保護団体と協定締結（北海道）　北海道住田町と音楽家の坂本龍一が代表を務める森林保護団体「モア・トゥリーズ」が、林業振興などで連携する協定を締結。震災後、独自に木造仮設住宅を建設した住田町に、同団体が費用援助を申し出たことから関係が始まった。2007年に設立された同団体は森林再生や「カーボンオフセット」の促進に取り組んでおり、協定締結は北海道などに続き、今回が10ヵ所目。

7.20 東アフリカ、過去60年で最悪の干ばつ（アフリカ）　過去60年で最悪の干

ばつにみまわれたソマリアをはじめとする東アフリカでは、数万人が栄養不良で死亡し、1千万人以上が生きるために援助を必要とした。

7.21　環境省、世界の森林保全活動情報サイト開設（世界）　世界の森林保全に貢献したいと考える企業と、海外で保全活動に取り組むNGO・NPOとの協働を図り、環境省が森林保全活動情報サイト「フォレストパートナーシップ・プラットフォーム」を開設。企業とNGO・NPOの連携を促進し、より効果的な森林保全活動の推進を目指す。サイトは「森林保全と企業」「パートナーシップによる森林保全」「事例とデータベース」などのコンテンツで構成されている。

7.24　地上デジタル放送に完全移行（日本）　正午に地上アナログ放送が終了し、地上デジタル放送に完全移行。地デジ化に伴うブラウン管テレビの新たなリサイクル方法、あるいは処分方法が「リサイクル2011年問題」として家電業界や政府関係者を悩ませている。

7.25　原発周辺県の堆肥の施用等に自粛通知（関東地方，東北地方）　高濃度の放射性セシウムが含まれる可能性があるとして、農林水産省は原発周辺17都県の稲わらや樹皮、落ち葉などの植物性原料から生産された堆肥とその原料について、農地での施用や生産・流通の自粛を求める通知を出した。

7.25　富士山頂でCO_2の自動測定開始（山梨県，静岡県）　富士山頂で、大気中のCO_2濃度を測る国立環境研究所の自動観測装置が本格稼働を開始。低温・無人・無電源下で10ヵ月以上の期間にわたり、1日に1回CO_2濃度を測定し、衛星経由でデータを送信できる。日本の中緯度を代表する観測点で、近隣都市からの排出の影響が少なく、中国で排出されたCO_2の影響を詳細に捉えられると期待されている。

7.25　福島第1原発事故で、深刻な放射能汚染（福島県）　福島第1原発の炉心融解から4ヵ月が経過し、日本の一部地域の牛肉、農産物、海産物の放射能汚染レベルが、最大で安全基準の30倍に達した。

7.25　幼児教育に森林活用、智頭町で研修会（鳥取県）　鳥取県内の森林を保育・幼児教育に活用してもらうことを目的に、県が「智頭町森のようちえんまるたんぼう」で研修会を開催。県内の幼稚園教諭や保育士ら約45人が参加し、園児らが森で遊ぶ様子を視察した。まるたんぼうの園児を対象に、県は2011年度から森林が子どもの成長・発達に与える影響を追跡調査する。

7.26　牛の敷料・堆肥の原料用樹皮の取扱い通知（関東地方，東北地方）　原発事故を踏まえ、林野庁が樹皮（バーク）の取り扱いについて、林業・木材産業関係団体に通知。原発事故後に発生した17都県の樹皮を牛の敷料や堆肥の原料として譲渡することや、これを原料とした堆肥を生産・譲渡することを禁じた。

7.31	仙台の海岸公園で植樹（宮城県）　津波で流された沿岸部の森を再生しようと、宮城県仙台市の海岸公園冒険広場で植樹が行われた。公園を管理するNPO「冒険あそび場―せんだい・みやぎネットワーク」の主催で、全国から約350人が参加。タブノキなど13種約千本の苗が植えられた。
7月	タイ洪水（2011）（タイ）　タイ北部・中部で7月から50年ぶりとも言われる規模の大雨が降り続き、チャオプラヤ川が氾濫。広範囲にわたって深刻な被害が発生し、750人を超える死者が出た。
7月	気仙沼市、がれきをバイオマス発電に活用（宮城県，山形県）　震災で大量に発生したがれきの除去と、環境にやさしいバイオマス発電の一石二鳥の試みが宮城県気仙沼市で始まっている。同市の2か所にあるがれき置き場の中から取り出した木材を粉砕してチップにし、山形県村山市の木質バイオマス発電所「やまがたグリーンパワー」で燃料として使用する。7月からチップの搬送を始め、1日45トンを運び出しているという。
8.2	テキサス州、73.5％が「異常な干ばつ」（アメリカ）　アメリカ農務省と専門家による「干ばつ監視」が、テキサス州の73.5％が最も深刻なレベルの「異常な干ばつ」状態にあることを発表した。
8.3	フィリップス社、L-Prize受賞（アメリカ）　家電大手・フィリップス社が、60ワットの白熱電球に相応する9.7ワットのLED電球で、アメリカのエネルギー省から賞金1千万ドルのL-Prizeを受賞した。
8.3	原子力損害賠償支援機構法制定（日本）　福島第1原発事故による大規模な原子力損害を受け、損害賠償に関する支援などを行うことを目的に、原子力損害賠償支援機構の設置・組織を定める「原子力損害賠償支援機構法」が制定された。8月10日公布・施行。
8.9	被災地に「土佐の木の家」（高知県，岩手県）　高知県建築設計監理協会が、県産材をふんだんに用いた応急仮設住宅「土佐の木の家」のプロトタイプを完成。東日本大震災で被災した岩手県宮古市のマリン基地に2棟を寄贈する準備を進めている。
8.10	「グリーンウェイブ2011」国内で約7万9千本植樹（日本）　環境省が「グリーンウェイブ2011」の実施結果を発表。環境省、農林水産省、国土交通省の呼びかけに42都道府県の383団体が呼応し、「国際生物多様性の日」（5月22日）を中心とした3月1日から6月15日の期間に、約2万8千人の青少年らが参加。約7万9千本の苗木を植樹した。今年のキャンペーンは、「国際森林年」及び「国連生物多様性の10年」に対する気運を高める狙いもあった。
8.10	愛媛県最大規模の木質ペレット工場が稼働（愛媛県）　愛媛県内子町に県内最大規模の木質ペレット製造工場が完成し、2011年夏から本格的に稼働を開始した。木質ペレットは木を粉砕して粒状に固めた燃料で、他の

バイオマスエネルギーと比べて扱いやすく、二酸化炭素の排出削減が期待されている。製材機械販売会社・内藤鋼業が設置した工場で、同社では5年ほど前から木質ペレットの製造・販売に取り組んでいる。

8.11 ナラ枯れ被害、全国で1.4倍に拡大（日本）　林野庁が2010年度の森林病害虫被害量実績を発表。全国のナラ枯れ被害量は前年度の1.4倍に拡大し、33万m^3となった。青森、岩手、群馬、東京（八丈島など）、静岡の5都県で新たに被害が発生し、奈良、宮崎両県で再発。発生地域は30都府県に拡大した。林野庁は2011年9月を「ナラ枯れ被害調査強化月間」とし、監視を強める。

8.12 災害廃棄物処理特別措置法制定（日本）　「東日本大震災により生じた災害廃棄物の処理に関する特別措置法（災害廃棄物処理特別措置法）」が制定された。8月18日公布・施行。

8.12 中国政府、余剰電力の売電を許可（中国）　中国政府が、太陽光技術の国内市場拡大を目的に、太陽光発電事業者による余剰電力の売電を許可した。

8.17 事故収束に向けた工程表、進捗発表（福島県）　政府と東京電力は、福島第1原発の事故収束に向けた工程表に関し、過去4ヵ月間の達成状況を発表。最近2週間の放射性物質の推定放出量は毎時約2億ベクレルで、事故直後の1000万分の1に減少。1年間の被曝量に換算した暫定値は、原発の敷地境界で0.4ミリシーベルトとなり、2012年1月を予定している工程完了時の目標値（1ミリシーベルト以下）を達成した。

8.19 肉牛の出荷停止解除（栃木県，東北地方）　福島第1原発事故に伴う牛の出荷停止問題で、宮城県産の肉牛について、同県策定の出荷管理計画に基づいて安全性が確認された牛の出荷停止が解除された。25日、政府は福島、岩手、栃木の3県産の肉牛についても、各県の出荷管理計画に基づいて出荷される牛肉に限り、出荷提示を解除した。

8.19 北海の海底油田、原油流出止まる（イギリス）　北海にあるロイヤル・ダッチ・シェル社の海底油田の原油流出事故で、同社は1週間で約1300バレルに及んだ原油の流出を止めることに成功した。

8.24 南アルプス国立公園でシカによる食害深刻化（長野県，山梨県，静岡県）　長野、山梨、静岡の3県にまたがる南アルプス国立公園で、ニホンジカが急増。3千メートル級の高地にまで移動して貴重な高山植物を食べあさり、約6割の花畑が消失するなど深刻な食害が確認されている。環境省は自治体などと協力して本格的な対策に乗り出し、今後5年でシカが増える前の1980年代の生態系に戻したい考えだ。

8.25 エルニーニョ現象の発生期間に内戦増加（世界）　米コロンビア大学の研究チームの解析で、エルニーニョ現象の発生期間に世界で内戦が大幅に増えることがわかった。気温の上昇や乾燥などが農業に悪影響を与え、

政情不安を惹起するとみられる。8月25日付の英科学誌『ネイチャー』に発表。

8.25 **間伐材を床部に使用したバス開発**（石川県）　日本最大手のバス製造会社ジェイ・バス（石川県小松市）が、石川県産スギの間伐材を床部に使用したバスを開発。9月から出荷を開始することになり、同社の團野達郎社長が谷本正憲知事に報告した。間伐材のバス床部への活用は、3年前に谷本知事が同社に提案していた。アカマツとの合板にすることで、従来の南洋材よりも3割軽量化し、コストも2割削減できたという。

8.25 **大阪・泉南アスベスト訴訟、原告逆転敗訴**（大阪府）　大阪府泉南地域のアスベスト紡織工場の元従業員や近隣住民ら32人が、「石綿で健康被害を受けたのは、国が危険性を知りながら規制を怠ったためだ」として、国に総額9億4600万円の損害賠償を求めた泉南石綿訴訟の控訴審判決があった。大阪高裁は「法整備や行政指導などの内容は著しく合理性を欠くものではない」として、国の不作為責任を否定。総額約4億3500万円の賠償を国に命じた1審の大阪地裁判決を取り消し、原告側逆転敗訴の判決を言い渡した。

8.26 **再生可能エネルギー特別措置法案、可決・成立**（日本）　参院本会議で、「電気事業者による再生可能エネルギー電気の調達に関する特別措置法（再生可能エネルギー特別措置法）」案の採決が行われ、全会一致で可決・成立した。太陽光や風力などの再生可能エネルギーの普及促進のため、再エネによる発電の全量を電力会社に固定価格で買い取るよう義務づける内容だ。菅直人首相の「退陣3条件」の一つで、同法の成立を受けて首相は正式に辞任を表明した。

8.26 **放射性物質汚染対処特措法、可決・成立**（日本）　参院本会議で、「放射性物質汚染対処特措法」が可決・成立。正式名称は「平成二十三年三月十一日に発生した東北地方太平洋沖地震に伴う原子力発電所の事故により放出された放射性物質による環境の汚染への対処に関する特別措置法」。

8.27 **焼却灰から基準超えセシウム**（関東地方，福島県）　環境省が東北・関東地方16都県のごみ焼却施設などを対象に、6月から8月まで実施した調査で回答を得た469施設のうち、7都県42の施設などの焼却灰から、一時保管の基準（1キロあたり8000ベクレル）を超える濃度の放射性セシウムが検出されたことがわかった。基準値超えの灰が確認されたのは、岩手、福島、茨城、栃木、群馬、千葉県と東京都の施設で、最高濃度はあぶくまクリーンセンター（福島市）の9万5300ベクレル。

8.29 **福島県の土壌汚染、チェルノブイリ超え34地点**（福島県）　文部科学省の検討会で、福島第1原発事故で拡散した放射性物質による土壌汚染の状態をまとめた地図が報告された。それによると、立ち入りが制限されている福島県の警戒区域や計画的避難区域の6市町村34地点で、チェルノ

ブイリ原発事故における強制移住基準を超える汚染濃度が測定された。

8.30 **エクソン・モービル、北極海域の掘削権獲得**（ロシア，アメリカ）石油探査のために新たに開放されたロシア沖の北極海域で掘削する権利を、米エクソン・モービル社が獲得した。

8.31 **山梨県産材の普及へ協定**（山梨県）山梨県、三菱地所、三菱地所ホーム、NPO「えがおつなげて」の4者が、山梨県産材の利用拡大の推進に関する協定を締結。不動産大手の三菱地所グループに、県産材の普及・啓発や利用拡大について協力、連携を求める内容だ。

9.2 **木製の護岸、津波でも無傷**（岩手県）岩手県内の小水路に試験導入していた木製ブロックの河川護岸が、大津波を受けてもほぼ無傷だったことが判明。九州森林管理局が開発し、間伐材の活用や生態系への配慮を目的に導入されたが、コンクリート製の護岸にも劣らぬ機能が注目されている。元々は道路の法面の土留めの工法で、水路では例の少ない貴重な情報だとして、ウッドブロック普及協議会は10月に現地見学会を計画している。

9.5 **松枯れの病原体のゲノム解読**（日本）森林総合研究所などの国際共同研究チームが、松枯れの病原体「マツノザイセンチュウ」の全遺伝情報（ゲノム）を解読したことを明らかにした。被害を防止する薬剤の開発などにつながると期待されている。

9.7 **キノコの出荷停止続く**（福島県）原発事故の影響でキノコの出荷停止が相次いでいる。4月に福島県で露地栽培の原木シイタケから基準値を超えるセシウムが検出されて以降、各地で基準値超えが相次ぎ、9月になっても16市町村で出荷停止が続いている。汚染の原因として栽培に使用する原木が浮上し、林野庁は8月12日、福島県にキノコ生産用の原木や培地などの保管状況を調査するよう依頼。原発事故後、覆いをかけずに屋外に置かれていたものについては、譲渡・利用の自粛を事業者に要請するよう求めた。

9.7 **汚染水処理装置の稼働率、目標超える**（福島県）東京電力は、福島第1原発の米・仏社製の汚染水処理装置の週間稼働率が過去最高の90.6%を記録したと発表。6月の導入以来、初めて目標の90%を超えた。

9.7 **福島県産のハウス栽培シイタケなど、出荷停止解除**（福島県，千葉県，神奈川県）福島県本宮市産のハウス栽培のシイタケと、千葉県大網白里町産の茶葉について、「原子力災害対策特別措置法」に基づく出荷停止措置が解除された。12日には、神奈川県山北町産と同県松田町産の茶葉の出荷停止措置も解除された。

9.8 **「ウラベニホテイシメジ」のセシウム、基準値以下**（群馬県）群馬県の検査で、みなかみ町で6日に採取したキノコ「ウラベニホテイシメジ」か

ら検出された放射性セシウムが、基準値(1キロあたり500ベクレル)を下回ることが明らかになった。県内では「いっぽん」と呼ばれ、人気が高いという。それ以外のキノコについても、流通状況を見て検査する。

9.8 **がれき発電、3次補正予算案に100億円**(東北地方) 農林水産省が、東日本大震災で生じたがれきを燃料にした「木質バイオマス発電所」建設の補助金として、100億円程度を第3次補正予算案に盛り込むよう求める方針を発表。今年度中に岩手・宮城・福島の被災3県で十数ヵ所の着工を目指す。被災地のがれき約2500万トンのうち7割が木質系廃棄物とみられ、約500万トンが発電に使える見込みだ。

9.8 **海に流出した放射性物質の線量、東電試算の3倍**(日本) 日本原子力研究開発機構が、福島第1原発事故で海に流出した放射性物質の線量を1万5千テラベクレルとする試算をまとめた。この線量は東京電力の試算の3倍以上に相当する。

9.8 **天然ガスの「つなぎ」役に疑問**(世界) アメリカ大気研究センターが、石炭から天然ガスに移行すると、実際には地球温暖化率を上昇させることを明らかにし、将来的に自然エネルギーに移行するまでの「つなぎ」燃料として天然ガスを使用することに疑問を投じた。

9.9 **外来種、米で35億ドルの損害**(アメリカ) アメリカで、アオナガタマムシ、マイマイガ、ツガカサアブラムシの外来種3種が、年間35億ドルの損害を引き起こしていることが判明した。

9.10 **宮津市に竹を利用した発電施設が完成**(京都府) 竹を利用した京都府宮津市の発電施設「宮津バイオマス・エネルギー製造事業所」が完成し、記念式典が行われた。施設では「農林バイオマス3号機」を導入。竹を粉などにして高温で蒸し、発生したガスを燃やして発電する。市は実験施設と位置づけており、将来的に自動車の燃料や肥料の製造なども検討。福島第1原発事故で代替エネルギーが注目される中、山林の荒廃防止にもつながると期待されている。

9.13 **セシウムの9割、落ち葉に蓄積**(福島県) 筑波大の恩田裕一教授や気象研究所などの研究チームが、森林除染の際に落ち葉を取り除けば、最高で9割の地表の汚染度を低減できるという調査結果を明らかにした。チームは6～8月にかけて計画的避難区域に指定されている福島県川俣町山木屋地区の3地点の森林で、土壌の汚染度や大気中の放射線量を調査。広葉樹林と針葉樹の若齢林では放射性セシウムの9割が落ち葉に蓄積され、土壌への浸透は1割だった。樹間が広い針葉樹の壮齢林では、土壌への蓄積量は5割程度。

9.14 **野生動物に放射能汚染広がる**(福島県,宮城県) 福島第1原発事故の影響で、野生動物に放射能汚染が広がっている。8月に福島県内で猟友会やNPOなどが合同で試験調査を実施した結果、県北東部で捕獲したイノ

シシ12頭のすべてから、食肉の国の基準（1キロあたり500ベクレル）を上回る放射性セシウムが検出された。宮城県でも、南部の角田市で捕獲した1頭から2200ベクレルを検出。両県は放射能汚染が見つかった地域などでの野生鳥獣の食用を控えるよう呼びかけ、詳細な調査に入る。

9.15　**原発作業員1991人の被曝状況発表**（福島県）　東京電力が、福島第1原発で7月中に新たに作業を行った作業員1991人の被曝状況を発表。上限の250ミリシーベルトを超えた人はいなかったが、20～50ミリシーベルトを被曝していた人が6人いた。作業員の被曝線量は低下傾向にあり、3月以降初めて一桁台になった。

9.15　**福島東部産の野生キノコ、出荷停止**（福島県）「原子力災害対策特別措置法」に基づき、福島県東部（11市20町11村）と、会津地方の猪苗代町で採れる野生キノコの出荷が停止された。20日には、同県南相馬市産と伊達市産のクリも出荷停止となった。栗の出荷停止措置はこれが初めて。

9.15　**米軍、再生可能エネルギー発電構想に着手**（アメリカ）　アメリカ軍が、再生可能エネルギー源で21億キロワット時の電力を発電する構想に着手した。

9.16　**B型肝炎訴訟、初の和解成立**（北海道，東京都，大阪府）　乳幼児期の集団予防接種の注射器使い回しでウイルスに感染したとして、患者らが国を相手取って損害賠償を求めたB型肝炎訴訟の和解協議が札幌地裁で開かれ、北海道の原告4人と国の和解が成立。全国11地裁で係争中のB型肝炎訴訟で、和解が成立したのはこれが初めて。21日、東京地裁で原告5人と国の和解が成立。30日にも大阪地裁で原告5人と国の和解が成立した。

9.16　**日本山岳会高尾森づくりの会、ラオスで植林へ**（ラオス，東京都）「日本山岳会高尾森づくりの会」が焼き畑で荒廃した森林の再生を目指し、ラオスで植林活動を開始する。高尾山周辺で森林の整備に取り組む同会の植林の技を活かし、3年間で15ヘクタールに植林する予定。

9.20　**イノシシ肉から国の基準を超えるセシウム検出**（茨城県）　茨城県環境政策課が、イノシシが生育するとみられる県内16市町のうち、14市町で実施したイノシシ肉の放射性物質検査の結果を発表。日立、高萩、土浦の3市の検体から、国の基準（1キロあたり500ベクレル）を超える890～1040ベクレルの放射性セシウムが検出された。他の11市町は78～400ベクレル。これを受けて、県は16市町に対してイノシシ肉の食用を控えるよう要請した。イノシシが捕獲できず未検査の2市でも、捕まり次第検査を行う。

9.20　**改訂版工程表、「ステップ2」の達成を年内に前倒し**（福島県）　政府と東京電力は、福島第1原発の事故収束に向けた工程表に関し、過去5ヵ月間の達成状況と見直しを盛り込んだ改訂版を発表。現在は放射性物質放出の大幅抑制を目指す「ステップ2」の段階で、2012年1月を達成期限としてきたが、原子炉の「冷温停止状態」のみならず、他の課題も含めたス

テップ2全体について、11年内を目途に達成を前倒しにすると表明した。

9.20 **青森県で3例目の松くい虫発見**（青森県）　青森県が、深浦町大間越のクロマツ2本から県内3例目の松くい虫が発見されたと発表。松くい虫は秋田県まで広がっており、県境で発見されたことから、自然に侵入した可能性が高い。2008年に外ヶ浜町、2010年に蓬田村で見つかった過去2例は、人為的に持ち込まれた可能性もあるという。

9.22 **富士山、世界文化遺産に推薦決定**（山梨県，静岡県）　世界遺産条約関係省庁連絡会議で、富士山を世界文化遺産として推薦することが決定。文化庁、環境省、林野庁の共同推薦で、9月末までに暫定版の推薦書、来年2月1日までに正式版をユネスコ世界遺産センターに提出する。

9.26 **WHO、世界の大気汚染一覧を発表**（世界）　世界保健機関（WHO）が、世界91ヵ国約1100都市の大気汚染を比較した一覧表を初めて公表。新興国・途上国の汚染が深刻で、日本などの先進国でも、WHOが環境保全の目安として推奨する指標値（濃度20マイクロ・グラム）を超える都市が多かった。ワースト1位はイランの産油都市アフワズで、濃度372マイクロ・グラム。東京は23マイクロ・グラム、大阪は27マイクロ・グラムで、いずれも指標値超え。

9.27 **「国連ESDの10年」最終年会合の開催地決定**（愛知県，岡山県）　2014年に日本で開かれる「国連持続可能な開発のための教育（ESD）の10年」最終年会合の開催地が決定。閣僚級会合や全体のとりまとめ会合は愛知県・名古屋市で、ESD最終年会合の一環として位置付けられる研究者、NPOなどの各種会合は岡山市で開催する。

9.27 **トキ5次放鳥開始**（新潟県）　新潟県佐渡市で国の特別天然記念物トキの5次放鳥が始まり、初日は18羽のうち10羽が佐渡トキ保護センターの「順化ケージ」から飛び立った。放鳥は28日も早朝から行われる。トキの野生復帰を目指し、過去4回の放鳥で計60羽が飛び立ったが、いずれも繁殖には至っていない。

9.28 **ユネスコエコパークに宮崎県「綾地域」の推薦決定**（宮崎県）　日本ユネスコ国内委員会自然科学委員会の「人間と生物圏計画分科会」で、宮崎県「綾地域」をユネスコエコパークに推薦することが決定。同地域には日本最大級の照葉樹自然林が残り、多くの日本固有種がみられる。

9.28 **福島第1原発2号機、「100度以下」達成**（福島県）　東京電力は、福島第1原発2号機の原子力底部温度が99.4度になり、事故後初めて100度を下回ったと発表。これを以って「冷温停止状態」の条件の一つである「100度以下」を、1～3号機の全てで達成したことになる。

9.29 **国有林、汚染土の仮置き場に**（福島県）　林野庁は、福島第1原発事故の除染作業によって出た汚染土の仮置き場として、国有林をあてる方針を固

めた。福島県の二本松市と飯舘村にある国有林内に仮置き場を設ける方向で、自治体側と調整している。

9.30 「緊急時避難準備区域」指定解除（福島県） 原子力災害対策本部の会合で、福島第1原発から半径20〜30キロ圏を中心に、福島県の5市町村で設定した「緊急時避難準備区域」の指定を一括解除することが決定し、公示した。

9.30 ミャンマー、ミッソンダム建設中止（ミャンマー） 数ヵ月に及ぶ反対運動に応え、ミャンマーは国内最大のイラワジ川での「ミッソンダム」の建設を中止した。

9.30 農水省、森林除染方法の実験結果公表（福島県） 農林水産省が、放射性物質で汚染された森林の除染方法についての実験結果を公表。福島県の郡山市と大玉村の杉林で放射性セシウムの分布を調査したところ、針葉樹では葉に38％、落ち葉に33％、土壌に17％の割合で存在することがわかった。これを踏まえて落ち葉や下草を取り除く実験を行い、12メートル四方を除去すると放射線量が2割ほど低減した。この結果から試算すると、20メートル以上除去しても低減効果は変わらないという。広葉樹の場合は落ち葉のセシウム分布度が高く、除去することで約5割の線量低減が見込める。

9.30 福島県飯舘村などでプルトニウム検出（福島県） 文部科学省が、福島県飯舘村など同県内6ヵ所の土壌から、福島第1原発事故で拡散したとみられる放射性物質のプルトニウムが検出されたと発表。原発80キロ圏内の広範囲で放射性物質のストロンチウムも検出され、事故の影響が広範囲に及ぶことが改めてわかった。

9月 三陸復興国立公園構想、検討開始（宮城県，岩手県，青森県） 環境省中央環境審議会自然環境部会は、東日本大震災による津波で甚大な被害を受けた三陸海岸沿いの6つの国立・国定・県立公園（宮城・岩手・青森県）を、「三陸復興国立公園」に再編する検討を始めた。

9月 被災地の復興住宅、地元業者が展示場（岩手県） 仮設住宅建設で大手に先んじられた被災地の地元企業が、復興住宅の建設で巻き返しを図っている。9月末、岩手県宮古市の新興住宅街に、地元の施工業者「フェニーチェホーム南洋」が平屋建てのモデルハウスをオープン。耐震性を強化し、屋根には太陽光パネルを備える。地元住宅関連業者らで構成する「みやこ型住宅ネットワーク」は、がれき木材でつくった復興ボードを部材に使い、ペレットや薪を燃やすストーブを備えた住宅を売り出す。大手住宅メーカーも、復興住宅の受注を目指して被災地に続々と乗り出している。

9月 福島の森林全域で、放射能汚染実地測定開始（福島県） 農林水産省は福島県内の森林全域を対象に、9月下旬から放射性セシウムの土壌濃度と

空間線量を測定する実地調査を開始。調査結果を2012年2月末までにまとめ、汚染濃度の分布地図を公表する。

10.1 港区、「みなとモデル二酸化炭素固定認証制度」開始（東京都）　東京都港区が、建築物等への国産木材の使用を推進する「みなとモデル二酸化炭素固定認証制度」を開始。対象は10月以降に建築確認申請が出される延べ床面積5km²以上の区内のビルで、建築物等に使用された国産木材に相当するCO_2固定量を独自に認証する。同制度では、伐採後の再植林を保証する「間伐材を始めとした国産材の活用促進に関する協定」を港区と締結した全国23市町村産の木材の使用を推奨している。国産材の需要喚起と、森林の整備促進がねらいだ。

10.1 嶺北3町村で「木の駅プロジェクト」開始（高知県）　高知県嶺北地域の土佐町・本山町・大川村で、間伐促進と地元商店街の活性化を図る社会実験「木の駅プロジェクト」が開始された。山に放置されたチップ材を1トンにつき6千円分の地域通貨で出荷者から買い取り、3500円程度でチップ業者に売却。差額は早明浦ダムを管理する水資源機構が負担する。今回の出荷期間は1ヶ月間、地域通貨の流通期間は2ヶ月。

10.6 林野庁、キノコ原木などの指標値を通知（日本）　林野庁がキノコ原木と菌床用培地について、当面の放射性セシウムの指標値を乾重量1キロあたり150ベクレルとし、都道府県と関係団体に通知した。同庁は原木や培地の放射性物質がキノコにどの程度移行するかを調査していたが、情報がある程度集まったため、今回の通知となった。

10.7 アマゾンの森林伐採面積、最少に（ブラジル）　ブラジル政府が、2010年7月までの1年間で伐採されたアマゾンの森林面積は7km²で、1988年の監視開始以来、最少だったことを明らかにした。違法伐採の摘発強化が功を奏したとみられ、政府は2020年の伐採面積を4km²にとどめるという目標を発表している。

10.7 生物多様性自治体ネットワーク設立（日本）　生物多様性条約第10回締約国会議（COP10/国連地球生きもの会議）の名古屋開催から1年を機に、「生物多様性自治体ネットワーク」が設立された。岐阜、愛知など4県と名古屋市、横浜市など10市町が発起自治体となり、全国110の地方自治体が生物多様性の保全や持続可能な利用に関する情報を共有する。

10.9 福島県、子どもの甲状腺検査を開始（福島県）　福島第1原発事故を受け、福島県は震災時に概ね18歳以下だった県民36万人を対象に、生涯にわたって継続する甲状腺検査を始めた。子どもたちの甲状腺の状態を把握し、健康を長期に見守ることを目的としている。

10.11 トウモロコシ由来のバイオエタノール補助金、世界の食料不足の原因に（アメリカ，世界）　アメリカのトウモロコシ由来のバイオエタノールに対する補助金が、世界の食料不足の主な原因であると国際食糧政策研究

10.11 千葉県産シイタケなど、出荷停止（福島県，千葉県，茨城県）「原子力災害対策特別措置法」に基づき、千葉県我孫子市産と君津市産の露地栽培シイタケの出荷が停止された。14日に茨城県鉾田市など4市で採れたシイタケ、18日に福島県喜多方市産の野生キノコ全般と同県二本松市産の露地栽培シイタケ、31日には同県相馬市産といわき市産の露地栽培ナメコの出荷が、それぞれ停止された。

10.12 福島県知事、県産米の安全宣言（福島県） 11年に作付けが認められた全48市町村のコメの放射性物質検査をした結果、いずれも国の暫定規制値を下回ったと福島県が発表。全域で新米の出荷が可能となり、佐藤雄平知事が県産米の安全を宣言した。

10.14 原発事故で福島県の林業に打撃（福島県） 原発事故で警戒区域や計画的避難区域となった福島県内の民有林・国有林の計8万3千ヘクタールで、作業が停止している。県内に20ある森林組合では、両区域の所有者からの伐採や下草刈りの発注が途絶え、飯舘村の森林組合が休業。夏頃から首都圏への木材の出荷も減少し、取引停止の理由を明言されないことも多いという。除染の見通しも立たず、森林の荒廃が懸念される。

10.16 地球温暖化、動植物の規模も縮小（世界） 地球温暖化によって、多くの動植物の数のみならず、規模も縮小すると指摘する記事が『ネイチャー・クライメイト・チェンジ』誌に掲載された。

10.17 改訂版工程表、「ステップ2」の達成期限に「年内」明記（福島県） 政府と東京電力は、福島第1原発の事故収束に向けた工程表を改定。放射性物質の放出量は毎時約1億ベクレルとなり、放射性物質放出の大幅抑制を目指す「ステップ2」の達成に近づいた。最重要課題の「冷温停止状態」の条件もほぼ充足していることから、同ステップの達成期限を1ヶ月前倒しにし、初めて「年内」と明記した。

10.17 大牟田にバイオマス水素製造プラント完成（福岡県） 福岡県大牟田市健老町の工業団地「大牟田エコタウン」に、間伐材などのバイオマスから水素を製造する世界初の商用プラントが完成。新出光子会社「イデックスエコエナジー」が総工費21億4千万円をかけて建設した。6ヶ月間の試運転を経て、2012年4月に商用運転へ移行する予定だ。

10.19 機関投資家、CO_2排出量削減について要請（世界） 世界最大級の285の機関投資家が、法的拘束力のあるCO_2排出量削減の合意を形成することを各国政府に要請した。

10.20 出雲市、松枯れの防除区域を縮小（島根県） 出雲市松枯れ対策再検討会議が市役所で開かれ、防除計画区域を24％削減することが決定。2008年度以降、松くい虫被害で市内の42％の松が失われる中、防風・防砂林や

海岸など、クロマツでなければ維持できない林を集中的に守る方針だ。除外した地域は松以外の木で森林を再生する。

10.21 **COP17への政府方針発表**（日本）　細野豪志環境相が、南アフリカで11月末に開催される国連気候変動枠組み条約第17回締約国会議（COP17）に臨む政府方針を発表。2012年に期限切れを迎える「京都議定書」に続く新たな枠組みを採択することは困難な状況であるとして、移行期間の設定を主張する方針だ。「カンクン合意」に基づき、移行期間中は米国や中国を含むすべての国が削減目標を示し、取り組み状況を確認し合うことを提案する。

10.21 **柏市の土中で異常に高い放射線量検出**（千葉県）　千葉県柏市が、同市の市有地の地表付近で毎時20マイクロシーベルト、30センチ以上掘った土中では毎時57.5マイクロシーベルトの異常に高い放射線量が検出されたことを明らかにした。22日には、地表から約30センチ下の土壌から、1キロあたり最高27万6000ベクレルの高濃度な放射性セシウムが検出されたと発表。23日、文部科学省が現地調査を行い、放射性セシウムを含んだ雨水が現場の側溝から外に漏れ出し、土壌に染み込んで蓄積され、局所的に高くなったとの見方を示した。

10.23 **九十九里浜でクロマツ植樹**（千葉県）　千葉県の長生村と白子町、一宮町にわたる九十九里浜の海岸県有保安林で大規模なクロマツの植樹があり、住民らが参加して約4500本の苗を植えた。同地では松くい虫被害のほか、東日本大震災の津波による塩害で枯死するマツが増えていた。環境保全に加え、津波の勢いを減衰する保安林としての役割が期待されている。

10.24 **国際森林年メッセージおよび行動提案発表**（日本）　2011年の国際森林年の後も国民が一丸となって森林を支えていく気運を醸成できるよう、国際森林年国内委員会が「メッセージと行動提案」を発表。「森のチカラで、日本を元気に」というメッセージで持続可能な森林の管理・活用を呼び掛け、「人づくり」「森づくり」「木づかい」「震災復興」の4分野で20の行動を提案した。

10.26 **東海第二原発で汚染水漏出**（茨城県）　日本原子力発電は、定期点検中の東海第二原子力発電所（茨城県東海村）で、作業ミスにより原子炉圧力容器から汚染水が推定22.4トン漏出したと発表。防護服と全面マスクを着用していた協力会社の作業員4人に被曝はなかった。

10.29 **国民参加の森林づくりシンポジウム開催**（静岡県）　第36回育樹祭開催1年前記念・国際森林年記念行事「国民参加の森林づくりシンポジウム」が静岡県袋井市で開催され、林業家や研究者らが東日本大震災の復興に森林資源を活かす方法や、森林・林業の再生について話し合った。

10.29 **福島県に中間貯蔵施設整備の政府工程表提示**（福島県）　福島第1原発事故

による放射性物質除染問題で、政府は福島県内に建設する汚染土壌や廃棄物の中間貯蔵施設の整備にかかる工程表を県側に提示。建設場所は遅くとも12年度中に選定し、搬入前は各市町村の仮置き場に3年ほど保管。2015年1月から中間所蔵施設の稼働を開始し、30年以内に県外で最終処分することを明示した。細野豪志環境相から協力要請を受けた佐藤雄平知事は、態度を保留。

10.31　**屋久島の縄文杉入域制限案を凍結**（鹿児島県）　30日に行われた屋久島町長選で初当選した荒木耕治新町長が、縄文杉に向かう歩道周辺の森などへの立ち入り制限案を凍結し、別の保護方法を探る意向を示した。縄文杉周辺の利用状況や植生の状態を再調査し、人数制限の是非を探る方針だ。縄文杉周辺だけに着目するのではなく、島北部と縄文杉を結ぶ登山道の整備や、シャトルバスの運行時間の見直しなど、人数制限に頼らず保護する方法を探る。また、すべての観光客から千円程度の「入島料」を徴収することを検討すると表明した。

10月　**大木町、紙おむつの分別収集開始**（福岡県）　福岡県大木町が、紙おむつの資源化のため、分別収集を開始した。

11.1　**小田原市産の茶葉など、出荷停止解除**（神奈川県，福島県）　「原子力災害対策特別措置法」に基づき、6月2日から続いていた神奈川県小田原市産の茶葉の出荷停止措置が解除された。4日には3月から続いていた福島県広野町と川内村の葉物野菜とカブについて、10日には神奈川県真鶴町産の茶葉について、それぞれ出荷停止措置が解除された。※川内村については、福島第1原発から20キロ圏内を除く。

11.2　**林野庁、調理用の薪と木炭の暫定指標値を通知**（日本）　林野庁が調理加熱用の薪および木炭の当面の指標値を、それぞれ乾重量1キロあたり40ベクレルと280ベクレルに設定。指標値を超えるものが生産、流通、使用されることのないよう、各都道府県に通知した。

11.7　**栃木産クリタケなど、出荷停止**（栃木県，茨城県）　暫定規制値を超える放射性セシウムが検出されたとして、栃木県矢板市産と鹿沼市産の露地栽培のクリタケの出荷が停止された。10日、茨城県産のシイタケ全てと、阿見町産の露地栽培シイタケの出荷が停止された。

11.7　**福島のチェルノブイリ調査団が帰国**（福島県，ベラルーシ，ウクライナ）　福島第1原発事故からの復興に役立てようと、10月31日からチェルノブイリ原発や周辺地域を訪問していた「ベラルーシ・ウクライナ福島調査団」が帰国。調査団は福島県内の自治体関係者や研究者で構成され、参加した川内村の遠藤雄幸村長は「子どもの健康管理システムを参考にしたい」と語った。ベラルーシのコマリン村の学校には食品の放射能測定器が置かれ、子どもたちも使い方を覚えているという。チェルノブイリ周辺の森林や農地の除染は放置されたままだった。

11.9　電力業界、温室効果ガス削減に弱腰（日本）　経済産業省で産業界の温暖化対策を点検する専門家会合が開かれ、電気事業連合会が温室効果ガスの大半を占めるCO_2の削減状況を報告。2010年度の電力各社のCO_2排出量は、1990年度比で16％減。「2008〜12年度の平均で90年度比20％削減」の目標は3年連続で未達成となった。原発再稼働の見通しが立たぬ中、排出量の3割を占める電力業界では、目標の実現は難しいとみている。

11.9　福島の野生イノシシ肉、出荷停止（福島県）　福島県相馬市と南相馬市で捕獲されたイノシシ肉から、国の基準（1キロあたり500ベクレル）を超える放射性セシウムが検出された。これを受けて、政府は県知事に原発周辺の12市町村（相双地域）で捕獲された野生イノシシ肉の摂取制限および出荷停止を指示。野生動物の肉に関する同様の制限は今回が初めて。

11.9　米・環境規制制度による一時解雇、0.3％（アメリカ）　保守的な経済界や共和党から「雇用削減法」と揶揄されていた環境規制制度による2010年の一時解雇は、わずか0.3％だったことがアメリカ労働統計局のデータでわかった。

11.10　タイヘイヨウイチイ、絶滅の恐れ（世界）　化学療法薬タキソールの主原料・タイヘイヨウイチイが、医療目的での過剰伐採で、近い将来絶滅する恐れがあると科学者が警告した。

11.15　しれとこ100m^{2}運動地で、初のエゾシカ駆除（北海道）　「しれとこ100m^{2}運動」で取得した土地の森林再生のあり方を考える専門委員会が、斜里町役場で会議を開催。環境省がこの冬に運動地で計画している初のエゾシカ駆除と、死骸の搬出を受け入れることを決定した。委員会は既に世界遺産地域内にある運動地での駆除と、「特例措置」として死骸の搬出を容認しているが、措置期間は定めていない。2012年度から始まる第2期保護管理計画の中で、運動地のある幌別・岩尾別では、3年間の密度操作実験が予定されている。委員会は実験終了後に改めて駆除への協力や、死骸搬出の「特例措置」の期間を検討することにした。

11.15　遠州灘の砂浜保全に市民が粗朶集め（静岡県）　静岡県掛川市北部の「倉真まちづくり委員会」と倉真地区の住民ボランティア32人が、地元の里山の木の枝を集めて束にした粗朶を、同市南部の海岸に面した大東地区に提供した。大東地区の住民から粗朶が足りないと聞いた倉真地区の住民が、里山の木を切って協力することになった。粗朶は砂浜保全のために設置された竹垣が倒れるのを防止するため、その手前に置くもの。20日に両地区の住民が粗朶立てを行う予定で、山と海で暮らす市民の交流を深めたい考えだ。

11.17　改訂版工程表、原子炉の「冷温停止」年内可能（福島県）　政府と東京電力は、福島第1原発の事故収束に向けた工程表に、達成状況などを反映した改訂版を発表した。放射性物質の追加放出による敷地境界での年間被

爆量は0.1ミリシーベルトと確定値を初公表し、ステップ2の最重要課題「冷温停止状態」の条件の1つを達成。細野豪志原発相は、年内の冷温停止状態の達成は可能とみている。

11.17 **福島市大波地区産のコメなど、出荷停止**（福島県） 福島市大波地区で生産されたコメから国の暫定規制値を超える放射性セシウムが検出されたとして、同地区産の米の出荷が停止された。セシウム汚染によるコメの出荷停止はこれが初めて。29日には、福島県伊達市の小国地区と月舘地区の農家計3戸が収穫した玄米から国の暫定規制値を超える放射性セシウムが検出されたとして、両地区のコメの出荷が停止された。

11.17 **北海道のエゾシカ農業被害額、過去最大に**（北海道） 2010年度のエゾシカによる北海道の農業被害額が、過去最大の59億円にのぼることがわかった。被害額は年々増加しており、前年度比17％増。野生鳥獣による農業被害約67億円の9割をエゾシカが占めた。また、全体額の6割がオホーツクや十勝などの道東部だった。

11.21 **主要温室効果ガス、観測史上最高を更新**（世界） 世界気象機関（WMO）は、大気中の主要な温室効果ガスの平均濃度が観測史上最高値を更新したと発表。2010年12月までの観測結果によると、二酸化炭素の濃度は389ppm（前年比2.3ppm増）、メタンは1808ppb（同5ppb増）だった。

11.21 **米北西部でカキの幼生大量死**（アメリカ） アメリカ北西部でカキの幼生が大量死したことは、海水の酸性化が海洋生物に与える将来への影響を示唆している。

11.28 **COP17開幕**（南アフリカ） 南アフリカのダーバンで、国連気候変動枠組み条約第17回締約国会議（COP17）が開幕。議長国である同国のジェイコブ・ズマ大統領の演説で、「国益」を超えて「人類の利益」を思い描くよう代表団に要請した。

11.29 **COP17の政府方針決定**（世界） 地球温暖化問題に関する閣僚委員会で、南アフリカのダーバンで開催中の国連気候変動枠組み条約第17回締約国会議（COP17）に臨む政府方針が決定。2012年末に期限切れを迎える「京都議定書」の延長に反対することを改めて確認した。延長が決まった場合には参加を拒否し、先進国に削減義務を課す「京都体制」を離脱する方針だ。

12.4 **福島第1原発で汚染水漏出**（福島県） 東京電力は、福島第1原発で約45トンの汚染水が漏れ、一部が施設外に漏出したことを明らかにした。6日、東電は海に流出した汚染水は約150リットルと発表。海に流出した汚染水に含有される放射性物質の総量は、約260億ベクレル。

12.5 **「福島県農林地等除染基本方針」発表**（福島県） 福島県が「農林地等の除染基本方針」を発表。県内産の全ての農畜産物や牧草、林産物のモニタ

リング検査で、放射性セシウムが不検出となることを目標に定めた。市町村や農協などに田畑や牧草地、樹木の除染方法などを示し、目標達成を目指す。

12.5 **2010年のCO_2排出量、過去最高に**（日本）　国立環境研究所などが参加する国際研究組織「グローバルカーボンプロジェクト」(GCP)の研究で、2008～09年に減少した世界のCO_2排出量が、前年比5.9％の増加に転じ、過去最高の91億トン（炭素換算）にのぼることが明らかになった。2008～09年は金融危機で排出量の増加速度が失速しただけとみている。また、大気中のCO_2濃度も389ppmという記録的な水準に達したことも判明。12月5日付『ネイチャー・クライメイト・チェンジ』電子版に、この研究成果をまとめた報告書が掲載された。

12.5 **温室効果ガス削減、目標の倍の努力が必要**（南アフリカ）　南アフリカのダーバンで開催中の国連気候変動枠組み条約第17回締約国会議（COP17）で、国連環境計画（UNEP）は86ヵ国が掲げる温室効果ガスの削減目標を踏まえ、2020年までの削減量の予測を発表。温暖化を回避するためには、目標の倍以上の努力が必要であるとした。

12.5 **福島市東部のコメなど、出荷停止**（福島県）　福島県の福島市や伊達市でとれたコメ（玄米）から国の暫定規制値を超える放射性セシウムが検出された問題で、福島市東部の阿武隈川沿い地域（同市渡利地区を含む）で収穫されたコメの出荷が停止された。9日には伊達市の旧富成村地区と旧桂沢地区のコメ、19日には伊達市の旧掛田町地区のコメについて、それぞれ出荷が停止された。

12.6 **COP17閣僚級会合開幕**（南アフリカ）　南アフリカのダーバンで開催中の国連気候変動枠組み条約第17回締約国会議（COP17）の閣僚級会合が始まり、2012年末で期限切れを迎える京都議定書以降の地球温暖化対策の枠組み交渉が山場を迎えた。細野豪志環境相は議長国・南アのエドナ・モレワ環境相との会談で、米国や中国も削減義務を負う新体制の開始時期について、「2020年を待たずに、できるだけ早急に成立すべきだ」と述べ、日本として初めて期限を明言。欧州連合（EU）は新体制への工程表の合意と引き換えに、議定書の延長を認める考えだが、日本は延長を拒否する姿勢。中国は2020年以降に義務を負う可能性を示唆し、米国も2020年以降の議論には応じる構えを見せた。

12.6 **岩手県産カラマツの需要伸長**（岩手県）　加工技術の進歩で、従来は住宅用建材には不向きとされてきたカラマツの需要が増加している。2010年の国内生産量の9割以上を北海道、岩手、長野が占め、岩手県内の生産量は10年前と比べて2倍近く増えた。2011年初めにはスギを上回る価格が付き、今後震災復興が本格化すれば、引き合いが加速すると見込まれている。

- 12.7 COP17、京都議定書延長に3つの素案（南アフリカ）　南アフリカのダーバンで開催中の国連気候変動枠組み条約第17回締約国会議（COP17）で、2012年末で期限切れを迎える京都議定書を延長する場合の3つの案が明らかになった。議長国の南アフリカが主催する非公開協議で、(1)5年間 (2)8年間 (3)8年間中の4年目で目標達成度等を評価し、目標設定を見直す、の3つが素案として各国に提示された。この素案を元に、最終調整に入る見通しだ。
- 12.7 美浜原発2号機で冷却水漏れ（福井県）　関西電力は、運転中の美浜原子力発電所2号機（福井県美浜町）で、原子炉格納容器内の装置から1次冷却水漏れが発生し、8日未明に原子炉を手動停止すると発表した。
- 12.7 復興特区法制定（日本）　「東日本大震災復興特別区域法（復興特区法）」が制定された。12月14日公布、12月26日施行。
- 12.8 COP17、「緑の気候基金」設立合意へ（南アフリカ，アフリカ）　南アフリカのダーバンで開催中の国連気候変動枠組み条約第17回締約国会議（COP17）で、地球温暖化の影響を受けやすい途上国を支援する「緑の気候基金」の設立に各国が合意する見通しになった。9日の最終日を控え、京都議定書の延長をめぐって厳しい交渉が続く中、一つの成果を確保したことになる。「緑の気候基金」はアフリカ諸国などの途上国に温暖化対策の資金を集める組織で、議長国のアフリカは基金の設立をCOP17の重要項目に位置付けていた。
- 12.8 第4回海岸防災林の再生に関する検討会（日本）　第4回「東日本大震災に係る海岸防災林の再生に関する検討会」が開催され、「海岸防災林の再生に関する調査結果」について検討。津波の力の減衰には微地形が影響し、小さな盛り土でも複数列あれば効果がある、等の意見があった。
- 12.9 B型肝炎特別措置法、可決・成立（日本）　参院本会議で、「特定B型肝炎ウイルス感染者給付金等の支給に関する特別措置法（B型肝炎特別措置法）」が可決・成立した。6月28日に調印した和解の基本合意書に沿った救済の枠組みを定め、集団予防接種でB型肝炎に感染した患者に給付金を支払う内容だ。救済対象は約45万人と推計される。
- 12.9 COP17、最終合意に向け議長提案（南アフリカ）　南アフリカのダーバンで開催中の国連気候変動枠組み条約第17回締約国会議（COP17）が最終日を迎え、議長国の南アフリカが最終合意に向けた議長提案を各国に提示。2012年末で期限切れを迎える京都議定書を延長し、20年以降にすべての国が参加する新枠組みを開始。その枠組みは、遅くとも2015年までに採択する、という内容だ。京都議定書の延長については改正手続きをとらず、各国が自国に持ち帰って精査し、延長に参加する先進国に来年5月までに2013年以降の削減目標を提出するよう要請した。
- 12.9 玄海原発3号機で冷却水漏れ（佐賀県）　定期検査中の九州電力玄海原子力

発電所（佐賀県玄海町）3号機で、1次冷却水を浄化するポンプから、放射性物質を含む水が約1.8トン漏れた。汚染水は外部には漏出していないという。当初、九電はポンプのトラブルのみを発表し、水漏れを公表したのは事故発生から10時間後だった。

12.10 「平成24年度税制改革大綱」閣議決定（世界） 地球温暖化対策のための税の導入などを盛り込んだ「平成24年度税制改革大綱」が閣議決定された。

12.10 京都でナラ枯れを知るイベント開催（京都府） 京都を囲む山々のナラ枯れの被害状況を市民に知ってもらうことを目的に、「京都の森を守ろう 薪割り＆ウォーク」が東山界隈で開催された。関西一円から市民ら約170人が参加し、被害木の薪割りを体験。三十三間堂から青蓮院までの山道を歩き、立ち枯れた被害木を見学した。

12.11 COP17閉幕（南アフリカ） 南アフリカのダーバンで開催されていた国連気候変動枠組み条約第17回締約国会議（COP17）が会期を1日半延長し、11日早朝に合意にこぎつけた。京都議定書を2013年以降も延長し、中国や米国などすべての国が参加する新体制の枠組みを2015年までに採択、2020年までに発効するとした「ダーバン合意」を採択して閉幕。日本は議定書の削減義務延長への参加を拒否し、先進国に温室効果ガス削減義務を課す「京都体制」から一時離脱したが、批准国としては残ることになった。

12.12 カナダ、京都議定書から正式に脱退（カナダ） カナダ政府が、先進国に温室効果ガス削減を義務付けた京都議定書からの正式脱退を表明。温室効果ガス削減目標の達成が困難になったことが理由で、議定書の批准国が脱退するのはこれが初めて。今後の削減義務だけではなく、現行の義務も放棄し、議定書のすべてから脱退する。カナダは2008～12年に温室効果ガスの排出を1990年比6%削減する義務を負っているが、採掘時に大量のCO_2が発生する「オイルサンド」の開発を進めているため、目標達成が絶望視されていた。

12.13 「奇跡の一本松」蘇生断念（岩手県） 復興のシンボルとなっていた岩手県陸前高田市の「奇跡の一本松」の蘇生が絶望的であるとして、日本緑化センターが保護を正式に断念したと発表。市は一本松の幹を記念碑として保存する方向で検討する。国の名勝・高田松原の7万本の松のうち、津波に耐えて1本だけ残っていたが、塩分を含む地下水で根が腐り、衰弱が進んでいた。

12.13 2010年度の日本の温室効果ガス排出量（速報値）、前年比3.9%増（日本） 環境省が2010年度の温室効果ガス排出量（速報値）を発表。総排出量は12億5600万トンで、前年度より3.9%増加。京都議定書の基準年の1990年を0.4%下回った。景気回復に伴う製造業の生産回復や、猛暑・厳冬による電力消費の増加が原因とみられる。森林吸収や海外からの排出枠購

入分を削減量に繰り入れると、2010年度の排出量は10.3％減。日本は京都議定書で2008～12年度に1990年度比6％削減を義務づけられているが、同様の計算で、2008年～10年度の年平均排出量は90年度比10.9％減となり、3年連続で目標を達成したことになる。ただし、福島第1原発事故の影響で、2011年度以降の見通しは厳しい。

12.14 **奇跡の一本松、子どもの苗成長**（岩手県）　住友林業が、岩手県陸前高田市の「奇跡の一本松」の種子から苗を育てることに成功したと発表。一本松の蘇生は断念されたが、後継となる18本の苗が高さ約4センチに成長している。復興の象徴として育て、将来的に松原の再生に生かしたい考えだ。

12.15 **森林のセシウム、若葉に汚染拡散なし**（福島県）　日本原子力研究開発機構などが5月14日に行った調査で、福島第1原発事故で福島県飯舘村の森林などに降り注いだ放射性セシウムが、事故当時既にあった葉や幹の表面に付着したまま留まり、事故後に生えた若葉や果実に汚染が拡散していないことがわかった。雪や氷と一緒に降ったことが、樹木の内部や土への吸収を防いだとみられる。

12.19 **汚染状況重点調査地域に102市町村を指定**（東北地方，関東地方）　福島第1原発事故による放射能汚染で、環境省は東北・関東地方8県の102市町村を「汚染状況重点調査地域」に指定。指定されたのは岩手、宮城、福島、茨城、栃木、群馬、埼玉、千葉県の市町村で、国から除染の財政支援が受けられる。

12.21 **エネルギー・環境会議が基本方針を決定**（世界）　エネルギー・環境会議が「基本方針―エネルギー・環境戦略に関する選択肢の提示に向けて」を決定。

12.21 **フィリピン台風による洪水で死者千人以上**（フィリピン）　フィリピンで、台風に伴う洪水によって千人以上が死亡した。

12.22 **「環境未来都市」選定**（日本）　北海道下川町、岩手県釜石市など全11件の「環境未来都市」が選定された。

12.22 **たたらの里山、国が推進する総合特区に指定**（島根県）　島根県雲南市の8割を占める森林を活用した「たたらの里山再生特区」が、国から地域活性化総合特区の指定を受けた。特区では森林バイオマスと山地酪農を柱に、中山間地域が抱える重要課題の解決を図るため、地域全体で里山の再生に取り組む。

12.22 **八ツ場ダム建設再開決定**（群馬県）　前田武志国交相が、再検証の対象となっていた群馬県の八ツ場ダムの建設継続を発表。2012年度予算案に本体工事経費を計上し、建設を再開すると正式に表明した。

12.26 **都内でストロンチウム89検出**（東京都）　東京都世田谷区で3月に採取され

た大気中から、福島第1原発事故で拡散したとみられる放射性物質のストロンチウム89が検出されたことが判明した。関東地方でストロンチウムが検出されたのは、これが初めて。

12.27 **森林の放射性物質、生葉と落ち葉で高濃度**(福島県) 「森林内の放射性物質の分布調査結果について(第二報)」を、森林総合研究所がとりまとめた。福岡県の3ヵ所で森林内の土壌と落ち葉、樹木の部位別に放射性セシウム濃度を測定した結果、針葉樹林では落ち葉と生葉が高濃度で、落葉樹林では落ち葉が高濃度であること等がわかった。

12.28 **双葉郡に中間貯蔵施設建設を要請**(福島県) 福島第1原発事故に伴う除染で発生した汚染土壌などを保管する中間貯蔵施設について、細野豪志環境相が佐藤雄平福島県知事、同原発が立地する双葉郡の8町村長らと会談。同郡内への施設建設を正式に要請した。地域を特定するのはこれが初めて。

12月 **長期戦略「2020年の東京」公表**(東京都) 東京都が都政運営の新たな長期戦略「2020年の東京—大震災を乗り越え、日本の再生を牽引する」を公表した。

この年 **「森林管理・環境保全直接支払制度」開始**(日本) 2011年度から、林野庁が「森林管理・環境保全直接支払制度」を開始。従来は伐採後に山林に放置されていた間伐材を市場に流通させる「搬出間伐」だけに補助金を出し、国内の木材需給率50%以上を目指す。

この年 **WWFジャパン、スマトラの森再生プロジェクト開始**(インドネシア) 2011年の干支にちなみ、世界自然保護基金(WWF)ジャパンが、「幻のウサギ」と呼ばれるスマトラウサギの生息するインドネシア・スマトラ島の森を再生させるプロジェクトを新たに開始。同島では伐採や農地への転換により、この25年間で熱帯林がほぼ半減。国立公園内でも違法な伐採が行われ、スマトラウサギの生息を脅かしている。プロジェクトでは一般からの寄付金をもとに植林を進めるほか、違法伐採のパトロール活動を行う計画だ。

この年 **シカの食害を防ぐ金網柵、嶺南地域に設置**(福井県) 福井県の嶺南地域を中心に深刻化しているシカの食害対策として、美浜町やおおい町は2011年度から町内全域の山際を金網柵で囲む取り組みを開始。県の調査では、山林の下草をシカが食べ尽くし、保水力や水源涵養機能が低下していることが明らかになった。

この年 **多賀町、集落環境点検で獣害対策**(滋賀県) 滋賀県内各地で野生動物による農作物被害が深刻化するなか、多賀町が獣害対策に「集落環境点検」を取り入れた。動物の進入路や被害作物を地域ぐるみで調査し、不要な果樹を切ったり、茂みを刈って隠れ場所をなくしたりして、集落をエサ場にしないようにする手法だ。2011年度は6人を新たに臨時に雇用

この年 **白保海岸でサンゴ激減**（沖縄県） 世界有数のサンゴ群落がある沖縄県石垣市の白保海岸で、国立環境研究所が調査を行った1998年から2010年の間に、サンゴの生息域が約4分の1に激減していることがわかった。海水温の上昇による「白化」現象のほか、赤土の流入や観光客の急増などが重なったことが原因とみられる。

2012年
（平成24年）

1.4 **福島環境再生事務所開設**（福島県） 環境省は「放射性物質汚染対処特別措置法」の施行を受け福島市に福島環境再生事務所を開設した。

1.6 **集中廃棄物処理施設敷地内で汚染水見つかる**（福島県） 福島第1原発の集中廃棄物処理施設敷地内のコンクリート製トレンチで142m^{3}の放射性汚染水が見つかった。

1.10 **汚染水浄化システムのタンクから10リットル漏れる**（福島県） 東京電力は、福島第1原発の汚染水浄化システムのタンクから約10リットルの汚染水が漏れたと発表した。

1.12 **トレンチで汚染水見つかる**（福島県） 東京電力は福島第1原発3号機西側のトレンチで、約300m^{3}の放射性汚染水が見つかったと発表した。

1.18 **大槌町で「復活の森」プロジェクトはじまる**（岩手県） 被災地の里山の間伐材を薪として販売する「復活の森」プロジェクトが大槌町吉里吉里で始まった。

1.19 **ナラ枯れの被害半減**（日本） 林野庁が2011年9月に行った全国のナラ枯れ被害発生状況を発表。被害量は16万m^{3}と前年度33万m^{3}からほぼ半減した。

1.19 **福島第1原発事故の汚染建材使われる**（福島県） 福島県浪江町の砕石を使った二本松市の新築マンションから高放射線量が検出された問題の他に、福島市の一般住宅でも問題の砕石が入ったコンクリートが使われていたことが分かった。

1.20 **4自治体分のがれき処理を国が代行**（福島県） 環境省は福島県相馬市、南相馬市、広野町、新地町の4自治体については、被災自治体の要請に基づいて国ががれき処理を代行できることなどを定めた特措法に基づき、処理を代行する方針を明らかにした。

1.21 作業員被ばく線量合算せず（福島県）　福島第1原発事故の収束に当たる作業員の放射線被ばく線量管理で、厚生労働省が作業時の被ばくだけを算出し、避難の際や日常生活での被ばく分を合算していないことが分かった。

1.23 放射性物質放出量が増加（福島県）　東京電力は福島第1原発1～3号機からの放射性物質放出量が毎時0.7億ベクレルとなり、昨年12月の同0.6億ベクレルから増加したと発表。

1.25 賠償対象外の市町村、東電に集団で要求（福島県）　原子力損害賠償紛争審査会の中間指針で損害賠償の対象から外された福島県白河・会津地方の26市町村の首長や議長らが東京電力に対し、地域を分断するような賠償を行わないように求めた。

1.26 屋久島、環境保全のために「入島料」検討（鹿児島県）　屋久島の環境を保全する財源を確保するため、鹿児島県屋久島町が観光客などからの「入島料」徴収の検討を打ち出した。

1.26 除染困難なら作付け制限を—JA福島（福島県）　JA福島中央会は、福島第1原発事故後に収穫された福島県産米から暫定規制値（1キロあたり500ベクレル）を超す放射性セシウムが相次ぎ検出された問題について、徹底した除染が難しければ今春の作付けを制限する方針を固めた。

1.26 福島第1原発事故 岩手県も賠償請求 被害対策経費、東電に1億400万円（福島県）　岩手県は東京電力に対して原発事故によって県と県内全33市町村でかかった被害対策経費約1億400万円の損害賠償を請求した。

1.27 汚染マップ、北海道、西日本でも作成（福島県）　文部科学省は福島第1原発事故による放射性セシウムの蓄積量などを示した汚染マップを、北海道や西日本についても作成すると発表。

1.27 除染工程表公表（福島県）　環境省は、福島第1原発事故で立ち入りが制限されている福島県浪江町や双葉町などの警戒区域と飯舘村などの計画的避難区域の除染作業の工程表を公表した。

1.31 40年で原則廃炉を閣議決定（福島県）　政府は閣議で原発を運転開始から40年で原則廃炉とする法案を決定した。

1.31 原子力規制庁設置を閣議決定（福島県）　政府は環境省の外局としての原子力規制庁の設置を閣議決定した。原発の推進と規制の組織を明確に分離し原発安全規制の転換を図る。

2.1 4号機で汚染水漏れ（福島県）　東京電力は福島第1原発4号機の原子炉建屋1階で推定8500リットルの放射性汚染水の漏れが見つかったと発表した。

2.3 福島第1原発事故 水漏れの地面2シーベルト 海への流出はなし（福島県）　東京電力は福島第1原発で、汚染水浄化システムのタンクから放射物

質を含む水が漏れたと発表。地面での表面線量がベータ線で毎時2000ミリシーベルト（2シーベルト）と高く、作業員が最大2・3ミリシーベルトの被ばくをした。

2.7 **福島第1原発事故 2号機にホウ酸水注入 70度前後を推移**（福島県） 東京電力は福島第1原発2号機の温度が急上昇し再臨界を防ぐためのホウ酸水を原子炉内に注入したと発表した。冷却のための炉内への注水量も毎時 $10・5m^3$（10・5トン）から同 $13・5m^3$（13・5トン）に増やした。午前10時現在温度は69度と高止まりしている。

2.8 **汚染水タンク付近で漏れ見つかる**（福島県） 福島第1原発2号機建屋横の汚染水タンク付近より汚染水の漏れが見つかる。

2.12 **圧力容器温度上昇、注水量増やす**（福島県） 東京電力は福島第1原発2号機で原子炉圧力容器底部の温度が74.9度まで上昇したため、冷却のための注水量を $1m^3$ 増やし、計 $14・6m^3$ 増やしたと発表した。

2.13 **「冷温停止状態」宣言後で最高の94.9度示す**（福島県） 東京電力は福島第1原発2号機の原子炉圧力容器底部にある温度計の一つが94.9度を示したと発表。昨年12月の「冷温停止状態」宣言後で最高の温度となった。東電は、温度計の不良が原因との見方を強めており「冷温停止状態は維持できている」としている。

2.13 **ビニールハウスの土から放射性セシウムを検出**（千葉県） 千葉県内の農家から集めた使用済みビニールハウスから出た土から、国の埋め立て基準1キロ当たり8000ベクレルの7倍を超える最大5万8000ベクレルの放射性セシウムを検出された。千葉県などが出資する「千葉園芸プラスチック加工」が公表した。

2.13 **東電、温度上昇は温度計の故障と断定**（福島県） 東京電力は福島第1原発2号機の原子炉圧力容器底部の温度が上昇している問題について「温度計の故障とほぼ断定した」と発表した。東電は「格納容器の中は湿度が高いため、温度計につながる回線の切断や絶縁不良などを起こしたのではないか」としている。

2.14 **41個中8個で温度計異常**（福島県） 東京電力は原子炉圧力容器底部の温度計の数値が異常に上昇した問題で、温度計の点検を進めたところ41個ある温度計のうち計8個に異常がみられたと発表。

2.14 **地熱発電 国立公園内の基準緩和へ**（日本） 環境省は国立公園内での地熱発電の開発基準緩和を決めた。再生可能エネルギー導入促進に向けた措置で、国立公園外や公園内の普通地域から斜めに井戸を掘削し、発電用に熱水などを活用できるようにする。

2.17 **地下飲用水から放射性物質出ず―緊急時避難準備区域**（福島県） 環境省が、2011年10〜12月に緊急時避難準備区域だった南相馬市、広野町、楢

葉町、川内村の4市町村で飲用されている井戸や蛇口などを調査したところ、ほとんどの飲用水から放射性物質は検出されなかったと発表。

2.21 **福島第1原発沖で最大1000倍のセシウムを検出**（福島県，アメリカ）
ウッズホール海洋学研究所（米国）は東京電力福島第1原発沖を調査した結果、事故前に比べて最大で約1000倍の濃度のセシウム137を海水から検出したと発表した。同研究所によれば70〜100キロ沖が最も濃度が高く、汚染は約600キロ沖まで及んでいたという。しかしながら人の健康や海洋生物にすぐに影響するレベルではないとしている。

2.25 **汚染水処理施設で高濃度汚染水漏えい**（福島県） 東京電力は福島第1原発の汚染水処理施設に設置されている放射性セシウム除去装置（サリー）の配管から$1cm^3$当たり31万ベクレルの高濃度汚染水約10リットルが漏れたと発表。装置の周囲に留まり、施設外には漏れていないという。

2.28 **「都市低炭素化促進法案」を閣議決定**（日本） 政府は「都市低炭素化促進法案」を閣議決定した。コンパクトなまちづくりで地球温暖化を防ぐことを目指すもので、バス路線の新設手続きの簡素化などの特例を設ける。

3.1 **業務を再開 広野町役場**（福島県） 福島第1原発事故によって。役場機能を福島県いわき市に移転していた広野町が本来の庁舎で業務を再開した。役場ごと避難した県内9町村で初の帰還となる。

3.12 **放鳥したトキが営巣 佐渡**（新潟県） 環境省は佐渡市で放鳥したトキの3歳どうしのペア1組が営巣を始めたと発表した。ヒナ誕生の期待が高まっている。

3.13 **ダム底に付近の10倍のセシウム**（福島県） 文部科学省は阿武隈川中流域にある蓬莱ダムの底の泥に、付近の貯水池に比べ10倍に達する放射性セシウムが蓄積しているとの調査結果を明らかにした。福島第1原発事故で土壌に蓄積したセシウムが、雨で川へ流れ込み、ダムの底で濃縮されたとみられる。

3.13 **警戒区域のがれき47万トン超に**（福島県） 環境省は東日本大震災で発生したがれきについて大熊町、浪江町、南相馬市などの警戒区域の沿岸部6市町での発生量は推定計47万4000トンに上ると発表した。がれきの量が最も多かったのは南相馬市の18万3000トンであった。

3.13 **放射性物質の蓄積範囲はチェルノブイリの8分の1**（福島県） 文部科学省は、福島第1原発事故で生じたセシウム137の土壌への蓄積分布は、チェルノブイリ原発事故と比較して8分の1程度だったとの調査結果を公表した。

3.22 **福島で「森林除染推進協議会」設立される**（福島県） 森林の除染を進めるための、県林業協会、県森林組合連合会、県木材協同組合連合会、県造園建設業組合など6団体を会員とする福島県森林除染推進協議会が発

足した。

3.26　ホースの継ぎ目から汚染水漏水（福島県）　福島第1原発内の淡水化処理施設とタンクを結ぶホースの継ぎ目から汚染水が漏れ、推定120トンが近くの排水溝に流れ込み、80リットル程が海に流出した。4月5日も同じ場所から汚染水が漏れた。

3.26　水源地域保全条例を埼玉県議会が可決（埼玉県）　主に外資による乱開発を防止するため、水源地の売買を事前届け出制とする水源地域保全条例を埼玉県議会が可決・成立した。全国で2例目。

3.28　飯舘のヤマメから規制値超えのセシウム（福島県）　福島県は飯舘村の新田川で捕れたヤマメから国の暫定規制値（1キロ当たり500ベクレル）を超え、魚からの検出値では最高となる1万8700ベクレルの放射性セシウムを検出したと発表した。

3月　「知床半島ヒグマ保護管理方針」策定（北海道）　知床財団が知床半島のヒグマ対策（現状調査、追い払い、駆除、パトロール、誘引物除去、電気柵設置等）を統一的に推進するための「知床半島ヒグマ保護管理方針」を策定。

3月　福島県「再生可能エネルギー推進ビジョン」を改訂（福島県）　福島県では2011年3月に「福島県再生可能エネルギー推進ビジョン」を策定していたが、福島第1原発事故によって情勢が大きく変化、また復興に向けた主要施策の一つに「再生可能エネルギーの飛躍的な推進による新たな社会づくり」を位置付けたことから、推進ビジョンを改訂した。

4.1　北海道水資源の保全に関する条例施行（北海道）　北海道内の森林が次々と海外資本等に買収され、乱開発が懸念されている。これを受けて、道は「北海道水資源の保全に関する条例」を制定し、4月1日に施行。土地の売買や所有自体を規制するのは困難であるため、森林内の「水資源保護」の観点から規制を設け、乱開発を防止する狙いだ。

4.4　タケノコ、シイタケから新基準値超えるセシウム（千葉県，宮城県）　食品の安全基準は4月1日に新基準値（1キロ当たり100ベクレル）が設けられているが、千葉県は市原市と木更津市で採取したタケノコの出荷前検査で、1キロ当たりそれぞれ110ベクレルと120ベクレルの放射性セシウムを検出したと発表した。また宮城県も、県内で採取した原木シイタケから1キロ当たり350ベクレルのセシウムを検出したと発表した。新基準値を超えたのは初めてであった。

4.6　原発新判断基準を決定（日本）　政府は原子力発電所を巡る関係閣僚会合を開き、全電源喪失の防止、炉心損傷を防ぐ対策の確認、中長期的な安全向上策提出を電力会社に指示するなどを盛り込んだ新しい判断基準を決定。

4.14	とうかい環境村民会議発足（茨城県）　東海村の自然環境の保全・再生や生活環境の向上を目指し「とうかい環境村民会議」（新体制）が発足。
4.22	放鳥トキの卵がふ化（新潟県）　環境省が新潟県佐渡市に放鳥したトキの卵がふ化したと発表。自然界でのふ化は36年ぶり。
4.27	環境基本計画を閣議決定　再生可能エネルギーの導入推進など盛り込む（日本）　政府は政府の新たな環境基本計画を閣議決定した。新たな基本計画では福島第1原発事故の発生を受け、再生可能エネルギーの利用促進、がれきも可能な限り建築資材やバイオマス発電に再生利用するなど、持続可能な社会づくりを目指す内容となっている。
4.28	「脱原発をめざす首長会議」発足（日本）　住民の生命・財産を守る首長の責務を自覚し、安全な社会を実現するため原子力発電所をなくすことを目的として、「脱原発をめざす首長会議」が発足。
5.4	商業用原子炉54基すべてが稼働停止（日本）　北海道電力泊原発3号機が定期検査のために停止したことによって、国内の原発全54基が42年ぶりにすべて止まった。
5.25	トキのひな巣立ち　佐渡（新潟県）　環境省が、佐渡で放鳥されたトキから生まれたひな1羽が巣立ったと発表した。野性のトキの巣立ちは38年ぶり。
5.29	2012年の環境白書を閣議決定（日本）　政府は2012年版『環境白書』（「環境・循環型社会・生物多様性白書」）を閣議決定した。放射性物質による環境汚染は最大の環境問題と強調した内容となっている。
5月	第20回環境自治体会議開催（日本）　福井県勝山市で第20回環境自治体会議が開催された。災害支援協定などが締結された。
5月	東日本大震災、グリーン復興プロジェクト（青森県，岩手県）　環境省が三陸復興国立公園の創設を核としたグリーン復興プロジェクトのビジョンを策定。
6.8	環境省審議会、温室ガス削減目標下方修正（日本）　福島第1原発事故後の温室効果ガス削減目標について、環境省の中央環境審議会小委員会は、国内対策で削減できる割合は1990年比5〜15％にとどまる案を示した。日本が国際公約として掲げる「2020年に1990年比25％削減」は、海外からの排出権購入分や国内の森林が温室効果ガスを吸収する分も含めたとしても、公約撤回は避けられない情勢である。
6.12	4カ月で外部被ばく推計最大25.1ミリシーベルト（福島県）　福島県は、浪江、川俣、飯舘の3町村の住民1万4412人の外部被ばく線量の推計値が、事故発生から4カ月間で最大25・1ミリシーベルトだったことを公表した。福島県は第1原発事故当時の全県民約200万人を対象とする県民健康管理調査を行っていた。

6.14	福島県漁連、1年3カ月ぶりの再開に向け試験操業（福島県）　漁の自粛を続けてきた福島県漁連がヤナギダコ、ミズダコ、シライトマキバイ（ツブ貝）の試験操業を始めた。1年3ヶ月ぶりの出荷や販売のための出漁で、生とゆでて加工した状態の検査を2回実施し、異常がなければ市場向けの漁を再開する予定。
6.15	「原子力規制委員会」設置法案、衆院通過（福島県）　民主、自民、公明3党が提出した「原子力規制委員会」設置法案が、衆院本会議で賛成多数で可決された。共産、社民、みんなの3党などは反対した。
6.15	試験操業の結果、放射性物質は不検出（福島県）　福島県漁連は、14日の試験操業で水揚げした魚介類3種（ヤナギダコ、ミズダコ、シライトマキバイ）について、生とゆでた加工品いずれの検査でも放射性物質は不検出だったと発表した。20、27日に市場への出荷を前提に漁を行う予定。
6.15	飯舘村、3区分に再編（福島県）　政府の原子力災害対策本部は、福島第1原発事故によって計画的避難区域に全域が指定されている福島県飯舘村について、7月17日に行政区単位で、年間被ばく線量50ミリシーベルト超で立ち入りが制限される「帰還困難区域」、同じく20ミリシーベルト超50ミリシーベルト以下の「居住制限区域」、同じく20ミリシーベルト超50ミリシーベルト以下の「居住制限区域」の3区分に再編することを決めた。
6.20	原子力規制委員会設置法成立（福島県）　原子力規制委員会設置法案が参院本会議で採決され、民主、自民、公明3党などの賛成多数で可決・成立した。
6.20	国連持続可能な開発会議（リオプラス20）開催（ブラジル）　リオデジャネイロ（ブラジル）で「国連持続可能な開発会議（リオプラス20）」が開かれた。環境保全、貧困など地球規模の課題について実効性のある成果はあげられなかったが、具体的な目標設定を今後議論することで合意した。191カ国・地域の政府代表団や市民グループら約4万5400人が参加た。
6.20	東電、社内事故調最終報告書を公表（福島県）　東京電力は福島第1原発事故に関する社内事故調査委員会による最終報告書を公表した。福島第1原発事故について「想定した高さを上回る津波の発生」が原因と結論づけており責任逃れとの批判が上がった。
6.22	販売目的の試験操業実施（福島県）　福島県漁連による販売目的の試験操業が行われ、ヤナギダコ、ミズダコ、シライトマキバイ（ツブ貝）の3種計1393キロが水揚げされた。卸価格は震災前の3〜4割安にするという。
6.27	福島第1原発事故 1号機で10.3シーベルト 原子炉建屋内で最高値（福島県）　東京電力は、福島第1原発1〜3号機の中で最も核燃料の損傷度が大きい1号機の圧力抑制室外側で毎時1万300ミリシーベルト（毎時10・3

シーベルト)の放射線量を検出したと発表した。

7.1 **再生可能エネルギー買い取りはじまる**(日本) 再生可能エネルギー固定価格買い取り制度はじまる。発電能力では初年度で原発2・5基分が電力供給に上乗せされることになる。

7.3 **ラムサール条約に9湿地を正式登録**(日本) 国際的に重要な湿地を保全するラムサール条約に、北海道の大沼、茨城、栃木、群馬、埼玉の4県にまたがる渡良瀬遊水地、兵庫県の円山川下流域・周辺水田、広島県の宮島など日本の9カ所が新たに登録された。

7.5 **福島第1原発事故 国会事故調報告書公表**(福島県) 福島第1原発事故の原因などを調べてきた国会の事故調査委員会(黒川清委員長)は原因は人災だと断定した報告書を公表した。

7.10 **会津若松のバイオマス発電所、送電開始**(福島県) 木質バイオマスを燃料に使う、グリーン発電会津の河東発電所が稼働を始めた。出力約5000キロワットで、燃料用に年間約6万トンの木質チップが必要だが、発電所周辺50キロ圏内から、未利用だった間伐材などを集めてまかなうという。

7.14 **SPEEDI即時公表していれば避難に生かせたはず 政府事故調認定**(福島県) 政府の事故調査・検証委員会はその最終報告書で、昨年3月15日に「緊急時迅速放射能影響予測システム(SPEEDI)」の結果が公表されていれば、住民は放射性物質が大量放出した北西方向に逃げずに済んだと認定した。7月5日に公表された国会の事故調査委員会の報告書では、SPEEDIは初動の避難指示に活用することは困難だったと指摘していた。政府、国会事故調で異なる見解となった。

7.16 **代々木公園で脱原発「10万人集会」**(福島県) 東京都渋谷区の代々木公園で、脱原発を訴える「さようなら原発10万人集会」が開催された。原発事故後最大規模で、主催者発表で約17万人、警察発表で約7万5000人が参加した。

7.23 **政府事故調、最終報告書を提出**(福島県) 福島第1原発事故を調べていた政府の事故調査・検証委員会(畑村洋太郎委員長)は、野田首相に最終報告書を提出。東電の事故は想定外という主張に対して、安全神話は根拠がなかったと批判した。

7.24 **文科省、ストロンチウム飛散状況を公表**(福島県) 文部科学省が、福島第1原発事故で放出された放射性ストロンチウム90の全国規模の飛散調査結果を公表。事故後、土壌から検出された宮城、福島両県以外に、関東・東北の10都県の値が、2000年〜事故前の最大値以上となった。今回のストロンチウムの検出量は微量で、健康への影響はないという。

7.27 **国直轄の除染始まる**(福島県) 福島県田村市都路地区で、福島第1原発の20キロ圏内などを対象とした初めてとなる国直轄の本格除染が始まっ

た。初日の27日は地区内の墓地や神社を中心に汚染された草の刈り取りなどが行われた。

7.30 汚染水漏えい対策のため廃炉工程表を改定（福島県）　原子炉に冷却水を送る配管などで汚染水漏えいが繰り返されている事態を受け、政府中長期対策会議は廃炉に向けた工程表の一部を改定し、12月までに配管の素材をより丈夫なポリエチレン製に交換することを決定した。

7.30 福島沖の警戒区域を沿岸から沖合5キロへ縮小（福島県）　福島第1原発の半径20キロ圏の海域に設定されている警戒区域について、政府の原子力災害対策本部が福島県浪江、双葉、大熊、富岡の4町の沿岸から沖合5キロの範囲に縮小する方針を明かした。8月10日に解除された。

7.31 下請けの被ばく隠し　再発防止のため防護服の胸部を透明に（福島県）　東京電力は下請け業者の役員が被ばく隠しを指示した問題を受けての対応策として、福島第1原発の収束作業に当たる作業員が装着する線量計を外部から確認できる防護服を採用すると発表した。

8.2 原発事故後初めて水揚げのタコが築地に入荷（福島県）　原発事故後として初めて福島県の魚介類（福島県相馬市沖で取れたミズダコ）が関東に入荷された。福島県漁連は6月から、放射性セシウムの不検出が続くタコと貝の3魚種に限定して試験操業を行っており、ボイル加工したミズダコ計110キロが築地の卸会社に届いた。

8.3 新潟・静岡沖でセシウムを検出　福島の事故由来（福島県）　文部科学省は福島第1原発事故由来とみられる微量の放射性セシウムが、新潟、静岡、岩手各県沖の海水や魚から検出されたと発表した。太平洋側ではなく日本海側でも検出されており、大気中に放出された放射性物質が河川や降雨で流入したとみている。

8.3 福島の子供、セシウム検出0.1％（福島県）　東京大医科学研究所が福島県内の幼児や児童約6000人を対象に今年4〜6月に行った内部被ばく検査の結果を発表した。この検査によると放射性セシウムが検出されたのは約0・1％であった。現在は事故直後に取り込んだセシウムの影響がほとんど残っていないと解析している。

8.6 休業3漁協がシラス漁の試験操業実施（福島県）　茨城県北茨城市の大津、平潟両漁協、日立市の川尻漁協が休漁を続けていたシラス漁の試験操業を行った。この春以降水揚げしたシラスの放射性セシウム濃度は1キロ当たり1ベクレルほどで、国の新基準値を大幅に下回っており、8月中旬には本格操業再開の予定。

8.10 楢葉町「警戒区域」解除　事故発生から1年5ヶ月で（福島県）　福島第1原発事故の警戒区域指定が解除された福島県楢葉町では、事故から1年5ヶ月ぶりに町民が同町に戻った。墓参する人の姿などが見られた。

8.10　福島第1原発事故 川俣町の除染、実施計画公表--環境省（福島県）　環境省は、福島第1原発事故に伴い直轄で除染を行う「除染特別地域」（福島県内11市町村）の内、川俣町の実施計画を公表した。旧計画的避難区域に該当する約37・1km^{2}が対象となる。

8.14　4号機で汚染水漏れ（福島県）　東京電力福島第1原発で、4号機タービン建屋1階の電源室前の汚染水移送用の配管に穴があき汚染水が漏えいし深さ約1センチの水がたまった。ポンプ2台のうち1台を止めたところ、漏えいは止まった。

8.17　淡水化装置で汚染水漏れ（福島県）　東京電力は、福島第1原発で、汚染水淡水化装置の配管から放射性物質を含む水約200リットルが漏れていたと発表した。

8.20　北極海の氷が史上最速のペースで減少（北極）　宇宙航空研究開発機構（JAXA）の衛星「しずく」による観測で、例年夏に解けて小さくなる北極海の氷の面積が、今年は観測史上最速のペースで縮小していることが分かった。

8.21　20キロ圏内のアイナメから放射性物質検出（福島県）　東京電力は福島第1原発の北約20キロの沿岸で採取したアイナメから、1キロ当たり2万5800ベクレルの放射性セシウムが検出されたと発表した。

8.22　プルトニウム2次調査結果発表（福島県）　福島第1原発100キロ圏内62地点のプルトニウム2次調査結果を文部科学省が発表した。飯舘村、浪江町、大熊町の計10地点から新たに事故で放出されたと見られるプルトニウム238、239、240を検出。福島県南相馬市原町区の旧緊急時避難準備区域2地点から初めて検出された。

8.23　作業員の線量計紛失や未装着は28件（福島県）　線量計の不正使用（被ばく線量を少なくみせるなど）が発覚したことから調査していた東京電力は、福島第1原発事故収束作業に従事した作業員が線量計をなくしたり未装着のまま働いたりした事例が少なくとも28件あったと発表した。

8.23　福島県漁協試験操業、7魚種を追加（福島県）　福島県漁協は9月初旬から、県のモニタリングで1月以降放射性セシウムが検出限界値未満であった、キチジ（キンキ）、ケガニ、スルメイカ、ヤリイカ、巻き貝のチヂミエゾボラ、エゾボラモドキ、ナガバイの試験操業を追加して行うことを、水産庁、福島県、流通業者らと協議して申し合わせた。

8.25　2012年産米の全袋検査開始 福島県（福島県）　福島県内で収穫予定の全量約36万トンを対象とした2012年産米の全袋検査が始まった。福島県は30キロ袋詰めの米を1袋ずつ調べ、放射性セシウムが食品基準値（1キロ当たり100ベクレル）以下の袋だけ、出荷の許可を行う。

8.28　ニホンカワウソ絶滅か（日本）　環境省は『レッドリスト』改訂版でニホ

ンカワウソを「絶滅」に指定した。

8.28　**国内最大級のバイオマス発電所を建設**（群馬県）　山林に放置された間伐材などが主な燃料となるバイオマス発電所が岡山県群馬県真庭市に建設されることが分かった。出力は1万キロワットで市内の世帯数（1万7800）を上回る2万戸の需要をまかなえる規模を予定している。

8.28　**青森で漁獲されたマダラから放射性セシウム検出**（福島県）　政府は青森県八戸市沖で漁獲されたマダラから国の新基準値（1キロ当たり100ベクレル）を超える放射性セシウムが検出される事例があったとして、同県に出荷停止を指示した。福島第1原発事故後、青森県産の水産物が出荷停止になるのは初のケース。

8.29　**福島第1原発事故 森林の除染拡大 環境省、福島県の要望受け入れ**（福島県）　環境省は、「人が住んでいる場所から20メートル程度」「キャンプ場やシイタケ栽培施設など人が立ち入る場所」と限定していた森林の除染範囲を、面積の7割を森林が占める福島県からの要望に応え拡大する方針を明らかにした。

8月　**熊谷市「暑さ対策日本一」をスローガンに**（埼玉県）　埼玉県熊谷市、同商工会議所などが「街なかクールシェア」活動を開始。

8月　**福島第1原発事故 チョウに異常 琉球大調査「自然に影響」**（福島県）　琉球大の研究チームは、福島第1原発事故による放射性物質の影響で、チョウの一種「ヤマトシジミ」に遺伝的な異常が出たとする調査結果を英科学誌電子版に発表した。「ヤマトシジミ」は人が生活している場所に生息しており、福島県内のヤマトシジミは、この世代で死ぬ確率が他の地域に比べ高い結果を示した。また線量が高い地域ほどオスの羽が小さく、子の世代では羽の配色パターンなどに異常が見つかった。

9.3　**「帰還困難区域」指定の飯舘村長泥、報道陣に公開**（福島県）　福島県飯舘村で唯一、年間被ばく線量50ミリシーベルト超で立ち入りが制限される「帰還困難区域」に指定されている長泥地区（約70世帯270人）が、指定後初めて報道陣に公開された。同地区の区長が村に特別許可を得て実現。立ち入りが制限されており国直轄の除染作業も行われていない。

9.14　**エネルギー・環境会議 「2030年代原発ゼロ」決定**（福島県）　政府がエネルギー・環境会議を開き「2030年代に原発稼働ゼロを可能とする」との目標を盛り込んだ「革新的エネルギー・環境戦略」を決定。ただし当面の原発再稼働や、「核燃料サイクル」継続など、矛盾した内容も含まれている。

9.19　**環境省、森林の除染方針をまとめる**（福島県）　環境省は有識者検討会を開き、福島第1原発事故で汚染された森林の当面の除染方針をまとめた。林業と除染対策を組み合わせ、地域再生や復興を図る方策などを盛り込

んだ。

9.19 原子力規制委員会発足（福島県）原子力の安全規制を担う「原子力規制委員会」（委員長田中俊一）が発足した。田中俊一委員長は記者会見で原発の再稼働について「暫定基準の見直しが終わるまでゴーサインは出せない」と述べた。

9.21 エコカーへの補助金終了（日本）経産省は、一定の燃費基準を満たした乗用車の購入者に10万円（軽自動車は7万円）を交付するエコカー補助金制度の申請受付を終了したと発表した。

9.21 湖南市「地域自然エネルギー基本条例」施行（滋賀県）滋賀県湖南市で、地域で発生した自然エネルギーを地域で循環させる「地域自然エネルギー基本条例」が施行される。

9.21 福島県、原発事故後の線量を公表（福島県）福島県は、福島第1原発事故（3月11日）後の空間放射線量（周辺19カ所の測定地点で計測）を公表した。事故直後は東日本大震災で通信回線が途絶するなど把握できなかったメモリーや記録紙を回収して分析を行ったもので、原発の北西5・6キロの双葉町上羽鳥で12日午後2〜3時、原発敷地外で最高値となる毎時1590マイクロシーベルトを計測。1号機建屋の水素爆発（午後3時36分）以前に放射性物質が漏れ出した状況が裏付けられた。

9.22 大熊町議会復興計画可決、全町民5年間帰還せず（福島県）全域が警戒区域に指定された福島県大熊町議会は、「全町民が5年間帰還しない方針」を盛り込んだ第1次復興計画案を可決した。原発事故で避難を強いられた自治体が全域で長期間戻らない決定をしたのは初めて。町の人口の95％が居住する地域が「帰還困難区域」に指定されており、この状況での生活再建は困難と判断した。

9.22 福島第1原発3号機、鉄骨が燃料プールに落下（福島県）東京電力は福島第1原発3号機の原子炉建屋上部のがれき撤去作業中に、長さ約7メートル、重さ約470キロの鉄骨が使用済み燃料プール（566体保管）内に落下したと発表した。プールの冷却システムに異常はなかった。

9.26 警戒区域の富岡町、5年間帰還せずと町長が宣言（福島県）福島県富岡町の遠藤勝也町長は、福島第1原発事故で全域が警戒区域になっており事故から6年間、全住民は帰還できない」と宣言した。事故から6年経過しても帰還しなければ、避難区域再編後の全区域で住民への賠償額が一律になるためだが、政府は同町の手法に難色を示している。

9.27 東電、初めて1号機格納容器内部の映像を公開（福島県）東京電力が初めて福島第1原発1号機格納容器内を撮影した映像を公開。格納容器内部はがれきが散乱しており、厚さ7.6センチの鉛版が失われていた。

9.28 「生物多様性国家戦略2012-2020」を閣議決定（日本）政府は生物多様

性条約及び生物多様性基本法に基づく、生物多様性の保全及び持続可能な利用に関する国の基本的な計画である「生物多様性国家戦略2012-2020」を閣議決定した。

9.28 環境省、葛尾村の除染実施計画を公表（福島県） 環境省が福島第1原発事故で、警戒区域と計画的避難区域になっている福島県葛尾村の除染実施計画を公表。対象区域は約7300ヘクタール。

9.28 環境省、国の直轄除染で完了遅れも（福島県） 環境省は、国直轄で行っている除染特別地域のうち福島県浪江、双葉、大熊、富岡の4町について、避難区域の再編や賠償の協議が難航し、除染計画の策定が進んでおらず、工程表完了時期（2014年3月）より遅れる可能性があると明らかにした。

10.1 温暖化対策税導入（日本）「地球温暖化対策のための税」（温暖化対策税）が導入された。2012年10月1日から施行し、2015年までに段階的に税率を引き上げる。

10.4 EU、稼働中の134基の原発すべてに欠陥が見つかる（ヨーロッパ） 欧州連合（EU）の執行機関・欧州委員会は、原発の安全評価（ストレステスト）で、稼働中の134基の原発すべてに欠陥が見つかった、と発表した。この改善には最大250億ユーロ（約2兆5000億円）の費用がかかると併せて発表した。

10.9 コメ出荷再開、広野町の農家（福島県） 福島第1原発事故に伴い作付け自粛が続く福島県広野町で、避難区域に指定された自治体としては初めてコメの出荷が再開された。自粛要請に応じなかった農家2軒がコシヒカリ80袋（1袋30キロ）を検査し、全袋で放射性セシウムは国の基準（1キロ当たり100ベクレル）を下回ったことから出荷に踏み切った。

10.9 福島第1原発事故 県、初動対応報告書「備えが不十分」（福島県） 福島県が、福島第1原発事故直後の市町村への避難指示や、緊急時モニタリング資機材の備えが不十分だったなどと総括した初動対応の課題をまとめた報告書を公表。

10.10 東電、1号機格納容器内の放射線量が極めて高い11シーベルトと発表（福島県） 東京電力が、福島第1原発1号機の格納容器内の放射線量が最大で毎時11・1シーベルトの極めて高い数値を計測したとする、格納容器内に測定器を入れて調べた結果を発表。

10.19 飯舘村、帰還見込み時期で国と合意（福島県） 福島第1原発事故に伴い全村避難が続く福島県飯舘村が、村民の帰還見込み時期を地区ごとに「事故から3～6年後」とすることで国と合意した。合意したのは警戒区域と計画的避難区域に指定された県内11市町村で初めて。

10.19 有識者メンバー決まる 原子力規制委員会（福島県） 原子力規制委員会が

原発の安全基準を検討する有識者メンバーを決定。メンバーは更田豊志（原子力規制委員会委員）、阿部豊（筑波大教授）、勝田忠広（明治大准教授）、杉山智之（日本原子力研究開発機構研究主幹）、山口彰（大阪大教授）、山本章夫（名古屋大教授）、渡辺憲夫（日本原子力研究開発機構研究主席）。

10.22 「除染推進パッケージ」を公表（福島県）　環境省は、同省がまとめた福島第1原発事故に関わる除染の加速化に向けた対応策「除染推進パッケージ」の概要が公表された。除染の実施方法に関する判断基準の明確化、福島環境再生事務所への権限委譲、人員の強化などが掲げられている。

10.24 県内の米から新基準値上回る数値（福島県）　福島県須賀川市の旧西袋村で今年度収穫された米1袋から食品衛生法の新基準値（1キロ当たり100ベクレル）を超える110ベクレルの放射性セシウムを検出。福島県が発表。今年度産米で基準値を超えたのは初めて。県は出荷自粛を要請。

10.25 足立区「ごみ屋敷対策事業」はじまる（東京都）　東京都足立区で、生活環境保全のため、ごみ屋敷への立ち入り検査、指導・勧告、撤去費用助成等について定めた「足立区生活環境の保全に関する条例」が公布された。

10月 南相馬市再生可能エネルギー推進ビジョン、策定（福島県）　福島県南相馬市が「南相馬市再生可能エネルギー推進ビジョン」を策定した。再生可能エネルギーの活用や省エネルギーの推進に向けた基本的な取り組みの方向を示したもので、市内の消費電力について、2020年度に65％、2030年度にほぼ100％を再生可能エネルギーでまかなうことを目標に掲げている。

11.1 放射性セシウム、基準超え新米見つかる（福島県）　福島市の旧平田村で収穫されたコシヒカリ6袋から食品衛生法の新基準（1キロ当たり100ベクレル）を超える110ベクレルの放射性セシウムを検出したと福島県が発表。県内の今年度産米の基準超えは2例目。

11.2 港湾内採取のマアナゴから1万5500ベクレルの放射性セシウムを検出（福島県）　10月10日に福島第1原発の港湾内で採取したマアナゴから、1キロ当たり1万5500ベクレルの放射性セシウムを検出したとの調査結果を東京電力が発表した。

11.20 COP18開催（カタール）　ドーハ（カタール）で「国連気候変動枠組み条約第18回締約国会議（COP18）」が開催された。すべての国が参加し2020年の開始を目指す温暖化対策の新枠組み作りが最大の焦点だったが、先進国と途上国の合意は難しく具体案には踏み込めなかった。

11.21 環境省、浪江町の除染実施計画を公表（福島県）　環境省は、福島第1原発事故に伴い国が直轄で除染を進める福島県内の警戒区域などを対象とした地域のうち、浪江町の除染実施計画を公表した。年間被ばく線量が50

ミリシーベルト以下の地域を対象に、2014年3月末をめどに、住宅地や農地、住宅近隣の森林の除染を完了させる予定。ただし放射線量が他よりも高い町中央部は含まれていない。国が直轄で除染を進める地域がある福島県内の11市町村のうち、計画策定は8番目となる。

11.28 **政府、特例として警戒区域の年末年始宿泊認める**（福島県）　政府が、南相馬、飯舘、川内、田村の4市村の約8890世帯2万7650人について、特例として年末年始の自宅の宿泊を許可すると発表。

11.30 **大熊町の警戒区域解除、「帰還困難区域」「居住制限区域」「避難指示解除準備区域」の3区域に再編**（福島県）　政府の原子力災害対策本部は全域が警戒区域となり、全ての町民が避難している福島県大熊町の警戒区域を解除し、「帰還困難区域」「居住制限区域」「避難指示解除準備区域」の3区域に再編することを決めた。12月10日に実施。原則立ち入りができない帰還困難区域内の住民が約3890世帯、約1万560人で、人口全体の96％を占める。全域が警戒区域の自治体の区域再編は初めて。福島県内の区域再編は川内村、田村市、南相馬市、飯舘村、楢葉町に続き6自治体目。

12.5 **アスベスト訴訟、国に賠償を命じる判決**（関東地方）　建材用アスベスト（石綿）が原因で肺がんを発症したとして、首都圏の建設労働者と遺族が国とメーカーに計約118億円の損害賠償を求めた「建設アスベスト集団訴訟」に対し、東京地裁は国の不作為を一部認め、170人に計約10億6400万円の賠償を命じる判決を言い渡した。メーカー側への請求は棄却した。

12.14 **再生可能エネルギーで原発1基分を出力**（日本）　経済産業省が、4～11月に発電を始めた太陽光など再生可能エネルギー発電設備の出力が、原発1基分に相当する144.3万キロワットに達したと発表。7月に始めた発電した電力を電力会社にすべて買い取らせる「固定価格買い取り制度」が普及を後押しした。住宅設置の太陽光発電が全体の71％、以下、大規模太陽光発電所（メガソーラー）が26％、バイオマスが2％、風力発電が1％だった。

12.14 **特定避難勧奨地点、初の解除―伊達、川内の129世帯**（福島県）　政府・原子力災害現地対策本部は、福島第1原発事故に伴い「特定避難勧奨地点」に指定された福島県伊達市128世帯と川内村1世帯の計129世帯について、除染が進み指定基準の年間被ばく線量20ミリシーベルトを下回ることが確実になったため指定から解除すると発表した。

12.21 **原発「新増設なし」を踏襲しない 安倍首相**（福島県）　安倍首相は福島第1原発の視察後に、民主党政権が決めた2030年代には原発稼働ゼロを目指すとの方針を踏襲しない意向であると表明した。

12.28 環境省、大熊町の除染実施計画を公表。ただし帰還困難区域は先送り（福

島県）環境省は、福島第1原発事故に伴う国が直轄で除染を進める福島県内の地域のうち、大熊町の除染実施計画を公表した。対象地域は約3000ヘクタール。「帰還困難区域」に再編され、町人口の96％を占める区域は、計画の対象から除外し先送りした。

この年 **都立霊園、「樹木葬」導入**（東京都） 2012年度に都立霊園で「樹木葬」が導入される。1本の木を複数の人の墓標とすることで墓地不足を解消し、緑化も進めるねらい。寺や民間では普及し始めているが、公立霊園では珍しいという。

この年 **北海道でCCSの実証実験開始**（北海道） 2012年度から経済産業省が、工場の排ガスなどからCO_2を分離・回収して地中に埋める貯留技術「CCS」の実証実験を北海道苫小牧市で開始。国内初の本格的な実験で、政府は2020年までの実用化を目指している。

2013年
（平成25年）

1.4 **手抜き除染、横行**（福島県） 東京電力福島第1原発周辺で行われている除染作業について、回収された土や樹木、作業に用いた水を現場付近の川などに投棄する「手抜き除染」が横行していることが報じられた。これを受けて、環境省が「放射性物質汚染対処特別措置法」に抵触する可能性があるとして調査を開始。

1.4 **富士山、入山料導入を検討**（静岡県，山梨県） 静岡県の川勝平太知事が年頭記者会見を行い、富士山の環境保全を目的に、入山料の導入を検討することを明らかにした。登山客の増加に伴い、富士山ではゴミ処理や登山道の傷みなどの問題が深刻化している。

1.5 **水産庁、原発事故での魚汚染解明へ**（福島県） 水産庁が東京電力福島第1原発事故の影響で放射性セシウムに汚染された魚の汚染源や経路を解明する研究に乗り出した。

1.7 **国、稲わら処分で補助**（福島県） 環境省は東京電力福島第1原発事故で汚染され、放射性物質濃度が国の基準（1キロ当たり8000ベクレル）以下の稲わらなどについて、市町村などが焼却処理する際の費用の半額を補助することを決めた。

1.7 **除染の排水、国が監視強化へ**（福島県） 環境省は、東京電力福島第1原発事故による国の直轄除染で生じた放射性廃棄物の不法投棄問題で、受注した大手ゼネコンなどの二つの共同企業体が昨年12月中旬、福島県楢葉

町と飯舘村で除染に伴う汚染水を回収していなかったことを明らかにした。

1.7 **鳥獣保護区、削減**（日本） 全国の自治体が、狩猟が禁止される鳥獣保護区を削減する傾向にあることが報じられた。シカやイノシシによる農作物への被害などを理由に、過去6年間に30道府県で計約7万2000ha以上が廃止または縮小されたという。

1.8 **「中間貯蔵」環境省が説明会**（福島県） 環境省は東京電力福島第1原発事故で生じた汚染土を一時保管する中間貯蔵施設の建設に関して会津若松市に避難している大熊町の住民を対象に説明会を開催した。住民からは「何も示さないまま調査し、無理やりに建設を進めるのだろう」など不信の声が相次いだ。

1.9 **日本近海のサンゴ、2060年で絶滅の恐れ**（日本） 国立環境研究所と北海道大学が、現在のペースで二酸化炭素の排出が続いた場合、2070年代に日本近海のサンゴが全滅する恐れがあるとの研究結果を発表した。地球温暖化に伴う水温上昇でサンゴが白化するほか、海洋酸性化も進んで珊瑚の骨格形成が妨げられることが原因。

1.11 **放射性セシウム除去に新素材**（福島県） 物質・材料研究機構などのチームが原発事故などで汚染された水から放射性セシウムを除去する新しい吸着材を開発したと発表した。これまで除染などに使われていたゼオライトのおよそ100倍の吸着能力があるという。

1.12 **中国都市部、PM2.5が深刻化**（中国） 中国・北京市内の多くの観測地点で、微少粒子状物質（PM2.5）の観測値が$1m^3$あたり700（μg）以上となり、最大で993μgに達した。これは中国の環境基準値の約10倍、日本の環境基準値の約20倍にあたる数値である。この頃より、北京をはじめ中国の都市部でPM2.5の高濃度スモッグによる大気汚染が深刻化した。

1.16 **ニホンザルとアカゲザルが交配**（千葉県） 千葉県による調査の結果、房総半島に生息するニホンザルとアジア大陸原産のアカゲザルとの間で、広範囲に交雑が行われていることが明らかになった。ニホンザルの生息域での交雑が確認されたのは初めてのこと。

1.18 **魚類で過去最大、2500倍超セシウムを検出**（福島県） 東京電力は福島第1原発の港湾内でとったムラソイから、魚類では過去最大値となる1キロ当たり25万4000ベクレルの放射性セシウムを検出したと発表した。国の一般食品の基準値（1キロ当たり100ベクレル）の2540倍に相当する。

1.21 **第1回IPBES総会**（ドイツ） 生物多様性及び生態系サービスに関する政府間科学政策プラットフォーム（IPBES）第1回総会がドイツ（ボン）で開幕した。IPBESは生物多様性及び生態系の保全と利用について、現状と動向を科学的に評価し、政策立案を支援する機関で、105ヶ国が参加。

総会は26日まで開催され、日本からは外務省、経済産業省、環境省、農林水産省の代表者が出席した。

1.25　**キツネが減少**（日本）　日本自然保護協会による調査の結果、里山のキツネが減少していることが明らかになった。2005年から2011年にかけて全国49ヶ所の里山を調査したが、このうち18ヶ所でキツネが確認されず、9ヶ所でも僅かな個体しか確認できなかった。また、10ヶ所でテンやイタチが確認できなかった一方で、多くの里山でサルやイノシシ、外来種であるハクビシンやアライグマなどが確認されたという。

1.26　**浜通りにサクラを植樹**（福島県）　福島県を縦断する浜通りの国道6号で、NPO法人「ハッピーロードネット」、青年会議所、地元住民らがサクラの植樹を開始した。まずは3月までに1600本を植える予定で、今後10年間かけて2万本を植樹する計画だという。

1.27　**原発周辺の甲状腺被ばく、大半が30ミリシーベルト以下**（福島県）　東京電力福島第1原発事故で、周辺の1歳児の甲状腺被ばく線量（等価線量）は国際原子力機関（IAEA）が、甲状腺被ばくを防ぐため安定ヨウ素剤を飲む目安とする50ミリシーベルトを下回る30ミリシーベルト以下がほとんどだった、との推計結果を放射線医学総合研究所の研究チームがまとめ発表した。

1.29　**放射能汚染地域の今年産米の作付け方針、決定**（福島県）　農林水産省が、福島県の放射能汚染地域における今年産米の作付け方針を決定した。放射性セシウム濃度が基準値を超えない米の生産が確認されていない地域では、作付けを制限。避難指示解除準備地域など、今後数年以内の作付け再開を目指す地域では、実証栽培を実施。それ以外の地域では、しかるべき対策を施した上で作付けし、状況に応じて全袋検査、全戸検査、地域単位での抽出検査を実施する。

1.30　**原発ゼロ、見直し**（日本）　安倍晋三首相が衆議院本会議の代表質問への答弁で、2030年代に原子力発電所の稼働ゼロを目指すとした野田前政権のエネルギー政策には具体的な根拠がないとして、ゼロベースで見直す方針を表明した。

1.31　**奄美・琉球、世界遺産暫定一覧表に記載**（鹿児島県、沖縄県）　世界遺産条約関係省庁連絡会議において、「奄美・琉球」を自然遺産として世界遺産暫定一覧表に記載することが決定された。同地域は、世界遺産の評価基準のうち生態系と生物多様性の要件を満たしているとして、2003年に設置された学識経験者の検討会により世界遺産候補地として選定されていた。

2.1　**渡良瀬遊水地、ヨシ焼き再開**（日本）　4県4市2町の首長と国からなる渡良瀬遊水地ヨシ焼き再開検討協議会が、3年ぶりにヨシ焼きを再開することを決定した。同地でのヨシ焼きは、東京電力福島第1原発事故の影響

で2年続けて中止されていたが、専門家による調査の結果、安全性に問題がないと結論づけられた。放射性物質の飛散を懸念する周辺住民の不安などを考慮し、ヨシ焼きの規模を例年の4割程度に留めるなどの対策を施すという。

2.8 スギ雄花の放射性セシウム濃度、低下（日本）　林野庁がスギ雄花に含有される放射性セシウム濃度の調査結果を発表。最高値が1kgあたり約9万ベクレルで、最高値を記録した2011年度と比較して約1/3に低下していることが明らかになった。

2.12 東シベリア永久凍土地域、森林減少（ロシア）　海洋研究開発機構が、地球温暖化の影響で北極海の海氷が激減した結果、北極域の気候が変動し、東シベリア永久凍土地域の森林が減少していることを明らかにした。2004年以降、シベリアでは冬季の降雪量と夏季の降雨量が増加した結果、地表付近の永久凍土が融解して過剰な湿潤状態に陥り、森林の枯死が進行しているという。

2.15 電力システム改革、方針決定（日本）　経済産業省の総合資源エネルギー調査会総合部会電力システム改革専門委員会が、「電力システム改革専門委員会報告書」を公表した。主な内容は2015年を目途に広域系統運用機関を設立、小売全面自由化に関して2016年を目途に参入自由化、2018〜2020年を目途に送配電部門を法的分離など。4月、同報告書に基づき「電力システムに関する改革方針」が閣議決定された。

2.15 当面の地球温暖化対策に関する方針を決定（日本）　現行の地球温暖化対策が京都議定書の第1約束期間である今年度末で終了することを受け、政府が「当面の地球温暖化対策に関する方針」を閣議決定。2020年までの温室効果ガス削減目標について、民主党政権が掲げた25%削減案をゼロベースで見直すこととした。また、「地球温暖化対策の推進に関する法律（温暖化対策推進法）」改正案を今国会に提出することも閣議決定した。

2.17 津波被災地で絶滅危惧種を確認（岩手県）　平成24年度植生学会・日本自然保護協会シンポジウム「岩手の海岸の自然再生に向けて―東日本大震災後の海岸植生の自律的再生と共存のために」が盛岡市で開催され、岩手県南部の津波被災地で帰化植物が多く確認される一方、ミズアオイやミズオオバコなど20年以上記録がなかった絶滅危惧種が出現していたことが報告された。津波により、土壌中の種子が地表付近に現れたためとみられる。また、津波の影響で、同県南部の砂浜の減少率が高いことなども報告された。

2.18 タンクから低濃度汚染水が漏水（福島県）　東京電力が福島第1原発5、6号機の放射性汚染水を処理する仮設タンクから、約19.8m^{3}の低濃度汚染水が漏れたと発表。

2.23 富士山入山料、試験的に導入（静岡県，山梨県）　横内正明・山梨県知事と

川勝平太・静岡県知事が東京で開催された「富士山の日」のイベントに出席し、富士山の入山料を試験的に導入し、同山の環境保全の財源とする方針を表明した。

2.25　トキ野生復帰ロードマップ、策定（新潟県）　環境省が、2015年頃に佐渡島に60羽のトキを定着させるための行程表である『トキ野生復帰ロードマップ』を策定した。

2.25　花粉飛散量、大幅に増加（日本）　過去30年間で花粉の飛散量が大幅に増加していたことが報じられた。NPO法人花粉情報協会が千葉県船橋市、新潟市、大阪府東大阪市、福岡市の4地点で過去30年間のスギ花粉とヒノキ花粉の飛散量を調査した結果、最大5倍に増加した地域もあったという。地球温暖化の影響で花芽の成長が促され、花粉量が増えたとみられる。

2.27　PM2.5注意喚起、暫定指針決定（日本，中国）　中国の大気汚染が深刻化し、微少粒子状物質（PM2.5）の越境汚染による健康への影響が懸念されていることを受け、環境省の専門家会合が「PM2.5注意喚起のための暫定的な指針」を決定。濃度が大気1m^{3}当たり1日平均70マイクログラム（μg）を超える場合、都道府県が住民に外出を控えるよう呼びかけるなどの注意喚起を行うことになった。

2.27　解けだした氷河の影響で海面1.5メートル上昇（世界）　2003年から2010年の間に、温暖化などで解けだした氷河の影響で海面が1.5メートル上昇していると米国の研究チームが『ネイチャー』に発表した。

2.27　災害ロボット、原子炉内を撮影（福島県）　国産の原子力災害ロボット『クインス（Quince）』1号を改良型したクインス2号と3号の2台が追加投入され、2号機原子炉建屋内部を撮影した。

2.28　奇跡の一本松、173歳だった（岩手県）　東日本大震災の津波に耐えたことで有名な「奇跡の一本松」（岩手県陸前高田市）の樹齢が173歳だったことが報じられた。一本松が生えていた一帯では江戸時代中期にマツが植栽されたと伝えられ、約7万本のマツが生えていた。中でも一本松は樹高が高く、地元では樹齢270年前後とみられていたが、鑑定の結果、1839年に芽吹き、2012年に枯死していたことが明らかになったという。

2月　長野県環境エネルギー戦略、策定（長野県）　長野県が「長野県環境エネルギー戦略―第三次長野県地球温暖化防止県民計画」を策定した。より実効性の高い地球温暖化対策の展開、省エネルギーと自然エネルギーの推進、環境エネルギー政策を統合的に推進するため、2013年度から2020年度までの間に取り組む施策や目標をまとめたもの。

3.1　80キロ圏内の放射線量40％減少（福島県）　文部科学省は東京電力福島第1原発の半径80キロ圏内の地上1メートルの空間線量をヘリコプターで上空から測定、全域で平均約40％放射線量は減少した発表した。

3.8 中間貯蔵施設の候補地調査に着手（福島県）　石原伸晃環境相は福島県内の除染で出る放射性廃棄物を保管する中間貯蔵施設について「現地確認という形で調査に着手した」と述べた。

3.13 ナラ枯れ対策に粘着シート（兵庫県）　ミズナラやコナラなどが枯れる「ナラ枯れ」対策として、粘着シート「かしながホイホイ」に注目が集まっていることが報じられた。ナラ枯れの原因となる害虫カシノナガキクイムシを捕らえる粘着シートで、作業の手間がかからず、様々な場所に設置できるといい、兵庫県がナラ枯れ対策事業に導入して成果を挙げているという。

3.14 警戒区域内、動物の繁殖率低下の恐れ（福島県）　環境省が、東京電力福島第1原発の警戒区域内に生息する動物についての調査結果を公表した。調査は2012年5月から11月にかけて行われ、アカネズミ、ヒメネズミ、ドジョウ、タイリクバラタナゴ、ギンブナの5種の体内から1kgあたり最大5万ベクレルのセシウムを検出。放射線被曝の影響で繁殖率が低下する恐れがあることが明らかになった。

3.17 シカの新捕獲法の報告研修会（徳島県）　剣山地域ニホンジカ被害対策協議会が、シカの新たな捕獲方法である「シャープシューティング」の報告研修会を徳島県美馬市で開催した。シカを餌で誘引し、集まってきたシカを一網打尽にするというもので、従来の方法では捕獲を免れたシカの警戒心が強まり、捕獲効率が低下していくのに対し、この方法では全頭を捕獲するため、効率が低下しないという。

3.19 原子力規制委員会、新型浄化装置「ALPS（アルプス）」の試運転開始了承（福島県）　原子力規制委員会は東京電力福島第1原発で出る放射性汚染水を処理する新型浄化装置「アルプス」について、汚染水を使った試運転開始を了承した。アルプスは、交換式フィルターに汚染水を通し、ストロンチウムやプルトニウムなど62種類の放射性物質を除去。1日最大500トンを処理する能力があるという。3月30日より試運転を開始。しかし海への放出については福島県内外の漁業者らは「海が再汚染される」「風評被害を助長する」と強く反発している。

3.26 汚水漏えい、120トンが排水溝に（福島県）　淡水化処理施設とタンクを結ぶホースの継ぎ目から汚染水が漏れ、推定120トンが近くの排水溝に流れ込み、80リットル程が海に流出した。

3.26 三陸復興国立公園、指定（青森県，岩手県，宮城県）　環境省が、東日本大震災で被災した三陸地方の自然公園を再編し、三陸復興国立公園に指定することを決定した。陸中海岸国立公園（岩手県沿岸部）を核に、青森県南部から宮城県牡鹿半島に至る三陸海岸一帯の国定公園や県立公園を編入するもので、自然公園を再整備し、観光振興などを通じて復興を支援する狙い。5月24日、指定。

3.27　格納器内の線量79.2シーベルトと（福島県）　2号機格納容器内の放射線量が最高72.9シーベルトと判明。これは格納容器の底から4メートルの高さでの測定であるため、まだ低いのではないかとの報道。

3.29　森林土壌中のセシウム濃度、上昇（福島県）　環境省が、2012年度の福島県内の森林における放射性セシウム濃度及び蓄積量の調査結果を公表した。樹木の葉・枝・樹皮や落葉層では濃度が前年より大幅に低下。辺材、心材では他の部位より濃度が極端に低く、前年からの変化はほどんど無し。土壌では濃度が上昇。森林全体のセシウム蓄積量には大きな変化がなく、土壌への蓄積割合が増加したことが明らかになった。

3.29　木材利用ポイント事業、詳細決定（日本）　林野庁が、森林の整備・保全、地球温暖化防止、循環型社会形成、山村振興などを目的に、地域材の需要拡大を図る「木材利用ポイント事業」の詳細を決定した。同事業は2013年度に開始され、地域材の利用拡大に取り組む登録業者を通じて、木造住宅の新築・増築、内装・外装の木質化、木材製品などの購入を行った消費者にポイントを付与するもの。

3.30　外来生物の規制強化（日本）　環境省は外来生物の規制を強化する方針を固めた。在来種や他の外来種との交雑種を「特定外来生物」に指定可能にするというもので、特定外来生物に指定されると輸入や飼育が原則禁止され、必要に応じて駆除や捕獲などの措置も取られる。

3月　飯田市、再生可能エネルギー導入を条例化（長野県）　長野県飯田市が「飯田市再生可能エネルギーの導入による持続可能な地域づくりに関する条例」を制定した。地元の自然資源を使って発電事業を行い、その売電収益を、住みやすく便利な地域づくりのための、市民が主体となった事業の支援に充てることを定めたもの。4月1日、施行。

4.4　「アルプス」一時運転止まる（福島県）　東京電力は作業員が操作ボタンを押し間違えたため新型浄化装置「アルプス」が一時運転を停止したと発表した。

4.5　汚染水、海に流出か（福島県）　3月26日の漏洩に近い場所で同様にホースの継ぎ目から汚染水が漏れ、推定12トンが近くの排水溝に流れ込み、一部が海に流出と見られる。放射性物質の濃度等は3月26日のものと同程度と見られている。

4.8　海側フェンスの破損見つかる（福島県）　東京電力は放射性物質の海への拡散防止用に設置している水中カーテン「シルトフェンス」の一部が切断しているのが見つかったと発表した。

4.8　隣接貯水槽からも汚染水漏れ（福島県）　東京電力は5日に水漏れした貯水槽の隣の貯水槽でも汚染水が漏れていたと発表した。これで七つある貯水槽のうち二つで漏れが判明。東電は汚染水の保管計画を根本から見直

す必要に迫らた。

4.9 **アジア太平洋地域の新興国、エネルギー消費量が急増**（アジア，オセアニア） アジア開発銀行（ADB）が、アジア太平洋地域の新興国におけるエネルギー問題に関するリポートを公表した。これらの国々が世界全体のエネルギー消費量に占める割合が、2010年の三分の一から、2035年までに5割以上に達すると予測。また、地球環境が持続可能であるための全世界の二酸化炭素排出量の限界は年間約220億tとされるが、2035年までに、これらの国々の二酸化炭素排出量が200億t以上に倍増する見込みだという。

4.9 **いわき市で植林本格化**（福島県） 福島県いわき市で行われているクロマツ植林事業「苗木 for いわき」が本格化したことが報じられた。NPO法人トチギ架橋未来基地（栃木県益子町）の呼びかけで始まった事業で、福島県や東京都の企業なども協力し、3月末に初めて約180本を植林。1万4000本を目標にプロジェクトを進め、津波で約1.4haが倒壊するなど大打撃を受けたいわき市の海岸林再生を目指すという。

4.10 **1号槽も汚染水漏れ**（福島県） 東京電力は9日に漏れが発覚した1号貯水槽で土壌に微量の汚染水が漏えいしたと発表。茂木敏充経済産業相は衆院経済産業委員会で計7カ所ある地下貯水槽の使用をできるだけ早くやめる方針を示した。

4.11 **移送配管も漏水、移送作業中の配管のつなぎ目部分から新たな漏れ見つかる**（福島県） 東京電力は放射性汚染水漏れが相次ぐ地下貯水槽で、移送作業中の配管のつなぎ目部分から新たに漏れが見つかったと発表した。一連の水漏れは貯水槽本体からだったが、移送用配管で見つかったのは初めて。

4.12 **温室効果ガス排出量、4％増**（日本） 環境省が、2011年度の国内の温室効果ガス排出量（確定値）は13億0800万t（前年比4％増）で、「気候変動に関する国際連合枠組条約の京都議定書（京都議定書）」に基づく削減義務が始まった2008年度以降で最大となったことを発表した。ただし、政府や企業が海外から購入した排出権などを加味した場合、1990年度比で4％減になるという。主な原因は、東京電力福島第1原発事故を受けて全国の原発が停止し、火力発電所の稼働が増加したことにある。

4.12 **東京の気温、鹿児島並みに**（東京都） 環境省などが、地球温暖化が日本に与える影響に関する最新予測を発表した。温室効果ガスが現在のペースで増加し続けた場合、21世紀末には日本の平均気温が20世紀末に比べて2.1〜4.0度上昇し、東京都の平均気温が鹿児島県並みに上昇。また、沿岸部のサンゴが消滅したり、洪水のリスクが上昇するという。

4.15 **海底の土からプルトニウムを検出**（福島県） 東京電力は福島第1原発港湾内で採取した海底の土から、1キログラム当たり約1.4ベクレルのプルト

ニウムを検出したと発表した。東電の尾野昌之原子力・立地本部長代理は「事故に由来するものだが、微量で健康に影響はない」としている。

4.17　**貯水槽の汚染水、地上への移送を始める**（福島県）　東京電力は大量の汚染水漏れがあった2号貯水槽から地上タンクへ移送する作業を始めた。

4.19　**原子力発電54基から50基に減少**（福島県）　福島第一原子力発電所の1号機-4号機は、2012年4月19日の24時に電気事業法上、法的で廃止された。しかし、核原料物質、核燃料物質及び原子炉の規制に関する法律に基づく廃止措置は、使用済み核燃料の除去が必要であるため、見通しは立っていない。これで福島第一原子力発電所1-4号機が廃止されたため、日本の原子力発電所は、54基から50基に減少した。

4.22　**IAEA調査団「汚染水は最大の難題」**（福島県）　廃炉作業が妥当か検証する国際原子力機関（IAEA）の調査団は増え続ける放射性汚染水について「最大の難題だ。包括的な戦略を持った方がいい」などと指摘する報告書案を公表した。

4.30　**吉野でサクラの立ち枯れ増加**（奈良県）　世界遺産である吉野山（奈良県吉野町）で、サクラの立ち枯れが増加していることが報じられた。老化、管理不足、花見客の影響など、複合的な要因によるもので、調査対象の48%が生育不良だったとの報告もある。地元では2012年2月27日に「吉野山桜の学校」（事務局担当・吉野町教育委員会）を設立し、サクラの保全に乗り出したという。

5.1　**子どものためのスタディツアー、契約締結**（日本）　長崎県対馬市、熊本県水俣市、山口県宇部市が「子どものためのスタディツアー」実施に関する契約を締結した。地域から持続可能な社会づくりに取り組むことを目的に、次世代を担う子どもを対象にした環境に関するスタディツアー（ST）を実施する契約。7月24～25日に水俣STが、8月20～22日に対馬STが実施された。

5.3　**クメジマボタル、激減**（沖縄県）　沖縄県久米島に生息し、絶滅危惧種IA類に指定されているクメジマボタルが激減したことが報じられた。2012年の台風で赤土が河川に流入したことが原因だという。

5.4　**休耕田で苗木を育成**（滋賀県）　滋賀県高島市新旭町針江の休耕田で、トチノキとオニグルミの苗木500本の植え替えや間引きが行われた。琵琶湖畔の休耕田で苗木を育て、山に植樹して森を再生する「琵琶湖源流の森づくり」活動の一環で、主催は「巨木と水源の郷を守る会」と「針江生水の郷委員会」。

5.7　**敷地境界の線量が被ばく限度の7.8倍に**（福島県）　東京電力は敷地南側に新設する地上タンクに汚染水を移送することで、敷地境界の年間被ばく線量が最大7.8ミリシーベルトになると発表した。一般人の年間の被ば

く許容限度は1ミリシーベルトとされており7.8倍に上っている。

5.11 **第1回再生可能エネルギーによるまちづくりミニフォーラム**（東京都）　環境自治体会議環境政策研究所と全日本自治団体労働組合（自治労）の共同プロジェクトである「第1回再生可能エネルギーによるまちづくりミニフォーラム」が東京都千代田区で開催された。地域における再生可能エネルギーの導入とそれによるまちづくりを進めるため、自治体職員が再生可能エネルギーの導入に取り組むきっかけや、事業化のためのサポート機能を提供することが目的。6月12日に第2回、10月2日に第3回を開催。

5.12 **小倉山の森林再生計画**（京都府）　京都市が、小倉百人一首で知られる小倉山の森林再生を計画していることが報じられた。同山ではナラ枯れやマツ枯れなどが進行しているが、地元の自治会や寺などが組織する「景勝・小倉山を守る会」、三菱東京UFJ銀行などと連携し、10年がかりでかつての景観を再生するという。

5.14 **釧路湿原でシカ捕獲へ**（北海道）　環境省が、釧路湿原国立公園で初となるエゾシカ捕獲を検討していることが報じられた。同湿原ではエゾシカの個体数が大幅に増加し、国の特別天然記念物であるタンチョウや希少植物などへの影響が危惧されているという。

5.15 **もんじゅ、試験運転再開準備停止を命令**（福井県）　日本原子力研究開発機構の高速増殖炉「もんじゅ」（福井県敦賀市）で2012年11月に9679件の点検漏れが発覚した問題について、原子力規制委員会がもんじゅの試験運転再開準備停止を命じることを決定した。17日、同機構の鈴木篤之理事長が引責辞任。30日、試験運転再開準備の停止が正式に命令された。

5.15 **敦賀原発2号機直下、活断層と断定**（福井県）　原子力規制委員会の専門家調査団が、日本原子力発電敦賀原発（福井県敦賀市）の敷地内に存在する断層に関する評価会合を開催し、2号機直下の破砕帯は活断層であると断定する評価報告書を作成した。22日、同委員会が、断層を耐震設計上考慮すべき活断層であると認定した。

5.17 **改正地球温暖化対策推進法、成立**（日本）　「地球温暖化対策の推進に関する法律（地球温暖化対策推進法）」の一部を改正する法律が参議院本会議で可決、成立した。主な改正点は政府（地球温暖化対策推進本部）による地球温暖化対策計画策定の義務付けと、温室効果ガスの種類として三ふっ化窒素（NF3）を追加するなどである。

5.17 **米国、LNG対日輸出解禁**（アメリカ）　米国テキサス州のフリーポート社、中部電力、大阪ガスによる液化天然ガス（LNG）調達プロジェクトについて、米国エネルギー省が、シェールガスをはじめとする米国産天然ガスの対日輸出を解禁することを発表した。同プロジェクトでは、ガスを冷却・液化して日本に輸送。日本で再び気化し、火力発電所等で利

用する。米国は自由貿易協定（FTA）未締結国への天然ガス輸出を規制しており、輸出が許可されたのは2011年5月以来2度目。

5.18　**平成の杜、植樹会**（岩手県）　岩手県大槌町の「平成の杜」（岩手県大槌町）で植樹会が催され、コンクリートくずや流木などで築かれた高さ5m、幅300mの山に、苗木約5000本が植樹された。平成の杜は震災瓦礫の処理と防災林の造成を同時に進める試みで、今回は2012年春以来2度目の植樹となる。今後、2017年までに約3万本を植樹する計画だという。

5.18　**緑のバトン運動、応募234団体4349本**（日本）　「緑のバトン運動」の育成校募集に35都道府県の幼稚園・保育園・小中高校など234団体が応募し、本数は4349本に達することが報じられた。同事業は子ども達が学校で苗木を育成し、東日本大震災の津波被災地に植樹するというもので、主催は国土緑化推進機構、森林文化協会、朝日新聞社。募集は3月から5月17日にかけて行われた。

5.21　**『鳥類の農薬リスク評価・管理手法マニュアル』作成**（日本）　環境省が『鳥類の農薬リスク評価・管理手法マニュアル』を作成した。農薬メーカーが鳥類への影響に適切に配慮しながら、農薬開発を進めるためのもので、2012年7月に暫定マニュアルが公表されていた。

5.21　**斐伊川で植樹**（島根県）　島根県出雲市上塩冶町の残土処理場で、失われた里山の景観を再生するための植樹が行われた。国土交通省による斐伊川放水路建設事業の一環として、2000年に「斐伊川放水路1000年の森づくり」として始まったもの。今回が15回目で、累計7万本が植樹された。

5.23　**J-PARC、放射性物質漏出**（茨城県）　高エネルギー加速器研究機構と日本原子力研究開発機構による共同プロジェクトである大強度陽子加速器施設「J-PARC（ジェイ・パーク）」（茨城県東海村）の原子核素粒子実験施設で放射性物質が漏出。29日までに、計34人の被爆が確認された。

5.29　**国内3地域、世界農業遺産に**（日本）　第4回世界農業遺産国際会議が石川県七尾市で開催され、大分、熊本、静岡各県の計3地域が世界農業遺産に認定されることが決定した。世界農業遺産は伝統的な農林水産業と、それによって育まれた独自の文化風習などを一体的に保全するためのもので、国連食糧農業機関（FAO）が認定する。

5.30　**汚染水対策に凍土壁**（福島県）　東京電力福島第1原発の汚染水問題に関する政府の「汚染水処理対策委員会」が、建屋周辺の土壌を凍らせて「凍土方式遮水壁」を建設し、汚染水増加の主因である地下水流入を防ぐ方針を決定した。

5.30　**第21回環境自治体会議**（鹿児島県）　第21回環境自治体会議「ひおき会議」が鹿児島県日置市で開幕した。テーマは「未来へつなごう自然との共生―白砂青松とウミガメの里吹上浜からの発信」。6月1日、「ひおき会議宣

	言」を採択して閉幕。
5.30	第三次循環型社会形成推進基本計画、決定（日本）「循環型社会形成推進基本法」に基づき、政府が「第三次循環型社会形成推進基本計画」を閣議決定した。主な内容は、量だけでなく質にも着目した循環型社会の形成（リサイクルに比べて遅れているリデュースとリユースの取り組み強化、小型家電など使用済み商品からの有用金属回収など）、国際的取り組みの推進（3Rに関する国際協力の推進、循環資源の適正な輸出入など）、東日本大震災への対応（災害廃棄物の着実な処理と再生利用、放射能汚染廃棄物の適正・安全な処理など）。
5.30	東京電力、地下水バイパスいわき市漁協に説明会（福島県）　福島第1原発に流れ込む前に地下水をくみ上げて海へ流す「地下水バイパス」計画で、東京電力はいわき市で地元漁業者に説明会を開いた。参加した組合員からは「汚染水との違いが消費者に十分伝わっていない」「風評被害を助長するので認められない」と不満の声が上がった。
5月	バイオマス熱供給集住化住宅、供用開始（北海道）　北海道下川町が、超高齢化に対応するエネルギー自給型の集住化住宅「一の橋バイオビレッジ」の供用を開始した。長屋風に外廊下で繋がった22戸の住宅で、熱供給（給湯・暖房）は全て木質バイオマスボイラー、電力の一部は太陽光発電で賄う。一の橋地区は、かつては林業を基幹産業として栄えたが、過疎化により人口約140人、高齢化率50%以上となった小規模集落で、同事業を通じて同地域での自立的かつ安定的な暮らしの実現を目指す。
6.3	国際コモンズ学会世界大会（山梨県）　国際コモンズ学会世界大会が山梨県富士吉田市で開幕した。「コモンズ」は住民が共同で利用できる入会地などの共有資源のこと。大会は2年に1度開催され、今回は57ヶ国・地域から400人以上が参加した。
6.5	地上タンクで汚染水漏れ（福島県）　東京電力は地下貯水槽からの汚染水移送先である地上タンク1基で汚染水が漏れたと発表した。
6.8	ほたるサミット（福岡県）「ほたるサミット」と「全国ホタル研究会」定期大会が福岡県北九州市で開催された。ホタルが生息する自治体の首長、ホタル愛好家らにより、年に1回開催されるもので、今回は愛知県阿久比町、滋賀県米原市、和歌山県紀の川市、岡山県真庭市、山口県下関市、北九州市の6市町が参加した。
6.9	汚染水地上タンクへの移送完了（福島県）　東京電力は貯水槽にためられていた高濃度汚染水2万4000トンを地上タンクに移す作業を完了したと発表した。
6.9	千年希望の丘、1ヶ所目が完成（宮城県）　宮城県岩沼市で「千年希望の丘」の1ヶ所目が完成した。東日本大震災の瓦礫を用いて高さ10m、幅

約300mの丘を築き、広葉樹を植樹して防災林を造成する事業で、同市では復興交付金などを活用し、計15ヶ所を造成する計画だという。

6.11 **廃炉作業を公開**（福島県） 東京電力は福島第1原発での廃炉作業を報道各社に公開した。公開されたのは、原子炉への注水の新たな水源とする復水貯蔵タンクや漏水した地下貯水槽の汚染水を移送して保管する地上タンクなどで、毎日約3000人が復旧作業にあたっている。

6.13 **尼崎公害訴訟、最終合意書締結**（兵庫県） 兵庫県尼崎市の大気汚染をめぐる尼崎公害訴訟で、元原告団、国土交通省、阪神高速道路が「尼崎道路公害訴訟・和解条項履行に係る意見交換終結合意書」（最終合意書）を締結し、三者協議が終結した。自動車排ガス規制に関する訴訟で合意が成立したのは初めて。

6.17 **地域材使用住宅への助成、広がる**（日本） 地元産の木材を使用した住宅への助成制度を導入する自治体が増加し、2012年度には40府県及び208市町村に達したことが報じられた。助成内容は費用の一部支給や部材の現物支給など。また、国産材の自給率も上昇に転じたことが明らかになった。国内の森林の約4割はスギやヒノキなどの人工林で、木材需要が増加して森林整備が進めば、土砂崩れ、洪水などの防災対策にもなるという。

6.19 **2号機、観測用の井戸から高濃度汚染水を検出**（福島県） 東京電力は福島第1原発2号機タービン建屋と海の間に設けた観測用の井戸から、1リットル当たりトリチウム（三重水素）が最高50万ベクレル、ストロンチウム90が同1000ベクレルなど、高濃度の放射性物質を含む汚染水が検出されたと発表した。

6.19 **原発新基準、決定**（日本） 原子力規制委員会が「商業用原子力発電炉に係る新規制基準」を決定した。東京電力福島第1原発事故の教訓を踏まえて定められたもので、電力会社に重大事故対策が義務付けられたほか、地震・津波対策なども大幅に強化された。7月8日、「核原料物質、核燃料物質及び原子炉の規制に関する法律（原子炉等規制法）」を一部改正する法律の施行に伴い、新基準も施行。

6.21 **淡水化装置で汚染水漏れ**（福島県） 東京電力は福島第1原発の汚染水を処理する淡水化装置で、放射性物質を含んだ汚染水が推定約360リットル漏れたと発表した。

6.21 **霧ヶ峰自然環境保全協議会、開催**（長野県） 霧ヶ峰自然環境保全協議会が長野県諏訪市で開催され、霧ヶ峰自然保全再生実施計画案が提示された。また、4月末に発生した森林火災に関する報告もあり、諏訪市と茅野市で計220haが消失したことが明らかになった。

6.21 **遊佐町、水循環保全条例を制定**（山形県） 山形県遊佐町が「遊佐町の健全な水循環を保全するための条例」を制定した。主な内容は遊佐町水循

	環保全計画の策定、水源保護地域及び水源涵養保全地域の指定、同地域における事業規制。これにより、鳥海山麓での岩石採取規制が法制化された。7月1日、施行。
6.22	**知床岬のエゾシカ生息密度、低下**（北海道）　北海道・知床岬地区のエゾシカ生息密度が1km^{2}あたり3.4頭と、増加前の水準（同5頭）を初めて下回ったことが報じられた。世界遺産・知床ではエゾシカが増加し、同岬では希少植物の食害などが深刻化。環境省が2012年度まで6年がかりで駆除を実施していた。
6.22	**富士山、世界文化遺産に**（静岡県，山梨県）　カンボジア・プノンペンで国連教育・科学・文化機関（ユネスコ）の第37回世界遺産委員会が開催され、富士山が世界文化遺産に登録されることが正式決定した。登録名は「富士山―信仰の対象と芸術の源泉」で、構成資産は国際記念物遺跡会議（イコモス）から除外勧告を受けていた三保松原を含む25件。26日、正式に登録された。
6.26	**オバマ大統領、温暖化対策について演説**（アメリカ）　バラク・オバマ米国大統領が、ワシントン市内で地球温暖化対策について演説。50分近くに及ぶ演説の中で、発電所が排出する二酸化炭素に関する基準を設ける意向、主要排出国である中国やインドなどと連携し、「炭素汚染」を断ち切るために世界を先導する決意などを表明した。
6.26	**原子力機構、「汚染マップ」を公開**（福島県）　日本原子力研究開発機構が福島第1原発事故によって放出された放射性ヨウ素が福島県の原発周辺約400km^{2}の地表に沈着した様子を示す「汚染マップ」を公開。
6.26	**東京都、温室効果ガス排出総量削減義務と排出量取引制度導入から3年**（東京都）　東京都が2010年4月に「温室効果ガス排出総量削減義務と排出量取引制度」を導入してから3年が経過したことが報じられた。同制度はEUなどで導入が進むキャップ・アンド・トレードを日本で初めて採用したもので、オフィスビル等をも対象とする都市型のキャップ・アンド・トレードとしては世界初。第1期（2010〜2014年度）の義務率8％を達成するのは確実で、2013年4月には第2期（2015〜2019年度）の義務率を17％とすることが決定した。
6.29	**「マタギサミット in 猪苗代」開幕**（福島県）　「第24回ブナ林と狩人の会マタギサミット in 猪苗代」が福島県猪苗代町で開幕した。テーマは「今、東北の山々で何が起きているのか」で、2012年に福島県内で実施された野生鳥獣の放射線モニタリング調査の結果、394検体のうち275検体から基準値を超える放射線が検出され、特に土中の植物やミミズなどを食べるイノシシの核種濃度が高いこと、狩猟者登録数が30年前の六分の一に減少していることなどが報告され、30日に閉幕した。
6.29	**サンゴ礁会議**（沖縄県，アジア，オセアニア）　「地球温暖化防止とサンゴ

礁保全に関する国際会議」が沖縄県恩納村で開幕した。主催は環境省で、モルディブやパラオなど島嶼国の閣僚も出席。日本と島嶼国が環境分野での協力関係を推進する旨の議長総括が採択され、30日に閉幕した。

6.30　**2号機の新たな井戸から高濃度汚染水を検出**（福島県）　東京電力は福島第1原発2号機と海の間に設置した観測用井戸に加え、海側に新設した井戸からストロンチウムなどベータ線を出す放射性物質を1リットル当たり3000ベクレル検出したと発表した。井戸に近い港湾内では海水中のトリチウムの濃度が上昇しており汚染水流出が疑われている。

6.30　**ヒグマが急増**（北海道）　北海道が実施した調査の結果、道内に生息するヒグマが最大6500頭に達し、過去12年間で急増していることが明らかになった。調査は2012年9月から10月にかけて、道内在住のハンターを対象とするアンケート方式で行われた。調査対象は約5800人、回答率は54％。

6月　**中東欧で大洪水**（ヨーロッパ）　ドナウ川流域を中心に、中央ヨーロッパから東ヨーロッパにかけての広い地域で大洪水が発生した。5月30日頃に降り始めた豪雨が原因。ドナウ川やエルベ川など多くの川が氾濫し、各地で市街地が冠水。チェコでは政府が非常事態を宣言した。チェコ、ドイツ、オーストリア、ポーランドで少なくとも12人が死亡したとの報道もある。

7.1　**地下貯水槽からの汚染水移送完了**（福島県）　東京電力は福島第1原発4号地下貯水槽に入っていた汚染水の移送完了を発表。これで7カ所ある貯水槽全てから地上タンクへの移送が終了した。

7.6　**ラムサール条約釧路会議+20**（北海道）　「ラムサール条約釧路会議+20」が北海道釧路市で開催された。1993年の「ラムサール条約第5回締約国会議（釧路会議）」20周年を記念したもので、20周年記念事業実行委員会が主催し、湿地保全に関する意見交換などが行われた。

7.7　**2号機の井戸から60万ベクレルの放射性トリチウムを検出**（福島県）　東京電力は福島第1原発内の海から約6メートルの井戸で5日に採取した水から、1リットルあたり60万ベクレル（海への放出基準の10倍に相当）の放射性トリチウム（三重水素）を検出したと発表した。

7.9　**水ガラスを注入した護岸工事始める**（福島県）　東京電力は福島第1原発2号機の海側観測井戸から高濃度トリチウムなどが検出されている問題で、護岸に水ガラスを注入し固め海への汚染水漏えいを防ぐ工事を始めた。水ガラスは土壌に浸透した後に固まり壁のようになる予定。

7.12　**熱帯夜が倍増**（日本）　気象庁が『気候変動監視レポート』を公表し、熱帯夜の年間日数が70年間で2.1倍に増加したことを明らかにした。全国15観測地点の熱帯夜の年間日数は1931～1940年の平均9.7日から2003～

2012年には平均20.7日に増加し、これらの観測地点における夏の最低気温も約1.2度上昇したという。

7.12 **白神山地世界遺産地域連絡会議**（青森県，秋田県）国と青森・秋田両県からなる「白神山地世界遺産地域連絡会議」が青森県弘前市で開催された。会議には青森県鰺ヶ沢町、深浦町、西目屋村、秋田県藤里町、八峰町も出席。1995年策定の同山地管理計画の初めての改定案がまとめられ、既存の歩道を利用した登山等を除き、核心地域への入山を制限する方針を継続することなどが決定された。

7.18 **廃炉作業の第1歩、燃料棒取り出し**（福島県）40年ともされる福島第1原発の廃炉作業の最初の工程として、2013年12月から燃料が本格的に取り出される計画であるが、これに先立ち、7月18日午前中から4号機の使用済み核燃料プールに保管されている使用前燃料204体のうちの1体を試験的に取り出した。

7.22 **東電、港湾への汚染水流出を認める**（福島県）東京電力が、福島第1原発から港湾へ汚染水が流出していたことを認めた。6月19日に1、2号機タービン建屋東側の地下水から高濃度のトリチウムを検出したことを公表した後、原子力規制委員会などが海洋拡散への疑念を示していたが、1カ月以上明言してこなかったがようやく認めた。漁自粛が続く福島県の地元漁協は怒りをあらわにした。いわき市沿岸では9月から、シラスなどの試験操業が原発事故後初めて開始される予定で、この日は地元で漁協組合長らが専門家を交えて協議していた。

7.28 **シラクチカズラを植樹**（徳島県）徳島県三好市の祖谷ふれあい公園で、シラクチカズラの植樹が行われた。国指定重要有形民俗文化財「祖谷のかずら橋」の掛け替えに用いるためのもので、西祖谷中学校の生徒らが、国有林から切り出したカズラの苗木約500本を植えた。苗木は数年後に山に植え戻され、掛け替えに使用できる程度まで育つには数十年を要するという。

7.29 **汚染水流出問題、東電、対策先送り認める**（福島県）東京電力は福島第1原発から放射性汚染水が海洋流出している問題で、同社は2年3カ月にわたり実質的な対策を先送りしていたことを認めた。

7.30 **カラマツを柱材化**（北海道）北海道立総合研究機構北方建築総合研究所が、カラマツを住宅の柱材として利用する研究を進めていることが報じられた。戦後、北海道では炭鉱の坑木用にカラマツが広く植林されたことから、人工林の4割をカラマツが占めているが、ヤニが多く捻れや割れが生じやすいため、用途が限られていた。同研究所では、8月に旭川市にカラマツを柱材として用いた初のモデルハウスを建築するという。

7.31 **水ガラスでも汚染水流出**（福島県）東京電力は福島第1原発の護岸を水ガラスで固める地盤改良工事でも、汚染水漏れが防げないことを明らかに

した。地中の浅い部分はガラスで固めることができず、地下水の水位が高いと汚染水が海側に流れ出すという。

8.1 **2号機立て坑で新たに汚染水**（福島県） 東京電力は福島第1原発2号機海側にあるトレンチにつながる立て坑で、1リットル当たり計9億5000万ベクレルの放射性セシウムを含む高濃度汚染水を確認したと発表した。

8.1 **CO_2削減目標、未達成**（日本） 全国の電力10社による2008年から2012年にかけての二酸化炭素（CO_2）排出量が当初見込みを上回り、沖縄電力を除く9社が削減目標を達成できなかったことが報じられた。東京電力福島第1原発事故を受けて全国の原発が停止し、火力発電所の稼働が増加したことが原因だった。

8.2 **綾ユネスコエコパーク推進室、開設**（宮崎県） 宮崎県綾町に、綾ユネスコエコパーク推進室が開設された。同町は2012年7月12日にユネスコエコパークに登録されており、同推進室では照葉樹林の生物多様性の調査、海外に向けた情報発信などを行うという。

8.7 **汚染水1日300t、海に流出か**（福島県） 資源エネルギー庁が、東京電力福島第1原発から放射能で汚染された地下水が海に流出しているとの試算を公表した。流出量は推計1日300tで、海洋への大きな影響は認められていないという。

8.8 **エゾシカ捕獲を決定**（北海道） 環境省が、北海道の釧路湿原国立公園の鳥獣保護区で、エゾシカの捕獲を開始することを決定した。同湿原ではエゾシカの個体数が大幅に増加し、国の特別天然記念物であるタンチョウや希少植物などへの影響が危惧されていた。

8.8 **汚染水流出問題、汚染前の放出検討を経産相が指示**（福島県） 茂木敏充経済産業相は政府の汚染水処理対策委員会で、福島第1原発原子炉建屋などに流れ込んで汚染される前の地下水の海洋放出の検討を指示した。9月中をめどに同委員会で対策を具体化する。

8.12 **1号機護岸でも高濃度放射性物質を検出**（福島県） 原子力規制委員会は1号機東側の護岸でも高濃度の放射性物質が検出されたとして、福島第1原発1号機のトレンチの調査を東電に指示した。2号機トレンチ内に残る高濃度汚染水が地下水の汚染源でそれが1号機トレンチに移動しているとみられている。一方、今ごろになって東電が海への流出を認めたことに対し地元漁業関係者は怒りの声を上げている。

8.12 **観測史上最高気温、更新**（高知県） 日本各地が猛暑となり、高知県四万十市の江川崎観測所では日本の観測史上最高気温となる41.0度を記録した。

8.13 **ニホンジカ、急増**（日本） 環境省が、野生のニホンジカの推定個体数を初めて公表した。独自に推定値を算出している北海道を除いた個体数は、1989年度の29万6000頭から2011年度には261万頭に急増。新たな対

策を講じない場合、2025年度には500万頭に達するといい、近年深刻さを増している農林業における食害の更なる悪化が危惧される。

8.19 **福島第1原発、仮設タンクから汚染水漏えい**（福島県）　東京電力が、福島第1原発の汚染水貯留タンク（仮設タンク）から放射能汚染水が漏えいしたことを発表した。漏えいした汚染水は推計約300tで、一部はタンクを囲った堰に留まったが、大部分は地中に染み込んだとみられる。漏えいした放射能の量は数千テラベクレル、INES（国際原子力・放射線事象評価尺度）レベルは3。

8.20 **温暖化でリンゴが甘くなる**（日本）　国立研究開発法人農業・食品産業技術総合研究機構（農研機構）、青森県産業技術センターりんご研究所、長野県果樹試験場が共同研究の結果を公表し、地球温暖化の影響でリンゴの味が甘くなっていることが明らかになった。過去30～40年間のリンゴの品質データを分析したところ、酸の含有量が減少し、糖の含有量が増加する傾向にあるという。

8.20 **自然エネルギー発電設備、15％増**（日本）　経済産業省が、自然エネルギーの「固定価格買い取り制度（FIT）」導入後の1年間で、自然エネルギー発電設備が約15％増加したことを発表した。一方、国により設置を認められたにも関わらず、建設を開始しない事業者が多数存在するといい、実態調査を開始するという。

8.21 **汚染水、被災直後から海に流出か**（福島県）　東京電力が、福島第1原発事故発生直後の2011年5月から、高濃度の汚染水が地下水に漏れ出し、塞いだはずの坑道から海に直接流出している可能性が高いことを発表した。流出量は1日約10リットルで、事故直後からの総流出量はストロンチウム90が最大10兆ベクレル、セシウム137が最大20兆ベクレル。国の基準である濃度限度は下回っているという。

8.21 **里山保全を証券化**（千葉県）　千葉県で「生物多様性オフセット」と呼ばれるシステムを利用した里山保全活動の実証実験が行われていることが報じられた。荒れた里山を再生する活動の成果を証券化し、別の場所で行った開発により自然を破壊した企業が証券を購入するというもので、欧米では同様の活動が広がっているという。

8.22 **淀川でイタセンパラが繁殖**（大阪府）　大阪府立水生生物センターが、淀川で野生のイタセンパラ（別名ビワタナゴ）の繁殖が8年ぶりに確認されたことを発表した。イタセンパラはコイ科の淡水魚で、国の天然記念物、絶滅危惧種IA類に指定されている。淀川で実施されている生息調査では、2005年を最後に4年連続で稚魚が確認されず、2009年に人工繁殖した稚魚の放流事業が開始されていた。

8.25 **農業用水路で小水力発電**（福岡県）　福岡県行橋市の農業用水路で、県の営農用電力自給モデル事業として、水車を利用した小水力発電の実証実

験が始まったことが報じられた。水車を回して発電した電気を蓄電し、防犯灯や鳥獣被害防止用の電気柵などの電源として利用する仕組み。

8.27 ナラ枯れ被害、半減（日本）　林野庁が、2012年度の森林病害虫による被害状況を公表した。マツクイムシによる被害は北海道と青森県を除く45都府県で計64万m³となり、前年度と同水準、被害が最悪だった1979年度の四分の一。ナラ枯れの被害は28府県で計約8万m³となり、前年度の二分の一、近年で最悪だった2010年度の四分の一となった。

8.28 汚染水「レベル3」決定（福島県）　原子力規制委員会は高濃度汚染水300トンが漏れた問題で原発事故の国際評価尺度（INES）での評価をレベル3（重大な異常事象）とすることを正式決定した。

8.30 特別警報、運用開始（日本）　気象庁が、従来の警報の発表基準をはるかに超える大雨や大津波等が予想され、重大な災害が発生する恐れが著しく高まっている場合に発表する、「特別警報」の運用を開始した。

8月 エコ見回り隊、開始（愛媛県）　愛媛県内子町で、「エコ見回り隊」が開始された。内子幼稚園の園児が町役場本庁舎を訪問し、電気、水、紙ゴミなどの環境に関する取り組み状況をチェックする事業。2012年に同幼稚園内で始まった活動を、園外に波及させたもの。

9.2 夏期の平均気温、温暖化により上昇傾向（日本）　気象庁が「平成25年（2013年）夏の日本の極端な天候について—異常気象分析検討会の分析結果の概要」を発表した。2013年の夏は全国で暑夏となり、143地点で日最高気温を更新した（タイ記録を含む）。夏平均気温平年差は西日本で+1.2度と1946年の統計開始以来最高を更新。東日本は+1.1度（同3位タイ）、沖縄・奄美は+0.7度（同2位タイ）。降水量は東日本・西日本の太平洋側と沖縄・奄美の一部で少ない一方、東北地方と本州の日本海側では多くなり、東北地方では7月の降水量が1946年の統計を開始以来最多となった。また、夏の平均気温は1898年の統計開始以降長期的に上昇しており、猛暑日の年間日数も1931年以降明瞭に増加傾向にあることが明らかになった。気温の上昇傾向の背景には、温室効果ガスの増加に伴う地球温暖化の影響があるとみられる。

9.2 尾瀬サミット2013（日本）　尾瀬サミット2013が新潟県魚沼市で開幕した。テーマは「尾瀬からの多様な魅力の発信」。3日に開催された意見交換会には群馬・新潟・福島各県の知事も出席し、シカによる食害などの課題への対応、情報発信についての今後の取り組みなどについて議論した。同日、閉幕。

9.3 「汚染水問題に関する基本方針」、決定（福島県）　政府の原子力災害対策本部が、東京電力福島第1原発事故で発生した汚染水対策について、総額約470億円を投じる「汚染水問題に関する基本方針」を決定。安倍晋三首相が、今後は東電任せにせず、政府が前面に出て解決にあたる決意

を表明した。

9.7 　瀬戸内法40周年記念式典（四国地方，中国地方）「「瀬戸内海環境保全特別措置法」制定40周年記念式典」が香川県高松市で開催された。主催は環境省、瀬戸内海環境保全知事・市町会議、瀬戸内海環境保全協会で、瀬戸内海を豊かで美しい「里海」として再生することを目指す『瀬戸内宣言』が採択された。

9.8 　「SATOYAMA国際会議2013 in ふくい」（福井県）「SATOYAMA国際会議2013 in ふくい」が福井市で開幕した。主催は環境省、SATOYAMAイニシアティブ国際パートナーシップ（IPSI）、福井県。13日にはIPSI総会が開催され、約30ヶ国の68団体・130人が出席して、里山の保全について議論した。14日、閉幕。

9.9 　隠岐、世界ジオパークに（島根県）　世界ジオパークネットワークが、島根県・隠岐諸島を「隠岐ジオパーク」として世界ジオパークに認定するとの審査結果を発表した。国内では2011年9月の「室戸ジオパーク」に続き、6地域目。

9.10 　富士登山者、31万人（静岡県，山梨県）　環境省が、2013年の富士山8合目への登山者数が約31万1000人であることを発表した。世界文化遺産への登録により登山者が急増すると予想されていたが、マイカー規制の強化、弾丸登山自粛の呼びかけなどが功を奏し、前年比8000人減となった。2008年に初めて30万人を突破して以降、概ね同水準を維持しているという。

9.11 　日本海の底層水、酸素量が減少（日本）　地球温暖化の影響で、日本海の底層水の溶存酸素量が減少し続けていることが報じられた。冬季に表層水が十分に冷やされないため、表層水が沈み込まず、底層水に酸素が供給されないことが原因。この状況が続いた場合、底層が酸欠状態に陥り、生態系や漁業に悪影響が出る恐れがあるという。

9.14 　「希少野生動植物種」候補を募集（日本）　環境省が、「絶滅のおそれのある野生動植物の種の保存に関する法律（種の保存法）」について、一般の人々から新たな「希少野生動植物種」候補の提案を受け付ける制度の導入を決定したことが報じられた。希少野生動植物種は同法に基づく保護対象で、現在は89種が指定されているが、2020年までに300種を追加する方針だという。

9.19 　安倍首相、福島第1原発を視察（福島県）　安倍晋三首相が福島第1原発を視察。広瀬直己・東電社長に対し、5号機及び6号機の廃炉、現場の裁量で使える安全対策予算の確保、期限を定めての汚染水浄化を要請した。

9.21 　市民共同発電所、急増（日本）　市民からの出資や寄付、自治体からの補助金により、NPOや企業が太陽光、風力、水力など自然エネルギーによ

る発電施設を設置する「市民共同発電所」が、42都道府県で計458基を数えることが報じられた。2007年に行われた前回調査から6年間で2.5倍に増加しており、東京電力福島第1原発事故を受け、自然エネルギーへの関心が高まっていることが背景にあるとみられる。

9.28 **気温4.8度、海面82cm上昇か**（世界） 国連気候変動に関する政府間パネル（IPCC）第1作業部会の第5次報告書によると、地球温暖化の影響で21世紀末には気温が最大4.8度、海面が82cm上昇する可能性があることが報じられた。

9.30 **PNLGフォーラム2013**（東アジア）「PNLGフォーラム2013」が三重県志摩市で開幕した。主催は志摩市、共催は東アジア海域環境管理パートナーシップ（PEMSEA）、PEMSEA地方政府ネットワーク（PNLG）事務局、海洋政策研究財団。東アジア10ヶ国の37自治体（うちPNLG加盟自治体35）と研究機関が参加し、東アジア沿岸海域における環境保全、持続可能な開発について議論した。10月2日、閉幕。

10.3 **後世に伝えるべき治山、選定**（日本） 林野庁が「後世に伝えるべき治山—よみがえる緑」として、60ヶ所の治山事業地を選定した。治山事業を実施して100年が経過したことを機に、緑がよみがえり国土の保全に寄与した治山事業地を選定。山地災害から国民の生命・財産を保全するとともに、水源の涵養、生活環境の保全・形成等を図るため、森林の維持・造成を通じ、荒廃地の復旧等を行う治山事業の重要性を広く周知することが目的。

10.4 **全国森林計画、閣議決定**（日本） 2014年4月から2029年3月までの15年間の森林・林業政策の指針となる「全国森林計画」が閣議決定された。主な内容は多くの人工林が伐期を迎えることを背景に、伐採立木材積（木材生産量）の総量を現行計画の6億9019万m^3から7億9961万m^3に増加させるなど。

10.8 **東アジア農協首脳会議**（東アジア） 東アジア農協協力協議会首脳者会議（東アジア農協首脳会議）が新潟市で開催された。会議には日本、韓国、台湾、モンゴル4ヶ国の農協中央組織およびインド農民肥料協同組合の代表が参加し、経済のグローバル化、農村の発展、食料自給率の向上などをめぐる問題について議論した。

10.9 **第54回全国竹の大会**（福岡県）「第54回全国竹の大会」が福岡県八女市で開幕した。テーマは「活かそう竹資源、図ろう竹産業の振興」で、全国の竹材や竹の子の生産者、加工業者ら、韓国やタイの代表団らが出席。国産タケノコの需要拡大や放置竹林の積極的整備などを盛り込んだ大会決議が採択されたほか、九州工業大学（福岡県北九州市）が同県八乙女市と連携して開発中の、竹繊維を樹脂に混ぜて作る、強度や帯電防止に優れた新素材に関する報告などが行われた。10日、閉幕。

10.10 港湾外でセシウム検出、陸側から漏れた汚染水の影響か（福島県）　東京電力は福島第1原発の港湾外の海水で、放射性セシウム137が1リットル当たり1.4ベクレル検出されたと発表。陸側から漏れた汚染水の影響の可能性がある。

10.10 水俣条約、採択（熊本県，世界）　熊本市で開催中の国連環境計画（UNEP）の外交会議で、「水銀に関する水俣条約（水俣条約）」が全会一致で採択され、91ヶ国及びEUが署名した。水銀汚染を防止するため、水銀の採掘、輸出入、水銀を使用した製品の製造を規制する条約。

10.16 原木キノコ栽培のガイドライン、策定（日本）　林野庁が、『放射性物質低減のための原木きのこ栽培管理に関するガイドライン』を策定した。東京電力福島第1原発事故の後、一部地域で原木キノコの出荷が制限されていることを受けての措置。

10.18 いわき市漁協など、2年7カ月ぶり試験操業（福島県）　福島県いわき市沖でいわき市漁協などが原発事故以来2年7カ月ぶりに試験操業を始めた。

10.28 重要里地里山（日本）　環境省が「重要里地里山」を選定する方針を固めたことが報じられた。開発、過疎化、高齢化などにより失われつつある環境を保全することを目的に、多様で地域特有の生態系を有し、多くの希少種が生息する里地里山を選定する。

10.30 里山里海湖研究所（福井県）　福井県が、県内の里山、海、湖の生物多様性、生活多様性、経済多様性、景観多様性を保全し、次の世代に伝えるための拠点として、「里山里海湖研究所」を若狭町の縄文プラザ内に開設した。

11.1 ナラ枯れ、大阪に拡大（大阪府）　ナラ枯れの被害が大阪府の常緑樹に拡大していることが報じられた。数年前から京都府や紀伊半島南部などでナラ枯れが問題化していたが、大阪府でも南北双方からナラ枯れが広がっているのが確認されたという。

11.1 中国のPM2.5、過去最悪（中国）　中国気象局が、同国の1〜10月のPM2.5による高濃度スモッグ発生日数が全国平均で4.7日となり、平年（2.4日）の2倍、1961年以降で最多となったことを発表した。越境汚染が懸念されることから、日中韓3ヶ国がPM2.5に関する政策対話を北京で行うことで合意した。

11.6 温室効果ガス濃度、過去最高に（世界）　世界気象機関（WMO）が、2012年の主要な温室効果ガスの世界平均濃度が過去最高値を更新したことを発表した。二酸化炭素は391ppm（前年比+0.56%）、メタンは1819ppb（同+0.33%）、一酸化二窒素は325.1ppb（同+0.28）で、いずれも過去最高。主な原因は化石燃料の使用、森林伐採など。

11.6 環境首都創造自治体全国フォーラム2013（日本，静岡県）「環境首都創造

自治体全国フォーラム2013 in 掛川」が静岡県掛川市で開幕した。環境首都創造ネットワーク、環境首都創造NGO全国ネットワーク、掛川市の共催で、全国の市区町村長とNGOが環境政策について討論。7日、「気候変動問題に真摯に向き合い、地域主体の再生可能エネルギーの拡大と低エネルギー社会を実現するための日本政府への緊急提言」を採択し、閉幕。

11.7 **J-GIAHSネットワーク会議、設立**（日本）「J-GIAHSネットワーク会議」設立総会が石川県珠洲市で開幕した。世界農業遺産（GIAHS）に認定されている国内5地域（能登の里山里海、トキと共生する佐渡の里山、静岡の茶草場農法、阿蘇の草原の維持と持続的農業、クヌギと林とため池がつなぐ国東半島・宇佐の農林水産循環）に関係する28市町村、大学関係者らによる組織。

11.8 **カワウのガイドライン**（日本）環境省が『特定鳥獣保護管理計画作成のためのガイドライン及び保護管理の手引き（カワウ編）』を策定した。2004年に策定された『特定鳥獣保護管理計画技術マニュアル（カワウ編）』に替わるもの。

11.8 **温室効果ガス削減目標、2005年比3.8％減に**（日本）2020年までの日本の温室効果ガス削減目標が、2005年比3.8％減になることが報じられた。「国連気候変動枠組条約」締約国会議（COP19）会期中の15日、削減目標が正式に決定・発表されたが、削減幅が極めて小さかったことから、各国の批判を浴びた。

11.9 **荒川の樹木を伐採**（埼玉県）国土交通省荒川上流河川事務所（埼玉県川越市）が、深谷市本田の右岸約5000m^{2}で樹木を伐採し、利用する企業または団体を募集していることが報じられた。河川内にハリエンジュなどが生い茂り、川の流れが妨げられる恐れがあるためで、荒川でこうした募集が行われるのは初めてのこと。

11.11 **COP19**（ポーランド）「国連気候変動枠組条約」第19回締約国会議（COP19）がポーランド・ワルシャワで開幕した。会議では3月31日に第一約束期間が終了した京都議定書に代わる、2020年以降の新たな枠組みについて議論され、2015年末までに全ての国が自主的に温室効果ガスの削減目標を決定することで合意。また、途上国に森林破壊の防止を促すための新制度「REDD+（レッドプラス）」の基本的な内容でも合意が成立し、『REDD+のためのワルシャワ枠組み』が採択された。23日（日本時間24日未明）、閉幕。

11.11 **水俣湾の魚類の水銀濃度、規制値以下**（熊本県）熊本県が、水俣湾の魚類の水銀濃度が国の暫定的規制値を下回っていたとの調査結果を発表した。調査は同年夏にカサゴとササノハベラを対象に行われたが、このうちカサゴについては規制値を若干下回る0.30ppmで、2005年以来の高水準だった。

11.12 **砂丘や海岸林1300haを喪失**（東北地方，関東地方） 東日本大震災の津波により、青森県から千葉県にかけての太平洋沿岸で計1300haの砂丘や海岸林が喪失したことが報じられた。環境省の調査により明らかになったもので、喪失面積は東京都豊島区の広さに匹敵するという。

11.12 **諫早湾干拓、開門差し止め**（長崎県） 国営諫早湾干拓事業の潮受け堤防排水門の開門調査をめぐる問題で、長崎地裁が開門に反対する営農者らの訴えを認め、国に開門差し止めを命じる仮処分を下した。2010年12月には、漁業者らが干拓工事中止等を訴えた裁判で、福岡高裁が2013年12月20日までに開門調査を開始するよう国に命じる判決を下し、判決が確定していた。これにより国は矛盾する2つの義務を負うことになった。

11.13 **第1回アジア国立公園会議**（アジア） 第1回アジア国立公園会議が宮城県仙台市で開幕した。アジアの保護地域の管理関係者が一同に会する初めての会議で、主催は環境省と国際自然保護連合（IUCN）、テーマは「国立公園がつなぐ」。アジアを中心とする49の国と地域から約800人が参加し、アジアにおける保護地域の基本理念となる「アジア保護地域憲章（仙台憲章）」が採択された。17日、閉幕。

11.15 **温室効果ガス削減目標、正式決定・発表**（日本） 政府の地球温暖化対策推進本部が、2020年までの日本の温室効果ガス削減目標を2005年比3.8%減とすることを正式決定した。原発稼働ゼロを前提とした数字で、排出量は約13億t。あわせて、3年間で1兆6000億円の途上国支援などを柱とする「攻めの地球温暖化外交戦略」も決定した。同日、削減目標が発表されたが、削減幅が極めて小さかったことから、各国の批判を浴びた。

11.15 **攻めの地球温暖化外交戦略、策定**（世界） 外務省が「攻めの地球温暖化外交戦略」を策定した。温室効果ガスの排出量について、2050年までに世界全体で半減、先進国全体で80%削減との目標を掲げ、イノベーション（技術革新）、アプリケーション（技術展開）、パートナーシップ（国際的連携）の三本柱で、技術による国際貢献を推進する内容。

11.15 **隆起サンゴ礁上植物群落、天然記念物に**（鹿児島県） 国の文化審議会が、鹿児島県喜界島の「隆起サンゴ礁上植物群落」を国の天然記念物に指定するよう、文部大臣に答申した。

11.17 **京都議定書の削減目標、達成確実**（日本） 2008年から2012年までの日本の温室効果ガス総排出量（速報値）の平均が1990年比-8.2%となり、京都議定書で義務付けられた6%削減を達成するのが確実であることが報じられた。

11.19 **三陸ジオパーク、誕生**（東北地方） 青森、岩手、宮城3県にまたがる三陸海岸に、「三陸ジオパーク」が誕生した。5億年前から現在に至る地球の活動を体感できる自然公園で、テーマは「5億年前からの時を刻み、今を生きる」。また、東日本大震災の津波被害の記憶を後世に伝える役割

も担う。

- 11.22 綾町イオンの森（宮崎県）　イオン環境財団、宮崎県、綾町、宮崎中央森林組合が、「綾町イオンの森」整備保全協定を締結した。同町には日本最大級の照葉樹林が存在し、2012年7月12日にユネスコエコパークに登録されている。イオンの森は伐採後の町有林跡地に植樹し、里山を復元する試みで、3年間に計1万5000本を植樹する計画になっている。23日には植樹の催しが開催され、市民ら約500人が参加し、クヌギ、ヤマザクラなど20種の苗木約5000本を植樹した。

- 11.26 HIV感染者の血液を輸血（日本）　エイズウイルス（HIV）に感染していた男性の血液が患者2人に輸血され、このうち1人がHIVに感染していたことが明らかになった。感染初期だったため、日本赤十字社による高感度検査をすり抜けた。献血者も、2月に献血した際の問診で、HIV感染の危険がある性的行為について事実と異なる申告をしていた。国内での輸血によるHIV感染は2003年以来。

- 11.30 川沿いの人工林、伐採（大分県）　平成24年7月九州北部豪雨で大きな被害を受けた大分県竹田市で、川沿いの人工林を伐採し、広葉樹の自生を促す事業が開始された。倒木が川に流れ出て浸水被害が拡大するのを防ぐ措置で、こうした事業が行われるのは全国で初めてだという。

- 12.3 カーボンZERO先進地視察ツアー in 徳島（徳島県）　関西カーボン・クレジット推進協議会主催の「カーボンZERO先進地視察ツアー in 徳島」が開催された。環境省のモデル事業で、二酸化炭素（CO_2）の排出削減分や森林吸収分を事業者などが売買する「カーボン・オフセット（炭素相殺）」の普及を目的に、カーボン・オフセット先進地域である徳島県那賀町、神山町などを見学した。

- 12.5 河川における外来種対策、公開（日本）　国土交通省が「河川における外来植物対策の手引き」及び「河川における外来魚対策の事例集」をインターネット上で公開した。河川における外来種対策の考え方や手法に関する資料で、特に大きな問題となっている植物10種、魚類3種への対策を重点的に取り上げた。

- 12.6 松島湾、世界で最も美しい湾クラブに加盟（宮城県）　宮城県松島町が、日本三景の一つである宮城県・松島湾が「世界で最も美しい湾クラブ」（事務局・フランス）への加盟を承認されたことを発表した。同クラブは世界的な環境保護団体で、国内の湾としては初の加盟となる。

- 12.7 重要沿岸域マップ、作成（東北地方、関東地方）　環境省が「重要沿岸域マップ」を作成することが報じられた。東日本大震災の津波などで被害を受けた太平洋沿岸のうち、多様な生態系が残っている地域、希少種が生息する地域などをリスト化するもので、災害復旧や防災事業などの際の生態系保全に資することが目的。

12.10　**宮崎市周辺の再造林率41％**（宮崎県）　宮崎市周辺の再造林率が41％に留まっていることが報じられた。再造林率とは、伐採後の山に植林する割合のことで、スギ丸太生産量が22年連続日本一である宮崎県でも、木材価格の低迷や後継者不足などを背景に、里山の荒廃が進んでいることが明らかになった。

12.10　**無花粉ヒノキ、発見**（神奈川県）　神奈川県が、無花粉ヒノキを同県秦野市の山林で発見したことを発表した。同ヒノキは突然変異のため花粉を形成できないといい、県では花粉症対策として苗木の量産、植林を進める方針。

12.16　**「サシバの保護の進め方」、公表**（日本）　環境省が「サシバの保護の進め方」を公表した。サシバは中型の猛禽類で、夏鳥として日本に渡来する。近年は生息分布が急速に縮小し、絶滅危惧II類に指定されている。

12.17　**イタイイタイ病、全面解決**（富山県）　富山県・神通川流域で発生したイタイイタイ病をめぐり、被害者らで組織する「神通川流域カドミウム被害団体連絡協議会（被団協）」と原因企業の三井金属鉱業が、全面解決を確認する合意書に調印した。合意書の調印式では、仙田貞雄・三井金属鉱業社長が1968年の公害病認定以降初めて、同社として正式に謝罪した。

12.18　**福島第1原発5、6号機、廃炉決定**（福島県）　東京電力が取締役会を開催し、福島第1原発5号機及び6号機の廃炉を決定した。これで同原発の6機全てが廃炉となり、国内の原発は48機になる。

12.20　**諫早湾干拓、開門を断念**（長崎県）　国営諫早湾干拓事業の潮受け堤防排水門の開門調査をめぐる問題で、林芳正・農林水産大臣が、福岡高裁判決で命じられた開門調査の実施を断念する考えを表明した。2010年12月、福岡高裁が2013年12月20日までに開門調査を開始するよう国に命じる判決を下し、国が控訴せず判決が確定していた。

12.25　**国有林野の管理経営に関する基本計画、策定**（日本）　林野庁が「国有林野の管理経営に関する基本計画」を策定した。国有林野の今後10年間の管理経営の基本方針をまとめたもので、主な内容は公益重視の管理経営の一層の推進、森林の流域管理システムの下での森林・林業再生に向けた貢献、国民の森林としての管理経営。

12.26　**シカとイノシシ、半減へ**（日本）　国が初めてシカやイノシシの捕獲目標を設定し、今後10年間で生息数を半減させる方針を固めたことが報じられた。近年、中山間地の過疎化や狩猟人口の減少のため野生のシカやイノシシが急増し、2011年度の生息数はシカが325万頭、イノシシが88万頭と推測される。これに伴い、野生鳥獣による農作物被害が年間200億円、森林の食害被害が同9000haに達し、大きな問題となっている。

12.28　**原発事故後特例宿泊―楢葉町**（福島県）　原発事故後初めて、年末年始の

特例宿泊が認められた福島県楢葉町（避難指示解除準備区域）で、町民達が町内の木戸八幡神社を初詣する姿が見られた。特例宿泊は昨年12月28日から5日までが認められた。

12月 コウノトリの専門家会議、設立（日本）「ニホンコウノトリの個体群管理に関する機関・施設間パネル（IPPM-OWS）」が設立された。コウノトリの飼育施設や野生復帰事業に取り組む全国の機関・施設などが連携した専門家会議で、コウノトリの保全を全国的に進めていくにあたっての課題を共有し、連携して課題の解決にあたることが目的。

2014年
（平成26年）

1.1 再生可能エネルギー利用促進条例施行 鳥取県日南町（鳥取県） 鳥取県の日南町で低炭素社会の構築を目的とする、再生可能エネルギー利用促進条例が施行された。

1.8 フットパスネットワーク九州、発足（九州地方） 九州のフットパスコースの質の維持・向上を図る認定団体「フットパスネットワーク九州」の発足準備会合が熊本県美里町で開催された。4月12日、フットパスネットワーク九州設立総会が開催された。

1.14 ドイツ、再生可能エネルギーの割合が過去最高に（ドイツ） ドイツのエネルギー水道事業連合会が、2013年の同国の総発電量にしめる再生可能エネルギー発電の割合が23.4%（前年比+0.6%）で、過去最高を更新したことを発表した。内訳は風力7.9%、太陽光4.5%など。同国では東京電力福島第1原発事故を契機に脱原発の動きを加速しており、今後も再生可能エネルギーの割合が高まるとみられている。

1.17 川内村の除染、完了する（福島県） 環境省は福島県川内村で国が実施中の除染がほぼ完了したと発表した。

1.25 木曽川源流フォーラム＆水源の里を守ろう木曽川流域集会（日本）「木曽川源流フォーラム＆水源の里を守ろう木曽川流域集会」が名古屋市で開催された。主催は全国源流の郷協議会などで、過疎化により山や集落の維持が困難になっている水源地と水の利用者である都市部住民との交流の進め方などについて議論した。

1.27 ふくしま生物多様性推進計画、改訂（福島県） 福島県が「ふくしま生物多様性推進計画」を改訂した。同計画は生物多様性の保全や持続可能な利用を図る地域戦略で、2011年3月1日に第1次計画を策定。東日本大震

災の発生を受け、改訂作業が進められていた。

1.27　日本全国さとやま指数メッシュデータ、公開（日本）　国立環境研究所が「日本全国さとやま指数メッシュデータ」を公開した。同データは日本全国標準土地利用メッシュデータを用いて、土地利用のモザイク性の観点から農業ランドスケープにおける生物多様性を評価する「さとやま指数」を、日本全国を対象に算出したもの。

1.29　釧路湿原でエゾシカ捕獲（北海道）　環境省釧路自然環境事務所が、釧路湿原に隣接する丘陵地に仕掛けた囲い罠で、メスのエゾシカ14頭を捕獲した。釧路湿原国立公園でのエゾシカ急増を受けての措置で、同省が釧路湿原でエゾシカの駆除を行うのは初めてのこと。

1.29　由布市、再生エネルギー事業の条例を制定（大分県）　大分県由布市が「由布市自然環境等と再生可能エネルギー発電設備設置事業との調和に関する条例」を制定した。同市の美しい自然環境、魅力ある景観、良好な生活環境を守るため、事業者に対し、事業内容の市への届け出、市町との協議、住民に対する説明会の実施などを義務付ける内容。1月29日、施行。

1.30　西日本最大級のトチノキ、発見（滋賀県）　滋賀県長浜市の丹生ダム建設予定地周辺で、西日本最大級のトチノキが発見されたことが報じられた。同ダムは治水と上水道供給を目的とする多目的ダムだが、1月16日に事業を手掛ける独立行政法人水資源機構が建設中止の方針を決定していた。

1.30　足立区、木製粗大ごみを資源化（東京都）　東京都足立区が、全国で初めて家庭から排出される木製粗大ごみを資源化することを発表した。木製粗大ごみからガラスやプラスチックなどの不適物を除去し、破砕・チップ化。チップを住宅の床材や壁材として使用されるパーティクルボードに加工する。家庭から排出される粗大ごみの4割の資源化を目指し、年間400tを資源化する予定。4月1日、資源化を開始。

2.4　木質バイオマス発電所、起工（高知県）　「土佐グリーンパワー　土佐発電所」（高知市）の起工式が催された。出光興産、土佐電鉄、高知県森林組合連合会が出資し、土佐グリーンパワーが運営する木質バイオマス発電所で、間伐材などの未利用材のみを燃料とし、燃料チップの破砕・乾燥から発電までの全工程を施設内で行う、国内初の発電所となる。3月に建設工事が開始され、2015年4月1日に営業運転を開始した。

2.5　天橋立、広葉樹が浸食（京都府）　京都府宮津市の商工会議所などが組織する「天橋立を世界遺産にする会」が、天橋立の松並木が広葉樹に浸食されている問題への対策を求める要望書を京都府に提出したことが報じられた。府の調査により、同並木のマツの数が1997年の約5200本から、2013年8月には4525本に減少していることが明らかになっていた。

2.7　中間貯蔵施設、双葉郡8町村長が集約案を了承（福島県）　福島県の佐藤

雄平知事は、原発事故の除染で出た高濃度放射性物質汚染土（1キロ当たり10万ベクレル超）などを保管する中間貯蔵施設について、大熊、双葉の2町に施設を集約し、楢葉町に汚染土より低レベルな廃棄物（同10万ベクレル以下）の中間処理施設を建設する案を双葉郡の8町村長に示し、了承を得た。これを受けて県は2月12日、国に計画案（楢葉町を含めた3町に中間貯蔵施設建設）の見直しを求めた。

2.7 徳之島のアマミノクロウサギ、減少（鹿児島県） 鹿児島県徳之島で国の天然記念物であるアマミノクロウサギの生息数が減少していることが報じられた。生息域が道路や畑と近接するなど、生息環境の悪化が原因とみられる。一方、隣接する奄美大島では生息数が増加しているという。

2.14 野生鳥獣による農作物被害状況、発表（日本） 農林水産省が2012年度の野生鳥獣による全国の農作物被害状況をとりまとめ、発表した。被害金額は230億円（前年比+1%）、被害量は70万t（同-2%）、被害面積は9万7000ha（同-6%）。鳥獣別の被害金額はシカが82億円（同-1%）、イノシシが62億円（同-0.2%）、ヒヨドリが7億円（同+96%）、ネズミが7億円（同+142%）など。

2.19 交雑種3種、特定外来生物に（日本） 環境省の専門家会合が、アカゲザルとニホンザルの交雑種、タイワンザルとニホンザルの交雑種、ストライプトバスとホワイトバスの交雑種であるサンシャインバスの3種について、特定外来生物への指定相当であると結論付けたことが報じられた。交雑種が特定外来生物に指定されるのは初めてのこと。

2.20 釧路川の蛇行復元部分、自然再生の兆し（北海道） 市民環境調査「みんなで調べる復元河川の環境」の報告会が北海道釧路市で開催された。1980年代に治水と土地利用のため直線化され、2007年以降に釧路湿原自然再生事業の一環として蛇行する本来の河道が復元された釧路川中流約1.6kmで、2010年以来実施してきた環境調査の結果が報告された。ウチダザリガニや魚類の生息数が増加する、流れの緩やかな所に土砂が堆積して植物が生えるなど、自然環境が回復する兆しが確認されたという。

3.2 ヤクシカ、植生被害が深刻化（鹿児島県） 鹿児島県・屋久島でヤクシカによる植生被害が深刻化していることが報じられた。国、県、屋久島町は、世界自然遺産地域内でヤクシカを捕獲するため、2014年度中に管理計画を作成し、2015年度に捕獲を開始する方針だという。

3.5 慶良間諸島、国立公園に（沖縄県） 沖縄県・慶良間諸島（座間味村、渡嘉敷村）及び周辺海域が、「慶良間諸島国立公園」として、31番目の国立公園に指定された。指定理由は「ケラマブルー」と呼ばれる透明度の高い海の景観、高密度のサンゴ礁を中心とする生態系、ザトウクジラの繁殖海域であることなど。

3.7 太陽光発電、買い取り価格引き下げ（日本） 経済産業省が、自然エネル

ギーの「固定価格買い取り制度(FIT)」について、2014年度の電力会社による買い取り価格を決定した。大型太陽光発電を1kWあたり32円(前年比-4円)とする一方、風力発電などは増額または据置とした。

3.8 **原子力学会事故調査委員会、最終報告書を公表**(福島県) 日本原子力学会の事故調査委員会は、原発事故の直接原因を「事前の津波対策、過酷事故対策、事故後対策の不備」とする最終報告書を公表した。事業者や規制当局の安全意識の欠如に加え、学会自身も「災害への理解が足りず、専門家として役割を果たせなかった」と反省する内容が盛り込まれた。

3.11 **「鳥獣保護法」改正案、閣議決定**(日本) 「鳥獣保護法」の改正案が閣議決定された。改正の目的は、食害が深刻化しているシカやイノシシの駆除を進めることなど。主な改正点は、野生生物を保護するだけでなく、生息数を適正な水準に減少させる「管理」を同法の目的に追加することなど。

3.14 **中間貯蔵施設を大熊、双葉2町に集約へ**(福島県) 石原伸晃環境相は除染で出た汚染土などを最長30年保管する中間貯蔵施設について、福島県から出ていた要望を踏まえ、国の計画案を見直し、建設候補地を福島県大熊、双葉2町に集約する方針を明らかにした。

3.17 **平均気温、最大6.4度上昇**(日本) 環境省の研究プロジェクトチームが地球温暖化に関する報告書を公表。温室効果ガスの排出量が増加し続けた場合、21世紀末には日本の平均気温が3.5〜6.4度上昇し、熱中症による死者が最大13倍になるなどと予測した。

3.20 **「北海道エゾシカ対策推進条例」、制定**(北海道) 北海道議会が「北海道エゾシカ対策推進条例」を可決した。主な内容はエゾシカの生息数を調整し、駆除したエゾシカを食肉などとして有効活用することを目指す、希少鳥類を鉛中毒から守るため、全国で初めて鉛弾の所持を禁止するなど。

3.20 **琵琶湖外来水生植物対策協議会、発足**(滋賀県) 滋賀県、琵琶湖沿岸6市、漁協、環境NPOなどで構成する「琵琶湖外来水生植物対策協議会」が発足した。琵琶湖で急増している外来種オオバナミズキンバイの駆除を目的とする組織。

3.26 **岩手と宮城、震災のがれき処理終了**(岩手県,宮城県) 環境省は、東日本大震災で発生した岩手、宮城両県のがれき処理が2月末時点で計99%まで進み3月中に終了する見通しにあると発表した。福島を含めた3県では計96%だった。

3.26 **淡水カメ、6割がミドリガメ**(日本) 日本自然保護協会が2013年5月から10月にかけて実施した淡水カメの全国調査の結果が報じられた。種類が確認できたのは6468匹で、このうち外来種であるミシシッピアカガメ(ミドリガメ)が4146匹(64%)、大陸からの移入種とされるクサガメが

1313匹（20％）、在来種のイシガメは586匹（9％）だった。

3.28　**2014年豪雪**（栃木県）　栃木県が、2月中旬に発生した「2014年豪雪」による県内の森林・林業被害額は約25億円で、大雪による森林被害としては過去最大級であることを発表した。被害を受けた民有林は12市町の892ヶ所、被害額は約17億円、被害面積は約1500haに達した。

3.31　**「コアジサシ繁殖地の保全・配慮指針」、作成**（日本）　環境省が「コアジサシ繁殖地の保全・配慮指針」を作成した。コアジサシは夏鳥として日本に渡来し、河川や海岸で集団繁殖するが、繁殖適地が減少しつつあり、絶滅危惧II類に指定されている。

3.31　**IPCC、報告書を公表**（世界）　国連気候変動に関する政府間パネル（IPCC）が、地球温暖化の影響に関する報告書を公表し、このまま温室効果ガスの排出が増加し続けた場合、生物の大量絶滅や世界的な食料不足が発生し、国際紛争が頻発する恐れがあると警告した。

3.31　**災害廃棄物対策指針、策定**（日本）　環境省が「災害廃棄物対策指針」を策定した。東日本大震災の経験を踏まえ、地方公共団体による災害廃棄物処理計画の策定、発災時の災害廃棄物対策に資するため、技術的知見をまとめたもの。

3月　**コーディリエラの棚田群保全活動**（フィリピン，石川県）　フィリピン・ルソン島北部のイフガオ州にある世界文化遺産・世界農業遺産「フィリピン・コルディリエラの棚田群」を守るため、金沢大学が現地の人材育成を支援する「コーディリエラの棚田群保全活動」が開始された。同棚田群は標高1000m前後の山中に位置し、「天国への階段」とも呼ばれるが、出稼ぎに出る若者が増えるなど後継者が不足し、荒廃が進んでいる。

3月　**避難指示解除を1年延長―飯舘・葛尾の一部**（福島県）　政府の原子力災害現地対策本部は、除染の進捗率が低い福島県飯舘村と葛尾村の一部について3月としていた避難指示解除の見込み時期を1年延長する方針を固めた。

4.1　**森林内での放射性セシウムの分布変化、減少**（福島県）　林野庁が、2013年度の福島県内の森林における放射性セシウム濃度及び蓄積量の調査結果を公表。森林内での放射性セシウムの分布変化が小さくなっていることが明らかにされた。

4.1　**楢葉、大熊、川内の除染作業終了**（福島県）　環境省は福島県楢葉町、大熊町、川内村の3町村の国の除染作業が3月末までに終了したと発表した。ただ、放射線量の高い帰還困難区域は計画の範囲外で、国道6号（双葉―富岡両町間14キロ）の除染は4月上旬からとなる。

4.1　**福島第1原発事故、初めて避難指示を解除**（福島県）　福島県田村市都路町地区東部で、東京電力福島第1原発事故に伴う避難指示が解除され、117

世帯357人のうち約半数が帰還した。同事故では県内11市町村に避難指示が出たが、解除は初めて。

4.2 「水循環基本法」など、公布（日本）「水循環基本法」と「雨水の利用の推進に関する法律」が公布された。前者は水循環施策の総合的かつ一体的推進を目指して制定されたもので、主な内容は水循環政策本部の設置、水循環施策に関する基本理念の明確化し、国・地方公共団体・事業者・国民といった水循環関係者の責務の明確化、水循環基本計画の策定、水循環施策推進のための基本的施策の明確化など。7月1日、施行。後者は近年の気候変動等に伴い水資源の循環の適正化に取組むことが課題となっていることを踏まえ、雨水の利用を推進し、それにより水資源の有効な利用を図り、あわせて下水道、河川等への雨水の集中的な流出の抑制に寄与することが目的。5月1日、施行。

4.4 「美しい山河を守る災害復旧基本方針」、改定（日本）　国土交通省が「美しい山河を守る災害復旧基本方針」を改定した。多自然川づくりに関する最新の知見を取り入れ、河川本来の環境や景観の復旧を目指す内容。

4.4 重要自然マップ、作成（東北地方，関東地方）　環境省が「重要自然マップ」を作成した。東日本大震災が沿岸域の自然環境に及ぼした影響に関する調査結果を復興に役立てるための基礎情報として、青森県六ヶ所村から千葉県九十九里浜に至る太平洋沿岸の津波浸水域における自然環境保全上重要な地域を図化したもの。

4.4 梅の公園、全てのウメを伐採（東京都）　東京都青梅市の「梅の公園」で、ウメ輪紋ウイルス（プラムポックスウイルス、PPV）の感染拡大を防ぐため、園内のウメ1266本全てを伐採する作業が開始された。同市では2009年4月に国内で初めて同ウイルスへの感染が確認され、被害が拡大していた。

4.11 「エネルギー基本計画」、原発再稼働を明記（日本）　政府が「エネルギー基本計画」の第3回改訂を閣議決定した。原子力発電を「重要なベースロード電源」と位置付け、安全性が確認された原発を順次再稼働する方針を明記し、民主党政権時代の原発ゼロ政策を撤回した。また、一般水力発電や地熱発電など、多様な電力源をベースロード電源とする方針も示した。

4.11 「絶滅のおそれのある野生生物種の保全戦略」、策定（日本）　環境省が「絶滅のおそれのある野生生物種の保全戦略」を策定した。絶滅危惧種の保全に関する基本的な考え方と早急に取り組むべき施策の展開を示すもので、主な内容は絶滅危惧種の生態や生息状況をまとめた「絶滅危惧種保全カルテ」の作成、「絶滅のおそれのある野生動植物の種の保存に関する法律（種の保存法）」に基づく国内希少野生動植物種を2020年までに300種追加指定、「絶滅危惧種保全重要地域」の選定など。

4.13　**IPCC、報告書を公表**（世界）　国連気候変動に関する政府間パネル（IPCC）が、地球温暖化に関する報告書を公表。21世紀末までに温室効果ガスの排出量をほぼゼロにできれば、気温の上昇が2度以内に留まり、環境の激変を避けることが可能だが、そのためには電力に占める低炭素エネルギーの比率を80％以上に引き上げるなど、劇的な変革が必要だと指摘した。

4.15　**京都議定書の削減目標、達成**（日本）　環境省が、2008年から2012年までの日本の温室効果ガス総排出量の平均が1990年比-8.4％となり、京都議定書で義務付けられた6％削減を達成したことを発表した。ただし、これは排出権取引や森林吸収を加味した数値で、実際の総排出量は1990年比＋1.4％となる12億7800万tだった。

4.15　**桐生市で大規模山林火災**（群馬県、栃木県）　群馬県桐生市菱町の黒川ダム付近の山林で火災が発生。火は折からの強風に煽られ、隣接する栃木県足利市にも燃え広がった。群馬・栃木・埼玉・山梨・茨城・福島・新潟7県の防災ヘリ、群馬・栃木両県警のヘリ、陸上自衛隊のヘリ8機を投入した消火活動により、22日に鎮火した。焼失面積は約400haで、過去10年間で国内最大規模の山林火災となった。

4.24　**日本製紙、石炭・バイオマス混焼火力発電設備を建設**（宮城県）　日本製紙が、三菱商事と共同で、宮城県石巻市に売電用の石炭・バイオマス混焼火力発電設備を建設することを正式発表した。出力は同社の発電所としては最大となる14万9000kWで、地元林業の活性化を企図し、間伐材や伐採現場で切り落とした枝葉なども燃料に使用する。事業開始予定は2018年3月。

4.25　**外国資本の森林買収、194ha**（日本）　林野庁が、外国資本による森林買収に関する調査結果を公表した。2013年の件数は全国で14件、面積は計194ha。大規模な買収は、香港の法人が開発・転売を目的に北海道共和町で163haを取得した1件のみで、他の13件は9ha以下だった。また、国内の外資系企業による買収は5件で、計455haだった。

5.1　**海岸防災林の植栽に関する実証試験**（宮城県）　林野庁が海岸防災林の植栽に関する実証試験を宮城県岩沼市で開始した。東日本大震災で被災した海岸防災林の再生や機能強化のための知見を得ることが目的で、従来用いられてきたクロマツの他、常緑広葉樹なども用い、様々な植栽方法を試験する。

5.2　**『WOOD JOB！』、期間限定記念館**（三重県）　林業をテーマとする映画『WOOD JOB！―神去なあなあ日常』（5月10日公開）を記念して、撮影地である三重県津市美杉町に林業をアピールする「WOOD JOB！神去なあなあ日常記念館」が期間限定オープンした。

5.3　**森林の空間線量、2年で半減**（福島県）　福島県が、東京電力福島第1原発

事故で放射性物質に汚染された森林の空間線量に関する2013年度の測定結果を公表した。全1006地点の平均値は毎時0.60マイクロシーベルト（μSv）、このうち2011年度にも測定した362地点の平均値は0.44μSv（前回0.91μSv）だった。

5.6 **野生トキ、初のヒナ誕生**（新潟県）　環境省が、新潟県佐渡市で、放鳥した雌のトキと野外生まれの雄の間にヒナ1羽が誕生したことを発表した。野外生まれのトキからヒナが誕生したのは初めて。

5.9 **ゼニガタアザラシ保護管理計画、策定**（北海道）　環境省が「環境省えりも地域ゼニガタアザラシ保護管理計画」を策定した。特定鳥獣保護管理計画に準ずるもので、北海道・えりも地域におけるゼニガタアザラシ個体群と漁業の共存が目的。ゼニガタアザラシは絶滅危惧II類、「鳥獣の保護及び管理並びに狩猟の適正化に関する法律（鳥獣保護法）」における希少鳥獣に指定されているが、えりも地域における生息数は増加傾向にあり、漁業被害が問題化していた。

5.9 **バイオエタノール事業の継続、困難**（北海道，新潟県）　北海道苫小牧市、清水町、新潟市の3ヶ所で行われている国産バイオエタノール生産システム構築事業について、農林水産省のバイオ燃料生産拠点確立事業検証委員会が報告書を公表した。バイオエタノールの生産価格が一般のエタノール販売価格の2倍以上という高コスト構造が改善されておらず、事業継続は困難との内容。

5.11 **赤穂市で山林火災**（兵庫県）　兵庫県赤穂市木津の山林で火災が発生し、強風に煽られて燃え広がった。消火活動には兵庫・岡山両県の消防防災ヘリなどヘリ4機が投入され、12日に鎮火。山林約70haが焼けたが、怪我人や人家への被害はなかった。出火原因はバーベキューの火の不始末で、自宅裏庭先の山に炭火を捨てた男が12日に「森林法」違反（森林失火）容疑で逮捕された。

5.22 **第22回環境自治体会議**（日本，北海道）　「第22回環境自治体会議ニセコ会議」が北海道ニセコ町で開幕した。テーマは「住民力による地域創造、そして未来再考—リゾート地・ニセコから伝え継ぐもの」。24日、「ニセコ会議宣言」を採択し、閉幕。

5.23 **山の日、制定**（日本）　8月11日を「山の日」と定める「国民の祝日に関する法律（祝日法）」改正法案が、参議院本会議で与野党の賛成多数で可決、成立された。2016年1月1日、施行。山の日は「山に親しむ機会を得て、山の恩恵に感謝する」日だが、明確な由来はない。

5.23 **湿原・干潟の価値、年間1.5兆円**（日本）　環境省が、国内に存在する湿原11万0325ha及び干潟4万9165haの経済的価値は年間最大1兆5800億円（湿原8391〜9711億円、干潟6103億円）に達するとの評価結果を発表した。これらの生態系による二酸化炭素吸収、水質浄化、水量調整などの

効果を、排出権取引価格、水質浄化施設、ダムなどを用いた場合のコストと比較した数字。

5.26 **CO_2濃度、過去最高に**（日本）　気象庁が、2013年の二酸化炭素（CO_2）の年平均濃度が、国内の3観測地点全てで1987年の観測開始以来最高を更新したことを発表した。岩手県大船渡市が399.6ppm（前年比+2.3%）、南鳥島（東京都小笠原村）が397.5ppm（同+2.6%）、与那国島（沖縄県与那国町）が399.5ppm（同+2.4%）。また、過去15年間で二酸化炭素濃度が1割上昇したことも明らかになった。

5.27 **外国人技能実習制度、林業も**（日本）　法務省の第6次出入国管理政策懇談会・外国人受入れ制度検討分科会が、外国人技能実習制度の見直しに関する報告書を公表した。主な内容は受け入れ期間を現在の最長3年から最長5年に延長する、対象職種に人手不足である自動車整備業、林業、惣菜製造業、介護等のサービス業、店舗運営管理等を追加すること。

5.28 **『源流白書』、発表**（日本）　河川の源流域に位置する全国18市町村で構成する「全国源流の郷協議会」が、『源流白書』を発表した。源流域の過疎化に伴い森林の荒廃が進んでおり、状況が改善されない場合、森林の浄水機能の喪失、山の崩壊など、国土の荒廃を招く危険があると指摘。源流を守るため「源流基本法」を制定することなどを提言する内容。

5.30 **『森林・林業白書』、公表**（日本）　林野庁が『平成25年度 森林・林業白書』を公表した。冒頭には、最近1年間の特徴的な動きとして「式年遷宮に先人たちの森林整備の成果」「富士山が世界文化遺産に登録」「林業活性化に向けて女性の取組が拡大」「中高層木造建築への道をひらく新技術が登場」の4トピックスが掲載された。

6.1 **原発事故で不通のJR常磐線運転再開**（福島県）　JR東日本は原発事故で不通となっている福島県内のJR常磐線のうち、広野（広野町）―竜田（楢葉町）間の8.5kmで運転を始めた。避難区域内の運転再開は初めて。

6.4 **ブナ自生林の北限、12km北進**（北海道）　ブナ自生地の北限が、これまで北限とされてきた北海道南部の黒松内低地帯より12km北にあることが報じられた。森林総合研究所北海道支所の調査の結果、ニセコ山系の雷電山中腹の北斜面で、約1haの範囲に約40本が自生しているのが発見されたという。

6.5 **中央リニア新幹線、環境大臣意見を提出**（関東地方，中部地方）　環境省が「東海旅客鉄道株式会社が実施予定の中央新幹線（東京都品川区―愛知県名古屋市間）に係る環境影響評価書に対する環境大臣意見」を国土交通大臣に提出した。総延長286km（地上部40km、トンネル部246km）と事業規模が大きいため、相当な環境負荷が生じることが懸念されるとして、環境への影響を最大限、回避・低減させる対応を求める内容。

6.6　『環境・循環型社会・生物多様性白書』、閣議決定（日本）　政府が『平成26年版 環境・循環型社会・生物多様性白書』を閣議決定した。テーマは「我が国が歩むグリーン経済の道」で、日本の2012年の環境産業の市場規模は86兆円、雇用規模は243万人と推計。また、東日本大震災の被災地における環境回復のための取組、地球温暖化をはじめとする環境問題への対応と経済成長の両立を目指すグリーン経済の重要性、これを実現する環境技術や環境金融等の取組を紹介している。

6.6　温暖化、平均気温4.4度上昇か（日本）　環境省が、地球温暖化の影響に関する最新の予測を発表した。温暖化が最も大規模に進行した場合、21世紀末の全国平均気温は1984〜2004年の平均に比べ4.4度上昇し、真夏日は全国平均で年52.6日、東日本の太平洋側で58.4日、沖縄・奄美地方で86.7日増加するという。

6.11　只見と南アルプス、エコパークに（福島県、中部地方）　スウェーデンで開催中の第26回人間と生物圏（MAB）計画国際調整理事会において、只見（福島県）と南アルプス（山梨、長野、静岡3県）の生物圏保存地域（ユネスコエコパーク）への新規登録が決定した。只見はブナ林などの天然資源を活用した地域活性化、南アルプスは3000m峰が連なる山岳環境を活用した地域作りが評価された。

6.12　ニホンウナギ、レッドリストに（世界）　国際自然保護連合（IUCN）が『レッドリスト』の最新版を発表した。絶滅の恐れがある野生生物のリストで、ニホンウナギが3段階の2番目である絶滅危惧1B類に指定された。2013年には、環境省が作成する『絶滅のおそれのある野生生物の種のリスト（日本版レッドリスト）』に指定されている。

6.18　日本の植物、300種以上絶滅の恐れ（日本）　今後100年間に国内の植物300種以上が絶滅する恐れがあることが報じられた。国立環境研究所や九州大学などの研究チームが、『絶滅のおそれのある野生生物の種のリスト（日本版レッドリスト）』で絶滅危惧種や準絶滅危惧種に指定されている1618種について、1994〜1995年と2003〜2004年のデータを比較し、予測したもの。

6.20　ミツバチの農薬被害（日本）　農林水産省が、2013年度の農薬によるミツバチの被害事例について、中間取りまとめを行った。養蜂家への呼びかけを強めた結果、報告件数は前年度の11件から69件に急増。被害は水稲の開花期に多く発生しており、カメムシ防除用の殺虫剤を直接浴びたことが原因とみられる。

6.23　水素・燃料電池戦略ロードマップ、策定（日本）　経済産業省の水素・燃料電池戦略協議会が「水素・燃料電池戦略ロードマップ—水素社会の実現に向けた取組の加速」を策定した。水素社会実現に向けた取組を3フェーズに分けてまとめたもので、フェーズ1では、定置用燃料電池や

燃料電池自動車など、実現しつつある燃料電池技術の活用を拡大し、大幅な省エネの実現や世界市場の獲得を目指す。フェーズ2では、2020代後半を目途に、電気・熱に水素を加えた新たな二次エネルギー構造の確立により、エネルギーセキュリティの向上を目指す。フェーズ3では、2040年頃を目途に、再生可能エネルギーなどを用いたCO_2フリーの水素供給システムの確立を目指す。

6.25 「地域自然資産法」、制定（日本）「地域自然資産区域における自然環境の保全及び持続可能な利用の推進に関する法律（地域自然資産法）」が制定された。地方自治体による自然環境の保全及び持続可能な利用の推進に関する地域計画の作成、利用者から徴収した入域料等を経費に充当して実施する「地域自然環境保全等事業」、寄付金等による土地の取得等を促進する「自然環境トラスト活動促進事業」など、民間資金を活用した地域の自発的な取り組みを促進することが目的。2015年4月1日、施行。

6.27 木材需給表、発表（日本）林野庁が2013年の木材需給表（用材部門）を発表した。総需要量は丸太換算で7386万7000m³（前年比+4.6%）で、自給率は最近25年間で最高水準の28.6%（同+0.7ポイント）だった。

7.4 里地の在来種、減少傾向（日本）環境省が、モニタリングサイト1000（重要生態系監視地域調査）事業の里地調査第2期（2008〜2012年度）の取りまとめ結果を発表。里地における在来種の種数と個体数が、いずれも全国的に減少傾向にあることが明らかになった。

7.7 ニホンザル、群れごと駆除へ（日本）環境省と農林水産省が、農地を荒らすニホンザルの群れを今後10年間で半減させる方針であることが報じられた。ニホンザルによる農作物被害は年間約15億円。群れで活動するため、農地を荒らすという行動が群れの中で共有され、次世代へも引き継がれる。このため、従来は猟銃や罠を用いて1匹ずつ駆除していたが、今後は群れを対象とする新たな対策に乗り出すという。

7.13 住民反発で避難指示解除見送り—川内村（福島県）避難指示が続く福島川内村で政府が26日に避難指示を解除する方針を提示したところ、インフラ整備の遅れなどを理由に住民が反発。政府が解除を見送る事態となった。

7.14 半田バイオマス発電所、建設（愛知県）住友商事が、愛知県半田市に電力小売り事業用のバイオマス発電所を建設することを発表した。燃料には木くずを用い、発電能力はバイオマス専焼としては国内最大級の7万5000kW。2017年6月、「半田バイオマス発電所」が商業運転を開始した。

7.22 自治体、再生可能エネルギーを推進（日本）朝日新聞に、全国の自治体の8割が再生可能エネルギーの導入推進に意欲的だとのアンケート結果が掲載された。アンケートは同社と一橋大学が、1741市区町村を対象に実施した。

7.26 竹田城跡、樹木管理を樹木医団体に委託（兵庫県） 兵庫県朝来市が、国史跡「竹田城跡」内の樹木の管理業務を、樹木医の団体「兵庫県みどりのヘリテージマネージャー会」に委託したことが報じられた。同史跡ではヤマザクラやソメイヨシノの衰え、松枯れなどが問題となっていた。

7.30 マツクイムシとナラ枯れの被害、減少（日本） 林野庁が、2013年度のマツクイムシとナラ枯れによる被害の発生状況を発表した。マツクイムシの被害は北海道を除く46都府県で計約63万m^3（前年比-1万7000m^3）となり、過去最多である1979年度の4分の1。ナラ枯れの被害は28府県で計約5万2000m^3（同-3万1000m^3）となり、近年で最も被害が大きかった2010年度の6分の1だった。

7.30 紫波町、木質バイオマスで地域熱供給（岩手県） 岩手県紫波町が、紫波中央駅前の公民連携による都市開発地区「オガールエリア」で、木質バイオマスボイラー等を備えた「エネルギーステーション」によるエリア内施設への地域熱供給を開始した。燃料には町内のマツ枯れ材、未利用材、土木支障木等から製造したチップを使用。同町は森林率約6割の農村だが、マツクイムシ被害や放置林の増加が問題化していた。

7月 柏の葉スマートグリッド、運用開始（千葉県） 三井不動産が、千葉県柏市の「柏の葉スマートシティ」で、太陽光発電や蓄電池などの分散電源エネルギーを街区間で融通しあう「柏の葉スマートグリッド」の運用を開始した。自営の分散電源や送電線を使い、公道をまたいで街区間で電力相互融通を行う日本初の試みで、街全体で約26％の電力ピークカットを目指す。

8.1 ガの食害、樹氷が危機（山形県） 山形市・蔵王温泉付近の森林でガによる食害が発生している問題で、県が関係機関を集めた会議を開催した。蔵王連峰の山頂周辺で、樹氷の元になるアオモリトドマツの葉がガの一種であるトウヒツヅリヒメハマキの幼虫に食い荒らされる被害が発生しており、樹木が枯死する恐れがあるという。

8.1 環境省除染目安提示、住民からは「基準緩和」との批判も（福島県） 環境省は福島県内4市（福島、郡山、相馬、伊達）に従来の年間1ミリシーベルト以下に抑えるための空間線量「毎時0.23マイクロシーベルト」という目安を、「毎時0.3～0.6マイクロシーベルトでも追加被ばく線量は年間1ミリシーベルト程度」とする目安を提示した。住民からは「実質的な除染基準の緩和ではないか」との批判の声があがった。

8.6 トド管理基本方針、公表（日本） 水産庁が新たなトド管理の考え方である「トド管理基本方針」を公表した。近年、トドの個体数が回復傾向にあり、日本海を中心に漁業被害が問題化していることから、トドが絶滅する危険性のない範囲内で漁業被害の最小化を図る内容。

8.6 メコン川のダム建設、漁業に悪影響（東南アジア） 国立環境研究所とタ

イのウボンラチャタニ大学が、メコン川の代表的な水産資源である魚サイアミーズ・マッド・カープの回遊生態に関する研究結果を公表。ダム開発で分断された支流では回遊行動が著しく制限されているとした上で、ラオスで計画されているドンサホンダムの建設は、重要な回遊経路を分断し、漁業に甚大な悪影響を及ぼす可能性があると指摘した。

8.6 **世界農業遺産広域連携推進会議、設置**(世界) 世界農業遺産認定地域を擁する新潟・石川・静岡・熊本・大分5県が、世界農業遺産広域連携推進会議を設置した。認定地域の県と地域の代表で構成し、各地域が互いの独自性を尊重しながら、各地域における取組の成功事例や問題意識を共有するとともに、世界農業遺産の価値をさらに高めるための取組を共同で実施し、相乗効果を発揮することによって、世界農業遺産の認定効果のさらなる向上を図ることが目的。

8.7 **CCS実証試験**(北海道) 火力発電所や工場などの排出ガスから二酸化炭素(CO_2)を分離回収して地中に注入する技術「二酸化炭素の回収・貯蔵(CCS)」の国内初の大規模実証試験について、北海道苫小牧市の出光興産北海道製油所敷地内で地上の拠点施設である「CO_2分離回収基地」の建設が進められていることが報じられた。試験は2012年度から2020年度までの9年間にわたり、うち2015年度までは試験準備期間で、2016年度にCO_2の分離回収と海底への注入を開始する予定。

8.8 **イヌワシの狩り場、再生**(群馬県) 日本自然保護協会や林野庁などが、絶滅危惧種イヌワシの狩り場を再生するため、利根川源流域である群馬県みなかみ町の人工林を伐採して自然林を回復させる事業を始めることが報じられた。

8.18 **小網代の森、散策路を一般開放**(神奈川県) 神奈川県三浦市の「小網代の森」に、源流から河口まで続く散策路(全長1.3km)が設置されたことが報じられた。小網代の森は三浦半島の先端、相模湾に面した約70haの森で、森の中央を「浦の川」が流れており、森林、湿地、干潟及び海までが連続して残されている、関東地方で唯一の自然環境とされる。散策路は京浜急行電鉄の協力により整備され、県に寄附されたもので、2014年に一般開放が開始された。

8.19 **タロ島、海面上昇で全島民移住**(ソロモン諸島) 南太平洋・ソロモン諸島のタロ島が、地球温暖化の影響による海面上昇に伴う洪水や高潮の被害を避けるため、約1000人の住民全員を別の島に移住させる計画であることが報じられた。同島は南北1km未満のサンゴ環礁の島で、海抜は2m未満。

8.19 **広島土砂災害**(広島県) この日の夜から20日明け方にかけて、線状降水帯が発生した影響で、広島市北部の安佐北区と安佐南区を中心とするごく狭い範囲が記録的な集中豪雨となり、土砂災害166件(土石流107件、

崖崩れ59件)が発生した。災害による死者は77人(直接死74人、災害関連死3人)を数え、過去30年間で最悪の土砂災害となった。

8.23 **秋田林業大学校**(秋田県) 秋田県が、林業研修制度である「秋田林業大学校」を2015年4月に開始することが報じられた。同県はスギの人工林面積が日本一で、就業前に林業を実践的に学ぶ場を設けることで、若者を呼び込む狙い。

8.28 **サツマイモで発電**(宮崎県) 芋焼酎メーカー大手の霧島酒造(宮崎県都城市)が、国内初のサツマイモ発電事業を開始することを発表した。焼酎の製造過程で発生する芋くずや焼酎かすを発酵させ、発生したガスを燃料に用いて発電するもので、電力は全て九州電力に売却するという。

8.29 **農業用ダムやため池、500ヶ所以上が耐震性能不足**(日本) 全国の少なくとも約510ヶ所の農業用ダムやため池で、水をせき止める堤体が耐震性能不足であることが報じられた。東日本大震災で農業用ダムが決壊して死者が出たため、全国の自治体がダムやため池の一斉点検を開始したことから明らかになった。点検は数千ヶ所で今も進行中で、耐震性能不足のダムやため池の数は、今後さらに増加するとみられる。

8.31 **福島県、中間貯蔵施設建設を容認**(福島県) 東京電力福島第1原発事故で発生した汚染土等の処理について、福島県が中間貯蔵施設の建設受け入れを決定したことが報じられた。2011年12月に政府が福島県及び双葉郡8町村に対し、双葉郡内への施設設置を要請してから3年を経て、汚染土処理が第一歩を踏み出すことになる。9月1日、佐藤雄平県知事が安倍晋三首相と面会し、大熊、双葉両町にまたがる候補地での建設受け入れを正式に表明した。

9.2 **水素ステーション、建設本格化**(日本) 燃料電池車(FCV)に水素燃料を補給する水素ステーションの建設が本格化してきたことが報じられた。6月25日、トヨタ自動車が2014年中にセダンタイプのFCVを発売することを発表。7月、産業ガス大手の岩谷産業が、将来的に一般の人も使用可能とする初のステーションを兵庫県にオープン。8月28日、同社が東京タワー付近にステーションを設置することを発表した。また、石油元売り大手のJX日鉱日石エネルギーは、2015年度をめどに、全国40ヶ所にステーションを建設する計画だという。

9.4 **クロマグロ漁獲制限、合意**(世界) 中西部太平洋まぐろ類委員会の小委員会が、太平洋クロマグロの漁獲制限について合意した。2015年以降、日米韓など9ヶ国・地域による未成魚の漁獲量が、2002年から2004年の平均値から半減される。

9.6 **バイオマス燃料実用化へ産学連携**(日本) 国内の航空会社や大学などが連携して、航空機用バイオ燃料の実用化に取り組むことが報じられた。航空機からの温室効果ガス排出を削減するのが目的で、2015年4月まで

にロードマップを策定し、2020年の東京オリンピックまでに商業飛行することを目指すという。

9.10 **オゾン破壊物質、減少**(世界) 国連環境計画(UNEP)と世界気象機関(WMO)が、大気中のオゾン破壊物質が概ね「モントリオール議定書」(1987年採択)の見通し通りに減少中であることを発表した。また、最近35年で初めて、成層圏のオゾンが増加傾向にあることも明らかにした。オゾン層の破壊は1980年代から1990年代前半にかけて進行したが、2000年以降はオゾン層の状態に大きな変化がなく、2013年にはオゾンの量が2000年比で約4%増加したことが確認された。このペースが続けば、2050年までに1980年の水準まで回復する可能性があるという。

9.11 **第7回トキ野生復帰検討会**(新潟県) 環境省が「第7回トキ野生復帰検討会」を新潟県佐渡市で開催。2015年ごろまでに佐渡島に60羽を定着させるとの従来の目標に代えて、2020年に自然界に生息するトキを300羽に増やすとの新たな目標を提示した。

9.12 **平戸市、CO_2排出量ゼロを宣言**(長崎県) 長崎県平戸市が、二酸化炭素(CO_2)の排出量を2023年度目途にゼロにすることを宣言した。市内で盛んに行われている風力発電をさらに推進し、森林吸収量を加味して実質ゼロを実現する計画。

9.17 **ウナギ養殖、2割減で合意**(東アジア) 絶滅が危惧されるニホンウナギについて、日本・中国・台湾・韓国が、2015年の稚魚(シラスウナギ)の養殖量を前年比2割削減することで合意した。ニホンウナギの資源管理について、国際的な合意が成立したのは初めてのこと。

9.18 **富士山入山料、目標額の5割強**(静岡県、山梨県) 山梨・静岡両県が、今夏の開山期間中に徴収した富士山の保全協力金(入山料)は1億5776万4752円で目標額2億7900万円の56.5%、徴収人数は15万9496人だったことを発表した。入山料は今夏から本格導入されたもので、1人1000円。支払うかどうかは登山者の任意で、強制性はない。

9.23 **阿蘇、世界ジオパークに**(熊本県) 第6回世界ジオパークユネスコ国際会議がカナダの「ストーンハンマー世界ジオパーク」で開催され、熊本県阿蘇地域が世界ジオパークに認定された。国内では2013年9月の「隠岐ジオパーク」に続き、7地域目。

9.24 **九電ショック**(日本) 九州電力が、電力の需給バランスが崩れるとして、固定価格買い取り制度(FIT)に基づく再生可能エネルギーの接続契約申込への回答を保留することを発表した。その後、北海道、東北、四国、沖縄各電力も、回答保留を発表した。

9.24 **生物多様性、認知度低下**(日本) 内閣府が実施した環境問題に関する世論調査で、回答した1834人のうち52.4%が生物多様性という言葉を聞い

たこともないと答え、その割合は2年前の前回調査より10ポイント以上増加していたことが報じられた。

9.27　**御嶽山が噴火**（長野県, 岐阜県）　長野県と岐阜県の県境に位置する御嶽山が7年振りに噴火した。噴煙は上空7000mに達し、長野県側の南西斜面を3km以上にわたり火砕流が流れ下りるのが確認された。噴出量は推定50万tで、火口から約1km圏には大量の噴石が降り注いだ。犠牲者は死者58人、行方不明者5人、重傷者29人、軽傷者40人で、国内戦後最悪の火山災害となった。噴火当時、山頂付近が紅葉のシーズンを迎えており、また週末であったため、多くの登山客で賑わっていたこと、噴石から身を守るためのコンクリート製シェルターなどが設置されていなかったことが、被害拡大の要因となった。

9.28　**最上小国川ダム、漁協が建設に同意**（山形県）　山形県舟形町の小国川漁業協同組合が臨時総代会を開催し、県の最上小国川ダム建設計画を受け入れることを決定した。最上小国川はアユ釣りの名所として知られ、漁協、環境NGO、日本野鳥の会山形県支部、釣り人やアウトドア愛好家などによる大規模なダム反対運動が起きたが、2014年に入って漁協が計画容認に転じ、県との間で条件交渉を行っていた。

9.30　**「生きている地球レポート2014」、発表**（世界）　世界自然保護基金（WWF）が「生きている地球レポート2014」を発表した。同レポートによると、脊椎動物（魚類、鳥類、哺乳類、爬虫類、両生類）の個体数は1970年から2010年の間に52%減少。また、人間の自然資源に対する需要は地球1.5個分と非持続可能な水準に達しており、未来の世代の需要への対応が著しく困難になっているという。

10.1　**川内村の一部で避難指示解除**（福島県）　川内村東部に指定された避難指示解除準備区域解除された。田村市都路地区に次ぎ2例目となった。

10.9　**大阪泉南アスベスト訴訟最高裁判決**（大阪府）　「大阪泉南アスベスト訴訟」（第1陣、第2陣）について、最高裁が国の賠償責任を認める判決を言い渡した。大阪・泉南地域のアスベスト紡織工場の元従業員と遺族らが、国の安全規制の遅れで肺がんや石綿肺などのアスベスト疾患を発症したとして、国家賠償を求めて提訴。第1陣訴訟の大阪高裁判決では原告側が逆転敗訴、第2陣訴訟の大阪高裁判決では原告側が勝訴していた。

10.9　**緑のオーナー、国に賠償命令**（日本）　1984年に林野庁が国有林野事業の一つとして導入した「緑のオーナー制度」をめぐり、出資金が元本割れしたなどとして出資者239人が計約5億円の損害賠償を求めて国を訴えた裁判で、大阪地裁がリスクに関する説明が不十分だったとして、国に対して84人に計約9100万円を支払うよう命じる判決を言い渡した。同制度は個人や団体が出資して国有林を国と共同所有することで育林費用を分担し、スギやヒノキなどを売却した収益の分配を受ける仕組み。契約者

は延べ約8万6000、出資金は約492億円に達したが、国有林の抜本改革で公益的機能が重視されたことや、元本割れが問題になったことから、1999年に募集が中止された。

10.12 「名古屋議定書」、発効（世界）「生物の多様性に関する条約の遺伝資源の取得の機会及びその利用から生ずる利益の公正かつ衡平な配分に関する名古屋議定書（名古屋議定書）」が発効した。遺伝資源を利用して得た利益を、原産国と利用国の間で適切に配分するためのルールを定めたもので、2010年10月に愛知県名古屋市で開催された「生物多様性条約第10回締約国会議（COP10）」で採択された。発効時点で批准済みなのは53ヶ国及びEU。議長国として同文書を取りまとめた日本は産業界との調整に手間取り、批准手続き完了が2017年5月22日、発効が8月20日となった。

10.18 多良岳200年の森（佐賀県）佐賀県太良町が、樹齢200年のスギやヒノキの森を育成する「多良岳200年の森」事業を開始したことが報じられた。国内の標準的な伐期齢40～50年だが、町有林のヒノキ団地と同町森林組合が所有するスギ団地で、樹齢200年を超える木々を育てる。これにより水源涵養機能、生物多様性維持機能等、森林の公益的機能を発現させるとともに、神社仏閣の補修に使うような優良な長伐期大径材を生産するという。

10.21 世界農業遺産、認定申請地域を決定（日本）農林水産省が、岐阜県長良川上中流域、和歌山県みなべ・田辺地域、宮崎県高千穂郷・椎葉山地域の3地域を、世界農業遺産に認定申請することを決定した。同遺産は国連食糧農業機関（FAO）が認定するもので、国内7地域が認定申請を希望していた。

10.23 EU、温室効果ガスを40%削減（ヨーロッパ）EUの首脳会議がベルギー・ブリュッセルで開催され、温室効果ガス排出量の新たな削減目標が決定された。2030年までに1990年比で40%削減するとの内容で、2030年時点での目標値を決定したのは、主要国としては初めて。

10.28 高山帯の環境に危機（日本）環境省生物多様性センターが高山帯調査の結果を公表した。同調査はモニタリング1000事業の一環として実施しているもので、特定外来生物であるセイヨウオオマルハナバチが高山帯に侵入している、ハイマツの生育状況の分析から高山帯における夏期の気温上昇が示唆されるなど、高山帯の環境に危機が迫っていることが明らかになった。

11.2 IPCC、第5次評価報告書を公表（世界）国連気候変動に関する政府間パネル（IPCC）が、地球温暖化に関する第5次評価報告書の統合報告書を公表した。地球温暖化が深刻で広範にわたる不可逆的な影響を世界全体にもたらすリスクは非常に高く、それを回避するためには19世紀末の工

業化以前と比べた気温上昇を2度未満に抑制する必要があるが、そのための道筋は複数存在するとの内容。

11.3 野生サケ復元へ新プロジェクト（北海道）「札幌市豊平川さけ科学館30周年記念フォーラム―豊平川と野生サケを考える」が北海道札幌市で開催された。フォーラムでは、1月に市民有志が設立した、稚魚放流に頼らずに野生サケの復元を目指す「札幌ワイルドサーモンプロジェクト」に関する講演などが行われた。

11.4 ESDに関するユネスコ世界会議（愛知県，岡山県）「持続可能な開発のための教育（ESD）に関するユネスコ世界会議」が開幕した。「国連持続可能な開発のための教育の10年」の最終年を機に、国連教育科学文化機関（ユネスコ）と日本政府が共催したもので、開催地は愛知県名古屋市及び岡山市。名古屋市では10〜12日に閣僚級会合及び全体の取りまとめ会合、13日にフォローアップ会合を開催。岡山市では4〜8日にステークホルダー会合が開始された。

11.5 環境首都創造自治体全国フォーラム2014（日本，京都府）「環境首都創造自治体全国フォーラム2014 in 京丹後」が京都府京丹後市で開幕した。テーマは「環境首都創造―協働深化への新たなステージに向けて」。6日、閉幕。

11.5 白神山地にニホンジカか（青森県，秋田県）環境省が、世界遺産である白神山地（青森、秋田両県）に設置した監視カメラで、初めてニホンジカらしき動物の姿を確認したことを発表した。食害の恐れもあることから、同省では現場周辺を調査し、監視体制の強化を検討するという。

11.7 「侵略的外来種リスト」案、承認（日本）環境省と農林水産省の専門家会議が「侵略的外来種リスト」案を了承した。セアカゴケグモなど、生態系や人間の健康に被害を及ぼす恐れのある動植物424種を掲載したもの。

11.12 パブリックコメント、94％が脱原発（日本）朝日新聞が、政府が4月に閣議決定したエネルギー基本計画についてのパブリックコメントで、脱原発を求める意見が94％に達していたと報じた。同計画は2013年12月6日に経済産業省が原案を提示し、メールやファックスなどで約1万9000件の意見が寄せられた。2014年2月に同省が主な意見を発表したが、原発への是非は集計していなかった。同紙が情報公開を請求し、開示された情報を独自に集計したところ、上記の結果が出たという。

11.12 温室効果ガス削減、米中合意（アメリカ，中国）バラク・オバマ米国大統領と習近平・中国国家主席による米中首脳会談が北京で開催され、温室効果ガス排出量削減の新目標で合意に達した。アメリカは2025年までに2005年比で26〜28％減、中国は2030年ごろまでを二酸化炭素排出量のピークとすると共に、消費エネルギーに占める化石燃料以外の割合を約20に高めるとの内容。

11.18　きのこ原木の需給状況、公表（日本）　林野庁が、放射性物質の影響により全国的に不足しているキノコ原木を安定的に供給させるための取り組みの一環として、「きのこ原木の需給状況（2014年9月末時点）」を公表した。供給希望量は13府県で118万本となり、前回調査の5月末時点（151万本）より2割減少。供給可能量は137万本で、5月末時点（175万本）より2割減少した。

11.18　ライチョウ生息域外保全実施計画（日本）　環境省が「ライチョウ生息域外保全実施計画」を作成した。生息域外における保全の基本的な考え方や進め方をまとめたもの。今後、日本動物園水族館協会と連携し、御嶽山、頸城山塊、乗鞍岳、北アルプス、南アルプスの5地域の個体群を基本に、保全策を検討するという。

11.21　ツルの新越冬地形成を推進（日本）　環境省が「ナベヅル、マナヅルの新越冬地形成等に関する基本的考え方」を作成した。鹿児島県出水市には世界最大の越冬地が存在し、ナベヅルの生息数の9割、マナヅルの5割が日本に飛来する。こうした現状を踏まえ、感染症の発生等による絶滅のリスクを低減させるため、新たな越冬地を形成するための基本方針をまとめたもの。

11.22　第10回全国草原サミット・シンポジウム（熊本県，日本）　「第10回全国草原サミット・シンポジウム in 阿蘇」が熊本県阿蘇市で開幕した。テーマは「草原が持つ公益的機能と経済的価値」で、「残したい日本の草原100」選定開始などを盛り込んだ「シンポジウム阿蘇宣言」が採択された。24日、閉幕。

11.28　林業学校、予算計上（高知県）　尾崎正直・高知県知事が記者会見を行い、12月補正予算案に「林業学校」設立経費1525万円を計上したことを発表した。県内の木材生産量が増加する一方、人材確保が困難になっていることから、林業の担い手育成の体制強化を図る事業で、2015年4月開校を目指すという。

12.1　COP20（ペルー）　「国連気候変動枠組条約」第20回締約国会議がペルー・リマで開幕した。14日、「気候行動のためのリマ声明」を採択して閉幕。会期中には、「緑の気候基金」への各国の拠出表明額が総額100億ドルを突破した。

12.1　ゼニタナゴ、雄物川で確認（秋田県）　国土交通省湯沢河川国道事務所が、秋田県大仙市の雄物川で11月に実施した河川環境調査で、ゼニタナゴの産卵を確認したと発表した。ゼニタナゴは日本固有の淡水魚で、かつては東北地方を中心に関東地方や新潟県などに生息していたが、河川環境の悪化や外来魚による食害のため生息数が激減。絶滅危惧IA類に指定されており、同川で生息が確認されたのは9年ぶりのこと。

12.4　CO_2排出量、過去最大（日本）　環境省が、2013年度の日本の温室効果ガ

ス排出量（速報値）は二酸化炭素（CO_2）換算で13億9500万t（前年比＋1.6％）となり、2007年度の13億9400万tを超えて過去最大を更新したことを公表した。原発の停止に伴い、火力発電所の稼働が増加したことが原因。日本の排出量は2009年度には12億3400万tを記録した後、増加傾向が続いている。

12.4 **高性能木質ペレット燃料、実証プラント**（神奈川県） 森林研究所が、高性能な木質ペレット燃料を製造する実証プラントを、神奈川県伊勢原市に設置した。ペレットをはじめとする木質バイオマス固形燃料は取り扱いが容易だが、化石燃料より発熱量が小さく、水に浸すと形が崩れるなどの欠点もある。今回設置された実証プラントでは、原料の木材チップを300度以下で半炭化処理することで、発熱量や耐水性が向上するという。

12.11 **中国木材日向工場、初荷式**（宮崎県） 国内製材最大手の中国木材（本社・広島県）が宮崎県日向市に建設中の日向工場で製材工場などが完成し、初荷式が挙行された。同工場では住宅に用いる構造材用の板などの他、従来は林地に放置されていた未利用材を利用してバイオマス発電用チップなども製造し、各種製品の海外輸出を目指すという。

12.12 **21世紀末、降雪量が半減**（日本） 環境省と気象庁が、地球温暖化が進んだ場合の将来の降雪量に関する予測を発表した。現在のペースで温室効果ガス排出量が増加し続けた場合、21世紀末には日本国内の平均気温は4.4度上昇し、平均降雪量は現在の年間130cmから57cmに減少するという。

12.20 **狩猟税、減免**（日本） 政府・与党が、シカやイノシシなどの鳥獣駆除に携わるハンターが納付する狩猟税を、全額免除または半額にする方針を固めたことが報じられた。近年、野生鳥獣による農作物被害が増加する一方、狩猟者登録数は減少しているため、狩猟税の減免により鳥獣駆除の担い手確保を目指す。

12.24 **「日本の汽水湖」、発表**（日本） 環境省が「日本の汽水湖—汽水湖の水環境の現状と保全」を発表した。自治体やNPOなどが汽水湖保全活動を行う際の資料とするため、国内の汽水湖56ヶ所のデータをとりまとめたもの。

12.27 **水銀輸出入、原則禁止**（日本） 環境省と経済産業省が、水銀による健康被害や環境汚染を防ぐための包括的な対策をまとめたことが報じられた。水銀の輸出入を原則禁止するため、2015年の通常国会に新法環と関連法の改正案などを提出すると共に、2013年10月に採択された「水銀に関する水俣条約」を2015年中に締結することを目指すとの内容。

12月 **『日本百名山』、英訳版刊行**（アメリカ） ハワイ大学出版局が深田久弥著『日本百名山』の英訳版を刊行した。書名は『One Hundred Mountains of Japan』、訳者はイギリス人登山愛好家のマーティン・フッド。

12月　校庭の樹林、伐採（東京都）　東京都文京区議会が、区立柳町小学校の校庭にある樹林の伐採を認める予算案を可決した。周辺にマンションが建設されたことから児童数が急増したことを受け、校舎を増築するための措置。区教育委員会が増築計画を発表後、保護者や地域住民による反対運動が起こり、PTAも反対を決議していた。

この年　LAS-E、改訂（日本）　環境自治体会議が、自治体版環境マネジメントシステムの規格である「LAS-E（環境自治体スタンダード）」を改訂した。

この年　赤とんぼ調査隊（福井県）　福井県勝山市で、市内の全小学校が参加して「赤とんぼ調査隊」を組織し、赤とんぼ生態一斉調査を実施した。

2015年
（平成27年）

1.8　シジュウカラガン、渡り復活（宮城県, ロシア）　仙台市八木山動物園と「日本雁を保護する会」が、絶滅危惧IA類に指定されているシジュウカラガンが宮城県に1000羽以上飛来したことを発表した。シジュウカラガンは冬の渡り鳥だが、千島列島からの渡りが一度は途絶えていた。その後、日ロ両国の研究者らが20年がかりで渡りを復活させ、飛来数が初めて絶滅回避の目安とされる1000羽を超えたという。

1.9　ツマアカスズメバチ、特定外来生物に（長崎県）　環境省がツマアカスズメバチを特定外来生物に指定した。ツマアカスズメバチは中国・インドなどが原産で、近年になって長崎県対馬市に侵入。ミツバチなどの昆虫を捕食し、繁殖力が強いため、養蜂業や生態系に被害を及ぼすおそれがある。

1.20　温暖化の影響に関する報告書案（日本）　環境省が「日本における気候変動による影響の評価に関する報告と今後の課題について（意見具申）（案）」を公表した。地球温暖化の各分野への影響をまとめた報告書案で、水稲、果樹、病害虫などの農業分野、熱中症による死亡リスクなど、38項目で影響の重大性が特に大きいと評価した。

1.20　甑島国定公園と妙高戸隠連山国立公園、誕生（日本）　中央環境審議会自然環境部会が「甑島国定公園の新規指定について」「三陸復興国立公園の拡張（南三陸金華山国定公園の指定の解除）について」「上信越高原国立公園の再編成について」を、いずれも諮問の通りに環境大臣に答申。甑島国定公園（鹿児島県）の新設、南三陸金華山国定公園（宮城県）の三陸復興国立公園への編入、上信越高原国立公園の西部地域を独立させて妙高戸隠連山国立公園（新潟、長野両県）を新設することになった。

1.22　**FIT、運用見直し**（日本）　資源エネルギー庁が、「電気事業者による再生可能エネルギー電気の調達に関する特別措置法（再生可能エネルギー特別措置法）」施行規則の一部を改正する省令と関連告示を公布した。複数の電力会社で接続契約申込への回答保留が生じていることを踏まえた措置で、主な内容は新たな出力制御ルールの下での再生可能エネルギーの最大限導入、固定価格買い取り制度（FIT）の運用見直し。即日、施行。

1.22　**湖沼の水産資源量、外来魚で激減**（日本）　国立環境研究所が、全国の湖沼で水産資源量が減少しており、主な原因は魚食性外来魚の侵入であるとの研究結果を公表した。全国23湖沼の過去50年間の漁業統計データを分析した結果、過去30年間では15湖沼、過去10年間では17湖沼で資源量が半減。外来魚の他、リン濃度の変化、湖岸の護岸工事も要因になっているという。

1.30　**スギ雄花の放射性セシウム濃度、低下**（福島県）　林野庁が「スギ雄花に含まれる放射性セシウム濃度の調査結果について」を発表した。2014年11月に福島県内の24地点で採取したスギ雄花を調査したところ、2011年の調査に比べ、濃度が1割程度まで低下していた。

1.30　**岩手と宮城で東日本大震災がれき処理量確定**（岩手県，宮城県）　岩手県は東日本大震災で発生したがれきの最終的な処理量が618万トンだったと発表した。なお宮城県も1951万トンで確定している。

2.3　**中間貯蔵施設、着工**（福島県）　環境省は福島県大熊、双葉両町の中間貯蔵施設予定地内に仮置きする「保管場」の設置工事に着手した。同施設関連の着工は初めて。

2.10　**林産物輸出、好調**（日本）　林野庁が、2014年の林産物輸出額は219億円で、前年より約4割増加したことを発表した。このうち木材が178億円（前年比+45%）、特用林産物41億円（同+17%）。輸出が好調だったのは、中国・韓国における木材需要の増加と円安が重なったためとみられる。

2.12　**熱帯雨林、樹高と共に光合成能力が増加**（マレーシア）　森林総合研究所が、熱帯雨林では樹高が高くなるほど光合成能力も増加し、二酸化炭素の固定量が多くなるとの研究結果を発表した。マレーシアの熱帯雨林で100種以上の樹木を対象とする研究で、上記の結果が出たという。温帯林を対象とする従来の研究では、樹高が高いと葉まで水を吸い上げることが困難になるため、樹高が一定水準を超えると光合成能力が低下するとされていた。

2.13　**小規模バイオマス発電、普及促進**（日本）　再生可能エネルギーの固定価格買い取り制度（FIT）の見直し作業を行っている経済産業省の調達価格等算定委員会が、2015年度から小規模バイオマス発電向けの買い取り価格を新設することを決定した。小規模バイオマス発電の普及が目的で、対象となるのは2000kW未満の未利用木材燃焼発電。24日、経済産業省

の調達価格等算定委員会が、価格を1kWあたり40円（国産間伐材などを利用した発電は32円）に決定した。

2.16 **京都議定書第1期、目標達成**（世界）「国連気候変動枠組み条約」事務局が、京都議定書の第1約束期間（2008～2012年）における世界全体の温室効果ガス排出量削減幅は1990年比で22.6%となり、目標の5%を大幅に上回ったことを発表した。日本の削減義務は6%で、実際の削減幅は8.4%だった。

2.25 **欧州委員会、温室効果ガス削減シナリオを発表**（ヨーロッパ）欧州委員会が、21世紀末の気温上昇を近代工業化以前より2度未満に抑えるために、主要20ヶ国・地域（G20）に求められる温室効果ガスの削減シナリオを発表した。欧州連合（EU）が提示した、2030年までに1990年比で40%削減との中期目標を妥当な水準と評価。日本については、同30%程度の削減が必要だと指摘した。

2.26 **持続可能な発展を目指す自治体会議、設立**（日本）北海道下川町、ニセコ町、岩手県葛巻町、二戸市、鳥取県北栄町の5自治体が、「持続可能な発展を目指す自治体会議（持続会）」を設立した。

3.8 **日本の雪と氷100選**（日本）日本雪氷学会が「日本の雪と氷100選」の選定を進めていることが報じられた。雪と氷が織りなす風景や現象を保全すると共に、地球温暖化へ警鐘を鳴らすことが目的。2014年に募集を開始し、学会員の他、一般にも応募や投票を呼びかけている。

3.10 **農山漁村への再生可能エネルギーを促進**（日本）農林水産省の「今後の農山漁村における再生可能エネルギー導入のあり方に関する検討会」が、報告書を公表。地域主導型事業を拡大すること、地域外事業者による事業について、計画段階から地域の主体が関与する協働型事業へ誘導すること、中長期的には再生可能エネルギーの販売や地産地消を促進して地域の自立を図ることが重要だと指摘した。

3.11 **IPBES報告書、環境省が事務局に**（アジア，オセアニア）「生物多様性及び生態系サービスに関する政府間科学政策プラットフォーム（IPBES）」が作成する報告書について、環境省がアジア・オセアニア地域事務局を務めることが報じられた。4月に地域ごとの報告書作業を開始し、2018年初頭までの完成を目指すという。

3.13 **ソメイヨシノ原木、上野公園に？**（東京都）ソメイヨシノは東京・上野公園にある1本が原木となり、接ぎ木により全国に広まったとの研究結果が報じられた。研究を行った千葉大学の研究チームによると、上野動物園表門近くの小松宮親王像の北側に生えているソメイヨシノが原木候補だという。

3.13 **中間貯蔵に汚染土、搬入開始**（福島県）福島県内の除染で出た汚染土が

福島県大熊町の中間貯蔵施設建設予定地に初めて搬入された。環境省は最初の1年間を試験輸送と位置づけている。

3.14 **第3回国連防災会議**（宮城県，世界） 第3回国連防災会議が宮城県仙台市で開幕した。会議では、防災に対する各国の政治的コミットメントを示した「仙台宣言」が採択された他、望月義夫・環境大臣が、途上国が実施する海岸林、マングローブ林、湿地、干潟などの生態系を活用した減災対策への支援を表明した。18日、閉幕。

3.18 **イヌワシ、つがいが減少**（日本） 国の天然記念物で希少野生動植物種に指定されているイヌワシについて、国内のつがいが減少し、種の存続が危機的状況にあるとの調査結果が報じられた。日本イヌワシ研究会によると、2013年時点でのつがいは241組で、1986年から3割減少。つがいが繁殖に成功する確率も、1980年代前半の約50％から、近年は約20％に低下した。大規模開発、単一樹種による大規模な植林、森林荒廃などにより、生息環境が悪化し、狩り場や餌が減少していることが原因だという。

3.18 **ヤナセ天然スギ、伐採休止**（高知県） 四国森林管理局の有識者会議である「ヤナセ天然スギの今後の取扱いに関する検討委員会（第3回）」が開催され、希少なヤナセ天然スギの資源を維持し保全していくため、2018年度から伐採を原則休止することで意見が一致した。31日、四国森林管理局が、伐採休止を決定したことを公表した。

3.23 **国内希少種、41種追加**（日本） 環境省の中央環境審議会が、小笠原の30種と奄美・琉球の11種を「絶滅のおそれのある野生動植物の種の保存に関する法律（種の保存法）」に基づく国内希少種に指定することを承認した。同省では2020年までに300種を追加指定する計画で、その第一弾となる。

3.25 **オオタカ、被爆で繁殖率低下**（関東地方） 東京電力福島第1原発事故の後、北関東でオオタカの繁殖成功率が低下しているとの研究結果が報じられた。名古屋市立大学等の研究グループによると、事故以前の19年間は約50％だった成功率が、事故以降の3年間では30％弱に低下。空間線量の上昇と成功率の低下に因果関係が認められたという。

3.25 **双葉町中間貯蔵予定地でも汚染土の搬入始まる**（福島県） 環境省は双葉町でも汚染土の搬入を開始した。

3.26 **共用林野、バイオマスエネルギー源に**（山形県） 東北森林管理局山形森林管理署最上支署（真室川町）と最上町木質バイオマス利用協議会が、町内の国有林約151haをバイオマスエネルギー源として利用する共用林野契約を締結した。木質エネルギー源として利用するための共用林野契約は全国で初めて。契約期間は4月1日から5年間。同協議会はナラなどを伐採し、冷暖房燃料用の木質チップとして活用する。

3.26　**生態系被害防止外来種リスト、策定**（日本）　環境省と農林水産省が、「我が国の生態系等に被害を及ぼすおそれのある外来種リスト（生態系被害防止外来種リスト）」と「外来種被害防止行動計画」を策定した。2010年のCOP10で採択された「生物多様性戦略計画2011-2020及び愛知目標（愛知目標）」に含まれる外来種対策を促進するためのもので、リストには動物229種、植物200種を掲載。

3.27　**保護林制度について提言**（日本）　林野庁の「保護林制度等に関する有識者会議」が報告書を公表した。保護林は森林生態系や貴重な動植物等を保護するための制度で、報告書の主な内容は保護林区分の再構築、復元の考え方を導入して管理の質を向上するなど。

3.27　**放射性セシウム、森林外への流出量は少量**（福島県）　林野庁が、2014年度の福島県内の森林における放射性セシウム濃度及び蓄積量の調査結果を公表した。葉・枝・幹など樹木の部位別の放射性セシウム濃度は、調査開始以来一貫して低下傾向が継続。一方、落葉層や土壌では濃度が上昇。セシウムは樹木から落葉層や土壌に移動しているが、森林全体の蓄積量に大きな変化はなく、森林外への流出量は少ないとみられる。

4.1　**森林国営保険、移管**（日本）　森林国営保険が国から森林総合研究所に移管された。同保険は火災、気象災、噴火災による森林の損害を補償する制度で、独立行政法人改革の一環として、2014年4月に移管が決定していた。

4.3　**再生可能エネルギー、全発電量の35％に**（日本）　環境省が、2030年に国内で導入できる再生可能エネルギー設備容量は現状の2.8～4.2倍となり、全発電量に占める割合は24.1～35.7％に達するとの試算を公表した。試算は、同省からの委託により、三菱総合研究所が行ったもの。

4.10　**真庭バイオマス発電所、竣工式**（岡山県）　岡山県真庭市や真庭木材事業協同組内などが出資する「真庭バイオマス発電所」の竣工式が挙行された。官民共同による国内最大級の木質バイオマス発電所で、発電能力は1万kW。燃料には間伐材や林地残材などの未利用木材、製材所の端材を利用する。

4.13　**長良川のアユ、準絶滅危惧種に**（岐阜県）　岐阜市が、市内で絶滅が危惧されている生物465種を選定した「岐阜市版レッドリスト」を公開した。長良川のアユも「アユ（天然）」としてリスト入りしたが、流域の7漁協で組織する長良川漁業対策協議会が、根拠があいまいなどとして反発。7月23日、市が、名称を「アユ（天然遡上）」に変更したことを発表した。

4.15　**除染作業員の平均被ばく0.5ミリシーベルト**（福島県）　放射線影響協会は福島第1原発周辺で除染作業に従事した作業員約2万6000人の被ばく線量の集計を初めて公表。年間平均被ばく線量は0.5ミリシーベルト、最大被ばく線量は13.9ミリシーベルトだった。厚生労働省は「年間50ミリ

シーベルトの健康限度値が守られていることが確認できた」としている。福島第1以外の原発の作業員の年間被ばく線量は1ミリシーベルトで、福島の除染作業員はその半分だったことになる。

4.20　**平成26年度東北地方太平洋沿岸地域自然環境調査**（東北地方）　環境省が「平成26年度東北地方太平洋沿岸地域自然環境調査」の結果を公表した。東日本大震災が沿岸地域の自然環境に及ぼした影響を把握するための調査。今回の調査で、震災後に砂浜が約250ha、砂丘植生が約100ha減少し、海岸林は防潮堤の新設や改良によって約500ha減少したことが核にされた。また、特定植物群落15ヶ所のうち3ヶ所では自律的な再生が進んでいたが、11ヶ所では復興事業等による人為的な影響が認められた。重点地区調査では動植物種数の増加が認められ、自然環境の回復が示唆された。

4.21　**放鳥したシマフクロウ、繁殖成功**（北海道）　環境省が、2014年10月に北海道十勝地方で放鳥したシマフクロウの雌が野生の雄との繁殖に成功し、この春に2羽のひなが誕生したことを発表した。シマフクロウは絶滅危惧IA類、希少野生動植物種に指定されており、環境省釧路湿原野生生物保護センターが傷病個体の治療と野生復帰を行っている。

4.24　**外国資本の森林買収、173ha**（日本）　林野庁が、外国資本による森林買収に関する調査結果を公表した。2014年の面積は計173haで、前年より21ha減少した。このうち172haは北海道での買収で、不動産開発を目的とする買収のうち最も規模が大きかったのは、北海道壮瞥町で48haを取得した事例だった。

4.24　**日本遺産、第1回認定**（日本）　文化庁が「日本遺産」として、「近世日本の教育遺産群」（茨城、栃木、岡山、大分4県）、「日本茶800年の歴史散歩」（京都府）、「琵琶湖とその水辺景観」（滋賀県）、「かかあ天下―ぐんまの絹物語」（群馬県）など18件を認定したことを発表した。日本遺産は地域の歴史的魅力や特色を通じて日本の文化・伝統を語る「ストーリー」を認定する事業で、今回が初の認定。

4.30　**周南市水素利活用計画、策定**（山口県）　山口県周南市が「周南市水素利活用計画」を策定した。同市における水素利活用の取組目標や施策の展開方法等を示した「周南市水素利活用構想」（2014年4月策定）に基づき、水素利活用に向けた今後6年間の取り組みを具体化したもの。

4月　**スマート復興公営住宅、供用開始**（岩手県）　岩手県釜石市が、スマート復興公営住宅モデル事業として、上中島復興住宅（156戸）の供用を開始した。緊急時でも電力を確保できるよう、太陽光発電設備、電気自動車・充給電設備、非常用発電機を設置。太陽光発電設備の他に太陽熱温水設備も導入し、省エネルギーと二酸化炭素（CO_2）排出量を削減した。

5.7　**大気中の二酸化炭素濃度、400ppm超**（世界）　米海洋大気局（NOAA）

が、世界の大気中の二酸化炭素（CO_2）について、3月の平均濃度が400.83ppmだったことを発表した。400ppmを超えたのは、観測史上初めて。2012年以降、CO_2濃度は毎年2.25ppmの上昇率で増え続けているという。

5.14　**IAEAが最終報告書—「事故は安全との思い込みが主因」**（福島県）　国際原子力機関（IAEA）は、東京電力福島第1原発事故を総括する最終報告書の要約版をまとめ加盟国に配布したと発表した。報告書は非公開。天野之弥事務局長は「原発は安全」との思い込みが東電をはじめ日本に広がっており、それが事故の主因になったと指摘、批判した。

5.14　**コンパクトシティ、38道府県130市町で計画**（日本）　特定の地域に行政・商業・住宅などの都市機能を集中させ、効率的で持続可能な都市を目指す「コンパクトシティ」について、38道府県130市町が国の財政支援を受けて計画造りを進めていることが報じられた。

5.20　**環境省、双葉町で除染開始**（福島県）　環境省は避難区域に指定された福島県内11市町村のうち、唯一除染を行っていなかった双葉町で除染作業を始めた。双葉町は、町面積の96％が帰還困難区域で、今回の除染は残り4％に当たる避難指示解除準備区域が対象。

5.20　**追い込み漁イルカ、購入禁止**（和歌山県）　日本動物園水族館協会（JAZA）が理事会を開催し、世界動物園水族館協会（WAZA）への残留を決定した。JAZAは和歌山県太地町の追い込み漁で捕獲したイルカの購入を問題視され、WAZAの会員資格を停止されていた。WAZAへの残留に伴い、JAZAに加盟する水族館は追い込み漁で捕獲したイルカの購入を禁止される。

5.21　**生物多様性地域戦略、97自治体が策定**（日本）　環境省が、2014年度末時点で生物多様性地域戦略を策定済みの地方自治体は97（35都道府県、14政令指定都市、48市区町村）であることを公表した。前年度からの増加数は18（都道府県2、政令指定都市1、市区町村15）だった。地方自治体による同戦略策定は、「生物多様性基本法」で努力義務とされている。

5.21　**第23回環境自治体会議**（奈良県）　「第23回環境自治体会議いこま会議」が奈良県生駒市で開幕した。テーマは「住宅都市からの挑戦—近未来のライフスタイル」。23日、「いこま会議宣言」を採択し、閉幕。

5.28　**林業遺産、4件認定**（日本）　日本森林学会定時総会が開催され、天然林施業実践の森「東京大学北海道演習林」（北海道富良野市）、飫肥林業を代表する弁甲材生産の歴史（宮崎県日南市）、吉野林業（奈良県黒滝村、川上村、東吉野村）、越前オウレンの栽培技術（福井県大野市）の4ヶ所が林業遺産に認定された。林業遺産は同学会創立100周年を記念して2013年度に始まった事業で、1年目となる前年は10ヶ所が認定された。

5.29　**ラムサール条約登録湿地、50ヶ所に**（日本）　環境省が、芳ヶ平湿地群（群

馬県）、涸沼（茨城県）、東よか干潟（佐賀県）、肥前鹿島干潟（佐賀県）の4湿地が、「特に水鳥の生息地として国際的に重要な湿地に関する条約（ラムサール条約）」に登録され、国内の登録湿地が50ヶ所になったことを発表した。

6.11　REDD+、実施ルールで合意（ドイツ）　ドイツ・ボンで開催されていた「国連気候変動枠組み条約」の作業部会で、途上国に森林破壊の防止を促すための新制度である「REDD+（レッドプラス）」の実施ルールについて合意に達した。森林保護によって二酸化炭素の排出量を抑制した成果に応じて、途上国に資金が供与される仕組み。

6.12　中長期ロードマップ、改訂（福島県）　政府と東京電力が定めた「東京電力ホールディングス（株）福島第一原子力発電所の廃止措置等に向けた中長期ロードマップ（中長期ロードマップ）」の第3回改訂が行われ、2014年1月31日付で廃止となった5号機及び6号機が対象に加えられた。

6.12　福島復興の加速閣議決定（福島県）　「原子力災害からの福島復興の加速に向けて」改訂が閣議決定された。主な内容は、早期帰還支援・新生活支援の両面の取組の深化（避難指示解除準備区域・居住制限区域について、遅くとも2017年3月までに避難指示を解除できるよう環境整備を加速、旧緊急時避難準備区域等への復興施策の展開など）、事業・生業や生活の再建・自立に向けた取組の大幅な拡充（2015〜2016年度の2年間に特に集中的に支援を展し、原子力災害により生じている損害の解消を図る）。

6.18　樹木種子の発芽率向上（日本）　九州大学理学研究院が森林総合研究所、住友林業と共同で、樹木種子の発芽率を向上させる選別技術を開発したことを発表した。赤外波長域の反射率を利用して、発芽が期待される充実種子を効率的に選別するといい、苗木生産のコスト削減が可能になる。

6.23　放獣クマ、人を襲っていなかった（三重県，滋賀県）　三重県がいなべ市で捕獲したツキノワグマを滋賀県多賀町に放獣した後、同町で女性がクマに襲われた問題をめぐり、三重県が、放獣したクマと女性を襲ったクマは別の個体だったことを発表した。捕獲した際に採取した血液と女性が襲われた現場で採取した体毛をDNA鑑定した結果、別の個体であることが判明したという。これまで同一個体の可能性があったことから、同県では女性を襲ったクマを捕獲して殺処分する方針を示していたが、改めて対応を協議するという。

6.30　中国、CO_2削減新目標（中国）　李克強・中国首相が「国連気候変動枠組み条約」事務局に、温室効果ガスの新たな削減目標に関する文書を提出した。主な内容は、2030年頃までに二酸化炭素（CO_2）の排出量を減少に転じさせる、そのための自主目標として、2030年までに国内総生産（GDP）あたりの排出量を2005年比で60〜65%削減する、一次エネルギー消費に占める非化石燃料の割合を20%前後に高めるなど。

7.3 ミゾゴイ、孵化に成功（神奈川県）　神奈川県横浜市が、同市繁殖センターでミゾゴイ2羽の孵化に成功したことを発表した。ミゾゴイはサギ科の渡り鳥で、4月頃に日本に飛来する。野生の生息数は1000羽以下で、絶滅危惧II類に指定されている。飼育下での孵化は全国で初めて。

7.10 水循環基本計画、決定（日本）　2014年4月に公布された「水循環基本法」に基づき、「水循環基本計画」が閣議決定された。内容は政府が水循環に関する施策を総合的かつ計画的に推進するために必要な事項。

7.13 東京五輪に向けJヴィレッジ除染始める（福島県）　環境省は東京電力福島復興本社が入居するサッカーの練習施設「Jヴィレッジ」（福島県楢葉町、広野町）で直轄除染を始めた。2019年4月の全面再開を目指している。

7.16 長期エネルギー需給見通し、策定（日本）　経済産業省が、「エネルギー基本計画」に基づき「長期エネルギー需給見通し（エネルギーミックス）」を策定した。経済成長に伴い電力需要の増加が見込まれるが、2030年は徹底した省エネルギーにより2013年度と同レベルのエネルギー需要に抑える。また、2030年の電源構成について、原子力を20～22％、再生可能エネルギーを22～24％として自給率を改善するとともに、火力発電の効率を高めて二酸化炭素（CO_2）排出の抑制を見込む。

7.17 温室効果ガス削減目標、26％減に決定（日本）　政府の地球温暖化対策推進本部が会合を開き、「国連気候変動枠組条約」事務局に提出する「約束草案」を決定した。国内の温室効果ガス排出量の削減目標を、2030年度に2013年度比で26％（2005年度比で25.4％）削減とする内容。

7.19 獣害防止用電気柵で感電死（静岡県）　静岡県西伊豆町一色の仁科川支流で、川遊びに来ていた友人同士の2家族7人が感電し、男性2人が死亡、死亡男性の1人の妻と8歳の息子が重傷、もう1人の死亡男性の妻と8歳の息子と親戚の女性が軽傷を負った。川の土手には獣害防止用の電気柵が設置されており、その電線が原因だった。現場は山間部の集落で、柵はシカやイノシシからアジサイを守るため、付近の住民が設置したものだった。

7.21 TroCEP、公開（日本）　国立環境研究所と国際マングローブ生態系協会が「熱帯・亜熱帯沿岸生態系データベース」の公開を開始した。
TroCEPは、これまで別々に取り組まれることの多かったマングローブ、藻場、干潟、サンゴ礁といった生態系を、一連の熱帯・亜熱帯沿岸生態系としてとらえ、それらの基礎情報を集約して公開するもので、今回公開されたのは世界のマングローブの分布図とマングローブの構成植物種リスト。今後、サンゴ礁、藻場、干潟などの分布情報についても整備を進めて行く予定だという。

7.23 コウノトリ、野田市で放鳥（千葉県）　千葉県野田市が、同市のコウノトリ保護施設「こうのとりの里」で生まれた3羽（雄1羽、雌2羽）を放鳥し

た。兵庫県以外での放鳥は初めてのこと。

7.24 **環境産業、93兆円**（日本）　環境省が『環境産業の市場規模・雇用規模等に関する報告書』の2013年版を公開した。国内の環境産業の市場規模は約93兆円2870億円（前年比4.0％増）、雇用規模は約255万人（同2.3％増）となり、いずれも過去最大。2000年比では、市場規模が1.6倍、雇用規模が1.4倍に拡大した。

7月 **インドネシアで大規模森林火災**（インドネシア，東南アジア）　インドネシアのカリマンタン島やスマトラ島で、広範な森林火災が発生した。出火原因はパーム油増産のための違法な野焼きで、出火地域が泥炭地であること、異常気象で大気が乾燥していたことから被害が深刻化。炎は数ヶ月に渡って燃え続け、延焼面積が2万6000km^{2}に及ぶ、約20年ぶりの大規模森林火災となった。煙害により両島で少なくとも19人が死亡した他、同国で推計50万人が呼吸器の異常を起こし、煙害はシンガポールやマレーシアなど東南アジアの広い範囲に及んだ。また、放出された二酸化炭素の量は少なくとも約16億3600万tで、日本の年間排出量を上回った。

8.5 **アマゾン熱帯林、高精度樹高マップ作成**（ブラジル）　森林総合研究所、東京大学生産技術研究所、ブラジル国立アマゾン研究所、ブラジル国立宇宙航空研究所が共同で、宇宙からの三次元レーザー計測結果と人工衛星画像を利用し、アマゾン熱帯林の樹高を500m間隔で隙間無く地図化する方法を開発したことを発表した。同じ方法を用いて、他の地域でも樹高マップを作成可能で、森林の二酸化炭素蓄積量を高精度で推定する上で必要な、正確な樹高データが得られるという。

8.5 **京都府、森林環境税を導入**（京都府）　京都府が、2016年度から「森林環境税」を導入する方針を固めた。府民税に上乗せして課税し、使途は森林保護に限定される。府内の森林34万haのうち12万haが人工林だが、木材価格の低迷などのため所有者による整備が行き届かず、山の保水力が低下。近年の水害増加の一因になっているという。

8.14 **CLT普及へ首長連合**（日本）　「CLTで地方創生を実現する首長連合」設立の会が開催された。直交集成板（CLT）の普及推進を通じて木材需要を拡大し、地域振興を図ることが目的。発起人は尾崎正直・高知県知事と、太田昇・岡山県真庭市長で、設立時のメンバーは10道県知事と4市町村長。

8.19 **電気柵の安全対策不備、7107ヶ所**（日本）　静岡県西伊豆町で獣害防止用の電気柵により2人が感電死する事故が発生したことを受け、経済産業省など関係省庁が対策会議を開催。事故後に経産省が全国約10万ヶ所の電気柵を調査した結果、危険を知らせる表示がない、漏電遮断機が設置されていない、電源スイッチがないなど、安全対策が不十分な電気柵が7107ヶ所に達したことが明らかになった。

8.24　**ユネスコエコパーク、3地域を拡張登録推薦**（日本）　日本ユネスコ国内委員会の自然科学小委員会人間と生物圏（MAB）計画分科会が、既存の生物圏保存地域（ユネスコエコパーク）3地域を拡張登録推薦することを決定した。対象地域は大台ヶ原・大峯山・大杉谷（奈良、三重両県）、白山（石川、岐阜、富山、福井4県）、屋久島・口之永良部島（鹿児島県）。

8.24　**吉野熊野国立公園、拡張**（和歌山県）　環境省が吉野熊野国立公園（和歌山県海岸地域）の公園区域及び公園計画を変更し、同公園に和歌山県立の自然公園2区域を編入することを決定した。編入されるのは同県みなべ町から田辺市、白浜町、すさみ町を経て串本町に至る海岸地域約1万2000haで、サンゴ礁や干潟などの貴重な生態系が残されている。

8.28　**モミの木に異変**（福島県，茨城県）　放射線医学総合研究所などのチームが、東京電力福島第1原発事故のため帰宅困難地域になっている福島県内の山林で、幹が上に伸びていないモミの木を発見したことを発表した。空間線量の高い場所ほど、異変が起きた木が多い傾向にあり、大熊町で9割以上、浪江町で4〜3割前後、茨城県北茨城市でも1割弱で異変が確認された。

8.31　**ニホンザル、ライチョウを捕食**（長野県）　長野県が、ニホンザルが国の天然記念物であるライチョウのひなを捕食する画像を公開した。現場は北アルプスの東天井岳付近で、県の委託を受けてライチョウの生息実態を調査していた研究者が25日に撮影した。本来高山帯にニホンザルは生息していないが、近年は餌を求めて標高の高い地域に侵入する例が増加。ニホンザルによるライチョウの捕食について、登山者等による目撃報告はあったが、研究者が確認したのは初めて。

9.4　**太陽光発電、電力需要ピーク時の1割供給**（日本）　朝日新聞が、今夏で最も電力需要が多かった日の日差しが強まる時間帯に、太陽光発電が電力の約1割を担っていたことを報じた。沖縄県を除く電力各社への取材によると、ピークは各社とも8月上旬で、時間帯は午前11時台から午後1時台、電力需要は計約1億5000万kW。太陽光発電の最大出力は合計約1500万kWで、原発十数基分に相当する。なお、太陽光発電の年間発電量は全電源の約2％だという。

9.5　**福島県楢葉町の避難指示を解除**（福島県）　政府の原子力災害対策本部は全域避難となった県内7町村で初めて福島県楢葉町の避難指示を解除した。しかし放射線への不安やインフラ整備が進んでいないことから直ぐに帰還する住民は町民7300人の1割程度とみられている。

9.6　**ライチョウのひな、全滅**（東京都）　東京都台東区の上野動物園が、人工繁殖に取り組んでいた国の特別天然記念物で絶滅危惧ⅠB類に指定されているニホンライチョウのひな5羽が全滅したことを発表した。6月に乗鞍岳（長野、岐阜県境）で採取した卵を孵化させたが、8月26日から9月6日

にかけて、いずれも死亡。死因は不明だが、野生のヒナは巣の中にある親の糞を食べて腸内細菌を受け継ぐことから、消化吸収機能不良の疑いがあるという。

9.7 **世界森林資源評価2015**（南アフリカ）　第14回世界林業会議が南アフリカ・ダーバンで開幕した。主催は国連食糧農業機関及びホスト国で、142ヶ国から約3900人が参加。テーマは「森林と人々―持続可能な未来への投資」。会議ではFAOが世界の森林・林業に関する統計を取りまとめた「世界森林資源評価2015」を公表。1990年以降、世界の森林面積が約1億2900万ha減少したが、この間に面積の純減速度は50%以上低下したことを明らかにした。11日、「ダーバン宣言―森林・林業の2050年ビジョン」や「第14回世界林業会議からの気候変動に関するメッセージ」を採択し、閉幕。

9.8 **環境危機時計、4分進む**（世界）　旭硝子財団が、地球環境の悪化に伴う人類存続の危機感を時計の針で表す「環境危機時計」について、2015年の時刻は前年より4分進んで9時27分となったことを発表した。1992年の調査開始以来、2007年と2008年に次いで3番目に悪い結果。

9.9 **汚染水外洋に流出**（福島県）　東京電力は福島第1原発の排水路から放射性物質を含む雨水が外洋に流出したと発表。移送を始めた4月以降、流出はこれで7回目。

9.9 **鬼怒川で堤防決壊**（茨城県）　線状降水帯が発生した影響で、関東地方北部が記録的な豪雨となった。10日朝までの24時間雨量は栃木県日光市で551mm、同県鹿沼市で444mmと、それぞれ統計開始以来最多を更新。気象庁は10日午前0時20分に栃木県全域、7時45分には茨城県のほぼ全域に大雨特別警報を発表した。午後0時50分、茨城県常総市三坂町で鬼怒川の堤防が決壊。鬼怒川と小貝川に挟まれた地域が広範囲に冠水し、14人（直接的な死者2人、災害関連死12人）が死亡した他、家屋5000棟以上が全半壊した。

9.14 **浄化地下水、海に放出開始**（福島県）　東京電力は福島第1原発の原子炉建屋周辺の井戸からくみ上げた地下水の海への放出を開始した。放射性物質の濃度は、国と東電が定めた放出基準を下回っているとしている。海への放出基準は、セシウムは1リットル当たり1ベクレル、ストロンチウムなどベータ線を出す放射性物質は同3ベクレル、浄化装置では取り除けないトリチウムは同1500ベクレルで、世界保健機関（WHO）が定めた飲料水基準などよりも厳しい目標を定めている。

9.15 **『日本版レッドリスト』、見直し**（日本）　環境省が『絶滅のおそれのある野生生物の種のリスト（日本版レッドリスト）』について、ゼニガタアザラシの分類を絶滅危惧II類から準絶滅危惧に引き下げ、新たに「四国地方のカモシカ」を絶滅のおそれのある地域個体群に選定したことを発

表した。カモシカについては、以前から「九州地方のカモシカ」が絶滅のおそれのある地域個体群に選定されていた。

9.25 **SDGs、採択**（アメリカ）「国連持続可能な開発サミット」がアメリカ・ニューヨークで開幕した。27日、「我々の世界を変革する―持続可能な開発のための2030アジェンダ」と「持続可能な開発目標（SDGs）」を採択し、閉幕。SDGsは2015年末に達成期限を迎える「ミレニアム開発目標（MDGs）に代わるもので、2016～2030年に取り組むべき、貧困や環境など17分野の目標と169項目の具体的な達成基準が盛り込まれている。

9.28 **アジア初のマルクス・バレンベリ賞**（スウェーデン）磯貝明・東京大学大学院教授、斎藤継之・同准教授、フランス在住の研究者である西山義春が、森林のノーベル賞と称されるスウェーデンの「マルクス・バレンベリ賞」をアジアで初めて受賞した。受賞理由は、木の繊維をほぐした素材「セルロースナノファイバー（CNF）を、従来の約300分の1のエネルギーで製造する方法の発見。

9.29 **木材需給表、発表**（日本）林野庁が2014年の木材需給表を発表した。総需要量は丸太換算で7581万4000m^3、国内生産量は2366万2000m^{3}で、自給率は最近31.2%だった。自給率が30％を超えたのは、1988年代以降で初めてで、円安で輸入量が減少したこと、今回の統計から木質バイオマス発電などでの利用が増加している木材チップを対象に加えたことが原因。

10.2 **地熱開発、規制緩和**（日本）環境省が自然環境局長通知「国立・国定公園内における地熱開発の取扱いについて」を発表した。自然環境と調和しつつ地熱開発を推進するため、規制を緩和する内容。

10.9 **ニホンジカ密度分布図、作成**（日本）環境省が、2014年度当初における全国のニホンジカの密度分布図を作成したことを発表した。同年度に実施した都府県別の個体数推定及び生息分布の拡大状況調査を踏まえたもので、「鳥獣の保護及び狩猟の適正化に関する法律の一部を改正する法律（改正鳥獣法）」に基づく指定管理鳥獣捕獲等事業の推進に向けて、都道府県による科学的・計画的な鳥獣の管理を支援することが目的。

10.9 **木質バイオマス発電事業採算性評価ツール、開発**（日本）森林総合研究所が、「木質バイオマス発電事業採算性評価ツール」を開発した。同ツールは無料で提供され、固定価格買い取り制度（FIT）における木質バイオマス発電について、発電の規模、燃料の種類や価格、買い取り価格などの初期条件を様々に変化させ、多様な事業評価が簡易に可能となるという。

10.13 **4施設、世界かんがい施設遺産に**（日本）国際かんがい排水委員会（ICID）国際執行理事会がフランス・モンペリエで開催され、上江用水路（新潟県上越市、妙高市）、曽代用水（岐阜県関市、美濃市）、入鹿池（愛知県犬山市）、久米田池（大阪府岸和田市）の4施設を世界かんがい施設遺産に登録することが決定した。

10.26 環境首都創造フォーラム2015（日本，鳥取県）「環境首都創造自治体全国フォーラム2015 in 北栄」が鳥取県北栄町で開幕した。テーマは「気候変動防止へ地域から挑戦！―実効国際合意を求めて」。27日、閉幕。

10.26 福島第1原発の海側遮水壁が完成（福島県） 東京電力は汚染地下水が護岸から海に染み出るのを防ぐ海側遮水壁（総延長780メートル）が完成したと発表した。しかし11月26日に地下水圧の影響で最大20センチ傾斜しているのが見つかった。

10.27 「自然公園における法面緑化指針」、策定（日本） 環境省が「自然公園における法面緑化指針」を策定した。自然公園において生物多様性に配慮しつつ、周辺環境と調和した法面・斜面の緑化を進めるための指針。主な内容は、自然の回復力を尊重する、植物を導入する場合は地域性系統の植物のみを使用するなど。

10.30 INDC、気温上昇2度未満に不十分（世界）「国連気候変動枠組み条約」事務局が「INDCの全体的な効果に関する統合報告書」を公表した。147ヶ国による119のINDC（国連気候変動枠組条約第21回締約国会議（COP21）に先立って各国が提出した、2020年以降の温暖化対策に関する目標）を取りまとめて評価したもので、各国が2025年または2030年までの目標を達成しても、深刻な温暖化被害を避けるために必要とされる、気温上昇を2度未満に抑えるには不十分と結論付けた。

11.10 古紙回収率、80％突破（日本） 朝日新聞が、家庭からの古紙の分別回収に関する記事を掲載した。同記事によると、国内で消費された紙に対する回収された古紙の割合（古紙回収率）は2013年に80％を突破し、中国など海外への輸出も行われている。分別収集が定着していることから日本の古紙は高品質で、他国の古紙より高値で取引されているという。

11.13 新築校の7割、木材を利用（日本） 文部科学省が「公立学校施設における木材の利用状況（平成26年度）」を公表した。同年度に新しく建築された効率学校施設（幼稚園～高校）1016棟のうち、木材を使用した木の学校は71.0％。このうち木造施設は21.1％（前年比＋0.6ポイント）で、国産材利用率は88.7％（同＋5.0ポイント）。内装を木質化した非木造施設は49.9％で、国産材利用率は47.4％（同-7.9％）だった。

11.19 『レッドリスト』、改訂（世界） 国際自然保護連合（IUCN）が、絶滅の恐れがある動植物を記載した『レッドリスト』の改訂を発表した。今回の改訂では、日本固有種でドジョウ科の淡水魚であるアユモドキが絶滅危惧IA類に掲載された。アユモドキは国内では、国の天然記念物、「絶滅のおそれのある野生動植物の種の保存に関する法律（種の保存法）」に基づく国内希少野生動植物種に指定されている。また、大型のシギであるホウロクシギが、絶滅危惧II類から絶滅危惧IB類に、アカウミガメが絶滅危惧IB類から絶滅危惧II類に変更された。

11.20　シベリアの森林火災でPM2.5濃度上昇（北海道，ロシア）　国立環境研究所が「シベリアの森林火災によるPM2.5環境基準濃度レベルの超過について（お知らせ）」を発表。過去10年間のデータを用いて調査した結果、シベリアの森林火災の影響により、北海道・利尻島のPM2.5濃度が環境基準レベルを超過していたことが明らかになった。この結果は、特に北日本におけるPM2.5の越境汚染が、アジア大陸からだけではないことを意味している。

11.26　CO_2排出量、3％減（日本）　環境省が、2014年度の日本の温室効果ガス排出量（速報値）は二酸化炭素（CO_2）換算で13億6500万t（前年比-3.0％）となり、東日本大震災が発生した2010年度以降で初めて減少に転じたことを公表した。原発は稼働ゼロのままだが、省エネでエネルギー消費が減少したこと、天然ガスや再生可能エネルギーへの転換が進んだことが原因。

11.27　「2015年農林業センサス」（日本）　農林水産省が「2015年農林業センサス結果の概要（概数値）（平成27年2月1日現在）」を公表した。全国の販売農家の農業就業人口は209万人で、2010年の前回調査時より19.8％減少し、過去最低を更新。平均年齢は0.5歳上昇し、66.3歳となった。また、農林業経営体数は140万2000体で、18.8％減少した。このうち農業経営体数は137万5000体で18.1％減、林業経営体数は8万7000体で38.1％減。農業就業人口や農業経営体の減少や高齢化が進む中で、法人経営の増加や経営規模の拡大が進展していることが明らかになった。

11.27　「気候変動の影響への適応計画」、閣議決定（日本）　「気候変動の影響への適応計画」が閣議決定された。気候変動による様々な影響に対し、政府全体として整合の取れた取り組みを総合的かつ計画的に推進するためのもので、深刻化する豪雨災害に関する避難計画の策定、高温に耐えられる農作物品種の開発などが盛り込まれた。

11.27　きのこ原木の需給状況、公表（日本）　林野庁が、放射性物質の影響により全国的に不足しているキノコ原木を安定的に供給させるための取り組みの一環として、「きのこ原木の需給状況（2015年9月末時点）」を公表した。供給量は14府県で96万本となり、前回調査の5月末時点より5割減少。供給可能量は102万本で、5月末時点より2割減少した。供給希望量の91％がコナラであるのに対し、供給可能量の59％以上はクヌギで、需給のミスマッチが発生している。

11.30　「パリ協定」、採択（フランス）　「国連気候変動枠組条約」第21回締約国会議（COP21）がフランス・パリで開幕した。12月12日、2020年に失効する「京都議定書」に代わる新たな枠組みである「パリ協定」を全会一致で採択。13日未明、閉幕した。パリ協定は、世界の平均気温の上昇を産業革命前との比較で「2度を十分下回る」ようにすることを明記。全

196ヶ国・地域が参加し、温室効果ガス排出量の削減や、化石燃料に依存しない社会の構築を目指す。

12.1 **だいち2号で違法伐採監視**（日本）　宇宙航空研究開発機構（JAXA）と国際協力機構（JICA）が、「森林ガバナンス改善イニシアティブ」を発表した。主な内容は、地球観測衛星「だいち2号」を用いて、熱帯林の伐採・減少状況を常時モニタリングする新たな「森林変化検出システム」の構築など。モニタリングの結果はウェブ上で公開され、違法伐採、ひいては森林減少を抑制することで、気候変動対策としての効果が期待される。2009～2012年には先代機「だいち」を用いたモニタリングが実施され、2000件以上の違法伐採を検知し、森林減少面積を40％減少させることに貢献した。

12.2 **ヒグマ、推定1万頭以上**（北海道）　北海道が、2012年度の全道のヒグマ生息数は推定1万600頭であることを発表した。春グマ駆除を禁止した1990年以降は概ね継続して増加傾向にあり、23年間で1.8倍に増加したという。今回の推定数は1990年以降に蓄積したデータを科学的に分析した結果で、狩猟者への聞き取り調査に基づく2012年度の推定数より2倍以上多くなった。道では、本推定結果を基に、2016年度に策定予定の次期北海道ヒグマ保護管理計画以降、全道での総捕獲数管理導入を検討するという。

12.3 **リニア着工1年**（関東地方，中部地方）　朝日新聞が、リニア中央新幹線（東京都品川区―愛知県名古屋市間）の着工から間もなく1年を迎え、トンネル掘削に向けた工事が開始されることを報じた。開通予定は2027で、総延長は286km。このうちトンネル部は246kmで、掘削に伴い5680万m³、東京ドーム46杯分の残土が出ると予想されるなど、自然環境や生活環境への影響も懸念される。

12.5 **シマフクロウ、公開**（北海道）　北海道・知床半島で、国の天然記念物、国内希少野生動植物種、絶滅危惧IA類に指定されているシマフクロウを、来訪者に公開する試みが始まったことが報じられた。知床羅臼町観光協会の発案によるもので、希少種をあえて人目に触れさせることで、知床の自然への理解を深め、保護意識を高めることが目的。

12.7 **北京の大気汚染、赤色警報発令**（中国）　午後6時、中国・北京市当局が、4レベルからなる大気汚染警報で最高レベルの「赤色警報」を初めて発令。8日午前7時から10日正午まで、小中学校の休校、工場の稼働停止などの対応措置を実施した。

12.8 **カナダガン、根絶**（日本）　環境省が、特定外来生物であるカナダガンを国内の野生環境から根絶したことを発表した。特定外来生物を根絶したのは、これが初めて。カナダガンは北米原産で、日本原産のシジュウカラガンなどと交雑することから、2014年に特定外来生物に指定されていた。

12.8　**白神山地、ニホンジカを確認**（青森県）　環境省東北地方環境事務所が、白神山地の世界遺産地域内で初めてニホンジカの生息を確認したことを発表した。10月13日に世界遺産地域緩衝地域である青森県西目屋村の西股沢（暗門の滝上流）で、センサーカメラがオス1頭を撮影したという。白神山地では2014年に初めてニホンジカらしき動物の姿が確認され、食害の恐れもあることから、同省でが調査を進めていた。

12.15　**世界農業遺産、8地域に**（日本）　国連食糧農業機関（FAO）の世界農業遺産（GIAHS）運営・科学合同委員会がイタリア・ローマで開催され、「清流長良川の鮎」（岐阜県長良川上中流域）、「みなべ・田辺の梅システム」（和歌山県みなべ・田辺地域）、「高千穂郷―椎葉山の山間地農林業複合システム」（宮崎県高千穂郷・椎葉山地域）の3地域が世界農業遺産に認定された。国内の世界農業遺産は計8地域になった。

12.18　**重要里地里山、選定**（日本）　環境省が「生物多様性保全上重要な里地里山（重要里地里山）」として500ヶ所を選定した。生物多様性国家戦略の重点施策の一つに掲げた、里地里山の保全活用に向けた取り組みの一環。

12.21　**生活圏外の森林、除染せず**（福島県）　環境省が東京電力福島第1原発事故に伴う除染についての専門家会議である「環境回復検討会（第16回）」を開催し、生活圏から離れた森林では除染を実施しない方針を固めた。森林全体を除染するのは困難であること、森林から生活圏への放射性物質の移動について空間線量率に明確な影響が確認されていないこと、森林内での除染が土壌流出や斜面災害等を招く恐れがあることなどから、除染対象を生活圏から20m圏内に限定する。

12月　**薪ボイラーでエネルギー自給自足**（岡山県）　岡山県西粟倉村のバイオマス普及をメインとしたローカルベンチャー「村楽エナジー」が、運営する温泉施設で薪ボイラーの使用を開始した。同村は面積の95％を山林が占め、主要産業は林業。従来の灯油に代えて、同村産の間伐材などを燃料に利用。また、村外業者への加工依頼が必要になるチップでなく薪を使用することで、村内でのエネルギー自給自足を目指す。

2016年
（平成28年）

1.4　**メガソーラー、急増**（日本）　東日本大震災後、全国で太陽光発電施設が急増する一方、住民による建設反対運動も頻発していることが報じられた。出力1000kW以上の大規模太陽光発電施設（メガソーラー）の稼働数は2015年8月時点で3291件と、固定価格買い取り制度（FIT）導入以前の

274倍に達した。また、国の認定を受けたが建設に至っていない計画も多数存在する。しかし、自然災害発生時の危険性、景観の悪化などの恐れもあり、地域外の事業者と住民が対立するケースも多いという。

1.13 『里山資本主義』、韓国でも注目（韓国）　2013年7月に刊行された親書『里山資本主義―日本経済は「安心の原理」で動く』（藻谷浩介、NHK広島取材班著、KADOKAWA刊）が、韓国でも注目を集めていることが報じられた。地域資源を活かした持続可能な経済を提案する内容で、2015年7月に翻訳出版。新聞やテレビでも紹介され、3刷約5000部が売れた。マネー資本主義に対する反省が背景にあるという。

1.17 ぎふの木づかい施設、初認定（岐阜県）　岐阜県が「ぎふの木づかい施設」として27施設を認定したことが報じられた。第39回全国育樹祭を契機に、2015年度に創設した事業で、今回が初の認定。木の良さや県産材を利用することの公益的な意義を広く県民にPRすることが目的で、認定条件は使用木材の70％以上が県産材であること、木材の使用方法について意匠性・新規性に富んでいること。

1.22 野生鳥獣の農作物被害、191億円（日本）　農林水産省が「全国の野生鳥獣による農作物被害状況について（平成26年度）」を公表した。金額は191億円（前年比-4％）、面積は8万1000ha（同+3％）、量は54万t（同-14％）。獣種別の被害金額はシカが65億円（同-14％）、イノシシが55億円（同-0.2％）、サルが13億円（同-1％）など。

1.23 オオタカ保護、意見交換会（宮城県）　環境省が「オオタカの国内希少野生動植物種の指定解除に関する意見交換会」を宮城県仙台市で開催した。近年、オオタカの生息数は回復傾向にあり、2006年には絶滅危惧II類から準絶滅危惧に変更された。これに伴い、「絶滅のおそれのある野生動植物種の保存に関する法律（種の保存法）」に基づく国内希少野生動植物種の指定を解除することが検討されている。

1.24 西日本などで記録的寒さ（日本）　日本上空に非常に強い寒気が流れ込んだ影響で、西日本や北日本を中心に記録的な寒さとなり、各地で観測史上最低気温を更新した。また、西日本や北陸地方を中心に記録的大雪となり、鹿児島県・奄美大島で、1901年2月12日以来115年ぶり、観測開始以来2回目となる降雪を観測。沖縄県名護市では観測史上初めてみぞれを観測した。交通事故も多発し、福岡県大野城市では路面凍結によるスリップが原因で、乗用車など計11台が絡む玉突き事故が起きた。九州・中国方面を中心に、航空便の欠航も相次いだ。

2.8 白神山地でシカ捕獲（青森県，秋田県）　白神山地世界遺産地域科学委員会が秋田市で会合を開き、白神山地周辺で目撃情報が増えているニホンジカについて、国が11月から翌年3月にかけて試験的な捕獲を開始することを公表した。世界遺産周辺地域内の青森、秋田両県の各1自治体に

小型の囲いワナを設置。捕獲したシカのDNA検査を行い、どこからやって来たかも調査する方針。

2.10　**樹木葬で森林再生**（千葉県）　日本生態系協会が、墓地の運営を開始することが報じられた。千葉県長南町の土砂災害跡地を利用し、コナラ、ミズキ、ネムノキなどの苗木を植える樹木葬を実施。50年かけて森林を再生させる計画。

2.15　**広島県、鞆の浦埋め立てを断念**（広島県）　広島県福山市の景勝地「鞆の浦」の埋め立てと架橋計画をめぐる訴訟について、控訴審口頭弁論が広島高裁で行われた。事業主体である県は埋め立て免許の交付申請を取り下げる意向を示し、県知事に免許を交付しないよう求めていた反対派住民らが訴えを取り下げたことで、訴訟が終結。1983年に策定され、歴史的景観が損なわれるとして2007年に訴訟に至った埋め立て計画は白紙撤回された。

2.15　**世田谷区と川場村、木質バイオマス発電で連携**（東京都，群馬県）　東京都世田谷区と群馬県川場村が、「川場村における自然エネルギー活用による発電事業に関する連携・協力協定」を締結した。川場村に木質バイオマス発電設備を整備し、世田谷区へ電気を供給する事業で、発電設備の稼働予定は2017年1月。

2.23　**京都丹波高原国定公園、誕生**（京都府）　国の中央環境審議会が、京都府北中部の由良川・桂川上中流域を「京都丹波高原国定公園」に指定することを決定した。面積は6万8851haで、原生林が残る「芦生の森」（南丹市）、希少な昆虫類が生息する「八丁平湿原」（京都市左京区）などが、原則として開発禁止の第1種特別地域に指定される。

2.29　**タンチョウ、30年で3倍増**（北海道）　北海道が、国の特別天然記念物であるタンチョウの2015年度2回目の越冬分布調査で、過去最高となる1320羽（前年比133羽増）を確認したと発表した。今回の調査は1月25日に釧路地方を中心とする25市町村の150ヶ所で実施。確認数は最近30年で3倍以上に増加し、5年連続で1000羽を超えた。

3.1　**ハクガンの渡り数、倍増**（宮城県）　絶滅危惧IA類に指定されている渡り鳥のハクガンが、国内で251羽越冬しているのが確認されたと報じられた。前年の2倍の数字で、主な越冬地は宮城県大崎市。ハクガンは約20年前まで渡りが途絶えており、1993年から「日本雁を保護する会」が米ロの研究者と共同で保護事業を実施している。

3.2　**アポイ岳の高山植物群**（北海道）「花の名山」として知られる北海道様似町のアポイ岳で、高山植物の個体数が急速に減少していることが報じられた。「アポイ岳高山植物群落」は国の天然記念物に指定されており、2015年10月に同町と研究者らがアポイ環境科学委員会を設立し、対策に乗り出した。

3.2　温暖化の食料減で死者50万人増（世界）　英国オックスフォード大学の研究グループが、地球温暖化が進むと農業生産が減り、食料不足で亡くなる人が2050年に52万9000人増えるとの推計を発表した。産業革命前からの気温上昇が21世紀末に4度以上になる想定では、気温上昇がない場合に比べ、2050年時点の1人1日あたりの摂取エネルギーが99キロカロリー、野菜や果物が14.9g、肉類が0.5g減少。肥満などからくる生活習慣病も減るが、野菜や果物不足と低体重による死亡者数の増加が上回るという。

3.2　福島第1原発事故の被害者団体が集会（福島県）　原発事故被害者団体連絡会が責任の明確化や賠償などを求める集会を日比谷野外音楽堂で開いた。原発事故被害者団体連絡会は国や東電を相手取って訴訟を起こした原告団らでつくる全国組織で21団体、約2万5000人が参加している。

3.3　花粉媒介の市場価値、最大66兆円（世界）　昆虫や動物が花粉を運ぶことで生じる価値が世界で年間2350億〜5770億ドル（27兆〜66兆円）に達するとの、「生物多様性および生態系サービスに関する政府間科学政策プラットフォーム（IPBES）」による試算が報じられた。コーヒー、アーモンド、果物など、世界の作物生産量の5〜8％がこれらに依存しており、生産量は過去50年で300％増加。また、農業環境技術研究所によると、日本国内の昆虫が国内の農業にもたらす価値は年間約4700億円で、畜産業を除く農業産出額の約8％に相当する。花粉を媒介するのはハチ、チョウ、カブトムシ、鳥類、コウモリなどだが、世界的にハチの減少が報告される他、絶滅の危機にある種も多く、将来の食料生産や生態系への影響が懸念されるという。

3.4　つくば市、筑波山などでの電力事業を禁止（茨城県）　茨城県つくば市が、筑波山及び隣接する宝篋山での太陽光発電と風力発電を禁止する条例案を正式に発表した。禁止地域は、自然公園法で事業開発の規制がかかる特別地域と土砂災害警戒区域、及び両区域にまたがった区域で、両山のつくば市側では、麓から頂上までがほぼ全面的に禁止となる。

3.4　防災対策、生態系に配慮を（日本）　東北大学、京都大学、九州大学の研究グループが、防潮堤のかさ上げ（防災機能の強化）と沿岸生態系の維持との間のトレードオフに関する意識調査の結果を公表した。防潮堤のかさ上げと引き替えに許容できる沿岸動植物の種類の減少率の上限は18.7％と推定され、防災対策を進める際には生態系へ配慮することが重要との市民意識が明らかになった。また、沿岸地域を頻繁に利用する人と災害リスクを感じている人との間で、利害の対立があることも確認された。調査は2014年1〜2月に、全国の沿岸自治体住民を対象とするウェブアンケート形式で実施され、7496人から回答を得た。

3.7　ニホンカワウソ、日本固有種か（日本）　東京農業大学や国立極地研究所などの研究グループが、2012年に絶滅種に指定されたニホンカワウソは

日本の固有種だった可能性が高いとの研究結果を発表した。従来ユーラシアカワウソの亜種とされていたが、高知県で捕獲された個体の剥製をDNA鑑定したところ、別種であることが判明。約127万年前、当時陸続きだった大陸から日本に渡り、独自に進化したとみられる。同グループが2012年に実施した神奈川県内で捕獲された個体の皮のDNA鑑定では、ユーラシアカワウソの亜種だとの結論付けており、国内に2種が共存していた可能性もあるという。

3.8 　東電社長、炉心溶融、過小評価したことを国会で陳謝（福島県）　東京電力の広瀬直己社長は参院予算委員会で原発事故直後から「炉心溶融」（メルトダウン）が起きていたのに「炉心損傷」と過小評価していたことを陳謝した。一方で「2011年3月14日の段階で、相当程度の炉心損傷をしているとの認識を持ち、すぐに報告している。この段階で隠蔽や報告の遅れは考えていなかった」とも説明した。

3.11 　ニホンジカとイノシシの推定個体数、発表（日本）　環境省が、2013年度末時点の全国（本州以南）のニホンジカの推定個体数は中央値約305万頭（90％信用区間約194万〜646万頭）、イノシシの推定個体数は中央値約98万頭（同約74万〜132万頭）であると発表した。長期的には増加傾向にあるものの、2011年度からはほぼ横ばい。ニホンジカについては、2023年度までに個体数を半減させるとの目標を達成するには、捕獲率を2倍以上にする必要がある。

3.16 　稲作の農薬、トンボに悪影響（日本）　国立環境研究所の研究チームが、稲作で使われる農薬の中に、トンボの生息に悪影響を及ぼすものがあることを実験で確かめたと発表した。無農薬栽培と比べ、幼虫（ヤゴ）の個体数が数分の1以下になった。稲作では、作物の根から吸い上げられ、食害した虫を殺す「浸透移行性殺虫剤」が広く使われている。殺虫成分の水中濃度は分解して急速に減少したが、土壌中には長く残っていたため、水底に棲むヤゴが影響を受けた可能性があるという。

3.17 　「生態系を活用した防災・減災に関する考え方」、作成（日本）　環境省が、「生態系を活用した防災・減災に関する考え方」と、その普及を図るためのハンドブックである『自然と人がよりそって災害に対応するという考え方』を作成した。生態系が果たす防災・減災上の役割を整理し、生態系を活用した防災・減災を進める際の基本的な視点や活用手法について、事例を交えて紹介するもの。

3.19 　ユネスコエコパーク、3件の拡張登録決定（日本）　第28回人間と生物圏（MAB）計画国際調整理事会がペルーで開催され、日本の生物圏保存地域（ユネスコエコパーク）3地域を拡張登録することが決定した。拡張登録されるのは「白山」（富山、石川、福井、岐阜4県）、「大台ヶ原・大峯山・大杉谷」（奈良、三重両県）、「屋久島・口永良部島」（鹿児島県）。

3.19　奇跡の一本松、出雲大社に植樹（岩手県，島根県）　東日本大震災の津波に耐えた、岩手県陸前高田市の「奇跡の一本松」から育てられた苗木が、島根県出雲市の出雲大社に植樹された。

3.28　高知県、太陽光発電のガイドライン策定（高知県）　高知県が「太陽光発電施設の設置・運営等に関するガイドライン」を策定した。施設の設置をめぐる発電事業者と地域住民とのトラブルが全国的に多発していることを受けての措置で、対象は全量売電を主たる目的とする出力50kW以上の事業用施設。太陽光発電事業が地域と調和した事業となることを目的に、工事前に事業内容を市町村に届け出ること、法令で定められていない場合でも地域住民の合意を得ることなどを求める内容。

3.30　凍土遮水壁凍結、原子力規制委が許可（福島県）　原子力規制委員会は福島第1原発1～4号機の周りの土壌を凍らせて地下水の流入を抑える「凍土遮水壁」の海側部分から凍結することを認可した。東電はこの認可を受け部分凍結を3月31日から開始。

3.30　南三陸町、ASC・FSC両認証を取得（宮城県）　宮城県漁業協同組合志津川支所戸倉出張所（南三陸町）のカキ部会が、国内で初めて養殖水産物に対する国際的なエコラベルである水産養殖管理協議会（ASC）認証を獲得した。同町では、2015年10月に南三陸森林管理協議会が林業に関する国際的なエコラベルであるFSC（森林管理協議会）認証を獲得。同町によると、これら2つの認証を1つの自治体が獲得したのは、おそらく世界で初めてだという。

4.1　電力小売全面自由化（日本）　電気の小売業への参入が全面自由化された。「特別高圧」（大規模工場、デパート、オフィスビル）、「高圧」（中小規模工場、中小ビル）に続き「低圧」（家庭、商店）も小売自由化の対象となり、全ての消費者が電力会社や料金メニューを自由に選択できるようになった。

4.7　「二次的自然を主な生息環境とする淡水魚保全のための提言」、公表（日本）　環境省の「淡水魚保全のための検討会」が「二次的自然を主な生息環境とする淡水魚保全のための提言」を公表した。『絶滅のおそれのある野生生物の種のリスト（日本版レッドリスト）』に記載された汽水・淡水魚類の多くが二次的自然を主な生息環境とすることから作成されたもの。

4.14　熊本地震（熊本県，九州地方）　熊本県熊本地方を震源とする強い地震が発生し、同県益城町で震度7、熊本市などで震度6弱を観測した。震源の深さは約11km、マグニチュードは6.5。国内で震度7が観測されたのは2011年3月の東日本大震災以来で、4回目。九州地方で震度7が観測されたのは1923年の観測開始以降初めて。16日、またしても熊本地方を震源とする強い地震が発生し、益城町、西原村で震度7、熊本市、南阿蘇村

などで震度6強を観測した。震源の深さは約12km、マグニチュードは7.3で、1995年の阪神大震災と同規模。エネルギーは14日の震度7を観測した地震の約16倍で、同地震は前震、今回の地震が本震とみられる。同年、6月19日から6月25日にかけて、西日本を中心に大雨となり、熊本県では地震の被災地で土砂崩れが多発。県内で5人が死亡し、地震との関連死と認定された。一連の地震により熊本県で269人、大分県で3人が死亡したが、死者のうち直接死は50人、豪雨による死者が5人で、避難生活による持病悪化やストレスなどによる関連死が217人だった。また、熊本、大分、福岡、佐賀、長崎、宮崎、山口の7県で住宅計20万棟以上、非住家1万棟以上に被害が出た。斜面崩壊、土石流、地滑りなどの土砂災害、路面陥没、ひび割れ、法面崩落、落橋による道路の寸断も多発。発生した災害廃棄物の量は2017年6月時点で約289万tに達した。

4.14 **山形県立農林大学校、誕生**（山形県）　山形県新庄市の県立農林大学校が入校式を挙行した。林業振興と地域経済活性化を目的に林業経営学科を新設したことに伴い、4月に校名を県立農業大学校から変更。同校によると、農業系だけでなく林業系を併設する学校は、全国7番目で、東北6県では初めてだという。入学者数は、同学科の15人を含め、計60人。

4.18 **汚染土の本格輸送を開始**（福島県）　環境省は福島県内の除染で出た汚染土壌などの廃棄物について、仮置き場から中間貯蔵施設予定地（大熊、双葉両町）に搬入する本格輸送を開始した。2020年度末までに500万〜1250万m^3の廃棄物を搬入する予定。

4.19 **エネルギー革新戦略、決定**（日本）　経済産業省が「エネルギー革新戦略」を決定した。2015年7月策定の「長期エネルギー需給見通し（エネルギーミックス）」で設定した徹底した省エネ（石油危機後並みの35%効率改善、再生可能エネルギー最大導入（現状から倍増等）の目標を実現するための戦略で、エネルギー投資を促すことでエネルギー効率を大きく改善させ、強い経済と二酸化炭素（CO_2）抑制の両立を図る。

4.21 **「琵琶湖の保全及び再生に関する基本方針」、策定**（滋賀県）　総務省、文部科学省、農林水産省、国土交通省、環境省が、「琵琶湖の保全及び再生に関する基本方針」を策定した。2015年9月28日に公布・施行された「琵琶湖の保全及び再生に関する法律」に基づく措置。

4.22 **アカミミガメ、全国に800万匹**（日本）　環境省が、北海道及び南西諸島等を除く全国の野外に生息しているアカミミガメの推定生息個体数が約800万匹であることを発表した。中央値は790.9万匹、95%信用区間は374.8万〜1767.2万匹。アカミミガメは要注意外来生物に指定されているが、これらのカメが水草のみを食べたと仮定すると、食害は毎週320tに達するという。

4月 **LAS-EII、制定**（日本）　環境自治体会議が、自治体版環境マネジメント

システムの規格である「LAS-EⅡ(環境自治体スタンダード)」を制定した。

5.1 **熊本地震、県内農林水産業被害額1022億円**(熊本県) 熊本県が、4月に発生した熊本地震及びその後の降雨等による県内の農業被害額は約767億円、林業や水産業を加えた農林水産業被害は過去最大の約1022億円に上るとの試算を公表した。溜め池の損傷や農道の法面崩壊といった農地などの被害額が481億円、畜舎や栽培ハウスなど農業施設の被害額が276億円、山腹崩壊など林業の被害額が235億円など。

5.1 **水俣病60年**(熊本県)「公害の原点」と言われる水俣病が公式に確認された1956年5月1日から60年目の節目を迎えた。犠牲者慰霊式は熊本地震の影響で延期され、熊本県水俣市では追悼のサイレンが鳴らされた。10月29日、延期されていた慰霊式が水俣市の水俣湾埋め立て地で営まれ、患者や遺族ら約750人が参列した。

5.10 **ツマアカスズメバチ、宮崎県に**(宮崎県) 特定外来生物であるツマアカスズメバチの女王蜂1匹が、宮崎県日南市油津港周辺で捕獲された。ツマアカスズメバチは長崎県対馬市に定着しているが、それ以外の地域で確認されたのは2015年9月の福岡県北九州市に続いて2例目。

5.13 **「地球温暖化対策計画」、決定**(日本) 政府が、地球温暖化対策を総合的かつ計画的に推進するための「地球温暖化対策計画」を閣議決定した。温室効果ガス排出量削減の中期目標として2030年度に2013年度比で26%減、長期的目標として2050年までに80%減を掲げた。

5.13 **クビアカツヤカミキリ、分布拡大**(日本) 生態系被害防止外来種リストにも載っている害虫のクビアカツヤカミキリが分布を広げていることが報じられた。中国や朝鮮半島などが原産で、国内では2012年に愛知県で初めて発見された。幼虫時代にサクラやウメなどバラ科の樹木に寄生して食い荒らすため、ソメイヨシノなどに大きな被害が出ている。

5.15 **G7富山環境大臣会合**(富山県)「第42回先進国首脳会議(G7伊勢志摩サミット)」に合わせ、「G7富山環境大臣会合」が富山市で開幕した。会議には日本、イタリア、カナダ、アメリカ、ドイツ、フランス、イギリス及びEUの環境担当大臣ら約200人が参加。持続可能な開発のための2030アジェンダ、資源効率性・3R、生物多様性、気候変動及び関連施策、化学物質管理、都市の役割、海洋ごみの7議題について議論した。16日、閉幕。

5.18 **トキのペアとひな、放鳥開始以来最多**(新潟県) 環境省佐渡自然保護官事務所が、佐渡市の自然の中でのトキの繁殖状況を公表した。確認されたペアは53組(前年38組)、ひなの数は5月18日時点43羽(前年21羽)で、いずれも2008年の放鳥開始以来最多を更新した。

5.20 環境省と妙高市、共同でライチョウ保護（長野県）　環境省長野自然環境事務所と妙高市が、同公園の火打山周辺に生息するニホンライチョウの本格的な保護に共同で取り組むことが報じられた。ライチョウは国の特別天然記念物で絶滅危惧IB類に指定されており、同山周辺が日本最北限の生息地だが、確認された個体数は2009年の33羽から2015年には13羽まで減少している。

5.24 「森林・林業基本計画」、決定（日本）　森林・林業施策の基本方針を定めた、新たな「森林・林業基本計画」が閣議決定された。「森林・林業基本法」に基づき策定されるもので、概ね5年ごとに変更される。新計画では、資源の循環利用による林業の成長産業化、原木の安定供給体制の構築、木材産業の競争力強化と新たな木材需要の創出を目指す。

5.28 環境自治体会議第24回全国大会（東京都，日本）　「環境自治体会議 第24回全国大会 2016東京会議」が東京都江東区で開幕した。テーマは「外の力を利用した持続可能な地域づくり」。29日、「東京会議宣言」を採択し、閉幕。

6.1 天竜材の地産地消へ協議会（静岡県）　静岡県西部の110の企業や団体が、官民連携の「浜松地域FSC・CLT利活用推進協議会」を設立した。スギやヒノキなど天竜産木材の地産地消促進を目的に、協議会には浜松市、地元金融機関、森林組合、製材会社、建築・設計会社など、「木材流通の川上から川下まで」が連携し、林業に関する国際的なエコラベルであるFSC（森林管理協議会）認証材の利用拡大、直交集成板（CLT）の需要増進に取り組む。

6.10 東北でクマ目撃情報急増（東北地方）　東北6県でツキノワグマの目撃情報が急増していることが報じられた。4月1日から6月3日までの目撃情報は800件以上で、前年同時期の1.6倍。山林だけでなく住宅敷地内など人間の生活圏での事例も多い。耕作放棄地の増加などで山林と人里の協会が薄れたこと、前年に餌となるブナの実が豊作だったことから子グマの誕生数が増加し、母グマが餌を求めて人里に降りてくることが原因とみられる。

6.12 葛尾村の避難指示を解除（福島県）　国は全域が避難区域になっている福島県葛尾村の避難指示を解除した。対象は居住制限区域と避難指示解除準備区域の2区域で、居住制限区域の解除は初めて。帰還困難区域については依然として残された。

6.19 徳島県、ナベヅル越冬が過去最多（徳島県）　2015年から2016年にかけての冬場、徳島県内にナベヅル230羽が飛来し、このうち67羽が越冬したことが報じられた。集計した日本野鳥の会同県支部によると、いずれも過去最多だという。ナベヅルは国の天然記念物で、絶滅危惧II類に指定されている。

6.20　やんばる国立公園、新設（沖縄県）　環境省の中央環境審議会が、沖縄県北部地域（国頭村、大宜味村、東村）に「やんばる国立公園」を新設するよう、環境大臣に答申した。固有の動植物が生息する亜熱帯照葉樹林を中心とする区域で、公園面積は陸域1万3622ha、海域3670ha。

6.23　イノカシラフラスコモ、60年ぶりに確認（東京都）　東京都が、絶滅危惧I類に指定されている藻類のイノカシラフラスコモを、約60年ぶりに井の頭恩賜公園（武蔵野市、三鷹市）の井の頭池で確認したことを発表した。5月に実施した調査で、池底等から約1500株が発芽しているのを確認したという。都が2014年から生態系の回復と水質改善を目的に実施している「かいぼり」の結果、泥中の胞子が活性化したとみられる。イノカシラフラスコモは1957年に井の頭池などで発見された日本固有種で、都市化の進展で次第に姿を消し、現存する生息地は千葉県市川市のみとなっていた。

6.28　天竜峡にくさび（長野県）　国の名勝「天竜峡」に指定されている長野県飯田市の天竜川沿いの岩場に、少なくとも63本のロッククライミング用のくさびが打ち込まれていることが明らかになった。3月に観光客が発見・通報し、市と県が確認した。天竜峡は天竜奥三河国定公園内に位置し、「自然公園法」で第1種特別地域に指定されている。この他、国の天然記念物である「鬼岩」（岐阜県御嵩町）で5月にハーケン2本が、石川県指定天然記念物の「白峰百万貫の岩」（白山市）でもくさび状の金具が少なくとも6個発見されるなど、各地で同様の被害が相次いでいる。

7.7　ミツバチ減少、カメムシ防除用殺虫剤が原因（日本）　農林水産省が、国内のミツバチ減少事例の原因解明を目的に実施した「蜜蜂被害事例調査（平成25年度〜27年度）」の結果を公表した。報告された被害事例の数は2013年度が69件、2014年度が79件、2015年度が50件。水稲のカメムシ防除に用いられた殺虫剤に、ミツバチが直接暴露したことが原因である可能性が高いという。

7.20　ジビエカー、開発（日本）　日本ジビエ振興協会が長野トヨタ自動車と共同で、「ジビエカー（移動式解体処理車）」を開発したことが報じられた。野生獣を捕獲現場付近で1次処理（内蔵摘出、剥皮、解体）するための特装車で、野生獣に止めを刺した後、直ちに処理を行うことで肉の劣化を抑える。また、近隣に獣肉処理施設がない場合に廃棄されていた野生獣の利活用率向上も期待されるという。

7.25　8国立公園をブランド化（日本）　環境省が「第3回国立公園満喫プロジェクト有識者会議」を開催し、外国人観光客の誘致強化に向けたブランド化事業の対象となる国立公園を選定した。選定されたのは、阿蘇くじゅう国立公園、阿寒国立公園、十和田八幡平国立公園、日光国立公園、伊勢志摩国立公園、大山隠岐国立公園、霧島錦江湾国立公園、慶良間諸島

国立公園の8ヶ所。

7.25 **富士山入山料、徴収額1.6倍に**（山梨県）　山梨県が、富士山の保全協力金（入山料）の現地受け付け状況を発表した。入山料は原則1人1000円で、支払いは任意。7月1日の山開きから24日までの徴収額は2547万円（前年同期1615万円）、徴収人数は2万6423人（同1万6861人）だった。

7.28 **『クライマーズ・ブック』、刊行**（長野県）　この年から8月11日が国民の祝日（山の日）になるのに合わせ、第1回山の日記念全国大会開催地である長野県松本市が、『ウェストンが残した「クライマーズ・ブック」』を発刊した。日本近代登山の父と称される英国人宣教師ウォルター・ウェストンが著した、外国人たちによる日本アルプス登山手記『Kamikochi Onsenba Climbers' Book』の翻訳書。

8.1 **記録的短時間大雨情報、迅速化**（日本）　気象庁が、迅速な安全確保行動を促進する観点から、記録的短時間大雨情報を現状より最大で30分早く発表する方針を明らかにした。9月15日、発表の迅速化を正式に発表。28日、迅速化が実施された。

8.1 **草刈り十字軍、終了**（富山県）　この年で最後となるボランティア運動「草刈り十字軍」の入山式が富山市湊入船町の富岩運河環水公園で挙行された。参加者の高齢化や減少のため、43年目にして活動を終了することになったが、最後の十字軍には県内外から49人が参加した。

8.12 **ユネスコエコパーク、国内推薦地域が決定**（日本）　日本ユネスコ国内委員会の自然科学小委員会人間と生物圏（MAB）計画分科会が、みなかみ町を中心に群馬、新潟両県にまたがる上越山岳地域と、宮崎、大分両県にまたがる祖母傾山系の2地域を、生物圏保存地域（ユネスコエコパーク）に国内推薦することを決定した。

8.24 **ヤイロチョウ保護協定、締結**（高知県）　王子ホールディングスと生態系トラスト協会が「ヤイロチョウ保護協定」を締結した。国内希少野生動植物種、絶滅危惧IB類に指定されているヤイロチョウの生息環境を保全するための協定で、対象地は高知県四万十町の木屋ヶ内社有林（約260ha）。

8.31 **IUCN、辺野古移転をめぐり勧告**（沖縄県）　米軍普天間飛行場（沖縄県宜野湾市）の移転問題をめぐり、国際自然保護連合（IUCN）が、日米両政府に沖縄本島への外来種侵入防止対策の強化を求める勧告「島しょ生態系への外来種の侵入経路管理の強化」を採択した。日本自然保護協会などが共同提出したもので、投票の結果は賛成539、反対26、棄権278。日米両政府は棄権し、中国政府は反対した。辺野古埋め立てのために大量の土砂が島外から持ち込まれることから、外来種が侵入して沖縄固有の生態系を破壊することが懸念されている。

9.1 **アフリカゾウ、35万頭**（アフリカ）　「国境なきゾウ保護活動」などが、ア

フリカ18ヶ国の草原に推定約35万頭のアフリカゾウが生息しているとの調査結果を発表した。生息数は1995年から2007年かけて緩やかに回復したが、2007年以降、密猟などで約14万4千頭減少したという。

9.2 **登山者、リニア工事に反対**（中部地方，関東地方） リニア中央新幹線のトンネルが南アルプスの景観を損なうとして、登山者らが工事の中止を求めていることが報じられた。同線の南アルプストンネルは山梨、静岡、長野3県にまたがり、全長は25km。周辺には日本百名山に選ばれた高峰が多く存在する。2015年12月に着工した掘削工事では、大量の残土が排出され、多数のトラックが周囲を行き交うことになる。

9.6 **森林除染、実証事業を開始**（福島県） 環境省、復興庁、農林水産省が、東京電力福島第1原発事故で放射性物質に汚染された森林の除染について、4ヶ所のモデル地区で実証事業を開始することを決定した。モデル地区に選定されたのは福島県川俣町、広野町、川内村、葛尾村で、3年を目安に除染を進めて効果を検証し、モデル地区以外も除染するかどうかを検討する。

9.10 **豊洲市場、盛り土せず**（東京都） 小池百合子東京都知事が、築地市場（中央区）の移転先となる豊洲市場（江東区）の敷地の一部で土壌汚染対策の盛り土が行われず、コンクリート壁に囲まれた床のない空洞になっていたことを発表した。これまで都は、約4.5mの盛り土を行ったと説明していた。その後の調査で、問題の箇所は土壌汚染対策作業を行うためのモニタリング空間で、2010年2月に盛り土が決定した後、11月から2011年10月の間に同空間を設置する方針が組み込まれたことが判明した。

9.12 **耐震基準、熊本地震に有効**（熊本県） 熊本地震を受けて耐震基準の妥当性を検討していた国土交通省の有識者委員会が、2000年に改正された現行の新耐震基準であれば、倒壊の防止に有効だったと結論付けた。これに伴い、国交省は基準の見直しを見送る方針を固めた。同地震では比較的新しそうな木造住宅の倒壊が指摘されたことから、国交省や日本建築学会は震度7が観測された地域の木造建物1955棟の被害状況を調査していた。

9.21 **水道施設の小水力発電導入ポテンシャル、1万9000kW**（日本） 環境省と厚生労働省が、水道施設における小水力発電の導入候補地や導入規模などを調べる「ポテンシャル調査」の結果を公表した。候補地として抽出した全国563ヶ所の発電出力は計1万9000kW、出力20kW以上の候補地は274ヶ所だった。

9.23 **温暖化で豪雪頻発**（日本） 気象庁気象研究所が、地球温暖化が進行すると北海道や北陸など日本の内陸部で豪雪（災害を伴うような顕著な大雪現象）の発生頻度が上昇し、豪雪による降雪量も増大するとの研究結果を公表した。大気中の水蒸気量が増加し、日本海上で雪雲の帯が発達

しやすくなることが原因。

9.26　**ノウサギ、急減**（日本）　ニホンノウサギの生息数が全国的に急減していることが報じられた。環境省生物多様性センターが実施する里地里山の動植物に関する調査「モニタリング1000里地調査」によると、ノウサギを確認できたのは2009年の47地点中39地点から、2014年には32地点中24地点に減少。ノウサギの好む草地の減少が原因とみられる。

9.27　**国内最大級の風力発電事業、条件付き容認**（北海道）　環境省が、北海道で計画されている国内最大級の風力発電事業について、環境影響評価準備書に対する環境大臣意見を経済産業大臣に提出した。希少猛禽類への影響等を避ける必要がある施設についての設置取りやめ、渡り鳥への影響等が特に強く懸念される施設についての稼働調整などを条件に、事業を容認する内容。事業は稚内市及び豊富町の7ヶ所に計231基の風車を建設する予定で、事業者は道北エナジー、総出力は約80万kW。このうち、設置取りやめや稼働調整を求められたのは49基。

9.29　**豊洲市場、地下水から有害物質検出**（東京都）　東京都が、豊洲市場（江東区）で2年前から定期的に実施している地下水調査で、環境基準をわずかに上回るベンゼンとヒ素が検出されたことを発表した。豊洲市場の敷地は東京ガスの工場跡地で、ベンゼンなどの有害物質による土壌汚染が確認されていたため、市場建設の際に汚染土を浄化して埋め戻すなどの対策が実施された。10月15日、同市場の地下空間の大気から、最大で国の指針値の7倍にあたる水銀が検出された。

10.2　**象牙の国内市場閉鎖を決議**（南アフリカ）　南アフリカ・ヨハネスブルクで開催中の「ワシントン条約」締約国会議の第2委員会が、アフリカゾウを保護するため、「密猟または違法取引の原因となるような国内市場」を閉鎖するよう各国に求める決議案を全会一致で採択した。4日、同決議が全体会合で承認された。同条約では既に国際取引を禁止しているが、日本は国内に禁止前の輸入分など象牙の在庫があり、2014年の市場規模は推定約20億円。政府は取引されているのが過去の輸入在庫であり、取引に際して国への届け出や登録を義務付けていることなどから、違法取引の原因になっていないとの立場だが、環境保護団体などからは市場閉鎖を求める声もあがっている。

10.12　**マツ枯れ防止事業、補助金無駄遣い**（日本）　自治体による松枯れ防止事業への林野庁の補助金について、都道府県が設定する薬剤価格が実勢価格より割高になっていたとして、会計検査院が林野庁に是正改善の処置を求めた。同事業ではマツクイムシによる被害を防ぐため、松の幹に薬剤を注入する。この薬剤価格について17県で調査したところ、16県でメーカーの希望小売価格を採用していたが、実勢価格は約2割安かった。実勢価格に基づけば、約1億2000万円を節約できたという。

10.13 **ナラ枯れ防止に新手法**（大阪府） ナラ枯れを防止するための新たな手法が成果を挙げていることが報じられた。大阪府枚方市の山田池公園では、ナラ枯れの原因となる菌を運ぶ昆虫を捕らえる罠を設置している。罠は漏斗状の材料を縦に20～25個つなぎ合わせた構造で、一番下はエタノールを入れた容器になっている。エタノールにつられて集まってきた虫が漏斗に当たって落ち、下の容器にたまる仕組み。同公園では罠の設置を開始した2013年から2015年にかけて約100万匹を捕らえ、2014年以降は設置した区域で枯れた木が確認されていないという。

10.14 **準公園、国が支援**（日本） 国土交通省が、民間団体が荒れ地や耕作放棄地などの空き地を借りて地域の広場として整備・管理する仕組みを導入することが報じられた。都市部の公園不足を解消することが目的で、こうした広場を「準公園」と位置付け、運営費用の最大三分の二を公費で補助し、土地を無償で貸す地権者には固定資産税や都市計画税を軽減する方針。

10.15 **代替フロン、80～85％削減**（ルワンダ） オゾン層の保護に関する国際協定である「モントリオール議定書」の締約国会議がルワンダ・キガリで開催され、代替フロンの生産を規制する議定書の改正案が採択された。規制対象になるのは冷蔵庫やエアコンの冷媒に用いられるハイドロフルオロカーボン（HFC）で、フロン規制を受けて代替品として利用されるようになった。二酸化炭素の数千倍の温室効果があるが、「パリ協定」の規制対象になっていなかった。日本を含む先進国は2019年、中国や途上国は2024年、インドと中東などの産油国は2028年に規制を始め、生産量を80～85％削減する。

10.18 **イヌワシの巣立ちを確認**（群馬県） 日本自然保護協会や林野庁などが、群馬県みなかみ町の国有林「赤谷の森」で、国の天然記念物で希少野生動植物種に指定されているイヌワシのつがいが子育てに成功したことを発表した。6月に1羽の幼鳥が巣立ったという。赤谷の森では、2004年から自然林の復元に取り組み、2015年には一部のスギを伐採してイヌワシの狩り場を創出していた。

10.18 **緑のオーナー集団訴訟、上告棄却**（日本） 「緑のオーナー制度」をめぐり、出資金が元本割れしたなどとして、全国の出資者が損害賠償を求めて国を訴えた裁判で、最高裁判所が二審で請求が認められなかった175人の上告を棄却した。2月の二審・大阪高裁判決では、原告のうち79人について、国が元本割れのリスクについて説明を怠ったと認定し、国に計約9930万円の支払いを命じた。その一方で、損害賠償請求の除斥期間（20年）が過ぎた、あるいは募集パンフレットにリスクが記載されるようになった後に契約した175人の請求は棄却していた。

10.20 **北岳のライチョウ、激減**（山梨県） 南アルプスの北岳（山梨県南アルプス

市)周辺で、国の特別天然記念物で絶滅危惧IB類に指定されているライチョウの生息数が激減していることが報じられた。1981年の調査では150羽が確認されたが、2014年にはわずか20羽。キツネやテンなど天敵の増加が原因で、同地域のライチョウが絶滅する恐れもあるという。

10.24　**温室効果ガス濃度、過去最高に**（日本）　気象庁が、2015年の主要な温室効果ガスの世界平均濃度が過去最高値を更新したことを発表した。世界気象機関（WMO）によると、二酸化炭素（CO_2）は400ppm（前年比+0.58％）、メタンは1845ppb（同+0.60％）、一酸化二窒素は328（同+0.31）で、いずれも過去最高。CO_2濃度の年平均値が400ppmに達したのは初めて。

10.24　**地域材促進の補助金、6.6億円が不適切**（日本）　地元産木材の利用を促進するための補助金が適切に交付されていないとして、会計検査院が林野庁に対し、補助対象の基準の明確化など是正改善の処置を求めた。問題があったのは地元産木材を用いて木造公共施設を整備する自治体に工事費の二分の一を補助する事業で、311件について検査した結果、19道府県の133件で木材がほとんど使用されていないことが分かった。これらの事業に支出位された補助金は計約6億6400万円。

10.24　**徳島県、脱炭素社会へ向け条例制定**（徳島県）　徳島県が「徳島県脱炭素社会の実現に向けた気候変動対策推進条例」を制定した。脱炭素社会を目標に掲げた全国初の条例で、緩和策（温室効果ガス排出削減による気候変動の緩和）、適応策（豪雨災害や熱中症など気候変動に伴う事象への適応）を両輪に、気候変動対策を展開する。2017年1月1日、施行。

10.27　**第1回アジア生物文化多様性国際会議の開催結果**（石川県）　第1回アジア生物文化多様性国際会議が石川県七尾市で開幕した。生物の多様性と地域固有の文化を一体的に保全・活用する方策を話し合うもので、主催は国連教育科学文化機関（ユネスコ）、生物多様性条約事務局、国連大学、石川県、七尾市。会議には37ヶ国の約500人が参加し、28日には「石川宣言」を採択した。29日、閉幕。

10月　**立山・室堂平にニホンジカ**（富山県）　富山県が立山・室堂平でニホンジカを初発見した。国特別天然記念物であるライチョウを含む生態系への影響が懸念される。

11.3　**第1回世界ご当地エネルギー会議**（福島県）　第1回世界ご当地エネルギー会議が福島市で開幕した。主催は全国ご当地エネルギー協会と世界風力エネルギー協会が構成する「第1回世界ご当地エネルギー会議」実行委員会で、世界的な自然エネルギーへの転換の中でコミュニティパワーの果たす役割を議論することが目的。会議には30ヶ国から600人以上が参加した。4日、「福島ご当地エネルギー宣言」を採択し、閉幕。

11.3　**米中、「パリ協定」批准**（アメリカ，中国）　G20（金融・世界経済に関する

首脳会合）杭州サミットに出席するため中国を訪問中のバラク・オバマ米国大統領と習近平・中国国家主席が会談。両国が、発効を翌日に控えた「パリ協定」を批准することを発表した。

11.4 「パリ協定」、発効（世界）　第21回「国連気候変動枠組条約」締約国会議（COP21）で採択された、地球温暖化対策の新たな国際的枠組みである「パリ協定」が発効した。発効時点の締約国・地域数は90以上。

11.7 COP22、開幕（モロッコ）　「国連気候変動枠組条約」第22回締約国会議（COP22）がモロッコ・マラケシュで開幕した。主な議題は「パリ協定」の実施指針等。2018年までに実施指針等を策定することで合意した他、各国に「パリ協定」実施と気候変動対策を呼びかける「マラケシュ行動宣言」を発表した。18日、閉幕。

11.7 ITTO、不正投資で19億円損失（世界）　熱帯林の保全と熱帯木材の持続可能な利用を促す国際機関である国際熱帯木材機関（ITTO）の第52回理事会が開幕。前事務局長らが理事会に諮らずに行った約1820万ドル（約19億円）の投資に失敗し、ほぼ全額が回収不能になったことが明らかになった。このうち1140万ドルは日本の拠出金。巨額損失の影響で、熱帯地域での森林保全などのプロジェクトが一時中断に追い込まれているという。

11.7 希少植物の分布と保護区にずれ（日本）　国立環境研究所が、分布が狭い植物ほど国立公園の特別保護地区などの保護区と分布が重なる割合が低いとの研究結果を発表した。調査対象である国内の絶滅危惧植物1572種のうち、少なくとも250種は分布と保護区が全く重なっていなかった。このため局所的な絶滅が起こりやすく、分布域が狭くなりやすいという。従来は景観の美しさや人間活動を阻害しないことなどを基準に保護区を配置してきたが、今後は種の分布を考慮して配置すべきことが明らかになった。

11.8 国内14施設、世界灌漑遺産に（日本）　国際灌漑排水委員会（ICID）が第67回国際執行理事会をタイ・チェンマイで開催し、照井堰用水（岩手県一関市、平泉町）、内川（宮城県大崎市）、安積疎水（福島県郡山市、猪苗代町）など日本の14施設を世界灌漑施設遺産に登録することを決定した。

11.8 世界平均気温、観測史上最高（世界）　世界気象機関（WMO）が、2011～2015年の世界の平均気温が観測史上最高を更新し、2015年には産業革命以前と比較した気温上昇が初めて1度を超えたことを発表した。1980年代以降、海面上昇、北極の海氷域面積、大陸氷河、北半球の積雪の減少など、気候変動の影響が世界規模で顕在化。熱波や干ばつ、記録的な大雨や洪水など、災害の危険性が高まっているという。

11.22 きのこ原木の需給状況、公表（日本）　林野庁が、放射性物質の影響により全国的に不足しているキノコ原木を安定的に供給させるための取り組

みの一環として、「きのこ原木の需給状況（平成28年9月末時点）」を公表した。供給希望量は13府県で67万本となり、前回調査の5月末時点より4割減少。供給可能量は81万本で、5月末時点より2割減少した。供給希望量の86%がコナラ、供給可能量の59%がクヌギで、引き続き需給のミスマッチが発生している。

12.1 **庄内海岸林、マツクイムシ被害が深刻化**（山形県）　山形県の庄内海岸林で、マツクイムシによる被害が過去最悪のペースで広がっていることが報じられた。県や林野庁庄内森林管理署の調査によると、2015年度の民有林の被害は集計途中の11月22日時点で約1万9500m^{3}となり、既に前年度の約1万8800m^{3}を上回っている。国有林の被害は同日現在で7205m^{3}となり、最終的には前年度を約1割上回るとみられる。

12.1 **紋別バイオマス発電所、営業運転開始**（北海道）　国内最大級のバイオマス発電所である「紋別バイオマス発電所」（北海道紋別市）が営業運転を開始した。運営するのは住友共同電力と住友林業が出資する紋別バイオマス発電で、発電規模は5万kW。燃料にはオホーツク地域から集荷される間伐材などを原料とする木質チップを利用し、同地域の森林資源の保全への貢献も期待される。

12.4 **COP13、開幕**（メキシコ）　「生物多様性条約」第13回締約国会議（COP13）、「カルタヘナ議定書」第8回締約国会合（COP-MOP8）、「名古屋議定書」第2回締約国会合（COP-MOP2）からなる「国連生物多様性会議 メキシコ・カンクン2016」が、カンクンで開幕した。17日、閉幕。

12.5 **新国立競技場、環境に配慮した木材を**（東南アジア）　国内外の環境NGOが国際オリンピック委員会（IOC）に対し、新国立競技場に関する要望書を提出することが報じられた。同競技場建設には環境に配慮した木材を使用するよう、大会組織委員会や日本政府に働きかけることを求める内容。インドネシアで違法伐採された木材や、合法ではあるが大規模な伐採によるマレーシア産木材など、環境に影響を与える恐れのある熱帯林産木材が輸入・使用されている可能性があるとして、抗議運動が広がっており、要望書提出もその一環として行われる。

12.6 **CO_2排出量、3%減**（日本）　環境省が、2015年度の日本の温室効果ガス排出量（速報値）は二酸化炭素（CO_2）換算で13億2100万t（前年比-3.0%）だったことを公表した。2005年度比では-5.2%となり、森林吸収分を加味しなくとも、2020年度までに3.8%削減との政府目標が達成された。

12.9 **福島第1原発事故費用、21.5兆円**（福島県）　経済産業省が、東京電力福島第1原発事故の処理費用が21兆5000億円と、2013年当時の見積額11兆円から倍増するとの試算を発表した。内訳は廃炉8兆円（旧試算2兆円）、賠償7.9兆円（同5.4兆円）、除染4兆円（同2.5兆円）、中間貯蔵施設整備1.6兆円（同1.1兆円）。

12.11 **木育トレイン、運行開始**（三重県） 伊賀鉄道伊賀線上野市駅（三重県伊賀市）で、木育トレインの出発式が挙行された。観光客の誘致、若者向けの県産材PRを目的に運行される列車で、5種類の県産材を使用して内装を木質化。工事費用2440万円は「みえ森と緑の県民税市町交付金」と、ふるさと応援寄付金を含む伊賀市予算で賄われた。

12.13 **木造ガソリンスタンド、完成**（宮崎県） 全国初の木造ガソリンスタンドが、大分県日田市の国道212号沿いに完成した。施主は日田石油販売。耐火構造の2階建てで、建物内部の石膏ボードを二重にし、太い構造材を採用するなどして、耐火基準をクリアした。

12.14 **屋久島、マツ枯れ深刻化**（鹿児島県） 鹿児島県・屋久島でマツクイムシによるマツ枯れが深刻化していることが報じられた。被害規模は例年の4倍に達し、世界遺産地域付近の森林に迫っているといい、絶滅危惧IB類に指定されているマツ科の針葉樹ヤクタネゴヨウなどへの影響が危惧されている。

12.16 **山岳科学学位プログラム、開設**（日本） 筑波・信州・静岡・山梨の4大学が連携し、「山岳科学学位プログラム」を開設することが報じられた。山岳を総合的に管理し、気候変動や林業衰退などの問題に幅広く対応できる専門家を育成するための修士課程で、2017年春には筑波大学に山岳科学センターを発足させる。

12.20 **原子力災害からの福島復興の加速のための基本指針、決定**（福島県）「原子力災害からの福島復興の加速のための基本指針」が閣議決定された。内容は、避難指示の解除と帰還に向けた取組を拡充する、帰還困難区域の復興に取り組む、新たな生活の開始に向けた取組等を拡充する（福島イノベーション・コースト構想の推進など）、事業・生業や生活の再建・自立に向けた取組を拡充する、廃炉・汚染水対策に万全を期す、国と東京電力がそれぞれの担うべき役割を果たす、の6項目。

12.20 **東日本大震災被災地に木造小学校**（宮城県） 東日本大震災で被災した2つの小学校を統合し、高台に移転させた東松島市立宮野森小学校の校舎が竣工した。校舎は木造平屋建て・一部2階建てで、コンセプトは「森の学校」。同校では、敷地に隣接する里山も学びの場として活用していくという。

12.21 **もんじゅ、廃炉決定**（福井県） 政府が原子力関係閣僚会議を開催し、日本原子力研究開発機構の高速増殖炉「もんじゅ」（福井県敦賀市）の廃炉を正式に決定した。また、廃炉に伴う措置として、もんじゅの周辺地域を高速炉研究開発拠点、原子力研究・人材育成拠点とするなどの地域振興策も提示した。

12.22 **SDGs実施指針、決定**（日本） 持続可能な開発目標（SDGs）推進本部の第2回会合が開催され、「SDGs実施指針」が決定した。「持続可能で強靱、

そして誰一人取り残さない、経済、社会、環境の統合的向上が実現された未来への先駆者を目指す。」とのビジョンを掲げ、8つの優先課題と具体的施策を提示したもの。

12.25 **違法木材、中国に流入**（中国）　国際森林研究機関連合のチームは、東南アジアやアフリカなどで違法に伐採された大量の木材が、中国に流入しているとする報告書を発表した。違法伐採が疑われる木材の取引総額は2014年に世界で63億ドル（約7400億円）、中国はそのうちの33億ドルを占める最大の輸入国であることがわかった。

12.27 **兵庫県、太陽光発電**（兵庫県）　井戸敏三・兵庫県知事が定例記者会見を開き、「太陽光発電施設等と地域環境との調和に関する条例」案を2017年2月の県議会に提案することを明らかにした。景観悪化等をめぐる地元住人と事業者のトラブルが全国的に多発していることから、太陽光発電施設の設置基準を設け、事業者に対し太陽光発電施設の設置計画を事前に知事に届け出るよう義務付ける内容。

この年 **高江ヘリパッド建設、樹木3万本伐採**（沖縄県）　沖縄県東、国頭両村の北部訓練場は半分以上の4千ヘクタールを返還することで日米が合意。その条件としてヘリパッド6カ所を高江集落の周辺に移設することが取り決められた。11地区の候補地から最終的に4地区6ケ所に決まり、2007年7月に着工。2014年に2ケ所が完成、2016年7月には残りのヘリパッド建設工事が再開し、同年12月に完成した。周辺の「やんばるの森」には固有の動植物が数多く生息しており、防衛省の事前調査では動物97種類、植物109種もの「貴重な動植物」が確認されているが、この工事で約3万本の樹木が伐採された。

2017年
（平成29年）

1.14 **豊洲地下水に有害物質**（東京都）　東京都中央区築地市場の移転先となる江東区豊洲市場で、東京都が実施している地下水モニタリングの最終調査結果が公表され、201ヶ所の調査地点のうち、72ケ所で国の環境基準値の最大79倍のベンゼン等が検出されたことが明らかになった。都は同月30日に再調査を開始。3月19日外部有識者の「専門家会議」が開かれ、再調査の結果、国の環境基準値の最大100倍のベンゼンが検出されたことが報告された。

1.18 **環境首都創造フォーラム2016開催**（山口県）　山口県宇部市ときわ湖水ホールで「環境首都創造フォーラム2016年度 in 宇部」が18、19日の2日

間にわたって開催された。「創エネ・省エネを活かしたまち・ひと・しごとづくり～パリ協定の実現に向けて～」を全体テーマに議論が行われた。

1.20 **アメリカ、温室ガス対策行動計画撤廃**（アメリカ）　トランプ米大統領は、オバマ前政権が導入した地球温暖化対策の行動計画など環境問題をめぐる構想や規制を撤廃することを発表した。

1.28 **井の頭公園 かいぼいり報告会**（東京都）　東京都立井の頭公園の井の頭池で池の水を抜いて外来種やごみを取り除く「かいぼり」の報告会が三鷹市公会堂で開かれた。かいぼりは2017年度で3回目を迎え、報告会には372名が集まった。

1月 **フグ雑種、毒の部位不明**（世界）　水産研究・教育機構水産大学校は、地球温暖化の影響で、食用の「ゴマフグ」と「ショウサイフグ」による雑種のフグが太平洋沖で増加しているとの調査結果を発表した。雑種は体のどこに毒があるかはっきりしていないため、市場では模様などの外見をもとに手作業で選別して廃棄している。だが外見では「純正」との区別が難しい個体もあり、雑種が今後増えれば市場に紛れ込むリスクも増える恐れがあるという。

2.2 **希少種、日本の消費で減**（日本）　信州大学は、日本人が消費する食べ物や木材などの生産に伴い、世界各地で希少な動植物が減少しているとの分析結果を発表した。研究によると、日本の輸入は792の絶滅危惧種に影響を及ぼしているという。

2.3 **アマミノクロウサギ捕食するネコ撮影される**（鹿児島県）　鹿児島県の徳之島で、国の特別天然記念物アマミノクロウサギを捕食したネコの姿が初めて撮影された。アマミノクロウサギは日本固有種で、奄美大島と徳之島にしか生息していない。2008年に奄美大島でも同様の場面が撮影されている。

2.7 **グリーン契約法**（日本）　政府は、国など公共機関が地球温暖化防止に配慮して電力を購入するよう定めた環境配慮契約法（グリーン契約法）に基づく基本方針の変更を閣議決定した。国民が環境に配慮した電力会社を選びやすくするために、電力会社などの入札参加の条件に、エネルギー別発電方式を示す「電源構成」と、発電時の二酸化炭素（CO_2）排出量を示す「排出係数」の公開を加えるという。その後、2019年2月8日に変更の閣議決定がなされた。

2.17 **トゲネズミ類の生息域外保全事業を開始**（宮崎県，埼玉県，東京都）　日本動物園水族館協会と環境省は、絶滅の恐れのある日本固有であるトゲネズミ類の生息域外保全事業を開始した。宮城市立フェニックス自然動物園、埼玉県こども動物自然公園、東京都上の動物園の3施設での飼育・繁殖を通し、飼育・繁殖の技術開発を目指す。

2.20 交雑ニホンザル、57頭駆除（千葉県）　千葉県富津市の高宕山自然動物公園で飼育されているニホンザル164頭のうち、57頭が特定外来生物のアカゲザルとの交雑種であることが市の調査で分かった。サルが檻のすき間などから外に出て園外でアカゲザルと交雑が起こったとみられ、市は57頭を駆除した。

2.22 絶滅危惧ゲンゴロウ、販売容疑で逮捕（東京都）　絶滅の恐れがあるゲンゴロウの一種「シャープゲンゴロウモドキ」の標本を販売した容疑で、警視庁生活環境課は、静岡県焼津市の容疑者を逮捕、購入した松江市の元大学教授を書類送検した。

3.2 アメリカ エネルギー長官、温暖化懐疑派就任（アメリカ）　トランプ米政権のエネルギー長官に元テキサス州知事のリック・ペリーが就任した。既に環境保護局長官に就任済みのスコット・プルイットと共に、地球温暖化に懐疑的で、オバマ前政権の環境保護重視から、石炭や石油など資源産業の振興に大きく転向する見通し。

3.8 小笠原諸島向け植栽樹種の遺伝的ガイドライン作成（東京都）　国立研究開発法人森林総合研究所は「小笠原諸島における植栽木の種苗移動に関する遺伝的ガイドライン2」を発行した。小笠原の固有生態系の維持・再生に活用される。

3.9 温室トマト受粉用外来ハチ全廃指針（日本）　環境省と農林水産相が外来種「セイヨウオオマルハナバチ」の農業利用を2020年までに半減させる方針を決めた。「セイヨウオオマルハナバチ」はヨーロッパ原産の外来種で、在来「マルハナバチ」を減少させるなど生態系への影響が懸念されていた。

3.10 千葉石炭火力発電所計画 環境相、再検討求める（千葉県）　環境相は、JFEスチールと中国電力が千葉市で計画中の石炭火力発電所について、環境影響評価（アセスメント）法に基づき、事業実施の再検討も選択肢とするよう求める意見書を、経済産業相に提出した。二酸化炭素（CO_2）の排出が多い石炭火力発電は「パリ協定」などの脱炭素の流れに反するため、懸念されている。その後2018年12月に、「建設費がかさみ事業として成立しない」として、計画の中止が公表された。

3.15 福島送電合同会社設立（福島県）　東京電力ホールディングス、福島発電、東邦銀行の共同出資により「福島送電合同会社」が設立。送電線・変電所の建設等、福島での再生可能エネルギー導入拡大に向けた環境整備を担う。

3.22 コウノトリ、徳島で誕生（徳島県）　徳島県などでつくる「コウノトリ定着推進連絡協議会」は、鳴門市内で営巣する国の特別天然記念物であるコウノトリのつがいにヒナが誕生したとみられると発表した。同県での野外繁殖は初めてのこと。

3.23 関電・東燃ゼネラル、千葉の石炭火力撤回（千葉県）　関西電力と東燃ゼネラル石油は、千葉県市原市で進めていた出力約100万キロワットの大型石炭火力発電所の建設を断念すると発表した。2015年から検討を進めてきたが、首都圏で火力発電所の建設が相次ぎ、発電所が過剰になりかねないことから、東燃側が「投資に見合う収益が得られない」と建設計画の打ち切りを提案したという。また、「パリ協定」発行後、二酸化炭素の排出量の多い石炭火力発電は、環境面での懸念が指摘されていた。

3.27 「SDGs北海道の地域目標をつくろう」を作成・公表（北海道）　さっぽろ自由学校「遊」を中心とする北海道の市民グループが、地域の持続可能な開発目標（SDGs）を取りまとめた「SDGs北海道の地域目標をつくろう」を公表した。

3.27 沖縄在来メダカ、交雑進む（沖縄県）　沖縄在来のメダカと本州のメダカの交雑が進んでいることが、琉球大学による遺伝子解析調査でわかった。本州産の放流が原因とみられる。

3.31 「ニホンウナギの生息地保全の考え方」公表（日本）　環境省は「ニホンウナギの生息地保全の考え方」を公表した。生息域である河川や沿岸域の環境を保全・回復する基本的な考え方と技術的な手法をとりまとめ、例示する。ニホンウナギは海洋や河川環境の変化、過剰な漁獲等の要因で減少が続いており、絶滅危惧種としてレッドリストに掲載されている。

3.31 JBIC・東和銀モンゴルで環境融資（モンゴル）　JBICと東和銀行は、群馬県の野菜生産・販売会社ファームドゥのモンゴル国法人であるEveryday Farm社（EDF社）がモンゴル・ウランバートル近郊で開始する大規模太陽光発電（メガソーラー）事業に対し、1210万ドル（約13億円）の協調融資を実施した。EDFは同事業によって発電した電力を、今後20年間にわたってモンゴル国営送配電会社に対して売電する。

3.31 レッドリスト2017公表（日本）　環境省は、第4次レッドリスト（絶滅のおそれのある野生生物の種のリスト）の最新版を発表した。新たに38種が追加され、合計3690種となった。

4.1 長野県、新設2水力発電所から新電力売電（長野県，東京都）　長野県伊那市にある「高遠発電所」と長野市の「奥裾花第2発電所」が稼働を開始した。併せて、東京都世田谷区内の保育園などに向けて発電した電力の販売も開始した。

4.4 トランプ政権、温室効果ガス政策（アメリカ）　科学者らで作る国際NGO「クライメート・アクション・トラッカー（CAT）」は、トランプ米大統領が出した大統領令によってオバマ前政権の地球温暖化対策がまったく実行されない場合、温室効果ガスの削減目標をほぼ確実に達成できない、とする分析結果をを発表した。米国は温室効果ガスを2025年までに2005年比26～28％削減する目標を掲げているが、研究によると「6％の

削減にとどまる」とされる。

4.11 **第1回再生可能エネルギー・水素等関係閣僚会議開催**（日本） 第1回再生可能エネルギー・水素等関係閣僚会議が開催され、再生可能エネルギーの導入、水素社会の実現に向けた取組等について話し合われた。

4.12 **グレートバリアリーフ白化現象 温暖化で回復困難**（オーストラリア） オーストラリアにある世界最大のサンゴ礁「グレートバリアリーフ」で起きた大規模な白化現象について、進行する地球温暖化の影響もあって被害が元通りに回復するのは難しいとする分析結果を、国際チームが英科学誌ネイチャーに発表した。サンゴの白化は海水が異常な高温になることで起こる。論文では「サンゴを守るには、世界規模で温暖化を食い止める必要がある」と強調。

4.13 **温室ガス排出2.9％減**（日本） 環境省は、2015年度の温室効果ガスの排出量が前年比の2.9％減の13億2500万（二酸化炭素「CO_2」換算）だったと発表した。減少の要因としては、省エネの進展や冷夏・暖冬による影響、再エネの導入拡大、原発の再稼働等という。

4.17 **諫早開門差止め判決**（長崎県） 長崎県国営諫早湾開拓事業の潮受け堤防排水門開門を巡り、干拓農地の営農者らが国に開門差止めを求めた訴訟で、長崎地裁は国に開門差止めを命じた。2016年12月6日に福岡高裁による排水門の5年間にわたる常時開放を求める判決がなされたのを受け、原告らは最高裁判所へ上告し差止めを求めていた。潮受堤防排水門が開門することで、地域の防災機能の減損、新干拓地や背後地農業基盤の崩壊、諫早湾内漁業への影響や被害等が起こることが危惧されるという。

4.19 **最大の営巣地でオオミズナギドリ9割減**（東京都） 環境省の調査で、東京都・伊豆諸島の御蔵島でのオオミズナギドリの繁殖数が約10年で9割近く減ったことがわかった。野ネコによる捕食が原因とみられる。オオミズナギドリは東アジア固有の海鳥で、御蔵島はその世界最大の繁殖地として知られる。

4.23 **サンゴ白化現象、保護区**（沖縄県，鹿児島県） 環境省は、2016年、沖縄県や鹿児島県で起きた過去最大級のサンゴ白化現象を受け、沖縄県恩納村で専門家会議を開き「サンゴの大規模白化に関する緊急宣言」をとりまとめた。緊急宣言では、新たな海洋保護区の設定や、エコツーリズムを通じた保全の仕組み作りの必要性が強調された。

4.28 **自然界2世のトキ、2年連続ひな誕生**（新潟県） 環境省は、新潟県佐渡市の自然界で生まれ育った国の特別天然記念物・トキのつがいから1羽のひなが誕生したことを確認したと発表。自然界で40年ぶりの「純野生」ひな誕生となった前年に続く2世誕生となった。

4月 **大気汚染で年間345万人死亡**（世界） 中国や英国の研究チームは、ごく小

さな粒子状の大気汚染物質「PM2.5」が引き起こす健康被害によって、世界で年に345万人が死亡しているとの推計結果を、英科学誌ネイチャー電子版に発表した。

5.2 市民・地域共同発電所、1000ケ所突破（日本） 市民や地域が運営に携わる自然エネルギー発電所が全国で1000ケ所を超えたことが環境NGOの気候ネットワークの調査でわかった。市民・地域共同発電所とは、市民が意思決定に参加し、出資や融資を実施、利益の一部を地域社会に還元するなど、地域や市民が主体となる発電所のことをいう。

5.16 石炭火力発電所建設計画撤回申し入れ（東京都） 市民団体「石炭火力を考える東京湾の会」は、東京湾沿いの千葉、神奈川両県で大規模な石炭火力発電所の建設計画が相次いでいる問題について、大気汚染や温室効果ガス排出などを懸念するとして、計画の撤回を求める申し入れを環境相に行った。

5.17 インド 国産原発10基の増設発表（インド） インド政府は、国産の原発10基を増設することを閣議決定したと発表した。人口増加に伴う電力需要への対応と低炭素化に向け、国産原発を増やすことでエネルギーの確保を急ぐ狙いがあるとみられる。

5.19 コウノトリ、サギと間違え射殺（島根県） 島根県雲南市教育委員会は、国の特別天然記念物コウノトリのつがいのうち、雌が死んだと発表した。猟友会の会員が駆除の期間中だったサギと誤って射殺したという。同つがいは同市大東町の電柱で営巣し、4月にヒナの誕生が確認されたばかりであった。

5.19 高山植物再生、ハイマツ枝払い（北海道） 北海道様似町のアポイ岳で、国の特別天然記念物に指定されている高山植物群の再生を目指してハイマツの枝払い試験が始まった。アポイ岳は1952年に特別天然記念物に指定された。高山植物の育成を妨げるハイマツ低木林の拡大が問題となっていた。

5.22 「遺伝資源」ルール化 名古屋議定書締結へ（世界） ABS（遺伝資源の利用から生ずる利益の公正かつ衡平な配分）の着実な実施を確保するための手続を定める国際文書である名古屋議定書が締結された。名古屋議定書は、2010年10月に愛知県名古屋市で開催された生物多様性条約第10回締約国会合（COP10）において採択、2014年10月12日に発効した。

5.25 第25回「しほろ会議」開催（北海道） 環境自治体会議しほろ会議実行委員会、環境自治体会議、士幌町が主催する第25回環境自治体会議「しほろ会議」が士幌町で開催された。「生産地と消費地の連携による持続可能な地域づくり」をテーマに2日間にわたって討論・意見交換がなされた。

5.27 一本松の松原、岩手・陸前高田で植樹（岩手県） 東日本大震災の津波被

害に遭った岩手県陸前高田市の「高田松原」の再生を目指し、県などがマツの植栽を始めた。高田松原は震災前、白い砂浜に約7万本のマツ林が約2キロにわたって続く観光名所であったが、津波でマツのほとんどは流された。耐え残った「奇跡の一本松」は復興のシンボルとして有名になった。

5.28　**伊豆大島のキョン、捕獲強化へ**（東京都）　東京都は、2016年度前年度比約3倍となる約2億8000万円の予算を計上し、伊豆大島で増え続けるキョン対策を強化した。キョンはシカ科の外来種で、もともと観光施設で飼育されていた個体が逃げ出し、野生化した。繁殖力が非常に高く、希少植物や農林業被害の拡大が懸念されている。

5月　**鳥獣捕獲報奨金不正**（鹿児島県，兵庫県）　農林業に害を及ぼす鳥獣を駆除した猟師が、自治体から報酬を不正に受け取る案件が相次いだ。鹿児島県霧島市では1頭のイノシシを違う角度から撮る偽装が横行しており、市は30日、虚偽報告が252件あったと発表した。また兵庫県佐用町でも対象外の期間に狩猟した獲物の写真を利用する等の手口で不正受給が行われていた。同11月6日、不正対策として、農林水産省は2018年4月から、支給の窓口となる自治体でばらつきのあった獲物の証明方法を統一するなど、運用を厳格化することを発表。

6.1　**アメリカ、パリ協定離脱を表明**（アメリカ）　トランプ大統領は、温暖化対策の国際的枠組み「パリ協定」からの離脱を表明した。パリ協定は2016年11月に発行。アメリカは世界2位の温室効果ガス排出国かつ、最大の資金拠出国であり、協定の重要な立場にあった。同国が温暖化対策の世界的枠組みから離脱するのは京都議定書に続いて2回目となる。

6.5　**国連海洋会議**（アメリカ）　海の持続的利用や資源保全に関するハイレベル会合「海洋会議」が5〜9日の5日間にわたって、ニューヨークの国連本部で開催された。海洋汚染の大幅な改善を求め、地球温暖化対策の新枠組み「パリ協定」の「特別な重要性」を訴える宣言を採択した。

6.9　**毒を持つヒアリ、国内で初確認**（兵庫県）　5月26日に兵庫県尼崎市の貨物船内において発見されたアリについて、調査の結果、特定外来生物である「ヒアリ」であることが確認された。ヒアリは有毒のアリで日本での確認は初となる。

6.21　**シンポジウム「生物多様性の主流化」開催**（東京都）　上智大学は、クリスティアナ・パスカ・パルマ―国連生物多様性条約事務局長の来日にあわせてシンポジウム「生物多様性の主流化」を開催。生物多様性保全のための2020年までの国際目標「愛知ターゲット」達成に向けた方策などが議論された。

6.26　**アカカミアリ、大阪南港・名古屋港に**（大阪府，愛知県）　環境省は、大阪市住之江区の南港地域で陸揚げされた貨物コンテナから、特定外来生物

「アカカミアリ」計5匹を発見し捕獲したと発表した。コンテナはフィリピン・マニラから運ばれたものという。府内での発見は初めて。23日に3匹、26日に2匹が発見された。また、同省は7月12日に、名古屋港・飛島ふ頭に運ばれたコンテナから58匹が見つかり、コンテナの陸揚げ作業をしていた男性作業員が刺されたと発表した。名古屋港での発見は2011年8月以来。

6月　**樹木葬で森の復元**（千葉県）　千葉県長南町の山間にある「森の墓苑（ぼえん）」では、土砂採取跡地に在来種による樹木葬の墓地を造り、森を復元するという新しい形のナショナルトラスト活動が行われている。

7.3　**北東北のクマゲラ、絶滅の危機**（秋田県，青森県）　本州産クマゲラ研究会（岩手県）の調査により、白神山地（青森、秋田県）や森吉山（秋田県）のブナ林でのクマゲラの個体数減少が明らかになった。クマゲラはキツツキ科の鳥で北海道と北東北でのみ生息が確認されている。今回の調査では森吉山で一羽を確認できたのみであった。

7.9　**沖ノ島、一括で世界遺産**（福岡県）　ポーランドのクラクフで開かれた国連教育科学文化機関（ユネスコ）の世界遺産委員会は、福岡県の「『神宿る島』宗像・沖ノ島と関連遺産群」を世界文化遺産に登録することを決定。国内の世界遺産は文化遺産17件、自然遺産4件の計21件となった。

7.12　**白神のシンボル、ブナ巨木を治療**（青森県，秋田県）　白神山地の樹齢400年のブナ巨木「マザーツリー」の樹勢が衰弱しつつあることが、青森県樹木医会の斎藤嘉次雄の診断で分かった。マザーツリーは、大きさと樹齢の長さから白神山地を象徴するブナとして注目されていた。調査結果を受け、同会等は土壌改善等の対策を開始した。

7.19　**「持続可能な開発目標（SDGs）」達成を目指す閣僚級会合**（アメリカ）　ニューヨークの国連本部で開かれていた「持続可能な開発目標（SDGs）」達成を目指す閣僚級会合は、温暖化対策の国際的な枠組み「パリ協定」の履行を推進するとの宣言を採択して閉幕した。しかし、協定から離脱表明している米国の政府代表が採択後の演説で、パリ協定に触れた箇所に異議を唱えるなど、足並みの乱れが表面化した。

7月　**英仏、ガソリン・ディーゼルエンジン搭載自動車の新車販売終了方針**（フランス，イギリス）　7月6日、フランスの環境連帯移行大臣は、2040年までに、国内におけるガソリン車およびディーゼル車の販売を禁止すると発表した。また、同26日にはイギリス政府も、2040年からガソリン車とディーゼル車の販売を禁止する方針を発表。二酸化炭素の排出削減・大気汚染対策に乗り出す。

8.2　**ヤクシカ食害で屋久島の植生荒廃**（鹿児島県）　学識経験者や行政の関係者らによる「屋久島世界遺産地域科学委員会」で、ヤクシカによる屋久島の食害問題が報告された。

8.8 日本製紙 イリオモテヤマネコと共存する森づくり（沖縄県）　日本製紙株式会社は、林野庁九州森林管理局沖縄森林管理署と、沖縄県西表島の国有林約9haで外来植物の駆除などの森林保全活動を行う協定を締結した。外来植物の侵入状況調査や駆除によって地域本来の生態系を取り戻し、イリオモテヤマネコの生息地を保全することを目的とする。

8.9 オランウータン、10年で25％減（マレーシア，インドネシア）　国際共同研究チームは、マレーシアとインドネシアのボルネオ島の熱帯林に生息するオランウータンが、過去10年間で約25％減ったとする調査結果を発表した。パーム油や製紙用プランテーション、農業地拡大で生息地が減少していることが主な原因とみられる。

8.16 水俣条約発効（日本）　「水銀に関する水俣条約」が発効された。水俣条約は地球規模での水銀汚染を防止するために、各国が連携して水銀の適正管理や排出削減を目指す国際環境条約。2013年10月に採択され、日本は2016年2月に締結。2017年5月に規定の発効要件が満たされたため発行することとなった。

8.17 38年ぶりカワウソ、対馬で生息確認（長崎県）　琉球大学のチームが、長崎県対馬でカワウソ1匹の映像を撮影したと発表した。国内で生きた野生のカワウソを撮影したのは38年ぶり。絶滅したとされるニホンカワウソか別の種か判別できていなかったが、その後の調査で韓国に生息するものと同種のユーラシアカワウソであることがわかった。

8.23 オオタカ、希少種指定解除（日本）　環境相の諮問機関「中央環境審議会」は、野生生物小委員会を開催し、「オオタカ」を、絶滅の恐れがある「国内希少野生動植物種（希少種）」から指定解除することに了承した。オオタカの生息数は1984年の日本野鳥の会の調査では300〜400羽台。1993年に希少種に指定された。環境省による2000年代の調査で最大9千羽近くと推計され生息数の回復が認められた。

8.25 ライチョウ今年度繁殖12羽（東京都，富山県，長野県，栃木県）　環境省は、国の特別天然記念物で絶滅危惧種「ニホンライチョウ」の人工繁殖事業で、4施設で計12羽が育っていることを発表した。上野動物園（東京都）、富山市ファミリーパーク（富山県）、大町山岳博物館（長野県）の3施設で計60個の卵が産まれ、卵の移送を受けた那須どうぶつ王国（栃木県）も含め、22羽が孵化した。その後オス4羽とメス8羽の計12羽が育った。

9.1 ニホンジカ初の減少か（日本）　環境省は、本州以南に生息する野生ニホンジカの推定生息数を発表。2014年度の約315万頭が、2015年度末で約304万頭と減少。1989年以降一貫して増加していた個体数が、初めて減少に転じた。国などが推進する捕獲政策の効果が出たとみられる。

9.1 太平洋クロマグロ新規制（世界）　韓国で開かれた太平洋クロマグロの漁

獲規制についての国際会議「中西部太平洋まぐろ類委員会（WCPFC）」の小委員会が閉幕。資源枯渇を避けるための協議は一定の進展を見せ、資源の回復状況に応じて漁獲枠を増減させる新規制を導入することで合意した。

9.6 **希少種ミズオオバコ 上関原発予定地に**（山口県）　中国電力は、上関原発予定地に環境省のレッドリストで絶滅危惧II類に指定されている水草・ミズオオバコが成育していたことを発表した。確認されたミズオオバコは地区改変区外の適切な場所へ移された。

9.11 **2016年度CO_2排出減少**（日本）　大手電力と新電力の計42社からなる「電気事業低炭素社会協議会」は、会員事業者の2016年度の二酸化炭素（CO_2）排出量（速報値）が計4.31億トンで、2015年度より0.1億トン減少したと発表した。再生可能エネルギーの活用や四国電力伊方原発3号機の再稼働が要因として挙げられた。

9.13 **シカ、白神山地核心地域に**（青森県、秋田県）　白神山地世界遺産地域連絡会議は、ニホンジカが世界遺産である白神山地の核心地域内に入り込んでいたことを発表した。8月6日に青森県鰺ヶ沢町の国有林に設置されたセンサーカメラが、オスのニホンジカ1頭をとらえたという。ニホンジカは2015年に緩衝地域で確認されたことがあるが、核心地域で確認されたのは初めてのこと。ブナの原生林の食害など生態系への影響が懸念される。

9.13 **阿蘇の牧野面積、5年で189ha減少**（熊本県）　阿蘇の草原の規模などを調べた「阿蘇草原維持再生基礎調査」の結果が公表された。調査は前回から5年ぶりとなる2016年度に実施された。調査の結果、牧野組合などが管理する土地（牧野面積）189ヘクタール減少したことがわかった。併せて家畜を飼っている農家、牛の放牧頭数も減少しており、草原の維持の担い手が減少している実態が明らかになった。

9.20 **放鳥コウノトリ 救護・死体の45%人為的要因**（兵庫県）　兵庫県豊岡市の県立コウノトリの郷公園は、特別天然記念物であるコウノトリの幼鳥の屍骸の胃から、建材用とみられるゴム製品が大量に見つかったと発表した。同公園によると、2005年9の初放鳥以来、死体で収容されたりした個体を分析したところ、防獣ネットや送電線、鉄塔などの工作物にぶつかる等の人為的由来が約45%を占めるという。

9.25 **農家で遺伝子組み換えカイコの飼育を開始**（群馬県）　農林水産大臣・環境大臣は、農家での遺伝子組み換えカイコの飼育について第1種の仕様を承認した。前橋市の養蚕農家で、紫外線ライトを当てると緑色に光って見える「蛍光シルク」を作る遺伝子組み換えに成功。10月5日から実用飼育が始まり、11月1日に繭が出荷された。

9.26 **木材自給率6年連続で上昇 34.8%**（日本）　林野庁は、2016年の木材需給

に関するデータを集約・整理した「木材需給表」を公表。国内生産量の増加量が輸入の増加量の約3倍となり、木材自給率は前年から1.6ポイント上昇して34.8%となった。2011年から6年連続での上昇となる。

9.27 **松食い虫被害過去40年で最低水準**（日本） 林野庁は、主要な森林病害虫被害である、松くい虫被害とナラ枯れ被害について、2016年度の発生状況を公表した。松くい虫被害は、前年度より約4万1000m³減の約44万m³で、過去約40年の最低水準となった。感染を媒介する昆虫の駆除が進んだため、近年は減少傾向が続いている。

10.10 **アメリカ 温室ガス規制撤廃**（アメリカ） アメリカ政府は、火力発電所の温室効果ガス排出量を制限する規制「クリーン・パワー・プラン」を撤廃すると正式発表した。同規制法は2015年8月にオバマ政権時に成立した政策。

10.12 **外来ヒモムシ 小笠原の生態系破壊**（東京都） 東北大などの研究チームは、世界自然遺産である小笠原諸島の生態系に、1種類の外来種のヒモムシが深刻な影響を与えていることを発表した。落ち葉などの分解を助けるワラジムシやヨコエビなどを捕食しほぼ全滅させたといい、森林環境に与える影響が懸念される。

10.16 **水銀等による環境の汚染防止に関する計画公表**（日本） 環境省と経済産業省は、「水銀等による環境の汚染の防止に関する計画」を官報に掲載した。8月16日に発行された「水銀に関する水俣条約」の国内法である「水銀による環境の汚染の防止に関する法律」の施行を受け、実施計画を策定。

10.18 **絶滅危惧のガシャモク つがるの沼に自生**（青森県） 弘前大白神自然環境研究所と新潟大などでつくる合同チームは、つがる市内の沼で環境省のレッドリスト「絶滅危惧1A類」に指定されている水草「ガシャモク」を確認したと発表。国内の自生地としては北九州市の「お糸池」に次ぐ二カ所目の発見となった。

10.18 **竹の成育域、北海道へ北上も**（日本） 東北大学や気象庁などの研究グループは、温暖化が進行すると竹林の生育域が北上し、北海道の最北端・稚内まで達する可能性があると公表した。里山の生態系への影響が懸念されるという。

10.21 **JR常磐線（常磐線富岡―竜田）、6年半ぶり再開**（福島県） 福島第1原発事故の影響で不通となっていたJR常磐線富岡（富岡町）―竜田（楢葉町）の6.9キロの運行が6年7カ月間ぶりに再開した。残る常磐線の不通区間は富岡―浪江（浪江町）の20.8キロとなった。

10.30 **「日本の気候変動対策支援イニシアティブ2017」発表**（日本） 環境省は、国際的な環境協定であるパリ協定の実施に向け「日本の気候変動対策支

	援イニシアティブ2017」発表。
10.31	**アライグマを飼育・放した疑い**（大阪府）　警視庁生活環境課は、特定外来生物のアライグマ4匹を許可なく飼育した後に逃がしたとして、外来種被害防止法違反の疑いで、大阪府富田林市に住むアルバイトの女を書類送検した。アライグマは北米から輸入された外来種。農作物などへの食害から2005年に特定外来生物に指定された。
11.3	**オランウータンの新種発見**（インドネシア）　インドネシア・スマトラ島で大型類人猿オランウータンの新種が認可された。新種の大型類人猿は1929年にアフリカで見つかったボノボ以来、88年ぶり。1997年に初めて個体群が確認されて以来、研究が進められ、独立種として認められた。シナモン色で縮れた体毛が特徴で、「タパヌリ・オランウータン」と名付けられた。
11.8	**企業行動憲章にSDGs 経団連**（日本）　経団連は、「企業行動憲章」を改訂、新たに持続可能な開発目標（SDGs）への取り組みをもりこんだ。企業行動憲章とは、会員企業約1,350社が順守し、実践すべき事項が記載された憲章。前回から7年ぶりの改定となった。
11.12	**国定公園で違法伐採**（北海道）　北海道ニセコ町の「ニセコ積丹小樽海岸国定公園」とその付近で、地熱発電の資源調査業者が、管理する林野庁や道などに無断で樹木を伐採していたことがわかった。21日、石油天然ガス・金属鉱物資源機構（JOGMEC）は、「ニセコ地域地熱資源量の把握のための調査事業」において助成事業者らが規定に違反して立木などを伐採・損傷した問題を受け、助成金取消しを発表した。
11.15	**日本のアリが米国の森を襲う**（アメリカ）　日米共同研究グループは、日本から米国に侵入したオオハリアリの食性が侵入地で変化し、他のアリを追いやって分布を拡大していることを明らかにした。外来種の生態が原産地と侵入地で変化することにより、予測のできない影響を侵入地の生態系に与え得ることが示された。
11.19	**オジロワシ繁殖、本州で初の確認**（青森県）　日本野鳥の会青森県支部は、国の天然記念物で絶滅危惧種に指定されているオジロワシの県内での繁殖を確認したと発表。国内でオジロワシの繁殖が確認されていたのは北海道のみで、本州での確認は初となる。
11.20	**環境首都創造フォーラム2017開催**（奈良県）　環境首都創造NGO全国ネットワークは、「環境首都創造フォーラム2017 in 奈良」を開催した。20、21日の2日間あわせて、約200人が参加した。
11.21	**マリモ保護・活用両立狙う 阿寒湖・生育地ツアー**（北海道）　阿寒湖北端にある群生地「チュウルイ湾」での特別天然記念物マリモ観察ツアーが来年度から始まることが決定した。観光資源として活用を目指すが、専

門家や保護関係者は、生息域への悪影響を指摘している。ツアーは、湖畔を徒歩で巡る陸路と、陸路と水路を組み合わせたものなど、生息域に影響を与えない方法が検討されている。

11.21　新たに特定外来生物指定（日本）　環境省は、クビアカツヤカミキリ、アカボシゴマダラなど、新たに16種類を特定外来生物に指定すると発表した。2018年より規制の対象となる。

11.22　「森林環境税」新設へ（日本）　政府・与党は、森林管理の財源として創設を検討している森林環境税について、税額は1人あたり年1000円とし、住民税に上乗せする形で徴収する方向で調整を進めていると発表。30日、自民党の税制調査会は、導入時期を2024年度とする方針を固めた。

11.22　北九州市 SDGs実現計画訂版を発表（福岡県）　北九州市は、2021年度までを計画期間とする北九州市環境基本計画（副題：環境首都 SDGs 実現計画）を策定。2007年10月に策定された環境の保全に関する施策を総合的かつ計画的に推進するための計画（北九州市環境基本計画）を改定したもの。

11.23　炭素の価格化、環境省が3案（日本）　環境省の検討会は、地球温暖化の原因となる二酸化炭素（CO_2）に価格を付けて削減を促す「カーボンプライシング（炭素の価格化）」の導入の議論を整理、(1) 炭素税、(2) 排出量取引＋炭素税、(3) 直接規制、の3案にまとめた。パリ協定の発効等を受け、脱炭素経済への移行を目指す。

11月　気候変動枠組条約第23回締約国会議（ボン）開催（ドイツ）　6日から17日まで、ドイツ・ボンにおいて、国連気候変動枠組条約第23回締約国会議（COP23）、京都議定書第13回締約国会合（CMP13）、パリ協定第1回締約国会合第2部（CMA1-2）が行われた。世界の気候変動対策について協議された。

12.5　絶滅危惧2万5821種 レッドリスト最新版（世界）　IUCN（国際自然保護連合）は、最新版のレッドリストを発表。2万5,821種の野生生物が絶滅のおそれが高いとされる3つのランク（CR、EN、VU）に分類された。

12.7　パーム油発電、計画申請急増（日本）　アブラヤシの実からとれる「パーム油」を燃料に使うバイオマス発電の計画申請が国内で急増。地球温暖化対策になる再生可能エネルギーのひとつだが、申請全体で必要な量が世界の燃料用パーム油生産量の半分にも匹敵している。過剰な計画は原産国の環境破壊につながる恐れもある。

12.12　パリ協定採択2年で首脳級会議（フランス）　地球温暖化対策の国際的枠組み「パリ協定」の採択から2年を迎えた節目として、協定推進に向けた結束を確認するための首脳級会議「ワン・プラネット・サミット」がパリ西郊のラ・セーヌ・ミュジカルで開かれた。フランスのマクロン大統

領の呼び掛けで、フランスと国連、世界銀行が共催した。

12.13 **伊方原発、運転差止め**（愛媛県）広島高等裁判所は、愛媛県伊方町の四国電力伊方原子力発電所3号機に対し、運転差止めを命じる決定を出した。伊方原発から130キロの位置にある阿蘇山の巨大噴火の危険性等を根拠とする。3月に、地元住民から出された運転差し止めの仮処分申請を広島地方裁判所が却下し住民側が即時抗告していた。高裁レベルの差し止め判断は初めてのこと。

12.14 **知床最先端にアライグマ**（北海道）知床半島の世界自然遺産区域で、特定外来生物のアライグマが生息しているのが確認された。2016年10月、環境省が設置した調査用のカメラで撮影された。今後、生態系への悪影響が懸念される。

12.15 **未承認の遺伝子組み換えペチュニア、計60品種に**（日本）農林水産省は、国内において販売されていることが確認されたペチュニア1,359品種を検査した結果、計60品種が未承認の遺伝子組換え体であることがわかったと発表した。4月にフィンランド政府の遺伝子組換えペチュニアを確認したとの公表を受けて、調査を開始。5月、承認を受けていない遺伝子組換えペチュニアが販売されていることが確認されていた。

12.19 **米アラスカの積雪量倍増**（アメリカ）ダートマス大学の研究チームは、アラスカ州中部の積雪量が1800年代半ば以降で倍以上に増加しているとの研究結果を英科学誌ネイチャー系オンライン科学誌「サイエンティフィック・リポーツ」に発表した。調査はアラスカ州にあるデナリ国立公園内のハンター山で実施された。研究チームによると原因は地球温暖化に伴う地球規模での降雨量の増加とみられるという。

12.25 **木質バイオマスエネルギー利用増加**（日本）林野庁は、「木質バイオマスエネルギー利用動向調査」の2017年の調査結果を公表した。利用された木質バイオマスは、木材チップ、木質ペレット、薪（まき）、木粉の全てで前年から増加した。

12.26 **第2回再生可能エネルギー・水素等関係閣僚会議開催**（日本）第2回再生可能エネルギー・水素等関係閣僚会議が開催され、水素基本戦略、再生可能エネルギー導入状況、福島新エネ社会構想進捗状況等について話し合われた。

12.27 **かしまの一本松 伐採**（福島県）東日本大震災の津波に耐え、復興のシンボルとなっていた福島県南相馬市鹿島区の「かしまの一本松」が、立ち枯れなどのため伐採された。伐採された一本松は地元住民の家の表札に使われる予定。

12月 **生物多様性日本アワード**（高知県）「第5回生物多様性日本アワード」（イオン環境財団主催）の授賞式が行われ、高知県大月町のNPO法人「黒潮

実感センター」グランプリに選ばれた。同県西南端の柏島を拠点に、自然や生態系の価値を実感できるような野外体験やエコツアーなどを実施し、人の手が加わることで海の環境を保つ「里海」の実現を目指し活動しているという。

2018年
（平成30年）

1.4 　サンゴの白化、1980年比5倍増（世界）　海水温の上昇に伴うサンゴの白化が起きる頻度が1980年代以降で5倍近く増加しているとの研究結果が、米科学誌サイエンスに発表された。白化は海水温の上昇などで、サンゴの中に共生する藻が死ぬことで起こる。これにより、共生藻が光合成によって生み出していた栄養源が絶たれてしまうため、死に至る恐れもある。重度の白化現象は25～30年に1回の周期で発生していたが、現在では平均して6年ごとに発生しているという。

1.10 　戦争による野生動物への影響（アフリカ）　米プリンストン大学などの研究チームは、アフリカの反植民地闘争や内戦の影響で、一部の野生動物が絶滅の危機に追い込まれたとの研究を英科学誌ネイチャーに発表した。論文によると、アフリカ大陸の自然保護区のうち70％以上が、1946年から2010年の期間に戦地となり、大型草食哺乳類の個体群の多くに悪影響を与えたという。

1.12 　日光杉並木、7割が衰退・枯死（栃木県）　国の特別史跡と特別天然記念物に指定されている日光杉並木街道の緊急調査で、7割の木が「衰退・やや衰退」「ほぼ枯死」と判定され老朽化が進んでいることがわかった。倒木につながる「特に注意すべき」「重度」の要因があるとされた木も3割近くに達した。同日、県や日光市、日光東照宮、有識者などで構成する第3次日光杉並木街道保存管理計画策定委員会は、景観維持・保存のため、後継木を補植する基本方針を決めた。

1.18 　2015～17年、史上最も暑い3年間（世界）　国連の世界気象機関（WMO）は、2015～17年は観測史上最も暑い3年間だったと発表した。観測の結果、2017年の地球表面の平均気温は産業革命前と比べ1.1度高かったという。また、米国での史上最悪規模の自然災害や、各のサイクロンや洪水、干ばつ被害など、気象・気候関連の災害が激化している点も指摘された。

1.19 　米コカ・コーラ、包装材リサイクル100％宣言（アメリカ）　米飲料大手コカ・コーラは、2030年までに自社製品の包装材を100％回収してリサイクルする計画に着手したと発表した。この取り組みを「ワールド・ウィ

ズアウト・ウェイスト（廃棄物のない世界）」と名付け、使用する包装材や回収方法などについて取組むとのこと。

1.19 **野生鳥獣農作物被害**（日本）　農林水産省は、2016年度野生鳥獣による農作物被害状況について、都道府県からの報告を基に全国の被害状況を取りまとめた。野生鳥獣による農作物被害金額は172億円で、前年度より5億円減少した。

1.25 **「終末時計」過去最短の残り2分に**（世界）　米誌「ブレティン・オブ・ジ・アトミック・サイエンティスツ」は、人類による地球破壊までの残り時間を比喩的に示す「終末時計」が30秒進み、残り2分になったと発表した。北朝鮮、イランなどの核兵器問題やドナルド・トランプ米大統領の核廃絶・気候変動に対する消極的な姿勢などが要因とのこと。1953年と並び過去最短の記録となった。

1.25 **小笠原諸島に固有の海鳥を発見**（東京都）　森林総合研究所などの研究チームは、小笠原諸島のセグロミズナギドリが、他地域とは遺伝的に異なる同諸島の固有種であることがわかったと発表した。同諸島の南硫黄島と東島でのみ繁殖が確認されており、絶滅が懸念されている。

1.30 **AIでイノシシ・シカ捕獲**（兵庫県）　兵庫県は、イノシシやシカを捕獲するために、AI（人工知能）搭載の新装置を導入すると発表した。新たに導入されるのは捕獲用オリ「AIゲート」。県森林動物研究センターなどが開発中で、従来の1匹だけ捕獲する檻とは違い、群れごと捕獲できるのが特徴。

2.2 **象牙国内取引厳格化**（日本）　環境省は、売買などに登録が必要な丸ごとの象牙（全形牙）を合法に入手したことを証明する方法を厳格化する方針を発表。過去の通関書類など公的な資料の添付を個人や業者に義務づける。早ければ2019年の夏に発行される予定。

2.6 **オゾン層減少、熱帯・中緯度帯で進行中**（世界）　スイス連邦工科大学チューリヒ校などの研究チームは、熱帯・中緯度帯上空のオゾン層が減少しているとの研究論文を発表した。オゾン層を破壊する物質の生産・消費の具体的削減策を定めた国際協定「モントリオール議定書」が採択から30年、南極上空と上部成層圏の「オゾンホール」は回復の兆候を示している。一方で、複数の人工衛星による観測に基づく今回の研究によると、熱帯・中緯度帯上空のオゾン層は0.5％減少しているとの推定結果が得られた。

2.12 **海面上昇のペース加速、2100年までに66センチ増**（世界）　コロラド大学ボルダー校は、気候変動による海面上昇が年々加速しており、今世紀末までに66センチ上昇する可能性があるとの研究報告書を米科学アカデミー紀要（PNAS）に掲載した。報告書は25年間の衛星データを基に推計されたもので、過去の海面上昇のペースは年約3ミリだったが、2100

年までに年10ミリとなる可能性があるとした。

2.19　**有害物質ゼロ電池開発**（東京都）　日本電信電話株式会社（NTT）は、有害物質やレアメタルを使わない電池を作製し、動作を確認したことを報告。回収が困難な場合でも自然への負荷が低いため、自然との共生親和性が求められる分野での活用が期待される。

2.20　**パリ協定達成でも海面上昇最大1.2m、独研究所**（世界）　地球温暖化対策「パリ協定」で掲げる、平均気温上昇を産業革命前に比べて2度未満に抑える目標を達成しても、2300年までに海面の高さは最大1.2m高くなるとの研究結果を、ドイツのポツダム気候影響研究所などのチームがまとめ英科学誌ネイチャー・コミュニケーションズに発表した。

2.22　**永久凍土に水銀**（世界）　米地質調査所（USGS）などの研究で、北半球の陸地の2割を占める永久凍土地域の土壌に、大量の水銀が含まれていることが分かった。地球温暖化が進んで凍土が溶けると、水銀が環境中に放出される恐れがある。推計された水銀の量は165万6000tで、他の地域の土壌や海、大気中にある水銀の総量の倍近い量にあたるという。

2月　**違法伐採、だいち2号が監視**（世界）　2014年に打ち上げられた陸域観測技術衛星「だいち2号」に搭載された高性能レーダー観測装置を用いて、開発途上国の熱帯林の伐採・変化の状況をモニタリングするシステム、「JJ-FAST」（JICA-JAXA Forest Early Warning System in the Tropics）が森林伐採阻止に貢献した。2018年2月22日にブラジルで、違法伐採の現場を発見。また、同月26日に他の検知場所でも同様に違法伐採の現場を発見するなど、監視、摘発に成果を上げた。

3.2　**温暖化ガス抑制の経済効果**（世界）　地球温暖化ガスの排出抑制にかかる費用は、大気汚染による死者・病人が減ることで得られる経済的利益で相殺され得るとする研究結果が、専門誌ランセット・プラネタリー・ヘルス電子版で発表された。

3.6　**再エネ発電証書、取引市場創設へ**（東京都）　経済産業省は、化石燃料を使わずに発電したことを示す証書を取引する「非化石価値取引市場」を新たに創設すると発表した。再生可能エネルギーで生み出した電気の証書を売買取引し、「脱・化石燃料」を促進するねらいがある。証書は金融機関などでつくる一般社団法人「低炭素投資促進機構」（GIO）が発行し、電力小売事業者が買う。電力小売事業者がこの証書を買うと、同じ分量の電気を「非化石」として売ることができる。同年5月18日に取引が開始した。

3.7　**夏の北極、過去15年間で気温2度上昇**（北極）　海洋研究開発機構などの研究グループは、北極の夏の気温が2016年までの15年間で約2度上昇し、それに伴い乾燥化も進んでいることがわかったと、オンライン学術誌リモート・センシングに発表した。北極の陸域の8割を占める「ツンドラ

域」を対象に、衛星観測データと陸面再解析データを統計解析。年平均気温には温暖化の兆候がないにもかかわらず、夏季の温暖化が進行していることを明らかにした。

3.8 **ディーゼル車の二酸化窒素で6000人死亡**（ドイツ）　独環境省は、主にディーゼル車から排出される二酸化窒素（NO2）によって、2014年にドイツで6000人の死者が出ているという報告書を発表した。調査はドイツの「Federal Environmental Agency」によるもので、心疾患で死亡した約6000人について、大気中に排出されたNO2が原因だった可能性があるとした。また、糖尿病、高血圧、ぜんそくなどの要因とも考えられ、糖尿病では約43万7000人、ぜんそくで約43万9000人が影響を受けているという。

3.9 **無断伐採件数、半数超が九州**（九州地方）　林野庁は、全国で、所有者に無断で木が伐採されたという相談が、2017年4月から2018年1月の間に62件あったと発表した。このうち半数以上の33件が九州で起こったという。戦後の大規模植樹から半世紀を迎え、木材として適した時期を迎えていることが要因。九州は気候が温暖で木の生長が早かったため被害の件数が顕著であったとみられる。

3.13 **紀伊半島に新種、クマノザクラ**（奈良県，三重県，和歌山県）　森林研究・整備機構森林総合研究所は、紀伊半島南部（奈良・三重・和歌山県）に新種の野生のサクラが分布していることが確認されたと発表した。新種のサクラは熊野地方にちなみ「クマノザクラ」と命名された。国内で野生のサクラの新種が見つかるのは103年ぶりのこととなった。

3.14 **地球温暖化で半数の種が絶滅の恐れ**（世界）　世界自然保護基金（WWF）は南米アマゾンやインド洋の島国マダガスカルなどの生物多様地域で、温暖化によって固有種の25～50％が絶滅する恐れがあるとの分析結果を、学術誌「クライマティック・チェンジ」で発表した。調査対象は、WWFが「優先保全地域」として特に重視している35地域。温室効果ガスの対策を行わず、地球の平均気温が産業革命前から4.5度上昇した場合、種の50％が絶滅するおそれがあることが分かった。

3.19 **キタシロサイ、最後のオス死ぬ**（ケニア）　ケニア中部のオル・ペジェタ自然保護区は、世界に1頭だけ生存していたキタシロサイのオスが死んだと発表した。AP通信によると、死んだオスは45歳の「スーダン」。高齢のため筋肉や骨が衰え、症状が悪化したため安楽死させた。キタシロサイはかつてアフリカ中部に広く生息したが、角目当ての密猟が横行し激減、2008年には野生個体の絶滅が確認された。スーダンの死後は保護区にメス2頭が残るのみで、絶滅が確実な状況となった。

3.20 **全電力再エネ企業50社に**（日本）　環境省は、再生可能エネルギー拡大のための支援策をまとめた「再エネ加速化・最大化促進プログラム」を発

表した。消費者・企業・自治体が主役となり、「日本の経済社会を脱炭素化する柱として、再エネを我が国の主力エネルギー源にする」との基本姿勢を示した。また、2020年度までに、再エネ100%を目標に掲げる企業連合「RE100」への参加を50社にするなどの政策目標も提示した。

3.22 **太平洋のプラスチックごみ、過去推定値の最大16倍に**（世界） オランダのNPO「オーシャン・クリーンアップ」の研究者らは、太平洋に漂うプラスチックごみの量は、これまでの調査で推計されていたものよりも最大で16倍多いとの研究結果を、英科学誌ネイチャー系オンライン科学誌「サイエンティフィック・リポーツ」に発表した。研究チームが「太平洋ゴミベルト（GPGP）」と呼ばれる海洋ゴミの集積する海域を調べた結果、プラスチックごみの量が急増していることが分かった。

3.28 **ソフトバンク、サウジと太陽光発電事業**（サウジアラビア） ソフトバンクグループの孫正義会長兼社長とサウジアラビアのムハンマド皇太子が、世界最大の太陽光発電事業をサウジで始めると明らかにした。太陽光パネルの工場も同国内に設けるといい、2030年までの総事業費は計2000億ドル（約21兆円）規模。しかし、9月30日、米紙ウォールストリート・ジャーナルは、サウジアラビア政府が太陽光発電事業を棚上げしたと報じた。計画の実現性が不透明であり、将来の技術革新が見込まれる現状で、現在の技術に巨額の費用を投じるのはリスクが高いことが棚上げの要因となった。

3.29 **浮かぶ風力発電**（長崎県） 中川雅治環境相は、長崎県五島市の沖合で海に浮かべた風車で発電する「浮体式洋上風力発電」計画の環境影響評価（アセスメント）手続きで、「望ましい」などとする意見書を世耕弘成経済産業相に提出した。五島列島の洋上風力発電プロジェクトは2011年に始動。初の実証試験が長崎県五島市の椛島沖で実施され、2016年3月には浮体式による最大出力2MW（メガワット）の洋上風力発電所が運転を開始していた。今後、長崎県五島市沖に浮体式9基を設置し、2021年の稼働を目指す。

4.4 **神鋼の石炭火力、省エネ対策勧告**（兵庫県） 経済産業省は、神戸製鋼所が計画している石炭火力発電所の環境影響評価（アセスメント）手続きについて、二酸化炭素（CO_2）のさらなる削減や、地域住民への十分な説明を行うことを求める経産相勧告を出した。同社のアセスメントをおおむね認める形で、2021年度以降の発電所稼働に向けて計画が進む見通しとなった。

4.6 **シリア化学兵器使用**（シリア） 6～8日、シリア・アサド政権軍は反体制派組織「イスラム軍」が拠点を置く首都ダマスカス郊外の東ゴータを攻撃。7日には塩素ガスとみられる物質を積んだ爆弾が投下され、40人以上が死亡した。

4.8　**OECD評価 温室ガス目標不十分**（世界）　経済協力開発機構（OECD）は、日本政府が国際約束している2030年度までの温室効果ガス削減目標に対し、不十分であるとして、対策強化を求める報告書案をまとめた。日本は、2016年に発効した地球温暖化対策の国際ルール「パリ協定」で、2030年度までに温室効果ガス排出を2013年度比で26％削減するとした目標を提出した。これに対し、OECDは、他国の目標値に及ばないことを指摘。また、再生可能エネルギーについても、太陽光だけでなく風力や地熱などの展開にも力を入れるよう促した。

4.13　**IMO 海運船舶のCO_2排出を半減**（世界）　国連の国際海事機関（IMO）の海洋環境保護委員会は、2050年までに海運分野の船舶の二酸化炭素（CO_2）排出量を2008年比で半減させるなどの戦略を採択した。

4.17　**第五次環境基本計画の閣議決定**（日本）　環境省は、第五次環境基本計画を閣議決定したと発表。環境基本計画は、環境基本法に基づき、政府全体の環境保全施策の総合的かつ計画的な推進を図るため、総合的かつ長期的な施策の大綱などを定めるもの。1994年に初めて策定、6年ごとに見直しており、今回は第5次。2016年に発足した国際的な地球温暖化対策の枠組み「パリ協定」を踏まえ、「持続可能な開発目標」（SDGs）の考え方を活用する点が特徴。また、「地域循環共生圏」の考え方を新たに提唱し、地域の活力を発揮することを目指す。

4.18　**米カリフォルニア州、大気汚染**（アメリカ）　米国肺協会は、カリフォルニア州の複数の都市は、国内で最も大気汚染が深刻な状態にあるとする報告書「State of the Air 2018」を発表した。2014～16年の国内の大気汚染について調査したもので、ロサンゼルスでは全米最悪のオゾン汚染がみられ、微小粒子物質による汚染値も4番目に高かった。また同年11月8日に発生したシエラネバダ山脈の山火事の影響は深刻で、サンフランシスコなどで大気汚染が確認された。

4.20　**絶滅危惧種のコウモリ22年ぶりに発見**（沖縄県）　京都大学の研究チームらは、絶滅危惧種のヤンバルホオヒゲコウモリを、沖縄本島で発見し捕獲した。チームらは、在日米軍旧北部訓練場である沖縄本島北部のやんばるの森で、1匹のオスを生きたまま捕獲、同27日までにさらに2匹のオスを捕らえた。ヤンバルホオヒゲコウモリは、沖縄本島、徳之島、奄美大島のみに生息する絶滅危惧種。1996年にやんばるで初めて2体が発見されて以来、沖縄本島では見つかっていなかった。

4.20　**北朝鮮 核実験場廃棄を表明**（北朝鮮）　北朝鮮は朝鮮労働党中央委員会総会で、核実験と大陸間弾道ミサイル（ICBM）の発射を中止し、北朝鮮北部にある核実験場を廃棄することを決めた。5月24日、予告通り豊渓里の核実験場の廃棄作業を公開した。

4.26　**「農泊」過去最多6658人**（青森県）　青森県は、農山漁村地域に滞在して

地域の文化や人々とのふれあいを楽しむ「グリーン・ツーリズム」の県内宿泊者数が2017年度、6658人に上り、2008年度の統計開始以来、最多となったと発表した。台湾を中心に海外からの旅行者が増えていることが要因という。

5.2 **大気汚染、毎年700万人死亡**（世界）　世界保健機関（WHO）は、世界人口の90％以上が汚染された大気下で生活し、「PM2.5」などによる大気汚染が原因の肺がんや呼吸器疾患などで毎年約700万人が死亡していると発表した。アジアやアフリカを中心とした低・中所得国が死亡人口の90％以上を占めているという。

5.3 **ハヤブサのヒナ、5年連続県庁で誕生**（石川県）　4月下旬、石川県庁のベランダで、国の絶滅危惧種であるハヤブサのヒナ5羽が生まれているのを県職員が確認した。5年連続のこと。県自然環境課によると、ハヤブサは海岸近くの高い断崖に巣をつくる習性があり、県庁高層階のベランダが似ていることから営巣場所に選んだと考えられるという。

5.7 **世界のCO_2排出量、観光業が8％を占める**（世界）　豪シドニー大学は、世界の温室効果ガス排出量の8％を国内および海外旅行が占めているとする研究論文を、学術誌「ネイチャー・クライメート・チェンジ」に掲載した。移動のみでなく、旅行者の飲食や、ホテル、ショッピング、および関連するインフラなどの旅行に関するすべての場面における排出量を推計。これまでよりも4倍近い数値となったという。

5.9 **カリフォルニア州、太陽光パネル設置義務付け**（アメリカ）　米カリフォルニア州は、2020年から、州内の新築一戸建て住宅に太陽光パネル設置を義務付けることを決定した。米国内での設置義務付けは初めてとのこと。

5.15 **世界のエアコン需要、2050年までに3倍増**（世界）　国際エネルギー機関（IEA）は、世界のエアコン需要が今後30年間で3倍に増加する見通しとの報告書を発表した。現在、エアコンが設置された建物は、世界に約16億棟存在するが、2050年までに56億棟にまで増加する見通し。冷房の効率化に向けた対策の必要性を強調した。

5.16 **フロンガスの一種増加**（世界）　アメリカ海洋大気庁（NOAA）は、オゾン層破壊物質の一種「トリクロロフルオロメタン（CFC-11）」の放出が増加しているとの調査結果を公表した。観測によると、発生源は東アジアの可能性が高く、オゾン層を破壊する物質に関する「モントリオール議定書」違反とみられる。

5.18 **「国産ジビエ認証制度」を制定**（日本）　農林水産省は、捕獲した野生のシカ及びイノシシを処理する食肉処理施設の認証を行う「国産ジビエ認証制度」を制定した。ジビエ（捕獲した野生のシカ及びイノシシを利用した食肉）の利用拡大を背景に、食肉処理施設の自主的な衛生管理等を推進するとともに、より安全なジビエの提供と消費者のジビエに対する安

心の確保を図ることを目的とする。

5.20 **エゾシカ協会20年記念**（北海道） エゾシカ対策や有効活用などに取り組む「エゾシカ協会」の設立20周年を記念したシンポジウムが札幌市で開かれた。シンポのテーマは「エゾシカ管理の未来に向けた提言」。将来的な捕獲や管理手法、食肉としての流通のあり方などについて研究者らによる意見交換が行われた。

5.24 **地域づくり、東白川村・白川町・名大が連携**（岐阜県） 岐阜県の東白川村と白川町は、持続可能な地域づくりを研究テーマとする名古屋大学大学院の環境学研究科と連携協定を結んだ。両地域は共に森林が9割近くを占め、全域が国の「振興山村」に指定されている。地理条件の悪さ、人口減少等の中山間地域特有の課題に取組む。

5.25 **森林経営管理制度成立**（日本）「森林経営管理法」が可決され、成立した。近年、戦後植樹された人工林の約半数が、木材として利用可能な時期（主伐期）を迎えようとしている一方で、管理が行われていない森林が多くある。こうした経営管理が行われていない森林について市町村が仲介役となり、森林所有者と林業経営者をつなぐシステムを構築し、担い手を捜すことが目的。2019年4月1日に施行予定。

5.29 **林業遺産選定**（日本） 日本森林学会は、2017年度分林業遺産として「津軽森林鉄道」（東北森林管理局ほか）など8件を登録した。「林業遺産」は、日本各地の林業発展の歴史を、将来にわたって記憶・記録していくための試みとして、2013年度から開始した日本森林学会による選定事業。今回の登録で総計31件となった。

6.5 **噴火後西之島でオオアジサシ繁殖**（東京都） 2013年から断続的に噴火している東京・小笠原諸島の西之島で、絶滅危惧種の海鳥オオアジサシが集団繁殖していることを、森林総合研究所の川上和人・主任研究員が確認した。噴火以降、5年ぶりに繁殖地が復活した。

6.8 **地中海マイクロプラスチック汚染**（ヨーロッパ） 世界自然保護基金（WWF）は、報告書「Out of the Plastic Trap：Saving the Mediterranean from Plastic Pollution（プラスチックのわなからの脱却：プラスチック汚染から地中海を守る）」を公表。報告書によると、地中海のマイクロプラスチックの密度は世界の他の外海と比較して4倍に及ぶという。マイクロプラスチックは5ミリ未満の微小なプラスチック片で、近年人体への影響などが懸念されている。

6.9 **全国トンボ市民サミット茨城県涸沼大会**（茨城県） トンボや水辺の環境について考える「全国トンボ市民サミット茨城県涸沼大会」が9、10日、汽水湖・ラムサール条約登録湿地の涸沼で開かれた。サミットは第29回目を迎える。全国から約250人が参加し、希少なヒヌマイトトンボが生息する涸沼の保全と活用などについて意見を交わした。

6.12 世界の洪水被害、サンゴ礁衰退で倍増の恐れ（世界）　サンゴ礁が減少することで、沿岸部での水害の規模が2倍に、高潮による損壊が3倍に増加するとの研究結果が、英科学誌ネイチャー・コミュニケーションズに発表された。サンゴ礁には波を砕いて波のエネルギーを減少させることによって洪水を減らす水中防波堤として機能があるが、近年、沿岸の開発、砂の採掘、ダイナマイト漁、工業・農業排水などの影響で減少傾向にある。

6.13 南極の氷消失（南極）　米航空宇宙局（NASA）などの科学者84人からなる国際研究チームは、1992年以降、南極では3兆トンに及ぶ氷が消失したとの論文を、英科学誌ネイチャーに発表した。論文によると、そのうちの5分の2は最近5年間に消失したもので、南極氷床の消失速度がこの間に3倍に加速したという。

6.15 SDGs都市に29自治体（日本）　政府は国連が掲げる「持続可能な開発目標（SDGs）」を地方にも広めるため、優れた取り組みを提案した29自治体を「SDGs未来都市」に選んだ。2017年10月時点で1%だったSDGsに取り組む自治体の割合を、2020年までに30%に伸ばすことをめざす。

6.15 チバニアン「地磁気逆転地層」天然記念物指定へ（千葉県）　国の文化審議会は、地球の磁場のN極とS極の向きが77万年前に逆転した痕跡が残る「養老川流域田淵の地磁気逆転地層」（千葉県市原市）を天然記念物に指定し、保護を図るよう答申した。この地層を根拠に、日本の研究チームは地球史のうち77万～12万6000年前の時代区分を「チバニアン（千葉時代）」と名付けるよう国際学会に申請しており、11月に第2審査を通過した。

6.21 サンゴの白化・死滅、活性酸素除去で抑制（世界）　京都大等の研究グループは、海水温の上昇によるサンゴの白化や死滅は、活性酸素を除去することで抑制できるとの実験結果を、国際学術誌マリン・バイオテクノロジーに発表した。この年、地球温暖化に伴う海水温上昇などの影響で、サンゴの白化や死滅が世界各地で多数報告されている。研究グループは、海温度上昇によるストレスから異常に産生された活性酸素種によりサンゴの白化・死滅が起こると仮説を立て、活性酸素を除去する「レドックスナノ粒子（RNP）」を利用することで生存率の向上を確認したという。

6.21 米のメタン漏出量、政府推計の1.6倍（アメリカ）　環境保護団体「環境防衛基金」などによる研究チームは、米国の石油・天然ガス業界が、政府の公式推定値を60%上回る量のメタンガスを漏出させていることが明らかになったとの研究論文を米科学誌サイエンスに発表した。

6.28 コウノトリ研究者に山階芳麿賞（兵庫県）　山階鳥類研究所は、鳥類の研究や保護に顕著な功績があった人や団体を表彰する第20回山階芳麿賞を、コウノトリ研究者の江崎保男に贈ると発表した。兵庫県立コウノト

リの郷公園統括研究部長として国の特別天然記念物コウノトリの保護に尽力し、同公園の設立やコウノトリの野生復帰に取り組んだ功績が認められた。

6.28 **まつたけ生産量が大幅減**（日本） 林野庁は、特用林産物の主要品目の2017年の生産量（速報値）を取りまとめた。きのこ類の生産量はほぼ前年並みだが、「乾しいたけ」は減少、「まつたけ」は大幅な減少となった。また、「たけのこ」は大幅な減少、「白炭」は増加、「黒炭」は減少、「竹炭」は大幅な増加となった。9月7日には、他の品目も含めた特産林産物全般の生産量が発表された。

7.3 **エネルギー計画、原発推進方針を維持**（日本） 政府は、中長期のエネルギー政策の方向性を示す「第5次エネルギー基本計画」を閣議決定した。改訂は4年ぶりとなる。原発を「重要なベースロード電源」として再稼働させる方針を示しつつ「依存度は可能な限り低減していく」とした。また、太陽光や風力など再生可能エネルギーを「主力電源化」と明記するなど、取り組みを進めることを強調。2030年度の発電電力量に占める電源別の比率（電源構成）は2015年に定めた見通しを踏襲した。

7.3 **環境アセスに太陽光発電所**（日本） 環境省は、大規模な太陽光発電所（メガソーラー）を、環境影響評価（環境アセスメント）法の対象に加える方針を明らかにした。これにより、事業者は計画段階での環境影響調査や住民説明会の開催が義務付けられる。メガソーラーは太陽光パネルを並べる広大な土地が必要なため、環境保護団体等から法規制の声があがっていた。2020年からの導入を目指す。

7.4 **プラごみ量、日本2位**（日本） 日本の1人あたりの使い捨てプラスチックごみの発生量が1人あたり32キロと世界2位であることが国連環境計画（UNEP）の報告書で明かになった。1位は米国、また総量の1位は中国だった。

7.5 **絶滅危惧キタシロサイ 凍結精子で受精卵**（世界） ドイツや九州大などの国際研究チームは、3月19日に最後のオスが死に、絶滅が確実視されているキタシロサイの精子と、別の種のサイの卵子から、人工的に受精卵をつくることに成功したと、英科学誌ネイチャー・コミュニケーションズに発表した。絶滅危惧種を救う技術になればと期待される。

7.9 **スターバックス、プラスチック製ストローを廃止**（アメリカ） 米コーヒーチェーンのスターバックスは、2020年までに全世界の店舗約2万8000店でプラスチック製ストローを廃止すると発表した。使い捨てプラスチックをめぐっては近年、環境汚染の原因になるとして、政府や大手企業が対策を進めている。プラスチック製ストローは今後、リサイクル可能なふたへ切り替えられる予定。クリームなどが乗ったデザート風の飲料「フラペチーノ」には紙製、もしくは自然分解可能なストローが利

用されるという。

7.12 **日生、石炭火力投融資全面中止へ**（日本）　日本生命保険は、国内外の大型事業融資（プロジェクトファイナンス、PF）で、石炭火力発電への新規の投融資を今後全面的に取りやめる方針を明らかにした。2016年に発効した国際的な環境協定「パリ協定」を受け、欧米の金融機関では、二酸化炭素の排出量が多い石炭火力発電への投融資を停止する動きが広がっている。日本の大手金融機関が、石炭火力発電への投融資中止を表明するのは初めてのこと。

7.17 **奄美でノネコ捕獲始まる**（鹿児島県）　環境省は奄美大島の希少動物を襲う野生化した猫（ノネコ）の捕獲を始めた。山中に仕掛けたワナを使い、月30匹を予定。捕ったノネコは収容施設で1週間ほど譲渡先を探しながら一時飼育。引き取り手がなければ安楽死させるという。

7.26 **第26回コスモス国際賞**（日本）　コスモス国際賞の第26回受賞者に、人文地理学者でフランス国立社会科学高等研究院教授のオギュスタン・ベルクが選ばれた。哲学者の和辻哲郎の風土論に影響を受け、文化を自然の中に含めてとらえる独自の「風土学」を切り開いた。

7月 **タイワンザル根絶、和歌山県に学会功労賞**（和歌山県）　日本霊長類学会は7月、特定外来生物「タイワンザル」の捕獲作業を続け、昨年末に根絶宣言を出した和歌山県に学会功労賞を授与した。和歌山県では、1950年代に閉園した動物園で飼育されていたタイワンザルが野生化し、ニホンザルとの交雑も発生。2003年から捕獲作業を始め、タイワンザルとその交雑種計366匹を駆除したという。

7月 **災害級の猛暑**（日本）　東の太平洋高気圧と西のチベット高気圧が重なり合って発達し、7～8月は気象庁が「災害級の猛暑」と表現する記録的な猛暑となった。7月23日には埼玉県熊谷市で41.1度を記録し観測史上最高気温を5年ぶりに更新した。夏を通して名古屋市などのべ17地点で40度以上を記録した。9月3日、気象庁は6～8月の気温や雨の状況を発表した。平均気温は東日本で平年を1.7度上回り、1946年の統計開始以降、最も高かった。西日本は1.1度上回り、過去2番目。

8.1 **プラスチック、劣化で温室効果ガス放出**（世界）　米ハワイ大学マノア校の研究チームは、プラスチックの劣化が進むと、メタンやエチレンなどの温室効果ガスが放出されることが分かったとする論文を、米科学誌「プロスワン（PLOS ONE）」に発表した。近年問題となっている海洋汚染だけではなく、気候変動抑制の観点でもプラスチックごみ対策が必要であるとする。

8.3 **チリ プラスチック袋使用禁止法を公布**（チリ）　チリで、商業分野でのプラスチック袋の使用を禁じる法律が公布された。官報によると、「衛生または食品廃棄防止に必要な」基本的包装以外のプラスチック袋は全面

的に禁止される。南米で初めての試みとなる。

8.9 **サンゴ礁、奄美大島周辺で半減**（鹿児島県）　環境省は、鹿児島県・奄美大島周辺と沖縄県のサンゴ礁を6～7月に調べた結果、奄美大島に近い加計呂麻島で、生きたサンゴの割合が昨夏に比べ半減した場所が確認されたと発表した。高水温の影響で白化現象が起き、死んだとみられるという。

8.29 **米カリフォルニア、2045年までに全電力をクリーンエネルギー化**（アメリカ）　米カリフォルニア州議会の下院は、2045年までに州内の全電力は温室効果ガスを排出しないクリーンエネルギーでまかなうことを義務付けた法案「SB100」を可決した。9月10日に州知事が署名。

9.5 **アライグマ生息域10年で3倍**（日本）　環境省は、特定外来生物のアライグマの生息域が約10年前と比べて、3倍に広がっているとの調査結果を発表した。新たに見つかった9県を含め、44都道府県で確認された。前回調査時に12県あった生息が確認されなかった県は、今回は秋田、高知、沖縄の3県だけとなった。繁殖力の強さから急速に分布を広げており生態系や農作物への影響が懸念される。

9.8 **小谷でサミット開催**（長野県）　第24回全国棚田（千枚田）サミットが長野県小谷村で始まった。県内外から棚田の保全などに取り組む約650人が参加。高齢化や担い手不足が著しい山間地の農業の課題や、地域振興などについて議論された。

9.10 **水田由来の温室効果ガス**（世界）　環境保護団体「環境防衛基金（EDF）」のチームは水田の温室効果ガス汚染が従来の推定量の2倍に及んでいる可能性があるとする研究論文を査読学術誌の米科学アカデミー紀要（PNAS）に発表した。

9.11 **ウミガラスヒナ、今夏巣立ち最多**（北海道）　環境省は、絶滅危惧の海鳥、ウミガラス（オロロン鳥）の国内唯一の繁殖地、北海道の天売島（羽幌町）で、少なくとも18羽のヒナが巣立ったと、発表した。飛来数は58羽を確認。過去20年間では巣立ち、飛来数とも最多だった。

9.11 **飢餓人口8.2億人 3年連続増**（世界）　国連世界食糧計画（WFP）、国連食糧農業機関（FAO）などは、世界で飢えに苦しむ人が2017年は8億2100万人にのぼり、3年連続で前年を上回ったとの報告書を発表した。地域別ではアフリカが人口の20％、カリブ海諸国が17％と割合が高く、アジアは11％。紛争に加え、異常気象による干ばつや洪水などが農業に打撃を与え、飢えにつながったという。

9.12 **太陽光発電の買い取り、現在の半額以下**（日本）　経済産業省は、太陽光発電の電力を家庭や事業者から電力会社が買い取る際の価格を、2020年代半ばに現在の半分以下に下げる方針を発表した。固定価格買取り制度（FIT）は、買取り料金は電力会社が電気料金に上乗せし、利用者が負担

するもので、再生可能エネルギーの導入を広げることを目的に2012年7月からが始まった。買取り価格が下がることで、利用者の負担は減るが、太陽光発電のさらなる普及にはブレーキとなる可能性もある。

9.17 **燃料電池で走る列車、ドイツで営業開始**（ドイツ） ドイツで燃料電池を使った列車の営業運転が始まった。車両を製造したフランスのアルストム社によると世界初の取り組みという。北部ニーダーザクセン州の約124キロの区間で導入された。1編成で最大300人を乗せることができ、運行する州の交通公社は2021年までに全てを燃料電池列車に置き換える予定。ドイツでは鉄道が電化されていない区間が多く、ディーゼル車が走っており、燃料電池列車に置き換えが進むことで二酸化炭素削減が見こまれる。

9.21 **ニホンウナギ規制強化**（韓国，台湾） 水産庁は、絶滅危惧種であるニホンウナギの資源管理について日本や韓国、台湾の専門家らによる会議を開き、持続的な利用のために規制の強化が必要との認識で一致したと発表した。会議は東京都内で20、21日の2日間にわたり開かれた。

9.26 **「環境犯罪」が犯罪組織の最大資金源 インターポール報告**（世界） 国際刑事警察機構（インターポール）は「違法資金の流れの世界地図」と題された報告書を発表。密猟、違法伐採、金の採掘、自然資源に対する違法な「税金」やその他の環境犯罪が、戦闘集団や武装グループの活動資金源の38％を構成しているという。

9.27 **世界の湿地、森林の3倍の速さで消滅**（世界） 湿地の保全を目的としたラムサール条約の事務局は、1970～2015年の約半世紀の間に世界の湿地の約35％が消滅したとの報告書を発表した。2000年以降加速し、森林の3倍の速さで消失しているといい、侵食を食い止めるための迅速な対応を呼び掛けた。

9.28 **木材自給率7年連続で上昇**（日本） 林野庁は、2017年の「木材需給表」を公表した。木材の総需要量は、8172万2000m²（丸太換算。以下同じ）で前年比べ4.7％増。国内生産量は2952万8000m²で8.8％増加、木材自給率は、1.3ポイント上昇して36.1％となり、7年連続で上昇した。

10.4 **風力発電 環境負荷は太陽光発電の約10倍**（世界） ハーバード大学の研究チームは、主要な再生可能エネルギーのひとつである風力発電について、大気中に熱や水蒸気を再分配するために気候変動の原因となっているとする研究論文を、学術誌「ジュール」で発表した。研究によると、米国全体の電力を風力発電で賄った場合、風力発電所を設置した地域の地表温度は0.54度、米本土全体の地表温度は0.24度上昇。また、同等のエネルギー生成率で比較した場合、風力発電による環境負荷は太陽光発電の約10倍に上るという。

10.5 **ホットハウス・アース現象**（世界） ストックホルム大などの国際研究

チームは、地球温暖化により、世界の平均気温が産業革命前に比べて2度度前後上昇すると、温暖化に歯止めがかからなくなるなり居住が不能になる可能性があるとの予測を米科学アカデミー紀要に発表した。気温上昇幅は4～5度に達し、温室化した地球を意味する「ホットハウス・アース」に移行するという。

10.8 **IPCC「1.5度特別報告書」 温暖化対策にパラダイムシフト**（世界） 国連の「気候変動に関する政府間パネル（IPCC）」は、温室効果ガスの排出ペースに改善がなければ、早ければ2030年、遅くとも2050年までに地球の平均気温は産業革命前と比べて1.5度以上上昇する可能性が高いと報告。温暖化が予想を上回る早さで進行していることを示し、対策にパラダイムシフトが必要であると訴えた。

10.10 **気候変動による経済損失252兆円**（世界） 国連は、気候変動が原因の災害によって世界が被った経済損失は、直近の20年間で総額2兆2500億ドル（約252兆円）に上ったと明らかにした。1978年から1997年の気象災害による経済損失8950億ドル（約100兆円）から150％以上増加した。経済損失が特に大きかった国は米国、中国、日本、インドという。

10.10 **気候変動対策に肉の消費減が不可欠**（世界） 英オックスフォード大学のチームは温暖化による気候変動避けるためには、肉の消費量を大幅に削減することが不可欠だとする研究結果を、英科学誌ネイチャーに発表した。食料生産の中でも畜産業は、家畜が温室効果ガスであるメタンを大量に排出する上、放牧地を確保するために森林が破壊されたり、大量の水が使用されたりすることから、地球環境への影響が多大であるという。その上で、欧米諸国が肉の消費量を現状の90％削減する必要性を示唆している。

10.12 **微小プラ、国内11河川で検出**（東京都，大阪府） 環境問題に取組むベンチャー企業「ピリカ」は、首都圏と大阪府内の11河川流域26カ所中、25カ所から、プラスチックが劣化して砕けた5mm以下の微小な「マイクロプラスチック」が見つかったと発表した。プラスチック片のうち約23％は人工芝とみられるもので、農業用の肥料カプセルとみられるものもあった。

10.13 **九電、太陽光発電抑制を開始**（九州地方） 九州電力は、再生可能エネルギー事業者の太陽光発電を一時的に止める「出力抑制」を開始した。約2万4千件の太陽光発電事業者のうち9759件が対象になる。本州での出力抑制は初めてのこと。春秋など電力需要の少ない時期には電力供給が需要を超え、需給バランスが崩れ大規模な停電に陥る恐れがある。そうした停電を防ぐため、再エネ事業者に供給を一時停止させ需給調整を行うという。

10.15 **第17回世界湖沼会議**（茨城県） 第17回世界湖沼会議が15～19日、茨城県

つくば市のつくば国際会議場で行われた。5日間で50の国・地域の延べ約5500人が参加し、湖沼環境について、研究者や行政担当者が市民を交えて話し合われた。最終日の19日には大会宣言「いばらき霞ケ浦宣言2018」を発表して閉幕した。

10.18　プラごみ増加の一途（日本）　環境省は、中国のプラスチックごみ輸入禁止措置の影響を受け、国内で保管されているプラごみが増加していることを発表した。産業廃棄物の処理業者と業者を監督する都道府県や政令指定都市などを対象に環境省が行った調査結果によると、自治体の約25%が業者の処理が追い付かずに保管されているプラごみが増えていると回答。プラごみ輸入大国であった中国で2017年12月31日、「海外ごみの輸入禁止と固形廃棄物輸入管理制度改革の実施計画」が施行され、廃プラスチックを含む環境への悪影響が大きい資源ごみの輸入が禁止された。代替の輸入先であったマレーシア・タイ・ベトナムなどでも輸入規制が行われ、ごみ処理方法の模索が急務となっている。

10.18　野生動物対策技術研究会全国大会開催（青森県）　鳥獣害を考える「野生動物対策技術研究会全国大会」が青森県深浦町で2日間にわたって行われた。行政や研究機関、狩猟の関係者約120人が参加。テーマを「東北地方の獣類における分布拡大の課題と対策」として、鳥獣対策について専門家による最新の解説や意見交換が行われた。

10.19　使い捨てプラ、30年までに25%減（日本）　環境省は、「プラスチック資源循環戦略」の素案を中央環境審議会小委員会に提示した。海洋汚染が世界的に問題になっている使い捨てプラスチックごみ削減に向け、小売店のレジ袋有料配布を義務化するなどし、プラ使用量を2030年までに25%削減するなど数値目標を初めて明記した。併せてバイオマス原料のプラスチックの導入やリサイクルの促進なども盛り込まれ。

10.24　欧州議会、使い捨てプラスチック禁止法案を可決（ヨーロッパ）　欧州連合（EU）の欧州議会は、ストロー、フォークやスプーンなどの食器類、綿棒の柄、風船の持ち手といった使い捨てプラスチック製品の流通禁止を盛り込んだ規制案の採決を行い、可決した。流通の総量を規制して、近年社会問題となっている海洋汚染の抑制を目指す。2021年に実施される見通し。

10.29　大気汚染、年間60万人の子ども死亡（世界）　世界保健機関（WHO）は、大気汚染を原因とする呼吸器疾患で死亡する15歳未満の子どもの数が2016年の1年間だけで約60万人に達したとする報告書を発表した。とりわけ、人口が急増するアジア・アフリカ地域では微小粒子状物質「PM2.5」などによる大気汚染が深刻化している。WHOの統計によれば、世界の15歳未満の子どもの93%が、WHOの基準値を超える有害大気下で生活しているという。

11.2 世界遺産に「奄美・沖縄」再挑戦（鹿児島県，沖縄県）　政府は、ユネスコ（国連教育科学文化機関）の世界遺産登録に向けて、自然遺産の「奄美大島、徳之島、沖縄島北部及び西表島」（鹿児島、沖縄両県）を国内候補として再推薦すると発表した。同候補は2017年2月にも推薦されたが、ユネスコの諮問を受けた国際自然保護連合（IUCN）は、多くの課題があるとして登録の延期を勧告。政府は2018年6月に推薦を取り下げていた。2019年2月までに推薦書を再提出し、2020年の登録を目指す。また、文化遺産の「北海道・北東北の縄文遺跡群」（北海道と青森・岩手・秋田の3県）も同年の登録を目指している。

11.4 ふくしま植樹祭（福島県）　福島県は、豊かな森を未来に引き継ぐことを目指す第1回「ふくしま植樹祭」を南相馬市鹿島区で開催した。3000人が参加し、約2万7000本を植樹。木々が成長して森林になると、津波から地域を守る防災林になるという。

11.7 ナラ枯れ被害が増加（日本）　林野庁は、松くい虫被害及びナラ枯れ被害について、2017年度の都道府県の発生状況を公表した。松くい虫被害は北海道を除く46都府県で発生し、被害量は前年度より約4万1000m^{2}減った。ナラ枯れ被害は新たに発生した2県を含む32府県で報告され、被害量は約9万3000m^2、前年度より約9000m^{2}増えた。

11.9 帰還困難区域で除染開始（福島県）　政府は今も放射線量が高く立ち入りが制限される福島県葛尾村の帰還困難区域の一部で除染を始めると発表した。

11.14 レッドリスト最新版（世界）　国際自然保護連合（IUCN）は、絶滅の恐れがある野生生物を記載した「レッドリスト」の最新版を発表した。世界の9万6951種のうち、2万6840種を絶滅危惧種とした。アフリカ中央部に生息するマウンテンゴリラは、これまで絶滅の恐れが最も強い「絶滅危惧1A類」に分類されていたが、密猟対策によって生息数が増えたとして危険度を1段階引き下げ、「絶滅危惧1B類」と評価した。また、世界の海に生息するナガスクジラも、商業捕鯨が禁じられたことで生息数が2倍に増えたため、「絶滅危惧1B類」から「絶滅危惧2類」へ危険度が1段階引き下げられた。

11.22 温室効果ガス年報、最高値を更新（世界）　WMO（世界気象機関）は、全球大気監視計画から得られた最新の解析によると、2017年の二酸化炭素、メタン、一酸化二窒素の地上での世界平均濃度は、それぞれ、解析開始以来の最高値を更新したと発表した。

11.23 温暖化影響「米国に45兆円の被害」（アメリカ）　米政府は、地球温暖化の米国への影響や対策の効果などをまとめた「国家気候評価書」を発表した。2015年以降、米国では温暖化に関連した山火事やハリケーンなどにより4000億ドル（約45兆円）近くの被害が出たと報告。温暖化に懐疑

的なトランプ大統領に反論し、温暖化対策や将来の被害を軽減するための適切な取り組みを促す内容となっている。

11.29 **2018年の気温、史上4番目の高さ**（世界）　国連の世界気象機関（WMO）は、2018年の気温は、産業革命前比で1度上昇し、史上4番目の高さとなる見通しだと発表した。12月2日開催の国連気候変動枠組み条約第24回締約国会議（COP24）を前に、地球温暖化に歯止めをかけるため行動を起こす必要が差し迫っていることを訴えた。

11.29 **飲料業界、「ペットボトル100％回収」計画**（日本）　飲料メーカーでつくる全国清涼飲料連合会は、家庭などから出るペットボトルを2030年度までに100％回収・リサイクルするとした「清涼飲料業界のプラスチック資源循環宣言」を発表した。プラスチックによる海洋汚染対策を推進する。

11.30 **ニュージーランド クジラ大量死**（ニュージーランド）　ニュージーランド自然保護省は、同国南島沖のチャタム島の浅瀬に約90頭のゴンドウクジラが打ち上げられ、うち50頭余りが死んだと発表。同国の海岸にクジラが打ち上がるのは24日以降5例目。病気や方向判断のミス、急激な引き潮など、詳しい原因は不明。専門家はニュージーランドで海水温が記録的に高い状況が続いている点を指摘し、海水温の上昇が関連しているとの見方を示している。

12.2 **「COP24」開催**（ポーランド）　カトヴィツェ（ポーランド）において、「気候変動枠組条約第24回締約国会議（COP24）」及び関連会合が開催された。米国の離脱表明の影響や温暖化対策を巡る締約国間の姿勢の違いで交渉が難航し、予定よりも延長して会議が続けられたが、16日にパリ協定を運用するためのルールとなる実施指針の採択に合意した。一方で、各国の温室効果ガス削減目標の引き上げなどは盛り込まれず、パリ協定の目標達成に向けた課題が表面化した形となった。

12.3 **世銀、気候変動対策に5年で22.7兆円拠出へ**（世界）　世界銀行は、気候変動対策資金として2021～25年に2000億ドル（約22兆7000億円）を拠出すると発表した。2020年までの5年間の倍額となる。2日に国連気候変動枠組み条約第24回締約国会議（COP24）がポーランドで開幕したのに合わせての発表。現在、気候変動対策資金の大半は再生可能エネルギーなどの温暖化対策へ投じられているが、今後は気候変動への適応支援を強化することこそ優先事項だと指摘した。

12.5 **世界CO_2排出量2.7％増**（世界）　2018年には化石燃料の燃焼などによる二酸化炭素（CO_2）の世界排出量が、2.7％増加する見通しだとする研究論文が、学術誌「地球システム科学データ」に発表された。地球温暖化対策の国際枠組み「パリ協定」の目標達成が危ぶまれていると指摘された。

12.5 **中国 緑化推進政策**（中国）　中国国家林業草原局は、「第13次5カ年計画（2016～20年）」の中で、引き続き農村の緑化・美化を強化し住みや

い農村をつくる構想を発表した。2020年を目処に、全国で農村緑化のカバー率30％を目指し、2万カ所の国家森林村をつくるという。

12.6 シャネル、ワニやヘビ革不使用（フランス）　フランスのファッションブランド・シャネルは、ワニやヘビなどの革を今後はバッグや靴、服に使わない方針を発表した。高品質の革を倫理にかなった方法で入手することがとても困難になってきたためという。他に、トカゲとエイといった家畜ではない動物から採取する「エキゾチックレザー」も不使用とした。

12.11 北極圏気温上昇（北極）　アメリカの米海洋大気局（NOAA）は2018年度版の年次報告書「北極圏報告カード」を公表。報告によると、地球温暖化により、北極圏の気温は前例のないペースで上昇しており、欧米で発生した極度の暴風雨など、地球全体で広範な環境変化を引き起こしているという。

12.13 レジ袋、有料でも「禁止」京都・亀岡、条例制定へ（京都府）　京都府亀岡市は、小売店にプラスチックのレジ袋の提供を禁止する条例を制定する方針を明らかにした。近年社会問題となっているプラスチックゴミの海洋汚染を受け「使い捨てプラスチックごみゼロのまちを目指す」とし、有料での提供も禁じる。全国でも初めての試み。2020年度中の施行を目指すという。

12.17 EU、車CO_2排出量30年に37.5％減（ヨーロッパ）　欧州議会と、EU加盟国でつくる閣僚理事会は、新車の乗用車に課す二酸化炭素（CO_2）排出量の新規制案について、2030年までに、2021年時点の排出削減目標から37.5％減らす内容で合意した。

12.19 「美しの森」選定の2カ所、管理「不適切」（群馬県）　総務省関東管区行政評価局は、林野庁が2017年度に選定した「美しの森お薦め国有林」について、現地を調査した結果、群馬県内の自然休養林の管理が不適切として、林野庁関東森林管理局に改善を求めた。「美しの森」は林野庁が国有林の中で優れた景観などを持つ森林として整備した「レクリエーションの森」のうち、山村地域の観光振興のために選定されたもの。全国93カ所あり、群馬県内は武尊（みなかみ町、片品村、川場村）と野反（中之条町）の自然休養林2カ所が指定されている。調査の結果、「バリアフリー遊歩道」という名目に反して倒木があり通れない道や、倒壊寸前の山小屋があるなどの不備が明らかになった。

12.20 木質バイオマスエネルギー利用動向（日本）　林野庁は、2017年分の「木質バイオマスエネルギー利用動向調査」を発表した。エネルギーとして利用された木質バイオマスの量はすべて前年比増。また、木質バイオマスを利用する発電機の数は264基と、前年から24基増えた。

12.26 日本、IWC脱退　商業捕鯨、来年7月から（日本）　政府は、鯨の資源管理をしている国際捕鯨委員会（IWC）からの脱退を表明した。反捕鯨国が

過半数を占めるIWCに加盟したままでは商業捕鯨の再開は難しいとし、脱退を視野に入れて検討。2018年内にIWCに通知し、2019年6月末に脱退。脱退後は南極海と太平洋で行っている調査捕鯨を中止し、同年7月から約30年ぶりに商業捕鯨を再開する。協調路線をとることの多い日本が国際機関から脱退するのは極めて異例。

12月　イヌワシ繁殖地再生へ 宮城で官民連携（宮城県）　国の天然記念物イヌワシの繁殖地として知られる宮城県・翁倉山周辺で、行政と民間企業の連携で森林計画を作り、イヌワシの繁殖地を再生する計画が12月発表された。日本自然保護協会によると、現在、国内に生息しているイヌワシは500羽ほど。近年は狩りに適した草地や獲物となる動物が減ったためか、雄と雌の「つがい」を見ることはなくなった。官民で森林の手入れを行うことでイヌワシを呼び戻すことを目指す。

この年　災害被害総額約1000億ドル（世界）　クリスチャン・エイドのキャット・クラマーの研究チームは、2018年甚大な被害をもたらした十大気象災害を選出し、その被害総額は約1000億ドル（約11兆円）にのぼるとの調査結果を発表した。最も経済的損失の大きかった災害はハリケーン「フローレンス」と「マイケル」で、損失額はそれぞれ170億ドル（約1兆8800億円）と150億ドル（1兆6600億円）」。また、米カリフォルニア州で相次いだ山火事、欧州の干ばつ、日本の豪雨災害の4つは、経済的損失額がいずれも70億ドル（約7700億円）を超えるという。

キーワード索引

キーワード一覧

アスベスト（石綿） …………………… 306	再生可能エネルギー ……………………… 314
諫早湾干拓 ………………………………… 306	里山 ………………………………………… 314
イタイイタイ病 …………………………… 306	砂漠化 ……………………………………… 315
ウナギ ……………………………………… 306	産業廃棄物 ………………………………… 315
エコツーリズム …………………………… 306	サンゴ礁 …………………………………… 315
越境汚染 …………………………………… 306	酸性雨 ……………………………………… 315
エネルギー ………………………………… 306	JCO臨界事故 ……………………………… 315
屋上・壁面緑化 …………………………… 306	資源循環 …………………………………… 315
尾瀬 ………………………………………… 306	自然エネルギー …………………………… 315
オゾン層 …………………………………… 306	自然破壊 …………………………………… 316
温室効果ガス・CO_2排出削減 ………… 306	自然保護 …………………………………… 316
カーボンオフセット ……………………… 309	持続可能な開発 …………………………… 318
海洋汚染 …………………………………… 309	自動車排出ガス …………………………… 318
海洋資源 …………………………………… 309	種の多様性 ………………………………… 318
外来種 ……………………………………… 309	循環型社会 ………………………………… 318
化学物質 …………………………………… 310	省エネ ……………………………………… 318
核兵器 ……………………………………… 310	植樹 ………………………………………… 318
川辺川ダム ………………………………… 310	食糧 ………………………………………… 318
環境アセスメント ………………………… 310	森林保護・問題 …………………………… 319
環境汚染 …………………………………… 310	水質汚染 …………………………………… 319
環境基本計画 ……………………………… 310	スギ花粉 …………………………………… 319
環境基本法 ………………………………… 310	生物多様性 ………………………………… 319
環境教育 …………………………………… 310	世界遺産 …………………………………… 321
環境再生 …………………………………… 310	絶滅危惧 …………………………………… 321
環境政策・環境対策全般 ………………… 311	先住民族 …………………………………… 322
環境保全 …………………………………… 311	草原再生 …………………………………… 322
干ばつ ……………………………………… 311	大気汚染 …………………………………… 322
間伐材活用 ………………………………… 311	竹活用 ……………………………………… 322
気候変動（異常気象） …………………… 312	タミフル …………………………………… 322
京都議定書 ………………………………… 312	ダム ………………………………………… 322
クールアイランド ………………………… 313	地域循環共生圏 …………………………… 322
熊本地震 …………………………………… 313	チェルノブイリ原発事故 ………………… 322
グリーンカーテン ………………………… 313	地球温暖化 ………………………………… 322
グリーン経済 ……………………………… 313	地方環境対策 ……………………………… 324
景観保存 …………………………………… 313	中間貯蔵施設 ……………………………… 325
血液製剤 …………………………………… 313	鳥獣被害・保護 …………………………… 325
原発 ………………………………………… 313	低公害車 …………………………………… 326
光害 ………………………………………… 313	低炭素社会 ………………………………… 326
光化学スモッグ …………………………… 313	伝染病 ……………………………………… 326
洪水 ………………………………………… 313	トキ保護 …………………………………… 326
国際環境協力・政策 ……………………… 313	土壌汚染 …………………………………… 327
災害廃棄物 ………………………………… 314	豊洲市場 …………………………………… 327
	トンネル塵肺 ……………………………… 327

新潟水俣病	327
農薬	327
バイオマス	327
廃棄物	328
排出権取引	328
パリ協定	328
PM2.5（微小粒子状物質）	328
ヒートアイランド	328
東日本大震災	328
病害虫被害・対策	328
福島第1原発事故（東日本大震災）	329
普天間基地騒音	331
辺野古海上基地建設	331
放射性廃棄物	332
放射性物質汚染	332
放置竹林・森林対策	332
放牧	333
捕鯨	333
ポスト京都議定書	333
マイクロプラスチック	333
マグロ	333
水環境	333
水俣病	333
森永ヒ素ミルク事件	333
もんじゅ（高速増殖炉）	333
モントリオール議定書	333
薬害エイズ（HIV）	333
薬害C型肝炎	334
薬害B型肝炎	334
山火事	334
八ッ場ダム	334
四日市ぜんそく	334
ラムサール条約	334
リサイクル	334
林業一般	334

【アスベスト（石綿）】
2007.3	アスベスト健康被害のリスク…
2008.3.28	厚生労働省が、アスベスト（…
2008.6	アスベストを扱う工場の周辺…
2009.1.23	１９６８年の南極観測隊に参…
2009.6.17	２００６年の「石綿による健…
2009.7.6	神奈川県の米海軍横須賀基地…
2010.5.19	大阪府泉南地域のアスベスト…
2011.8.25	大阪府泉南地域のアスベスト…
2012.12.5	建材用アスベスト（石綿）が…
2014.10.9	「大阪泉南アスベスト訴訟」…

【諫早湾干拓】
2008.6.27	国営諫早湾干拓事業による潮…
2010.12.6	国営諫早湾干拓事業で有明海…
2010.12.15	菅直人首相は、国営諫早湾干…
2011.6.27	国営諫早湾干拓事業を巡り、…
2013.11.12	国営諫早湾干拓事業の潮受け…
2013.12.20	国営諫早湾干拓事業の潮受け…

【イタイイタイ病】
2007.10.29	イタイイタイ病認定を却下さ…
2013.12.17	富山県・神通川流域で発生し…

【ウナギ】
2014.9.17	絶滅が危惧されるニホンウナ…
2017.3.31	環境省は「ニホンウナギの生…
2018.9.21	水産庁は、絶滅危惧種である…

【エコツーリズム】
2007.6.27	環境の保全性と持続可能性を…
2008.1.29	農林水産省・国土交通省が、…
2009.3.15	山梨県北杜市白州町を中心に…
2009.9.8	環境を保全しつつ、自然・文…
2010.2.2	農林水産省と観光庁が、第３…
2018.4.26	青森県は、農山漁村地域に滞…

【越境汚染】
2007.7	この夏、光化学スモッグ注意…
2009.9.9	環境省が「微小粒子状物質（…
2013.1.12	中国・北京市内の多くの観測…
2013.2.27	中国の大気汚染が深刻化し、…
2013.11.1	中国気象局が、同国の１〜１…
2015.11.20	国立環境研究所が「シベリア…

【エネルギー】
2008.2	石油価格の高騰を受け、フィ…
2008.3.3	原油価格が１９８０年４月に…
2008.4〜8	４月から８月にかけて原油価…
2008.5.30	「エネルギーの使用の合理化…
2008.6.8	アメリカのレギュラー・ガソ…
2008.7.1	インフレ調整後の原油価格が…
2008.9.30	アメリカ政府が、長期にわた…
2009.1.13	ロシアへのエネルギー依存か…
2009.2.25	０８年５月３０日に公布され…
2009.3.24	総合海洋政策本部会合で「海…
2009.4	横浜市が施設のエネルギー消…
2009.7.8	「石油代替エネルギーの開発…
2009.9.25	米・ピッツバーグで行われた…
2009.9	佐賀県玄海町の九州電力玄海…
2010.4.19	経済産業省が、２０３０年ま…
2010.6.18	エネルギーを巡る情勢の変化…
2010.7.15	国連環境計画（ＵＮＥＰ）が…
2010.12.13	ニューヨーク州は、飲料水の…
2010.(この年)	新エネルギー・産業技術総合…
2011.4.22	液体水素燃料電池で使用する…
2011.5.12	米国の外交文書がウィキリー…
2011.6.7	エネルギーシステムの歪みと…
2011.6.15	エネルギー・マネジメントシ…
2011.8.30	石油探査のために新たに開放…
2011.9.8	アメリカ大気研究センターが…
2011.12.21	エネルギー・環境会議が「基…

【屋上・壁面緑化】
2008.2.25	サントリーが、３月から環境…
2010.5.28	ＪＲ西日本が、大阪駅に２０…
2010.8.26	群馬県高崎市のＪＲ高崎駅ビ…

【尾瀬】
2007.8.30	福島・群馬・栃木・新潟の４…
2008.7.5	尾瀬でニホンジカによる食害…
2008.8.14	環境省は、ニホンジカによる…
2009.3.11	さいたま市で開かれた関係自…
2009.7.31	ニホンジカによる食害対策と…
2011.5.15	尾瀬国立公園の尾瀬ヶ原西端…
2013.9.2	尾瀬サミット２０１３が新潟…

【オゾン層】
2007.8.29	環境省は、オゾン層破壊物質…
2007.9.17	「オゾン層を破壊する物質に…
2007.10.1	「特定製品に係るフロン類の…
2011.4.7	北極上空のオゾン層破壊が記…
2014.9.10	国連環境計画（ＵＮＥＰ）と…
2018.2.6	スイス連邦工科大学チューリ…
2018.5.16	アメリカ海洋大気庁（ＮＯＡ…

【温室効果ガス・CO_2排出削減】
2007.1.22	アメリカの大手企業と環境団…

2007.2.20	欧州連合（EU）はベルギー…	2008.6.13	２００７年の世界全体のＣＯ…
2007.2.20	オーストラリアのマルコム・…	2008.6.25	国立環境研究所等が東アジア…
2007.3.29	ＣＯ₂排出量削減のために求…	2008.6.25	東京都内の大規模事業所にＣ…
2007.4.2	アメリカの連邦最高裁判所は…	2008.7.7	北海道洞爺湖町で第３４回主…
2007.4.4	カナダ、オーストラリア、ニ…	2008.7.9	北海道洞爺湖サミットが３日…
2007.5.8	日本政府は、世界のＣＯ₂な…	2008.7	２００８年７月に東京都が「…
2007.5.31	アメリカのジョージ・Ｗ．ブ…	2008.8.26	化石燃料関連の世界の補助金…
2007.5	国際連合地球温暖化防止条約…	2008.9.1	中国の製造メーカーが高まる…
2007.6.1	東京都が気候変動対策方針を…	2008.9.25	アメリカ北東部１０州が、同…
2007.6.6	第３３回主要国首脳会議（Ｇ…	2008.10.1	香川県が「森林の整備等によ…
2007.6.14	欧州連合（ＥＵ）は、ＥＵ加…	2008.10.8	消滅の危機が懸念されるイン…
2007.7.9	日本大学生物資源科学部の奥…	2008.10.8	ＣＯ₂の増加に伴い、従来の…
2007.7.10	北陸電力は敦賀火力発電所２…	2008.10.21	「低炭素社会づくり行動計画…
2007.7.12	１年後に迫った洞爺湖サミッ…	2008.10.30	北極と南極の氷の消失は、自…
2007.7.24	政府が進める地球温暖化対策…	2008.11.12	環境省が、２００７年度の温…
2007.7	チェコ・スロバキアなど欧州…	2008.11.19	環境省が自民党環境部会で、…
2007.8.8	日本政府は、２０１０年度の…	2008.12.11	米・カリフォルニア州が、同…
2007.8.20	三菱商事は、国内有数の林業…	2008.12.17	欧州連合（ＥＵ）が温暖化対…
2007.8.22	日本郵政グループは２００８…	2008.(この年)	ナイジェリアでは、ガスフレ…
2007.8.30	国連気候変動枠組み条約事務…	2009.1.16	海水の酸性化を緩和する炭酸…
2007.8.31	国連気候変動枠組み条約の作…	2009.1.23	三菱重工業が、温室効果ガス…
2007.9.16	ベネズエラのチャベス大統領…	2009.2.10	大気中のＣＯ₂増加による地…
2007.9.20	米政府のコノートン環境評議…	2009.2.24	ＣＯ₂の排出量と吸収量の追…
2007.9.20	世界的な消費の拡大、異常気…	2009.2.24	２０年までの温室効果ガス削…
2007.10.10	高知県議会は、県内のＣＯ₂…	2009.3.18	日本政府が、ウクライナ政府…
2007.10.29	ＥＵ、ニュージーランド、ノ…	2009.3.22	アメリカ航空宇宙局（ＮＡＳ…
2007.11.5	２００６年度の日本の温室効…	2009.3.31	政府が、京都議定書で定めら…
2007.11.22	ＮＥＣとＮＥＣビッグローブ…	2009.3	特定排出者に報告等を義務付…
2007.11.23	世界気象機関（ＷＭＯ）が２…	2009.4.15	九州電力と三菱商事は、福岡…
2007.11.27	欧州連合（ＥＵ）欧州委員会…	2009.4.30	環境省が、２００７年度の温…
2007.11.30	環境省はクールビズやエコド…	2009.4	神奈川県の地方税制等研究会…
2007.12.5	米上院環境公共事業委員会は…	2009.5.26	環境省が２００８年度のク…
2007.12.28	これまで中長期的な温室効果…	2009.5	島根県飯南町が、カーボンフ…
2008.1.17	ノルウェー与野党が、地球温…	2009.6.10	麻生太郎首相が記者会見で、…
2008.1.18	２００６年に３３０億ドルだ…	2009.6.19	三井物産が社有林のヒノキを…
2008.1.26	ダボス（スイス）で開催され…	2009.6.22	ハイドロフルオロカーボン類…
2008.1.28	衆院予算委員会で、福田康夫…	2009.7.9	米・サンフランシスコ市は、…
2008.2.6	中津川市の加子母林材振興会…	2009.8.3	１人当たりの炭素排出量につ…
2008.2.27	日本がロシアから温室効果ガ…	2009.8.14	省エネ技術の開発・普及を早…
2008.2.29	現行バイオ燃料用の作物栽培…	2009.9.7	都内で朝日新聞社主催の「朝…
2008.3.16	京都議定書の約束期間が始ま…	2009.9.10	欧州連合（ＥＵ）の欧州委員…
2008.4.21	炭素排出量に上限を設定した…	2009.9.15	世界銀行が２０１０年版『世…
2008.4.23	第４８次南極観測隊が、昭和…	2009.9.22	米・ニューヨークの国連本部…
2008.5.16	環境省が、２００６年度の温…	2009.10.6	国際エネルギー機関（ＩＥＡ…
2008.5.23	気象庁が、０７年の大気中の…	2009.10.6	ウガンダのナイル川流域再植…
2008.5.27	津江杉の総合林業会社トライ…	2009.10.15	国際エネルギー機関（ＩＥＡ…
2008.5.27	森林破壊による炭素排出を削…	2009.10.25	鳩山由紀夫首相が、タイでイ…
2008.6.9	福田康夫首相が、政府の温暖…	2009.10.30	経済産業省が、２００８年度…

2009.10	マングローブ林や藻場、塩性…
2009.11.5	２０年までの温室効果ガス削…
2009.11.10	国際エネルギー機関（ＩＥＡ…
2009.11.11	環境省が２００８年度の温室…
2009.11.13	ブラジル政府が２０２０年ま…
2009.11.17	０８年の世界の化石燃料燃焼…
2009.11.23	世界気象機関（ＷＭＯ）は、…
2009.11.25	米ホワイトハウスが、米国が…
2009.11.26	中国政府が、２０２０年まで…
2009.12.3	インド政府が、２０２０年ま…
2009.12.4	東京都港区が、国産材の活用…
2010.1.16	スペインで欧州連合（ＥＵ）…
2010.1.26	政府は、昨年１２月のＣＯＰ…
2010.2.3	米バラク・オバマ大統領が、…
2010.3.12	滋賀県が、温室効果ガスの排…
2010.3.18	カナダの企業がセメント工場…
2010.3.31	小沢鋭仁環境相が、温室効果…
2010.4.4	温暖化の影響で北半球の永久…
2010.4.15	環境省が２００８年度の日本…
2010.5.1	４億個の白熱電球を電球型蛍…
2010.5.12	気象庁が、２００９年の大気…
2010.5.13	アメリカ政府が、国内排出量…
2010.5.27	開発途上国における森林減少…
2010.6.2	２００８年に欧州連合（ＥＵ…
2010.6.8	経済産業省が、２０３０年の…
2010.6.18	経済産業省と環境省が、２０…
2010.6	新潟県が、２００９年度に年…
2010.7.9	環境省が、温室効果ガスの排…
2010.7.15	国連環境計画（ＵＮＥＰ）が…
2010.8.13	２００９年の世界のＣＯ₂排…
2010.10.7	７日までに国際エネルギー機…
2010.10.26	名古屋市で開催中の生物多様…
2010.11.2	潤沢な資金に支えられたキャ…
2010.11.5	海底地殻の生物活性を調査し…
2010.12.27	環境省が２００９年度の温室…
2010.12	横浜市が、市内の家庭でのＬ…
2011.2.17	国産食品を選ぶことで、輸送…
2011.4.3	福島第１原発事故を受け、原…
2011.4.19	環境ＮＧＯ「気候ネットワー…
2011.4.26	環境省が２００９年度の温室…
2011.5.26	パナソニックが、神奈川県藤…
2011.5.30	国際エネルギー機関（ＩＥＡ…
2011.6.2	気象庁が、２０１０年の大気…
2011.6.23	企業や団体などが整備した森…
2011.7.12	ＣＯ₂排出量１トンが最大で…
2011.7.15	世界の森林が１９９０年から…
2011.7.25	富士山頂で、大気中のＣＯ₂…
2011.10.1	東京都港区が、建築物等への…
2011.10.19	世界最大級の２８５の機関投…
2011.11.9	経済産業省で産業界の温暖化…
2011.11.21	世界気象機関（ＷＭＯ）は、…
2011.12.5	国立環境研究所などが参加す…
2011.12.5	南アフリカのダーバンで開催…
2011.12.13	環境省が２０１０年度の温室…
2012.6.8	福島第１原発事故後の温室効…
2012.(この年)	２０１２年度から経済産業省…
2013.2.15	現行の地球温暖化対策が京都…
2013.4.9	アジア開発銀行（ＡＤＢ）が…
2013.4.12	環境省が、２０１１年度の国…
2013.5.17	「地球温暖化対策の推進に関…
2013.6.26	バラク・オバマ米国大統領が…
2013.6.26	東京都が２０１０年４月に「…
2013.8.1	全国の電力１０社による２０…
2013.11.6	世界気象機関（ＷＭＯ）が、…
2013.11.8	２０２０年までの日本の温室…
2013.11.11	「国連気候変動枠組条約」第…
2013.11.15	政府の地球温暖化対策推進本…
2013.11.15	外務省が「攻めの地球温暖化…
2013.11.17	２００８年から２０１２年ま…
2013.12.3	関西カーボン・クレジット推…
2014.4.13	国連気候変動に関する政府間…
2014.4.15	環境省が、２００８年から２…
2014.5.26	気象庁が、２０１３年の二酸…
2014.8.7	火力発電所や工場などの排出…
2014.9.12	長崎県平戸市が、二酸化炭素…
2014.10.23	ＥＵの首脳会議がベルギー・…
2014.11.12	バラク・オバマ米国大統領と…
2014.12.1	「国連気候変動枠組条約」第…
2014.12.4	環境省が、２０１３年度の日…
2015.2.12	森林総合研究所が、熱帯雨林…
2015.2.16	「国連気候変動枠組み条約」…
2015.2.25	欧州委員会が、２１世紀末の…
2015.5.7	米海洋大気局（ＮＯＡＡ）が…
2015.6.11	ドイツ・ボンで開催されてい…
2015.6.30	李克強・中国首相が「国連気…
2015.7.17	政府の地球温暖化対策推進本…
2015.7	インドネシアのカリマンタン…
2015.8.5	森林総合研究所、東京大学生…
2015.10.30	「国連気候変動枠組み条約」…
2015.11.26	環境省が、２０１４年度の日…
2015.12.1	宇宙航空研究開発機構（ＪＡ…
2016.5.13	政府が、地球温暖化対策を総…
2016.10.15	オゾン層の保護に関する国際…
2016.10.24	気象庁が、２０１５年の主要…
2016.12.6	環境省が、２０１５年度の日…
2017.1.20	トランプ米大統領は、オバマ…
2017.3.10	環境相は、ＪＦＥスチールと…

2017.3.23	関西電力と東燃ゼネラル石油…
2017.4.4	科学者らで作る国際ＮＧＯ「…
2017.4.13	環境省は、２０１５年度の温…
2017.5.16	市民団体「石炭火力を考える…
2017.7	７月６日、フランスの環境連…
2017.10.10	アメリカ政府は、火力発電所…
2018.3.2	地球温暖化ガスの排出抑制に…
2018.4.8	経済協力開発機構（ＯＥＣＤ…
2018.4.13	国連の国際海事機関（ＩＭＯ…
2018.5.7	豪シドニー大学は、世界の温…
2018.6.21	環境保護団体「環境防衛基金…
2018.7.12	日本生命保険は、国内外の大…
2018.8.1	米ハワイ大学マノア校の研究…
2018.9.10	環境保護団体「環境防衛基金…
2018.9.17	ドイツで燃料電池を使った列…
2018.11.22	WMO（世界気象機関）は、…
2018.12.5	２０１８年には化石燃料の燃…
2018.12.17	欧州議会と、ＥＵ加盟国でつ…

【カーボンオフセット】

2008.2.10	新宿区内で発生する二酸化炭…
2008.11.14	環境省が、企業活動などで出…
2009.3.18	林野庁と環境省が、森林経営…
2009.4.21	音楽家の坂本龍一が代表を務…
2010.3.6	排出したCO_2を植林や森林…
2010.4	富山市が森林組合と共同で市…
2011.1	東京都足立区が、自治体間カ…
2011.5.11	北海道の総合リース会社・中…

【海洋汚染】

2007.5.30	「海洋汚染及び海上災害の防…
2007.6.14	２０００年に採択された「２…
2007.10.2	「１９７２年の廃棄物その他…
2007.11.11	ロシアとウクライナを隔てる…
2007.12.7	韓国の大山港沖に停泊してい…
2008.8.15	世界の海洋と沿岸海域で、主…
2009.10.20	環境省が「日本周辺海域にお…
2010.4.20	米南部ルイジアナ州沖約８０…
2010.12.15	米司法省による、メキシコ湾で４…
2017.6.5	海の持続的利用や資源保全に…
2018.3.22	オランダのＮＰＯ「オーシャ…
2018.6.8	世界自然保護基金（ＷＷＦ）…
2018.8.3	チリで、商業分野でのプラス…
2018.10.19	環境省は、「プラスチック資…
2018.10.24	欧州連合（ＥＵ）の欧州議会…
2018.11.29	飲料メーカーでつくる全国清…
2018.12.13	京都府亀岡市は、小売店にプ…

【海洋資源】

2007.9.19	乱獲により減少している本マ…
2010.2.12	回遊性のサメ７種を密漁や海…
2011.2.1	東京大学大気海洋研究所と水…
2011.2.18	南極海で調査捕鯨団が反捕鯨…

【外来種】

2009.4	外来種であるセイヨウミツバ…
2009.5.23	環境省の特定外来生物に指定…
2009.6.22	国内では沖縄本島と奄美大島…
2009.8.12	岩崎敬二・奈良大教授らの調…
2009.8.16	米テネシー・ノースカロライ…
2009.12.8	「特定外来生物による生態系…
2010.6.26	鳥取砂丘で外来植物が急増し…
2010.11.5	西日本に生息する淡水ガメの…
2011.9.9	アメリカで、アオナガタマム…
2013.3.30	環境省は外来生物の規制を強…
2013.12.5	国土交通省が「河川における…
2014.2.19	環境省の専門家会合が、アカ…
2014.3.20	滋賀県、琵琶湖沿岸６市、漁…
2014.3.26	日本自然保護協会が２０１３…
2014.10.28	環境省生物多様性センターの…
2014.11.7	環境省と農林水産省の専門家…
2015.1	環境省がツマアカズズメバチ…
2015.1.22	国立環境研究所が、全国の湖…
2015.3.26	環境省と農林水産省が、「我…
2015.12.8	環境省が、特定外来生物であ…
2016.4.22	環境省が、北海道及び南西諸…
2016.5.10	特定外来生物であるツマアカ…
2016.5.13	生態系被害防止外来種リスト…
2016.8.31	米軍普天間飛行場（沖縄県宜…
2017.3.9	環境省と農林水産相が外来種…
2017.5.28	東京都は、２０１６年度前年…
2017.5	農林業に害を及ぼす鳥獣を駆…
2017.6.9	５月２６日に兵庫県尼崎市の…
2017.6.26	環境省は、大阪市住之江区の…
2017.8.2	学識経験者や行政の関係者ら…
2017.9.1	環境省は、本州以南に生息す…
2017.9.13	白神山地世界遺産地域連絡会…
2017.10.12	東北などの研究チームは、…
2017.10.31	警視庁生活環境課は、特定外…
2017.11.21	環境省は、クビアカツヤカミ…
2018.1.30	兵庫県は、イノシシやシカを…
2018.5.18	農林水産省は、捕獲した野生…
2018.7	日本霊長類学会は７月、特定…
2018.9.5	環境省は、特定外来生物のア…
2018.10.18	鳥獣害を考える「野生動物対…

【化学物質】

2007.6.1	欧州連合（EU）は、人の健…
2007.8.2	新エネルギー・産業技術総合…
2007.8.9	米玩具大手マテルが２００７…
2007.8.22	中国では２大汚染指標（二酸…
2007.10.29	新エネルギー・産業技術総合…
2008.5.23	国内最大の食品公害・カネミ…
2008.(この年)	欧州委員会（EC）が、「化…
2009.2.20	第２５回ＵＮＥＰ管理理事会…
2009.4.20	台湾油症の被害者を支援する…
2009.10.1	購入した新築マンションの部…
2009.10.1	「特定化学物質の環境への排…
2009.10.13	中国最大の鉛精錬工場地帯で…
2009.11.10	アメリカ４７州の湖沼や貯水…
2010.4.1	「特定化学物質の環境への排…
2010.4.1	２００９年に改正された「化…
2010.4.1	２００９年に改正された「土…
2010.5.24	０３年８月に中国黒竜江省チ…
2010.10.21	米・ＧＭ（ゼネラルモーター…
2010.(この年)	新エネルギー・産業技術総合…
2011.1.14	水銀やＰＣＢなど、複数の毒…
2011.1.24	国連環境計画（ＵＮＥＰ）の…
2011.1	化学物質が子どもの健康に与…
2011.3.4	約４万人の科学者と臨床医が…
2011.6.1	欧州連合（EU）が、内分泌…
2011.6.7	妊婦、胎児、子どもが多種多…
2018.4.6	６～８日、シリア・アサド政…

【核兵器】

2010.12.22	アメリカ上院がロシアとの「…
2018.1.25	米誌「ブレティン・オブ・ジ…
2018.4.20	北朝鮮は朝鮮労働党中央委員…

【川辺川ダム】

2008.9.11	蒲島郁夫・熊本県知事が熊本…
2008.10.28	国土交通省が熊本県相良村で…
2009.9.17	鳩山由紀夫首相が、群馬県の…

【環境アセスメント】

2007.3.27	環境省が設置した戦略的環境…
2007.4.5	環境省が、第三次環境基本計…
2008.1	イタリアが政令により、ＳＥ…
2008.3	「千葉県計画段階環境影響評…
2008.4	国土交通省が「公共事業の構…
2008.6	環境省総合環境政策局長の依…
2009.7	２００８年６月の設置以来、…
2010.3.19	「環境影響評価法（アセス法…
2013.5.21	環境省が『鳥類の農薬リスク…
2014.6.5	環境省が「東海旅客鉄道株式…

2018.3.29	中川雅治環境相は、長崎県五…
2018.4.4	経済産業省は、神戸製鋼所が…
2018.7.3	環境省は、大規模な太陽光発…

【環境汚染】

2007.10.29	環境汚染などが原因とみられ…

【環境基本計画】

2011.4	愛媛県内子町が、全部署で環…
2017.10.16	環境省と経済産業省は、「水…
2017.10.30	環境省は、国際的な環境協定…
2017.11.8	経団連は、「企業行動憲章」…
2017.11.22	北九州市は、２０２１年度ま…
2017.11.23	環境省の検討会は、地球温暖…
2018.4.17	環境省は、第五次環境基本計…
2018.6.15	政府は国連が掲げる「持続可…
2018.7.3	政府は、中長期のエネルギー…

【環境基本法】

2017.1.20	トランプ米大統領は、オバマ…
2017.2.7	政府は、国など公共機関が地…
2017.6.1	トランプ大統領は、温暖化対…
2017.11.22	政府・与党は、森林管理の財…
2017.11	６日から１７日まで、ドイツ…

【環境教育】

2007.6.27	改正「学校教育法」が公布さ…
2007.9.30	「学校教育法」「教育基本法」…
2008.3.30	林野庁の「遊々の森」事業を…
2008.4.5	滋賀県高島市が、森林公園「…
2008.10	三重県松阪市の私立三重中学…
2008.12.21	園舎を設けず、森の中で子ど…
2009.2.19	環境省が、環境教育の出前教…
2009.3.21	生物多様性が失われつつある…
2009.5.11	宮城県気仙沼市でカキ養殖業…
2010.11.15	林野庁屋久島森林管理署は、…
2011.7.25	鳥取県内の森林を保育・幼児…

【環境再生】

2010.6.19	２０００年６月の三宅島（東…
2011.4.22	７万本の松が津波に流された…
2011.4.22	１５日に成立した「森林法」…
2011.4.28	林野庁が「東日本大震災に係…
2011.5.1	ＮＰＯ「ふくい災害ボランテ…
2011.5.19	東日本大震災による津波で沿…
2011.5.21	第１回「東日本大震災に係る…
2011.6.19	第２回「東日本大震災に係る…
2011.6.25	東日本大震災復興構想会議が…
2011.7.6	第３回「東日本大震災に係る…

2011.7.31	津波で流された沿岸部の森を…	2011.4.22	１５日に成立した「森林法」…
2011.7	震災で大量に発生したがれき…	2011.5.22	ブリティッシュ・コロンビア…
2011.9	環境省中央環境審議会自然環…	2011.6.7	エネルギーシステムの歪みと…
2011.12.7	「東日本大震災復興特別区域…	2011.6.25	東日本大震災復興構想会議が…
2011.12.8	第４回「東日本大震災に係る…	2011.11.9	保守的な経済界や共和党から…
2011.12.13	復興のシンボルとなっていた…	2011.12.7	「東日本大震災復興特別区域…
2011.12.14	住友林業が、岩手県陸前高田…	2011.12.10	地球温暖化対策のための税の…
2014.4.4	国土交通省が「美しい山河を…	2011.12.21	エネルギー・環境会議が「基…
2016.3.4	東北大学、京都大学、九州大…	2011.12.22	北海道下川町、岩手県釜石市…
2016.3.17	環境省が、「生態系を活用し…	2011.12	東京都が都政運営の新たな長…
2017.5.27	東日本大震災の津波被害に遭…	2012.4.27	政府は政府の新たな環境基本…
		2012.5	福井県勝山市で第２０回環境…

【環境政策・環境対策全般】

2007.2.8	富山市と青森市の中心市街地…	2014.6.6	政府が『平成２６年版　環境…
2007.3.9	政府は「安定供給の確保」「…	2015.9.8	旭硝子財団が、地球環境の悪…
2007.3.15	経済産業省と環境省が「公害…	2017.1.18	山口県宇部市ときわ湖水ホー…
2007.4.1	石川県金沢市で「公共交通利…	2017.5.25	環境自治体会議しほろ会議実…
2007.4.20	海洋に関する施策を総合的か…	2017.11.20	環境首都創造ＮＧＯ全国ネッ…
2007.5.23	「国及び独立行政法人等にお…		

【環境保全】

2007.5.23	第１５回環境自治体会議が愛…	2007.10.12	国連が採択した「先住民族の…
2007.6.1	安倍晋三首相が施政方針演説…	2011.5.30	７月の富士山の山開きを控え…
2007.6.5	『環境・循環型社会白書　平…	2012.1.26	屋久島の環境を保全する財源…
2007.7.3	２０日に施行される「海洋法…	2012.6.20	リオデジャネイロ（ブラジル…
2008.1.10	環境省が平成１８年度の「環…		

【干ばつ】

2008.1.29	農林水産省が、２００７年１…	2007.7.9	気候変動の影響で、高温と降…
2008.2.7	名古屋市では、環境に配慮し…	2007.7.22	中国各地で豪雨による被害が…
2008.4.25	朝日新聞社が主催し、優れた…	2007.7	アメリカ中西部は過去１００…
2008.5.19	環境省は、地球・人間環境フ…	2007.10	少雨の影響で東部は深刻な干…
2008.7.4	全国総合開発計画に代わる新…		

【間伐材活用】

2008.9.11	群馬県みなかみ町が「みなか…	2007.12	滋賀地方自治研究センターの…
2008.11	バラク・オバマ米大統領が、…	2008.2.11	広島県三次市十日町の県立総…
2008.12.26	環境省が、２００７年度の「…	2008.4.13	奈良県川上村の環境教育施設…
2009.1.9	農林水産省が、生物多様性保…	2008.8.31	四国中央市の製紙原料卸会社…
2009.3.27	税制のグリーン化を初めて明…	2008.10.9	福井県で杉の間伐材を使って…
2009.4.20	環境対策を実行しながら経済…	2008.12.28	国内の森を伐採した端材を原…
2009.4.22	朝日新聞社が主催し、優れた…	2009.1.17	九州森林管理局長崎森林管理…
2009.4.23	林野庁が、２００９年度の国…	2009.1.31	佐賀県佐賀市内で、間伐材を…
2009.4	愛媛県内子市が、転入者に住…	2009.4	宮崎県が都城市のコンクリー…
2009.5.15	政府の追加景気対策の一つと…	2009.5.18	東芝が林業の盛んな大分県日…
2009.6.2	政府が２００９年版『環境…	2009.6.30	福井県はシカやサルなどによ…
2009.7.31	内閣府が今年度に実施した「…	2009.7	栃木県那須町の荒廃した山林…
2009.9.9	有識者へのアンケートをもと…	2009.12.7	中越パルプ工業（本社・東京…
2010.1.1	米・ワシントンＤ．Ｃ．で「…	2009.12.24	静岡県松崎町が間伐材で漁礁…
2010.1.29	中央環境審議会が「今後の効…	2009.12.26	静岡市葵区の有東木地区に、…
2010.6.1	政府が２０１０年版『環境・…	2010.1.24	京都府の南西部に位置する乙…
2010.11	ＩＳＯ（国際標準化機構）が…	2010.2.11	三重県産のスギやヒノキの端…
2011.1.3	北半球で天候や気候に多大な…	2010.4	神奈川県企業庁とＮＰＯ「オ…
2011.3.27	ドイツ南西部バーデン・ビュ…		
2011.4.8	東日本大震災の影響で、東京…		

2011.3.5	愛知県豊田市旭地区で、「旧 …
2011.6.6	愛知県豊田市旭地区で３月に …
2011.8.25	日本最大手のバス製造会社ジ …
2011.9.2	岩手県内の小水路に試験導入 …
2011.10.1	高知県嶺北地域の土佐町・本 …
2011.(この年)	２０１１年度から、林野庁が …
2012.1.18	被災地の里山の間伐材を薪と …

【気候変動（異常気象）】

2007.2.1	気象庁は、世界の１月の月平 …
2007.2.16	「気候変動に関する世界市長 …
2007.3	イギリスが気候変動防止のた …
2007.4.17	国際連合安全保障理事会で、 …
2007.6	モンスーンによる影響で近年 …
2007.7.9	気候変動の影響で、高温と降 …
2007.7.24	６月２４日と２５日の雨の影 …
2007.7.24	欧州が異常気象に襲われルー …
2007.7	アメリカ中西部は過去１００ …
2007.8.7	中国南東部に相次いで台風が …
2007.8.10	世界気象機関（WMO）は、…
2007.8.16	午後２時２０分に岐阜県多治 …
2007.8	欧州南部ではスペイン、ポル …
2007.9.3	気象庁は２００７年の６～８ …
2007.12.3	「第１３回国連気候変動枠組 …
2008.3.10	欧州連合（EU）の執行機関 …
2008.5.2	サイクロン「ナルギリス」に …
2008.7～9	２００８年の夏、各地で短時 …
2008.(この年)	２００８年は８年ぶりに日本 …
2009.2.7	中国北部で発生した過去半世 …
2009.3.27	１９６５年以来最悪の洪水に …
2009.6.2	２００７～０８年の干ばつで …
2009.6～8	２００９年の夏は全国的に天 …
2009.11	０９年１１月、気候変動に関 …
2009.12.16	２００９年に自然災害で居住 …
2010.1.20	１月１７日、気候変動に関す …
2010.3.22	過去数十年間で最悪の干ばつ …
2010.7.7	０９年１１月、英国イースト …
2010.7.16	ロシアで記録的な猛暑が続き …
2010.7.25	全国的な猛暑が続き、岐阜県 …
2010.8.6	モンスーンによる洪水がパキ …
2010.9.3	気象庁の異常気象分析検討会 …
2010.9.6	気候変動に関連した異常な降 …
2010.11	環境省が「気候変動適応の方 …
2010.12.21	気象庁は、１０年の台風発生 …
2011.1.18	大洪水の原因は気候変動だと …
2011.2.17	世界自然保護基金（WWF）…
2011.2.17	CO_2などの温室効果ガスの …
2011.2.23	海洋研究開発機構などの研究 …
2011.3.29	記録的な干ばつにより、アマ …
2011.5.24	イギリスのチャールズ皇太子 …
2011.7.20	過去６０年で最悪の干ばつに …
2011.7	タイ北部・中部で７月から５ …
2011.8.2	アメリカ農務省と専門家に …
2011.8.25	米コロンビア大学の研究チー …
2011.12.21	フィリピンで、台風に伴う洪 …
2012.8	埼玉県熊谷市、同商工会議所 …
2012.11.20	ドーハ（カタール）で「国連 …
2013.2.12	海洋研究開発機構が、地球温 …
2013.6	ドナウ川流域を中心に、中央 …
2013.7.12	気象庁が『気候変動監視レポ …
2013.8.12	日本各地が猛暑となり、高知 …
2013.8.30	気象庁が、従来の警報の発表 …
2013.9.2	気象庁が「平成２５年（２０ …
2014.3.17	環境省の研究プロジェクトチ …
2014.6.6	環境省が、地球温暖化の影響 …
2014.8.19	この日の夜から２０日明け方 …
2014.12.12	環境省と気象庁が、地球温暖 …
2015.9.9	線状降水帯が発生した影響で …
2015.11.27	「気候変動の影響への適応計 …
2016.1.24	日本上空に非常に強い寒気が …
2016.8.1	気象庁が、迅速な安全確保行 …
2016.9.23	気象庁気象研究所が、地球温 …
2016.11.8	世界気象機関（WMO）が、…
2017.12.19	ダートマス大学の研究チーム …
2018.1.18	国連の世界気象機関（WMO …
2018.1.25	米誌「ブレティン・オブ・ジ …
2018.5.15	国際エネルギー機関（IEA …
2018.7	東の太平洋高気圧と西のチベ …
2018.9.11	国連世界食糧計画（WFP）…
2018.10.5	ストックホルム大などの国際 …
2018.10.10	国連は、気候変動が原因の災 …
2018.10.10	英オックスフォード大学のチ …
2018.11.23	米政府は、地球温暖化の米国 …
2018.11.29	国連の世界気象機関（WMO …
2018.12.3	世界銀行は、気候変動対策資 …
2018.12.11	アメリカの米海洋大気局（N …
2018.(この年)	クリスチャン・エイドのキャ …

【京都議定書】

2007.5	フィリピンの国営土地銀行は …
2007.12.3	第１３回国連気候変動枠組み …
2007.12.13	環境省と経済産業省の合同審 …
2008.1.1	京都議定書の第１約束期間が …
2008.2.6	環境省が、２００８年度の京 …
2008.2.8	環境省と経済産業省の合同審 …
2008.3.28	京都議定書で約束した温室効 …
2009.2.24	２０年までの温室効果ガス削 …
2009.4.30	環境省が、２００７年度の温 …

2010.2.1	ポスト京都議定書…		2011.7.11	全国の原子力発電所を対象に…
2011.12.12	カナダ政府が、先進国に温室…		2011.7.13	菅直人首相が記者会見を開き…
			2012.4.6	政府は原子力発電所を巡る関…
【クールアイランド】			2012.4.28	住民の生命・財産を守る首長…
2008.6.13	環境省が、皇居外苑のクール…		2012.5.4	北海道電力泊原発3号機が定…
			2012.10.4	欧州連合（EU）の執行機関…
【熊本地震】			2017.5.17	インド政府は、国産の原発1…
2016.5.1	熊本県が、4月に発生した熊…		2017.9.11	大手電力と新電力の計42社…
2016.9.12	熊本地震を受けて耐震基準の…		2017.12.13	広島高等裁判所は、愛媛県伊…
【グリーンカーテン】			**【光害】**	
2007.10.22	神奈川県環境科学センターが…		2009.1.7	超高層ビルや自動車などの反…
【グリーン経済】			**【光化学スモッグ】**	
2010.4.26	環境省が地球温暖化対策と経…		2007.7	この夏、光化学スモッグ注意…
2015.7.24	環境省が『環境産業の市場規…			
2016.3.30	宮城県漁業協同組合志津川支…		**【洪水】**	
2016.6.1	静岡県西部の110の企業や…		2007.6	モンスーンによる影響で近年…
2017.11.8	経団連は、「企業行動憲章」…		2007.7.22	中国各地で豪雨による被害が…
			2007.7.24	6月24日と25日の雨の影…
【景観保存】				
2007.3.13	京都市議会は、古都の景観を…		**【国際環境協力・政策】**	
2007.4.24	広島県福山市の鞆港の保存派…		2007.3	欧州連合（EU）欧州委員会…
2008.10.7	NPO法人「日本で最も美し…		2007.12.3	世界初の水に関する首脳級会…
2009.10.1	瀬戸内海国立公園の景勝地…		2008.1	欧州連合（EU）が「気候・…
2010.9.27	農山村の景観・文化の保全に…		2008.3.18	7月の北海道洞爺湖サミット…
2011.5	京都三山で「ナラ枯れ」の被…		2008.4.1	アジア太平洋資料センター（…
2011.6.11	環境保全型農業のあり方が評…		2008.5.24	神戸市で主要国（G8）環境…
2013.5.12	京都市が、小倉百人一首で知…		2008.5.29	ボン（ドイツ）で開催された…
2013.7.28	徳島県三好市の祖谷ふれあい…		2008.5.30	ボン（ドイツ）で開催された…
2014.1.8	九州のフットパスコースの質…		2008.7.7	北海道洞爺湖町で第34回主…
2014.2.5	京都府宮津市の商工会議所な…		2008.7.9	北海道洞爺湖サミットが3日…
2014.7.26	兵庫県朝来市が、国史跡「竹…		2008.7.22	世界銀行の内部監査結果が公…
2016.2.15	広島県福山市の景勝地「鞆の…		2008.10.15	2010年10月に名古屋市…
2016.6.28	国の名勝「天竜峡」に指定さ…		2008.10.27	国連が「越境地下水条約」案…
			2008.11.6	「モントリオール・プロセス…
【血液製剤】			2008.12.24	国際協力機構（JICA）と…
2008.3.3	薬害エイズ事件で業務上過失…		2008.(この年)	欧州委員会（EC）が、「化…
2013.11.26	エイズウイルス（HIV）に…		2009.2.20	第25回UNEP管理理事会…
			2009.4.22	イタリアのシラクサで「G8…
【原発】			2009.5.22	北海道占冠村トマムで第5回…
2007.11.9	イギリスでは22基の原子力…		2009.10.13	「生物多様性条約」第10回…
2010.9.23	東京電力が福島第1原発3号…		2009.10.25	鳩山由紀夫首相が、タイでイ…
2011.3.26	福島第1原発事故を受け、ド…		2009.12.22	政府は来年10月に名古屋市…
2011.3.27	ドイツ南西部バーデン・ビュ…		2010.1.6	「生物多様性条約」の「ポス…
2011.5.14	政府の要請を受け、中部電力…		2010.2.12	回遊性のサメ7種を密漁や海…
2011.5.25	スイス政府は、2034年ま…		2010.2.23	「生物多様性条約」事務局が…
2011.5.30	ドイツ・メルケル政権与党の…		2010.4.1	2008年10月1日の国際…
2011.6.6	ドイツ政府は、国内17基の…		2010.5.10	生物多様性条約事務局が、世…
2011.6.28	東京電力の定時株主総会が開…			

2010.5.19	ナイロビで開催された「生物…	2012.7.10	木質バイオマスを燃料に使う…
2010.5.21	「生物多様性条約」第10回…	2012.10	福島県南相馬市が「南相馬市…
2010.5.27	開発途上国における森林減少…	2012.12.14	経済産業省が、4～11月に…
2010.9.18	遺伝資源の利用と利益配分に…	2013.3	長崎県飯田市が「飯田市再生…
2010.9.22	国連本部で生物多様性の保全…	2013.5.11	環境自治体会議環境政策研究…
2010.10.11	名古屋市の名古屋国際会議場…	2014.1.1	鳥取県の日南町で低炭素社会…
2010.10.18	名古屋市の名古屋国際会議場…	2014.1.14	ドイツのエネルギー水道事業…
2010.10.19	名古屋市で開催中の生物多様…	2014.1.29	大分県由布市が「由布市自然…
2010.10.21	名古屋市で開催中の生物多様…	2014.7.22	朝日新聞に、全国の自治体の…
2010.10.22	国連大学高等研究所が日本各…	2014.9.24	九州電力が、電力の需給バラ…
2010.10.26	名古屋市で開催中の生物多様…	2014.11.12	朝日新聞が、政府が4月に閣…
2010.10.30	名古屋市で開催された生物多…	2015.1.22	資源エネルギー庁が、「電気…
2010.12.20	国連総会が、生物多様性の損…	2015.3.10	農林水産省の「今後の農山漁…
2011.1.24	国連環境計画（UNEP）の…	2015.4.3	環境省が、2030年に国内…
2011.2.21	国連環境計画（UNEP）の…	2015.4	岩手県釜石市が、スマート復…
2011.5.9	2010年10月に名古屋市…	2017.3.15	東京電力ホールディングス、…
2011.11.28	南アフリカのダーバンで、国…	2017.3.31	ＪＢＩＣと東和銀行は、群馬…
2011.12.8	南アフリカのダーバンで開催…	2017.4.1	長野県伊那市にある「高遠発…
2011.(この年)	2011年の干支にちなみ、…	2017.4.11	第1回再生可能エネルギー・…
2015.9.25	「国連持続可能な開発サミッ…	2017.9.11	大手電力と新電力の計42社…
2016.5.15	「第42回先進国首脳会議（…	2017.12.7	アブラヤシの実からとれる「…
2016.11.7	熱帯林の保全と熱帯木材の持…	2017.12.25	林野庁は、「木質バイオマス…
		2017.12.26	第2回再生可能エネルギー…

【災害廃棄物】

2011.5.19	東日本大震災による津波で沿…	2018.3.6	経済産業省は、化石燃料を使…
2011.6.16	農林水産省が、東日本大震災…	2018.3.20	環境省は、再生可能エネルギ…
2011.7	震災で大量に発生したがれき…	2018.3.28	ソフトバンクグループの孫正…
2011.8.12	「東日本大震災により生じた…	2018.3.29	中川雅治環境相は、長崎県五…
2011.9.8	農林水産省が、東日本大震災…	2018.4.8	経済協力開発機構（ＯＥＣＤ…
2012.3.13	環境省は東日本大震災で発生…	2018.5.9	米カリフォルニア州は、20…
2014.3.26	環境省は、東日本大震災で発…	2018.8.29	米カリフォルニア州議会の下…
2014.3.31	環境省が「災害廃棄物対策指…	2018.9.12	経済産業省は、太陽光発電の…
2015.1.30	岩手県は東日本大震災で発生…	2018.10.4	ハーバード大学の研究チーム…
2016.4.14	熊本県熊本地方を震源とする…	2018.10.13	九州電力は、再生可能エネル…
		2018.12.20	林野庁は、2017年分の「…

【再生可能エネルギー】

【里山】

2007.3.9	欧州連合（EU）は首脳会談…	2008.9.16	金沢市高岡町の市文化ホール…
2008.2.27	2007年に再生可能エネ…	2008.10.15	国連大学高等研究所などが企…
2008.8.8	中国で北京オリンピックが開…	2009.4.23	石川県は今年度、県内の「里…
2008.11.26	バチカンが主要建造物に電力…	2009.7.25	東京・青山の国連大学本部か…
2008.11	愛媛県松山市が、自治体初の…	2009.12.7	中越パルプ工業（本社・東京…
2008.12.17	欧州連合（EU）が温暖化対…	2010.8.18	政府は、世界各地の里山をつ…
2009.1.26	国際再生可能エネルギー機関…	2010.10.19	名古屋市で開催中の生物多様…
2010.3.14	中東および北アフリカが再生…	2010.10.20	名古屋市で開催中の生物多様…
2011.5.31	環境省が、再生可能エネルギ…	2010.10.22	国連大学高等研究所が日本各…
2011.8.26	参院本会議で、「電気事業者…	2010.12.3	衆院本会議で「地域における…
2011.9.15	アメリカ軍が、再生可能エネ…	2011.1.4	新潟県の谷本正憲知事が年頭…
2012.3	福島県では2011年3月に…	2011.2.10	千葉大学の倉阪秀史教授が主…
2012.7.1	再生可能エネルギー固定価格…	2011.3.7	信州大学農学部と長野県根羽…

2011.12.22	島根県雲南市の8割を占める…
2013.1.25	日本自然保護協会による調査…
2013.5.21	島根県出雲市上塩冶町の残土…
2013.8.21	千葉県で「生物多様性オフセ…
2013.9.8	「SATOYAMA国際会議…
2013.10.28	環境省が「重要里地里山」を…
2013.11.22	イオン環境財団、宮崎県、綾…
2013.12.10	宮崎市周辺の再造林率が41…
2014.1.27	国立環境研究所が「日本全国…
2015.12.18	環境省が「生物多様性保全上…
2016.1.13	2013年7月に刊行された…
2018.5.24	岐阜県の東白川村と白川町は…

【砂漠化】
2007.9.3	「砂漠化対処条約（UNCC…
2008.11.21	中国などで進む砂漠化を食い…
2009.2.16	総合地球環境学研究所（京都…

【産業廃棄物】
2007.1.31	三重県四日市市大矢知町及び…
2007.6.15	長野県は、阿智村の産業廃棄…
2007.6.25	石原産業が土壌埋め戻し材フ…
2007.8.21	千葉地裁が住民からの産廃場…
2007.10.3	コンビニで毎日15キロ廃棄…
2008.3.26	岐阜県御嵩町の産業廃棄物処…

【サンゴ礁】
2008.12.10	海水温の上昇や海洋酸性化に…
2009.5.15	アジア太平洋地域の6ヵ国が…
2009.8.4	千葉県館山市沖、長崎県の五…
2010.4	環境省が「サンゴ礁生態系保…
2011.(この年)	世界有数のサンゴ群落がある…
2013.1.9	国立環境研究所と北海道大学…
2013.6.29	「地球温暖化防止とサンゴ礁…
2013.11.15	国の文化審議会が、鹿児島県…
2017.4.12	オーストラリアにある世界最…
2017.4.23	環境省は、2016年、沖縄…
2018.1.4	海水温の上昇に伴うサンゴの…
2018.6.12	サンゴ礁が減少することで、…

【酸性雨】
2007.11.19	「東アジア酸性雨モニタリン…
2009.3.27	環境省が、2003～07年…

【JCO臨界事故】
2008.2.27	茨城県東海村のJCO臨界事…

【資源循環】
2007.7.18	アニヤ・ハインドマーチのエ…
2007.8.29	政府関連機関で使用されるコ…
2008.4	富山県内の主要スーパーなど…
2010.1.1	米・ワシントンD.C.で「…
2010.3	埼玉県川口市が「レジ袋の大…
2011.10	福岡県大木町が、紙おむつの…
2012.2.14	環境省は国立公園内での地熱…
2013.1.30	安倍晋三首相が衆議院本会議…
2013.2.15	経済産業省の総合資源エネル…
2013.2	長野県が「長野県環境エネ…
2013.5.15	原子力規制委員会の専門家調…
2013.5.17	米国テキサス州のフリーポー…
2013.6.19	原子力規制委員会が「商業用…
2014.4.2	「水循環基本法」と「雨水の…
2014.4.11	政府が「エネルギー基本計画…
2014.6.23	経済産業省の水素・燃料電池…
2014.7	三井不動産が、千葉県柏市の…
2015.4.30	山口県周南市が「周南市水素…
2015.7.10	2014年4月に公布された…
2015.7.16	経済産業省が、「エネルギー…
2016.4.1	電気の小売業への参入が全面…
2016.4.19	経済産業省が「エネルギー革…

【自然エネルギー】
2007.1.8	青森県東通村の風力発電施設…
2008.5.15	米テキサス州の石油王ブーン…
2008.8.14	アメリカの電力大手・パシフ…
2008.8	東京都が太陽エネルギー利用…
2008.9.3	アメリカに設置されている風…
2008.9.16	千葉大学公共研究センターと…
2008.11.26	バチカンが主要建造物に電力…
2008.12.24	国際協力機構（JICA）と…
2009.1.25	北海道札幌市は今後、太陽光…
2009.4.27	スペインのセビリア近郊で、…
2009.8.20	09年4月～6月期の太陽電…
2009.8	温暖化問題を追い風に各地で…
2009.10.1	千葉大学と環境エネルギー総…
2009.11.1	家庭などの太陽光発電の余剰…
2010.4.28	アメリカ政府が、国内初の洋…
2010.6.28	2009年にイタリアの太陽…
2010.7.15	再生可能エネルギー政策につ…
2010.7.21	群馬県嬬恋村今井地区で、獣…
2010.9.23	イギリスの南東沖で、世界最…
2011.4.21	環境省が、国内で自然エネル…
2011.4	環境エネルギー政策研究所が…
2011.6.14	グーグル社が家庭での太陽光…
2011.8.12	中国政府が、太陽光技術の国…
2012.9.21	滋賀県湖南市で、地域で発生…
2013.8.20	経済産業省が、自然エネルギ…
2013.8.25	福岡県行橋市の農業用水路で…

2013.9.21	市民からの出資や寄付、自治…	2009.3.26	神奈川県が創設した「森林再…
2014.3.7	経済産業省が、自然エネルギ…	2009.3.30	9つの州の約8ｋｍ²の原生…
2015.9.4	朝日新聞が、今年で最も電力…	2009.4.3	農林水産省が２００８年度に…
2015.10.2	環境省が自然環境局長通知「…	2009.4.14	岩手県一関市萩荘区の住民ら…
2016.1.4	東日本大震災後、全国で太陽…	2009.4.18	愛知県長久手町の愛知県立大…
2016.3.4	茨城県つくば市が、筑波山及…	2009.4.24	政府は、２００９年度から５…
2016.3.28	高知県が「太陽光発電施設の…	2009.4	宮崎県が４月から県有林の「…
2016.9.21	環境省と厚生労働省が、水道…	2009.5.5	入山者が年間１０万人を超え…
2016.9.27	環境省が、北海道で計画され…	2009.5.11	宮城県気仙沼市でカキ養殖業…
2016.11.3	第１回世界ご当地エネルギー…	2009.5.15	シエラレオネとリベリアが、…
2016.12.27	井戸敏三・兵庫県知事が定例…	2009.5.16	魚が水田と用排水路などの高…
2017.5.2	市民や地域が運営に携わる自…	2009.5.29	環境省の委託を受けた地球・…
		2009.5.29	群馬森林管理署が１０年度か…
【自然破壊】		2009.6.6	ペルーのアマゾンで、石油と…
2007.7.28	日本最大の湿原として知られ…	2009.6.17	アサヒビール横浜統括支社長…
2007.11.15	世界最小のクマと呼ばれるマ…	2009.7	環境省は、小笠原諸島を世界…
2008.1.16	ブラジルの科学者が、２００…	2009.8.22	洞爺湖・有珠山（北海道）、…
2008.2.8	ブラジル環境省が、アマゾン…	2009.9.6	環境省は来年度から、東京都…
2008.2.25	２４日に栃木県内で吹いた強…	2009.10.15	沖縄市沖で国・県・市が進め…
2008.7.30	火災や伐採によって、２００…	2009.10.18	アルゼンチンで第１３回世界…
2008.11.10	養殖魚や家畜・家禽の飼料…	2009.10.18	群馬県前橋市で「国民参加の…
2010.6.18	ブラジルのアマゾンの森林破…	2009.10.31	長野県内から「にほんの里１…
2011.10.7	ブラジル政府が、２０１０年…	2009.11.6	大分県の木材業界関係者らの…
		2009.12.22	環境省、林野庁、文化庁、北…
【自然保護】		2010.1.4	マサチューセッツ州が、アメ…
2007.2.15	神奈川県逗子市「池子の森」…	2010.2.1	「東アジア・オーストラリア…
2007.4.16	「国際連合森林フォーラム（…	2010.3.11	農林水産省が一般からの投票…
2007.8.1	亜熱帯地域の代表的な森林、…	2010.3.11	フランス政府主催の「主要な…
2007.8.15	やんばるに開設予定の林道建…	2010.4.8	国連食糧農業機関（ＦＡＯ）…
2007.10.12	国連が採択した「先住民族の…	2010.4	神奈川県企業庁とＮＰＯ「オ…
2007.11.29	沖縄北部国有林の取扱いに関…	2010.5.21	禁漁区の設定や漁具の規制が…
2008.2.7	沖縄県東村高江地区の米軍ヘ…	2010.5.27	開発途上国における森林減少…
2008.3.27	林野庁が、小笠原諸島の国有…	2010.5.30	世界資源研究所（ＷＲＩ）、…
2008.3.31	農林水産省所管の緑資源機構…	2010.6.9	国立・国定公園内の山小屋経…
2008.5.13	ブラジルのアマゾンの森林政…	2010.7.6	ロシアが２０２０年までに９…
2008.8.5	ナイジェリア森林保全協会が…	2010.7.29	ユネスコが、ガラパゴス諸島…
2008.10.7	アメリカの出版社が『緑の聖…	2010.9.9	林野庁が、全国の森林ボラン…
2008.10.8	消滅の危機が懸念されるイン…	2010.9	２００９年３月に始まった神…
2008.10.21	政府が２００９年４月から２…	2010.10.4	環境省は、今後１０年間で新…
2008.11.3	長崎県佐世保市三浦町で「森…	2010.10.12	国連森林フォーラムから「２…
2008.11.6	「モントリオール・プロセス…	2010.10.22	山梨県道志村で第１回「全国…
2008.11.28	東京都と東芝グループが、多…	2010.10.26	名古屋市で開催中の生物多様…
2008.12.16	林野庁が、国有林野の管理経…	2010.11.3	奈良市の奈良文化財研究所平…
2008.12.16	広島県庄原市にあるアサヒビ…	2010.11.9	北海道斜里町のナショナルト…
2008.12	長野県を水源とする木曽川の…	2010.11.15	林野庁屋久島森林管理署は、…
2009.1.6	『朝日新聞』創刊１３０周年…	2010.11.23	リマ宣言において、南米の先…
2009.1.17	滋賀県が、２０５０年度まで…	2010.12.14	アシェット婦人画報社が、１…
2009.2.5	環境省が「海中公園」の指定…	2010.12.16	２０１１年の国際森林年に向…
2009.2.11	釧路支庁浜中町の霧多布湿原…	2010.12.22	農林水産省が、２０１１年の…

環境史事典		キーワード索引		自然保護

2011.1.31	林野庁関東森林管理局が、群…		2014.6.4	ブナ自生地の北限が、これま…
2011.2.2	第9回国連森林フォーラム（…		2014.6.27	林野庁が2013年の木材需…
2011.2.18	2011年度以降の条例化を…		2014.7.30	林野庁が、2013年度のマ…
2011.4.22	アースデイを記念したアメリ…		2014.8.6	世界農業遺産認定地域を擁す…
2011.5.10	世界自然遺産「知床」を代表…		2014.8.23	秋田県が、林業研修制度であ…
2011.5.22	那須御用邸（栃木県那須町湯…		2014.9.23	第6回世界ジオパークユネス…
2011.5.29	横浜市青葉区のこどもの国で…		2014.9.28	山形県舟形町の小国川漁業協…
2011.6.9	マラウィ、タンザニア、モザ…		2014.10.9	1984年に林野庁が国有林…
2011.6.11	環境保全型農業のあり方が評…		2014.10.21	農林水産省が、岐阜県長良川…
2011.6.14	鹿児島県屋久島町は、世界自…		2014.11.5	環境省が、世界遺産である白…
2011.6.24	パリのユネスコ本部で開催中…		2014.11.22	「第10回全国草原サミット…
2011.7.19	北海道住田町と音楽家の坂本…		2014.11.28	尾崎正直・高知県知事が記者…
2011.7.21	世界の森林保全に貢献したい…		2014.12.24	環境省が「日本の汽水湖―汽…
2011.9.22	世界遺産条約関係省庁連絡会…		2014.12	ハワイ大学出版局が深田久弥…
2011.9.28	日本ユネスコ国内委員会自然…		2014.（この年）	福井県勝山市で、市内の全小…
2011.10.24	2011年の国際森林年の後…		2015.1.20	中央環境審議会自然環境部会…
2011.10.29	第36回育樹祭開催1年前記…		2015.2.10	林野庁が、2014年の林産…
2011.10.31	30日に行われた屋久島町長…		2015.3.14	第3回国連防災会議が宮城県…
2011.11.15	静岡県掛川市北部の「倉真ま…		2015.3.18	四国森林管理局の有識者会議…
2012.4.1	北海道内の森林が次々と海外…		2015.3.27	林野庁の「保護林制度等に関…
2012.4.14	東海村の自然環境の保全・再…		2015.4.1	森林国営保険が国から森林総…
2012.5	環境省が三陸復興国立公園の…		2015.4.24	林野庁が、外国資本による森…
2013.3.26	環境省が、東日本大震災で被…		2015.4.24	文化庁が「日本遺産」として…
2013.3.29	林野庁が、森林の整備・保全…		2015.5.28	日本森林学会定時総会が開催…
2013.5.29	第4回世界農業遺産国際会議…		2015.6.11	ドイツ・ボンで開催されてい…
2013.6.21	山形県遊佐町が「遊佐町の健…		2015.6.18	九州大学理学研究院が森林総…
2013.6.22	カンボジア・プノンペンで国…		2015.7	インドネシアのカリマンタン…
2013.8.27	林野庁が、2012年度の森…		2015.8.5	森林総合研究所、東京大学生…
2013.9.7	「瀬戸内海環境保全特別措置…		2015.8.5	京都府が、2016年度から…
2013.9.9	世界ジオパークネットワーク…		2015.8.14	「CLTで地方創生を実現す…
2013.9.30	「PNLGフォーラム201…		2015.8.24	環境省が吉野熊野国立公園（…
2013.10.3	林野庁が「後世に伝えるべき…		2015.9.7	第14回世界林業会議が南ア…
2013.10.4	2014年4月から2029…		2015.9.28	磯貝明・東京大学大学院教授…
2013.11.7	「J-GIAHSネットワー…		2015.9.29	林野庁が2014年の木材需…
2013.11.13	第1回アジア国立公園会議が…		2015.10.13	国際かんがい排水委員会（I…
2013.11.19	青森、岩手、宮城3県にまた…		2015.11.13	文部科学省が「公立学校施設…
2013.12.25	林野庁が「国有林野の管理経…		2015.11.27	農林水産省が「2015年農…
2014.1.25	「木曽川源流フォーラム＆水…		2015.12.1	宇宙航空研究開発機構（JA…
2014.3.5	沖縄県・慶良間諸島（座間味…		2015.12.3	朝日新聞が、リニア中央新幹…
2014.3	フィリピン・ルソン島北部の…		2015.12.8	環境省東北地方環境事務所が…
2014.4.4	環境省が「重要自然マップ」…		2015.12.15	国連食糧農業機関（FAO）…
2014.4.25	林野庁が、外国資本による森…		2016.1.17	岐阜県が「ぎふの木づかい施…
2014.5.1	林野庁が海岸防災林の植栽に…		2016.2.8	白神山地世界遺産地域科学委…
2014.5.2	林業をテーマとする映画『W…		2016.2.10	日本生態系協会が、墓地の運…
2014.5.23	8月11日を「山の日」と定…		2016.2.23	国の中央環境審議会が、京都…
2014.5.23	環境省が、国内に存在する湿…		2016.4.14	山形県新庄市の県立農林大学…
2014.5.27	法務省の第6次出入国管理政…		2016.5.24	森林・林業施策の基本方針を…
2014.5.28	河川の源流域に位置する全国…		2016.6.20	環境省の中央環境審議会が、…
2014.5.30	林野庁が『平成25年度　森…		2016.7.25	環境省が「第3回国立公園満…

- 317 -

2016.8.1	この年で最後となるボランテ…
2016.9.2	リニア中央新幹線のトンネル…
2016.10.12	自治体による松枯れ防止事業…
2016.10.13	ナラ枯れを防止するための新…
2016.10.18	「緑のオーナー制度」をめぐ…
2016.12.5	国内外の環境ＮＧＯが国際オ…
2016.12.13	全国初の木造ガソリンスタン…
2016.12.16	筑波・信州・静岡・山梨の４…
2018.2.19	日本電信電話株式会社（ＮＴ…
2018.6.15	国の文化審議会は、地球の磁…
2018.7.26	コスモス国際賞の第２６回受…

【持続可能な開発】

2011.9.27	２０１４年に日本で開かれる…
2013.4.9	アジア開発銀行（ＡＤＢ）が…
2013.9.30	「ＰＮＬＧフォーラム２０１…
2013.10.8	東アジア農協協力協議会首脳…
2014.9.30	世界自然保護基金（ＷＷＦ）…
2014.11.4	「持続可能な開発のための教…
2015.2.26	北海道下川町、ニセコ町、岩…
2015.5.14	特定の地域に行政・商業・住…
2016.5.28	「環境自治体会議　第２４回…
2016.12.22	持続可能な開発目標（ＳＤＧ…

【自動車排出ガス】

2007.5.18	「自動車から排出される窒素…
2008.1.10	インドのタタ自動車が、２５…
2008.(この年)	ヨルダンの環境省と環境警察…
2009.2.6	カリフォルニア州の自動車排…
2009.12.23	「脱自動車」を目指し、富山…
2011.3.28	欧州委員会（ＥＣ）で長期交…
2011.6.3	いすゞ自動車が２０１０年に…
2013.6.13	兵庫県尼崎市の大気汚染をめ…
2018.3.8	独環境省は、主にディーゼル…

【種の多様性】

2017.11.15	日米共同研究グループは、日…
2017.11.21	阿寒湖北端にある群生地「チ…
2017.12.14	知床半島の世界自然遺産区域…
2017.12.15	農林水産省は、国内において…

【循環型社会】

2008.3.25	見直しが進められていた第２…
2008.6.3	政府が２００８年度の『環境…
2009.6.2	政府が２００９年版『環境・…
2009.6.15	高知県高知市が、放置された…
2013.5.30	「循環型社会形成推進基本法…

【省エネ】

2010.3	省エネ型住宅の新築やリフォ…
2010.5.1	４億個の白熱電球を電球型蛍…
2010.12.1	国連気候変動枠組み条約第１…
2010.12	横浜市が、市内の家庭でのＬ…
2011.3.31	家電エコポイントの発行対象…
2011.4.8	東日本大震災の影響で、東京…
2011.5.13	国土交通省は「住宅版エコポ…
2011.6.1	環境省が従来のクールビズよ…
2011.6.21	東京都荒川区が、３３ヵ所の…
2011.8.3	家電大手・フィリップス社が…
2012.9.21	経産省は、一定の燃費基準を…
2014.9.2	燃料電池車（ＦＣＶ）に水素…

【植樹】

2008.2.26	森林伐採後の植林補助を目的…
2008.3.29	島根県浜田市長見町の「漁民…
2008.6.1	矢越山（岩手県一関市）の「…
2008.8.15	京都モデルフォレスト協会が…
2008.12.4	大阪府岸和田市の「岸和田だ…
2009.3.20	マキノスキー場（滋賀県高島…
2009.5.11	宮城県気仙沼市でカキ養殖業…
2009.5.22	国連が定めた「国際生物多様…
2009.7.2	世界自然遺産の南米ガラパゴ…
2009.10.6	ウガンダのナイル川流域再植…
2010.2.23	千葉銀行創立７０周年記念事…
2010.3.6	排出したCO_2を植林や森林…
2010.3.11	新潟県が日本野球機構（ＮＰ…
2010.4.11	ボランティア団体「高尾の森…
2010.5.22	「国際生物多様性の日」にあ…
2010.5.28	数十年〜１００年に一度の開…
2010.6	６月、日本野鳥の会が世界自…
2010.7.13	環境省が「グリーンウェイブ…
2011.3.1	近年、各地で行われている広…
2011.3.4	自然公園財団鳴門支部の植生…
2011.3.12	愛知県豊田市黒坂町の市有林…
2011.4.23	日光市足尾町の松木地区で、…
2011.5.29	横浜市青葉区のこどもの国で…
2011.6.5	岩手県一関市の矢越山で、第…
2011.7.31	津波で流された沿岸部の森を…
2011.8.10	環境省が「グリーンウェイブ…
2011.9.16	「日本山岳会高尾森づくりの…
2011.10.1	東京都港区が、建築物等への…
2011.10.23	千葉県の長生村と白子町、一…
2011.(この年)	２０１１年の干支にちなみ、…

【食糧】

2007.10.25	国際連合環境計画（ＵＮＥＰ…
2008.7.2	国連食糧農業機関（ＦＡＯ）…

2008.11.10	養殖魚や家畜・家禽の飼料と…
2009.6.19	国連食糧農業機関（FAO）…
2009.8.20	日本の研究者が、茎を長く伸…
2009.11.16	イタリアのローマで開催され…
2009.12.10	イタリアで発足したスローフ…
2010.2.17	国連事務総長が、世界的な食…
2010.8.19	干ばつに強い新品種のトウモ…
2010.9.14	漁業乱獲による過去半世紀間…
2010.9.14	世界の飢餓人口は２００９年…
2011.10.11	アメリカのトウモロコシ由来…

【森林保護・問題】

2007.1.16	自然環境を守るため沖縄県高…
2007.7.3	沖縄県高江地区のアメリカ軍…
2007.9.8	オーストラリアで開かれてい…
2007.9.15	九州大学や地元市民団体が世…
2007.9.26	里山放置が要因で、ナラやシ…
2007.10.3	地下鉄建設に伴って伐採され…
2007.10.15	CO_2を吸収・固定する森林
2007.10.21	世界銀行の森林炭素パートナ…
2007.10.27	森林や林業への理解を深めて…
2007.12.25	荒れ果てた里山再生に企業参…
2009.8.13	沖縄県北東部のやんばるの森…
2012.1.19	林野庁が２０１１年９月に行…
2016.12.25	国際森林研究機関連合のチー…
2016.(この年)	沖縄県東、国頭両村の北部訓…
2017.5.27	東日本大震災の津波被害に遭…
2017.6	千葉県長南町の山間にある「…
2017.7.12	白神山地の樹齢４００年のブ…
2017.9.13	阿蘇の草原の規模などを調べ…
2017.9.26	林野庁は、２０１６年の木材…
2017.9.27	林野庁は、主要な森林病害虫…
2017.11.12	北海道ニセコ町の「ニセコ積…
2018.1.12	国の特別史跡と特別天然記念…
2018.2	２０１４年に打ち上げられた…
2018.3.9	林野庁は、全国で、所有者に…
2018.5.25	「森林経営管理法」が可決さ…
2018.5.29	日本森林学会は、２０１７年…
2018.6.28	林野庁は、特用林産物の主要…
2018.9.26	国際刑事警察機構（インター…
2018.9.28	林野庁は、２０１７年の「木…
2018.11.7	林野庁は、松くい虫被害及び…
2018.12.5	中国国家林業草原局は、「第…
2018.12.19	総務省関東管区行政評価局は…

【水質汚染】

2007.9	世界銀行はフィリピンに於い…
2007.12.11	八郎湖を全国で１１番目とな…
2008.2.21	フィリピン政府がルソン島ブ…
2008.3.10	茨城県神栖市の有機ヒ素水汚…
2008.4.7	ナイロビから発生する廃棄物…
2008.4	ウルグアイの環境管理機関（…
2010.5.10	「大気汚染防止法及び水質汚…
2010.6.24	１６５ヵ国の「水安全保障指…
2010.12.6	ペルーの先住民アチュアルが…
2011.2.24	インドのボトリング工場の引…
2011.6.22	「水質汚濁防止法」の一部を…
2011.8.19	北海にあるロイヤル・ダッチ…
2017.1.14	東京都中央区築地市場の移転…
2017.10.16	環境省と経済産業省は、「水…

【スギ花粉】

2007.8.30	首都圏などへのスギ花粉飛散…
2007.9.14	仙台森林管理署は仙台市周辺…
2008.3.19	茨城県日立市の森林総合研究…
2008.4.7	森林総合研究所の林木育種セ…
2008.4.23	神奈川県が、今年度から間伐…
2009.3.27	１９９２年に富山県内で発見…
2011.1.28	青梅市の柚木生産森林組合が…

【生物多様性】

2007.11.27	日本政府は中央環境審議会の…
2008.2.26	ノルウェーのスヴァールバル…
2008.4.10	民主党が「生物多様性基本法…
2008.4.30	環境省が、２００７年１１月…
2008.5.24	神戸市で主要国（G8）環境…
2008.5.29	ボン（ドイツ）で開催された…
2008.5.30	ボン（ドイツ）で開催された…
2008.6.6	「生物多様性基本法」が公布…
2008.7.1	農林水産省と環境省が２００…
2008.7.1	環境省生物多様性センターが…
2008.7.16	富士山の青木ヶ原樹海で、エ…
2008.7.17	ギニア共和国とセネガル共和…
2008.10.16	環境省生物多様性センターが…
2008.10.18	２０１０年１０月に名古屋市…
2008.11.19	環境問題への対応として、温…
2008.11.21	環境省が、生物多様性をわか…
2009.3.11	日本経団連が、理事会で生物…
2009.4.10	環境省が２００８年度に実施…
2009.4.23	石川県は今年度、県内の「里…
2009.5.15	アジア太平洋地域の６ヵ国が…
2009.5.22	国連が定めた「国際生物多様…
2009.6.1	市民参加の生きもの調査「い…
2009.6.2	政府が２００９年版「環境・…
2009.6.4	イオン環境財団が、環境省と…
2009.6	１０月に名古屋市で開催され…
2009.7.1	ペットおよび食用としてのカ…
2009.7.23	林野庁が設置した検討委員会…

生物多様性		キーワード索引		環境史事典

2009.7.25	東京・青山の国連大学本部で…	2010.10.30	名古屋市で開催された生物多…
2009.7.30	集中的な管理のもと、１０の…	2010.11.9	１０月に名古屋市で開催され…
2009.7.31	内閣府が今年度に実施した「…	2010.12.3	衆院本会議で「地域における…
2009.8.13	０７年１１月に閣議決定した…	2010.12.10	「地域における多様な主体の…
2009.8.13	沖縄県北東部のやんばるの森…	2010.12.18	国連が定めた「国際生物多様…
2009.8.20	環境省が「生物多様性民間参…	2010.12.20	国連総会が、生物多様性の損…
2009.8.21	環境省が、途上国の生態系保…	2011.1.1	国連の定めた「国連生物多様…
2009.8.26	環境省が、２００７年に閣議…	2011.2.10	千葉大学の倉阪秀史教授が主…
2009.10.9	第１回生物多様性日本アワー…	2011.2.17	世界自然保護基金（ＷＷＦ）…
2009.10.13	「生物多様性条約」第１０回…	2011.2.25	遺伝資源のバックアップとし…
2009.10.15	兵庫県神戸市で、環境省主催…	2011.3.29	海の生態系を守り、海の恵み…
2009.10.16	来年１０月に名古屋市で開催…	2011.5.9	２０１０年１０月に名古屋市…
2009.11.25	滋賀銀行（本店・大津市）が…	2011.5.29	横浜市青葉区のこどもの国で…
2009.12.22	政府は来年１０月に名古屋市…	2011.8.10	環境省が「グリーンウェイブ…
2009.12.26	環境省は、生物多様性の保護…	2011.10.7	生物多様性条約第１０回締約…
2010.1.6	「生物多様性条約」の「ポス…	2011.11.21	アメリカ北西部でカキの幼生…
2010.1.16	２０１０年が国連の定める「…	2012.9.28	政府は生物多様性条約及び生…
2010.1.18	東京都内で「生態適応シンポ…	2013.1.21	生物多様性及び生態系サービ…
2010.2.6	１０月に名古屋市で開催され…	2013.1.31	世界遺産条約関係省庁連絡会…
2010.2.23	「生物多様性条約」事務局が…	2013.6.8	「ほたるサミット」と「全国…
2010.2.25	１０月に名古屋市で開催され…	2013.12.7	環境省が「重要沿岸域マップ…
2010.3.16	生物多様性保全と持続可能な…	2014.1.27	福島県が「ふくしま生物多様…
2010.3.17	平均気温上昇の影響もあり、…	2014.6.11	スウェーデンで開催中の第２…
2010.3.21	生物多様性条約第１０回締約…	2014.7.4	環境省が、モニタリングサイ…
2010.3.24	スウェーデンの環境教育の専…	2014.9.24	内閣府が実施した環境問題に…
2010.3.28	南米コロンビアのカリで開催…	2014.9.30	世界自然保護基金（ＷＷＦ）…
2010.3.31	農林水産省が、「生きものマ …	2014.10.12	「生物の多様性に関する条約…
2010.3	千葉県流山市が「生物多様性…	2015.3.11	「生物多様性及び生態系サー…
2010.4.5	岐阜県高山市が、１００年計…	2015.3.13	ソメイヨシノは東京・上野公…
2010.5.10	環境省の生物多様性総合評価…	2015.4.20	環境省が「平成２６年度東北…
2010.5.10	生物多様性条約事務局が、世…	2015.5.21	環境省が、２０１４年度末時…
2010.5.19	ナイロビで開催された「生物…	2015.7.21	国立環境研究所と国際マング…
2010.5.21	「生物多様性条約」第１０回 …	2015.8.24	日本ユネスコ国内委員会の自…
2010.5.22	「国際生物多様性の日」にあ…	2015.10.27	環境省が「自然公園における…
2010.7.13	環境省が「グリーンウェイブ…	2016.3.2	「花の名山」として知られる …
2010.8.2	国内約５０人の研究者による…	2016.3.3	昆虫や動物が花粉を運ぶこと…
2010.8.26	国連環境計画（ＵＮＥＰ）で…	2016.3.19	第２８回人間と生物圏（ＭＡ…
2010.9.7	名古屋市で１０月に開催され…	2016.8.12	日本ユネスコ国内委員会の自…
2010.9.16	「生物多様性オフセット」の…	2016.10.27	第１回アジア生物文化多様性…
2010.9.18	遺伝資源の利用と利益配分に…	2016.12.4	「生物多様性条約」第１３回
2010.9.22	国連本部で生物多様性の保全…	2016.(この年)	沖縄県東、国頭両村の北部訓…
2010.10.11	名古屋市の名古屋国際会議場…	2017.1.28	東京都立井の頭公園の井の頭…
2010.10.18	名古屋市の名古屋国際会議場…	2017.3.8	国立研究開発法人森林総合研…
2010.10.19	名古屋市で開催中の生物多様…	2017.5.22	ＡＢＳ（遺伝資源の利用から…
2010.10.20	名古屋市で開催中の生物多様…	2017.6.21	上智大学は、クリスティアナ…
2010.10.21	名古屋市で開催中の生物多様…	2017.8.23	環境相の諮問機関「中央環境…
2010.10.22	国連大学高等研究所が日本各…	2017.9.6	中国電力は、上関原発予定地…
2010.10.23	群馬県みなかみ町で森林塾青…	2017.9.25	農林水産大臣・環境大臣は、…
2010.10.26	宇宙航空研究開発機構（ＪＡ…	2017.11.3	インドネシア・スマトラ島で…

2017.12	「第5回生物多様性日本アワ…
2018.1.25	森林総合研究所などの研究チ…
2018.3.13	森林研究・整備機構森林総合…
2018.5.20	エゾシカ対策や有効活用など…
2018.6.9	トンボや水辺の環境について…
2018.6.21	京都大等の研究グループは、…
2018.6.28	山階鳥類研究所は、鳥類の研…
2018.8.9	環境省は、鹿児島県・奄美大…
2018.12.26	政府は、鯨の資源管理をして…

【世界遺産】

2017.7.9	ポーランドのクラクフで開か…
2018.11.2	政府は、ユネスコ（国連教育…

【絶滅危惧】

2007.6.28	環境省は沖縄本島北部にのみ…
2007.9.11	アメリカ地質調査所（USG…
2007.9.12	国際自然保護連合（IUCN…
2008.2.14	フランスなどの研究チームが…
2008.2.19	伊豆諸島・鳥島で、絶滅の恐…
2008.5.26	2月19日に伊豆諸島の鳥島…
2008.7.11	北海道の釧路市動物園が、絶…
2008.7.16	中国がアフリカ4ヵ国から、…
2008.8.5	世界の霊長類634種のうち…
2008.8.7	環境省が、2007年度まで…
2008.8.12	絶滅の危機を脱したとして、…
2008.9.16	環境省の野生生物保護対策検…
2008.10.3	アカウミガメ（絶滅危惧2類…
2008.10.6	国際自然保護連合（IUCN…
2008.10.21	愛知県豊橋市が、同市の表浜…
2009.1.8	生育場所の喪失や過剰採取、…
2009.1.14	宮崎県延岡市北川町の川坂湿…
2009.2.5	伊豆諸島・鳥島で、絶滅の恐…
2009.3.9	国の特別天然記念物・ニホン…
2009.3.25	イノシシ被害に耐えかねた地…
2009.6.5	環境省中部地方環境事務所が…
2009.7.9	環境省は、1994年に野生…
2009.9.9	欧州連合（EU）の欧州委員…
2009.9.12	小笠原諸島の母島にしか生息…
2009.9.22	2008年に大メコン圏で1…
2009.10.26	環境省が、米国カリフォルニ…
2009.10.30	今年度の林野庁の伐採計画に…
2009.11.3	国際自然保護連合（IUCN…
2009.11.16	2009年に象牙の違法取引…
2010.2.6	10月に名古屋市で開催され…
2010.2.18	世界で最も絶滅の恐れが高い…
2010.5.17	宮崎県内で、絶滅もしくは野…
2010.6	6月、日本野鳥の会が世界自…
2010.8.3	ミャンマー政府が、フーカウ…
2010.9.10	世界の淡水種のカメの4割以…
2010.10.21	名古屋市で開催中の生物多様…
2010.10.22	ゾウは「国の動物遺産」と宣…
2010.10.27	名古屋市で開催中の生物多様…
2010.（この年）	ここ数年、四国山地では本来…
2011.1.3	アメリカで、貴重な授粉媒介…
2011.11.10	化学療法薬タキソールの主原…
2012.3.12	環境省が佐渡市で放鳥したト…
2012.8.28	環境省が『レッドリスト』改…
2013.2.17	平成24年度植生学会・日本…
2013.2.25	環境省が、2015年頃に佐…
2013.5.3	沖縄県久米島に生息し、絶滅…
2013.6.22	北海道・知床岬地区のエゾシ…
2013.8.22	大阪府立水生生物センターが…
2013.9.14	環境省が、「絶滅のおそれの…
2013.12.16	環境省が「サシバの保護の進…
2013.12	「ニホンコウノトリの個体群…
2014.2.7	鹿児島県徳之島で国の天然記…
2014.3.31	環境省が「コアジサシ繁殖地…
2014.4.11	環境省が「絶滅のおそれのあ…
2014.5.6	環境省が、新潟県佐渡市で、…
2014.5.9	環境省が「環境省えりも地域…
2014.6.12	国際自然保護連合（IUCN…
2014.6.18	今後100年間に日本の植物…
2014.8.8	日本自然保護協会や林野庁な…
2014.9.11	環境省が「第7回トキ野生復…
2014.11.3	「札幌市豊平川さけ科学館3…
2014.11.18	環境省が「ライチョウ生息域…
2014.12.1	国土交通省湯沢河川国道事務…
2015.1.8	仙台市八木山動物園と「日本…
2015.3.18	国の天然記念物で希少野生動…
2015.3.23	環境省の中央環境審議会が、…
2015.4.13	岐阜市が、市内で絶滅が危惧…
2015.4.21	環境省が、2014年10月…
2015.7.3	神奈川県横浜市が、同市繁殖…
2015.7.23	千葉県野田市が、同市のコウ…
2015.8.31	長野県が、ニホンザルが国の…
2015.9.6	東京都台東区の上野動物園が…
2015.9.15	環境省が『絶滅のおそれのあ…
2015.11.19	国際自然保護連合（IUCN…
2015.12.5	北海道・知床半島で、国の天…
2016.1.23	環境省が「オオタカの国内希…
2016.2.26	北海道が、国の特別天然記念…
2016.3.1	絶滅危惧IA類に指定されて…
2016.3.7	東京農業大学や国立極地研究…
2016.4.7	環境省の「淡水魚保全のため…
2016.5.18	環境省佐渡自然保護官事務所…
2016.5.20	環境省長野自然環境事務所と…
2016.6.19	2015年から2016年に…

2016.6.23	東京都が、絶滅危惧Ⅰ類に指…	2010.10.23	群馬県みなかみ町で森林塾青…
2016.8.24	王子ホールディングスと生態…	【大気汚染】	
2016.9.1	「国境なきゾウ保護活動」な…	2007.7.2	東京都のぜんそく患者らが、…
2016.10.2	南アフリカ・ヨハネスブルク…	2007.9	世界銀行はフィリピンに於い…
2016.10.18	日本自然保護協会や林野庁な…	2008.11.13	すず、スモッグ、有機化学物…
2016.10.20	南アルプスの北岳（山梨県南…	2009.3.27	環境省が、2003〜07年…
2016.11.7	国立環境研究所が、分布が狭…	2009.4.29	アメリカの人口の6／10に…
2017.2.2	信州大学は、日本人が消費す…	2009.6.4	環境省が黄砂の実態調査結果…
2017.2.3	鹿児島県の徳之島で、国の特…	2010.5.10	「大気汚染防止法及び水質汚…
2017.2.17	日本動物園水族館協会と環境…	2010.8	京都大学の研究チームが、中…
2017.2.20	千葉県富津市の高宕山自然動…	2011.9.26	世界保健機関（WHO）が、…
2017.2.22	絶滅の恐れがあるゲンゴロウ…	2015.12.7	午後6時、中国・北京市当局…
2017.3.8	国立研究開発法人森林総合研…	2017.4	中国や英国の研究チームは、…
2017.3.22	徳島県などでつくる「コウノ…	2017.5.16	市民団体「石炭火力を考える…
2017.3.27	沖縄在来のメダカと本州のメ…	2018.4.18	米国肺協会は、カリフォルニ…
2017.3.31	環境省は「ニホンウナギの生…	2018.5.2	世界保健機関（WHO）は、…
2017.3.31	環境省は、第4次レッドリス…	2018.10.29	世界保健機関（WHO）は、…
2017.4.19	環境省の調査で、東京都・伊…	【竹活用】	
2017.4.28	環境省は、新潟県佐渡市の自…	2008.6.25	島根県江津市の桜江町商工会…
2017.5.19	島根県雲南市教育委員会は、…	2008.8.20	首都大学東京の青木茂教授が…
2017.5.19	北海道様似町のアポイ岳で、…	2009.6.15	高知県高知市が、放置された…
2017.7.3	本州産クマゲラ研究会（岩手…	2010.4.19	福岡県八女市と大阪市の町工…
2017.8.8	日本製紙株式会社は、林野庁…	【タミフル】	
2017.8.9	国際共同研究チームは、マレ…	2007.2.28	厚生労働省は、特に小児・未…
2017.8.17	琉球大学のチームが、長崎県…	2007.3.20	厚生労働省、インフルエンザ…
2017.8.25	環境省は、国の特別天然記念…	2007.4.4	厚生労働省薬事・食品衛生審…
2017.9.20	兵庫県豊岡市の県立コウノト…	2007.4.12	『薬のチェックは命のチェッ…
2017.10.18	弘前大白神自然環境研究所と…	【ダム】	
2017.11.19	日本野鳥の会青森県支部は、…	2009.12.25	国土交通省は、国と水資源機…
2017.12.5	ＩＵＣＮ（国際自然保護連合…	2010.2.3	熊本県の蒲島郁夫知事は、設…
2018.3.14	世界自然保護基金（WWF）…	2011.2.15	大阪府が、本体工事を凍結中…
2018.3.19	ケニア中部のオル・ペジェタ…	2011.9.30	数ヵ月に及ぶ反対運動に応え…
2018.4.20	京都大学の研究チームらは、…	【地域循環共生圏】	
2018.5.3	4月下旬、石川県庁のベラン…	2017.3.27	さっぽろ自由学校「遊」を中…
2018.6.5	2013年から断続的に噴火…	2017.4.17	長崎県国営諫早湾開拓事業の…
2018.7.5	ドイツや九州大などの国際研…	2018.9.8	第24回全国棚田（千枚田）…
2018.9.11	環境省は、絶滅危惧の海鳥、…	2018.11.4	福島県は、豊かな森を未来に…
2018.11.14	国際自然保護連合（ＩＵＣＮ…	【チェルノブイリ原発事故】	
2018.12	国の天然記念物イヌワシの繁…	2011.4.19	チェルノブイリ原発事故から…
【先住民族】		2011.8.29	文部科学省の検討会で、福島…
2008.2.13	オーストラリア連邦議会でケ…	2011.11.7	福島第1原発事故からの復興…
2009.(この年)	オーストラリア北部準州のア…	【地球温暖化】	
2009.(この年)	オーストラリアの「北部準州…	2007.1.24	世界経済フォーラムの年次総…
2009.(この年)	オーストラリア連邦政府が、…		
【草原再生】			
2008.3.9	長崎県対馬市上県町の千俵蒔…		
2008.4.21	静岡県富士宮市の朝霧高原の…		

2007.2.1	「気候変動に関する政府間パ…
2007.2.15	国立環境研究所が実施してい…
2007.3.15	主要8カ国環境大臣会合がド…
2007.3.21	アル・ゴア元アメリカ副大統…
2007.4.6	「気候変動に関する政府間パ…
2007.5.4	「気候変動に関する政府間パ…
2007.5.24	安倍晋三首相が国際交流会議…
2007.7.2	国立環境研究所は地球温暖化…
2007.7.24	政府が進める地球温暖化対策…
2007.7.26	国際連合広報局が地球温暖化…
2007.8.16	海洋研究開発機構(JAMS…
2007.8.26	東京商工リサーチによると養…
2007.9.23	海洋研究開発機構(JAMS…
2007.9.24	ニューヨークの国連本部で地…
2007.10.10	暖かい海を好み、主に西日本…
2007.10.12	ノルウェーのノーベル賞委員…
2007.10.25	国際連合環境計画(UNEP…
2007.11.16	「気候変動に関する政府間パ…
2007.11.21	日本、中国、ASEANなど…
2007.12.13	国際赤十字社・赤新月社連盟…
2008.1.8	環境省が、21世紀末の国内…
2008.1.15	近年の夏の暖かさで、グリー…
2008.1.18	海洋研究開発機構が、シベリ…
2008.1.21	米スタンフォード大学の研究…
2008.1.23	米航空宇宙局ジェット推進研…
2008.2.14	フランスなどの研究チームが…
2008.3.10	欧州連合(EU)の執行機関…
2008.3.16	2004〜05年から200…
2008.3.27	アリゾナ、ユタ、ワイオミン…
2008.3.29	世界中で同日・同時刻に消灯…
2008.4.16	アメリカのジョージ・W・ブ…
2008.4.23	第48次南極観測隊が、昭和…
2008.5.29	国立環境研究所など14機関…
2008.6.13	「地球温暖化対策の推進に関…
2008.6.18	環境省が、地球温暖化の日本…
2008.6.25	2030年までに地球温暖化…
2008.7.1	環境省生物多様性センターが…
2008.7.3	環境省が、地球温暖化に関す…
2008.7.17	ペルーの国立天然資源研究所…
2008.7〜9	2008年の夏、各地で短時…
2008.9.3	気象情報会社ウェザーニュー…
2008.10.2	米国立雪氷データセンターは…
2008.10.16	環境省生物多様性センターが…
2008.10.21	愛知県豊橋市が、同市の表浜…
2008.11.13	すず、スモッグ、有機化学物…
2008.12.17	欧州連合(EU)が温暖化対…
2008.12.24	2008年夏期におけるグリ…
2009.1.22	米ワシントン大や米国立大気…
2009.2.10	大気中のCO_2増加による地…
2009.3.15	米カリフォルニア大の研究チ…
2009.3.22	アメリカ航空宇宙局(NAS…
2009.4.1	「地球温暖化対策の推進に関…
2009.4.1	2008年5月に改正された…
2009.4.27	米環境保護局(EPA)が、…
2009.5.15	広島県環境政策課のまとめで…
2009.5.22	北海道占冠村トマムで第5回…
2009.5.29	地球温暖化が進んだ時の日本…
2009.6.1	市民参加の生きもの調査「い…
2009.7.7	米航空宇宙局(NASA)ジ…
2009.8.4	千葉県館山市沖、長崎県の五…
2009.9.8	農林水産省が、地球温暖化に…
2009.9.16	アメリカ当局は、6〜8月の…
2009.10.20	国連環境計画が09年版『気…
2009.10.22	アメリカで2009年に実施…
2009.11.1	気候変動が水深2千メートル…
2009.12.14	気象庁が2009年の世界と…
2009.12.14	生物多様性条約事務局が、海…
2009.12.14	国際自然保護連合(IUCN…
2010.1.14	地球温暖化を防止するための…
2010.1.14	環境省の調査で、地球温暖化…
2010.1.26	政府が、昨年12月のCOP…
2010.3.11	フランス政府主催の「主要な…
2010.3.12	地球温暖化対策に対する国の…
2010.3.17	平均気温上昇の影響もあり、…
2010.4.4	温暖化の影響で北半球の永久…
2010.5.18	第1回「地球温暖化対策に係…
2010.6.16	第174回通常国会に内閣が…
2010.7.15	アメリカ当局は、2010年…
2010.8.5	グリーンランドから、マンハ…
2010.9.3	気象庁の異常気象分析検討会…
2010.9.17	環境省生物多様性センターが…
2010.10.4	菅内閣第1次改造内閣の発足…
2010.10.8	第176回臨時国会に提出す…
2010.11.18	政府・民主党が、2011年…
2010.12.1	国連気候変動枠組み条約第1…
2010.12.21	気象庁が2010年の世界と…
2010.12.28	政府が地球温暖化問題に関す…
2011.1.12	米海洋大気局(NOAA)と…
2011.2.17	CO_2などの温室効果ガスの…
2011.2.23	「世界の平均気温上昇を産業…
2011.4.8	タイ・バンコクで3日から開…
2011.10.16	地球温暖化によって、多くの…
2011.11.28	南アフリカのダーバンで、国…
2011.12.8	南アフリカのダーバンで開催…
2011.12.10	地球温暖化対策のための税の…
2012.8.20	宇宙航空研究開発機構(JA…
2012.10.1	「地球温暖化対策のための税…
2013.1.9	国立環境研究所と北海道大学…

2013.2.25	過去30年間で花粉の飛散量…	2010.10.13	世界自然保護基金（WWF）…
2013.2.27	２００３年から２０１０年の…	2010.12	横浜市が、市内の家庭でのL…
2013.2	長野県が「長野県環境エネル…	2011.2.18	２０１１年度以降の条例化を…
2013.4.12	環境省などが、地球温暖化が…	2011.3.7	信州大学農学部と長野県根羽…
2013.6.29	「地球温暖化防止とサンゴ礁 …	2011.3	第10回「日本の環境首都コ…
2013.8.20	国立研究開発法人農業・食品…	2011.4	北海道ニセコ町が「ニセコ町…
2013.9.11	地球温暖化の影響で、日本海…	2011.4	愛媛県内子町が、全部署で環…
2013.9.28	国連気候変動に関する政府間…	2011.5.25	「環境と産業の調和をめざし …
2014.3.31	国連気候変動に関する政府間…	2011.6.14	鹿児島県屋久島町は、世界自…
2014.8.19	南太平洋・ソロモン諸島のタ…	2012.3.26	主に外資による乱開発を防止…
2014.10.28	環境省生物多様性センターが…	2012.10.25	東京都足立区で、生活環境保…
2014.11.2	国連気候変動に関する政府間…	2012.10	福島県南相馬市が「南相馬市…
2015.1.20	環境省が「日本における気候…	2013.1.4	静岡県の川勝平太知事が年頭…
2015.3.8	日本雪氷学会が「日本の雪と…	2013.1.26	福島県を縦断する浜通りの国…
2015.10.26	「環境首都創造自治体全国フ…	2013.2.23	横内正明・山梨県知事と川勝…
2016.3.2	英国オックスフォード大学の…	2013.2	長野県が「長野県環境エネル…
2017.1	水産研究・教育機構水産大学…	2013.3.13	ミズナラやコナラなどが枯れ…
2017.3.2	トランプ米政権のエネルギー…	2013.3.17	剣山地域ニホンジカ被害対策…
2017.10.18	東北大学や気象庁などの研究…	2013.3	長野県飯田市が「飯田市再生…
2018.2.12	コロラド大学ボルダー校は、…	2013.4.9	福島県いわき市で行われてい…
2018.2.20	地球温暖化対策「パリ協定」…	2013.4.30	世界遺産である吉野山（奈良…
2018.3.7	海洋研究開発機構などの研究…	2013.5.1	長崎県対馬市、熊本県水俣市…
2018.3.14	世界自然保護基金（WWF）…	2013.5.4	滋賀県高島市新旭町針江の休…
2018.6.13	米航空宇宙局（NASA）な…	2013.5.11	環境自治体会議環境政策研究…
2018.8.29	米カリフォルニア州議会の下…	2013.5.12	京都市が、小倉百人一首で知…
2018.10.8	国連の「気候変動に関する政…	2013.5.18	岩手県大槌町の「平成の杜」…
2018.11.29	国連の世界気象機関（WMO…	2013.5.30	第21回環境自治会議「ひ…
2018.11.30	ニュージーランド自然保護省…	2013.5	北海道下川町が、超高齢化に…
2018.12.5	２０１８年には化石燃料の燃…	2013.6.3	国際コモンズ学会世界大会が…
		2013.6.9	宮城県岩沼市で「千年希望の…
【地方環境対策】		2013.6.17	地元産の木材を使用した住宅…
2007.1.11	長野県松本市が、都市中心部…	2013.6.21	霧ヶ峰自然環境保全協議会が…
2007.1.29	文部科学省南極地域観測統合…	2013.6.21	山形県遊佐町が「遊佐町の健…
2007.8.24	地球温暖化や人口爆発などの…	2013.6.22	北海道・知床岬地区のエゾシ…
2008.1.15	岐阜県とトヨタ紡績（愛知県…	2013.7.12	国と青森・秋田両県からなる…
2008.2.10	新宿区内で発生する二酸化炭…	2013.7.30	北海道立総合研究機構北方建…
2008.4.8	三重県津市美杉町の山林など…	2013.8.2	宮崎県綾町に、綾ユネスコエ…
2008.5.28	山形県遊佐町で第16回環境…	2013.8	愛媛県内子町で、「エコ見回…
2008.7.29	１９７８年に長野県小海町の…	2013.9.10	環境省が、２０１３年の富士…
2008.12.2	高知県安芸市の安芸川上流域…	2013.10.9	「第54回全国竹の大会」が…
2009.1.17	滋賀県が、２０５０年度まで…	2013.10.30	福井県が、県内の里山、海、…
2009.4.14	岩手県一関市萩荘区の住民ら…	2013.11.1	ナラ枯れの被害が大阪府の常…
2009.4	宮崎県が４月から県有林の「…	2013.11.6	「環境首都創造自治体全国…
2009.5.25	企業が農村地域で農業や景観…	2013.11.23	国土交通省荒川上流河川事務…
2009.5.27	岐阜県多治見市で第17回環…	2013.11.30	平成24年7月九州北部豪雨…
2010.5.26	福岡県筑後市・大川市・大木…	2013.12.6	宮城県松島町が、日本三景の…
2010.5	毛無山（岡山県新庄村）の麓…	2014.1.30	滋賀県長浜市の丹生ダム建設…
2010.6.25	青森県が「青森県稲わらの有…	2014.1.30	東京都足立区が、全国で初め…
2010.8.4	高知市五台山の竹林寺で、森…	2014.2.20	市民環境調査「みんなで調べ…

2014.3.28	栃木県が、2月中旬に発生し…	2008.2.20	山梨県でニホンジカによる食…
2014.4.4	東京都青梅市の「梅の公園」…	2008.3.22	総務省が、野生動物による被…
2014.4.15	群馬県桐生市菱町の黒川ダム…	2008.3.24	環境省が、「タカネロリクワ…
2014.5.11	兵庫県赤穂市木津の山林で火…	2008.4.2	イノシシ等による食害が深刻…
2014.5.22	「第22回環境自治体会議ニ…	2008.4.20	山梨県富士河口湖町の本栖湖…
2014.6.25	「地域自然資産区域における…	2008.5.2	栃木県宇都宮市内で、ツキノ…
2014.7.30	岩手県紫波町が、紫波中央駅…	2008.5.13	滋賀県大津市比良地区の主婦…
2014.7	三井不動産が、千葉県柏市の…	2008.5.26	2月19日に伊豆諸島の鳥島…
2014.8.1	山形市・蔵王温泉付近の森林…	2008.6.20	富山県魚津市稗畠の中山間地…
2014.8.18	神奈川県三浦市の「小網代の…	2008.6	滋賀県高島市の朽木地区で、…
2014.9.18	山梨・静岡両県が、今夏の開…	2008.7.5	尾瀬でニホンジカによる食害…
2014.10.18	佐賀県太良町が、樹齢200…	2008.7.16	ツツジの名所として知られる…
2014.11.5	「環境首都創造自治体全国フ…	2008.7	ニホンジカによる高山植物の…
2014.12	東京都文京区議会が、区立柳…	2008.8.12	林野庁中部森林管理局の調査…
2014.(この年)	環境自治体会議が、自治体版…	2008.8.14	環境省は、ニホンジカによる…
2014.(この年)	福井県勝山市で、市内の全小…	2008.9.1	奈良県宇陀市が特殊勤務手当…
2015.2.26	北海道下川町、ニセコ町、岩…	2008.9	イノシシによる農作物被害対…
2015.4.30	山口県周南市が「周南市水素…	2008.10.14	国際自然保護連合（IUCN…
2015.4	岩手県釜石市が、スマート復…	2008.12.18	鳥取県が5月に開講した有害…
2015.5.21	「第23回環境自治体会議い…	2009.1.22	静岡県森林・林業研究センタ…
2015.10.26	「環境首都創造自治体全国フ…	2009.2.25	千葉県君津市が、イノシシや…
2015.12	岡山県西栗倉村のバイオマス…	2009.3.11	さいたま市で開かれた関係自…
2016.2.15	東京都世田谷区と群馬県川場…	2009.3.25	イノシシ被害に耐えかねた地…
2016.4.21	総務省、文部科学省、農林水…	2009.4	佐賀県武雄市がいのしし課を…
2016.4	環境自治体会議が、自治体版…	2009.5.12	環境省が、2008年度ガン…
2016.5.28	「環境自治体会議　第24回…	2009.5.29	群馬森林管理署が10年度か…
2016.7.25	山梨県が、富士山の保全協力…	2009.6.30	福井県はシカやサルなどによ…
2016.7.28	この年から8月11日が国民…	2009.7.16	鹿やイノシシによる農業被害…
2016.10.14	国土交通省が、民間団体が荒…	2009.7.27	欧州連合（EU）の閣僚が、…
2016.10.24	地元産木材の利用を促進する…	2009.7.31	ニホンジカによる食害対策と…
2016.10.24	徳島県が「徳島県脱炭素社会…	2009.8.24	昨年から、十勝・釧路・根室…
2016.10.27	第1回アジア生物文化多様性…	2009.8.24	上川支庁の牧場でヒグマによ…
2016.11.3	第1回世界ご当地エネルギー…	2009.9.3	淡路島周辺の海で使用された…
2016.11.8	国際灌漑排水委員会（ICI…	2009.9.25	島根半島西部の弥山山地に生…
2016.12.1	山形県の庄内海岸林で、マツ…	2009.11.1	北陸3県で、イノシシによる…
2016.12.11	伊賀鉄道伊賀線上野市駅（三…	2009.11	シカの急増による農業被害が…
2016.12.14	鹿児島県・屋久島でマツクイ…	2009.(この年)	野生動物による農業被害対策…
2016.12.27	井戸敏三・兵庫県知事が定例…	2010.1.15	環境省が、今年度の知床岬エ…
2017.12.27	東日本大震災の津波に耐え、…	2010.1.29	広島県廿日市市の宮島でニホ…

【中間貯蔵施設】

2011.10.29	福島第1原発事故による放射…	2010.2.1	「東アジア・オーストラリア…
2011.12.28	福島第1原発事故に伴う除染…	2010.2.3	イノシシなどによる農作物被…
		2010.2.21	奈良市の奈良教育大学で、森…
		2010.5.17	宮崎県内で、絶滅もしくは野…
		2010.5.26	野生化したヤギが希少植物を…

【鳥獣被害・保護】

2007.10.26	長野県小谷村大立地区で奥山…	2010.5	北海道でエゾシカによる被害…
2007.11.27	自然環境保護のために環境省…	2010.6.15	エゾシカ捕獲のため、北海道…
2008.1.24	沖縄ジュゴン「自然の権利」…	2010.6	6月、日本野鳥の会が世界自…
2008.2.7	南アジア8ヵ国が、域内での…	2010.7.21	群馬県嬬恋村今井地区で、獣…
		2010.9.17	兵庫県内で今秋のドングリが…

- 325 -

2010.9.18	北海道における今年のヒグマ…
2010.10.15	屋久島世界遺産地域科学委員…
2010.10	シカによる農林業被害対策と…
2010.11.16	北海道庁で「全道エゾシカ対…
2010.11	シカによる農業被害の拡大を…
2010.(この年)	ここ数年、四国山地では本来…
2011.2.8	陸上自衛隊が北海道でエゾシ…
2011.2.17	鳥獣被害対策に取り組み、被…
2011.5.30	7月の富士山の山開きを控え…
2011.6.19	2010年度のヤクシカ捕獲…
2011.8.24	長野、山梨、静岡の3県にま…
2011.11.15	「しれとこ100m2運動」…
2011.11.17	2010年度のエゾシカによ…
2011.(この年)	2011年の干支にちなみ、…
2011.(この年)	福井県の嶺南地域を中心に深…
2011.(この年)	滋賀県内各地で野生動物によ…
2012.3	知床財団が知床半島のヒグマ…
2013.1.7	全国の自治体が、狩猟が禁止…
2013.1.16	千葉県による調査の結果、房…
2013.5.14	環境省が、釧路湿原国立公園…
2013.5.21	環境省が『鳥類の農薬リスク…
2013.6.29	「第24回ブナ林と狩人の会…
2013.6.30	北海道が実施した調査の結果…
2013.8.8	環境省が、北海道の釧路湿原…
2013.8.13	環境省が、野生のニホンジカ…
2013.11.8	環境省が『特定鳥獣保護管理…
2013.12.26	国が初めてシカやイノシシの…
2014.1.29	環境省釧路自然環境事務所が…
2014.2.14	農林水産省が2012年度の…
2014.3.2	鹿児島県・屋久島でヤクシカ…
2014.3.11	「鳥獣保護法」の改正案が閣…
2014.3.20	北海道議会が「北海道エゾシ…
2014.7.7	環境省と農林水産省が、農地…
2014.8.6	水産庁が新たなトド管理の考…
2014.8.6	国立環境研究所とタイのウボ…
2014.11.5	環境省が、世界遺産である白…
2014.11.21	環境省が「ナベヅル、マナヅ…
2014.12.20	政府・与党が、シカやイノシ…
2015.3.25	東京電力福島第1原発事故の…
2015.5.20	日本動物園水族館協会（JA…
2015.6.23	三重県いなべ市で捕獲した…
2015.7.19	静岡県西伊豆町一色の仁科川…
2015.8.19	静岡県西伊豆町で獣害防止用…
2015.10.9	環境省が、2014年度当初…
2015.12.2	北海道が、2012年度の全…
2015.12.8	環境省東北地方環境事務所が…
2016.1.22	農林水産省が「全国の野生鳥…
2016.2.8	白神山地世界遺産地域科学委…
2016.3.11	環境省が、2013年度末時…
2016.6.10	東北6県でツキノワグマの目…
2016.7.20	日本ジビエ振興協会が長野ト…
2016.9.26	ニホンノウサギの生息数が全…
2016.9.27	環境省が、北海道で計画され…
2016.10	富山県が立山・室堂平でニホ…
2018.1.10	米プリンストン大学などの研…
2018.1.19	農林水産省は、2016年度…
2018.2.2	環境省は、売買などに登録が…
2018.7.17	環境省は奄美大島の希少動物…
2018.9.26	国際刑事警察機構（インター…
2018.11.30	ニュージーランド自然保護省…
2018.12.6	フランスのファッションブラ…

【低公害車】

2009.5.11	日本自動車販売協会連合会が…
2010.4.6	日本自動車販売協会連合会が…

【低炭素社会】

2008.7.3	内閣府が「低炭素社会に関す…
2008.7.29	政府が「低炭素社会づくり行…
2008.10.21	「低炭素社会づくり行動計画…
2009.4	滋賀県が低炭素社会の実現を…
2009.5.12	08年度の『森林・林業白書…
2009.5.22	山村と企業等との協働による…
2009.9.7	都内で朝日新聞社主催の「朝…
2009.10.15	国際エネルギー機関（IEA…
2010.5.28	「エネルギー環境適合製品の…
2010.6	福岡県北九州市が「アジア低…
2011.5.26	パナソニックが、神奈川県藤…
2012.2.28	政府は「都市低炭素化促進法…
2013.11.6	「環境首都創造自治体全国フ…
2016.10.24	徳島県が「徳島県脱炭素社会…

【伝染病】

2007.8.23	23日に発表した2007年…

【トキ保護】

2008.7.25	環境省が2008年のトキの…
2008.9.25	新潟県佐渡島で、国の特別天…
2008.10.28	環境省が、新潟県北部の胎内…
2008.12.19	環境省が、石川、島根県出…
2008.12.25	新潟県中部の見附市内で、特…
2009.2.9	新潟市内で環境省の「トキ野…
2009.3.28	9月に佐渡島で放鳥されたト…
2009.4.4	9月に佐渡島で放鳥されたト…
2009.7.30	環境省が2009年のトキの…
2009.9.29	新潟県佐渡島で、国の特別天…
2009.10.2	佐渡島でナラ枯れの被害が深…
2009.10.20	9月29日に2次放鳥を行っ…

2010.3.10	10年秋の放鳥に備え、新潟…		2008.3.4	三重県名張市で里山保全活動…
2010.11.1	新潟県佐渡市のトキ保護セン…		2008.3.26	経済産業省・農林水産省が、…
2011.1.26	新潟県佐渡市の佐渡トキ保護…		2008.4.17	大分県日田市で、三菱商事が…
2011.3.10	国の特別天然記念物トキの野…		2008.5.10	静岡県藤枝市の富士鋼業が、…
2011.6.16	新潟県佐渡市で営巣していた…		2008.7.9	愛知県刈谷市の部品メーカー…
2011.9.27	新潟県佐渡市で国の特別天然…		2008.8.4	宮崎県門川町で、バイオペレ…
2012.4.22	環境省が新潟県佐渡市に放鳥…		2008.8.27	日本の草原を代表する多年草…
2012.5.25	環境省が、佐渡で放鳥された…		2008.8.29	関西電力が、京都府舞鶴市の…
			2008.8.29	秋田県北で、木材からバイオ…
【土壌汚染】			2008.8	大阪市、堺市など大阪府内5…
2007.10.31	環境省は2005年度の有害…		2008.10.7	国連食糧農業機関（FAO）…
2010.12.6	ペルーの先住民アチュアルが…		2008.10	環境省の補助を受け、北海道…
2010.(この年)	新エネルギー・産業技術総合…		2008.12.16	日本航空（JAL）が、バイ…
2011.8.29	文部科学省の検討会で、福島…		2008.12	新エネルギー・産業技術総合…
2017.10.16	環境省と経済産業省は、「水…		2008.(この年)	植物から作るバイオ燃料につ…
2018.2.22	米地質調査所（USGS）な…		2009.1.7	米コンチネンタル航空が、バ…
			2009.1.23	従来廃棄されていた木くずや…
【豊洲市場】			2009.1.25	北海道札幌市は今後、太陽光…
2016.9.10	小池百合子東京都知事が、築…		2009.2.17	09年度、和歌山県は同県日…
2016.9.29	東京都が、豊洲市場（江東区…		2009.2.19	竹から効率よくバイオエタノ…
			2009.6.16	岐阜県白河町の「森の発電所…
【トンネル塵肺】			2009.7.7	光合成でCO₂を取り込み、…
2007.6.18	国が発注したトンネル工事で…		2009.8.31	間伐材などの未利用バイオマ…
			2009.12.29	来年度から岩手県釜石市の…
【新潟水俣病】			2010.2.1	山形県村山市が、間伐材など…
2007.2.8	新潟県は新潟水俣病の問題を…		2010.3.18	カナダの企業がセメント工場…
2007.4.27	新潟水俣病の患者ら12人が…		2010.4.15	今年度から、熊本県水俣市や…
2007.12	2004年10月15日に国…		2010.4.26	広島県庄原市は松町の工業団…
2009.2.13	新潟県と新潟市が、新潟水俣…		2010.9.20	高知県内で間伐などの森づく…
2011.3.3	新潟水俣病の未認定患者らが…		2010.12.1	高知県いの町のNPO「土佐…
			2010.12.19	三川町の山形県庄内総合支庁…
【農薬】			2010.12	京都府河内長野市が間伐材を…
2011.7.14	カナダ・ニューファンドラン…		2010.(この年)	青森県内で、化石燃料の代替…
2013.5.21	環境省が『鳥類の農薬リスク…		2011.2.15	総務省行政評価局は、再生可…
2014.6.20	農林水産省が、2013年度…		2011.3	いわき市の常磐共同火力勿来…
2016.3.16	国立環境研究所の研究チーム…		2011.5.1	NPO「ふくい災害ボランテ…
2016.7.7	農林水産省が、国内のミツバ…		2011.6.16	農林水産省が、東日本大震災…
			2011.7	震災で大量に発生したがれき…
【バイオマス】			2011.8.10	愛媛県内子町に県内最大規模…
2007.4.27	サトウキビやトウモロコシな…		2011.9.8	農林水産省が、東日本大震災…
2007.7.10	北陸電力は敦賀火力発電所2…		2011.9.10	竹を利用した京都府宮津市の…
2007.7.11	林野庁は、「木材産業の体制…		2011.10.17	福岡県大牟田市健老町の工業…
2007.8.26	東京商工リサーチによると養…		2011.12.22	島根県雲南市の8割を占める…
2007.8.30	中国電力は同社として初めて…		2012.8.28	山林に放置された間伐材など…
2007.9.20	世界的な消費の拡大、異常気…		2013.5	北海道下川町が、超高齢化に…
2007.10.9	建築廃材を原料とするバイ…		2014.2.4	「土佐グリーンパワー 土佐…
2007.11.9	環境省は、廃木材を原料とす…		2014.4.24	日本製紙が、三菱商事と共同…
2007.11.23	化石燃料に比べCO₂排出削…		2014.5.9	北海道苫小牧市、清水町、新…
2008.2.19	滋賀県野洲市が、家庭ゴミ…		2014.7.14	住友商事が、愛知県半田市に…

2014.7.30	岩手県紫波町が、紫波中央駅…	2018.4.8	経済協力開発機構（ＯＥＣＤ）…
2014.8.28	芋焼酎メーカー大手の霧島酒…	2018.12.2	カトヴィツェ（ポーランド）…
2014.9.6	国内の航空会社や大学などが…	【PM2.5（微小粒子状物質）】	
2014.12.4	森林研究所が、高性能な木質…	2009.9.9	環境省が「微小粒子状物質（…
2014.12.11	国内製材最大手の中国木材…	2013.1.12	中国・北京市内の多くの観測…
2015.2.13	再生可能エネルギーの固定価…	2013.2.27	中国の大気汚染が深刻化し、…
2015.3.26	東北森林管理局山形森林管理…	2013.11.1	中国気象局が、同国の１～１…
2015.4.10	岡山県真庭市や真庭木事業…	2015.11.20	国立環境研究所が「シベリア…
2015.10.9	森林総合研究所が、「木質バ…	2018.5.2	世界保健機関（ＷＨＯ）は、…
2015.12	岡山県西粟倉村のバイオマス…	【ヒートアイランド】	
2016.2.15	東京都世田谷区と群馬県川場…	2007.7.9	国土交通省によるとヒートア…
2016.12.1	国内最大級のバイオマス発電…	2007.10.4	環境省が「皇居内の８月の気…
【廃棄物】		2008.2.25	サントリーが、３月から環境…
2007.7.12	ヨーロッパで廃棄物の運搬か…	2010.5.28	ＪＲ西日本が、大阪駅に２０…
2008.4.7	ナイロビから発生する廃棄物…	2010.8.26	群馬県高崎市のＪＲ高崎駅ビ…
2008.5.25	「３Ｒを通じた循環型社会の…	2011.2.18	２０１１年度以降の条例化を…
2008.6.1	中国で捨てられたレジ袋が散…	【東日本大震災】	
2008.7	山形県が、事業系ごみ減量指…	2013.1.26	福島県を縦断する浜通りの国…
2008.（この年）	ボスニアで第２次廃棄物処理…	2013.2.28	東日本大震災の津波に耐えた…
2009.7	福岡県の筑後と大木町が…	2013.3.26	環境省が、東日本大震災で被…
2009.11	熊本県水俣市が「ゼロ・ウェ…	2013.4.9	福島県いわき市で行われてい…
2010.5.19	「廃棄物の処理及び清掃に関…	2013.5.18	岩手県大槌町の「平成の杜」…
2011.4.1	「廃棄物の処理及び清掃に関…	2013.5.18	「緑のバトン運動」の育成校…
2017.1.28	東京都立井の頭公園の井の頭…	2013.6.9	宮城県岩沼市で「千年希望の…
2018.7.4	日本の１人あたりの使い捨て…	2013.11.12	東日本大震災の津波により、…
2018.7.9	米コーヒーチェーンのスター…	2013.11.19	青森、岩手、宮城３県にまた…
2018.8.1	米ハワイ大学マノア校の研究…	2013.12.7	環境省が「重要沿岸域マップ…
2018.8.3	チリで、商業分野でのプラス…	2014.4.4	環境省が「重要自然マップ」…
2018.10.18	環境省は、中国のプラスチッ…	2014.5.1	林野庁が海岸防災林の植栽に…
2018.10.19	環境省は、「プラスチック資…	2015.4.20	環境省が「平成２６年度東北…
2018.10.24	欧州連合（ＥＵ）の欧州議会…	2016.3.19	東日本大震災の津波に耐えた…
2018.12.13	京都府亀岡市は、小売店にプ…	2016.12.20	東日本大震災で被災した２つ…
【排出権取引】		【病害虫被害・対策】	
2007.11.26	京都議定書の目標達成のため…	2008.8.12	林野庁が、２００７年度の松…
2010.1.14	環境省の調査で、地球温暖化…	2008.9.14	札幌市周辺の藻岩山や手稲山…
2010.4	東京都が２００８年７月に導…	2008.9.28	青森県農林水産部が、県内初…
2010.8	８月、環境省が中央環境審議…	2008.11.25	山形県が、２００８年に県内…
2010.12.28	政府が地球温暖化問題に関す…	2009.8.28	林野庁が、２００８年度の松…
【パリ協定】		2009.9.18	宮城県が、県内の民有林で「…
2015.11.30	「国連気候変動枠組条約」第…	2009.9.29	今年に入ってから秋田県内で…
2016.11.3	Ｇ２０（金融・世界経済に関…	2009.10.2	佐渡島でナラ枯れの被害が深…
2016.11.4	第２１回「国連気候変動枠組…	2009.10.24	山形県内でミズナラやコナラ…
2016.11.7	「国連気候変動枠組条約」第…	2009.11	ここ数年、京都三山（東山・…
2017.7.19	ニューヨークの国連本部で開…	2010.1.21	青森県蓬田村の防風林で、松…
2017.12.12	地球温暖化対策の国際的枠組…	2010.4.2	岐阜県森林研究所が、「ナラ…
2018.2.20	地球温暖化対策「パリ協定」…		

2010.7.6	０９年８月に大崎市の鳴子温…		2011.7.26	原発事故を踏まえ、林野庁が…
2010.8.31	林野庁が２００９年度の森林…		2011.8.3	福島第１原発事故による大規…
2010.8	鹿児島県内の山林で「ナラ枯…		2011.8.17	政府と東京電力は、福島第１…
2010.9.12	ここ数年、京都市内でナラ類…		2011.8.26	参院本会議で、「放射性物質…
2010.9.15	ウエツキブナハムシがブナの…		2011.8.27	環境省が東北・関東地方１６…
2010.10.1	「ナラ枯れ」の被害拡大を受…		2011.8.29	文部科学省の検討会で、福島…
2010.10.9	森林総合研究所の委託で、島…		2011.9.7	原発事故の影響でキノコの出…
2010.10.16	利根沼田森林管理署が、群馬…		2011.9.7	東京電力は、福島第１原発の…
2010.10.29	「ナラ枯れ」の２００９年度…		2011.9.7	福島県本宮市産のハウス栽培…
2010.(この年)	秋田県内で「ナラ枯れ」の被…		2011.9.8	群馬県の検査で、みなかみ町…
2011.5	京都三山で「ナラ枯れ」の被…		2011.9.8	日本原子力研究開発機構が、…
2011.6.24	富山県魚津市の山林で、「ナ…		2011.9.13	筑波大の恩田裕一教授や気象…
2011.8.11	林野庁が２０１０年度の森林…		2011.9.14	福島第１原発事故の影響で、…
2011.9.5	森林総合研究所などの国際共…		2011.9.15	東京電力が、福島第１原発で…
2011.9.20	青森県が、深浦町大間越のク…		2011.9.15	「原子力災害対策特別措置法…
2011.10.20	出雲市松枯れ対策再検討会議…		2011.9.20	茨城県環境政策課が、イノシ…
2011.12.10	京都を囲む山々のナラ枯れの…		2011.9.20	政府と東京電力は、福島第１…
			2011.9.28	東京電力は、福島第１原発２…

【福島第１原発事故（東日本大震災）】

2011.3.11	東日本大震災による地震と津…		2011.9.29	林野庁は、福島第１原発事故…
2011.3.12	東日本大震災で津波被害を受…		2011.9.30	原子力災害対策本部の会合で…
2011.3.21	福島第１原発の放射能漏れ事…		2011.9.30	農林水産省が、放射性物質で…
2011.3.23	福島第１原発の放射能漏れ事…		2011.9.30	文部科学省が、福島県飯舘村…
2011.4.2	福島第１原発２号機取水口付…		2011.9	農林水産省は福島県内の森林…
2011.4.3	福島第１原発事故を受け、原…		2011.10.6	林野庁がキノコ原木と菌床用…
2011.4.4	福島第１原発事故を受け、政…		2011.10.9	福島第１原発事故を受け、福…
2011.4.5	政府は、これまで設定対象外…		2011.10.11	「原子力災害対策特別措置法…
2011.4.7	東京電力は、福島第１原発の…		2011.10.12	１１年に作付けが認められた…
2011.4.8	農作物の放射能汚染問題で、…		2011.10.14	原発事故で警戒区域や計画的…
2011.4.12	経済産業省原子力安全・保安…		2011.10.17	政府と東京電力は、福島第１…
2011.4.13	食品衛生法の暫定基準を超え…		2011.10.21	千葉県柏市が、同市の市有地…
2011.4.14	林野庁が農林水産省ＨＰの「…		2011.11.1	「原子力災害対策特別措置法…
2011.4.18	経済産業省原子力安全・保安…		2011.11.2	林野庁が調理加熱用の薪およ…
2011.4.20	「食品衛生法」の暫定基準値…		2011.11.7	暫定規制値を超える放射性セ…
2011.4.22	政府は、福島県飯舘村など５…		2011.11.7	福島第１原発事故からの復興…
2011.5.1	東京電力は、福島第１原発１…		2011.11.9	福島県相馬市と南相馬市で捕…
2011.5.3	福島第１原発から１５～２０…		2011.11.17	政府と東京電力は、福島第１…
2011.5.9	福島県の地域野菜から暫定基…		2011.11.17	福島市大波地区で生産された…
2011.5.10	菅直人首相は福島第１原発事…		2011.12.4	東京電力は、福島第１原発で…
2011.5.20	米モンタナ州で１９日から開…		2011.12.5	福島県が「農林地等の除染基…
2011.5.23	３月１１日の東日本大震災発…		2011.12.5	福島県の福島市や伊達市でと…
2011.5.25	福島県鳥獣保護センターが、…		2011.12.15	日本原子力研究開発機構など…
2011.6.7	政府は、東京電力福島第一原…		2011.12.19	福島第１原発事故による放射…
2011.6.16	福島第１原発事故の影響で、…		2011.12.27	東京都世田谷区で３月に採取…
2011.6.27	福島県農林水産部が、福島第…		2011.12.27	「森林内の放射性物質の分布…
2011.7.6	東京電力は、福島第１原発の…		2012.1.4	環境省は「放射性物質汚染対…
2011.7.14	福島第１原発の３号機の原子…		2012.1.6	福島第１原発の集中廃棄物処…
2011.7.25	高濃度の放射性セシウムが含…		2012.1.10	東京電力は、福島第１原発の…
2011.7.25	福島第１原発の炉心融解から…		2012.1.12	東京電力は福島第１原発３号…
			2012.1.19	福島県浪江町の砕石を使った…

日付	内容	日付	内容
2012.1.20	環境省は福島県相馬市、南相…	2012.8.3	文部科学省は福島第1原発事…
2012.1.21	福島第1原発事故の収束に当…	2012.8.3	東京大医科学研究所が福島県…
2012.1.23	東京電力は福島第1原発1〜…	2012.8.6	茨城県北茨城市の大津、平潟…
2012.1.25	原子力損害賠償紛争審査会の…	2012.8.10	福島第1原発事故の警戒区域…
2012.1.26	ＪＡ福島中央会は、福島第1…	2012.8.10	環境省は福島第1原発事故…
2012.1.26	岩手県は東京電力に対して原…	2012.8.14	東京電力福島第1原発で、4…
2012.1.27	文部科学省は福島第1原発事…	2012.8.17	東京電力は、福島第1原発で…
2012.1.27	環境省は、福島第1原発事故…	2012.8.21	東京電力は福島第1原発の北…
2012.1.31	政府は閣議で原発を運転開始…	2012.8.22	福島第1原発100キロ圏内…
2012.1.31	政府は環境省の外局としての…	2012.8.23	線量計の不正使用（被ばく線…
2012.2.1	東京電力は福島第1原発4号…	2012.8.23	福島県漁協は9月初旬から、…
2012.2.3	東京電力は福島第1原発で、…	2012.8.25	福島県内で収穫予定の全量約…
2012.2.7	東京電力は福島第1原発2号…	2012.8.28	政府は青森県八戸市沖で漁獲…
2012.2.8	福島第1原発2号機建屋横の…	2012.8.29	環境省は、「人が住んでいる…
2012.2.12	東京電力は福島第1原発2号…	2012.8	琉球大の研究チームは、福島…
2012.2.13	東京電力は福島第1原発2号…	2012.9.3	福島県飯舘村で唯一、年間被…
2012.2.13	千葉県内の農家から集めた使…	2012.9.14	政府がエネルギー・環境会議…
2012.2.13	東京電力は福島第1原発2号…	2012.9.19	環境省は有識者検討会を開き…
2012.2.14	東京電力は原子炉圧力容器底…	2012.9.19	原子力の安全規制を担う「原…
2012.2.17	環境省が、2011年10〜…	2012.9.21	福島県は、福島第1原発事故…
2012.2.21	ウッズホール海洋学研究所（…	2012.9.22	全域が警戒区域に指定された…
2012.2.25	東京電力は福島第1原発の汚…	2012.9.22	東京電力は福島第1原発3号…
2012.3.1	福島第1原発事故によって。…	2012.9.26	福島県富岡町の遠藤勝也町長…
2012.3.13	文部科学省は阿武隈川中流域…	2012.9.27	東京電力が初めて福島第1原…
2012.3.13	環境省は東日本大震災で発生…	2012.9.28	環境省が福島第1原発事故で…
2012.3.13	文部科学省は、福島第1原発…	2012.9.28	環境省は、国直轄で行ってい…
2012.3.22	森林の除染を進めるための、…	2012.10.9	福島第1原発事故に伴い作付…
2012.3.26	福島第1原発内の淡水化処理…	2012.10.9	福島県が、福島第1原発事故…
2012.3.28	福島県は飯舘村の新田川で捕…	2012.10.10	東京電力が、福島第1原発1…
2012.4.4	食品の安全基準は4月1日に…	2012.10.19	福島第1原発事故に伴い全村…
2012.6.12	福島県は、浪江、川俣、飯舘…	2012.10.19	原子力規制委員会が原発の安…
2012.6.14	漁の自粛を続けてきた福島県…	2012.10.22	環境省は、同省がまとめた福…
2012.6.15	民主、自民、公明3党が提出…	2012.10.24	福島県須賀川市の旧西袋村で…
2012.6.15	福島県漁連は、14日の試験…	2012.11.1	福島市の旧平田村で収穫され…
2012.6.15	政府の原子力災害対策本部は…	2012.11.2	10月10日に福島第1原発…
2012.6.20	原子力規制委員会設置法案が…	2012.11.21	環境省は、福島第1原発事故…
2012.6.20	東京電力は福島第1原発事故…	2012.11.28	政府が、南相馬、飯舘、川内…
2012.6.22	福島県漁連による販売目的の…	2012.11.30	政府の原子力災害対策本部は…
2012.6.27	東京電力は、福島第1原発1…	2012.12.14	政府・原子力災害現地対策本…
2012.7.5	福島第1原発事故の原因など…	2012.12.21	安倍首相は福島第1原発の視…
2012.7.14	政府の事故調査・検証委員会…	2012.12.28	環境省は、福島第1原発事故…
2012.7.16	東京都渋谷区の代々木公園で…	2013.1.4	東京電力福島第1原発周辺で…
2012.7.23	福島第1原発事故を調べてい…	2013.1.5	水産庁が東京電力福島第1原…
2012.7.24	文部科学省が、福島第1原発…	2013.1.7	環境省は東京電力福島第1原…
2012.7.27	福島県田村市都路地区で、福…	2013.1.7	環境省は、東京電力福島第1…
2012.7.30	原子炉に冷却水を送る配管な…	2013.1.8	環境省は東京電力福島第1原…
2012.7.30	福島第1原発の半径20キロ…	2013.1.11	物質・材料研究機構などのチ…
2012.7.31	東京電力は下請け業者の役員…	2013.1.18	東京電力は福島第1原発の港…
2012.8.2	原発事故後として初めて福島…	2013.1.27	東京電力福島第1原発事故で…

2013.1.29	農林水産省が、福島県の放射…	2013.12.18	東京電力が取締役会を開催し…
2013.2.18	東京電力が福島第1原発5、…	2013.12.28	原発事故後初めて、年末年始…
2013.2.27	国産の原子力災害ロボット『…	2014.1.17	環境省は福島県川内村で国が…
2013.3.1	文部科学省は東京電力福島第…	2014.2.7	福島県の佐藤雄平知事は、原…
2013.3.8	石原伸晃環境相は福島県内の…	2014.3.8	日本原子力学会の事故調査委…
2013.3.14	環境省が、東京電力福島第1…	2014.3.14	石原伸晃環境相は除染で出た…
2013.3.19	原子力規制委員会は東京電力…	2014.3	政府の原子力災害現地対策本…
2013.3.26	淡水化処理施設とタンクを結…	2014.4.1	林野庁が、2013年度の福…
2013.3.27	2号機格納容器内の放射線量…	2014.4.1	環境省は福島県楢葉町、大熊…
2013.3.29	環境省が、2012年度の福…	2014.4.1	福島県田村市都路町地区東部…
2013.4.4	東京電力は作業員が操作ボタ…	2014.5.3	福島県が、東京電力福島第1…
2013.4.5	3月26日の漏洩に近い場所…	2014.6.1	JR東日本は原発事故で不通…
2013.4.8	東京電力は放射性物質の海へ…	2014.7.13	避難指示が続く福島川内村で…
2013.4.8	東京電力は5日に水漏れした…	2014.8.1	環境省は福島県内4市（福島…
2013.4.10	東京電力は9日に漏れが発覚…	2014.8.31	東京電力福島第1原発事故で…
2013.4.11	東京電力は放射性汚染水漏れ…	2014.10.1	川内村東部に指定された避難…
2013.4.15	東京電力は福島第1原発港湾…	2015.2.3	環境省は福島県大熊、双葉両…
2013.4.17	東京電力は大量の汚染水漏れ…	2015.3.13	福島県内の除染で出た汚染土…
2013.4.19	福島第一原子力発電所の1号…	2015.3.25	環境省は双葉町でも汚染土の…
2013.4.22	廃炉作業が妥当か検証する国…	2015.3.27	林野庁が、2014年度の福…
2013.5.7	東京電力は敷地南側に新設す…	2015.4.15	放射線影響協会は福島第1原…
2013.5.30	東京電力福島第1原発の汚染…	2015.5.14	国際原子力機関（IAEA）…
2013.5.30	福島第1原発に流れ込む前に…	2015.5.20	環境省は避難区域に指定され…
2013.6.5	東京電力は地下貯水槽からの…	2015.6.12	政府と東京電力が定めた「東…
2013.6.9	東京電力は貯水槽にためられ…	2015.6.12	「原子力災害からの福島復興…
2013.6.11	東京電力は福島第1原発での…	2015.7.13	環境省は東京電力福島復興本…
2013.6.19	東京電力は福島第1原発2号…	2015.8.28	放射線医学総合研究所などの…
2013.6.21	東京電力は福島第1原発の汚…	2015.9.5	政府の原子力災害対策本部は…
2013.6.26	日本原子力研究開発機構が福…	2015.9.9	東京電力は福島第1原発の排…
2013.6.29	「第24回ブナ林と狩人の会 …	2015.9.14	東京電力は福島第1原発の原…
2013.6.30	東京電力は福島第1原発2号…	2015.10.26	東京電力は汚染地下水が護岸…
2013.7.1	東京電力は福島第1原発4号…	2015.12.21	環境省が東京電力福島第1原…
2013.7.7	東京電力は福島第1原発内の…	2016.3.2	原発事故被害者団体連絡会が…
2013.7.9	東京電力は福島第1原発2号…	2016.3.8	東京電力の広瀬直己社長は参…
2013.7.18	40年ともされる福島第1原…	2016.3.30	原子力規制委員会は福島第1…
2013.7.22	東京電力が、福島第1原発か…	2016.4.18	環境省は福島県内の除染で出…
2013.7.29	東京電力は福島第1原発から…	2016.6.12	国は全域が避難区域になって…
2013.7.31	東京電力は福島第1原発の護…	2016.9.6	環境省、復興庁、農林水産省…
2013.8.1	東京電力は福島第1原発2号…	2016.12.9	経済産業省が、東京電力福島…
2013.8.7	資源エネルギー庁が、東京電…	2016.12.20	「原子力災害からの福島復興 …
2013.8.8	茂木敏充経済産業相は政府の…	2017.10.21	福島第1原発事故の影響で不…
2013.8.12	原子力規制委員会は1号機東…	2018.11.9	政府は今も放射線量が高く立…
2013.8.19	東京電力が、福島第1原発の…		
2013.8.21	東京電力が、福島第1原発事…	**【普天間基地騒音】**	
2013.8.28	原子力規制委員会は高濃度汚…	2008.6.26	普天間爆音訴訟で、那覇地裁…
2013.9.3	政府の原子力災害対策本部が…	2010.7.29	米軍普天間飛行場（沖縄県宜…
2013.9.19	安倍晋三首相が福島第1原…		
2013.10.10	東京電力は福島第1原発の港…	**【辺野古海上基地建設】**	
2013.10.18	福島県いわき市沖でいわき市…	2008.1.24	沖縄ジュゴン「自然の権利」…

― 331 ―

2008.10.14	国際自然保護連合（IUCN…	2011.9.30	文部科学省が、福島県飯舘村…
2016.8.31	米軍普天間飛行場（沖縄県宜…	2011.9	農林水産省は福島県内の森林…
		2011.10.6	林野庁がキノコ原木と菌床用…

【放射性廃棄物】

2007.1.25	高知県東洋町（田嶋裕起町長…	2011.10.9	福島第1原発事故を受け、福…
2007.4.22	統一地方選挙で、高レベル放…	2011.10.11	「原子力災害対策特別措置法…
2007.5.20	高レベル放射性廃棄物の最終…	2011.10.12	11年に作付けが認められた…
		2011.10.14	原発事故で警戒区域や計画的…

【放射性物質汚染】

		2011.10.21	千葉県柏市が、同市の市有地…
2007.7.16	マグニチュード6．8の新潟…	2011.10.26	日本原子力発電は、定期点検…
2008.3.11	県民クラブ・社民党・民主党…	2011.11.1	「原子力災害対策特別措置法…
2009.6.3	世界中で使われている数千も…	2011.11.2	林野庁が調理加熱用の薪およ…
2009.(この年)	オーストラリア連邦政府が、…	2011.11.7	暫定規制値を超える放射性セ…
2011.3.12	東日本大震災で津波被害を受…	2011.11.7	福島第1原発事故からの復興…
2011.3.21	福島第1原発の放射能漏れ事…	2011.11.9	福島県相馬市と南相馬市で捕…
2011.3.23	福島第1原発の放射能漏れ事…	2011.11.17	福島市大波地区で生産された…
2011.4.2	福島第1原発2号機取水口付…	2011.12.4	東京電力は、福島第1原発で…
2011.4.4	福島第1原発事故を受け、政…	2011.12.5	福島県が「農林地等の除染基…
2011.4.5	政府は、これまで設定対象外…	2011.12.5	福島県の福島市や伊達市でと…
2011.4.8	農作物の放射能汚染問題で、…	2011.12.7	関西電力は、運転中の美浜原…
2011.4.13	食品衛生法の暫定基準を超え…	2011.12.9	定期検査中の九州電力玄海原…
2011.4.14	林野庁が農林水産省HPの「…	2011.12.15	日本原子力研究開発機構など…
2011.4.20	「食品衛生法」の暫定基準値…	2011.12.19	福島第1原発事故による放射…
2011.5.3	福島第1原発から15〜20…	2011.12.26	東京都世田谷区で3月に採取…
2011.5.9	福島県の地域野菜から暫定基…	2011.12.27	「森林内の放射性物質の分布…
2011.5.20	米モンタナ州で19日から開…	2012.5.29	政府は2012年版『環境白…
2011.5.21	日本原子力発電は、敦賀原発…	2013.2.1	4県4市2町の首長と国から…
2011.5.25	福島県鳥獣保護センターが、…	2013.2.8	林野庁がスギ雄花に含有され…
2011.6.16	福島第1原発事故の影響で、…	2013.5.23	高エネルギー加速器研究機構…
2011.6.27	福島県農林水産部が、福島第…	2013.10.16	林野庁が、『放射性物質低減…
2011.7.19	高濃度の放射性セシウムに汚…	2014.11.18	林野庁が、放射性物質の影響…
2011.7.25	高濃度の放射性セシウムが含…	2015.1.30	林野庁が「スギ雄花に含まれ…
2011.7.25	福島第1原発の炉心融解から…	2015.3.25	東京電力福島第1原発事故の…
2011.7.26	原発事故を踏まえ、林野庁が…	2015.11.27	林野庁が、放射性物質の影響…
2011.8.19	福島第1原発事故に伴う牛の…	2016.11.22	林野庁が、放射性物質の影響…
2011.8.26	参院本会議で、「放射性物質…		

【放置竹林・森林対策】

2011.8.27	環境省が東北・関東地方16…	2007.12	滋賀地方自治研究センターの…
2011.8.29	文部科学省の検討会で、福島…	2008.1.27	全国の竹林面積の半分以上を…
2011.9.7	原発事故の影響でキノコの出…	2008.7.13	人工林の荒廃対策として、京…
2011.9.7	福島県本宮市産のハウス栽培…	2008.9.18	山城地域の放置竹林を資源と…
2011.9.8	群馬県の検査で、みなかみ町…	2008.10.9	愛知県豊田市で、荒れた人工…
2011.9.8	日本原子力研究開発機構が、…	2009.6.3	東京都青梅市の山林育成管理…
2011.9.13	筑波大の恩田裕一教授や気象…	2009.6.6	第5回「矢作川森の健康診断…
2011.9.14	福島第1原発事故の影響で、…	2010.1.24	京都府の南西部に位置する乙…
2011.9.15	東京電力が、福島第1原発で…	2010.6	6月末から岡山県西粟倉村の…
2011.9.15	「原子力災害対策特別措置法…	2010.10	10月中旬から11月中旬に…
2011.9.20	茨城県環境政策課が、イノシ…	2011.3.5	愛知県豊田市旭地区で、「旧…
2011.9.29	林野庁は、福島第1原発事故…	2011.6.6	愛知県豊田市旭地区で3月に…
2011.9.30	農林水産省が、放射性物質で…	2011.10.1	高知県嶺北地域の土佐町・本…

【放牧】
2008.1.4	環境事業会社のアミタ（東京…
2008.6.3	里山や農地の回復を狙い、放…
2008.6.20	富山県魚津市稗倉の中山間地…
2008.11	農地再生を目的とした香川県…
2009.1.20	農林水産省近畿農政局（京都…
2009.7	栃木県那須町の荒廃した山林…
2010.7.27	山梨県が甲府市右左口町の耕…

【捕鯨】
2008.1.15	南極海を航行中の調査捕鯨船…
2008.3.3	南極海を航行していた調査捕…
2009.2.5	反捕鯨団体「シー・シェパー…
2010.2.12	水産庁は、南極海で作業中の…
2015.5.20	日本動物園水族館協会（ＪＡ…

【ポスト京都議定書】
2008.1.26	ダボス（スイス）で開催され…
2008.3.14	７月の北海道洞爺湖サミット…
2008.12.1	ポーランドのポズナニで、国…
2008.12.10	ポーランドのポズナニで開催…
2009.12.19	デンマークのコペンハーゲン…
2010.11.29	２０１３年以降の地球温暖化…
2010.11.30	国連気候変動枠組み条約第１…
2010.12.11	メキシコのカンクンで開催さ…
2011.3.3	年末の国連気候変動枠組み条…
2011.4.8	タイ・バンコクで３日から開…
2011.10.21	細野豪志環境相が、南アフリ…
2011.11.29	地球温暖化問題に関する閣僚…
2011.12.5	南アフリカのダーバンで開催…
2011.12.6	南アフリカのダーバンで開催…
2011.12.7	南アフリカのダーバンで開催…
2011.12.9	南アフリカのダーバンで開催…
2011.12.11	南アフリカのダーバンで開催…

【マイクロプラスチック】
2018.3.22	オランダのＮＰＯ「オーシャ…
2018.6.8	世界自然保護基金（ＷＷＦ）…
2018.10.12	環境問題に取組むベンチャー…

【マグロ】
2009.9.9	欧州連合（ＥＵ）の欧州委員…
2009.11.15	ブラジルで開かれていた「大…
2009.12.11	タヒチで開かれていたマグロ…
2010.11.27	大西洋・地中海のクロマグロ…
2010.12.10	日本近海を含む西太平洋のマ…
2014.9.4	中西部太平洋まぐろ類委員会…
2017.9.1	韓国で開かれた太平洋クロマ…

【水環境】
2008.5.30	環境省が、河川の水生生物の…
2008.6.4	環境省が「平成の水百選」の…
2008.10.27	国連が「越境地下水条約」案…
2009.1.16	海水の酸性化を緩和する炭酸…
2009.5.15	世界の主要河川の約１／３に…
2009.5.29	環境省が、河川の水生生物の…
2009.9.7	環境省が東京湾水質一斉調査…
2010.2.26	東南アジアのメコン川の流量…
2010.6.14	環境省が「湧水保全・復活ガ…
2011.11.21	アメリカ北西部でカキの幼生…
2018.10.15	第１７回世界湖沼会議が１５…

【水俣病】
2007.1.27	熊本県の水俣市文化会館で、…
2007.6.30	地元では報道されていた「水…
2007.10	与党水俣病問題に関するプロ…
2009.7.8	「水俣病被害者の救済及び水…
2010.3.29	水俣病未認定患者団体「水俣…
2010.4.16	水俣病の未認定患者を救済す…
2010.5.1	水俣病の公式確認日にちなみ…
2010.7.16	水俣病関西訴訟の最高裁判決…
2011.3.24	水俣病未認定患者団体「水俣…
2013.10.10	熊本市で開催中の国連環境計…
2013.11.11	熊本県が、水俣湾の魚類の水…
2014.12.27	環境省と経済産業省が、水銀…
2016.5.1	「公害の原点」と言われる水…
2017.8.16	「水銀に関する水俣条約」が…

【森永ヒ素ミルク事件】
2007.4.15	『日本公衆衛生雑誌』に、「…
2007.5.17	森永ヒ素ミルク事件で当時乳…

【もんじゅ（高速増殖炉）】
2007.5.24	高速増殖炉「もんじゅ」、１…
2008.3.19	北陸新幹線の工事認可につい…
2010.5.6	日本原子力研究開発機構は、…
2011.6.24	日本原子力研究開発機構は、…
2013.5.15	日本原子力研究開発機構の高…
2016.12.21	政府が原子力関係閣僚会議を…

【モントリオール議定書】
2016.10.15	オゾン層の保護に関する国際…
2018.2.6	スイス連邦工科大学チューリ…
2018.5.16	アメリカ海洋大気庁（ＮＯＡ…

【薬害エイズ（HIV）】
2008.3.3	薬害エイズ事件で業務上過失…
2011.5.16	非加熱血液製剤でエイズウイ…

2013.11.26	エイズウイルス（HIV）に…		2007.9.28	全国牛乳パックの再利用を考…
			2007.10	全国牛乳容器環境協議会（容…
【薬害C型肝炎】			2008.1.9	日本郵政グループの古紙４０…
2007.3.23	血液製剤フィブリノゲンの投…		2008.1.15	再生紙の偽装問題を巡り、業…
2007.7.31	血液製剤フィブリノゲンの投…		2008.2.2	１月に発覚した一連の再生紙…
2007.9.7	血液製剤フィブリノゲンの投…		2008.4.23	アメリカのサンフランシスコ…
2007.10.22	血液製剤フィブリノゲンの投…		2008.6.27	製紙会社による再生紙偽装問…
2007.11.7	血液製剤フィブリノゲンの投…		2008.12.8	環境省が、「グリーン購入法…
2007.12.23	福田康夫首相は薬害C型肝炎…		2009.4.1	家電リサイクルの対象品目に…
2008.1.7	与党が「特定フィブリノゲン…		2009.9.3	淡路島周辺の海で使用された…
2008.1.11	参議院で「特定フィブリノゲ…		2011.2	家電リサイクル対象外の携帯…
2008.2.4	血液製剤による感染の責任を…		2011.7.24	正午に地上アナログ放送が終…
2008.4.11	厚生労働省は、旧ミドリ十字…		2014.1.30	東京都足立区が、全国で初め…
2009.3.17	東京地裁で薬害C型肝炎訴訟…		2015.11.10	朝日新聞が、家庭からの古紙…
			2018.1.19	米飲料大手コカ・コーラは、…
【薬害B型肝炎】				
2008.2.23	B型肝炎訴訟の各地の弁護団…		**【林業一般】**	
2008.3.28	予防接種によりB型肝炎に感…		2008.1.31	農林水産省が２００７年の農…
2008.5.30	予防接種によりB型肝炎に感…		2008.3.14	林野庁が２００７年の日本の…
2008.7.23	予防接種によりB型肝炎に感…		2008.5.13	農林水産省（林野庁）がまと…
2008.7.30	予防接種によりB型肝炎に感…		2008.6.30	林野庁が２００７年の用材部…
2011.6.28	乳幼児期の集団予防接種の注…		2008.8.6	林野庁が２００７年の特用林…
2011.9.16	乳幼児期の集団予防接種の注…		2008.11.18	滋賀県木之本町金居原の山林…
2011.12.9	参院本会議で、「特定B型肝…		2008.11.27	ブラジル政府関連機関が伐採…
			2009.1.30	長野県などが２月中旬から開…
【山火事】			2009.3.23	北海道の道南地方にある北限…
2007.10.20	カリフォルニア州南部各地で…		2009.4.24	中部森林管理局（長野市）が…
			2009.5.21	林野庁が２００８年の特用林…
【八ッ場ダム】			2009.6.30	福島県が建設業者を人手不足…
2007.12.13	国土交通省が環境問題も取り…		2009.7.10	林野庁が２００８年の用材部…
2009.9.17	鳩山由紀夫首相が、群馬県の…		2009.8.25	急斜面の山林が多く、伐採し…
2011.12.22	前田武志国交相が、再検証の…		2009.12.25	１０月に決定した政府の緊急…
			2010.4.27	林野庁がまとめた２００９年…
【四日市ぜんそく】			2010.4	青森県産材の地産地消を促進…
2007.7.21	三重県四日市市で四日市公害…		2010.5.26	国が率先して公共建築物に木…
			2010.5.30	世界資源研究所（WRI）、…
【ラムサール条約】			2010.6.17	林野庁が２００９年の用材部…
2008.2.12	環境省が北海道のサロマ湖と…		2010.7.24	京都の女子大生を中心に職業…
2008.10.30	水鳥の生息地など国際的に重…		2010.9.7	道内の私有林７ヵ所計４０６…
2008.11.4	韓国で開催されたラムサール…		2010.10.26	関西電力と「松本微生物研究…
2012.7.3	国際的に重要な湿地を保全す…		2010.12.9	林野庁が外国資本による森林…
2013.7.6	「ラムサール条約釧路会議＋…		2010.12.23	大分西部森林管理署、大分県…
2015.5.29	環境省が、芳ヶ平湿地群（群…		2011.1.20	滋賀県造林公社とびわ湖造林…
2018.9.27	湿地の保全を目的としたラム…		2011.2.1	林業の魅力を伝えようと京都…
			2011.2.25	この冬の大雪で、主に京都市…
【リサイクル】			2011.3.12	滋賀県高島市の朽木中学校で…
2007.4.1	「容器包装に係る分別収集及…		2011.3.29	林野庁が、２０１０年に実施…
2007.6.13	「食品循環資源の再生利用等…		2011.3.30	林野庁が２０１０年の日本の…
2007.6	全国牛乳容器環境協議会（容…		2011.3.31	三重県大台町の宮川森林組合…
2007.7.19	徳島県上勝町に「くるくる工…			

2011.4.15	不況に苦しむ奈良県吉野地方…
2011.4.21	東北森林管理局が、国有林の…
2011.4.26	林野庁がまとめた２０１０年…
2011.5.11	林野庁と国土交通省が、２０…
2011.6.1	林道整備を実施する建設業者…
2011.6.29	林野庁が２０１０年の用材部…
2011.8.31	山梨県、三菱地所、三菱地所…
2011.12.6	加工技術の進歩で、従来は住…

地域別索引

地域名一覧

《日本各地》………………………… 340
《北海道》…………………………… 343
《東北地方》………………………… 344
　青森県 ……………………………… 345
　岩手県 ……………………………… 345
　宮城県 ……………………………… 345
　秋田県 ……………………………… 346
　山形県 ……………………………… 346
　福島県 ……………………………… 346

《関東地方》………………………… 351
　茨城県 ……………………………… 351
　栃木県 ……………………………… 351
　群馬県 ……………………………… 352
　埼玉県 ……………………………… 352
　千葉県 ……………………………… 352
　東京都 ……………………………… 352
　神奈川県 …………………………… 354

《北陸地方》………………………… 354
　新潟県 ……………………………… 354
　富山県 ……………………………… 355
　石川県 ……………………………… 355
　福井県 ……………………………… 355

《中部地方》………………………… 355
　山梨県 ……………………………… 355
　長野県 ……………………………… 356
　岐阜県 ……………………………… 356
　静岡県 ……………………………… 356
　愛知県 ……………………………… 357
　三重県 ……………………………… 357

《近畿地方》………………………… 358
　滋賀県 ……………………………… 358
　京都府 ……………………………… 358
　大阪府 ……………………………… 358
　兵庫県 ……………………………… 359
　奈良県 ……………………………… 359
　和歌山県 …………………………… 359

《中国地方》………………………… 359
　鳥取県 ……………………………… 359
　島根県 ……………………………… 360
　岡山県 ……………………………… 360
　広島県 ……………………………… 360
　山口県 ……………………………… 360

《四国地方》………………………… 360
　徳島県 ……………………………… 360
　香川県 ……………………………… 360
　愛媛県 ……………………………… 360
　高知県 ……………………………… 361

《九州地方》………………………… 361
　福岡県 ……………………………… 361
　佐賀県 ……………………………… 361
　長崎県 ……………………………… 361
　熊本県 ……………………………… 362
　大分県 ……………………………… 362
　宮崎県 ……………………………… 362
　鹿児島県 …………………………… 363
　沖縄県 ……………………………… 363

《世界各地》………………………… 363
《アジア》…………………………… 365
《東アジア》………………………… 365
　韓国 ………………………………… 366
　北朝鮮 ……………………………… 366
　中国 ………………………………… 366
　台湾 ………………………………… 366
　モンゴル …………………………… 366

《東南アジア》……………………… 366
　ラオス ……………………………… 366
　タイ ………………………………… 366
　フィリピン ………………………… 366
　ミャンマー ………………………… 367
　マレーシア ………………………… 367
　インドネシア ……………………… 367

- 《南アジア》 …… 367
  - インド …… 367
  - パキスタン …… 367
  - バングラデシュ …… 367
- 《中東》 …… 367
  - シリア …… 367
  - ヨルダン …… 367
  - サウジアラビア …… 367
  - カタール …… 367
- 《ヨーロッパ》 …… 367
  - イギリス …… 368
  - ドイツ …… 368
  - スイス …… 368
  - オーストリア …… 368
  - ハンガリー …… 368
  - チェコ …… 368
  - ポーランド …… 368
  - スペイン …… 368
  - フランス …… 369
  - イタリア …… 369
  - バチカン …… 369
  - ロシア …… 369
  - ベラルーシ …… 369
  - ウクライナ …… 369
  - スウェーデン …… 369
  - ノルウェー …… 369
  - デンマーク …… 369
  - ボスニア …… 369
- 《アフリカ》 …… 369
  - エジプト …… 370
  - モロッコ …… 370
  - ガンビア …… 370
  - シエラレオネ …… 370
  - リベリア …… 370
  - ナイジェリア …… 370
  - ウガンダ …… 370
  - ケニア …… 370
  - ルワンダ …… 370
  - モザンビーク …… 370
  - マラウイ …… 370
  - 南アフリカ …… 370
  - レソト …… 370
- 《北米》 …… 370
  - カナダ …… 370
  - アメリカ …… 370
- 《中南米》 …… 372
  - メキシコ …… 372
  - ベネズエラ …… 372
  - コロンビア …… 372
  - エクアドル …… 372
  - ブラジル …… 372
  - ウルグアイ …… 372
  - アルゼンチン …… 372
  - チリ …… 372
  - ペルー …… 373
  - ボリビア …… 373
- 《オセアニア》 …… 373
  - オーストラリア …… 373
  - ニュージーランド …… 373
  - ソロモン諸島 …… 373
- 《極地》 …… 373
  - 北極 …… 373
  - 南極 …… 373

《日本各地》

2007.7.9	屋上・壁面の緑化進む
2007.7.9	光合成能力を強化した遺伝子組み換え植物でCO_2削減
2007.7.11	「木材に関する技術開発目標」策定
2007.7.24	「1人1日1kgCO_2削減」運動
2007.7	光化学スモッグ注意報発令が過去最多。越境汚染が拡大
2007.8.26	養鶏業者の倒産が急増―バイオエタノール需要増で飼料代高騰
2007.8.30	花粉症対策でスギ林5割減目標
2007.8.30	尾瀬国立公園誕生
2007.9.3	猛暑日日数、平年を上回る
2007.9.26	ナラ枯れ拡大、里山放置が原因
2007.10.3	コンビニ各社、期限切れ食品を飼料に
2007.10.10	地球温暖化の影響？ 北の海でフグ豊漁
2007.10.31	土壌汚染増加
2007.12.25	脚光を浴びる企業の「森づくり」
2008.1.10	環境にやさしい企業増加
2008.1.11	薬害肝炎被害者救済特別措置法成立
2008.1.29	「農林漁家民宿おかあさん100選」第1弾発表
2008.1.29	林業経営体、半数以上が主伐実施の意向なし
2008.3.16	全国の自治体で温室効果ガス排出削減計画
2008.3.24	タカネルリクワガタ、緊急指定種に
2008.3.28	石綿被害、労災認定2167事業所を公表
2008.3.30	森林環境教育に「遊々の森」の利用増加
2008.4.2	獣害対策装置「シシバイバイ」開発
2008.4.25	第9回「明日への環境賞」
2008.5.23	CO_2濃度、観測史上最高に
2008.5.28	第16回環境自治体会議
2008.5.29	温暖化でブナ消滅の予測
2008.5.30	2007年度全国水生生物調査結果公表、「きれいな水」58%
2008.6.4	「平成の水百選」発表
2008.6	石綿被害、工場周辺住民の健康調査
2008.7.1	2007年度「田んぼの生きもの調査」結果発表
2008.7.1	全国調査「いきものみっけ」開始
2008.7.25	2008年のトキの繁殖結果発表
2008.7〜9	2008年夏、各地でゲリラ豪雨
2008.8.12	2007年度松くい虫被害状況
2008.9.16	「エネルギー永続地帯」2007年度試算結果公表
2008.9.16	金沢市で里山・里海SGA会議開催
2008.10.7	「日本で最も美しい村」に7町村加盟
2008.10.15	里山・里海の全国調査プロジェクト始動
2008.10.16	「いきものみっけ」夏の実施結果発表
2008.10.30	化女沼など4湿地、ラムサール条約に新規登録
2008.(この年)	2008年、台風上陸ゼロの異常気象
2009.1.6	「にほんの里100選」決定
2009.3.21	各地で「田んぼの学校」が盛んに
2009.3.27	各地で無花粉スギの研究進む
2009.3.27	酸性雨長期モニタリング結果報告
2009.4.3	砂浜侵食海岸の堤防・護岸調査結果発表
2009.4.7	耕作放棄地の現地調査結果発表
2009.4.10	2008年度「田んぼの生きもの調査」結果発表
2009.4.18	「にほんの里フェスタ」開催
2009.4.22	第10回「明日への環境賞」
2009.4.23	2009年度の国有林野事業まとまる
2009.4	受粉用のミツバチが不足
2009.5.12	2008年度ガンカモ類の生息調査結果発表（暫定値）
2009.5.22	「山村再生支援センター」運営開始
2009.5.22	国際生物多様性の日に植樹で「緑の波」
2009.5.23	アルゼンチンアリの分布拡大
2009.5.27	第17回環境自治体会議
2009.5.29	「森林保全分野のパートナーシップ構築のあり方」調査報告公表

2009.5.29	2008年度全国水生生物調査結果公表、「きれいな水」は前年同様58%
2009.6.1	「いきものみっけ」2巡目開始
2009.6.4	「生物多様性日本アワード」創設へ
2009.6.4	黄砂の実態調査結果発表
2009.6.12	森のメタボ化で、川に窒素流入
2009.6.17	アスベスト、大気を通じて拡散
2009.6〜8	2009年の夏、30年に1回の異常気象
2009.7.30	2009年のトキの繁殖結果発表
2009.8.4	サンゴ分布に異変
2009.8.12	海の外来種対策に遅れ
2009.8.20	洪水に強いイネの遺伝子特定
2009.8.28	2008年度松くい虫被害状況
2009.9.6	都市の森林、生態系調査へ
2009.9.8	温暖化による農業生産への影響調査結果発表
2009.10.1	国内の自然エネルギー供給状況試算
2009.10.9	第1回生物多様性日本アワード
2009.10.18	国民参加の森林づくりシンポジウム開催
2009.10.20	日本海周辺の海洋汚染調査結果発表
2009.10.30	絶滅危惧種を含む伐採計画に中止申し入れ
2009.12.7	間伐材を使った印刷用紙で里山保全
2009.(この年)	野生動物対策、大学が人材育成強化
2010.2.2	第3回「農林漁家民宿おかあさん100選」
2010.2.3	獣害対策に「公務員ハンター」増加を目指す
2010.2.21	シンポジウム「シカが森を壊す、山を崩す？」開催
2010.3.11	「ため池百選」選定
2010.3.31	「生きものマークガイドブック」公表
2010.4.2	「ナラ枯れ」防止に線虫有効
2010.5.12	2009年のCO_2濃度、観測史上最高に
2010.7.13	「グリーンウェイブ2010」国内で25万本植樹
2010.7.25	猛暑による熱中症で、死者相次ぐ
2010.8.2	日本近海、世界一の生物種の宝庫
2010.8.31	全国のナラ枯れ被害、23府県に拡大
2010.8	黄砂でぜんそくのリスク3倍に
2010.9.3	2010年の猛暑「30年に一度の異常気象」
2010.9.9	森林ボランティア、74％が資金確保に苦労
2010.9.27	「日本で最も美しい村」連合、設立5周年記念総会
2010.10.4	国立・国定公園の候補地に18地域選定
2010.10.9	ナラ枯れの害虫防除に人工フェロモン
2010.10.29	2009年度のナラ枯れ被害、過去最悪に
2010.11.9	国内20の開発計画に中止要望
2010.12.21	2010年の台風発生数、最少の14個
2010.12.21	2010年の陸地の平均気温、過去最高に
2011.2.17	2010年度鳥獣被害対策優良活動表彰
2011.5.11	2010年の外資による森林買収、4道県で45ヘクタール
2011.5.21	第1回海岸防災林の再生に関する検討会
2011.5.31	「再生可能エネルギー導入ポテンシャルマップ」公開
2011.6.2	2010年のCO_2濃度、観測史上最高を更新
2011.6.16	政府、汚泥の取り扱い基準を通知
2011.7.11	原発安全性新基準に関する「政府統一見解」決定
2011.8.10	「グリーンウェイブ2011」国内で約7万9千本植樹
2011.8.11	ナラ枯れ被害、全国で1.4倍に拡大
2011.9.5	松枯れの病原体のゲノム解読
2011.9.8	海に流出した放射性物質の線量、東電試算の3倍
2011.10.6	林野庁、キノコ原木などの指標値を通知
2011.10.7	生物多様性自治体ネットワーク設立
2011.11.2	林野庁、調理用の薪と木炭の暫定指標値を通知
2011.12.8	第4回海岸防災林の再生に関する検討会

2011.12.22	「環境未来都市」選定
2012.1.19	ナラ枯れの被害半減
2012.2.14	地熱発電 国立公園内の基準緩和へ
2012.4.6	原発新判断基準を決定
2012.4.28	「脱原発をめざす首長会議」発足
2012.5.4	商業用原子炉54基すべてが稼働停止
2012.5	第20回環境自治体会議開催
2012.7.1	再生可能エネルギー買い取りはじまる
2012.7.3	ラムサール条約に9湿地を正式登録
2012.8.28	ニホンカワウソ絶滅か
2013.1.7	鳥獣保護区、削減
2013.1.9	日本近海のサンゴ、2060年で絶滅の恐れ
2013.1.25	キツネが減少
2013.2.1	渡良瀬遊水地、ヨシ焼き再開
2013.2.25	花粉飛散量、大幅に増加
2013.2.27	PM2.5注意喚起、暫定指針決定
2013.5.1	子どものためのスタディツアー、契約締結
2013.5.18	緑のバトン運動、応募234団体4349本
2013.5.29	国内3地域、世界農業遺産に
2013.7.12	熱帯夜が倍増
2013.8.1	CO_2削減目標、未達成
2013.8.13	ニホンジカ、急増
2013.8.20	温暖化でリンゴが甘くなる
2013.8.27	ナラ枯れ被害、半減
2013.9.2	夏期の平均気温、温暖化により上昇傾向
2013.9.2	尾瀬サミット2013
2013.9.11	日本海の底層水、酸素量が減少
2013.9.21	市民共同発電所、急増
2013.10.3	後世に伝えるべき治山、選定
2013.10.4	全国森林計画、閣議決定
2013.11.6	環境首都創造自治体全国フォーラム2013
2013.11.7	J-GIAHSネットワーク会議、設立
2013.12.5	河川における外来種対策、公開
2013.12.16	「サシバの保護の進め方」、公表
2013.12.26	シカとイノシシ、半減へ
2013.12	コウノトリの専門家会議、設立
2014.1.25	木曽川源流フォーラム＆水源の里を守ろう木曽川流域集会
2014.1.27	日本全国さとやま指数メッシュデータ、公開
2014.2.14	野生鳥獣による農作物被害状況、発表
2014.2.19	交雑種3種、特定外来生物に
2014.3.26	淡水カメ、6割がミドリガメ
2014.3.31	「コアジサシ繁殖地の保全・配慮指針」、作成
2014.4.25	外国資本の森林買収、194ha
2014.5.22	第22回環境自治体会議
2014.5.23	湿原・干潟の価値、年間1.5兆円
2014.5.26	CO_2濃度、過去最高に
2014.6.6	温暖化、平均気温4.4度上昇か
2014.6.18	日本の植物、300種以上絶滅の恐れ
2014.6.20	ミツバチの農薬被害
2014.7.4	里地の在来種、減少傾向
2014.7.7	ニホンザル、群れごと駆除へ
2014.7.22	自治体、再生可能エネルギーを推進
2014.7.30	マツクイムシとナラ枯れの被害、減少
2014.8.6	トド管理基本方針、公表
2014.8.29	農業用ダムやため池、500ヶ所以上が耐震性能不足
2014.9.2	水素ステーション、建設本格化
2014.9.24	九電ショック
2014.10.21	世界農業遺産、認定申請地域を決定
2014.10.28	高山帯の環境に危機
2014.11.5	環境首都創造自治体全国フォーラム2014
2014.11.7	「侵略的外来種リスト」案、承認
2014.11.18	ライチョウ生息域外保全実施計画
2014.11.21	ツルの新越冬地形成を推進
2014.11.22	第10回全国草原サミット・シンポジウム
2014.12.20	狩猟税、減免
2014.12.24	「日本の汽水湖」、発表
2015.1.20	甑島国定公園と妙高戸隠連山国立公園、誕生
2015.1.22	湖沼の水産資源量、外来魚で激減
2015.2.26	持続可能な発展を目指す自治体会議、設立
2015.3.8	日本の雪と氷100選
2015.3.18	イヌワシ、つがいが減少
2015.3.23	国内希少種、41種追加

2015.3.26	生態系被害防止外来種リスト、策定
2015.4.24	外国資本の森林買収、173ha
2015.5.14	コンパクトシティ、38道府県130市町で計画
2015.5.21	生物多様性地域戦略、97自治体が策定
2015.5.28	林業遺産、4件認定
2015.5.29	ラムサール条約登録湿地、50ヶ所に
2015.8.14	CLT普及へ首長連合
2015.8.19	電気柵の安全対策不備、7107ヶ所
2015.8.24	ユネスコエコパーク、3地域を拡張登録推薦
2015.9.15	『日本版レッドリスト』、見直し
2015.10.9	ニホンジカ密度分布図、作成
2015.10.13	4施設、世界かんがい施設遺産に
2015.10.26	環境首都創造フォーラム2015
2015.12.15	世界農業遺産、8地域に
2015.12.18	重要里地里山、選定
2016.1.4	メガソーラー、急増
2016.1.22	野生鳥獣の農作物被害、191億円
2016.1.24	西日本などで記録的寒さ
2016.3.7	ニホンカワウソ、日本固有種か
2016.3.11	ニホンジカとイノシシの推定個体数、発表
2016.3.19	ユネスコエコパーク、3件の拡張登録決定
2016.4.22	アカミミガメ、全国に800万匹
2016.4	LAS-EⅡ、制定
2016.5.13	クビアカツヤカミキリ、分布拡大
2016.5.28	環境自治体会議第24回全国大会
2016.7.7	ミツバチ減少、カメムシ防除用殺虫剤が原因
2016.7.25	8国立公園をブランド化
2016.8.12	ユネスコエコパーク、国内推薦地域が決定
2016.9.21	水道施設の小水力発電導入ポテンシャル、1万9000kW
2016.9.26	ノウサギ、急減
2016.10.12	マツ枯れ防止事業、補助金無駄遣い
2016.10.14	準公園、国が支援
2016.11.7	希少植物の分布と保護区にずれ
2016.11.8	国内14施設、世界灌漑遺産に
2016.12.16	山岳科学学位プログラム、開設
2017.3.31	「ニホンウナギの生息地保全の考え方」公表
2017.5.2	市民・地域共同発電所、1000ヶ所突破
2017.8.23	オオタカ、希少種指定解除
2017.9.1	ニホンジカ初の減少か
2017.9.27	松食い虫被害過去40年で最低水準
2017.10.18	竹の成育域、北海道へ北上も
2018.1.19	野生鳥獣農作物被害
2018.5.29	林業遺産選定
2018.6.15	SDGs都市に29自治体
2018.7	災害級の猛暑
2018.9.5	アライグマ生息域10年で3倍
2018.11.7	ナラ枯れ被害が増加
2018.11.29	飲料業界、「ペットボトル100%回収」計画
2018.12.20	木質バイオマスエネルギー利用動向

《北海道》

2007.7.12	北海道洞爺湖町、温室効果ガス6%削減を宣言
2007.7.28	釧路湿原縮小
2007.11.27	知床岬のエゾジカを駆除
2008.2.12	「ラムサール条約」にサロマ湖・瓢湖の登録方針表明
2008.3.18	洞爺湖サミット参加国発表
2008.3.28	B型肝炎集団訴訟、札幌地裁に提訴
2008.7.7	洞爺湖サミット開幕
2008.7.9	洞爺湖サミット閉幕、温室効果ガス「50年半減」国連交渉へ
2008.7.11	釧路市動物園、クマタカの人工孵化に成功
2008.9.14	札幌市のカラマツ林が変色
2008.10	伊達市で木質ペレットプラント稼働
2009.1.25	札幌市、太陽光発電・間伐材燃料の積極導入へ
2009.2.11	NPO、霧多布湿原138ヘクタール購入へ
2009.3.23	道南杉の「地材地消」活発化
2009.4.21	坂本龍一の森林保護団体、道内4町との協定に調印
2009.7.12	北海道の国有林に大規模ブナ林

2009.8.22	「世界ジオパーク」に国内3ヵ所認定
2009.8.24	十勝・釧路地域でヒグマの目撃急増
2009.8.24	乳牛のクマ被害相次ぐ
2009.12.22	「知床世界自然遺産地域管理計画」決定
2010.1.15	知床岬のシカ駆除、ヘリ導入へ
2010.3.11	新潟県とNPB、「プロ野球の森」協定を締結
2010.5	北海道でエゾシカ包囲網会議立ち上げ
2010.6.15	北海道、エゾシカ捕獲に自衛隊の協力要請
2010.6	知床で「シマフクロウの森を育てよう！プロジェクト」開始
2010.9.7	海外資本、北海道の私有林406ヘクタール購入
2010.9.18	北海道のヒグマ捕獲数、過去20年で最多
2010.11.9	知床のナショナルトラスト運動、目標達成
2010.11.16	全道エゾシカ対策協議会開催
2010.12.9	外資による森林買収の全国調査結果発表
2011.2.8	陸上自衛隊、エゾシカ駆除に出動
2011.4	ニセコ町水道水源保護条例制定
2011.5.10	知床五湖、「二つの歩き方」を導入
2011.5.11	中道リースと道内4町、森林づくり協定を締結
2011.7.19	住田町、坂本龍一の森林保護団体と協定締結
2011.9.16	B型肝炎訴訟、初の和解成立
2011.11.15	しれとこ100m²運動地で、初のエゾシカ駆除
2011.11.17	北海道のエゾシカ農業被害額、過去最大に
2012.3	「知床半島ヒグマ保護管理方針」策定
2012.4.1	北海道水資源の保全に関する条例施行
2012.(この年)	北海道でCCSの実証実験開始
2013.5.14	釧路湿原でシカ捕獲へ
2013.5	バイオマス熱供給集住化住宅、供用開始
2013.6.22	知床岬のエゾシカ生息密度、低下
2013.6.30	ヒグマが急増
2013.7.6	ラムサール条約釧路会議+20
2013.7.30	カラマツを柱材化
2013.8.8	エゾシカ捕獲を決定
2014.1.29	釧路湿原でエゾシカ捕獲
2014.2.20	釧路川の蛇行復元部分、自然再生の兆し
2014.3.20	「北海道エゾシカ対策推進条例」、制定
2014.5.9	ゼニガタアザラシ保護管理計画、策定
2014.5.9	バイオエタノール事業の継続、困難
2014.5.22	第22回環境自治体会議
2014.6.4	ブナ自生林の北限、12km北進
2014.8.7	CCS実証試験
2014.11.3	野生サケ復元へ新プロジェクト
2015.4.21	放鳥したシマフクロウ、繁殖成功
2015.11.20	シベリアの森林火災でPM2.5濃度上昇
2015.12.2	ヒグマ、推定1万頭以上
2015.12.5	シマフクロウ、公開
2016.2.29	タンチョウ、30年で3倍増
2016.3.2	アポイ岳の高山植物群
2016.9.27	国内最大級の風力発電事業、条件付き容認
2016.12.1	紋別バイオマス発電所、営業運転開始
2017.3.27	「SDGs北海道の地域目標をつくろう」を作成・公表
2017.5.19	高山植物再生、ハイマツ枝払い
2017.5.25	第25回「しほろ会議」開催
2017.11.12	国定公園で違法伐採
2017.11.21	マリモ保護・活用両立狙う 阿寒湖・生育地ツアー
2017.12.14	知床最先端にアライグマ
2018.5.20	エゾシカ協会20年記念
2018.9.11	ウミガラスヒナ、今夏巣立ち最多

《東北地方》

2008.7.5	尾瀬でシカの食害深刻化、調査捕獲へ
2008.8.14	尾瀬の特別保護地区内でシカ捕獲へ
2009.3.11	環境省、尾瀬のシカ撲滅の方針を明確化
2009.7.31	尾瀬のシカ捕獲、9頭にとどまる

2011.3.21	福島第1原発事故で出荷制限
2011.4.21	森林の航空レーザー計測、検証進む
2011.4	「つながり・ぬくもりプロジェクト」開始
2011.6.16	がれきで木質バイオマス発電へ
2011.7.25	原発周辺県の堆肥の施用等に自粛通知
2011.7.26	牛の敷料・堆肥の原料用樹皮の取扱い通知
2011.8.19	肉牛の出荷停止解除
2011.9.8	がれき発電、3次補正予算案に100億円
2011.12.19	汚染状況重点調査地域に102市町村を指定
2013.11.12	砂丘や海岸林1300haを喪失
2013.11.19	三陸ジオパーク、誕生
2013.12.7	重要沿岸域マップ、作成
2014.4.4	重要自然マップ、作成
2015.4.20	平成26年度東北地方太平洋沿岸地域自然環境調査
2016.6.10	東北でクマ目撃情報急増

【青森県】

2007.1.8	風車倒壊事故
2007.2.8	富山市と青森市にコンパクトシティ政策
2008.3.11	青森県議会、最終処分地拒否条例案を否決
2008.9.28	青森県内で松くい虫「感染」被害
2010.1.21	青森県、46番目の松くい虫被害県に
2010.4	「あおもり型県産材エコポイント」制度開始
2010.6.25	青森県、稲わら有効利用促進・焼却防止条例制定
2010.(この年)	青森県、ペレットの活用始動
2011.9.20	青森県で3例目の松くい虫発見
2011.9	三陸復興国立公園構想、検討開始
2012.5	東日本大震災、グリーン復興プロジェクト
2013.3.26	三陸復興国立公園、指定
2013.7.12	白神山地世界遺産地域連絡会議
2014.11.5	白神山地にニホンジカ
2015.12.8	白神山地、ニホンジカを確認
2016.2.8	白神山地でシカ捕獲
2017.7.3	北東北のクマゲラ、絶滅の危機
2017.7.12	白神のシンボル、ブナ巨木を治療
2017.9.13	シカ、白神山地核心域に
2017.10.18	絶滅危惧のガシャモク つがるの沼に自生
2017.11.19	オジロワシ繁殖、本州で初の確認
2018.4.26	「農泊」過去最多6658人
2018.10.18	野生動物対策技術研究会全国大会開催

【岩手県】

2008.6.1	第20回「森は海の恋人」植樹祭
2009.4.14	民間主導の自然再生協議会発足へ
2009.11	岩手でシカによる農業被害急増
2009.12.29	釜石で来年度から「緑のシステム創造事業」
2011.4.22	「奇跡の一本松」クローン作戦開始
2011.5.1	高田松原の松、薪に加工して販売
2011.6.5	第23回「森は海の恋人」植樹祭
2011.8.9	被災地に「土佐の木の家」
2011.9.2	木製の護岸、津波でも無傷
2011.9	三陸復興国立公園構想、検討開始
2011.9	被災地の復興住宅、地元業者が展示場
2011.12.6	岩手県産カラマツの需要伸長
2011.12.13	「奇跡の一本松」蘇生断念
2011.12.14	奇跡の一本松、子どもの苗成長
2012.1.18	大槌町で「復活の森」プロジェクトはじまる
2012.5	東日本大震災、グリーン復興プロジェクト
2013.2.17	津波被災地で絶滅危惧種を確認
2013.2.28	奇跡の一本松、173歳だった
2013.3.26	三陸復興国立公園、指定
2013.5.18	平成の杜、植樹会
2014.3.26	岩手と宮城、震災のがれき処理終了
2014.7.30	紫波町、木質バイオマスで地域熱供給
2015.1.30	岩手と宮城で東日本大震災がれき処理量確定
2015.4	スマート復興公営住宅、供用開始
2016.3.19	奇跡の一本松、出雲大社に植樹
2017.5.27	一本松の松原、岩手・陸前高田で植樹

【宮城県】

2007.9.7	薬害C型肝炎仙台訴訟判決
2007.9.14	スギ花粉抑制のため広葉樹を植林

2007.10.3	杜の都・仙台ケヤキ危機
2008.2.26	民間初の森林再生基金設立
2008.6.1	第20回「森は海の恋人」植樹祭
2009.4.4	メスのトキ、宮城県に移動
2009.5.11	NPO「森は海の恋人」設立
2009.9.18	宮城県内でナラ枯れ確認
2010.7.6	宮城県内でナラ枯れ防止の水際作戦
2011.5.19	岩沼市、「千年希望の丘」構想を固める
2011.7.19	汚染牛の出荷制限
2011.7.31	仙台の海岸公園で植樹
2011.7	気仙沼市、がれきをバイオマス発電に活用
2011.9.14	野生動物に放射能汚染広がる
2011.9	三陸復興国立公園構想、検討開始
2012.4.4	タケノコ、シイタケから新基準値超えるセシウム
2013.3.26	三陸復興国立公園、指定
2013.6.9	千年希望の丘、1ヶ所目が完成
2013.12.6	松島湾、世界で最も美しい湾クラブに加盟
2014.3.26	岩手と宮城、震災のがれき処理終了
2014.4.24	日本製紙、石炭・バイオマス混焼火力発電設備を建設
2014.5.1	海岸防災林の植栽に関する実証試験
2015.1.8	シジュウカラガン、渡り復活
2015.1.30	岩手と宮城で東日本大震災がれき処理量確定
2015.3.14	第3回国連防災会議
2016.1.23	オオタカ保護、意見交換会
2016.3.1	ハクガンの渡り数、倍増
2016.3.30	南三陸町、ASC・FSC両認証を取得
2016.12.20	東日本大震災被災地に木造小学校
2018.12	イヌワシ繁殖地再生へ 宮城で官民連携

【秋田県】

2007.12.11	八郎湖、湖沼水質保全特別措置法に基づく指定湖沼の指定
2008.8.29	秋田県北でバイオエタノール製造事業始動
2009.9.29	秋田県でナラ枯れ被害急増
2010.(この年)	秋田県で「ナラ枯れ」被害拡大
2013.7.12	白神山地世界遺産地域連絡会議
2014.8.23	秋田林業大学校
2014.11.5	白神山地にニホンジカか
2014.12.1	ゼニタナゴ、雄物川で確認
2016.2.8	白神山地でシカ捕獲
2017.7.3	北東北のクマゲラ、絶滅の危機
2017.7.12	白神のシンボル、ブナ巨木を治療
2017.9.13	シカ、白神山地核心域に

【山形県】

2008.5.28	第16回環境自治体会議
2008.7	山形県、事業系ごみ減量指針策定
2008.11.25	山形でナラ枯れの被害拡大
2009.10.24	置賜・最上地域で「ナラ枯れ」急増
2010.2.1	村山市の施設にバイオマス発電
2010.9.15	庄内地方でブナの葉枯れ
2010.12.19	山形県、ニセアカシアを燃料に再利用
2011.7	気仙沼市、がれきをバイオマス発電に活用
2013.6.21	遊佐町、水循環保全条例を制定
2014.8.1	ガの食害、樹氷が危機
2014.9.28	最上小国川ダム、漁協が建設に同意
2015.3.26	共用林野、バイオマスエネルギー源に
2016.4.14	山形県立農林大学校、誕生
2016.12.1	庄内海岸林、マツクイムシ被害が深刻化

【福島県】

2009.4.4	メスのトキ、宮城県に移動
2009.6.30	福島県、建設業者の林業参入を図る
2010.9.23	福島第1原発3号機、プルサーマル発電開始
2011.3.11	福島第1原発事故で緊急事態宣言
2011.3.12	福島第1原発で水素爆発、付近から高濃度の放射性ヨウ素検出
2011.3	常磐共同火力勿来発電所、木質バイオマス発電開始
2011.4.2	福島第1原発事故、汚染水が直接海に流出
2011.4.7	福島第1原発1号機、窒素ガス注入開始
2011.4.12	福島原発事故、最悪の「レベル7」
2011.4.13	福島県産シイタケ出荷停止
2011.4.14	林野庁、福島県産シイタケに関する情報を公表

2011.4.18	福島第1原発、核燃料融解
2011.4.20	福島県内で水揚げされたコウナゴに出荷制限
2011.4.22	「計画的避難区域」設定
2011.5.1	福島第1原発の冷却、「空冷式」へ
2011.5.3	沿岸部海底土壌に高濃度の放射性物質
2011.5.9	福島県の地域野菜出荷制限
2011.5.23	福島第1原発、短期間でメルトダウン
2011.5.25	福島県、野生鳥獣の放射線モニタリング調査へ
2011.6.5	震災ストレスでアサリに異変
2011.6.27	福島県全域で民有林の放射線量測定開始
2011.7.6	福島第1原発、汚染水の増加食い止める
2011.7.14	福島第1原発、3号機に窒素注入開始
2011.7.19	汚染牛の出荷制限
2011.7.25	福島第1原発事故で、深刻な放射能汚染
2011.8.17	事故収束に向けた工程表、進捗発表
2011.8.27	焼却灰から基準超えセシウム
2011.8.29	福島県の土壌汚染、チェルノブイリ超え34地点
2011.9.7	キノコの出荷停止続く
2011.9.7	汚染水処理装置の稼働率、目標超える
2011.9.7	福島県産のハウス栽培シイタケなど、出荷停止解除
2011.9.13	セシウムの9割、落ち葉に蓄積
2011.9.14	野生動物に放射能汚染広がる
2011.9.15	原発作業員1991人の被曝状況発表
2011.9.15	福島東部産の野生キノコ、出荷停止
2011.9.20	改訂版工程表、「ステップ2」の達成を年内に前倒し
2011.9.28	福島第1原発2号機、「100度以下」達成
2011.9.29	国有林、汚染土の仮置き場に
2011.9.30	「緊急時避難準備区域」指定解除
2011.9.30	農水省、森林除染方法の実験結果公表
2011.9.30	福島県飯舘村などでプルトニウム検出
2011.9	福島の森林全域で、放射能汚染実地測定開始
2011.10.9	福島県、子どもの甲状腺検査を開始
2011.10.11	千葉県産シイタケなど、出荷停止
2011.10.12	福島県知事、県産米の安全宣言
2011.10.14	原発事故で福島県の林業に打撃
2011.10.17	改訂版工程表、「ステップ2」の達成期限に「年内」明記
2011.10.29	福島県に中間貯蔵施設整備の政府工程表提示
2011.11.1	小田原市産の茶葉など、出荷停止解除
2011.11.7	福島のチェルノブイリ調査団が帰国
2011.11.9	福島の野生イノシシ肉、出荷停止
2011.11.17	改訂版工程表、原子炉の「冷温停止」年内可能
2011.11.17	福島市大波地区産のコメなど、出荷停止
2011.12.4	福島第1原発で汚染水漏出
2011.12.5	「福島県農林地等除染基本方針」発表
2011.12.5	福島市東部のコメなど、出荷停止
2011.12.15	森林のセシウム、若葉に汚染拡散なし
2011.12.27	森林の放射性物質、生葉と落ち葉で高濃度
2011.12.28	双葉郡に中間貯蔵施設建設を要請
2012.1.4	福島環境再生事務所開設
2012.1.6	集中廃棄物処理施設敷地内で汚染水見つかる
2012.1.10	汚染水浄化システムのタンクから10リットル漏れる
2012.1.12	トレンチで汚染水見つかる
2012.1.19	福島第1原発事故の汚染建材使われる
2012.1.20	4自治体分のがれき処理を国が代行
2012.1.21	作業員被ばく線量合算せず
2012.1.23	放射性物質放出量が増加
2012.1.25	賠償対象外の市町村、東電に集団で要求
2012.1.26	除染困難なら作付け制限を―JA福島

2012.1.26	福島第1原発事故 岩手県も賠償請求 被害対策経費、東電に1億400万円
2012.1.27	汚染マップ、北海道、西日本でも作成
2012.1.27	除染工程表公表
2012.1.31	40年で原則廃炉を閣議決定
2012.1.31	原子力規制庁設置を閣議決定
2012.2.1	4号機で汚染水漏れ
2012.2.3	福島第1原発事故 水漏れの地面2シーベルト 海への流出はなし
2012.2.7	福島第1原発事故 2号機にホウ酸水注入 70度前後を推移
2012.2.8	汚染水タンク付近で漏れ見つかる
2012.2.12	圧力容器温度上昇、注水量増やす
2012.2.13	「冷温停止状態」宣言後で最高の94.9度示す
2012.2.13	東電、温度上昇は温度計の故障と断定
2012.2.14	41個中8個で温度計異常
2012.2.17	地下飲用水から放射性物質出ずー緊急時避難準備区域
2012.2.21	福島第1原発沖で最大1000倍のセシウムを検出
2012.2.25	汚染水処理施設で高濃度汚染水漏えい
2012.3.1	業務を再開 広野町役場
2012.3.13	ダム底に付近の10倍のセシウム
2012.3.13	警戒区域のがれき47万トン超に
2012.3.13	放射性物質の蓄積範囲はチェルノブイリの8分の1
2012.3.22	福島で「森林除染推進協議会」設立される
2012.3.26	ホースの継ぎ目から汚染水漏水
2012.3.28	飯舘のヤマメから規制値超えのセシウム
2012.3	福島県「再生可能エネルギー推進ビジョン」を改訂
2012.6.12	4カ月で外部被ばく推計最大25.1ミリシーベルト
2012.6.14	福島県漁連、1年3カ月ぶりの再開に向け試験操業
2012.6.15	「原子力規制委員会」設置法案、衆院通過
2012.6.15	試験操業の結果、放射性物質は不検出
2012.6.15	飯舘村、3区分に再編
2012.6.20	原子力規制委員会設置法成立
2012.6.20	東電、社内事故調最終報告書を公表
2012.6.22	販売目的の試験操業実施
2012.6.27	福島第1原発事故 1号機で10.3シーベルト 原子炉建屋内で最高値
2012.7.5	福島第1原発事故 国会事故調報告書公表
2012.7.10	会津若松のバイオマス発電所、送電開始
2012.7.14	SPEEDI即時公表していれば避難に生かせたはず 政府事故調認定
2012.7.16	代々木公園で脱原発「10万人集会」
2012.7.23	政府事故調、最終報告書を提出
2012.7.24	文科省、ストロンチウム飛散状況を公表
2012.7.27	国直轄の除染始まる
2012.7.30	汚染水漏えい対策のため廃炉工程表を改定
2012.7.30	福島沖の警戒区域を沿岸から沖合5キロへ縮小
2012.7.31	下請けの被ばく隠し 再発防止のため防護服の胸部を透明に
2012.8.2	原発事故後初めて水揚げのタコが築地に入荷
2012.8.3	新潟・静岡沖でセシウムを検出 福島の事故由来
2012.8.3	福島の子供、セシウム検出0.1%
2012.8.6	休業3漁協がシラス漁の試験操業実施
2012.8.10	楢葉町「警戒区域」解除 事故発生から1年5ヶ月で
2012.8.10	福島第1原発事故 川俣町の除染、実施計画公表--環境省
2012.8.14	4号機で汚染水漏れ
2012.8.17	淡水化装置で汚染水漏れ
2012.8.21	20キロ圏内のアイナメから放射性物質検出
2012.8.22	プルトニウム2次調査結果発表
2012.8.23	作業員の線量計紛失や未装着は28件
2012.8.23	福島県漁協試験操業、7魚種を追加
2012.8.25	2012年産米の全袋検査開始 福島県
2012.8.28	青森で漁獲されたマダラから放射性セシウム検出

2012.8.29	福島第1原発事故 森林の除染拡大 環境省、福島県の要望受け入れ
2012.8	福島第1原発事故 チョウに異常 琉球大調査「自然に影響」
2012.9.3	「帰還困難区域」指定の飯舘村長泥、報道陣に公開
2012.9.14	エネルギー・環境会議 「2030年代原発ゼロ」決定
2012.9.19	環境省、森林の除染方針をまとめる
2012.9.19	原子力規制委員会発足
2012.9.21	福島県、原発事故後の線量を公表
2012.9.22	大熊町議会復興計画可決、全町民5年間帰還せず
2012.9.22	福島第1原発3号機、鉄骨が燃料プールに落下
2012.9.26	警戒区域の富岡町、5年間帰還せずと町長が宣言
2012.9.27	東電、初めて1号機格納容器内部の映像を公開
2012.9.28	環境省、葛尾村の除染実施計画を公表
2012.9.28	環境省、国の直轄除染で完了遅れもと
2012.10.9	コメ出荷再開、広野町の農家
2012.10.9	福島第1原発事故 県、初動対応報告書「備えが不十分」
2012.10.10	東電、1号機格納容器内の放射線量が極めて高い11シーベルトと発表
2012.10.19	飯舘村、帰還見込み時期で国と合意
2012.10.19	有識者メンバー決まる 原子力規制委員会
2012.10.22	「除染推進パッケージ」を公表
2012.10.24	県内の米から新基準値上回る数値
2012.10	南相馬市再生可能エネルギー推進ビジョン、策定
2012.11.1	放射性セシウム、基準超え新米見つかる
2012.11.2	港湾内採取のマアナゴから1万5500ベクレルの放射性セシウムを検出
2012.11.21	環境省、浪江町の除染実施計画を公表
2012.11.28	政府、特例として警戒区域の年末年始宿泊認める
2012.11.30	大熊町の警戒区域解除、「帰還困難区域」「居住制限区域」「避難指示解除準備区域」の3区域に再編
2012.12.14	特定避難勧奨地点、初の解除—伊達、川内の129世帯
2012.12.21	原発「新増設なし」を踏襲しない 安倍首相
2012.12.28	環境省、大熊町の除染実施計画を公表。ただし帰還困難区域は先送り
2013.1.4	手抜き除染、横行
2013.1.5	水産庁、原発事故での魚汚染解明へ
2013.1.7	国、稲わら処分で補助
2013.1.7	除染の排水、国が監視強化へ
2013.1.8	「中間貯蔵」環境省が説明会
2013.1.11	放射性セシウム除去に新素材
2013.1.18	魚類で過去最大、2500倍超セシウムを検出
2013.1.26	浜通りにサクラを植樹
2013.1.27	原発周辺の甲状腺被ばく、大半が30ミリシーベルト以下
2013.1.29	放射能汚染地域の今年産米の作付け方針、決定
2013.2.18	タンクから低濃度汚染水が漏水
2013.2.27	災害ロボット、原子炉内を撮影
2013.3.1	80キロ圏内の放射線量40%減少
2013.3.8	中間貯蔵施設の候補地調査に着手
2013.3.14	警戒区域内、動物の繁殖率低下の恐れ
2013.3.19	原子力規制委員会、新型浄化装置「ALPS（アルプス）」の試運転開始了承
2013.3.26	汚水漏えい、120トンが排水溝に
2013.3.27	格納器内の線量79.2シーベルトと
2013.3.29	森林土壌中のセシウム濃度、上昇
2013.4.4	「アルプス」一時運転止まる
2013.4.5	汚染水、海に流出か
2013.4.8	海側フェンスの破損見つかる
2013.4.8	隣接貯水槽からも汚染水漏れ
2013.4.9	いわき市で植林本格化
2013.4.10	1号槽も汚染水漏れ
2013.4.11	移送配管も漏水、移送作業中の配管のつなぎ目部分から新たな漏れ見つかる

2013.4.15	海底の土からプルトニウムを検出	2013.9.19	安倍首相、福島第1原発を視察
2013.4.17	貯水槽の汚染水、地上への移送を始める	2013.10.10	港湾外でセシウム検出、陸側から漏れた汚染水の影響か
2013.4.19	原子力発電54基から50基に減少	2013.10.18	いわき市漁協など、2年7カ月ぶり試験操業
2013.4.22	IAEA調査団「汚染水は最大の難題」	2013.12.18	福島第1原発5、6号機、廃炉決定
2013.5.7	敷地境界の線量が被ばく限度の7.8倍に	2013.12.28	原発事故後特例宿泊―楢葉町
2013.5.30	汚染水対策に凍土壁	2014.1.17	川内村の除染、完了する
2013.5.30	東京電力、地下水バイパスいわき市漁協に説明会	2014.1.27	ふくしま生物多様性推進計画、改訂
2013.6.5	地上タンクで汚染水漏れ	2014.2.7	中間貯蔵施設、双葉郡8町村長が集約案を了承
2013.6.9	汚染水地上タンクへの移送完了	2014.3.8	原子力学会事故調査委員会、最終報告書を公表
2013.6.11	廃炉作業を公開	2014.3.14	中間貯蔵施設を大熊、双葉2町に集約へ
2013.6.19	2号機、観測用の井戸から高濃度汚染水を検出	2014.3	避難指示解除を1年延長―飯舘・葛尾の一部
2013.6.21	淡水化装置で汚染水漏れ	2014.4.1	森林内での放射性セシウムの分布変化、減少
2013.6.26	原子力機構、「汚染マップ」を公開	2014.4.1	楢葉、大熊、川内の除染作業終了
2013.6.29	「マタギサミット in 猪苗代」開幕	2014.4.1	福島第1原発事故、初めて避難指示を解除
2013.6.30	2号機の新たな井戸から高濃度汚染水を検出	2014.5.3	森林の空間線量、2年で半減
2013.7.1	地下貯水槽からの汚染水移送完了	2014.6.1	原発事故で不通のJR常磐線運転再開
2013.7.7	2号機の井戸から60万ベクレルの放射性トリチウムを検出	2014.6.11	只見と南アルプス、エコパークに
2013.7.9	水ガラスを注入した護岸工事始める	2014.7.13	住民反発で避難指示解除見送り―川内村
2013.7.18	廃炉作業の第1歩、燃料棒取り出し	2014.8.1	環境省除染目安提示、住民からは「基準緩和」との批判も
2013.7.22	東電、港湾への汚染水流出を認める	2014.8.31	福島県、中間貯蔵施設建設を容認
2013.7.29	汚染水流出問題、東電、対策先送り認める	2014.10.1	川内村の一部で避難指示解除
2013.7.31	水ガラスでも汚染水流出	2015.1.30	スギ雄花の放射性セシウム濃度、低下
2013.8.1	2号機立て坑で新たに汚染水	2015.2.3	中間貯蔵施設、着工
2013.8.7	汚染水1日300t、海に流出か	2015.3.13	中間貯蔵に汚染土、搬入開始
2013.8.8	汚染水流出問題、汚染前の放出検討を経産相が指示	2015.3.25	双葉町中間貯蔵予定地でも汚染土の搬入始まる
2013.8.12	1号機護岸でも高濃度放射性物質を検出	2015.3.27	放射性セシウム、森林外への流出量は少量
2013.8.19	福島第1原発、仮設タンクから汚染水漏えい	2015.4.15	除染作業員の平均被ばく0.5ミリシーベルト
2013.8.21	汚染水、被災直後から海に流出か	2015.5.14	IAEAが最終報告書―「事故は安全との思い込みが主因」
2013.8.28	汚染水「レベル3」決定	2015.5.20	環境省、双葉町で除染開始
2013.9.3	「汚染水問題に関する基本方針」、決定	2015.6.12	中長期ロードマップ、改訂
		2015.6.12	福島復興の加速閣議決定

2015.7.13	東京五輪に向けJヴィレッジ除染始める	2011.7.26	牛の敷料・堆肥の原料用樹皮の取扱い通知
2015.8.28	モミの木に異変	2011.8.27	焼却灰から基準超えセシウム
2015.9.5	福島県楢葉町の避難指示を解除	2011.12.19	汚染状況重点調査地域に102市町村を指定
2015.9.9	汚染水外洋に流出	2012.12.5	アスベスト訴訟、国に賠償を命じる判決
2015.9.14	浄化地下水、海に放出開始	2013.11.12	砂丘や海岸林1300haを喪失
2015.10.26	福島第1原発の海側遮水壁が完成	2013.12.7	重要沿岸域マップ、作成
2015.12.21	生活圏外の森林、除染せず	2014.4.4	重要自然マップ、作成
2016.3.2	福島第1原発事故の被害者団体が集会	2014.6.5	中央リニア新幹線、環境大臣意見を提出
2016.3.8	東電社長、炉心溶融、過小評価したことを国会で陳謝	2015.3.25	オオタカ、被爆で繁殖率低下
2016.3.30	凍土遮水壁凍結、原子力規制委が許可	2015.12.3	リニア着工1年
2016.4.18	汚染土の本格輸送を開始	2016.9.2	登山者、リニア工事に反対
2016.6.12	葛尾村の避難指示を解除	【茨城県】	
2016.9.6	森林除染、実証事業を開始	2008.2.27	JCO臨界事故住民健康被害訴訟、原告の訴え棄却
2016.11.3	第1回世界ご当地エネルギー会議	2008.3.10	神栖市の有機ヒ素水汚染、処理作業完了
2016.12.9	福島第1原発事故費用、21.5兆円	2008.3.19	無花粉スギ増殖への取り組み続く
2016.12.20	原子力災害からの福島復興の加速のための基本指針、決定	2009.7.9	野生絶滅種コシガヤホシクサの発芽成功
2017.3.15	福島送電合同会社設立	2011.9.20	イノシシ肉から国の基準を超えるセシウム検出
2017.10.21	JR常磐線（常磐線富岡―竜田）、6年半ぶり再開	2011.10.11	千葉県産シイタケなど、出荷停止
2017.12.27	かしまの一本松 伐採	2011.10.26	東海第二原発で汚染水漏出
2018.11.4	ふくしま植樹祭	2011.11.7	栃木産クリタケなど、出荷停止
2018.11.9	帰還困難区域で除染開始	2012.4.14	とうかい環境村民会議発足
		2013.5.23	J-PARC、放射性物質漏出

《関東地方》

		2015.8.28	モミの木に異変
2007.4.27	バイオガソリン、首都圏で試験販売	2015.9.9	鬼怒川で堤防決壊
2007.11.9	政府公用車にもバイオガソリン	2016.3.4	つくば市、筑波山などでの電力事業を禁止
2008.7.5	尾瀬でシカの食害深刻化、調査捕獲へ	2018.6.9	全国トンボ市民サミット茨城県涸沼大会
2008.8.14	尾瀬の特別保護地区内でシカ捕獲へ	2018.10.15	第17回世界湖沼会議
2008.9.3	クマゼミの生息域が北上	【栃木県】	
2009.3.11	環境省、尾瀬のシカ撲滅の方針を明確化	2008.2.25	日光杉並木、強風で20本以上倒木
2009.7.31	尾瀬のシカ捕獲、9頭にとどまる	2008.5.2	宇都宮市内でツキノワグマ捕獲
2009.9.7	東京湾水質一斉調査結果（速報）発表	2009.7	荒れた山林で「森林酪農」
2010.9.17	ツマグロヒョウモンの分布北上	2011.4.23	足尾で第16回春の植樹デー
2011.3.21	福島第1原発事故で出荷制限	2011.5.22	日光国立公園「那須平成の森」開園
2011.7.25	原発周辺県の堆肥の施用等に自粛通知	2011.8.19	肉牛の出荷停止解除

2011.11.7	栃木産クリタケなど、出荷停止		2012.8	熊谷市「暑さ対策日本一」をスローガンに
2014.3.28	2014年豪雪		2013.11.9	荒川の樹木を伐採
2014.4.15	桐生市で大規模山林火災		2017.2.17	トゲネズミ類の生息域外保全事業を開始
2017.8.25	ライチョウ今年度繁殖12羽			
2018.1.12	日光杉並木、7割が衰退・枯死			

【群馬県】

2007.12.13	八ッ場ダムの工期延長
2008.9.11	みなかみ町、環境力宣言を発表
2009.5.29	群馬県、オオタカに配慮した森林づくりへ
2009.9.17	鳩山首相、八ッ場・川辺川ダムの建設中止を表明
2009.10.18	国民参加の森林づくりシンポジウム開催
2010.3.6	新宿区と群馬県沼田市、地球環境保全協定を締結
2010.7.21	水車発電で獣害防止の電気柵
2010.8.26	JR高崎駅屋上に「グリーン・ガーデン」オープン
2010.10.16	群馬県内初のナラ枯れ、谷川岳周辺で確認
2010.10.23	草原再生フォーラム開催
2011.1.31	「赤谷の森管理経営計画書」まとまる
2011.5.15	尾瀬山の鼻ビジターセンター開所式
2011.9.8	「ウラベニホテイシメジ」のセシウム、基準値以下
2011.12.22	八ッ場ダム建設再開決定
2012.8.28	国内最大級のバイオマス発電所を建設
2014.4.15	桐生市で大規模山林火災
2014.8.8	イヌワシの狩り場、再生
2016.2.15	世田谷区と川場村、木質バイオマス発電で連携
2016.10.18	イヌワシの巣立ちを確認
2017.9.25	農家で遺伝子組み換えカイコの飼育を開始
2018.12.19	「美しの森」選定の2カ所、管理「不適切」

【埼玉県】

2007.8.16	最高気温記録更新
2009.9.8	飯能市エコツーリズム構想、認定第1号に
2010.3	川口市、レジ袋削減条例制定
2012.3.26	水源地域保全条例を埼玉県議会が可決

【千葉県】

2007.8.21	県知事認可の産廃場認可取り消し―千葉県
2008.3.14	千葉で「G20対話」開幕
2008.3	千葉県SEA要綱制定
2009.2.25	君津市、大型わな設置へ
2010.2.23	九十九里のクロマツ林再生に向け植樹式
2010.3	「生物多様性ながれやま戦略」策定
2011.2.10	千葉大教授ら、「生物多様性オフセット法」案をまとめる
2011.9.7	福島県産のハウス栽培シイタケなど、出荷停止解除
2011.10.11	千葉県産シイタケなど、出荷停止
2011.10.21	柏市の土中で異常に高い放射線量検出
2011.10.23	九十九里浜でクロマツ植樹
2012.2.13	ビニールハウスの土から放射性セシウムを検出
2012.4.4	タケノコ、シイタケから新基準値超えるセシウム
2013.1.16	ニホンザルとアカゲザルが交配
2013.8.21	里山保全を証券化
2014.7	柏の葉スマートグリッド、運用開始
2015.7.23	コウノトリ、野田市で放鳥
2016.2.10	樹木葬で森林再生
2017.2.20	交雑ニホンザル、57頭駆除
2017.3.10	千葉石炭火力発電所計画 環境相、再検討求める
2017.3.23	関電・東燃ゼネラル、千葉の石炭火力撤回
2017.6	樹木葬で森の復元
2018.6.15	チバニアン「地磁気逆転地層」天然記念物指定へ

【東京都】

2007.6.1	東京都、CO_2削減義務化へ
2007.7.2	東京大気汚染訴訟、和解
2007.10.4	皇居はクールアイランド
2008.2.10	新宿区と伊那市、森林保全でCO_2相殺

2008.2.19	アホウドリのヒナ10羽が引っ越し
2008.3.27	小笠原諸島の森林生態系保護地域保全管理計画策定
2008.5.26	アホウドリのヒナ、すべて飛び立つ
2008.6.13	皇居外苑のクールアイランド効果確認
2008.6.25	東京都の環境確保条例成立
2008.7	東京都、排出量取引制度を導入
2008.8.20	環境にやさしい竹の仮設住宅試作
2008.8	太陽エネルギー利用拡大作戦開始
2008.9.16	アホウドリの引っ越し、2009年は15羽に
2008.11.28	東京都と東芝、森林保全協定を締結
2009.2.5	アホウドリのヒナ15羽が引っ越し
2009.6.3	多摩農林、放置林再生の100年計画
2009.7	小笠原諸島、世界自然遺産に推薦へ
2009.9.12	オガサワラシジミ、人工繁殖失敗
2009.12.4	港区、二酸化炭素固定認証制度の創立を目指す
2010.1.18	「生物多様性オフセット」に関する国際シンポジウム開催
2010.3.6	新宿区と群馬県沼田市、地球環境保全協定を締結
2010.4.11	高尾の森づくりの会、第10回植樹祭
2010.4	東京都、排出量取引制度を開始
2010.5.22	「グリーンウェイブ2010」の植樹イベント開催
2010.6.19	噴火から10年、三宅島の緑が回復
2011.1.28	青梅のスギ・ヒノキ、花粉の少ない品種に植え替え
2011.1	足立区、自治体間カーボンオフセット活動開始
2011.6.1	環境省、スーパークールビズ開始
2011.6.21	荒川区、「街なか避暑地」事業を開始
2011.6.24	小笠原諸島、世界自然遺産に決定
2011.9.16	B型肝炎訴訟、初の和解成立
2011.9.16	日本山岳会高尾森づくりの会、ラオスで植林へ
2011.10.1	港区、「みなとモデル二酸化炭素固定認証制度」開始
2011.12.26	都内でストロンチウム89検出
2011.12	長期戦略「2020年の東京」公表
2012.10.25	足立区「ごみ屋敷対策事業」はじまる
2012.(この年)	都立霊園、「樹木葬」導入
2013.4.12	東京の気温、鹿児島並みに
2013.5.11	第1回再生可能エネルギーによるまちづくりミニフォーラム
2013.6.26	東京都、温室効果ガス排出総量削減義務と排出量取引制度導入から3年
2014.1.30	足立区、木製粗大ごみを資源化
2014.4.4	梅の公園、全てのウメを伐採
2014.12	校庭の樹林、伐採
2015.3.13	ソメイヨシノ原木、上野公園に？
2015.9.6	ライチョウのひな、全滅
2016.2.15	世田谷区と川場村、木質バイオマス発電で連携
2016.5.28	環境自治体会議第24回全国大会
2016.6.23	イノカシラフラスコモ、60年ぶりに確認
2016.9.10	豊洲市場、盛り土せず
2016.9.29	豊洲市場、地下水から有害物質検出
2017.1.14	豊州地下水に有害物質
2017.1.28	井の頭公園 かいぼうり報告会
2017.2.17	トゲネズミ類の生息域外保全事業を開始
2017.2.22	絶滅危惧ゲンゴロウ、販売容疑で逮捕
2017.3.8	小笠原諸島向け植栽樹種の遺伝的ガイドライン作成
2017.4.1	長野県、新設2水力発電所から新電力売電
2017.4.19	最大の営巣地でオオミズナギドリ9割減
2017.5.16	石炭火力発電所建設計画撤回申し入れ
2017.5.28	伊豆大島のキョン、捕獲強化へ
2017.6.21	シンポジウム「生物多様性の主流化」開催
2017.8.25	ライチョウ今年度繁殖12羽
2017.10.12	外来ヒモムシ 小笠原の生態系破壊

2018.1.25	小笠原諸島に固有の海鳥を発見
2018.2.19	有害物質ゼロ電池開発
2018.3.6	再エネ発電証書、取引市場創設へ
2018.6.5	噴火後西之島でオオアジサシ繁殖
2018.10.12	微小プラ、国内11河川で検出

【神奈川県】

2007.2.15	逗子池子の森に米軍住宅追加建設計画
2007.10.22	酷暑をやわらげるグリーンカーテン
2008.4.23	花粉症対策で、スギ林の削減に着手
2009.3.26	神奈川県、「森林再生パートナー制度」第1号締結
2009.4	エネルギー消費量一元化システム導入
2009.4	地方税制等研究会、炭素税案を答申
2009.6.17	アサヒビール、水源林保全へ寄付
2009.7.6	米軍基地勤務中のアスベスト被害、国に賠償命令
2009.10.1	シックハウスの健康被害に賠償命令
2010.4	間伐促進へ「かながわ森の町内会」事業開始
2010.9	神奈川県「森林再生パートナー制度」が好評
2010.12	横浜LED電球メガワットキャンペーン開始
2011.5.26	パナソニック、環境タウン構想を発表
2011.5.29	「グリーンウェイブ2011」開催
2011.9.7	福島県産のハウス栽培シイタケなど、出荷停止解除
2011.11.1	小田原市産の茶葉など、出荷停止解除
2013.12.10	無花粉ヒノキ、発見
2014.8.18	小網代の森、散策路を一般開放
2014.12.4	高性能木質ペレット燃料、実証プラント
2015.7.3	ミゾゴイ、孵化に成功

《北陸地方》

2008.9.3	クマゼミの生息域が北上
2009.3.11	環境省、尾瀬のシカ撲滅の方針を明確化
2009.7.31	尾瀬のシカ捕獲、9頭にとどまる
2009.11.1	北陸3県でイノシシ被害拡大続く

【新潟県】

2007.2.8	「新潟水俣病問題に係る懇談会」設置
2007.4.27	新潟水俣病第3次訴訟提訴
2007.7.16	新潟県中越沖地震で柏崎刈羽原発被災
2007.12	新潟水俣病認定申請者続出
2008.2.12	「ラムサール条約」にサロマ湖・瓢湖の登録方針表明
2008.9.25	トキ10羽放鳥、27年ぶりの野生復帰
2008.10.28	新潟北部でトキ目撃
2008.12.19	トキの分散飼育実施地決定
2008.12.25	新潟中部でトキ確認
2009.2.9	トキの次回放鳥方針決定
2009.2.13	新潟水俣病未認定患者に独自支援
2009.3.28	新潟市内でメスのトキ確認
2009.5.1	新潟県の放棄耕作地、8割が再生困難
2009.8.22	「世界ジオパーク」に国内3ヵ所認定
2009.9.29	トキ2次放鳥
2009.10.2	トキ営巣木のナラ枯れ被害深刻化
2009.10.20	放鳥地付近でトキの群れ確認
2010.3.10	訓練中のトキ、テンに襲われ9羽が死ぬ
2010.3.11	新潟県とNPB、「プロ野球の森」協定を締結
2010.6	新潟県、年間3万トンCO_2削減
2010.11.1	トキ3次放鳥
2011.1.26	偏食のトキに脚気症状
2011.3.3	新潟水俣病訴訟、国と初の和解成立
2011.3.10	トキ4次放鳥開始
2011.6.11	佐渡と能登、先進国初の世界農業遺産に認定
2011.6.16	放鳥トキ、今季も繁殖に失敗
2011.9.27	トキ5次放鳥開始
2012.3.12	放鳥したトキが営巣 佐渡
2012.4.22	放鳥トキの卵がふ化
2012.5.25	トキのひな巣立ち 佐渡

2013.2.25	トキ野生復帰ロードマップ、策定
2014.5.6	野生トキ、初のヒナ誕生
2014.5.9	バイオエタノール事業の継続、困難
2014.9.11	第7回トキ野生復帰検討会
2016.5.18	トキのペアとひな、放鳥開始以来最多
2017.4.28	自然界2世のトキ、2年連続ひな誕生

【富山県】

2007.2.8	富山市と青森市にコンパクトシティ政策
2007.10.29	イタイイタイ病審査請求却下
2008.4	レジ袋無料配布取り止め
2008.6.20	魚津の中山間地にカウベルト設置
2009.12.23	富山市、路面電車復活
2010.4	富山市J-VER販売へ
2011.6.24	ナラ枯れの害虫、フェロモンで一網打尽に
2013.12.17	イタイイタイ病、全面解決
2016.5.15	G7富山環境大臣会合
2016.8.1	草刈り十字軍、終了
2016.10	立山・室堂平にニホンジカ
2017.8.25	ライチョウ今年度繁殖12羽

【石川県】

2007.4.1	金沢市「公共交通利用促進条例」施行
2008.12.19	トキの分散飼育実施地決定
2009.4.23	「里山」「里海」の暮らし調査チーム編成へ
2009.6.5	ライチョウ、白山で70年ぶりに確認
2010.12.18	国際生物多様性年「クロージング・イベント」開催
2011.1.4	石川県、新年度に里山創成ファンド設置へ
2011.6.11	佐渡と能登、先進国初の世界農業遺産に認定
2011.8.25	間伐材を床部に使用したバス開発
2014.3	コーディリエラの棚田群保全活動
2016.10.27	第1回アジア生物文化多様性国際会議の開催結果
2018.5.3	ハヤブサのヒナ、5年連続県庁で誕生

【福井県】

2007.5.24	「もんじゅ」ナトリウム注入
2007.7.10	北陸電力、木質バイオマス混焼発電でCO_2年1万トン削減を目指す
2008.3.19	新幹線の工事認可、もんじゅ再開ちらつく
2008.10.9	杉の間伐材で地盤沈下防止実験
2009.6.30	福井県、山と人里の緩衝帯設置
2009.7.16	小浜市に鳥獣害対策室設置
2010.5.6	もんじゅ運転再開
2011.5.21	敦賀原発2号機、再び放射性物質漏れ
2011.6.24	もんじゅ、落下装置の回収完了
2011.12.7	美浜原発2号機で冷却水漏れ
2011.(この年)	シカの食害を防ぐ金網柵、嶺南地域に設置
2013.5.15	もんじゅ、試験運転再開準備停止を命令
2013.5.15	敦賀原発2号機直下、活断層と断定
2013.9.8	「SATOYAMA国際会議2013 inふくい」
2013.10.30	里山里海湖研究所
2014.(この年)	赤とんぼ調査隊
2016.12.21	もんじゅ、廃炉決定

《中部地方》

2009.4.24	中部森林管理局、2009年度事業概要発表
2010.9.17	ツマグロヒョウモンの分布北上
2014.6.5	中央リニア新幹線、環境大臣意見を提出
2014.6.11	只見と南アルプス、エコパークに
2015.12.3	リニア着工1年
2016.9.2	登山者、リニア工事に反対

【山梨県】

2008.2.20	シカによる林業被害急増
2008.4.20	駆除した鹿でジビエ料理
2008.7.16	三窪高原、シカ食害でツツジ枯死
2008.7.16	青木ヶ原樹海、地面固まり虫棲めず
2008.7	山梨県が北岳のシカ食害実態調査
2009.1.22	富士山周辺にシカ急増

2009.3.15	「関東ツーリズム大学」就労研修開始
2010.7.27	牛の放牧で耕作放棄地再生、山梨県がモデル事業開始
2010.10.22	第1回全国源流サミット開催
2011.5.30	山梨県、富士山のシカ食害対策に本腰
2011.7.25	富士山頂でCO_2の自動測定開始
2011.8.24	南アルプス国立公園でシカによる食害深刻化
2011.8.31	山梨県産材の普及へ協定
2011.9.22	富士山、世界文化遺産に推薦決定
2013.1.4	富士山、入山料導入を検討
2013.2.23	富士山入山料、試験的に導入
2013.6.3	国際コモンズ学会世界大会
2013.6.22	富士山、世界文化遺産に
2013.9.10	富士登山者、31万人
2014.9.18	富士山入山料、目標額の5割強
2016.7.25	富士山入山料、徴収額1.6倍に
2016.10.20	北岳のライチョウ、激減

【長野県】

2007.1.11	松本市が「カーフリーデー」へ参加
2007.6.15	長野県阿智村処分場計画の中止方針を転換
2007.10.26	ツキノワグマのためのドングリの森づくり
2008.2.10	新宿区と伊那市、森林保全でCO_2相殺
2008.7.29	小海町「ふるさとの森」事業、元本割れ
2008.8.12	南アルプス南部のニホンジカ食害の実態が明らかに
2008.12	木曽川下流の住民、源流の環境保護
2009.1.30	グリーンワーカー養成研修に希望者殺到
2009.3.17	地元産カラマツを使った新校舎完成
2009.10.31	長野県内の「にほんの里」4地区が交流会
2011.3.7	信大農学部と根羽村が連携協定を締結
2011.4	木曽郡で森林セラピードック実施へ
2011.8.24	南アルプス国立公園でシカによる食害深刻化
2013.2	長野県環境エネルギー戦略、策定
2013.3	飯田市、再生可能エネルギー導入を条例化
2013.6.21	霧ヶ峰自然環境保全協議会、開催
2014.9.27	御嶽山が噴火
2015.8.31	ニホンザル、ライチョウを捕食
2016.5.20	環境省と妙高市、共同でライチョウ保護
2016.6.28	天竜峡にくさび
2016.7.28	『クライマーズ・ブック』、刊行
2017.4.1	長野県、新設2水力発電所から新電力売電
2017.8.25	ライチョウ今年度繁殖12羽
2018.9.8	小谷でサミット開催

【岐阜県】

2007.8.16	最高気温記録更新
2008.1.15	岐阜県とトヨタ紡織、森林づくり協定を締結
2008.2.6	木材乾燥の新技法でCO_2削減効果
2008.3.26	岐阜県御嵩町の産廃処分場、建設中止に合意
2008.12	木曽川下流の住民、源流の環境保護
2009.5.27	第17回環境自治体会議
2009.6.5	ライチョウ、白山で70年ぶりに確認
2009.6.16	森の発電所、債務超過で公的支援
2010.4.5	高山市、「生物多様性ひだたかやま戦略」を発表
2014.9.27	御嶽山が噴火
2015.4.13	長良川のアユ、準絶滅危惧種に
2016.1.17	ぎふの木づかい施設、初認定
2018.5.24	地域づくり、東白川村・白川町・名大が連携

【静岡県】

2008.4.21	朝霧高原のススキ原野で野焼き復活
2008.5.14	富士鋼業、国内最大級の木質粉砕機開発
2008.7.23	B型肝炎集団訴訟、静岡地裁に提訴
2009.1.22	富士山周辺にシカ急増
2009.2.19	竹をバイオ燃料に
2009.3.25	掛川の桜木上垂木鳥獣保護区、指定解除へ
2009.12.24	間伐材で作った漁礁設置

2009.12.26	間伐材のガードレール登場
2011.5.14	浜岡原発、全面運転停止
2011.7.25	富士山頂でCO_2の自動測定開始
2011.8.24	南アルプス国立公園でシカによる食害深刻化
2011.9.22	富士山、世界文化遺産に推薦決定
2011.10.29	国民参加の森林づくりシンポジウム開催
2011.11.15	遠州灘の砂浜保全に市民が粗朶集め
2013.1.4	富士山、入山料導入を検討
2013.2.23	富士山入山料、試験的に導入
2013.6.22	富士山、世界文化遺産に
2013.9.10	富士登山者、31万人
2013.11.6	環境首都創造自治体全国フォーラム2013
2014.9.18	富士山入山料、目標額の5割強
2015.7.19	獣害防止用電気柵で感電死
2016.6.1	天竜材の地産地消へ協議会

【愛知県】

2007.7.31	薬害C型肝炎名古屋訴訟判決
2008.2.7	第1回エコ事業所優秀賞表彰式
2008.7.9	デンソー、藻から「バイオ軽油」量産計画
2008.10.9	豊田市で森の間伐共同化
2008.10.21	本州でアオウミガメの産卵初確認
2008.11.21	生物多様性のコミュニティワード決定
2008.12	木曽川下流の住民、源流の環境保護
2009.5.16	水田魚道で生態系の分断防止
2009.6.6	第5回矢作川森の健康診断
2009.7.7	藻からのバイオ軽油の研究進む
2009.8	風車の低周波音測定調査開始
2010.1.16	国際生物多様性年オープニング記念行事開催
2010.1.29	宮島のサル、愛知へ移送
2010.3.21	COP10プレ・コンファレンス開催
2010.3.24	スウェーデンの専門家、「平針の里山」視察
2010.9.22	前原外相、「国連生物多様性の10年」を提案
2010.10.11	COP10の関連会合開幕
2010.10.18	COP10本会合開幕
2010.10.19	COP10で、里山をつなぐ国際ネットワーク発足
2010.10.21	COP10、「世界植物保全戦略」改定方針固まる
2010.10.22	里山の回復力低下、COP10で報告
2010.10.26	JAXA、世界最高精度の森林分布図を公表
2010.10.26	REDD+閣僚級会合開幕
2010.10.30	COP10閉幕
2011.2.18	名古屋市、「緑地保全地域」指定へ
2011.3.5	豊田市で「木の駅プロジェクト」開始
2011.3.12	豊田市制60周年記念植林祭
2011.6.6	豊田市「木の駅プロジェクト」報告会開催
2011.9.27	「国連ESDの10年」最終年会合の開催地決定
2014.7.14	半田バイオマス発電所、建設
2014.11.4	ESDに関するユネスコ世界会議
2017.6.26	アカカミアリ、大阪南港・名古屋港に

【三重県】

2007.1.31	大矢知産廃問題合意
2007.6.25	フェロシルト不法投棄事件判決
2007.7.21	四日市公害判決35周年
2008.3.4	里山NPO、小型ペレット製造機を共同開発
2008.4.8	津市美杉町の山林、「森林セラピー基地」認定
2008.10	私立三重中で、理科特別授業「森の健康診断」
2009.3.9	御在所岳のニホンカモシカ、山のふもとへ
2009.7.3	タブノキ由来の抗炎症剤に特許
2009.9.18	クヌギの酵母で地ビール
2010.2.11	三重ブランドのエコ商品化を目指し、予算計上
2011.3.31	宮川森林組合、地域性苗木で森づくり
2014.5.2	『WOOD JOB！』、期間限定記念館
2015.6.23	放獣クマ、人を襲っていなかった
2016.12.11	木育トレイン、運行開始
2018.3.13	紀伊半島に新種、クマノザクラ

《近畿地方》

2009.1.20	『肉用牛放牧の手引き』発刊
2010.10.1	京都府と近隣6府県、ナラ枯れ広域対策へ
2010.11.5	外来ミドリガメ、西日本を席巻

【滋賀県】

2007.12	森の再生めざし、健康診断でカルテ作り
2008.2.19	野洲市バイオマスタウン構想策定
2008.4.5	高島森林体験学校が開校
2008.5.13	比良里山クラブ、赤シソ栽培の事業化へ
2008.6	害獣の鹿肉をブランド食材に
2008.11.18	滋賀県で木材搬出システムの研修会開催
2009.1.17	滋賀県、生態系保全の長期構想をまとめる
2009.3.9	御在所岳のニホンカモシカ、山のふもとへ
2009.3.20	マキノスキー場、旧ゲレンデに植樹
2009.4	「しが炭素基金」設立
2009.11.25	滋賀銀、取引先企業の生物多様性保全を格付け
2010.3.12	滋賀県、温室効果ガス半減へ向け工程表
2011.1.20	造林公社の債務問題で、滋賀県知事会見
2011.3.12	地産地消型の木造体育館が完成
2011.6.23	「滋賀県森林CO_2吸収量認証制度」開始
2011.(この年)	多賀町、集落環境点検で獣害対策
2012.9.21	湖南市「地域自然エネルギー基本条例」施行
2013.5.4	休耕田で苗木を育成
2014.1.30	西日本最大級のトチノキ、発見
2014.3.20	琵琶湖外来水生植物対策協議会、発足
2015.6.23	放獣クマ、人を襲っていなかった
2016.4.21	「琵琶湖の保全及び再生に関する基本方針」、策定

【京都府】

2007.2.16	「気候変動に関する世界市長・首長協議会」開催
2007.3.13	京都市、新景観条例
2008.1.4	乳牛放牧で森林再生実験
2008.7.13	日吉町森林組合、間伐代行の新手法
2008.8.15	右京区で伝統行事を支える森づくり
2008.8.29	関西電力、木質ペレット発電本格稼働
2008.9.18	放置竹林を資源に活用
2009.9.3	ノリ網を獣害防止網に再利用
2009.11	京都三山で松枯れ対策
2010.1.24	乙訓地域の間伐竹を肥料に活用
2010.5.28	祇園祭のチマキザサ、里親制度でシカ被害対策
2010.7.24	「林業女子会@京都」発足
2010.9.12	京都市内でナラ枯れ被害拡大
2010.12	河内長野市、間伐材無償提供の試み
2011.2.1	京都、フリーペーパー『fg』創刊
2011.2.25	北山杉、大雪で被害深刻
2011.5	『京都市三山森林景観保全・再生ガイドライン』発行
2011.9.10	宮津市に竹を利用した発電施設が完成
2011.12.10	京都でナラ枯れを知るイベント開催
2013.5.12	小倉山の森林再生計画
2014.2.5	天橋立、広葉樹が浸食
2014.11.5	環境首都創造自治体全国フォーラム2014
2015.8.5	京都府、森林環境税を導入
2016.2.23	京都丹波高原国定公園、誕生
2018.12.13	レジ袋、有料でも「禁止」 京都・亀岡、条例制定へ

【大阪府】

2007.10.9	バイオガソリン、大阪府で試験販売開始
2007.11.7	薬害C型肝炎訴訟、和解勧告
2008.2.4	薬害C型肝炎訴訟、大阪・福岡地裁で和解成立
2008.8	バイオ燃料「E3」、一般車両に販売開始
2008.12.4	だんじりを担う町衆、アカマツなどを植樹

2010.4.19	竹の樹脂で給食用食器
2010.5.19	大阪・泉南アスベスト訴訟、国の責任認める
2010.5.28	大阪駅のビル屋上に「天上の農園」開設へ
2010.7.16	水俣病、大阪地裁「国の基準」否定
2011.2.15	槙尾川ダムの建設中止決定
2011.8.25	大阪・泉南アスベスト訴訟、原告逆転敗訴
2011.9.16	B型肝炎訴訟、初の和解成立
2013.8.22	淀川でイタセンパラが繁殖
2013.11.1	ナラ枯れ、大阪に拡大
2014.10.9	大阪泉南アスベスト訴訟最高裁判決
2016.10.13	ナラ枯れ防止に新手法
2017.6.26	アカカミアリ、大阪南港・名古屋港に
2017.10.31	アライグマを飼育・放した疑い
2018.10.12	微小プラ、国内11河川で検出

【兵庫県】

2008.5.24	G8環境相合合、生物多様性の保全策を協議
2008.8	バイオ燃料「E3」、一般車両に販売開始
2009.9.3	ノリ網を獣害防止網に再利用
2009.10.15	「神戸生物多様性国際対話」開催
2010.9.17	兵庫県でツキノワグマ出没の注意喚起
2010.10	シカ捕獲専任班、但馬地方3市で活動開始
2010.12.9	外資による森林買収の全国調査結果発表
2013.3.13	ナラ枯れ対策に粘着シート
2013.6.13	尼崎公害訴訟、最終合意書締結
2014.5.11	赤穂市で山林火災
2014.7.26	竹田城跡、樹木管理を樹木医団体に委託
2016.12.27	兵庫県、太陽光発電
2017.5	鳥獣捕獲報奨金不正
2017.6.9	毒を持つヒアリ、国内で初確認
2017.9.20	放鳥コウノトリ 救護・死体の45%人為的要因
2018.1.30	AIでイノシシ・シカ捕獲
2018.4.4	神鋼の石炭火力、省エネ対策勧告
2018.6.28	コウノトリ研究者に山階芳麿賞

【奈良県】

2008.4.13	「アドバシ」で間伐材の利用促進
2008.9.1	宇陀市、職員に有害鳥獣駆除手当を支給
2009.8.25	間伐材運搬に「四万十式」モデル事業始まる
2010.2.21	シンポジウム「シカが森を壊す、山を崩す？」開催
2010.11.3	2010国民参加の森林づくりシンポジウム開催
2010.11	奈良県庁の食堂で吉野産ヒノキ割り箸
2011.4.15	吉野町の若手グループ、林業再生に向け原点回帰の樽作り
2013.4.30	吉野でサクラの立ち枯れ増加
2015.5.21	第23回環境自治体会議
2017.11.20	環境首都創造フォーラム2017開催
2018.3.13	紀伊半島に新種、クマノザクラ

【和歌山県】

2009.2.17	木質パウダーでエネルギー地産地消
2009.5.25	和歌山県「企業のふるさと」事業、第1号調印
2009.8.31	間伐材による燃料製造、経産省のモデル事業に
2010.11	和歌山県、シカの捕獲頭数制限を撤廃
2015.5.20	追い込み漁イルカ、購入禁止
2015.8.24	吉野熊野国立公園、拡張
2018.3.13	紀伊半島に新種、クマノザクラ
2018.7	タイワンザル根絶、和歌山県に学会功労賞

《中国地方》

2013.9.7	瀬戸内法40周年記念式典

【鳥取県】

2008.12.18	鳥獣技術士「イノシッ士」1期目誕生
2008.12.21	智頭町で森の幼稚園の開園準備
2010.6.26	鳥取砂丘で緊急除草
2010.10	智頭町で間伐材除去実験
2011.7.25	幼児教育に森林活用、智頭町で研修会

2014.1.1	再生可能エネルギー利用促進条例施行 鳥取県日南町
2015.10.26	環境首都創造フォーラム2015

【島根県】

2008.3.29	浜田市「漁民の森」で苗木200本植樹
2008.6.3	島根県が放牧牛で竹やぶを減らす実験
2008.6.25	竹を飼料に有効活用
2008.12.19	トキの分散飼育実施地決定
2009.5	カーボンフットプリント表示のヤマイモの販売開始
2009.6.3	地産地消の印鑑が人気に
2009.9.25	弥山山地周辺集落にシカの防護柵設置へ
2011.10.20	出雲市、松枯れの防除区域を縮小
2011.12.22	たたらの里山、国が推進する総合特区に指定
2013.5.21	斐伊川で植樹
2013.9.9	隠岐、世界ジオパークに
2016.3.19	奇跡の一本松、出雲大社に植樹
2017.5.19	コウノトリ、サギと間違え射殺

【岡山県】

2010.5	毛無山の森林セラピーが人気に
2010.6	西粟倉村「共有の森ファンド」出資追加募集
2011.9.27	「国連ESDの10年」最終年会合の開催地決定
2014.11.4	ESDに関するユネスコ世界会議
2015.4.10	真庭バイオマス発電所、竣工式
2015.12	薪ボイラーでエネルギー自給自足

【広島県】

2007.4.24	福山市鞆港の保存派埋立て差止め提訴
2008.2.11	産学官連携で新集成材の強度試験開始
2008.12.16	森林保全でアサヒビールと近畿中国森林管理局が連携
2009.5.15	広島市の平均気温、100年で2度上昇
2009.10.1	鞆港埋め立て・架橋問題で、差し止め判決
2010.1.29	宮島のサル、愛知へ移送
2010.4.26	庄原市で「森のペレット工場」落成式
2014.8.19	広島土砂災害
2016.2.15	広島県、鞆の浦埋め立てを断念

【山口県】

2007.8.30	木質バイオマス混焼発電本格稼働―中国電力で初
2008.1.27	九州・山口で放置竹林急増
2015.4.30	周南市水素利活用計画、策定
2017.1.18	環境首都創造フォーラム2016開催
2017.9.6	希少種ミズオオバコ 上関原発予定地に

《四国地方》

2013.9.7	瀬戸内法40周年記念式典

【徳島県】

2007.6.18	吉野川可動堰問題で報告
2007.7.19	徳島県上勝町に古布リメイク店開店
2010.(この年)	高知・徳島教育委、合同でカモシカの生態調査
2011.3.4	卒業記念にドングリから育てたウバメガシ植樹
2011.6.1	徳島県、林道整備・間伐のモデル事業を開始
2013.3.17	シカの新捕獲法の報告研修会
2013.7.28	シラクチカズラを植樹
2013.12.3	カーボンZERO先進地視察ツアー in 徳島
2016.6.19	徳島県、ナベヅル越冬が過去最多
2016.10.24	徳島県、脱炭素社会へ向け条例制定
2017.3.22	コウノトリ、徳島で誕生

【香川県】

2008.10.1	香川県でCO_2吸収量認証制度開始
2008.11	香川県、放牧牛レンタル事業を開始

【愛媛県】

2007.5.23	第15回環境自治体会議開催
2007.10.27	愛媛県松山市で森林シンポジウム
2008.8.31	間伐材を原料にした紙開発

2008.11	松山市、グリーン電力証書の発行事業者登録		2010.11.5	外来ミドリガメ、西日本を席巻
2009.4	「エコロジータウンうちこ」の説明開始		2010.12.6	諫早湾干拓事業訴訟、2審も開門命令
2009.8	風車の低周波音測定調査開始		2010.12.15	諫早湾干拓事業訴訟、国が上告断念
2011.4	内子町、環境基本計画に沿った独自目標を設定		2014.1.8	フットパスネットワーク九州、発足
2011.5.25	第19回環境自治体会議		2016.4.14	熊本地震
2011.8.10	愛媛県最大規模の木質ペレット工場が稼働		2018.3.9	無断伐採件数、半数超が九州
2013.8	エコ見回り隊、開始		2018.10.13	九電、太陽光発電抑制を開始
2017.12.13	伊方原発、運転差止め			

【高知県】

2007.1.25　放射性廃棄物処分場立地調査に応募
2007.4.22　放射性廃棄物処分場反対派が当選
2007.5.20　放射性廃棄物処分場拒否条例
2007.10.10　高知県議会、CO_2プラスマイナスゼロ宣言を決議
2008.12.2　安芸川上流の山林で、漁師が間伐
2009.6.15　高知市、バイオマスタウン構想発表
2010.8.4　「84プロジェクト」第2回会議開催
2010.9.20　間伐材の薪の普及に「薪祭り」
2010.12.1　高齢者に薪の無料宅配実験
2010.(この年)　高知・徳島教育委、合同でカモシカの生態調査
2011.8.9　被災地に「土佐の木の家」
2011.10.1　嶺北3町村で「木の駅プロジェクト」開始
2013.8.12　観測史上最高気温、更新
2014.2.4　木質バイオマス発電所、起工
2014.11.28　林業学校、予算計上
2015.3.18　ヤナセ天然スギ、伐採休止
2016.3.28　高知県、太陽光発電のガイドライン策定
2016.8.24　ヤイロチョウ保護協定、締結
2017.12　生物多様性日本アワード

《九州地方》

2008.1.27　九州・山口で放置竹林急増
2008.4.7　少花粉ヒノキ開発
2008.6.27　諫早湾干拓事業訴訟、5年開門の判決

【福岡県】

2007.11.7　薬害C型肝炎訴訟、和解勧告
2008.2.4　薬害C型肝炎訴訟、大阪・福岡地裁で和解成立
2008.5.23　カネミ油症の新認定患者26人、新たに提訴
2009.4.15　九電と三菱商事、CO_2排出量削減事業に参加
2009.7　ごみの分別に「小型家電」追加
2010.4.19　竹の樹脂で給食用食器
2010.5.26　第18回環境自治体会議
2010.6　アジア低炭素化センター開設
2011.10.17　大牟田にバイオマス水素製造プラント完成
2011.10　大木町、紙おむつの分別収集開始
2013.6.8　ほたるサミット
2013.8.25　農業用水路で小水力発電
2013.10.9　第54回全国竹の大会
2017.7.9　沖ノ島、一括で世界遺産
2017.11.22　北九州市 SDGs実現計画訂版を発表

【佐賀県】

2009.1.17　五島の国有林の間伐材、島外に初出荷
2009.1.31　間伐材れんがで小屋造り体験
2009.4　武雄市、いのしし課新設
2009.9　日本初のプルサーマル導入
2011.6.27　諫早湾干拓事業訴訟、長崎地裁が開門請求棄却
2011.12.9　玄海原発3号機で冷却水漏れ
2014.10.18　多良岳200年の森

【長崎県】

2008.3.9　対馬・千俵蒔山で野焼き復活
2008.9　佐世保でイノシシ対策講座開講
2008.11.3　佐世保で「森と海のつながりを考える」シンポジウム

2009.1.17	五島の国有林の間伐材、島外に初出荷	2016.5.1	熊本地震、県内農林水産業被害額1022億円
2009.8.22	「世界ジオパーク」に国内3ヵ所認定	2016.5.1	水俣病60年
2011.6.27	諫早湾干拓事業訴訟、長崎地裁が開門請求棄却	2016.9.12	耐震基準、熊本地震に有効
2013.11.12	諫早湾干拓、開門差し止め	2017.9.13	阿蘇の牧野面積、5年で189ha減少
2013.12.20	諫早湾干拓、開門を断念		
2014.9.12	平戸市、CO_2排出量ゼロを宣言	**【大分県】**	
2015.1.9	ツマアカスズメバチ、特定外来生物に	2007.8.20	三菱商事、バイオペレットの製造・販売へ参入
2017.4.17	諫早開門差止め判決	2007.12.3	第1回アジア・太平洋水サミットが大分で開催される
2017.8.17	38年ぶりカワウソ、対馬で生息確認	2008.4.17	国内初の本格的バイオ燃料工場が稼働
2018.3.29	浮かぶ風力発電	2009.5.18	間伐材をナノカーボンに再利用
		2009.11.6	「森林再生基金」創設に合意
【熊本県】		2010.12.20	大分県初の官民「森林整備推進協定」締結
2007.1.27	みなまた曼荼羅話会開催	2013.11.30	川沿いの人工林、伐採
2007.6.30	『「水俣」の言説と表象』刊行	2014.1.29	由布市、再生エネルギー事業の条例を制定
2007.10	水俣病救済最終案		
2008.9.11	熊本県知事、川辺川ダム建設に反対表明	**【宮崎県】**	
2008.10.28	川辺川ダム建設、国交相と熊本県知事が会談	2007.11.23	宮崎県門川町に木質ペレット製造会社を誘致
2009.7.8	水俣病被害者救済法成立	2008.8.4	門川町にバイオ燃料工場完成
2009.9.17	鳩山首相、八ッ場・川辺川ダムの建設中止を表明	2008.10.3	アカウミガメの上陸、例年の3倍に
2009.11	ゼロ・ウェイストのまちづくり宣言	2009.1.14	延岡にコウノトリ飛来
2010.2.3	県営荒瀬ダム撤去へ	2009.4	宮崎県、管理費県負担で森の「命名権」売却
2010.3.29	水俣病不知火患者会、和解に合意	2009.4	宮崎県、間伐材の漁礁を共同開発
2010.4.15	竹からエタノール抽出、実証実験開始	2010.2.1	化女沼、東アジア・豪州地域渡り性水鳥重要生息地ネットに参加
2010.4.16	水俣病救済、閣議決定	2010.5.17	宮崎県内で絶滅植物が増加
2010.5.1	水俣病、鳩山首相が公式謝罪	2011.9.28	ユネスコエコパークに宮崎県「綾地域」の推薦決定
2011.3.24	水俣病不知火患者会、和解に合意	2013.8.2	綾ユネスコエコパーク推進室、開設
2011.3	水俣市、「日本の環境都市」の称号獲得	2013.11.22	綾町イオンの森
2011.6.4	熊本市、フェアトレードシティ認定	2013.12.10	宮崎市周辺の再造林率41%
2013.10.10	水俣条約、採択	2014.8.28	サツマイモで発電
2013.11.11	水俣湾の魚類の水銀濃度、規制値以下	2014.12.11	中国木材日向工場、初荷式
2014.9.23	阿蘇、世界ジオパークに	2016.5.10	ツマアカスズメバチ、宮崎県に
2014.11.22	第10回全国草原サミット・シンポジウム	2016.12.13	木造ガソリンスタンド、完成
2016.4.14	熊本地震	2017.2.17	トゲネズミ類の生息域外保全事業を開始

【鹿児島県】

2007.9.15	屋久島の森林再生の歴史を研究
2008.10.3	アカウミガメの上陸、例年の3倍に
2009.5.5	屋久島で、し尿処理が問題化
2009.6.22	マングース、本土で確認
2010.8	鹿児島県でナラ枯れ拡大
2010.10.15	ヤクシカWG第1回会合
2010.11.15	屋久島の倒れた「翁杉」、放置して観察へ
2011.6.14	屋久島の縄文杉、立ち入り制限の条例案提出
2011.6.19	2010年度のヤクシカ捕獲、例年の4倍以上
2011.10.31	屋久島の縄文杉入域制限案を凍結
2012.1.26	屋久島、環境保全のために「入島料」検討
2013.1.31	奄美・琉球、世界遺産暫定一覧表に記載
2013.5.30	第21回環境自治体会議
2013.11.15	隆起サンゴ礁上植物群落、天然記念物に
2014.2.7	徳之島のアマミノクロウサギ、減少
2014.3.2	ヤクシカ、植生被害が深刻化
2016.12.14	屋久島、マツ枯れ深刻化
2017.2.3	アマミノクロウサギ捕食するネコ撮影される
2017.4.23	サンゴ白化現象、保護区
2017.5	鳥獣捕獲報奨金不正
2017.8.2	ヤクシカ食害で屋久島の植生荒廃
2018.7.17	奄美でノネコ捕獲始まる
2018.8.9	サンゴ礁、奄美大島周辺で半減
2018.11.2	世界遺産に「奄美・沖縄」再挑戦

【沖縄県】

2007.1.16	高江ヘリパッド阻止決議
2007.6.28	ヤンバルクイナ人工繁殖に乗り出す
2007.7.3	高江ヘリパッド移設工事、着工
2007.8.1	西表石垣国立公園に改称
2007.8.15	やんばる第2次訴訟提訴
2007.11.29	沖縄北部国有林について検討する会合が開催
2008.1.24	沖縄ジュゴン「自然の権利」訴訟、NHPA違反の判決
2008.2.7	高江ヘリパッド基地建設反対の署名提出
2008.6.26	普天間爆音訴訟、国に賠償命令
2008.8.7	イリオモテヤマネコ、推定100個体生息
2008.10.14	IUCN、辺野古沖のジュゴン保護を勧告
2009.8.13	やんばるの森で伐採続く
2009.10.15	沖縄・泡瀬干潟埋め立て訴訟、2審も差し止め
2010.7.29	普天間爆音訴訟、高裁支部判決で低周波音被害を認定
2011.(この年)	白保海岸でサンゴ激減
2013.1.31	奄美・琉球、世界遺産暫定一覧表に記載
2013.5.3	クメジマボタル、激減
2013.6.29	サンゴ礁会議
2014.3.5	慶良間諸島、国立公園に
2016.6.20	やんばる国立公園、新設
2016.8.31	IUCN、辺野古移転をめぐり勧告
2016.(この年)	高江ヘリパッド建設、樹木3万本伐採
2017.3.27	沖縄在来メダカ、交雑進む
2017.4.23	サンゴ白化現象、保護区
2017.8.8	日本製紙 イリオモテヤマネコと共存する森づくり
2018.4.20	絶滅危惧種のコウモリ22年ぶりに発見
2018.11.2	世界遺産に「奄美・沖縄」再挑戦

《世界各地》

2007.2.1	世界で記録的暖冬
2007.4.16	国連森林フォーラムが開催
2007.7.18	エコバッグ人気
2007.8.10	洪水、熱波、大雪などの異常気象は、頻度が増しているだけと報告
2007.8.23	伝染病が過去にない速度で拡大。地球規模での対策が必要
2007.8.29	環境省、オゾンホール縮小の兆しがあるとは言えない
2007.9.12	IUCN、レッドリスト公表
2007.9.20	世界の穀物在庫、過去最悪
2007.10.25	温暖化・人口増は人類の危機
2007.12.13	地球温暖化により自然災害が増加

2008.1.21	平均気温1度上昇で死者2万人増の試算	2009.11.15	大西洋クロマグロの漁獲枠、38%削減
2008.3.16	世界の氷河、融解進む	2009.11.16	象牙の違法取引に犯罪組織関与増加
2008.3.29	アース・アワーに5000万人参加	2009.11.23	主要温室効果ガス、観測史上最高
2008.5.19	違法伐採による環境影響調査報告書がまとまる	2009.12.10	「テッラ・マードレ・デー」開催
2008.7.2	土地の劣化進行で、15億人に食料危機	2009.12.11	太平洋クロマグロ、初の国際的保護措置
2008.7.30	熱帯雨林、急速に消失	2009.12.14	温暖化で海の酸性度上昇
2008.8.5	霊長類の半分が絶滅の危機	2009.12.14	温暖化の影響、コアラにも
2008.8.12	ザトウクジラ、絶滅の危惧を脱する	2009.12.16	気候変動関連災害で、2000万人が居住地から移動
2008.8.15	世界の貧酸素海域、400ヶ所に	2010.2.1	国連気候変動枠組み条約事務局は、2020年に向けた温室効果ガス排出削減目標について、日本や欧米諸国のほか、中国、インドなど主要新興国を含む55ヵ国から提出があったと発表。合計排出量は世界全体の78％に相当するという。
2008.10.6	IUCN、哺乳類の「絶滅の危機」を警告		
2008.10.7	FAO、バイオ燃料拡大策の見直しを要求		
2008.10.8	海洋の酸性度、急速に上昇		
2008.11.4	ラムサール条約第10回締約国会議閉幕		
2008.11.6	モントリオール・プロセス第19回総会開催	2010.2.12	国連のサメ類を保護する協定に100ヵ国以上が調印
2008.12.10	サンゴ礁、約1/5が死滅	2010.2.18	最も絶滅の恐れが高い霊長類25種発表
2009.1.8	1万5000種の薬草、絶滅の危機	2010.4.4	北半球の永久凍土層融解で、熱帯雨林伐採と同程度のN2O放出
2009.1.16	魚が海の酸性化防止に貢献		
2009.2.10	地球温暖化、排出を止めても千年は元に戻らず	2010.4.8	世界の森林消失面積が大幅減
		2010.6.24	世界10ヵ国で清潔な淡水が不足
2009.3.22	黒色炭素、北極の気温上昇原因に	2010.9.10	淡水種のカメ、4割以上が絶滅の危機
2009.5.15	世界の主要河川で流量減少傾向		
2009.5.22	北海道で第5回「太平洋・島サミット」開幕	2010.9.14	漁業乱獲で食品業界に損失
		2010.9.14	世界の飢餓人口、減少するも容認できぬ値
2009.6.3	日用品に放射性金属含有		
2009.6.19	飢餓人口、史上最多に	2010.10.27	2010年版『レッドリスト』公表
2009.7.1	カエルの国際取引で病気蔓延	2010.11.27	大西洋クロマグロ漁獲枠4%削減
2009.7.30	魚種資源、回復へ	2010.12.10	太平洋クロマグロの漁獲規制、幼魚限定で初合意
2009.8.24	アグロフォレストリー、世界に普及		
		2011.1.3	北部の海流の劇的変化発見
2009.9.9	クロマグロ、絶滅危惧種への提案	2011.1.12	2010年の世界平均気温、過去最高の2005年と並ぶ
2009.9.9	環境危機時計が11分戻る		
2009.9.15	温室効果ガス削減、最大7千億ドル必要	2011.2.17	「グローバル200」、今世紀末までに深刻な打撃
2009.9.16	6〜8月の海面温度、過去最高に	2011.2.17	大雨激化の原因は温暖化
2009.10.20	海面上昇、今世紀末には1990年比2メートル	2011.7.15	CO_2吸収に森林が大きな役割
		2011.8.25	エルニーニョ現象の発生期間に内戦増加
2009.10	沿岸生態系、CO_2の重要吸収源と判明		
		2011.9.8	天然ガスの「つなぎ」役に疑問
2009.11.1	気候変動、深海動物に影響	2011.9.26	WHO、世界の大気汚染一覧を発表
2009.11.3	2009年版『レッドリスト』公表		

2011.10.11	トウモロコシ由来のバイオエタノール補助金、世界の食料不足の原因に
2011.10.16	地球温暖化、動植物の規模も縮小
2011.11.10	タイヘイヨウイチイ、絶滅の恐れ
2011.11.21	主要温室効果ガス、観測史上最高を更新
2013.2.27	解けだした氷河の影響で海面1.5メートル上昇
2013.9.28	気温4.8度、海面82cm上昇か
2013.10.10	水俣条約、採択
2014.9.4	クロマグロ漁獲制限、合意
2014.9.10	オゾン破壊物質、減少
2014.9.30	「生きている地球レポート2014」、発表
2015.3.14	第3回国連防災会議
2015.10.30	INDC、気温上昇2度未満に不十分
2016.3.2	温暖化の食料減で死者50万人増
2016.11.8	世界平均気温、観測史上最高
2017.4	大気汚染で年間345万人死亡
2017.9.1	太平洋クロマグロ新規制
2017.12.5	絶滅危惧2万5821種 レッドリスト最新版
2018.1.4	サンゴの白化、1980年比5倍増
2018.1.18	2015〜17年、史上最も暑い3年間
2018.2.6	オゾン層減少、熱帯・中緯度帯で進行中
2018.2.12	海面上昇のペース加速、2100年までに66センチ増
2018.2.20	パリ協定達成でも海面上昇最大1.2m、独研究所
2018.2.22	永久凍土に水銀
2018.2	違法伐採、だいち2号が監視
2018.3.14	地球温暖化で半数の種が絶滅の恐れ
2018.3.22	太平洋のプラスチックごみ、過去推定値の最大16倍に
2018.4.13	IMO 海運船舶のCO_2排出を半減
2018.5.2	大気汚染、毎年700万人死亡
2018.5.7	世界のCO_2排出量、観光業が8％を占める
2018.5.15	世界のエアコン需要、2050年までに3倍増
2018.5.16	フロンガスの一種増加
2018.6.12	世界の洪水被害、サンゴ礁衰退で倍増の恐れ
2018.7.5	絶滅危惧キタシロサイ 凍結精子で受精卵
2018.8.1	プラスチック、劣化で温室効果ガス放出
2018.9.10	水田由来の温室効果ガス
2018.9.11	飢餓人口8.2億人 3年連続増
2018.9.26	「環境犯罪」が犯罪組織の最大資金源 インターポール報告
2018.9.27	世界の湿地、森林の3倍の速さで消滅
2018.10.4	風力発電 環境負荷は太陽光発電の約10倍
2018.10.10	気候変動による経済損失252兆円
2018.10.10	気候変動対策に肉の消費減が不可欠
2018.10.29	大気汚染、年間60万人の子ども死亡
2018.11.14	レッドリスト最新版
2018.11.29	2018年の気温、史上4番目の高さ
2018.(この年)	災害被害総額約1000億ドル

《アジア》

2007.9.8	2020年までに地域の森林面積増を目標に盛り込む—APEC首脳行動方針
2007.11.15	マレーグマ絶滅の危機
2007.11.19	EANET第9回政府間会合開催
2009.5.15	コーラル・トライアングルの保護開始
2010.9.6	異常な降雨、アフリカとアジアに脅威
2011.1.3	マルハナバチが減少
2013.4.9	アジア太平洋地域の新興国、エネルギー消費量が急増
2013.6.29	サンゴ礁会議
2013.11.13	第1回アジア国立公園会議
2015.3.11	IPBES報告書、環境省が事務局に

《東アジア》

2007.11.21	東アジアサミット「シンガポール宣言」採択
2008.6.25	森林のCO_2吸収・排出量と気温に密接な関係

2013.9.30	PNLGフォーラム2013	2010.10.7	2008年のCO_2排出量、中国がまた1位
2013.10.8	東アジア農協首脳会議	2011.8.12	中国政府、余剰電力の売電を許可
2014.9.17	ウナギ養殖、2割減で合意	2013.1.12	中国都市部、PM2.5が深刻化

【韓国】
2007.8.7	朝鮮半島中部、集中豪雨に見舞われる
2007.12.7	ヘーベイ・スピリット号原油流出事故
2008.11.4	ラムサール条約第10回締約国会議閉幕
2016.1.13	『里山資本主義』、韓国でも注目
2018.9.21	ニホンウナギ規制強化

【北朝鮮】
2007.8.7	朝鮮半島中部、集中豪雨に見舞われる
2018.4.20	北朝鮮 核実験場廃棄を表明

【中国】
2007.7.22	中国で豪雨による大規模な洪水発生
2007.8.9	玩具から鉛―中国政府該当メーカーの輸出を停止
2007.8.22	中国政府「2007年の汚染物質削減目標を達成できていない」
2007.10.29	先天性欠損症乳児が急増―中国政府が発表
2008.6.1	中国のスーパー等で、ビニール袋使用禁止
2008.6.13	2007年のCO_2排出量、中国が米を上回る
2008.7.16	中国、象牙の1回限りの取引権を取得
2008.8.8	北京オリンピック開幕
2008.9.1	中国、輸出製品の占めるCO_2排出量増加
2009.2.7	中国、過去半世紀で最悪の干ばつ
2009.10.6	CO_2排出量、中国が世界一に
2009.10.13	中国で鉛汚染
2009.11.26	中国初のCO_2削減数値目標公表
2010.3.22	中国南部、過去数十年間で最悪の干ばつ
2010.5.24	旧日本軍遺棄毒ガス訴訟、原告の請求棄却
2010.7.15	中国のクリーン・エネルギー開発、世界最大に
2010.8	黄砂でぜんそくのリスク3倍に
2013.2.27	PM2.5注意喚起、暫定指針決定
2013.11.1	中国のPM2.5、過去最悪
2014.11.12	温室効果ガス削減、米中合意
2015.6.30	中国、CO_2削減新目標
2015.12.7	北京の大気汚染、赤色警報発令
2016.11.3	米中、「パリ協定」批准
2016.12.25	違法木材、中国に流入
2018.12.5	中国 緑化推進政策

【台湾】
2009.4.20	台湾油症受害者支持協会の設立許可
2018.9.21	ニホンウナギ規制強化

【モンゴル】
2009.2.16	モンゴルでヤギ倍増、砂漠化の心配も
2017.3.31	JBIC・東和銀モンゴルで環境融資

《東南アジア》

2009.9.22	大メコン圏で発見された新種、多くが絶滅危機
2010.2.26	メコン川の流量、最小に
2014.8.6	メコン川のダム建設、漁業に悪影響
2015.7	インドネシアで大規模森林火災
2016.12.5	新国立競技場、環境に配慮した木材を

【ラオス】
2011.9.16	日本山岳会高尾森づくりの会、ラオスで植林へ

【タイ】
2011.4.8	COP17に向けた温暖化交渉進まず
2011.7	タイ洪水（2011）

【フィリピン】
2007.5	フィリピン土地銀行、日本の銀行らとCDMに関する覚書に調印

2007.9	世界銀行「フィリピン環境モニター2006」発表
2008.1.31	フィリピンへの製材輸出が急増
2008.2.21	メイカウアヤン川の浄化計画策定発表
2008.2	フィリピンで国家エネルギー会議
2011.12.21	フィリピン台風による洪水で死者千人以上
2014.3	コーディリエラの棚田群保全活動

【ミャンマー】

2008.5.2	マングローブ林の破壊がサイクロンの被害拡大
2010.8.3	フーカウントラ保護区の拡大発表
2011.9.30	ミャンマー、ミッソンダム建設中止

【マレーシア】

2015.2.12	熱帯雨林、樹高と共に光合成能力が増加
2017.8.9	オランウータン、10年で25%減

【インドネシア】

2008.10.8	スマトラの森林保護に州知事が合意
2009.10.25	「鳩山イニシアチブ」第1号にインドネシア
2011.(この年)	WWFジャパン、スマトラの森再生プロジェクト開始
2015.7	インドネシアで大規模森林火災
2017.8.9	オランウータン、10年で25%減
2017.11.3	オランウータンの新種発見

《南アジア》

2007.6	南アジア一帯、モンスーンにより甚大な被害
2008.2.7	野生生物取引問題で南アジア8ヵ国が協力

【インド】

2008.1.10	インドで国民車「タタ」発表
2009.12.3	インドがCO_2削減目標発表
2010.5.1	インド、白熱電球から電球型蛍光ランプへ
2010.10.22	インド、ゾウを「国の動物遺産」に
2011.2.24	ボトリング工場に起因する環境被害でコカ・コーラ社に賠償請求
2017.5.17	インド 国産原発10基の増設発表

【パキスタン】

2010.8.6	パキスタン洪水

【バングラデシュ】

2009.(この年)	ハッサン、ゴールドマン環境賞受賞

《中東》

2010.3.14	中東と北アフリカ、再生可能エネルギーで需要の3倍以上発電できる可能性

【シリア】

2009.6.2	シリアの干ばつ、将来の気候変動深刻
2018.4.6	シリア化学兵器使用

【ヨルダン】

2008.(この年)	ヨルダンで自動車排ガスの取締まり開始

【サウジアラビア】

2018.3.28	ソフトバンク、サウジと太陽光発電事業

【カタール】

2012.11.20	COP18開催

《ヨーロッパ》

2007.2.20	EU、温室効果ガス20%削減目標
2007.3.9	EU、再生可能エネルギー利用拡大合意
2007.3	EU、エコ・イノベーションに関する報告書発表
2007.6.1	EU、REACH規制発効
2007.6.14	EU、温室効果ガス排出量減少
2007.7.12	EU廃棄物越境運搬規則
2007.7.24	中・東欧で観測史上最高の記録的な猛暑

2007.7	EU新規加盟国、EUのCO$_2$排出枠に反発		2017.7	英仏、ガソリン・ディーゼルエンジン搭載自動車の新車販売終了方針
2007.8	欧州南部を熱波が襲う			
2007.9.19	EC、本マグロ漁の年内禁止を決定		【ドイツ】	
2007.11.27	EU、温室効果ガス排出量見通し発表		2008.12.10	COP14でドイツ、ポーランドに「今日の化石賞」特別賞
2008.1	気候・エネルギー政策パッケージ公表		2011.3.26	ドイツで反原発デモ
			2011.3.27	緑の党、独州議会選挙で大躍進
2008.3.10	欧州委、気候変動への危機管理増強を提言		2011.5.30	ドイツ、脱原発で政権与党合意
			2011.6.6	ドイツ、「脱原発」を閣議決定
2008.12.17	EU、温暖化対策の包括案に合意		2013.1.21	第1回IPBES総会
2008.(この年)	REACH規制の実運用開始		2014.1.14	ドイツ、再生可能エネルギーの割合が過去最高に
2009.7.27	EU、アザラシ製品の市場取引禁止へ		2015.6.11	REDD+、実施ルールで合意
2010.1.16	EUの温室効果ガス削減中期目標決定		2017.11	気候変動枠組条約第23回締約国会議（ボン）開催
2010.6.2	EU加盟国、5年連続で温室効果ガス排出削減		2018.3.8	ディーゼル車の二酸化窒素で6000人死亡
2011.1.3	マルハナバチが減少		2018.9.17	燃料電池で走る列車、ドイツで営業開始
2011.3.28	EC、長期交通戦略可決			
2011.6.1	EU、ビスフェノールAを含む哺乳瓶の販売禁止		【スイス】	
			2007.8.30	温室効果ガス国際排出権取引認定
2012.10.4	EU、稼働中の134基の原発すべてに欠陥が見つかる		2011.5.25	スイス、脱原発へ
2013.6	中東欧で大洪水		【オーストリア】	
2014.10.23	EU、温室効果ガスを40％削減		2007.8.30	温室効果ガス国際排出権取引認定
2015.2.25	欧州委員会、温室効果ガス削減シナリオを発表			
			【ハンガリー】	
2018.6.8	地中海マイクロプラスチック汚染		2007.11.26	日本政府、ハンガリーから温室効果ガスの排出枠購入を決定
2018.10.24	欧州議会、使い捨てプラスチック禁止法案を可決		【チェコ】	
2018.12.17	EU、車CO$_2$排出量30年に37.5％減		2009.3.31	チェコの温室効果ガス排出枠を政府が購入
【イギリス】			【ポーランド】	
2007.3	イギリス、気候変動法案を作成		2008.12.1	COP14およびCOP/MOP4開幕
2007.7.24	英国、過去60年最大規模の大洪水		2008.12.10	COP14でドイツ、ポーランドに「今日の化石賞」特別賞
2007.11.9	原子力発電所の解体が予算不足で中断—イギリス		2009.1.13	ポーランド、原発建設を発表
2009.11	クライメートゲート事件		2013.11.11	COP19
2010.7.7	「クライメートゲート事件」最終報告		2018.12.2	「COP24」開催
2010.9.23	世界最大の洋上風力発電所始動		【スペイン】	
2011.5.24	イギリス皇太子、気候変動に警鐘		2009.4.27	スペインで世界最大のタワー式太陽熱発電所が稼働
2011.8.19	北海の海底油田、原油流出止まる			

【フランス】
2010.3.11	「主要な森林流域に関する国際会合」開催
2015.11.30	「パリ協定」、採択
2017.7	英仏、ガソリン・ディーゼルエンジン搭載自動車の新車販売終了方針
2017.12.12	パリ協定採択2年で首脳級会議
2018.12.6	シャネル、ワニやヘビ革不使用

【イタリア】
2008.1	イタリア、SEA指令国内導入
2009.4.22	G8環境相会合開催
2009.11.16	世界食料安全保障サミット、農業の重要な役割を再確認
2010.6.28	イタリア、世界2位の太陽光発電市場に

【バチカン】
2008.11.26	バチカン、太陽光発電建設を表明

【ロシア】
2007.11.11	ロシア船籍のタンカーから重油漏れ
2008.1.18	シベリアの永久凍土、急速に融解進行
2008.2.27	温室効果ガス排出量取引に向けた第1回日露政府間協議
2008.11.6	モントリオール・プロセス第19回総会開催
2010.7.6	ロシア、国による保護面積拡大計画を公表
2010.7.16	ロシア、猛暑により17地域で非常事態宣言
2010.12.22	米上院、「新戦略兵器削減条約」批准を承認
2011.8.30	エクソン・モービル、北極海域の掘削権獲得
2013.2.12	東シベリア永久凍土地域、森林減少
2015.1.8	シジュウカラガン、渡り復活
2015.11.20	シベリアの森林火災でPM2.5濃度上昇

【ベラルーシ】
2011.11.7	福島のチェルノブイリ調査団が帰国

【ウクライナ】
2009.3.18	日本政府、ウクライナから温室効果ガス排出枠購入
2011.4.19	EUなど、チェルノブイリに660億円拠出
2011.11.7	福島のチェルノブイリ調査団が帰国

【スウェーデン】
2008.4.27	スウェーデンで世界最長寿の針葉樹発見
2015.9.28	アジア初のマルクス・バレンベリ賞

【ノルウェー】
2008.1.17	ノルウェー、2030年までに温室効果ガス排出ゼロを目指す
2008.2.26	スヴァールバル世界種子貯蔵庫がオープン
2011.2.25	スヴァールバル世界種子貯蔵庫3周年

【デンマーク】
2008.1.15	グリーンランド氷床、急激に融解
2008.12.24	グリーンランド氷床の消失面積、3倍に
2009.12.19	COP15「コペンハーゲン合意」承認
2010.8.5	グリーンランドから巨大氷塊分離

【ボスニア】
2008.(この年)	ボスニア、第2次廃棄物処理プロジェクト開始

《アフリカ》
2008.7.16	中国、象牙の1回限りの取引権を取得
2009.3.27	アフリカ南部、1965年以来最悪の洪水
2010.3.14	中東と北アフリカ、再生可能エネルギーで需要の3倍以上発電できる可能性
2010.8.19	新品種トウモロコシで、アフリカ農家の収量増の可能性
2010.9.6	異常な降雨、アフリカとアジアに脅威

2011.7.20	東アフリカ、過去60年で最悪の干ばつ	【マラウイ】	
2011.12.8	COP17、「緑の気候基金」設立合意へ	2011.6.9	モザンビーク、自国領分のニアサ湖を保護区に
2016.9.1	アフリカゾウ、35万頭	【南アフリカ】	
2018.1.10	戦争による野生動物への影響	2011.11.28	COP17開幕
【エジプト】		2011.12.5	温室効果ガス削減、目標の倍の努力が必要
2008.12.24	JICAとエジプト・アラブ共和国、円借款貸付契約調印	2011.12.6	COP17閣僚級会合開幕
【モロッコ】		2011.12.7	COP17、京都議定書延長に3つの素案
2016.11.7	COP22、開幕	2011.12.8	COP17、「緑の気候基金」設立合意へ
【ガンビア】		2011.12.9	COP17、最終合意に向け議長提案
2008.7.17	ガンビア川の生物種・生息地評価のワークショップ開催	2011.12.11	COP17閉幕
【シエラレオネ】		2015.9.7	世界森林資源評価2015
2009.5.15	シエラレオネとリベリア、平和公園設立を発表	2016.10.2	象牙の国内市場閉鎖を決議
【リベリア】		【レソト】	
2009.5.15	シエラレオネとリベリア、平和公園設立を発表	2007.7.9	レソトに30年ぶりの大干ばつ

《北米》

【ナイジェリア】	
2008.8.5	ナイジェリアの森林、2020年までに消滅の恐れ
2008.(この年)	ナイジェリア・シェル社、燃焼停止期限に間に合わず
【ウガンダ】	
2009.10.6	ウガンダで京都議定書の削減目標に向けた初の再植林
【ケニア】	
2008.4.7	ケニア、廃棄物に起因する環境問題対策に官民連携を提唱
2018.3.19	キタシロサイ、最後のオス死ぬ
【ルワンダ】	
2016.10.15	代替フロン、80～85%削減
【モザンビーク】	
2011.6.9	モザンビーク、自国領分のニアサ湖を保護区に

【カナダ】	
2007.4	カナダなど排出量取引制度導入
2010.3.18	CO_2から藻類生産
2010.9.18	「名古屋議定書」の交渉難航
2011.5.22	緑の党、カナダ下院で初議席獲得
2011.7.14	芝生への農薬散布禁止
2011.12.12	カナダ、京都議定書から正式に脱退
【アメリカ】	
2007.1.22	米大手企業と環境団体、温室効果ガス削減対策を要請
2007.3.21	ゴア元米副大統領、地球温暖化について議会で証言
2007.4.2	米連邦最高裁、CO_2規制強化命令
2007.5.31	アメリカ、温室効果ガス削減目標提案
2007.7	アメリカ各地で異常気象。中西部では過去100年で最多の雨量を記録
2007.9.20	温室効果ガス2050年半減協議
2007.10.20	カリフォルニア州南部で大規模な山火事―原因は自然要因と都市化か

2007.10	米で深刻な干ばつ
2007.12.5	米上院、アメリカ気候安全保障法を可決
2008.1.24	沖縄ジュゴン「自然の権利」訴訟、NHPA違反の判決
2008.3.27	アメリカ西部5州で急速に温暖化進行
2008.4.16	米・ブッシュ大統領、温暖化対策を発表
2008.4.21	炭素排出量の上限設定、家計に大きな影響なし
2008.4.23	サンフランシスコ市、米最高のリサイクル率達成
2008.5.15	米の石油王、風力発電所設立へ
2008.6.8	レギュラー・ガソリンの平均価格、4ドル突破
2008.6.13	2007年のCO_2排出量、中国が米を上回る
2008.6.25	温暖化が米の安保に影響
2008.8.14	PG＆E、80万キロワットの太陽電池購入に合意
2008.9.3	米国の風力発電容量、世界最大へ
2008.9.25	米北東部10州、CO_2排出枠のC＆T方式でのオークション実施
2008.9.30	米、沖合の油田掘削を解禁
2008.10.7	『緑の聖書』出版
2008.11	オバマ大統領、グリーン・ニューディール政策を打ち出す
2008.12.11	カリフォルニア、温室効果ガス削減の包括計画を発表
2008.12.16	JAL、バイオ燃料による飛行試験実施へ
2009.1.7	藻を使ったバイオ燃料による試験飛行成功
2009.2.6	カリフォルニア州、排ガス独自規制へ
2009.2.24	NASAの炭素観測衛星、打ち上げ失敗
2009.3.30	米・オバマ大統領、原生地域を保護する法案に署名
2009.4.27	米環境保護局、「温暖化は脅威」とする報告書を発表
2009.4.29	米国人の半数以上が大気汚染地域で生活
2009.5.4	米・有機製品の売上高、前年比増
2009.7.9	サンフランスシコ市、食料政策を採択
2009.8.16	日本原産の虫、米国の森を枯らす
2009.10.6	CO_2排出量、中国が世界一に
2009.10.6	米・オバマ大統領、ノーベル平和賞受賞
2009.10.22	米、地球温暖化に懐疑的な人が増加
2009.10.26	サンフランスコ沖でアホウドリ確認
2009.11.10	米47州の魚類が有害化学物質に汚染
2009.11.25	米、温室効果ガス削減目標公表
2010.1.1	ワシントンD.C.で「レジ袋税」導入
2010.1.4	米州初の海洋資源保護の包括的計画策定
2010.2.3	温暖化対策、米でCCS促進
2010.4.28	「ケープウィンド計画」承認
2010.5.13	米、石油精製所等からの温室効果ガス排出規制
2010.7.15	米国、2010年は最も暖かい6月に
2010.10.7	2008年のCO_2排出量、中国がまた1位
2010.10.21	GM、工場などの処理費用に7億7300万ドルの信託
2010.11.2	住民投票で温室効果ガス排出基準の維持決定
2010.12.13	ニューヨーク州、天然ガスの水圧破砕法を一時凍結
2010.12.22	米上院、「新戦略兵器削減条約」批准を承認
2011.1.1	マルハナバチが減少
2011.2.2	国際森林年開幕式典開催
2011.3.4	化学物質の安全性評価基準値の引き上げ要求
2011.3.21	GSAにプロスポーツ・リーグ結集
2011.4.22	液体水素燃料電池で使うプラチナの代替品発見
2011.5.20	APEC貿易担当相会合閉幕
2011.6.14	グーグル社、ソーラー基金設立
2011.8.2	テキサス州、73.5％が「異常な干ばつ」
2011.8.3	フィリップス社、L-Prize受賞
2011.8.30	エクソン・モービル、北極海域の掘削権獲得
2011.9.9	外来種、米で35億ドルの損害
2011.9.15	米軍、再生可能エネルギー発電構想に着手

2011.10.11 トウモロコシ由来のバイオエタノール補助金、世界の食料不足の原因に
2011.11.9 米・環境規制制度による一時解雇、0.3%
2011.11.21 米北西部でカキの幼生大量死
2012.2.21 福島第1原発沖で最大1000倍のセシウムを検出
2013.5.17 米国、LNG対日輸出解禁
2013.6.26 オバマ大統領、温暖化対策について演説
2014.11.12 温室効果ガス削減、米中合意
2014.12 『日本百名山』、英訳版刊行
2015.9.25 SDGs、採択
2016.11.3 米中、「パリ協定」批准
2017.1.20 アメリカ、温室ガス対策行動計画撤廃
2017.3.2 アメリカ エネルギー長官、温暖化懐疑派就任
2017.4.4 トランプ政権、温室効果ガス政策
2017.6.1 アメリカ、パリ協定離脱を表明
2017.6.5 国連海洋会議
2017.7.19 「持続可能な開発目標(SDGs)」達成を目指す閣僚級会合
2017.10.10 アメリカ 温室ガス規制撤廃
2017.11.15 日本のアリが米国の森を襲う
2017.12.19 米アラスカの積雪量倍増
2018.1.19 米コカ・コーラ、包装材リサイクル100%宣言
2018.4.18 米カリフォルニア州、大気汚染
2018.5.9 カリフォルニア州、太陽光パネル設置義務付け
2018.6.21 米のメタン漏出量、政府推計の1.6倍
2018.7.9 スターバックス、プラスチック製ストローを廃止
2018.8.29 米カリフォルニア、2045年までに全電力をクリーンエネルギー化
2018.11.23 温暖化影響「米国に45兆円の被害」

《中南米》

2009.7.2 ガラパゴス諸島で、固有種の植林拡大
2010.11.23 リマ宣言で、先住民が採鉱禁止を要求
2011.3.29 干ばつでアマゾンの森林、褐色に

【メキシコ】

2010.4.20 メキシコ湾原油流出事故
2010.11.29 COP16開幕
2010.12.11 COP16閉幕
2010.12.15 メキシコ湾原油流出事故、米がBPなど9社に賠償請求
2016.12.4 COP13、開幕

【ベネズエラ】

2007.9.16 チャベス大統領「ガス革命」宣言

【コロンビア】

2010.3.28 「名古屋議定書」の原案採択

【エクアドル】

2010.7.29 ガラパゴス諸島、危機遺産リストから外れる

【ブラジル】

2008.1.16 アマゾンの森林破壊、増加の見通し
2008.2.8 アマゾンの森林伐採が加速
2008.5.13 ブラジルのシルバ環境相が辞任
2008.11.27 アマゾンの違法木材取引、取り締まり開始
2009.11.13 温室効果ガス削減、ブラジルが途上国初の数値目標発表
2010.6.18 ブラジルでマラリア患者48%増加
2011.10.7 アマゾンの森林伐採面積、最少に
2012.6.20 国連持続可能な開発会議(リオプラス20)開催
2015.8.5 アマゾン熱帯林、高精度樹高マップ作成

【ウルグアイ】

2008.4 サンタルシア川流域汚染源/水質管理プロジェクト開始

【アルゼンチン】

2009.10.18 「開発における森林」をテーマに、第13回世界林業会議

【チリ】

2018.8.3 チリ プラスチック袋使用禁止法を公布

【ペルー】

2008.7.17	アンデスの氷河、消失進む
2009.6.6	アマゾンの開発に反対する先住民、警官と衝突
2010.12.6	ペルーの先住民、有害廃水を放出した企業を提訴
2014.12.1	COP20

【ボリビア】

2007.10.12	環境保全と自然資源の持続的利用―ボリビア先住民族大会で宣言
2011.4.22	ボリビアのパチャママ法、アースデイの特別番組で紹介

《オセアニア》

2013.4.9	アジア太平洋地域の新興国、エネルギー消費量が急増
2013.6.29	サンゴ礁会議
2015.3.11	IPBES報告書、環境省が事務局に

【オーストラリア】

2007.2.20	オーストラリア、白熱電球の段階的廃止を発表
2007.4	カナダなど排出量取引制度導入
2007.12.3	オーストラリアのラッド首相、京都議定書を批准
2008.2.13	豪・ラッド首相、先住民族に謝罪
2009.8.3	1人当たりの炭素排出量、豪が世界最大に
2009.(この年)	アボリジニ地区のRDA適用停止解除
2009.(この年)	クンガラ・ウラン鉱床の開発交渉凍結
2009.(この年)	豪連邦政府、放射性廃棄物管理法の見直し検討
2011.1.18	豪、環境対策を縮小
2017.4.12	グレートバリアリーフ白化現象温暖化で回復困難

【ニュージーランド】

2007.4	カナダなど排出量取引制度導入
2018.11.30	ニュージーランド クジラ大量死

【ソロモン諸島】

2014.8.19	タロ島、海面上昇で全島民移住

《極地》

【北極】

2007.8.16	北極の氷、史上最小に
2007.9.11	ホッキョクグマ、絶滅の危機
2007.9.23	北極の氷、史上最小を更新
2008.10.2	北極海の氷、観測史上2番目の小ささに
2008.10.30	温室効果ガスの蓄積で、北極と南極の氷消失
2009.3.15	北極海の氷、2100年までに消失か
2009.7.7	北極海の氷が薄くなる
2010.3.17	高緯度北極地域のレミングなどが減少
2011.4.7	北極上空で、史上最大のオゾン層破壊が進行
2011.5.12	北極海の石油をめぐる対立をウィキリークスが公表
2012.8.20	北極海の氷が史上最速のペースで減少
2018.3.7	夏の北極、過去15年間で気温2度上昇
2018.12.11	北極圏気温上昇

【南極】

2007.1.29	南極地域観測50周年式典開催
2008.1.15	捕鯨調査船、反捕鯨活動家2人を拘束
2008.1.23	南極の氷解速度加速
2008.2.14	キングペンギン、温暖化で絶滅の恐れ
2008.3.3	反捕鯨団体、捕鯨調査船を妨害
2008.4.23	南極のCO_2濃度、上昇傾向続く
2008.10.30	温室効果ガスの蓄積で、北極と南極の氷消失
2009.1.22	南極全域が温暖化
2009.1.23	南極観測隊員に石綿被害
2009.2.5	反捕鯨団体の抗議船、調査捕鯨船に衝突
2010.2.12	反捕鯨団体の妨害で、調査船の3人負傷
2018.6.13	南極の氷消失

環境史事典
―トピックス 2007-2018

2019 年 6 月 25 日　第 1 刷発行
2021 年 3 月 25 日　第 2 刷発行

発 行 者／山下浩
編集・発行／日外アソシエーツ株式会社
　　　　　〒140-0013 東京都品川区南大井 6-16-16 鈴中ビル大森アネックス
　　　　　電話 (03)3763-5241 (代表)　FAX(03)3764-0845
　　　　　URL　https://www.nichigai.co.jp/

電算漢字処理／日外アソシエーツ株式会社
印刷・製本／株式会社 デジタル パブリッシング サービス

不許複製・禁無断転載
＜落丁・乱丁本はお取り替えいたします＞
ISBN978-4-8169-2779-9　　　*Printed in Japan, 2021*

本書はディジタルデータでご利用いただくことができます。詳細はお問い合わせください。

環境史事典 ―トピックス1927-2006
A5・650頁　定価（本体13,800円＋税）　2007.6刊

昭和の初めから現代まで80年間にわたる、日本の環境問題に関する出来事5,000件を年月日順に掲載した記録事典。戦前の土呂久鉱害、ゴミの分別収集開始からクールビズ、ロハスなどの新しい動き、環境問題関連の国際会議・法令・条約・市民運動まで、幅広いテーマを収録。個々の問題の発生から解決までの流れをたどる際に便利な「キーワード索引」「地域別索引」付き。

科学博物館事典
A5・520頁　定価（本体9,250円＋税）　2015.6刊

自然史博物館事典 ―動物園・水族館・植物園も収録
A5・540頁　定価（本体9,800円＋税）　2015.10刊

自然科学全般から科学技術・自然史分野を扱う博物館を紹介する事典。全館にアンケート調査を行い、沿革・概要、展示・収蔵、事業、出版物、"館のイチ押し"などの情報のほか、外観・館内写真、展示品写真を掲載。『科学博物館事典』に209館、『自然史博物館事典』には動物園・植物園・水族館も含め227館を収録。

事典・日本の自然保護地域 ―自然公園・景勝・天然記念物
A5・510頁　定価（本体12,500円＋税）　2016.4刊

官公庁、地方自治体、学会・各種団体、国際機関によって選定・登録された日本の自然保護地域135種6,400件を通覧できるデータブック。地域特有の自然を対象とした保護地域、自然公園、風景、樹木、指定文化財（天然記念物, 名勝）を収録。選定の概要や選定された地域の認定理由などがわかる。

平成災害史事典　平成26年～平成30年
A5・490頁　定価（本体13,500円＋税）　2019.3刊

御嶽山噴火などの自然災害から糸魚川市駅北大火などの社会的災害まで、平成26年から平成30年までの5年間に発生した台風・地震・事故など災害2,000件を日付順に掲載した記録事典。「災害別索引」「都道府県別一覧」付き。

データベースカンパニー
日外アソシエーツ
〒140-0013　東京都品川区南大井6-16-16
TEL.(03)3763-5241　FAX.(03)3764-0845　https://www.nichigai.co.jp/